国网河北省电力有限公司技能等级评价培训教材

# 通信工程建设工

国网河北省电力有限公司人力资源部 编

主　编：常俊鑫　　李井泉　　周敬巍

参　编：段志勇　　牛飞鹏　　张合明　　张俊林

　　　　刘　鹏　　梁雪峰　　杨宇皓　　张文胜

　　　　王　颖　　孟　显　　李　雷　　张正文

　　　　郭家伟

西安交通大学出版社
XI'AN JIAOTONG UNIVERSITY PRESS

国家一级出版社
全国百佳图书出版单位

## 内容简介

编写组以《国家电网公司技能等级评价标准》为纲要,以行业规范为依据,紧密结合生产实际和设备设施现状,将员工日常的生产工作内容全部转化为实操鉴定考核项目。

本书对通信工程建设工种初级工、中级工、高级工及技师四个等级的理论知识大纲及技能操作大纲进行了梳理,围绕不同级别人员需要掌握的基本知识、专业知识、相关知识,编制了题型多样、难度合理的理论知识题库,并对不同级别人员需要掌握的技能操作规范及难点进行了规范。

本书是职业技能培训和技能等级评价考核命题的依据,可供劳动人事管理人员、职业技能培训及考评人员使用,也可供电力类职业技术院校教学和企业职工学习参考。

**图书在版编目(CIP)数据**

通信工程建设工 / 国网河北省电力有限公司人力资源部编. —西安:
西安交通大学出版社,2021.3
ISBN 978-7-5693-2146-3

Ⅰ. ①通… Ⅱ. ①国… Ⅲ. ①通信工程-职业技能-鉴定-习题集
Ⅳ. ①TM73-44

中国版本图书馆 CIP 数据核字(2021)第 057715 号

| 书　　名 | 通信工程建设工 |
| --- | --- |
| | Tongxin Gongcheng Jianshegong |
| 编　　者 | 国网河北省电力有限公司人力资源部 |
| 策划编辑 | 曹　昳 |
| 责任编辑 | 曹　昳　刘艺飞 |
| 责任校对 | 张静静 |

| | |
| --- | --- |
| 出版发行 | 西安交通大学出版社 |
| | (西安市兴庆南路 1 号　邮政编码 710048) |
| 网　　址 | http://www.xjtupress.com |
| 电　　话 | (029)82668357　82667874(市场营销中心) |
| | (029)82668315(总编办) |
| 传　　真 | (029)82668280 |
| 印　　刷 | 西安日报社印务中心 |

| | |
| --- | --- |
| 开　　本 | 787mm×1092mm　　1/16　**印张** 34.5　**字数** 820 千字 |
| 版次印次 | 2021 年 3 月第 1 版　2021 年 3 月第 1 次印刷 |
| 书　　号 | ISBN 978-7-5693-2146-3 |
| 定　　价 | 103.50 元 |

如发现印装质量问题,请与本社市场营销中心联系调换。
订购热线:(029)82665248　(029)82667874
投稿热线:(029)82668502
读者信箱:phoe@qq.com

2016 年以来,中共中央、国务院下发《新时期产业工人队伍建设改革方案》《关于分类推进人才评价机制改革的指导意见》等一系列改革文件,持续把深化人才发展作为主攻方向。为了进一步适应国家职业资格改革要求,充分发挥企业主体作用,建立技能人员多元化评价机制,国家电网公司于 2018 年底正式下发了《关于组织开展技能等级评价工作的通知》(国家电网人资〔2018〕1130 号),标志着一套以岗位职责为导向、以岗位能力为核心的企业内部评价体系初步建立。新下发的技能等级评价工种目录,根据电网发展及技能人员需求将评价工种拓展为 52 个,基本实现了技能员工全覆盖。

为进一步加强国网河北省电力有限公司技能等级评价标准体系建设,使技能等级评价适应河北电网生产要求,贴近生产工作实际,让技能等级评价工作更好地服务于公司技能人才队伍建设,国网河北省电力有限公司人力资源部组织省内信通专业专家、骨干,历经 1 年时间,依据《国家电网公司技能等级评价标准》中针对信息通信专业的作业规程,紧跟企业战略业务发展和专业技术发展趋势,紧密结合河北生产实际,依据"用什么、学什么、考什么"的原则,遵循技能人才成长规律,编制审定信息通信运维专业《国网河北省电力有限公司技能等级评价培训教材》系列丛书。本套丛书共八册,分别是《通信运维检修工》《通信工程建设工》《信息运维检修工》《信息工程建设工》《信息调度监控员》《信息通信客户服务代表》《通信调度监控员》《网络安全员》等技能等级评价题库。

技能等级评价题库建设是技能等级评价体系建设的基础性工作,题库质量直接关系到人才培养工作的成效。本套丛书以新战略、新形式下最新岗位能力要求为重点内容,围绕实际业务场景、常见业务难点、各工种技能人才能力短板等设置考核点,分初级工、中级工、高级工及技师四个等级,梳理各工种理论大纲、技能操作大纲。其中理论题库按照单选题、判断题、多选题、计算题、识图题等题型进行选题,题目按照难易程度依次排列组合。技能操作大纲系统规定了各工种相应等级的技能要求,设置了与技能要求相适应的技能培训项目与考核内容,其项目设置充分结合了河北电网企业现场生产实际。技能操作题库对各考核项目的操作规范、考核要求及评分标准进行了量化规范。这样既保证了考核评定的独立性,又能充分发挥对培训的引领作用,具有很强的系统性和可操作性。题库的匹配性、标准性、牵引性、可操作性的显著提高,对技能人才的专业知识及技能操作能力提升有指导作用,同时可为提升技能人员培训的针对性、有效性提供重要输入。

本套丛书包含对国家、行业、国网及公司相关政策、技能标准的深刻解读,内容覆盖了相关工种、行业新技术、新设备、新工艺等发展趋势,明确相关工种技能人才的关键活动及必备知识技能。本书以提高员工理论水平和实操能力为出发点,以提升员工履职能力为落脚点,对相关工种必备专业知识、实操技能及实际作业中的重点、难点及常见问题以知识点＋考题的形式进行了梳理,既可作为技能等级评价学习辅导教材,又可作为技能培训、专业技能比赛和相关技术人员能力提升的学习材料。在国网河北省电力有限公司范围内公开考核内容,统一考核标准,有助于进一步提升职业技能等级评价考核的公开性、公平性、公正性,高效提升生产技能人员的理论技能水平和岗位履职能力。

由于编写时间仓促、编者水平有限,加之政策、技术等更新速度较快,本书难免存在疏漏之处,为更好地发挥教材的匹配性、适用性、指导性作用,恳请专家及广大读者批评指正,使之不断完善。

# 目录

## 第一部分  初级工

## 第二部分  中级工

# 第三部分 高级工

# 第四部分　技师

第一部分

初级工

# 第 1 章

# 理论

## ▶ 1.1 理论大纲

**通信工程建设工——初级工技能等级评价理论知识考核大纲**

| 等级 | 考核方式 | 能力种类 | 能力项 | 考核项目 | 主要内容 |
|---|---|---|---|---|---|
| 初级工 | 理论知识考试 | 基本知识 | 安全生产相关规定 | 安全生产相关规定 | 国家电网公司十八项电网重大反事故措施 |
| | | | | | 调度综合管理 |
| | | | | | 信息通信双二十条反事故、反违章措施 |
| | | | 电工基础 | 电工基础 | 电阻的串联、并联和混联 |
| | | | | | 欧姆定律和电阻元件 |
| | | | 电子技术 | 电子技术 | 半导体的基础知识 |
| | | | | | 反馈的基本概念 |
| | | | | | 共发射极基本放大电路 |
| | | | | | 光电器件 |
| | | | 通信原理 | 通信原理 | 模拟调制系统 |
| | | | | | 模拟信号的数字传输 |
| | | | | | 通信系统 |
| | | | | | 信道 |
| | | | | | 调制系统 |
| | | 专业知识 | SDH、OTN、PTN原理 | OTN原理 | OTN的特点 |
| | | | | SDH原理 | SDH的特点 |
| | | | | | SDH设备的基本组成 |
| | | | | PTN原理 | PTN设备的基本组成 |
| | | | 电力通信工程标准化施工工艺 | 电力通信工程标准化施工工艺 | 电缆槽盒安装工艺 |
| | | | | | 电源及蓄电池安装工艺 |
| | | | | | 桥架安装工艺 |
| | | | | | 竖井封堵工艺 |
| | | | | | 通信机房接地网工艺 |
| | | | | | 通信设备安装工艺 |
| | | | | | 站内光缆布放 |

| 等级 | 考核方式 | 能力种类 | 能力项 | 考核项目 | 主要内容 |
|---|---|---|---|---|---|
| 初级工 | 理论知识考试 | 专业知识 | 光纤光缆基础 | 光纤光缆基础 | 光缆的命名规范 |
| | | | | | 电力特种光缆的种类和特点 |
| | | | | | 光缆线路的防雷 |
| | | | 交换原理 | 交换原理 | 电话交换技术发展 |
| | | | | | 电话交换的基本概念 |
| | | | | | 电力电话网的结构 |
| | | | 数据通信网原理 | 数据通信网原理 | 数据通信网知识 |
| | | | | | 电力数据通信网的结构 |
| | | | 通信电源 | 通信电源 | UPS电源系统的原理 |
| | | | | | 电源集中监控系统的对象与内容 |
| | | | | | 电源集中监控系统的功能与组成 |
| | | | | | 通信电源系统的供电方式 |
| | | | | | 通信电源系统的接地 |
| | | | | | 通信电源系统的结构组成 |
| | | | | | 通信蓄电池的工作原理和技术指标 |
| | | | | | 蓄电池的构造与分类 |
| | | | 通信机房安全与防护技术 | 通信机房安全与防护技术 | 机房防火措施 |
| | | | | | 静电的产生及防护措施 |
| | | | | | 雷电的产生及防护措施 |
| | | | | | 通信系统接地 |
| | | | | | 信息通信机房环境要求 |
| | | 相关知识 | 电网基础知识 | 电网基础知识 | 电压等级的划分 |
| | | | | | 电网输电系统 |
| | | | | | 电网变电系统 |
| | | | | | 电网配电系统 |
| | | | | | 电网用电系统 |
| | | | | | 特高压系统基础 |
| | | | 电网调度基础知识 | 电网调度基础知识 | 电网调度工作规范 |
| | | | | | 电网调度基本知识 |
| | | | 继电保护及安控 | 继电保护及安控 | 电网调度继电保护工作规范 |
| | | | 调度自动化 | 调度自动化 | 电力调度数据网 |
| | | | | | 电网调度自动化基本知识 |

## ▶ 1.2 理论试题

### 1.2.1 单选题

**La1A3001** 为防止电力通信网事故,电力通信网的网络规划、设计和改造计划应与电网发展相适应并保持( )。

(A)一致 (B)适度超前 (C)统一 (D)协调

【答案】 B

**La1A3002** 为防止电力通信网事故,电力通信网的网络规划、设计和改造应突出( )要求。

(A)系统运行 (B)系统安全

(C)通信网络安全 (D)本质安全

【答案】 D

**La1A3003** 为防止电力通信网事故,电力通信网的网络规划、设计和改造应避免( )过度集中承载。

(A)关键业务 (B)核心业务

(C)重要业务 (D)生产控制类业务

【答案】 D

**La1A3004** 电力通信网的网络规划、设计和改造应统筹( ),充分满足各类业务应用需求。

(A)规划管理 (B)业务布局

(C)运行方式优化 (D)业务布局和运行方式优化

【答案】 D

**La1A3005** 承载 110 kV 及以上电压等级输电线路生产控制类业务的光传输设备应支持( )供电,核心板卡应满足冗余配置要求。

(A)单电源 (B)交流 (C)双电源 (D)冗余

【答案】 C

**La1A3006** 通信设备选型应与现有网络使用的设备( )一致,保持网络完整性。

(A)类型 (B)出厂时间 (C)质量 (D)品牌

【答案】 A

**La1A3007** 承载 110 kV 及以上电压等级输电线路( )业务的光传输设备应支持双电源供电,核心板卡应满足冗余配置要求。

(A)自动化 (B)继电保护 (C)生产控制类 (D)安控

【答案】 C

**La1A3008** 根据《国家电网公司十八项电网重大反事故措施(修订版)》规定,( )kV 及以上新建输变电工程应同步设计、建设线路本体光缆。

(A)35 　　　　(B)110 　　　　(C)220 　　　　(D)500

【答案】 C

La1A3009 电网新建、改(扩)建等工程需对原有通信系统的网络结构、安装位置、设备配置、技术参数进行改变时,工程建设单位应委托设计单位对通信系统进行设计,并征求通信部门的意见,必要时应根据实际情况制订通信系统(　　)。

(A)过渡方案 　　(B)应急预案 　　(C)临时方案 　　(D)保障方案

【答案】 A

La1A3010 电网新建、改(扩)建等工程需对原有通信系统的网络结构、安装位置、设备配置、技术参数进行改变时,工程建设单位应委托设计单位对通信系统进行设计,并征求(　　)的意见,必要时应根据实际情况制订通信系统过渡方案。

(A)通信部门 　　(B)业务部门 　　(C)业主 　　　(D)甲方

【答案】 A

La1A3011 (　　)的多条光缆或同一传输系统不同方向的多条光缆应避免同路由敷设进入通信机房和主控室。

(A)不同方向 　　(B)同一方向 　　(C)同一用途 　　(D)不同用途

【答案】 B

La1A3012 根据《国家电网公司十八项电网重大反事故措施(修订版)》规定,县公司调度大楼应具备(　　)条及以上完全独立的光缆敷设沟道(竖井)。

(A)一 　　　　(B)二 　　　　(C)三 　　　　(D)四

【答案】 B

La1A3013 应合理安排通信新建、改(扩)建工程工期,不得为赶工期减少(　　)项目。

(A)调试 　　　(B)验收 　　　(C)安装 　　　(D)设计

【答案】 A

La1A3014 应以保证(　　)和通信系统安全稳定运行为前提,合理安排通信新建、改(扩)建工程工期,严把质量关。

(A)工程进度 　　(B)工程质量 　　(C)工程安全 　　(D)工程效率

【答案】 B

La1A3015 用于传输继电保护的通信通道在(　　)应进行测试验收。

(A)投运前 　　(B)投运后 　　(C)开通前 　　(D)开通后

【答案】 A

La1A3016 用于安全自动装置业务的通信通道在投运前应进行(　　)。

(A)检查 　　　(B)测试 　　　(C)测试、验收 　　(D)验收

【答案】 C

La1A3017 通信设备投运前应进行( )测试。

(A)备份        (B)过载        (C)双电源倒换    (D)重启

【答案】 C

La1A3018 安装调试人员应严格按照( )的内容进行设备配置和接线。

(A)通信工作票                (B)通信操作票

(C)变电工作票                (D)通信业务方式单

【答案】 D

La1A3019 ( )应在业务开通前与现场工作人员核对通信业务方式单的相关内容,确保业务图实相符。

(A)通信工作负责人          (B)通信工作票签发人

(C)通信运行人员             (D)通信网管操作人员

【答案】 C

La1A3020 光纤复合架空地线应满足泄放雷电电流和短路电流要求,可采用直接接地或( )的方式。

(A)绝缘                    (B)隔离

(C)通过连接金具接地       (D)设置放电间隙接地

【答案】 D

La1A3021 两个以上生产经营单位在同一作业区域内进行生产经营活动,可能危及对方生产安全的,应当制订( ),明确各自的安全生产管理职责和应当采取的安全措施,并指定专职安全生产管理人员进行安全检查与协调。

(A)安全生产实施细则       (B)安全技术措施

(C)安全生产组织措施       (D)以上都不是

【答案】 A

La1A3022 安全技术劳动保护措施计划应由分管安全工作的领导组织,以( )管理部门为主,各有关部门参加制订。

(A)运维检修     (B)安全监督     (C)调度     (B)规划

【答案】 B

La1A3023 按照"谁使用、谁负责"原则,外来工作人员的安全管理和事故统计、考核与本单位职工( )对待。

(A)降一级     (B)提高一级     (C)不同等     (D)同等

【答案】 D

La1A3024 事故造成地铁、机场、高层建筑、商场、影剧院、体育场馆等人员聚集场所停电的,应当迅速启用( ),组织人员有序疏散。

(A)应急电源     (B)应急自备电源     (C)应急照明     (D)应急预案

【答案】 C

**La1A3025** 机房不间断电源系统、直流电源系统故障,造成 A 类机房中的自动化、信息或通信设备失电,且持续时间( )h 以上,属于五级设备事件。

    (A)6         (B)8         (C)12         (D)24

【答案】 B

**La1A3026** 《国家电网公司电力安全事故调查规程》中,不属于五级事件的是( )。

    (A)省电力公司级以上单位本部通信站通信业务全部中断

    (B)500 kV 以上系统中,一次事件造成同一输电断面两回以上线路同时停运

    (C)一次事故造成 3 人以上 10 人以下死亡,或者 10 人以上 20 人以下重伤者

    (D)国家电力调度控制中心、国家电网调控分中心或省电力调度控制中心与直接调度范围内 30% 以上厂站的调度电话业务全部中断,且持续时间 4 h 以上

【答案】 C

**La1A3027** 机房不间断电源系统、直流电源系统故障,造成 B 类机房中的自动化、信息或通信设备失电,且持续时间( )h 以上,属于五级设备事件。

    (A)8         (B)12         (C)24         (D)48

【答案】 C

**La1A3028** 机房不间断电源系统、直流电源系统故障,造成 C 类机房中的自动化、信息或通信设备失电,且持续时间( )h 以上,属于五级设备事件。

    (A)12         (B)24         (C)48         (D)72

【答案】 D

**La1A3029** 公司各单位本地网络完全瘫痪,且影响时间超过 4 h 为( )级信息系统事件。

    (A)五         (B)六         (C)七         (D)八

【答案】 B

**La1A3030** 全部信息系统与公司总部纵向贯通中断为( )级信息系统事件。

    (A)五         (B)六         (C)七         (D)八

【答案】 D

**La1A3031** 公司系统外单位承包系统内工作,发生由系统内单位负同等以下责任的人身事故统计为( )事故。

    (A)电力生产安全    (B)非生产性安全    (C)外包    (D)非责任

【答案】 C

**La1A3032** 一次事故既构成人身事故条件,也构成电网(设备)事故条件时,统计为( )一次。

    (A)人身事故                  (B)电网事故

    (C)人身和电网(设备)事故各    (D)责任事故

【答案】 C

La1A3033 七级人身、八级电网、七级设备和八级信息系统事件由（　　）自行组织调查。

(A)事件发生单位　　　(B)省电力公司　　　(C)国家电网公司　　(D)地市公司

【答案】 A

La1A3034 因紧急抢修、防止事故扩大，以及疏导交通等需要变动现场，必须经单位（　　）同意，并做出标志、绘制现场简图、写出书面记录，保存必要的痕迹、物证。

(A)有关领导　　　　　　　　　　　(B)安监部门

(C)有关领导和安监部门　　　　　　(D)生产部门

【答案】 C

La1A3035 本单位和本单位承包、承租、承借的工作场所，由于本单位原因，致使劳动条件或作业环境不良，管理不善，设备或设施不安全，发生触电、高处坠落、设备爆炸、火灾、生产建(构)筑物倒塌等造成事故确认为本单位（　　）责任。

(A)负同等以上　　(B)负同等　　(C)负次要　　(D)不负

【答案】 A

La1A3036 发包工程项目，由于对承包方资质审查不严，承包方不符合要求，造成事故确认为（　　）责任。

(A)本单位负同等以上　　　　　　(B)由承包方负

(C)本单位负次要　　　　　　　　(D)本单位不负

【答案】 A

La1A3037 发包工程项目，对危险性生产区域(指容易发生触电、高空坠落、爆炸、爆破、起吊作业、中毒、窒息、机械伤害、火灾、烧烫伤等引起人身和设备事故的场所)内作业未事先进行专门的安全技术交底，未按安全施工要求配合做好相关的安全措施(含有关设施、设备上设置明确的安全警告标志等)，造成事故确认为（　　）责任。

(A)本单位负同等以上　　　　　　(B)由承包方负

(C)本单位负次要　　　　　　　　(D)本单位不负

【答案】 A

La1A3038 发包工程项目，未签订安全生产管理协议，或协议中未明确各自的安全生产职责，造成事故确认为（　　）责任。

(A)本单位负同等以上　　　　　　(B)由承包方负

(C)本单位负次要　　　　　　　　(D)本单位不负

【答案】 A

La1A3039 事故调查报告书由事故调查的组织单位以文件形式在事故发生后的（　　）日内报送，特殊情况下，经上级管理单位同意可延至（　　）日。

(A)10　20　　　　(B)20　40　　　　(C)30　30　　　　(D)30　60

【答案】 D

**La1A3040** 生产经营单位的安全生产管理机构及安全生产管理人员应履行的职责有（　　）项。

(A)5　　　　　　　(B)6　　　　　　　(C)7　　　　　　　(D)8

【答案】　C

**La1A3041** 危险物品的生产、储存单位，以及矿山、金属冶炼单位应当有（　　）从事安全生产管理工作。

(A)专职安全生产管理人员　　　　　　(B)专职或兼职安全生产管理人员

(C)相关资格技术人员　　　　　　　　(D)注册安全工程师

【答案】　D

**La1A3042** 事故调查处理应当按照（　　）的原则，查清事故原因，查明事故性质和责任。

(A)实事求是、尊重科学

(B)公开、公正、公平

(C)及时、准确、合法

(D)科学严谨、依法依规、实事求是、注重实效

【答案】　D

**La1A3043** 电能的实用单位是（　　）。

(A)伏时　　　　　　(B)千瓦　　　　　　(C)千瓦时　　　　　　(D)安时

【答案】　C

**La1A3044** −48 V 通信高频开关电源系统应采用（　　）接地的工作方式。

(A)中性点　　　　　　(B)零线　　　　　　(C)负极　　　　　　(D)正极

【答案】　D

**La1A3045** 按照频率划分信道的复用方式属于（　　）。

(A)TDM　　　　　　(B)FDM　　　　　　(C)CDM　　　　　　(D)WDM

【答案】　B

**La1A3046** PCM30/32 系统的传输速率为（　　）kbit/s。

(A)64　　　　　　(B)144　　　　　　(C)2 048　　　　　　(D)1 544

【答案】　C

**La1A3047** 我国 PCM30/32 基群的抽样频率是（　　）Hz。

(A)6 000　　　　　　(B)8 000　　　　　　(C)10 000　　　　　　(D)12 000

【答案】　B

**La1A3048** 在通信系统中，通常存在数字信号转换为模拟信号，称之为数模转换，完成这一转换的设备是（　　）。

(A)调制解调器　　　　(B)中继器　　　　(C)放大器　　　　(D)复用器

【答案】　A

La1A3049 码元速率的单位是(      )。

  (A)波特    (B)比特    (C)波特/秒   (D)比特/秒

【答案】 A

La1A3050 在通信系统中,不属于信道的是(      )。

  (A)光纤    (B)自由空间   (C)电缆    (D)话筒

【答案】 D

La1A3051 导线的电阻值与(      )。

  (A)其两端所加电压成正比    (B)流过的电流成反比

  (C)所加电压和流过的电流无关  (D)导线的截面积成正比

【答案】 C

La1A3052 为保证通信质量,音频电缆芯线电阻系数越(      )越好,固定衰耗要求越(      )越好。

  (A)小 大  (B)大 大  (C)小 小  (D)大 小

【答案】 A

La1A3053 电缆芯线各线对采用扭绞方式是为了(      )。

  (A)降低电缆阻抗     (B)减少互相串音影响和外界干扰

  (C)增加电缆阻抗     (D)起到屏蔽作用

【答案】 B

La1A3054 架空电缆通过市区街道,与街道交越时应离地面不低于(      )m。

  (A)4.5    (B)5.5    (C)5.0    (D)6.0

【答案】 B

La1A3055 在交流电路中实际测量和使用的是(      )值。

  (A)峰    (B)有效    (C)平均    (D)最大

【答案】 B

La1A3056 两个电荷之间受力的大小与距离的关系是(      )。

  (A)与距离的平方成反比   (B)与距离成反比

  (C)与距离成正比     (D)与距离无关

【答案】 A

La1A3057 三极管 $U_e = -8.7$ V,$U_b = -8$ V,$U_c = -3.4$ V,则(      )状态。

  (A)NPN 管工作在饱和   (B)NPN 管工作在放大

  (C)PNP 管工作在放大   (D)PNP 管工作在饱和

【答案】 B

La1A3058 电场强度的方向是指(      )的方向。

  (A)负电荷在电场中受力   (B)正电荷在电场中受力

  (C)负电荷在电场中运动   (D)正电荷在电场中运动

【答案】 B

La1A3059 电荷的基本单位是（　　）。

（A）安秒　　　　　（B）安培　　　　　（C）库仑　　　　　（D）千瓦

【答案】　C

La1A3060 将一根导线均匀拉长为原长度的 3 倍,则阻值为原来的（　　）倍。

（A）3　　　　　（B）1/3　　　　　（C）9　　　　　（D）1/9

【答案】　C

La1A3061 产生串联谐振的条件是（　　）。

（A）$X_L > X_C$　　　（B）$X_L < X_C$　　　（C）$X_L = X_C$　　　（D）$X_L \geqslant X_C$

【答案】　C

La1A3062 物体带电是由于（　　）。

（A）失去电荷或得到电荷　　　　　（B）既未失去电荷也未得到电荷

（C）物体是导体　　　　　（D）物体是绝缘体

【答案】　A

La1A3063 能把正电荷从低电位移向高电位的力叫（　　）力。

（A）电磁　　　　　（B）电场　　　　　（C）电动　　　　　（D）电源

【答案】　D

La1A3064 电感在直流电路中相当于（　　）。

（A）断路　　　　　（B）开路　　　　　（C）短路　　　　　（D）不存在

【答案】　C

La1A3065 正弦交流电的三要素是（　　）。

（A）电压、电动势、电位　　　　　（B）最大值、频率、初相位

（C）容抗、感抗、阻抗　　　　　（D）平均值、周期、电流

【答案】　B

La1A3066 电容器中储存的能量是（　　）能。

（A）热　　　　　（B）机械　　　　　（C）电场　　　　　（D）磁场

【答案】　C

La1A3067 直流电路中,把电流流出的一端叫电源的（　　）。

（A）正极　　　　　（B）负极　　　　　（C）端电压　　　　　（D）电动势

【答案】　A

La1A3068 电荷的基本特性是（　　）。

（A）同性电荷相吸引,异性电荷相排斥

（B）异性电荷相吸引,同性电荷相排斥

（C）异性电荷和同性电荷都相吸引

（D）异性电荷和同性电荷都相排斥

【答案】　B

La1A3069 串联电路中，电压的分配与电阻成（　　　）。

(A)正比 　　　　(B)反比 　　　　(C)1：1 　　　　(D)2：1

【答案】 A

La1A3070 并联电路中，电流的分配与电阻成（　　　）。

(A)正比 　　　　(B)反比 　　　　(C)2：1 　　　　(D)1：1

【答案】 B

La1A3071 电容器并联电路的特点是（　　　）。

(A)并联电路的等效电容量等于各个电容器的容量之和

(B)每个电容两端的电流相等

(C)并联电路的总电量等于最大电容器的电量

(D)电容器上的电压与电容量成正比

【答案】 A

La1A3072 几个电阻的两端分别接在一起，每个电阻两端承受同一电压，这种电阻连接方法称为电阻的（　　　）联。

(A)串 　　　　(B)并 　　　　(C)串并 　　　　(D)混

【答案】 B

La1A3073 两阻值相同的电阻并联后其总阻值的大小为（　　　）。

(A)为两电阻阻值的乘积

(B)等于两电阻阻值之和

(C)等于一电阻阻值的二分之一

(D)等于两电阻阻值的倒数和

【答案】 C

La1A3074 关于电路等效变换说法正确的是（　　　）。

(A)等效变换只保证变换的外电路的各电压、电流不变

(B)等效变换是说互换的电路部分一样

(C)等效变换对变换电路内部等效

(D)等效变换只对直流电路成立

【答案】 A

La1A3075 电阻负载并联时功率与电阻关系是（　　　）。

(A)因为电流相等，所以功率与电阻成正比

(B)因为电流相等，所以功率与电阻成反比

(C)因为电压相等，所以功率与电阻大小成反比

(D)因为电压相等，所以功率与电阻大小成正比

【答案】 C

La1A3076 通电导体在磁场中的受力方向用（　　　）定则判断。

(A)安培 　　　　(B)右手 　　　　(C)右手螺旋 　　　　(D)左手

【答案】 D

**La1A3077** 载流导体的发热量与( )无关。

(A)通过电流的大小　　　　　　　　　(B)载流导体的电压等级

(C)电流通过时间的长短　　　　　　　(D)导体电阻的大小

【答案】 B

**La1A3078** 一段导线,其电阻为 $R$,将其从中对折合并成一段新的导线,则其电阻为( )。

(A)2$R$　　　　　(B)$R$　　　　　(C)$R$/2　　　　　(D)$R$/4

【答案】 D

**La1A3079** 所谓对称三相负载就是( )。

(A)三相负载阻抗相等,且阻抗角相等

(B)三个相电流有效值相等

(C)三个相电压相等且相位角互差 120°

(D)三个相电流有效值相等,三个相电压相等且相位角互差 120°

【答案】 A

**La1A3080** 单位时间内,电场力所做的功称为( )。

(A)电功率　　　　　　　　　　　　　(B)无功功率

(C)视在功率　　　　　　　　　　　　(D)有功功率加无功功率

【答案】 A

**La1A3081** 数字通信中常说的 2M 接口是指( )码率的接口。

(A)2×10 Hz　　(B)2×10 Mbit/s　　(C)2.048 MHz　　(D)2.048 Mbit/s

【答案】 D

**La1A3082** A 律 13 折线通常采用的量化级用( )比特数表示。

(A)8　　　　　(B)16　　　　　(C)128　　　　　(D)256

【答案】 A

**La1A3083** 通信电源系统工作地和保护地与机房环形接地铜排之间连接电阻不应大于( )Ω。

(A)0.05　　　　(B)0.1　　　　(C)0.5　　　　(D)1.0

【答案】 B

**La1A3084** PCM30/32 系统第 23 路信令码的传输位置为( )。

(A)F7 帧 TS16 的前 4 位码　　　　　(B)F7 帧 TS16 的后 4 位码

(C)F8 帧 TS16 的前 4 位码　　　　　(D)F8 帧 TS16 的后 4 位码

【答案】 D

**La1A3085** PCM30/32 系统复用设备频率稳定度为( )ppm。

(A)±10　　　　(B)±20　　　　(C)±50　　　　(D)±100

【答案】 C

La1A3086 对频率范围在 30～4 000 Hz 的模拟信号进行线性 PCM 编码,其最低抽样频率为( )Hz。

(A)30　　　　　(B)60　　　　　(C)4 000　　　　　(D)8 000

【答案】 D

La1A3087 在模拟通信系统中,传输带宽属于通信系统性能指标中的( )。

(A)有效性　　　　(B)可靠性　　　　(C)适应性　　　　(D)标准性

【答案】 B

La1A3088 工作负责人一般不得变更,如确需变更的,应由( )同意并通知工作许可人。

(A)原工作票签发人　　　　　　(B)原工作负责人

(C)原工作填报人　　　　　　(D)原工作票许可人

【答案】 A

La1A3089 A 律 13 折线通常采用的量化级数为( )个。

(A)16　　　　　(B)128　　　　　(C)256　　　　　(D)2 048

【答案】 C

La1A3090 均匀量化中,每增加 1 比特进行量化编码,量化信噪比提升约( )倍。

(A)3　　　　　(B)4　　　　　(C)6　　　　　(D)8

【答案】 C

La1A3091 共集电极放大电路的负反馈组态是( )负反馈。

(A)电压串联　　　　(B)电流串联　　　　(C)电压并联　　　　(D)电流并联

【答案】 A

La1A3092 抗噪声性能最好的调制方法是( )。

(A)AM　　　　　(B)FM　　　　　(C)PM　　　　　(D)DSB

【答案】 B

La1A3093 频谱利用率最高的调制方法是( )。

(A)AM　　　　　(B)FM　　　　　(C)SSB　　　　　(D)VSB

【答案】 C

La1A3094 ( )模拟调制方式抗噪声性能最差。

(A)FM　　　　　(B)SSB　　　　　(C)DSB　　　　　(D)AM

【答案】 D

La1A3095 某数字通信系统 1 秒传输 10 000 个码元,其中误 1 位码元,其误码率为( )。

(A)0.001　　　(B)0.000 1　　　(C)0.000 01　　　(D)0.000 001

【答案】 C

La1A3096 相对于数字通信系统而言,模拟通信系统的优点是( )。

(A)抗干扰、抗噪声能力强,无噪声积累

(B)便于加密处理,保密性强

(C)节约信道带宽,对同步要求低,系统设备比较简单

(D)差错可控

【答案】 C

La1A3097 数字通信相对于模拟通信具有( )的特点。

(A)占用频带小 (B)抗干扰能力强 (C)传输容量大 (D)易于频繁复用

【答案】 B

La1A3098 将来自发送设备信号传送到接收端的物理媒质叫作( )。

(A)信道 (B)发送器 (C)接收器 (D)编码器

【答案】 A

La1A3099 在数字调制技术中,其采用的进制数越高,则( )。

(A)抗干扰能力越强 (B)占用的频带越宽

(C)频谱利用率越高 (D)实现越简单

【答案】 C

La1A3100 基带传输通常采用的复用方式是( )复用。

(A)频分 (B)时分 (C)码分 (D)不采用

【答案】 B

La1A3101 全色谱电缆的色谱顺序为( )。

(A)蓝桔绿棕灰、白红黑黄紫 (B)蓝粉绿黄灰、白红黑黄紫

(C)蓝桔绿棕灰、黑白红黄紫 (D)蓝粉绿黄灰、红白黑黄紫

【答案】 A

La1A3102 节点电流定律及回路电压定律适用范围于( )电路。

(A)线性直流 (B)非线性交流 (C)交直流线性 (D)所有

【答案】 D

La1A3103 射极输出器是三种基本放大电路中的( )。

(A)共集电极电路 (B)共基极电路 (C)共射极电路 (D)以上都不是

【答案】 A

La1A3104 功率放大器一般常采用( )耦合。

(A)阻容 (B)变压器 (C)直接 (D)间接

【答案】 B

La1A3105 有 A,B,C 三个节电小球,A 对 B 吸引,B 对 C 吸引,已知 A 带正电,说法正确的是( )。

(A)B、C 都带正电 (B)B 带正电、C 带负电

(C)B 带负电、C 带正 (D)B、C 都带负电

【答案】 C

**La1A3106** 在电容电路中,通过正弦交流电时电流与电压相位关系是( )。

(A)电压比电流超前90° (B)电流比电压滞后π/2

(C)电压比电流落后90° (D)同相

【答案】 C

**La1A3107** 当电源频率增加后,分别与灯泡串联的 R、L、C 3 个回路并联,与( )串联的灯泡亮度增加。

(A)R (B)L (C)C (D)L

【答案】 B

**La1A3108** 两只额定电压相同的电阻串联接在电路中,其阻值较大的电阻发热( )。

(A)相同 (B)较大 (C)较小 (D)不确定

【答案】 B

**La1A3109** 纯电感在电路中是( )元件。

(A)耗能 (B)不耗能 (C)发电 (D)发热

【答案】 B

**La1A3110** 线圈中感应电动势的判断可以根据( )定律,并应用线圈的右手螺旋定则来判定。

(A)欧姆 (B)基儿霍夫 (C)楞次 (D)戴维南

【答案】 C

**La1A3111** 对称三相电势在任一瞬间的( )等于零。

(A)频率 (B)波形 (C)角度 (D)代数和

【答案】 D

**La1A3112** 在感性负载两端并联容性设备是为了( )。

(A)增加电源无功功率 (B)减少负载有功功率

(C)提高负载功率因数 (D)提高整个电路的功率因数

【答案】 D

**La1A3113** 绕组内感应电动势的大小与穿过该绕组磁通的变化率成( )。

(A)正比 (B)反比 (C)平方比 (D)立方比

【答案】 A

**La1A3114** 当参考点改变时,电路中的电位差是( )。

(A)变大的 (B)变小的 (C)不变化的 (D)无法确定的

【答案】 C

**La1A3115** 对称电路中,三相负载三角形连接时,线电压等于( )倍的相电压。

(A)1/3 (B)1 (C)3 (D)9

【答案】 B

**La1A3116** 有一电源其电动势为 225 V,内阻是 2.5 Ω,其外电路由数盏"220 V,40 W"的电灯组成,如果要使电灯正常发光,则最多能同时使用(　　)盏灯。

(A)5　　　　　　(B)11　　　　　　(C)25　　　　　　(D)40

【答案】　B

**La1A3117** 已知一个电阻两端加上 400 V 的电压时,所消耗的功率为 80 W,当外加电压减少一半时,消耗的功率为(　　)W。

(A)10　　　　　　(B)20　　　　　　(C)40　　　　　　(D)60

【答案】　B

**La1A3118** 已知一个电阻通过 0.5 A 的电流所消耗的功率是 5 W,当通过 1 A 的电流时所消耗的功率是(　　)W。

(A)10　　　　　　(B)15　　　　　　(C)20　　　　　　(D)30

【答案】　C

**La1A3119** 在 PCM 系统中,30 个话路的信令传输在(　　)时隙。

(A)0　　　　　　(B)16　　　　　　(C)31　　　　　　(D)不确定

【答案】　B

**La1A3120** PCM30/32 制式中,传送帧定位信号、复帧定位信号、帧对告码的时隙是(　　)。

(A)TS0　　　　　　(B)TS15　　　　　　(C)TS16　　　　　　(D)TS31

【答案】　A

**La1A3121** 在 PCM 通信中,话路用作电话延伸方式时,自动话机的铃流由(　　)提供。

(A)交换机　　　　(B)PCM 终端设备　　　　(C)话机　　　　(D)中继

【答案】　B

**La1A3122** 通信设备与机房接地母排的接地线两端的连接点应确保电气接触良好,并应作(　　)处理

(A)绝缘　　　　　(B)防腐　　　　　(C)清洁　　　　　(D)焊接

【答案】　B

**La1A3123** 高斯白噪声通常是指噪声的(　　)服从高斯分布。

(A)功率谱密度　　(B)相位　　　　　(C)自相关函数　　(D)幅值

【答案】　D

**La1A3124** 属于均匀量化特点的是(　　)。

(A)保密性强

(B)大信号量化信噪比小信号量化信噪比大

(C)小信号量化信噪比大信号量化信噪比大

(D)较易于实现

【答案】　A

La1A3125　交流用电设备采用三相四线制时,引入时零线(　　)。

(A)不准安装熔断器　　　　　　　　　　(B)必须安装熔断器

(C)装与不装熔断器均可　　　　　　　　(D)经批准可以安装熔断器

【答案】　A

La1A3126　测得 NPN 型三极管上各电极对地电位分别为 $V_E = 2.1$ V, $V_B = 2.8$ V, $V_C = 4.4$ V,说明此三极管处在(　　)。

(A)放大区　　　　(B)饱和区　　　　(C)截止区　　　　(D)反向击穿区

【答案】　A

La1A3127　功率利用率最高的调制方法是(　　)。

(A)AM　　　　(B)FM　　　　(C)SSB　　　　(D)VSB

【答案】　B

La1A3128　对频率范围在 30～300 Hz 的模拟信号进行线性 PCM 编码,其最低抽样频率为(　　)Hz。

(A)30　　　　(B)60　　　　(C)300　　　　(D)600

【答案】　D

La1A3129　模拟信号低通型抽样定理是指抽样脉冲的重复频率必须不小于模拟信号最高频率的(　　)倍。

(A)1　　　　(B)2　　　　(C)3　　　　(D)4

【答案】　B

La1A3130　数字通信系统中用于取样判决的定时信息被称为(　　)信息。

(A)位同步　　　　(B)网同步　　　　(C)载波同步　　　　(D)群同步

【答案】　A

La1A3131　在数字通信系统中,传输速率属于通信系统性能指标中的(　　)。

(A)有效性　　　　(B)可靠性　　　　(C)适应性　　　　(D)标准性

【答案】　A

La1A3132　数字通信系统的可靠性一般由(　　)来衡量。

(A)传输速率　　　　(B)带宽　　　　(C)信噪比　　　　(D)误码率

【答案】　D

La1A3133　在二进制时,误码率和误信率在数值上的关系为(　　)。

(A)误码率的值大于误信率的值　　　　(B)误码率的值等于误信率的值

(C)误码率的值小于误信率的值　　　　(D)不确定

【答案】　B

La1A3134　最大输出信噪比准则下的最佳接收机通常被称作(　　)滤波器。

(A)最佳低通　　　　(B)最佳带低通　　　　(C)最佳高通　　　　(D)匹配

【答案】　D

**La1A3135** 通信系统可分为基带传输和频带传输,( )属于基带传输方式。

(A)PSK      (B)PCM      (C)QAM      (D)SSB

【答案】 B

**La1A3136** 可以采用差分解调方式进行解调的数字调制方式是( )。

(A)ASK      (B)PSK      (C)FSK      (D)DPSK

【答案】 D

**La1A3137** 经过扰码变换后,线路码流中的 0 和 1 出现的概率为( )。

(A)0 占 40%      (B)1 占 40%      (C)各占 50%      (D)不确定

【答案】 C

**La1A3138** 即使在"0""1"不等概率出现情况下,( )码仍然不包含直流成分。

(A)AMI      (B)双极性归零      (C)单极性归零      (D)差分

【答案】 A

**La1A3139** 从放大器级向耦合方式分析,容易产生零点飘移的是( )耦合。

(A)阻容      (B)变压器      (C)直接      (D)间接

【答案】 C

**La1A3140** 三极管 $\beta$ 值随着温度变化而发生变化,$\beta$ 值随温度升高而( )。

(A)显著增大      (B)显著减小      (C)无明显变化      (D)不确定

【答案】 A

**La1A3141** 数字电路中,稳态电路的组成是由两个( )。

(A)反相器经过正反馈互相连接      (B)单稳态经过正反馈互相连接

(C)反相器经过负反馈互相连接      (D)单稳态经过负反馈互相连接

【答案】 A

**La1A3142** 半导体的电阻率( )。

(A)比绝缘体的大      (B)比导体的小

(C)介于导体与绝缘体之间      (D)以上都不正确

【答案】 C

**La1A3143** 三相对称负载的功率,其中是( )之间的相位角。

(A)线电压与线电流      (B)相电压与线电流

(C)线电压与相电流      (D)相电压与相电流

【答案】 B

**La1A3144** 通信电源系统中,严禁在( )上加装断路器或熔断器。

(A)电源线      (B)接地线      (C)相线      (D)电源分支线

【答案】 B

**La1A3145** 属于恒参信道的是( )。

(A)微波对流层散射信道      (B)超短波电离层散射信道

(C)短波电离层反射信道      (D)微波中继信道

【答案】 D

La1A3146 根据信道的传输参数的特性可分为恒参信道和随参信道,恒参信道的正确定义是信道的参数(　　)变化。

(A)不随时间                 (B)不随时间或随时间缓慢

(C)随时间                   (D)随时间快速

【答案】 B

Lb1A3147 通信设备安装前,内部的装修工作已经全部完工室内已充分干燥,地面、墙壁、顶棚等处的预留孔洞、预埋件的规格、尺寸、位置、数量等应符合(　　)要求。

(A)施工图设计     (B)可研评审     (C)建设方案     (D)施工方案

【答案】 A

Lb1A3148 通信电源系统交流输入端应装有浪涌保护装置,应能承受(　　)电压脉冲的冲击。

(A)10/700 $\mu$s、1 kV            (B)10/700 $\mu$s、5 kV

(C)10/700 $\mu$s、10 kV          (D)10/700 $\mu$s、20 kV

【答案】 B

Lb1A3149 通信设备屏体抗震加固应符合抗震加固的要求,加固方式应符合(　　)设计要求。

(A)可研       (B)初步       (C)施工图       (D)竣工图

【答案】 C

Lb1A3150 通信设备屏体采用上走线方式时,(　　)应预留上走线穿孔。

(A)屏体顶部     (B)屏体底部     (C)屏体后部     (D)屏体前部

【答案】 A

Lb1A3151 屏内走线安装工艺要求中,机房其他布线的标牌应在机房(　　)处挂设。

(A)屏柜上      (B)屏柜下      (C)地板下      (D)进出口

【答案】 D

Lb1A3152 子架与机盘安装要求中,子架在屏体内宜按(　　)的顺序安装,安装前先考虑各种连线的走线方式。

(A)自下而上     (B)自上而下     (C)自右向左     (D)自左向右

【答案】 B

Lb1A3153 电源单元安装要求中,在设备电源−48 V连接未经检查前,(　　)把机盘安插到位,以免−48 V直流电源极性接反损坏机盘。

(A)可以       (B)不应       (C)允许       (D)无要求

【答案】 B

Lb1A3154 电源单元安装要求中,确认−48 V电源连接正确后,在(　　)的状态下,把机盘安插到位。

(A)空载       (B)带负荷      (C)不加电      (D)加电

【答案】 C

**Lb1A3155** 同轴连接器装在单元板上,在物理结构上同轴插头座上的面板用( )固定方式。

(A)卡槽      (B)螺母      (C)插头      (D)绑扎

【答案】 B

**Lb1A3156** 蓄电池室应具备防水、通风措施,蓄电池室内开关、插座、照明等电气部分应采取( )措施。

(A)防水      (B)防火      (C)防爆      (D)防潮

【答案】 C

**Lb1A3157** 交换机的发展历程是( )。

(A)人工交换机→步进制交换机→纵横制交换机→程序控制数字交换机

(B)步进制交换机→人工交换机→纵横制交换机→程序控制数字交换机

(C)人工交换机→纵横制交换机→步进制交换机→程序控制数字交换机

(D)纵横制交换机→步进制交换机→人工交换机→程序控制数字交换机

【答案】 A

**Lb1A3158** 外线用户的出入线音频电缆需经过音频配线架的( )装置,方可接入通信终端设备。

(A)保安      (B)避雷      (C)报警      (D)防盗

【答案】 A

**Lb1A3159** 电力系统调度交换网在编号方式上,用户的全编号为( )位编号。

(A)6      (B)7      (C)8      (D)9

【答案】 D

**Lb1A3160** 一般情况下,交换机用户的馈电电压为 DC$-48$ V,用户线环阻为( )Ω(包括话机内阻 300 Ω),环路电流应不低于( )mA。

(A)1 600,18      (B)600,20      (C)1 800,18      (D)3 000,20

【答案】 C

**Lb1A3161** 在 SDH 系统中,电接口线路码型为( )。

(A)BIP      (B)CMI      (C)HDB3      (D)NRZ

【答案】 B

**Lb1A3162** SDH 帧结构中,STM$-$N 帧长度为( )个字节。

(A)8 N      (B)9 N      (C)270 N      (D)2 430 N

【答案】 D

**Lb1A3163** SDH 传输设备的时钟源在系统时钟优先等级最低的是( )。

(A)外部时钟源      (B)线路源      (C)支路源      (D)内部源

【答案】 D

**Lb1A3164** 将 PDH 信号装进 STM$-$N 帧结构信息净负荷区须经过( )三个步骤。

(A)抽样、量化、编码          (B)映射、定位、复用

(C)适配、同步、复用　　　　　　　　　　　　(D)码速调整、定时、复用

【答案】 B

Lb1A3165 在 SDH 中环形网中最常用的网元是( )。

(A)TM　　　　　　(B)ADM　　　　　　(C)REG　　　　　　(D)DXC

【答案】 B

Lb1A3166 2M 电接口的阻抗类型是( )Ω。

(A)75　　　　　　(B)120　　　　　　(C)150　　　　　　(D)75 和 120

【答案】 D

Lb1A3167 1 路 STM－1 时隙,已经配置有 2 条 VC3 级别的业务,还能配置( )条 2M 级别业务。

(A)1　　　　　　(B)21　　　　　　(C)61　　　　　　(D)111

【答案】 B

Lb1A3168 SDH 的各种自愈环的倒换时间均应不超过( )ms。

(A)50　　　　　　(B)250　　　　　　(C)500　　　　　　(D)1 000

【答案】 A

Lb1A3169 大型 SDH 网可采用混合同步法,以避免某些站点( )过长而造成时钟精度下降。

(A)传输时间　　　　(B)等待时间　　　　(C)跟踪路由　　　　(D)光纤路由

【答案】 C

Lb1A3170 在 SDH 开销字节中,用作传送同步状态信息的字节是( )。

(A)S1(b1－b4)　　　　　　　　　　　(B)S1(b5－b8)

(C)M1(b1－b4)　　　　　　　　　　　(D)M1(b5－b8)

【答案】 B

Lb1A3171 在 SDH 中,SSM 是通过 MSOH 中( )字节来传递。

(A)S1　　　　　　(B)A1　　　　　　(C)B2　　　　　　(D)C2

【答案】 A

Lb1A3172 SDH 光接口线路码型为( )。

(A)HDB3B　　　　(B)加扰的 NRZ　　　(C)mBnB　　　　　(D)CMI

【答案】 B

Lb1A3173 光通信系统的误码率一般应小于( )。

(A)$1\times10^{-6}$　　(B)$1\times10^{-7}$　　　(C)$1\times10^{-8}$　　　(D)$1\times10^{-9}$

【答案】 D

Lb1A3174 我国基群速率为( )。

(A)64 Kbit/s　　　　　　　　　　　　(B)1.554 Mbit/s

(C)2.048 Mbit/s　　　　　　　　　　(D)155.520 Mbit/s

【答案】 C

**Lb1A3175** STM－1 比特率为（　　）kbit/s。

(A)34 328　　　　　(B)155 520　　　　　(C)622 080　　　　(D)9 953 280

【答案】 B

**Lb1A3176** 光功率的折算单位 dBm 为（　　），dBr 为（　　）。

(A)绝对值　相对值　　　　　　　　　(B)绝对值　绝对值

(C)相对值　绝对值　　　　　　　　　(D)相对值　相对值

【答案】 A

**Lb1A3177** 某公司申请到一个 C 类 IP 地址,需要分配给 8 个子公司,最好的子网掩码设应为（　　）。

(A)255.255.255.0　　　　　　　　　(B)255.255.255.128

(C)255.255.255.240　　　　　　　　(D)255.255.255.224

【答案】 D

**Lb1A3178** （　　）存储器会在交换机重新启动或关掉电源时丢失其中的内容。

(A)RAM　　　　　(B)ROM　　　　　(C)Flash　　　　　(D)NVRAM

【答案】 A

**Lb1A3179** （　　）区域中,OSPF 内部路由器的路由选择表最小。

(A)末节　　　　　(B)绝对末节　　　　　(C)标准　　　　　(D)中转

【答案】 B

**Lb1A3180** 路由器的 OSPF 优先级为 0,意味着该路由器（　　）。

(A)可参与 DR 的选择,其优先级最高

(B)执行其他操作前转发 OSPF 分组

(C)不能参与 DR 的选举,它不能成为 DR,也不能成为 BDR

(D)不能参与 DR 的选举,但可成为 BDR

【答案】 C

**Lb1A3181** 在 MSR 路由器上配置 OSPF 路由优先级值为 60,则（　　）命令是正确的。

(A)Router]ospfpreference60　　　　　(B)Router]preference60

(C)Router-ospf-1]ospfpreference60　　　(D)Router-ospf-1]preference60

【答案】 D

**Lb1A3182** OPGW 放线施工过程中,应在 OPGW 上装设（　　）,防止感应电伤人。

(A)绝缘子　　　　(B)带放电间隙绝缘子　(C)临时接地线　　(D)验电环

【答案】 C

**Lb1A3183** 在一个 B 类的未划分子网的网络中约可以有（　　）个主机地址。

(A)254　　　　　　　　　　　　　　(B)2 024

(C)65 000 以上　　　　　　　　　　(D)16 000 000 以上

【答案】 C

**Lb1A3184**　与 10.110.12.29mask255.255.255.224 属于同一网段的主机 IP 地址是（　　）。

（A）10.110.12.0　　（B）10.110.12.30　　　（C）10.110.12.31　（D）10.110.12.32

【答案】　B

**Lb1A3185**　530 台计算机组成一个对等局域网,设置子网掩码（　　）最合适。

（A）255.255.255.0　　　　　　　　（B）255.255.254.0

（C）255.255.252.0　　　　　　　　（D）255.255.250.0

【答案】　C

**Lb1A3186**　（　　）协议属于 OSI 参考模型第七层。

（A）TCP　　　　　（B）POP3　　　　　（C）UDP　　　　　（D）MPLS

【答案】　B

**Lb1A3187**　IP 地址中,网络部分全 0 表示（　　）。

（A）主机地址　　（B）网络地址　　　（C）所有主机　　（D）所有网络

【答案】　D

**Lb1A3188**　中间接续铁塔的 OPGW 余缆架应安装在（　　）。

（A）第一级平台上方　　　　　　　　（B）第二级平台上方

（C）第一级平台下方　　　　　　　　（D）第二级平台下方

【答案】　A

**Lb1A3189**　交换式数据网络的工作模式是（　　）。

（A）全双工　　　（B）半双工　　　　（C）单工　　　　（D）半单工

【答案】　A

**Lb1A3190**　光缆线路应每隔一定距离装设一块线路标牌,田野、山区可增加间隔,最大不宜超过（　　）m。

（A）200　　　　　（B）300　　　　　（C）400　　　　　（D）500

【答案】　D

**Lb1A3191**　交换机工作于 OSI 网络参考模型的第（　　）层,是一种基于 MAC 地址识别、完成以太网数据帧转发的网络设备。

（A）一　　　　　（B）二　　　　　（C）三　　　　　（D）四

【答案】　B

**Lb1A3192**　（　　）命令可以通过网络远程查看该计算机基本输入输出系统的名称表及名称缓存。

（A）Ipconfig　　（B）Nbtstat　　　（C）Arp　　　　　（D）Netstat

【答案】　B

**Lb1A3193**　Internet 网络层使用的四个重要协议是（　　）。

（A）IP、ICMP、ARP、UDP　　　　　（B）IP、ICMP、ARP、RARP

（C）TCP、UDP、ARP、RARP　　　　（D）IP、ICMP、ARP、TCP

【答案】　B

Lb1A3194 ( )是有效的 MAC 地址。

(A)192.201.63.252         (B)19 - 22 - 01 - 63 - 23

(C)0000.1234. ADFB       (D)00 - 00 - 11 - 11 - 11 - AA

【答案】 D

Lb1A3195 ( )是一种广播,主机通过它可以动态的发现对应于一个 IP 地址的 MAC 地址。

(A)ARP     (B)RARP     (C)ICMP     (D)DNS

【答案】 A

Lb1A3196 连入 Internet 的所有计算机都仅有一个( )。

(A)MAC 地址     (B)IP 地址     (C)端口号     (D)进程号

【答案】 A

Lb1A3197 ( )协议可以将 IP 地址映射到第二层地址。

(A)ARP     (B)RARP     (C)NAT     (D)DHCP

【答案】 A

Lb1A3198 ( )不是 IP 地址使用子网规划的目的。

(A)将大的网络分为多个更小的网络

(B)提高 IP 地址的利用率

(C)增强网络的可管理性

(D)增加 IP 地址冗余度

【答案】 D

Lb1A3199 关于 IP 地址的说法错误的是( )。

(A)IP 地址由网络号和主机号组成

(B)A 类 IP 地址的网络号有 8 位,实际的可变位数为 7 位

(C)D 类 IP 地址通常作为组播地址

(D)地址转换(NAT)技术通常用于解决 A 类地址到 C 类地址的转换

【答案】 D

Lb1A3200 若帧长为 64 bytes,端口为 FE,则设备所能支持的最大帧长为( )帧/s。

(A)8 128     (B)8 160     (C)148 810     (D)156 250

【答案】 C

Lb1A3201 路由信息协议 RIP 是内部网关协议 IGP 中使用得最广泛的一种基于( )路由算法的协议。

(A)链路状态     (B)距离矢量     (C)集中式     (D)固定

【答案】 B

Lb1A3202 路由信息协议 RIP 其最大优点是( )。

(A)简单     (B)可靠性高     (C)速度快     (D)功能强

【答案】 A

Lb1A3203　路由信息协议 RIP 规定数据每经过一个路由器,跳数增加 1,实际使用中,一个通路上最多可包含的路由器数量是(　　)个。

(A)1　　　　　　　(B)15　　　　　　　(C)16　　　　　　　(D)无数

【答案】　B

Lb1A3204　路由信息协议 RIP 更新路由表的原则是使到各目的网络的(　　)。

(A)距离最短　　　(B)时延最小　　　(C)路由最少　　　(D)路径最空闲

【答案】　A

Lb1A3205　管道光缆中,同一管孔中布放 2 根及以上子管时,各子管宜采用不同(　　)加以区别。

(A)直径　　　　　(B)截面　　　　　(C)形状　　　　　(D)颜色

【答案】　D

Lb1A3206　路由器的工作原理中,属于流量整形的技术是(　　)。

(A)L2TP　　　　　(B)GTS　　　　　(C)VLAN　　　　　(D)RSVP

【答案】　B

Lb1A3207　PCM30/32 路系统中,位脉冲的重复频率为(　　)kHz。

(A)0.5　　　　　　(B)8　　　　　　　(C)256　　　　　　(D)2 048

【答案】　C

Lb1A3208　PCM30/32 系统第 23 路信令码在帧结构中的位置为(　　)。

(A)F7 帧 TS16 的前 4 位码　　　　　　(B)F7 帧 TS16 的后 4 位码

(C)F8 帧 TS16 的前 4 位码　　　　　　(D)F8 帧 TS16 的后 4 位码

【答案】　D

Lb1A3209　电力管沟中敷设的光缆,在每只手孔处都应挂设线路标识,标识一般挂在(　　)上,井(孔)盖板上宜做明显标识。

(A)子管　　　　　(B)光缆　　　　　(C)支架　　　　　(D)盖板

【答案】　A

Lb1A3210　2M 电接口的线路阻抗规定为(　　)Ω。

(A)75(不平衡)　　　　　　　　　　　(B)120(平衡)

(C)75(不平衡)或 120(平衡)　　　　　(D)75(平衡)或 120(不平衡)

【答案】　C

Lb1A3211　No.7 信令中的信令数据链路占用的时隙是(　　)。

(A)TS16　　　　　(B)TS17　　　　　(C)TS0　　　　　　(D)任一个时隙

【答案】　D

Lb1A3212　PCM 编码中,每一个比特位所占的时间是(　　)$\mu$s。

(A)0.488　　　　　(B)3.9　　　　　　(C)125　　　　　　(D)500

【答案】　A

**Lb1A3213** PCM 编码中,每一个时隙所占的时间是( )μs。

(A)3.9 　　(B)39 　　(C)125 　　(D)200

【答案】 A

**Lb1A3214** PCM30/32 路系统传输一个复帧所需的时间是( )。

(A)0.488 $\mu$s 　　(B)3.91 $\mu$s 　　(C)2 ms 　　(D)125 ms

【答案】 C

**Lb1A3215** PCM30/32 系统帧结构中 TS16 时隙的用途是( )。

(A)传送各路信令码

(B)传送各路信令码、复帧同步码和复帧失步对告码

(C)传送复帧同步码

(D)串传送复帧失步对告码

【答案】 B

**Lb1A3216** PCM 通信系统中采用抽样保持的目的是( )。

(A)保证编码的精度 　　　　(B)减小量化误差

(C)减小量化噪声 　　　　(D)以上都不是

【答案】 A

**Lb1A3217** 在 PCM 的帧结构中每一个复帧包含 16 个子帧,每个子帧含( )个时隙。

(A)24 　　(B)30 　　(C)32 　　(D)64

【答案】 C

**Lb1A3218** G.811 建议,基准主时钟(PRC)频率准确度为( )s。

(A)$1 \times 10^{-11}$ 　　(B)$1 \times 10^{-10}$ 　　(C)$1 \times 10^{-9}$ 　　(D)$1 \times 10^{-8}$

【答案】 A

**Lb1A3219** PRC 基准时钟一般采用( )。

(A)GPS 　　(B)铯原子钟 　　(C)铷原子钟 　　(D)晶体钟

【答案】 B

**Lb1A3220** G.781 建议,定时基准传输链大于( )个网元,必须采用 BITS 补偿。

(A)10 　　(B)20 　　(C)30 　　(D)50

【答案】 B

**Lb1A3221** 下列时钟等级中,精度最高的是( )。

(A)G.811 时钟信号 　　　　(B)G.812 转接局时钟信号

(C)G.812 本地局时钟信号 　　(D)同步设备定时源(SETS)

【答案】 A

**Lb1A3222** 通信开关电源安装过程中,蓄电池空开(熔丝)合上前,应将电源浮充电压调整至( )电池组开路电压。

(A)大于 　　(B)小于 　　(C)等于 　　(D)不确定

【答案】 C

**Lb1A3223**　描述同步网性能的重要指标是(　　)。

(A)漂动、抖动、位移　　　　　　　　　　(B)漂动、抖动、滑动

(C)漂移、抖动、位移　　　　　　　　　　(D)漂动、振动、滑动

【答案】　B

**Lb1A3224**　由于时钟内部操作而引起的基准时钟输出接口(2 048 kHz 或 2 048 kbit/s)相位不连续性都不应超过(　　)UI。

(A)1/8　　　　　　(B)1/4　　　　　　(C)1/2　　　　　　(D)1

【答案】　A

**Lb1A3225**　SDH 同步网定时基准传输链上,在两个转接局 SSU 之间的 SDH 设备时钟数目不宜超过(　　)个。

(A)10　　　　　　(B)20　　　　　　(C)60　　　　　　(D)99

【答案】　B

**Lb1A3226**　通信网中,从时钟的正常工作状态不应包括(　　)。

(A)自由运行　　　(B)保持　　　　　(C)锁定　　　　　(D)跟踪

【答案】　D

**Lb1A3227**　SDH 同步网定时基准传输链上,SDH 设备时钟总个数不能超过(　　)个。

(A)10　　　　　　(B)20　　　　　　(C)60　　　　　　(D)99

【答案】　C

**Lb1A3228**　影响 ADSS 光缆运行的关键电气性能是(　　)。

(A)舞动　　　　　　　　　　　　　　　　(B)防电腐蚀

(C)防渗水及防潮　　　　　　　　　　　　(D)防外力破坏

【答案】　B

**Lb1A3229**　G.652 单模光纤在(　　)nm 波长上具有零色散的特点。

(A)800　　　　　　(B)1 310　　　　　(C)1 550　　　　　(D)1 625

【答案】　B

**Lb1A3230**　G.652 光纤在工作波长为 1 550 nm 时,每公里损耗约为(　　)dB。

(A)0.1　　　　　　(B)0.2　　　　　　(C)0.5　　　　　　(D)1

【答案】　B

**Lb1A3231**　GYFZTZY－24B1 光缆描述正确的是(　　)。

(A)室(局)内油膏钢-聚乙烯光缆　　　　　(B)移动油膏钢-聚乙烯光缆

(C)室(野)外非金属阻燃光缆　　　　　　　(D)海底光缆

【答案】　C

**Lb1A3232**　下列选项中,不是光功率的单位的是(　　)。

(A)dB　　　　　　(B)dBm　　　　　　(C)W　　　　　　(D)H

【答案】　D

**Lb1A3233** 测量光缆金属护层对地绝缘性能的好坏,一般采用的仪表是(　　)。

(A)万用表

(B)高阻计(即光缆金属护层对地绝缘测试仪)

(C)耐压表

(D)直流电桥

【答案】 B

**Lb1A3234** 带有光放大器的光通信系统在进行联网测试时,误码率要求为不大于(　　)。

(A)$1×10^{-12}$　　　(B)$1×10^{-10}$　　　(C)$1×10^{-8}$　　　(D)$1×10^{-6}$

【答案】 A

**Lb1A3235** 光缆施工时不允许过度弯曲,光缆转弯时弯曲半径应大于或等于光缆外径的10倍,并确保运行时其弯曲半径不应小于光缆外径(　　)倍。

(A)5　　　　　(B)10　　　　　(C)15　　　　　(D)20

【答案】 D

**Lb1A3236** 单模光纤的色散,主要是由(　　)色散引起的。

(A)模式　　　　(B)材料　　　　(C)折射剖面　　　　(D)菲涅尔

【答案】 B

**Lb1A3237** 短波长光纤工作的波长约为0.8 $\mu$m～0.9 $\mu$m,属于(　　)。

(A)单模光纤　　　(B)多模光纤　　　(C)基模光纤　　　(D)塑料光纤

【答案】 B

**Lb1A3238** 光纤接续单点双向平均熔接损耗应小于0.05 dB,最大不超过0.1 dB,全程大于0.05 dB的接头比例应小于(　　)。

(A)5%　　　　　(B)10%　　　　　(C)15%　　　　　(D)20%

【答案】 B

**Lb1A3239** 光缆护层剥除后,缆内油膏可用(　　)擦干净。

(A)汽油　　　　(B)煤油　　　　(C)酒精　　　　(D)丙酮

【答案】 C

**Lb1A3240** 普通光缆适用温度为(　　)℃。

(A)$-40～+60$　　(B)$-5～+50$　　(C)$-5～+60$　　(D)$-40～+50$

【答案】 C

**Lb1A3241** 光缆在杆上做余留弯的目的是(　　)。

(A)抢修备用　　(B)缓解外力作用　　(C)防强电、防雷　　(D)好看、美观

【答案】 B

**Lb1A3242** 光纤的传输特性主要包括光纤的(　　)特性。

(A)损耗　　　　(B)色散　　　　(C)吸收　　　　(D)损耗和散射

【答案】 D

**Lb1A3243** 光纤接续一般应在不低于( )℃条件下进行。

(A)-10 (B)-5 (C)0 (D)5

【答案】 B

**Lb1A3244** 光纤色散是由于光信号在传输媒介中发生( )造成的。

(A)时延 (B)散射 (C)衰减 (D)反射

【答案】 A

**Lb1A3245** 光纤通信的原理是利用光在传输媒介中的( )原理。

(A)折射 (B)全反射 (C)透视 (D)光的衍射

【答案】 B

**Lb1A3246** 光纤通信系统基本上由( )组成。

(A)光发送机 (B)光纤 (C)光接收机 (D)以上都是

【答案】 D

**Lb1A3247** ( )不是光纤通信的特点。

(A)传输频带宽 (B)通信容量大 (C)损耗低 (D)受电磁干扰

【答案】 D

**Lb1A3248** 在光纤通信中,( )是决定中继距离的主要因素之一。

(A)光纤芯径 (B)抗电磁干扰能力 (C)传输带宽 (D)电调制方式

【答案】 C

**Lb1A3249** 通常 OPGW 的放线张力不大于( )%RTS,未受力状态下的弯曲半径为 15 倍光缆外径。

(A)15 (B)20 (C)40 (D)75

【答案】 B

**Lb1A3250** 依据 DL/T 788 规定,ADSS-24B1-12 kN 光缆某项含义表述正确的是( )。

(A)中心管结构 (B)普通聚乙烯护套

(C)非零色散位移单模光纤 (D)MAT 为 12 kN

【答案】 D

**Lb1A3251** 依据 DL/T 788 规定,ADSS-XAT36B1-12 kN 光缆某项含义表述正确的是( )。

(A)松套层绞式结构 (B)抗电痕护套

(C)非零色散位移单模光纤 (D)RTS 为 12 kN

【答案】 B

**Lb1A3252** GYFTY02-24J 50/125(2 10 08)C 光缆某项含义表述正确项是( )。

(A)室内光缆 (B)金属加强构件光缆 (C)填充式光缆 (D)聚乙烯护套

【答案】 C

**Lb1A3253** GYFTY03-24J 50/125(2 10 08)C 光缆某项含义表述正确项是( )。

(A)室内光缆 (B)金属加强构件光缆 (C)自承式光缆 (D)聚乙烯护套

【答案】 D

**Lb1A3254** OPGW-12B1-100[75;95.5]的某项含义表述正确的是(　　)。

(A)12芯G.655单模光纤　　　　　　(B)短路电流容量95.5 kA²·s

(C)截面积为75 mm²　　　　　　　(D)RTS为100 kN

【答案】　B

**Lb1A3255** UPS电源的额定容量单位是(　　)。

(A)千瓦时　　(B)毫安时　　(C)立方米　　(D)千伏安

【答案】　D

**Lb1A3256** 直流电源和交流电源系统的不间断供电,都是由(　　)保证的。

(A)整流器　　(B)逆变器　　(C)蓄电池　　(D)直流配电屏

【答案】　C

**Lb1A3257** 市电停电时,在线式UPS的(　　)部件停止工作。

(A)逆变器　　(B)整流器　　(C)蓄电池　　(D)变压器

【答案】　B

**Lb1A3258** 载能量100%由逆变器提供的UPS是(　　)。

(A)备式UPS　　　　　　　　　　(B)互动式UPS

(C)在线式UPS　　　　　　　　　(D)DELTA变换式UPS

【答案】　C

**Lb1A3259** 机房UPS电源系统运行异常时,状态指示灯显示(　　),并产生报警信息。

(A)绿色　　　　　　　　　　　　(B)黄色

(C)红色　　　　　　　　　　　　(D)无明显颜色变化

【答案】　C

**Lb1A3260** 机房UPS电源系统的阀控式密封铅酸蓄电池每节最低电压为(　　)V。

(A)1.5　　(B)1.8　　(C)2.1　　(D)2.4

【答案】　C

**Lb1A3261** 市电正常且逆变器无故障时,UPS应工作在(　　)状态。

(A)逆变器　　(B)整流器　　(C)静态旁路　　(D)维护旁路

【答案】　A

**Lb1A3262** UPS电源每(　　)进行一次旁路切换试验,当退出交/直流电源时,UPS电源应自动切换至旁路电源供电。

(A)月　　(B)季度　　(C)半年　　(D)年

【答案】　D

**Lb1A3263** UPS电源每(　　)进行一次UPS主机交流输入切换试验,两路交流输入应能正常切换。

(A)月　　(B)季度　　(C)半年　　(D)年

【答案】　B

**Lb1A3264** 配置两套 UPS 电源时,宜采用( )接线方式。

(A)双机双母线    (B)双机单母线    (C)单机双母线    (D)单机单母线

【答案】 A

**Lb1A3265** 在日常调度生产工作中,精密空调压缩机高压报警常见于( )。

(A)春季    (B)夏季    (C)秋季    (D)冬季

【答案】 B

**Lb1A3266** 在日常调度生产工作中,UPS 电源短暂的电池供电告警,一般是因为( )造成。

(A)市电电压瞬间过低      (B)市电电压瞬间过高

(C)电池充电完成      (D)电池正在充电

【答案】 A

**Lb1A3267** 通信直流电源的多块整流模块并列运行时,均流不平衡度应小于额定电流值的( )。

(A)1%    (B)5%    (C)10%    (D)15%

【答案】 B

**Lb1A3268** 通信设备一般采用( )V 作为直流供电电压。

(A)48    (B)36    (C)−48    (D)−36

【答案】 C

**Lb1A3269** 交流电的电压波形正弦畸变率应小于( )。

(A)0.03    (B)0.04    (C)0.05    (D)0.06

【答案】 C

**Lb1A3270** 按照 Q/GDW 11442 要求,每( )进行一次充电装置交流输入切换试验,两路交流输入应能正常切换。

(A)月    (B)季度    (C)半年    (D)年

【答案】 B

**Lb1A3271** 《电力系统通信站安装工艺规范》规定,交流电源系统的各级过电压保护器件间连线距离小于( )m 时应设置有过压起阻隔作用的装置。

(A)10    (B)15    (C)20    (D)30

【答案】 B

**Lb1A3272** 交流用电设备采用三相五线制时,引入时零线( )。

(A)不准安装熔断器      (B)必须安装熔断器

(C)装与不装熔断器均可      (D)经批准可以安装熔断器

【答案】 A

**Lb1A3273** 电流表、电压表、功率表、兆欧表,是( )对测量仪表进行分类的。

(A)根据被测量的名称(或单位)分类      (B)按作用原理分类

(C)根据仪表的测量方式分类      (D)根据仪表所测的电流种类分类

【答案】 A

**Lb1A3274** 电流互感器在运行过程中二次线圈回路不能( )。

(A)断路和短路　　(B)断路　　　　(C)短路　　　　(D)开路

【答案】 D

**Lb1A3275** 蓄电池是一种可以储存( )能量的装置。

(A)化学　　　　(B)光　　　　　(C)热　　　　　(D)动

【答案】 A

**Lb1A3276** 铅酸蓄电池在放电过程中,正负极板上的活性物质都不断地转化为( )。

(A)二氧化铅　　(B)硫酸铅　　　(C)硫酸　　　　(D)铅

【答案】 B

**Lb1A3277** 通信用高频开关电源输出的标称电压为( )V。

(A)直流+48　　(B)交流220　　(C)直流-200　　(D)直流-48

【答案】 D

**Lb1A3278** 负48 V直流供电系统采用( )只单体电压为2 V的铅酸蓄电池串联。

(A)12　　　　　(B)24　　　　　(C)36　　　　　(D)48

【答案】 B

**Lb1A3279** 通信站蓄电池组供电后备时间不小于4 h,地处偏远的无人值班通信站应大于抢修
人员携带必要工器具抵达通信站的时间且不小于( )h。

(A)4　　　　　(B)8　　　　　(C)12　　　　　(D)24

【答案】 B

**Lb1A3280** 蓄电池组接入电源时,应检查电池极性,并确认蓄电池组电压与( )输出电压
匹配。

(A)逆变器　　　(B)整流器　　　(C)稳压器　　　(D)变压器

【答案】 B

**Lb1A3281** 安装或拆除蓄电池连接铜排或线缆时,应使用经绝缘处理的工器具,严禁将蓄电池
正负极( )。

(A)串接　　　　(B)开路　　　　(C)短接　　　　(D)并接

【答案】 C

**Lb1A3282** ( )类通信机房中的主机房和基本工作间应安装消防系统。

(Λ)A　　　　　(B)B　　　　　(C)A、B　　　　(D)A、B、C

【答案】 C

**Lb1A3283** 通信电源开机调试应按( )的顺序逐个合上空开(插入熔丝)。①交流输入空
开;②直流输出空开;③模块输入空开。

(A)①②③　　　(B)②①③　　　(C)③①②　　　(D)①③②

【答案】 D

**Lb1A3284** 设备接地的一般要求是将各设备的保护接地点与机房（　　）连接。

(A)电源零线　　　(B)环形接地母线　　　(C)电源直流负端　(D)防静电地板

【答案】 B

**Lb1A3285** 通信系统接地要求中,设备保护地线宜用多股（　　）。

(A)铝芯线　　　(B)电缆　　　(C)铜导线　　　(D)铁丝

【答案】 C

**Lb1A3286** 计算机设备没有明确要求时,A、B级机房配电系统的中性(N)线与保护地(PE)线之间的电压有效值应不大于（　　）V。

(A)1　　　(B)2　　　(C)3　　　(D)4

【答案】 B

**Lb1A3287** 电缆屏蔽层的接地线截面面积,可为屏蔽层截面面积的（　　）倍。

(A)2　　　(B)2.5　　　(C)3　　　(D)3.5

【答案】 A

**Lb1A3288** 测量接地电阻时,为保证有零电位区间,应使电流回路的两极间隔（　　）m。

(A)20　　　(B)40　　　(C)60　　　(D)80

【答案】 B

**Lb1A3289** （　　）不属于设备维护检修制度中规定的蓄电池放电要求。

(A)每年应以实际负荷做一次核对性放电试验,放出额定容量的30%～40%

(B)每三年应做一次容量试验(放出额定容量的80%);使用六年后宜每年一次

(C)每月对各电池的端电压测量一次

(D)蓄电池放电试验期间,每小时应测量一次端电压

【答案】 D

**Lb1A3290** 负48 V直流供电系统的磷酸铁锂电池由（　　）只电池棒串联。

(A)16　　　(B)23　　　(C)25　　　(D)28

【答案】 A

**Lb1A3291** 负48 V直流供电系统的（　　）极接地。

(A)正极　　　(B)负极　　　(C)都不　　　(D)以上都不正确

【答案】 A

**Lb1A3292** C10 代号的含义为（　　）。

(A)电池放电20 h释放的容量(单位 Ah)

(B)电池放电10 h释放的容量(单位 Ah)

(C)电池放电20 h释放的能量(单位 W)

(D)电池放电10 h释放的能量(单位 W)

【答案】 B

**Lb1A3293** UPS 负载设备的启动应遵循（　　）顺序进行。

（A）由大到小　　　（B）由小到大　　　（C）因设备而异　　　（D）无顺序要求

【答案】　A

**Lb1A3294** 电源设备监控单元的（　　）是一种将电压或电流转换为可以传送的标准输出信号的器件。

（A）传感器　　　（B）变送器　　　（C）逆变器　　　（D）控制器

【答案】　B

**Lb1A3295** 整组蓄电池电压检测精度应不低于标称值的（　　）；单节蓄电池电压检测精度应不低于标称值的（　　）V。

（A）±0.5%　±0.2%　　　　　　　　　（B）±0.2%　±0.5%

（C）±0.5%　±0.5%　　　　　　　　　（D）±0.2%　±0.2%

【答案】　A

**Lb1A3296** 阀控式密封铅酸蓄电池的 C3 为 C10 的（　　）倍。

（A）0.55　　　（B）0.75　　　（C）0.85　　　（D）1

【答案】　B

**Lb1A3297** 阀控式密封铅酸蓄电池额定容量规定的环境温度为（　　）℃。

（A）15　　　（B）25　　　（C）30　　　（D）35

【答案】　B

**Lb1A3298** 高频开关整流模块额定输入电压为三相 380 V 时,允许波动范围是（　　）V。

（A）320～420　　　（B）323～418　　　（C）318～418　　　（D）325～420

【答案】　B

**Lb1A3299** 各种通信设备应采用（　　）空气开关或直流熔断器供电,禁止多台设备共用一支分路开关或熔断器。

（A）可靠的　　　（B）独立的　　　（C）安全的　　　（D）合格的

【答案】　B

**Lb1A3300** 具有蓄电池温度补偿功能的组合电源系统,在一定的温度范围内,系统的输出电压会随着蓄电池温度（　　）。

（A）升高而升高,降低而降低　　　　　（B）升高而降低,降低而升高

（C）不变　　　　　　　　　　　　　（D）以上都不对

【答案】　B

**Lb1A3301** 开关电源系统普遍推荐采用蓄电池组为（　　）。

（A）富液式铅酸蓄电池　　　　　　　（B）碱性蓄电池

（C）阀控式密封铅酸蓄电池　　　　　（D）镍-氢电池

【答案】　C

**Lb1A3302**　单体铅酸蓄电池 10 h 放电终止电压为（　　）V。

(A)1.75　　　　　(B)1.8　　　　　(C)1.85　　　　　(D)1.9

【答案】　C

**Lb1A3303**　铅酸蓄电池的标称电压为（　　）V。

(A)1.5　　　　　(B)1.8　　　　　(C)2.0　　　　　(D)3.6

【答案】　C

**Lb1A3304**　铅酸蓄电池的电解液是（　　）。

(A)$H_2O$　　　(B)$H_2SO_4$　　　(C)$H_2SO_4+H_2O$　　　(D)$NaCl+H_2O$

【答案】　C

**Lb1A3305**　铅酸蓄电池浮充工作单体电压应为（　　）V。

(A)2.23~2.27　　　(B)2.30~2.35　　　(C)2.35~2.40　　　(D)2.40~2.45

【答案】　A

**Lb1A3306**　三相交流电的相位差为（　　）。

(A)90°　　　　　(B)120°　　　　　(C)150°　　　　　(D)180°

【答案】　B

**Lb1A3307**　通信局（站）的交流供电系统应采用的供电方式有（　　）。

(A)三相三线制　　(B)三相四线制　　(C)三相五线制　　(D)两线制

【答案】　C

**Lb1A3308**　通信行业一般采用（　　）V 作为直流基础电压。

(A)−36　　　　　(B)−48　　　　　(C)36　　　　　(D)48

【答案】　B

**Lb1A3309**　通信用高频开关电源系统中,协调管理其他单元模块的是（　　）模块。

(A)交流　　　　　(B)直流　　　　　(C)整流　　　　　(D)监控

【答案】　D

**Lb1A3310**　关于电池额定容量表述正确的是（　　）。

(A)电池在 25 度环境下以 10 小时率电流放电至终了电压所能达到的容量

(B)电池在 25 度环境下以 3 小时率电流放电至终了电压所能达到的容量

(C)电池在 25 度环境下以 1 小时率电流放电至终了电压所能达到的容量

(D)假设电池内活性物质全部反应所放出的电量

【答案】　A

**Lb1A3311**　通信机房房顶上应敷设闭合均压网（带）并与接地网连接,房顶平面任一点到均压带的距离不应大于（　　）m。

(A)4　　　　　(B)5　　　　　(C)6　　　　　(D)8

【答案】　B

**Lb1A3312** 通信机房内环形接地铜母排的截面不小于( ) mm²。

(A)75 　　(B)80 　　(C)90 　　(D)120

【答案】 C

**Lb1A3313** 通信站的避雷接地体一般采用镀锌角钢,角钢一般不小于( )。

(A)25 mm×25 mm×2 mm 　　(B)40 mm×40 mm×4 mm

(C)50 mm×50 mm×5 mm 　　(D)50 mm×50 mm×4 mm

【答案】 C

**Lb1A3314** 电缆沟道、竖井内的金属支架至少应有( )点接地。

(A)1 　　(B)2 　　(C)3 　　(D)4

【答案】 B

**Lb1A3315** 阀控式密封铅酸蓄电池的充电方式有( )。

(A)稳压方式 　　(B)稳流方式 　　(C)均流方式 　　(D)均压方式

【答案】 A

**Lb1A3316** 空心线圈结构一定时,其电感量是( )。

(A)常数 　　(B)和通过的电流成正比变化

(C)和通过的电流成反比变化 　　(D)以上都不正确

【答案】 A

**Lb1A3317** 外线音频电缆应经过音频配线架的( ),方可接入通信设备。

(A)防盗装置 　　(B)避雷装置 　　(C)报警装置 　　(D)保安装置

【答案】 D

**Lb1A3318** 铠装又有屏蔽层的音频电缆进入通信机房时,其接地方式是( )。

(A)机房内铠带和屏蔽层同时接地,另一端铠带和屏蔽层也同时接地

(B)机房内铠带和屏蔽层同时接地,另一端只将屏蔽层接地

(C)机房内铠带和屏蔽层同时接地,另一端只将铠带接地

(D)机房内只将屏蔽层接地,另一端铠带和屏蔽层同时接地

【答案】 B

**Lb1A3319** 通信电源整流模块通常应具有( )保护功能。

(A)交流输入过压、输出欠压、输出限流、短路、过温

(B)交流输入欠压、输出过压、输出限流、短路、过流

(C)交流输入过压/欠压、输出过压、输出限流、短路、过温、过流

(D)交流输入欠压、输出欠压、输出限流、短路、过温

【答案】 C

**Lb1A3320** 直流稳压电源设备的纹波系数是指( )。

(A)输入交流电压的大小 　　(B)输出交流电压的大小

(C)输出交流电流的大小 　　(D)输出直流电压的大小

【答案】 B

**Lb1A3321** 不同接地网之间的通信电缆,宜采取防止( )隔离措施。

(A)电磁感应 (B)过电压

(C)雷电流 (D)高、低电位反击

【答案】 D

**Lb1A3322** 在光缆路径地面应设置清晰醒目的标石,标石宜埋设在光缆( )。

(A)侧面 (B)正上方 (C)前方 (D)后方

【答案】 B

**Lb1A3323** 开关型整流电源稳压精度为( )。

(A)<±1% (B)<±5% (C)<±10% (D)<±20%

【答案】 A

**Lb1A3324** 开关型稳压电源的功率因数为( )。

(A)0.2 (B)0.5 (C)0.8 (D)0.9 及以上

【答案】 D

**Lb1A3325** 直流电源防过电压保护的正确接法是( )。

(A)"正极"在电源设备侧接地,"负极"在电源设备侧接压敏电阻

(B)"正极"在通信设备侧接地,"负极"在通信设备侧接压敏电阻

(C)"正极"在电源设备侧和通信设备侧接压敏电阻,"负级"在通信设备侧和电源设备侧接地

(D)"正极"在电源设备侧和通信设备侧均接地,"负级"在电源设备侧和通信设备侧均接压敏电阻

【答案】 D

**Lb1A3326** 承载信息量的基本信号单位是( )。

(A)码元 (B)比特 (C)数据速率 (D)误码率

【答案】 A

**Lb1A3327** 在分组网络中,TCP/IP 是一组( )。

(A)局域网技术

(B)广域网技术

(C)支持同一种计算机网络互联的通信协议

(D)支持异种计算机网络互联的通信协议

【答案】 D

**Lb1A3328** 每个电子邮箱有( )的电子邮件地址。

(A)唯一 (B)2 个 (C)3 个 (D)多个

【答案】 A

**Lb1A3329** IPv4 地址的长度是( )位。

(A)24 (B)30 (C)32 (D)64

【答案】 C

**Lb1A3330** 数据在网络层时,我们称之为（　　）。

(A)段　　　　　　(B)包　　　　　　(C)位　　　　　　(D)帧

【答案】　B

**Lb1A3331** 快速以太网 Fast Ethernet 的数据传输速率为（　　）。

(A)10 Mbps　　　(B)100 Mbps　　　(C)10 Gbps　　　(D)100 Gbps

【答案】　B

**Lb1A3332** 在 OSI 参考模型中,能直接进行通信的层次是（　　）。

(A)网络层　　　　(B)数据链路层　　　(C)物理层　　　　(D)传输层

【答案】　C

**Lb1A3333** （　　）不属于 Internet 功能。

(A)电子邮件　　　(B)WWW 浏览　　　(C)程序编译　　　(D)文件传输

【答案】　C

**Lb1A3334** 关于共享式以太网说法不正确的是（　　）

(A)需要进行冲突检测　　　　　　　　(B)仅能实现半双工流量控制

(C)利用 CSMA/CD 介质访问机制　　　(D)网络拓扑结构只能是总线型

【答案】　D

**Lb1A3335** 如果用户希望将自己计算机中的照片发给国外的朋友,可以使用 Internet 提供的服务形式是（　　）。

(A)新闻组服务　　(B)电子公告牌服务　(C)电子邮件服务　(D)文件传输服务

【答案】　C

**Lb1A3336** 互联网中,顶级域名 com 代表（　　）。

(A)教育机构　　　(B)商业组织　　　　(C)政府部门　　　(D)国家代码

【答案】　B

**Lb1A3337** UTP 双绞线与计算机连接,最常用的连接器为（　　）。

(A)RJ－45　　　　(B)AUI　　　　　　(C)BNC－T　　　　(D)NNI

【答案】　A

**Lb1A3338** 如果要将两计算机通过双绞线直接连接,正确的线序是（　　）

(A)1-1、2-2、3-3、4-4、5-5、6-6、7-7、8-8

(B)1-2、2-1、3-6、4-4、5-5、6-3、7-7、8-8

(C)1-3、2-6、3-1、4-4、5-5、6-2、7-7、8-8

(D)两计算机不能通过双绞线直接连接

【答案】　C

**Lb1A3339** 在 ISO/OSI 参考模型中,网络层的主要功能是（　　）。

(A)提供可靠的端到端服务,透明的传送报文

(B)路由选择、拥塞控制与网络互连

(C)在通信实体之间传送以帧为单位的数据

(D)数据格式交换、数据加密与解密、数据压缩与恢复

【答案】　B

Lb1A3340　TCP/IP 模型中,IP 层协议提供的服务是(　　)。

(A)可靠服务　　　　　　　　　　　　(B)有确认的服务

(C)不可靠无连接数据报服务　　　　　(D)以上都不对

【答案】　C

Lb1A3341　Internet 远程登录使用的协议是(　　)。

(A)SMTP　　　　　(B)POP3　　　　　(C)Telnet　　　　　(D)IMAP

【答案】　C

Lb1A3342　IP 网络中,(　　)是最容易破解的加密方法。

(A)DES 加密算法　　　　　　　　　　(B)换位密码

(C)替代密码　　　　　　　　　　　　(D)RSA 加密算法

【答案】　C

Lb1A3343　RIP 路由协议根据(　　)计算 metric 参数。

(A)跳数　　　　　(B)可靠性　　　　　(C)负载　　　　　(D)带宽

【答案】　A

Lb1A3344　RIP 协议适用于基于 IP 的(　　)。

(A)大型网络　　　　　　　　　　　　(B)中小型网络

(C)全球规模的网络　　　　　　　　　(D)ISP 与 ISP 之间

【答案】　B

Lb1A3345　VLAN 的主要作用不包括(　　)。

(A)保证网络安全　　　　　　　　　　(B)抑制广播风暴

(C)简化网络管理　　　　　　　　　　(D)提高网络设计灵活性

【答案】　B

Lb1A3346　(　　)名字中不符合 TCP/IP 域名系统的要求。

(A)www-nankai-edu-cn　　　　　　　(B)www. nankai. edu. cn

(C)netla　　　　　　　　　　　　　　(D)nankai. edu. cn

【答案】　A

Lb1A3347　假设局域网中无 DHCP 服务器,通过路由器访问 INTERNET 时,局域网中的 PC 机不需进行的设置是(　　)地址。

(A)网关　　　　　(B)PC 机的 IP　　　　　(C)DNS　　　　　(D)MAC

【答案】　D

Lb1A3348　No. 7 信令的消息传递部分为三个功能级,正确的叙述是(　　)。

(A)第一级为数据链路功能级,第二级是信令网功能级,第三级是信令链路功能级

(B)第一级为信令链路功能级,第二级是数据链路功能级,第三级是信令网功能级

(C)第一级为信令网功能级,第二级是数据链路功能级,第三级是信令链路功能级

(D)第一级为数据链路功能级,第二级是信令链路功能级,第三级是信令网功能级

【答案】 D

Lb1A3349 WWW 是 Internet 上的一种( )。

(A)浏览器 (B)协议 (C)服务 (D)协议集

【答案】 C

Lb1A3350 在 RIP 中 metric 等于( )为不可达。

(A)8 (B)10 (C)15 (D)16

【答案】 D

Lb1A3351 若两台主机在同一子网中,则两台主机的 IP 地址分别与它们的子网掩码相"与"的结果一定( )。

(A)全为 0 (B)全为 1 (C)相同 (D)不同

【答案】 C

Lb1A3352 不属于广域网协议的是( )。

(A)PPP (B)X.25 (C)IEEE802.3 (D)Frame - relay

【答案】 C

Lb1A3353 对不同规模的网络,路由器所起的作用的侧重点不同。在主干网上,路由器的主要作用是( )。

(A)路由选择 (B)差错处理 (C)分隔子网 (D)网络连接

【答案】 A

Lb1A3354 为了保证连接的可靠建立,TCP 通常采用( )。

(A)3 次握手法 (B)窗口控制机制 (C)自动重发机制 (D)端口机制

【答案】 A

Lb1A3355 各个路由协议衡量路由的好坏标准是( )。

(A)路由 (B)路由器优先级 (C)路由权 (D)包转发率

【答案】 C

Lb1A3356 DNS 的反向解析是指( )。

(A)给出域名由 DNSServer 解析出 IP 地址

(B)将 MAC 地址翻译成 IP 地址

(C)将 IP 地址翻译成 MAC 地址

(D)给出 IP 地址由 DNSServer 解析出域名

【答案】 D

Lb1A3357 电力行政交换网中,各种类型路由特点的描述不正确的是( )。

(A)选路顺序是先选直达路由、其次迂回路由、再次基干路由

(B)高效直达路由的呼损不能超过 1%,允许有话务溢出到其他路由

(C)低呼损直达路由不允许话务量溢出到其他路由

(D)一个局向可设置多个路由

【答案】 B

Lb1A3358 关于 TCP 滑动窗口说法正确的是(　　)。

(A)在 TCP 的会话过程中,允许动态协商窗口大小

(B)滑动窗口滑向数据报的每个区域,从而更有效利用带宽

(C)大的窗口尺寸可以一次发送更多的数据从而更有效利用带宽

(D)限制进入的数据,因此必须逐段发送数据,不是对带宽的有效利用

【答案】 C

Lb1A3359 衡量路由算法好坏的原则不包括(　　)。

(A)快速收敛性　　　　　　　　　　(B)灵活性,弹性

(C)拓扑结构先进　　　　　　　　　(D)选径是否是最佳

【答案】 B

Lb1A3360 在同一区域 a 内,说法正确的是(　　)。

(A)每台路由器生成的 lsa 都是相同的

(B)每台路由器的区域 a 的 lsdb 都是相同的

(C)每台路由器根据该 lsdb 计算出的最短路径树都是相同的

(D)每台路由器根据该最短路径树计算出的路由都是相同的

【答案】 B

Lb1A3361 光放大器是光纤通信中的重要器件,(　　)放大器不可以作为光纤放大器。

(A)半导体激光　　(B)拉曼　　　　　(C)掺铒　　　　　(D)晶体管

【答案】 D

Lb1A3362 光缆敷设时,弯曲半径应大于光缆外径(　　)倍。

(A)15　　　　　　(B)20　　　　　　(C)25　　　　　　(D)30

【答案】 B

Lb1A3363 独立通信机房按照机房设备规模、功能要求,以及在电力通信网中的重要性,可分为(　　)类。

(A)一　　　　　　(B)二　　　　　　(C)三　　　　　　(D)四

【答案】 C

Lb1A3364 《电力系统通信站安装工艺规范》规定,交流电源系统的各级过电压保护器件间连线距离小于(　　)m 时,应设置对过压起阻隔作用的装置。

(A)10　　　　　　(B)15　　　　　　(C)20　　　　　　(D)30

【答案】 B

Lb1A3365 通信机房工作照明光源不宜安装于机柜(　　)上方,宜安装于过道(　　)上方。

(A)垂直　水平　　(B)水平　垂直　　(C)垂直　垂直　　(D)水平　水平

【答案】 C

**Lb1A3366** 机房监控系统应具有（　　）报警功能。

(A)本地　　　　　(B)远程　　　　　(C)本地或远程　　(D)本地和远程

【答案】　D

**Lb1A3367** 灭火系统控制器应在灭火设备动作之前，联动控制（　　）机房内的风门、风阀，并应（　　）空调机和排风机、（　　）非消防电源等。

(A)关闭　停止　切断　　　　　　　(B)切断　关闭　停止

(C)停止　关闭　切断　　　　　　　(D)关闭　切断　停止

【答案】　A

**Lb1A3368** 机房内应设置（　　）及机房门口上方应设置（　　），灭火系统的控制箱(柜)应设置在机房外便于操作的地方，且应有防止误操作的保护装置。

(A)警笛　灭火显示灯　　　　　　　(B)灭火显示灯　警笛

(C)警笛　警笛　　　　　　　　　　(D)灭火显示灯　灭火显示灯

【答案】　A

**Lb1A3369** 采用洁净气体灭火系统或高压细水雾灭火系统的机房，应同时设置（　　）种火灾探测器，且火灾报警系统应与灭火系统联动。

(A)一　　　　　　(B)二　　　　　　(C)三　　　　　　(D)四

【答案】　B

**Lb1A3370** 机房灭火剂不应对通信设备造成污渍损害，宜采用的灭火剂为（　　）。

(A)干粉　　　　　(B)卤代烷　　　　(C)二氧化碳　　　(D)清水

【答案】　B

**Lb1A3371** 各类电气设备保护地线宜用多股（　　）。

(A)铝芯线　　　　(B)电缆　　　　　(C)铜导线　　　　(D)铁丝

【答案】　C

**Lb1A3372** 各类电气设备保护地线宜用多股铜导线，其截面积应根据最大故障电流来确定，一般为（　　）$mm^2$。

(A)16～120　　　(B)16～95　　　　(C)25～120　　　(D)25～95

【答案】　B

**Lb1A3373** 设备接地的一般要求是将各设备的保护接地、工作接地以最短距离与机房（　　）连接。

(A)电源零线　　　　　　　　　　　(B)环形接地母线

(C)电源直流负端　　　　　　　　　(D)防静电地板

【答案】　B

**Lb1A3374** 《电力系统通信站过电压保护规程》规定，调度通信楼接地电阻一般要小于（　　）Ω。

(A)0.1　　　　　　(B)0.5　　　　　(C)1　　　　　　(D)10

【答案】　C

**Lb1A3375**　《电力系统通信站过电压保护规程》规定,铁塔接地网与微波机房接地网之间至少要用(　　)根规格不小于 40 mm×4 mm 的镀锌扁钢连接。

(A)1　　　　　　(B)2　　　　　　(C)3　　　　　　(D)4

【答案】　B

**Lb1A3376**　《电力系统通信站过电压保护规程》规定,接地体采用镀锌圆钢时,其直径不小于(　　)mm。

(A)4　　　　　　(B)6　　　　　　(C)8　　　　　　(D)10

【答案】　C

**Lb1A3377**　在电力系统中,中性点接地称为(　　)接地。

(A)保护　　　　(B)过电压保护　　(C)工作　　　　(D)防静电

【答案】　C

**Lb1A3378**　(　　)是配线架上用以防过电压和过电流的保护装置器件。

(A)保安单元　　(B)接地线　　　　(C)避雷器　　　　(D)保险丝

【答案】　A

**Lb1A3379**　变电站一体化电源以(　　)方式为各种通信设备提供工作电源。

(A)逆变　　　　(B)交流-直流转换　(C)整流　　　　(D)其他

【答案】　B

**Lb1A3380**　机房(　　)是静电产生的主要来源。

(A)运行设备　　(B)地板　　　　　(C)灯具　　　　(D)运行人员衣物

【答案】　B

**Lb1A3381**　通信电源系统应采取多级过电压防护,在进入机房的低压交流配电屏入口处具备第(　　)级防护。

(A)一　　　　　(B)二　　　　　　(C)三　　　　　(D)四

【答案】　C

**Lb1A3382**　屏体安装工艺要求中,屏体的安装应端正牢固,用吊垂测量,垂直偏差不应大于(　　)mm。

(A)2　　　　　　(B)3　　　　　　(C)4　　　　　　(D)5

【答案】　B

**Lb1A3383**　屏体安装工艺要求中,屏体应避免安装在空调出风口(　　)。

(A)正下方　　　(B)正上方　　　　(C)正后方　　　　(D)正前方

【答案】　A

**Lb1A3384**　电源单元安装要求中,检查屏内及屏间连线是否正确前,把屏体上的各断路器全部(　　)。

(A)合上　　　　(B)断开　　　　　(C)取下　　　　(D)空载

【答案】　B

**Lb1A3385** 设备通电测试前,应检查机房主电源输入端子的电源( )是否正常。

(A)电压 　　　　(B)电流 　　　　(C)电阻 　　　　(D)功率

【答案】 A

**Lb1A3386** 光纤配线架内应有适当的空间,满足光纤( )弯曲半径的要求。

(A)最大 　　　　(B)最小 　　　　(C)静态 　　　　(D)动态

【答案】 B

**Lb1A3387** PCM 终端机的 FXO 接口板主要在( )端使用。

(A)光端机 　　　　(B)用户 　　　　(C)局端 　　　　(D)数字中继

【答案】 C

**Lb1A3388** PCM 终端机的 FXS 接口板主要在( )端使用。

(A)交换机 　　　　(B)用户 　　　　(C)局端 　　　　(D)数字中继

【答案】 B

**Lb1A3389** 话务量的计量单位是( )。

(A)比特秒 　　　　(B)比特 　　　　(C)爱尔兰 　　　　(D)摩尔

【答案】 C

**Lb1A3390** 电力系统调度程控交换机的铃流源为 25 Hz±3 Hz 正弦波,输出电压为( )V。

(A)60±15 　　　　(B)48±15 　　　　(C)90±10 　　　　(D)90±15

【答案】 D

**Lb1A3391** 在数字程控交换机中继方式中,组网功能最强的是( )中继方式。

(A)环启 　　　　(B)E&M 　　　　(C)DOD+DID 　　　　(D)E1

【答案】 D

**Lb1A3392** ( )属于时间接线器的控制存储器的工作方式。

(A)"顺序写入,控制输出" 　　　　(B)"控制写入,顺序输出"

(C)"控制写入,控制读出" 　　　　(D)"顺序写入,顺序输出"

【答案】 A

**Lb1A3393** 数字录音系统未采用的录音启动方式有( )启动。

(A)压控 　　　　(B)音控 　　　　(C)键控 　　　　(D)声控

【答案】 D

**Lb1A3394** 电力行政电话网采用( )级汇接( )级交换网络结构。

(A)2,3 　　　　(B)3,4 　　　　(C)4,5 　　　　(D)5,6

【答案】 C

**Lb1A3395** 在 SDH 系统中,光接口线路码型为( )。

(A)BIP 　　　　(B)CMI 　　　　(C)HDB3 　　　　(D)NRZ

【答案】 D

Lb1A3396　AU-PTR 是 STM-1 的管理单元指针,共 9 个字节,分别是 H1YYH21*1*H3H3H3,其中表示指针的字节是(　　)。

(A)H1H2　　　　(B)H1YY　　　　　(C)H21*1*　　　(D)H1H2H3

【答案】　A

Lb1A3397　SDH 设备在多个告警并存时,应(　　)。

(A)按告警产生的时间顺序进行处理　　　(B)先处理优先级高的原发告警

(C)由低至高的顺序处理　　　　　　　(D)由近及远的顺序处理

【答案】　B

Lb1A3398　SDH 传输网络传输的数据块称为帧,其中 STM-16 帧的频率是(　　)kHz。

(A)4　　　　　　(B)8　　　　　　　(C)16　　　　　　(D)64

【答案】　B

Lb1A3399　对 SDH 设备完成业务调度功能的是由(　　)完成的。

(A)光板　　　　(B)主控板　　　　(C)交叉板　　　　(D)支路板

【答案】　C

Lb1A3400　在 SDH 中,具有执行网管指令、处理 DCC 字节等功能的板卡是(　　)。

(A)主控板　　　(B)2M 板　　　　(C)光板　　　　(D)交叉板

【答案】　A

Lb1A3401　在 SDH 中,实现将 FE 业务转换成 SDH 业务板卡是(　　)。

(A)光板　　　　(B)主控板　　　　(C)交叉板　　　　(D)以太网板

【答案】　D

Lb1A3402　对于 STM-1 而言,SOH 的传输速率为(　　)。

(A)8 kbps　　　(B)64 kbps　　　(C)576 kbps　　　(D)4.608 Mbps

【答案】　D

Lb1A3403　在 SDH 中,自动保护倒换通路字节是 K1 和(　　)。

(A)K2(b6~b8)　(B)K2(b2~b10)　(C)K2(b5~b8)　(D)K2(b1~b5)

【答案】　D

Lb1A3404　对于 STM-N 同步传送模块,N 的取值为 (　　)。

(A)1,2,3,5　　　(B)1,2,4,8　　　(C)1,4,8,16　　　(D)1,4,16,64

【答案】　D

Lb1A3405　关于 SDH 描述错误的是(　　)。

(A)SDH 信号线路接口采用世界性统一标准规范

(B)采用了同步复用方式和灵活的映射结构,相比 PDH 设备节省了大量的复接/分接设备(背靠背设备)

(C)由于 SDH 设备的可维护性增强,相应的频带利用率也比 PDH 要低

(D)国标规定我国采用北美标准

【答案】　D

**Lb1A3406** 进行光功率测试时,无须注意的事项是( )。

(A)保证尾纤连接头清洁

(B)测试前应测试尾纤的衰耗

(C)测试前验电

(D)保证光板面板上法兰盘和光功率计法兰盘的连接装置耦合良好

【答案】 C

**Lb1A3407** 如果子网掩码是 255.255.255.192,主机地址为 195.16.15.1,则在该子网掩码下最多可以容纳( )个主机。

(A)30       (B)62       (C)126       (D)256

【答案】 C

**Lb1A3408** 三层交换机比路由器经济高效,但三层以太网交换机不能完全取代路由器的原因说法正确的是路由器( )。

(A)可以隔离广播风暴

(B)可以节省 MAC 地址

(C)可以节省 IP 地址

(D)路由功能更强大,更适合于复杂网络环境

【答案】 D

**Lb1A3409** 网络地址和端口翻译(NAPT)用把内部的所有地址映射到一个外部地址( )。

(A)可以快速访问外部主机       (B)限制了内部对外部主机的访问

(C)增强了访问外部资源的能力       (D)隐藏了内部网络的 IP 配置

【答案】 D

**Lb1A3410** 以 telnet 方式或者 console 口方式登录到交换机后,在特权模式下,( )命令是查看配置文件的。

(A)showlogging       (B)showstartup

(C)showstartdown       (D)showrunning-config

【答案】 B

**Lb1A3411** 路由器基本配置中,关于历史命令查询,( )叙述是错误的。

(A)可以显示历史命令       (B)可以访问上一条历史命令

(C)可以访问下一条历史命令       (D)不可以显示历史命令

【答案】 D

**Lb1A3412** 关于 OSPF 协议中的 DR、BDR 选举原则,( )说法是错误的。

(A)优先级值最高的路由一定会被选举为 DR

(B)接口 IP 地址最大的路由器一定会被选举为 DR

(C)RouterID 最大的路由器一定会被选举为 DR

(D)优先级为 0 的路由器一定不参加选举

【答案】 D

Lb1A3413 （  ）属于 DHCP SERVER 发出的报文。

(A)DHCPDISCOVER （B)DHCPACK

(C)DHCPINFORM （D)DHCPREQUEST

【答案】 B

Lb1A3414 VLAN 划分的方法不包括基于（  ）划分。

(A)ACL （B)MAC （C)协议 （D)子网

【答案】 A

Lb1A3415 帧同步码码型的选择主要考虑的因素是（  ）。

(A)产生容易,以简化设备 （B)捕捉时间尽量短

(C)产生伪同步码的可能性尽量小 （D)控制成本

【答案】 C

Lb1A3416 PCM 设备的 G.703 64 kbt/s 用户接口出线为（  ）对线。

(A)一 （B)两 （C)三 （D)四

【答案】 B

Lb1A3417 PCM30/32 制式中,传送信令与复帧同步信号的时隙是（  ）。

(A)TS0 （B)TS15 （C)TS16 （D)TS31

【答案】 A

Lb1A3418 PCM 基群的接口码型为（  ）。

(A)归零码 （B)非归零码

(C)传号交替反转码 （D)三阶高密度码

【答案】 D

Lb1A3419 电力系统中使用的 PCM30/32 可用用户话路数为（  ）。

(A)28 （B)30 （C)31 （D)32

【答案】 B

Lb1A3420 脉冲编码调制的过程包括抽样、量化、（  ）。

(A)调制 （B)编码 （C)滤波 （D)解码

【答案】 B

Lb1A3421 PCM 系统 2 Mbit/s 接口使用的传输码型是（  ）码。

(A)HDB3 （B)AMI （C)ADI （D)CMI

【答案】 A

Lb1A3422 GB 3380 规定,PCM 终端设备铃流盘提供的铃流应为（  ）。

(A)25 Hz±3 Hz,90 V±15 V （B)50 Hz±5 Hz,90 V±15 V

(C)25 Hz±3 Hz,50 V±15 V （D)75 Hz±5 Hz,60 V±15 V

【答案】 A

Lb1A3423 PCM30/32 系统是（  ）。

(A)模拟时分复用系统 （B)数字时分复用系统

(C)幅频分复用系统　　　　　　　　　(D)码分复用系统

【答案】　B

Lb1A3424　PCM30/32 系统中帧同步码的周期为(　　)μs。

(A)125　　　　(B)250　　　　(C)375　　　　(D)500

【答案】　B

Lb1A3425　PCM30/32 系统传输帧同步码的时隙为(　　)时隙。

(A)TS0　　　　(B)奇帧 TS0　　　　(C)偶帧 TS0　　　　(D)TS16

【答案】　C

Lb1A3426　PCM30/32 系统传输复帧同步码的位置为(　　)。

(A)F0 帧 TS16 前 4 位码　　　　　　　　(B)F0 帧 TS16 后 4 位码

(C)F1 帧 TS16 前 4 位码　　　　　　　　(D)F1 帧 TS16 后 4 位码

【答案】　A

Lb1A3427　PCM30/32 系统中,每秒可传送(　　)帧话音信号。

(A)800　　　　(B)1 000　　　　(C)6 000　　　　(D)8 000

【答案】　D

Lb1A3428　PCM30/32 系统中模数转换的采样工作频率为(　　)Hz。

(A)800　　　　(B)1 000　　　　(C)2 048　　　　(D)8 000

【答案】　D

Lb1A3429　PCM30/32 路基群采用复帧结构,每复帧时长为(　　)。

(A)125 μs　　　　(B)1 ms　　　　(C)2 ms　　　　(D)4 ms

【答案】　C

Lb1A3430　PCM30/32 系统发端低通滤波器的截止频率为(　　)kHz。

(A)0.3　　　　(B)3.4　　　　(C)4　　　　(D)8

【答案】　B

Lb1A3431　PCM 的 4W/E＆M 用户的出线为(　　)对线。

(A)一　　　　(B)二　　　　(C)三　　　　(D)四

【答案】　C

Lb1A3432　PCM30/32 复用设备频率稳定度为(　　)$\times 10^{-6}$。

(A)±10　　　　(B)±20　　　　(C)±50　　　　(D)±100

【答案】　C

Lb1A3433　一级基准时钟,在各种运行条件下,对于大于七天的连续观察时间,基准时钟的频率准确度应优于(　　)。

(A)±1×$10^{-12}$　　　(B)±1×$10^{-11}$　　　(C)±1×$10^{-10}$　　　(D)±1×$10^{-9}$

【答案】　B

**Lb1A3434** 根据 SDH 传送定时的网络参考模型,两个 BITS 间可间隔( )个 SDH 网元。

(A)16          (B)18          (C)20          (D)24

【答案】 C

**Lb1A3435** 通信网中,从时钟的工作状态不应包括( )。

(A)自由运行    (B)保持        (C)锁定        (D)搜索

【答案】 D

**Lb1A3436** UPS 的输入(整流器)具有的负载特性是( )。

(A)线性                          (B)非线性

(C)既有线性也有非线性            (D)既不是线性也不是非线性

【答案】 B

**Lb1A3437** 当发生严重超载时,UPS 电源系统将( )。

(A)立即停止整流器输出并跳到维修旁路状态

(B)立即停止逆变器输出并自动关机

(C)立即停止整流器输出并自动关机

(D)立即停止逆变器输出并跳到维修旁路状态

【答案】 D

**Lb1A3438** UPS 电源的分相负载率之间差异较大,是指超过( )。

(A)20%         (B)30%         (C)40%         (D)50%

【答案】 B

**Lb1A3439** 查看 UPS 运行情况时,若发现分相负载异常,应尽量平衡三相( )。

(A)电压        (B)电流        (C)频率        (D)负载

【答案】 D

**Lb1A3440** 为延长 UPS 电源的使用寿命,UPS 电源的负载不应包含( )设备。

(A)PC 机       (B)小型机      (C)存储设备    (D)精密空调

【答案】 D

**Lb1A3441** 在后备式 UPS 中,只有当市电出现故障时( )才启动进行工作。

(A)逆变器      (B)电池充电电路  (C)静态开关    (D)滤波器

【答案】 A

**Lb1A3442** 在线式 UPS 一般为( )变换结构。

(A)单          (B)双          (C)正          (D)逆

【答案】 B

**Lb1A3443** 不间断电源供电系统中,停电时使用备用( )给逆变器供电。

(A)直流电源    (B)交流电源    (C)发电机      (D)柴油机

【答案】 A

**Lb1A3444** 在开关电源中,多个独立的模块单元并联工作,采用(　　)技术,使所有模块共同均担负载电流。

(A)均流　　　　(B)均压　　　　(C)恒流　　　　(D)恒压

【答案】 A

**Lb1A3445** 变电站通信电源设备(　　)单元应具备 RS232 或 RS485/422、以太网、USB 等标准通信接口。

(A)整流　　　　(B)监控　　　　(C)交流配电　　　　(D)直流配电

【答案】 B

**Lb1A3446** 蓄电池均衡充电时,通常采用(　　)方式。

(A)恒压限流　　　　(B)恒流限压　　　　(C)低压恒压　　　　(D)恒流恒压

【答案】 A

**Lb1A3447** 动力环境监测系统应具备与通信管理系统(TMS)对应的(　　)接口。

(A)RS232　　　　(B)RS485/422　　　　(C)北向　　　　(D)USB

【答案】 C

**Lb1A3448** 蓄电池室应使用(　　)型通风电动机、照明灯具、空调。

(A)防爆　　　　(B)密封　　　　(C)防火　　　　(D)防水

【答案】 A

**Lb1A3449** 阀控式密封铅酸蓄电池的温度补偿系数受环境温度影响,基准温度为 25 ℃时,每下降 1 ℃,单体 2 V 阀控蓄电池浮充电压值应提高(　　)mV。

(A)1~2　　　　(B)2~3　　　　(C)3~4　　　　(D)3~5

【答案】 D

**Lb1A3450** 2 V 单体的蓄电池组均充电压应根据厂家技术说明书进行设定,标准环境下设定 24 h 充电时间的蓄电池组的均充电压在(　　)V 之间为宜。

(A)2.23~2.25　　　　(B)2.35~2.40　　　　(C)2.30~2.35　　　　(D)2.20~2.25

【答案】 C

**Lb1A3451** 安装在(　　)的蓄电池间宜采用有绝缘的或有护套的连接条连接,(　　)的蓄电池间采用电缆连接,连接电缆应采用阻燃电缆。

(A)同一层　不同层　　　　(B)不同层　同一层

(C)同一层　同一层　　　　(D)不同层　不同层

【答案】 A

**Lb1A3452** 凡设有洁净(　　)的机房,应配置专用的空气呼吸器或氧气呼吸器。

(A)自动喷水灭火系统　　　　(B)气体消防系统

(C)泡沫灭火系统　　　　(D)防排烟系统

【答案】 B

**Lb1A3453**　通信机房建筑应有防直击雷的接地保护措施,在房顶上应敷设闭合均压网(带),并与接地网连接,房顶平面任一点到均压带的距离均不应大于(　　)m。

(A)2　　　　　　　(B)3　　　　　　　(C)5　　　　　　　(D)7

【答案】　C

**Lb1A3454**　对功能性接地有特殊要求需(　　)—设置接地线的信息设备,接地线应与其他接地线绝缘;供电线路与接地线宜(　　)路径敷设。

(A)单独　同　　　　　　　　　　　(B)混合　同

(C)单独　不同　　　　　　　　　　(D)混合　不同

【答案】　A

**Lb1A3455**　在 TCP/IP 层次模型中,IP 层相当于 OSI/RM 中的(　　)。

(A)物理层　　(B)链路层　　　(C)网络层　　　(D)传输层

【答案】　C

**Lb1A3456**　网桥完成(　　)间的连接,可以将两个或多个网段连接起来。

(A)物理层　　　　　　　　　　　　(B)数据链路层

(C)网络层　　　　　　　　　　　　(D)传输层

【答案】　B

**Lb1A3457**　在 InternetI 网络中,DNS 是指(　　)。

(A)域名服务器　　(B)发信服务器　　(C)收信服务器　　(D)邮箱服务器

【答案】　A

**Lb1A3458**　IP 网络分段的益处是(　　)。

(A)减少拥塞　　　　　　　　　　　(B)降低了对设备性能的要求

(C)增加了更多的 IP 地址　　　　　(D)增加了更多的 MAC 地址

【答案】　A

**Lb1A3459**　(　　)协议交换数据是不需要进行确认和保证数据到达。

(A)TCP　　　　　(B)ASP　　　　　(C)TCP/IP　　　　(D)UDP

【答案】　D

**Lb1A3460**　TCP 和 UDP 协议的相似之处是(　　)。

(A)面向连接的协议　　　　　　　　(B)面向非连接的协议

(C)传输层协议　　　　　　　　　　(D)高层协议

【答案】　C

**Lb1A3461**　数据链路层的数据块被称为(　　)。

(A)信息　　　　　(B)报文　　　　　(C)比特流　　　　(D)帧

【答案】　D

**Lb1A3462**　互联网中,顶级域名 edu 代表(　　)。

(A)教育机构　　　　　　　　　　　(B)商业组织

(C)政府部门　　　　　　　　　　　　　　(D)国家代码

【答案】　A

Lb1A3463　在两台机器上的 TCP 协议之间传输的数据单元叫作(　　)。

(A)分组　　　　　(B)消息　　　　　(C)报文　　　　　(D)原语

【答案】　C

Lb1A3464　在运行 Windows 操作系统的计算机中配置网关,类似于在路由器中配置(　　)。

(A)直接路由　　　(B)默认路由　　　(C)动态路由　　　(D)间接路由

【答案】　B

Lb1A3465　当路由器接收的 IP 报文的 TTL 值等于 1 时,应采取的策略是(　　)。

(A)丢掉该分组　　　　　　　　　　　(B)将该分组分片

(C)转发该分组　　　　　　　　　　　(D)以上答案均不对

【答案】　A

Lb1A3466　互联网中,(　　)正确地描述了 ISP。

(A)内网服务保护　　　　　　　　　　(B)内网服务提供商

(C)互联网服务提供商　　　　　　　　(D)内网服务保护

【答案】　C

Lb1A3467　(　　)不属于数据链路层功能。

(A)定义数据传输速率　　　　　　　　(B)定义物理地址

(C)描述网络拓扑结构　　　　　　　　(D)流控制

【答案】　A

Lb1A3468　关于传输层服务的面向连接服务和无连接的服务说法中正确的是(　　)。

(A)面向连接的服务提供可靠的服务,无连接的服务也可提供可靠的服务

(B)面向连接的服务提供可靠的服务,无连接的服务提供不可靠的服务

(C)面向连接的服务和无连接的服务都是提供不可靠的服务

(D)以上说法都不正确

【答案】　B

Lb1A3469　数据报文通过查找路由表获知(　　)。

(A)整个报文传输的路径　　　　　　　(B)下一跳的地址

(C)网络拓扑结构　　　　　　　　　　(D)以上说法均不对

【答案】　B

Lb1A3470　VPN 使用的主要技术是(　　)技术。

(A)拨号　　　　　(B)专线　　　　　(C)隧道　　　　　(D)虚拟

【答案】　C

Lb1A3471　(　　)不属于防火墙技术。

(A)IP 过滤　　　　　　　　　　　　　(B)线路过滤

(C)应用层代理　　　　　　　　　　　(D)计算机病毒检测

【答案】　D

Lb1A3472　某用户通过 FTP 服务器传送文件,FTP 服务器设置为匿名登录,则用户登录 FTP 服务器时使用的账号为(　　)。

(A)电子邮件　　　　(B)guest　　　　(C)任意账号　　　　(D)anonymous

【答案】　D

Lb1A3473　A 类 IP 地址用(　　)二进制数表示网络地址。

(A)7　　　　　　　　(B)14　　　　　　(C)21　　　　　　　(D)A、B、C 都不对

【答案】　A

Lb1A3474　(　　)属于 IP 网络的 B 类地址。

(A)100.2.3.4　　(B)192.10.20.30　　(C)138.6.7.8　　(D)10.100.21.61

【答案】　C

Lb1A3475　应用层 DNS 协议主要用于实现(　　)网络服务功能。

(A)网络域名到 IP 地址的映射　　　　(B)网络硬件地址到 IP 地址的映射
(C)进程地址到 IP 地址的映射　　　　(D)IP 地址到进程地址的映射

【答案】　A

Lb1A3476　在 Internet 域名体系中,域的下面可以划分子域,各级域名用圆点分开,按照(　　)。

(A)从左到右越来越小的方式分 4 层排列
(B)从左到右越来越小的方式分多层排列
(C)从右到左越来越小的方式分 4 层排列
(D)从右到左越来越小的方式分多层排列

【答案】　D

Lb1A3477　路由器是一种用于网络互连的计算机设备,但作为路由器,并不具备的是(　　)。

(A)一组路由协议　　　　　　　　　　(B)计费功能
(C)支持两种以上的子网协议　　　　　(D)具有存储、转发、寻径功能

【答案】　B

Lb1A3478　色散指在光纤中传输的光信号的不同频率成分或不同模量以不同的速度传播,到达一定距离后必然产生脉冲(　　),造成信号失真。

(A)展宽　　　　　　　(B)变窄　　　　　(C)幅度变小　　　　(D)幅度变大

【答案】　A

Lb1A3479　直埋光缆在普通土质地段埋深应大于(　　)m。

(A)0.8　　　　　　　(B)1　　　　　　　(C)1.2　　　　　　(D)1.5

【答案】　C

Lb1A3480　架空光缆平行于街道时,最低缆线到地面的最小垂直距离为(　　)m。

(A)3　　　　　　　　(B)4　　　　　　　(C)4.5　　　　　　(D)5

【答案】　C

**Lb1A3481** 直埋光缆在全石质地段埋深应大于（　　）m。

(A)0.8　　　　　(B)1　　　　　(C)1.2　　　　　(D)1.5

【答案】　A

**Lb1A3482** 架空线路进通信站的终端杆宜立在距通信楼外墙（　　）m以外。

(A)10　　　　　(B)15　　　　　(C)20　　　　　(D)30

【答案】　A

**Lb1A3483** 变电站引入光缆应与（　　）分开(分层分侧)布放,在电缆沟(竖井)内采取加装防护隔板等措施进行有效隔离。

(A)音频电缆　　　(B)站内保护用光缆　　　(C)一次动力电缆

【答案】　C

**Lb1A3484** 在室内布线工艺要求中,交流电源线和直流电源线分开布放,保持间距在（　　）mm以上。

(A)30　　　　　(B)40　　　　　(C)50　　　　　(D)60

【答案】　C

**Lb1A3485** 通信机房应具备防小动物措施,进出机房的线缆管孔应做好（　　）。

(A)防火　　　　　(B)防潮　　　　　(C)封堵　　　　　(D)防盗

【答案】　C

**Lb1A3486** （　　）类主设备区应安装工业级精密空调,宜采用风冷机组空调系统。

(A)A,B,C　　　(B)A,B1　　　(C)B1,B2　　　(D)A

【答案】　B

**Lb1A3487** A类、B类通信机房内的温度和湿度应满足（　　）。

(A)18 ℃～25 ℃,45％～60％　　　　　(B)18 ℃～30 ℃,45％～60％

(C)18 ℃～28 ℃,45％～55％　　　　　(D)18 ℃～25 ℃,40％～60％

【答案】　A

**Lb1A3488** 通信机房出入口应装设防护挡板,其高度不小于（　　）cm,应便于拆卸且表面采用抛光金属等光滑材质。

(A)40　　　　　(B)45　　　　　(C)50　　　　　(D)55

【答案】　C

**Lb1A3489** 机房的空调设计应根据机房面积和环境温湿度要求配置数量和容量,A、B类机房应满足（　　）配置要求。

(A)$N-2$　　　　(B)$N-1$　　　　(C)$N$　　　　(D)$N+1$

【答案】　B

**Lb1A3490** 凡设置洁净（　　）系统的主设备区,应配置专用的空气呼吸器或氧气呼吸器。

(A)自动喷水灭火　　　　　(B)气体灭火

(C)泡沫灭火　　　　　(D)防排烟

【答案】　B

**Lb1A3491** 通信站的接地体采用的镀锌扁钢一般不小于(　　)。

(A)25 mm×25 mm　　　　　　　　(B)40 mm×40 mm

(C)45 mm×45 mm　　　　　　　　(D)50 mm×50 mm

【答案】 B

**Lb1A3492** 接地体埋深(指接地体上端)宜不小于(　　)m。

(A)0.5　　　　(B)0.6　　　　(C)0.7　　　　(D)0.8

【答案】 C

**Lb1A3493** 通信机房环形接地母线采用截面积不小于(　　)mm² 的铜排或(　　)mm² 的镀锌扁钢。

(A)80　120　　(B)80　100　　(C)90　120　　(D)90　100

【答案】 C

**Lb1A3494** 电力电缆、通信缆线的金属桥架及金属管线平行敷设时,其间距不宜小于(　　)cm。

(A)10　　　　(B)20　　　　(C)30　　　　(D)50

【答案】 B

**Lb1A3495** 由直接雷击或雷电感应而引起的过电压叫作(　　)过电压。

(A)大气　　　(B)操作　　　(C)谐振　　　(D)工频

【答案】 A

**Lb1A3496** 避雷针及其衍生的各种室外避雷系统实际上是一种(　　)雷系统。

(A)防　　　　(B)避　　　　(C)引　　　　(D)消

【答案】 C

**Lb1A3497** 《电力系统通信站安装工艺规范》规定,户外架空交流供电线路接入通信站除采用多级避雷器外,还应采用至少(　　)m 以上电缆直埋或穿钢管管道方式引入。

(A)10　　　　(B)15　　　　(C)20　　　　(D)30

【答案】 A

**Lb1A3498** 通信机房精密空调的过滤网应每(　　)定期维护一次。

(A)月　　　　(B)季度　　　(C)半年　　　(D)一年

【答案】 B

**Lb1A3499** 通信电源系统的交流配电部分的 OBO 防雷器显示窗口机械标贴板(　　)色时,表示防雷器已经放点熔断。

(A)黄　　　　(B)绿　　　　(C)红　　　　(D)蓝

【答案】 C

**Lb1A3500** 从避雷角度考虑,交流变压器供电的直流电源系统,在直流配电屏输出端应加(　　)装置。

(A)浪涌吸收　(B)防雷保护　(C)接地保护　(D)整流稳压

【答案】 A

**Lb1A3501** 防止雷电流感应最有效的办法是（　　）。

(A)接地　　　　　　(B)均压　　　　　　(C)屏蔽　　　　　　(D)接闪

【答案】 C

**Lb1A3502** 通信设备应按照加电操作程序（　　）加上电源。

(A)由电源侧到设备侧逐级　　　　　　(B)由负荷侧到电源侧逐级

(C)电源和负荷可同时　　　　　　(D)A、B、C 都不正确

【答案】 A

**Lb1A3503** 为了方便数字信号的在线测试,数字配线架采用了带测试孔的（　　）。

(A)三角形三通连接器　　　　　　(B)Y 型三通连接器

(C)测试调线　　　　　　(D)直调线

【答案】 B

**Lb1A3504** 网络配线宜采用 19 英寸(或 21 英寸)结构的模块化（　　）插座条形单元。

(A)RS232　　　(B)RS485　　　(C)RJ45　　　(D)RJ11

【答案】 C

**Lb1A3505** 通信线缆穿过楼板孔或墙洞应加装子管保护,保护管外径不应小于（　　）mm。

(A)25　　　(B)35　　　(C)55　　　(D)75

【答案】 B

**Lb1A3506** OPGW 引下应顺直美观,每隔（　　）m 安装一个固定卡具,防止光缆与杆塔发生接触。

(A)1～1.5　　　(B)1.5～2.0　　　(C)2.0～2.5　　　(D)2.5～3.0

【答案】 B

**Lb1A3507** 光缆接续时,完成接续盒安装和余缆盘绕后,应在监测点对所有纤芯进行复测,光纤接头单点双向平均损耗值应小于（　　）dB。

(A)0.01　　　(B)0.05　　　(C)0.15　　　(D)0.2

【答案】 B

**Lb1A3508** 我国常用的用户信号音如拨号音、忙音、回铃音频率均采用（　　）。

(A)450 Hz　　　(B)540 Hz　　　(C)双频　　　(D)1980 Hz

【答案】 A

**Lb1A3509** 数字程控交换机的三个组成部分是（　　）。

(A)用户级、选组级和控制级

(B)话路系统、控制系统和输入输出系统

(C)话路系统、处理系统和输入输出系统

(D)用户电路、中继电路和交换网络

【答案】 B

**Lb1A3510** 程控数字交换机中,完成时隙交换功能的部件是( )。

(A)时间接线器 　　(B)空间接线器 　　(C)用户接口 　　(D)控制系统

【答案】 A

**Lb1A3511** 数字程控交换机中用户电路的主要功能归纳为 BORSCHT 七个功能其中 R 表示( )功能。

(A)馈电 　　(B)过压保护 　　(C)振铃控制 　　(D)编译码和滤波

【答案】 C

**Lb1A3512** 在中国 No.7 信令系统中,数字信令数据链路的传输速率是( )kbit/s。

(A)4.8 　　(B)8 　　(C)16 　　(D)64

【答案】 D

**Lb1A3513** 电力系统自动交换电话网应根据条件可能和接续合理的原则设置自动迂回路由,每个汇接点对中继汇接链路的自动迂回的次数不超过( )次。

(A)1 　　(B)2 　　(C)3 　　(D)4

【答案】 C

**Lb1A3514** SDH 系统中,帧失步持续( )ms 以上会引起帧丢失。

(A)1 　　(B)3 　　(C)500 　　(D)1 000

【答案】 B

**Lb1A3515** SDH 采用( )方式实现多路信号的同步复用。

(A)字节交错间插 　(B)指针调节 　　(C)正码速调整 　　(D)负码速调整

【答案】 A

**Lb1A3516** SDH 中,相邻两个指针调整事件的间隔至少为( )帧。

(A)2 　　(B)3 　　(C)5 　　(D)无要求

【答案】 B

**Lb1A3517** 基准时钟一般采用( )。

(A)GPS 　　(B)铯原子钟 　　(C)铷原子钟 　　(D)晶体钟

【答案】 B

**Lb1A3518** 精度最低的时钟源是( )时钟。

(A)外部 　　　　　　　　　　(B)线路

(C)支路 　　　　　　　　　　(D)设备自振荡晶体

【答案】 D

**Lb1A3519** 在 SDH 帧结构中( )的作用是用来指示净负荷区域内的信息首字节在 STM-N 帧内的准确位置,以便接收时能正确分离净负荷。

(A)段开销 　　(B)净负荷 　　(C)管理单元指针 　　(D)通道开销

【答案】 C

**Lb1A3520** 在SDH中,既可在再生器接入,又可在终端设备处接入的开销信息是( )。

(A)高阶通道开销 (B)低阶通道开销 (C)再生段开销 (D)复用段开销

【答案】 C

**Lb1A3521** 在SDH开销字节中,复用段远端缺陷指示字节为( )。

(A)K1(b1～b4) (B)K1(b5～b8) (C)K2(b1～b5) (D)K2(b6～b8)

【答案】 D

**Lb1A3522** 数据通信网中,快速收敛适合于使用动态路由协议的网络是因为在网络收敛之前,( )。

(A)路由器不允许转发数据包

(B)主机无法访问其网关

(C)路由器可能会做出不正确的转发决定

(D)路由器不允许更改配置

【答案】 C

**Lb1A3523** 路由器的作用不包括( )。

(A)异种网络互连

(B)子网间的速率适配

(C)连接局域网内两台以上的计算机

(D)隔离网络,防止网络风暴,指定访问规则

【答案】 C

**Lb1A3524** 网络层协议中,距离矢量协议不包括( )。

(A)RIP (B)IGRP (C)IS-IS (D)BGP

【答案】 C

**Lb1A3525** 关于MAC地址的说法中错误的是( )。

(A)MAC地址在每次加电后都会改变

(B)MAC地址一般是各个厂家从IEEE购买来的,不可以自行规定

(C)MAC地址一共有6个字节,它们从出厂时就被固化在网卡中

(D)MAC地址也称作物理地址,或通常所说的计算机的硬件地址

【答案】 A

**Lb1A3526** VLAN的优点不包括( )。

(A)限制网络上的广播 (B)增强局域网的安全性

(C)增加了网络连接的灵活性 (D)提高了网络带宽

【答案】 D

**Lb1A3527** PCM30/32复用设备二/四线的标称阻抗为( )Ω。

(A)300 (B)600 (C)1 200 (D)2 000

【答案】 B

**Lb1A3528** PCM 终端设备中,E&M 中继接口由(　　)组成。

(A)E 线的控制电路

(B)E 线和 M 线的控制电路

(C)M 线的控制电路

(D)E 线和 M 线的控制电路及二四线转换电路

【答案】　D

**Lb1A3529** PCM 终端设备产生收信码告警表示(　　)。

(A)发信机故障　　　(B)电源故障　　　　　(C)收信码中断　　(D)误码率增大

【答案】　C

**Lb1A3530** PCM30/32 基群速率计算正确的是(　　)。

(A)PCM30/32 路基群速率 = 8 000(帧/s)× 31(时隙/帧)× 8(bit/时隙)= 1.984 Mbit/s

(B)PCM30/32 路基群速率 = 8 000(帧/s)× 30(时隙/帧)× 8(bit/时隙)= 1.92 Mbit/s

(C)PCM30/32 路基群速率 = 8 000(帧/s)× 32(时隙/帧)× 8(bit/时隙)= 2.048 Mbit/s

(D)PCM30/32 路基群速率 = 8 000(帧/s)× 64(时隙/帧)× 8(bit/时隙)= 4.096 Mbit/s

【答案】　C

**Lb1A3531** PCM30/32 系统中,每路信号的速率为(　　)kbit/s。

(A)64　　　　　　(B)256　　　　　　(C)2 048　　　　　　(D)4 099

【答案】　A

**Lb1A3532** 在 2.048 kbit/s 复帧结构中的(　　)时隙作为传递同步状态信息的信息通道。

(A)TS0　　　　　(B)TS1　　　　　　(C)TS16　　　　　　(D)TS30

【答案】　A

**Lb1A3533** 用 2 Mbit/s 传输测试仪表测试 2M 通道时,选择的测试伪随机码型的测试图案为(　　)。

(A)$2^9 - 1$　　　(B)$2^{11} - 1$　　　(C)$2^{13} - 1$　　　(D)$2^{15} - 1$

【答案】　D

**Lb1A3534** 单模光纤的首选材料是(　　)。

(A)多组玻璃　　　(B)红外玻璃　　　(C)晶体　　　　　(D)石英玻璃

【答案】　D

**Lb1A3535** 每套 UPS 电源可根据需要由多台 UPS 主机并机运行,但两套 UPS 电源应符合(　　)运行原则。

(A)单机双母线　　(B)双机双母线　　(C)双机单母线　　(D)单机单母线

【答案】　B

**Lb1A3536** UPS 带负载运行,由于频繁停电,造成负载内部过压保护器件损坏,最具可能的原因是( )。

(A)市电过高 (B)雷击

(C)输入零火线接反 (D)未接地线

【答案】 C

**Lb1A3537** 正常运行时,两套 UPS 电源采用( )运行方式。

(A)单机双母线 (B)双机双母线 (C)双机单母线 (D)单机单母线

【答案】 B

**Lb1A3538** UPS 电源系统的直流输入应与交流输入和输出侧完全( )。

(A)绝缘 (B)电气隔离 (C)电磁隔离 (D)物理隔离

【答案】 B

**Lb1A3539** UPS 主机容量应按满足供电范围内所有设备( )负荷大小计算。

(A)最大 (B)最小 (C)额定 (D)不确定

【答案】 C

**Lb1A3540** 动力环境监控系统的核心功能是监控( )。

(A)业务系统 (B)网络 (C)机房基础设施 (D)通信电路

【答案】 C

**Lb1A3541** 供电异常时,在线式 UPS 会按( )顺序进行如下操作。①整流器自动关闭; ②由蓄电池组提供直流电;③经逆变器转化为纯净交流电供给负载。

(A)①②③ (B)③②① (C)①③② (D)②③①

【答案】 A

**Lb1A3542** 通信电源系统配置两组 300 Ah 蓄电池组并联运行,蓄电池单体均充电压为 2.35 V,则均充电压是( )V,10 小时率充电电流为( )A。

(A)53.5 30 (B)53.5 60 (C)56.4 30 (D)56.4 60

【答案】 D

**Lb1A3543** 理想变压器原、副线圈匝数比为 10∶1,说法中正确的是( )。

(A)穿过原、副线圈每一匝磁通量之比是 10∶1

(B)穿过原、副线圈每一匝磁通量的变化率不相等

(C)原、副线圈每一匝产生的电动势瞬时值之比为 10∶1

(D)正常工作时原、副线圈的输入、输出功率之比为 1∶1

【答案】 D

**Lb1A3544** 通信电源的系统总输出电流等于( )。

(A)各模块输出电流之和

(B)负荷电流

(C)蓄电池充电电流

(D)蓄电池浮充电流与负荷电流之和

【答案】　A

**Lb1A3545**　防雷接地说法错误的是(　　)。

(A)机房市电进线宜遵照上述国家标准采取防雷措施

(B)当不得不采用架空线时,应在低压架空电源进线处或专用电力变压器低压配电
母线处,装设低压避雷器

(C)信息机房的防雷和接地设计,应满足人身安全及信息系统正常运行的要求

(D)保护性接地和功能性接地宜共用一组接地装置,其接地电阻按其中最大值确定

【答案】　D

**Lb1A3546**　将数据从 FTP 服务器传输到 FTP 客户机上,称之为(　　)。

(A)数据下载　　　　(B)数据上传　　　　(C)数据传输　　　　(D)FTP 服务

【答案】　A

**Lb1A3547**　关于 HUB,说法正确的是(　　)。

(A)HUB 可以用来构建局域网

(B)一般 HUB 都具有路由功能

(C)HUB 通常也叫集线器,一般可以作为地址翻译设备

(D)一台共享式以太网 HUB 下的所有 PC 互发信息不会发生冲突

【答案】　A

**Lb1A3548**　IP 地址 190.233.27.13/16 所在的网段地址是(　　)。

(A)190.0.0.0　　　　　　　　　　　(B)190.233.0.0

(C)190.233.27.0　　　　　　　　　(D)190.233.27.1

【答案】　B

**Lb1A3549**　如果 IP 地址为 202.130.191.33,子网掩码为 255.255.255.0,那么网络地址
是(　　)。

(A)202.130.0.0　　　　　　　　　　(B)202.0.0.0

(C)202.130.191.33　　　　　　　　(D)202.130.191.0

【答案】　D

**Lb1A3550**　(　　)路由协议可使路由器适应网络状况的变化。

(A)静态　　　　　(B)动态　　　　　(C)自动　　　　　(D)缺省

【答案】　B

**Lb1A3551**　某单位要在办公楼 A 和办公楼 B 之间组建局域网,而办公楼 A 和办公楼 B 之间的
距离超过了电缆的最大限制长度,则采用增加(　　)办法解决。

(A)信号复制器　　　(B)更多的电缆　　　(C)中继器　　　(D)集线器

【答案】　C

**Lb1A3552** 在网络层提供协议转换,并在不同网络之间存贮转发分组数据的设备是( )。

(A)网桥      (B)网关      (C)集线器      (D)路由器

【答案】 D

**Lb1A3553** 一个路由器的路由表通常包含( )。

(A)目的网络和到达该目的网络的完整路径

(B)所有目的主机和到达该目的的主机的完整路径

(C)目的网络和到达该目的地网络路径上的下一个路由器的 IP 地址

(D)互联网中所有路由器的 IP 地址

【答案】 C

**Lb1A3554** IP 数据网络中,IGP 不包括( )协议。

(A)RIP      (B)BGP      (C)IS – IS      (D)OSPF

【答案】 B

**Lb1A3555** 在使用 BGP 传输信息时,为保证两个端点之间信息的可靠性,BGP 应在( )协议上运行。

(A)TCP      (B)IP      (C)UDP      (D)IGP

【答案】 A

**Lb1A3556** VLAN 标签打在( )数据结构中。

(A)段      (B)包      (C)帧      (D)位

【答案】 C

**Lb1A3557** 关于距离矢量路由协议描述中错误的是( )。

(A)简单,易管理      (B)收敛速度快

(C)报文量大      (D)为避免路由环做特殊处理

【答案】 B

**Lb1A3558** 标准访问控制列表以( )作为判别条件。

(A)数据包的大小      (B)数据包的源地址

(C)数据包的端口号      (D)数据包的目的地址

【答案】 B

**Lb1A3559** 在 OSI 中,物理层存在四个特性,其中通信媒体的参数和特性属于( )。

(A)机械特性      (B)电气特性

(C)功能特性      (D)规程特性

【答案】 A

**Lb1A3560** 用于电子邮件 e-mail 传输控制的协议是( )。

(A)SNMP      (B)SMTP      (C)HTTP      (D)HTML

【答案】 B

**Lb1A3561** 关于路由器和三层交换机的说法错误的是( )。

(A)三层交换机同时具有二层交换和三层路由的功能

(B)三层交换机可以完全替代路由器

(C)路由器和三层交换机都可以实现不同 VLAN 之间的通信

(D)路由器和三层交换机都可以隔离广播域

【答案】 B

**Lb1A3562** ( )不属于路由器的作用。

(A)异种网络互连

(B)报文的分片与重组

(C)路由(寻径):路由表建立、刷新、查找

(D)隔离网络,防止网络风暴,指定访问规则(防火墙)

【答案】 B

**Lb1A3563** TCP 的报文包括两部分,分别是( )。

(A)源端地址和数据　　　　　　　　(B)目的端地址和数据

(C)报头和数据　　　　　　　　　　(D)序号和数据

【答案】 C

**Lb1A3564** ( )是基于链路状态算法的动态路由协议。

(A)RIP　　　　(B)ICMP　　　　(C)IGRP　　　　(D)OSPF

【答案】 D

**Lb1A3565** 电子邮件地址 Wang263. net 中没有包含的信息是( )。

(A)发送邮件服务器　　　　　　　　(B)接收邮件服务器

(C)邮件客户机　　　　　　　　　　(D)邮箱所有者

【答案】 C

**Lb1A3566** IP 数据网络中,( )通过二层交换可以实现。

(A)VLAN 成员和公共资源的通信

(B)VLAN 内部成员之间的通信

(C)VLAN 之间的通信

(D)B 和 C

【答案】 B

**Lb1A3567** IP 数据网络中,标志一个特定的服务通常可以使用( )。

(A)MAC 地址　　　　　　　　　　(B)CPU 型号

(C)网络操作系统的种类　　　　　　(D)TCP 或 UDP 端口号

【答案】 D

**Lb1A3568** 关于对等结构网络操作系统的描述不恰当的是( )。

(A)所有联网节点地位平等,联网计算机的资源原则上可以互相共享

(B)每台联网计算机以前、后台方式为本地与网络用户分开服务

(C)只要是对称结构局域网中的任何节点就能直接通信,网络结构简单

(D)每个节点地位平等,都承担了网络通信管理与共享资源管理任务,提高了整个网络的信息处理能力,可以支持较大规模的网络

【答案】 D

Lb1A3569 电缆沟道、竖井内的金属支架至少( )点接地,接地点间距不应大于( )m。

(A)二 20 (B)二 30 (C)三 10 (D)三 20

【答案】 B

Lb1A3570 机房配置的精密空调在夏季出现高压告警,不可能的原因是( )。

(A)制冷剂太多 (B)室外机太脏

(C)管道有泄漏 (D)循环水太脏

【答案】 C

Lb1A3571 机房动力环境监控系统的核心功能是监控( )。

(A)业务系统 (B)网络

(C)机房基础设施 (D)通信电路

【答案】 C

Lc1A3572 配电变压器高、低压侧应在靠近变压器处装设( )。

(A)线路阻波器 (B)压敏电阻 (C)避雷器 (D)滤波器

【答案】 C

Lc1A3573 交流变送器主要作用是( )。

(A)检测交流电压/电流

(B)给监控箱提供工作电流

(C)提供检测信号到单体

(D)为控制单元提供信号来保护交流接触器

【答案】 A

Lc1A3574 我国 110 kV 及以上系统的中性点均采用( )接地。

(A)直接 (B)经消弧线圈 (C)经大电抗 (D)经大容抗

【答案】 A

Lc1A3575 电力系统中以"kW·h"作为( )的计量单位。

(A)电压 (B)电能 (C)电功率 (D)电位

【答案】 B

Lc1A3576 市电中五次谐波的频率为( )Hz。

(A)5 (B)50 (C)250 (D)500

【答案】 C

Lc1A3577 60～110 kV 电压等级的设备不停电时的安全距离是( )m。

(A)1 (B)2 (C)2.5 (D)3

【答案】 A

**Lc1A3578** 一次电路主要由负载、线路、电源和( )组成。

 (A)变压器 (B)开关 (C)发电机 (D)仪表

【答案】 B

**Lc1A3579** 在电力系统中,电气设备的中性点接地称为( )接地。

 (A)保护 (B)过电压保护 (C)工作 (D)防静电

【答案】 C

**Lc1A3580** 在人站立或行走时通过有电流流经的地面,两脚间所承受的电压称为( )电压。

 (A)接触 (B)跨步 (C)接地 (D)过渡

【答案】 B

## 1.2.2 多选题

**La1B3001** 对称三相电源是指( )相同的电动势电源。

 (A)周期 (B)幅值 (C)频率 (D)相位

【答案】 BCD

**La1B3002** ( )应配备两套独立的通信专用电源。

 (A)县级及以上调度大楼 (B)地市公司级及以上单位

 (C)330 kV 及以上变电站 (D)特高压通信中继站

【答案】 ABCD

**La1B3003** 跨越( )的架空输电线路区段光缆不应采用全介质自承式光缆(ADSS)。

 (A)高速铁路 (B)高速公路

 (C)重要输电通道 (D)普通公路

【答案】 ABC

**La1B3004** 通信电源系统投运前应进行( )。

 (A)高温试验 (B)电源系统告警信号的校核

 (C)双交流输入切换试验 (D)蓄电池组全核对性放电试验

【答案】 BCD

**La1B3005** 通信设备应采用独立的( )供电,禁止并接使用。

 (A)空气开关 (B)断路器 (C)直流熔断器 (D)配电箱

【答案】 ABC

**La1B3006** 通信机房应满足( )要求,窗户具备遮阳功能,防止阳光直射机柜和设备。

 (A)密闭 (B)防尘 (C)温度 (D)湿度

【答案】 ABCD

**La1B3007** 为保障通信蓄电池使用寿命和运行可靠性,应避免造成蓄电池( )。

 (A)浮充 (B)均充 (C)欠充 (D)过充

【答案】 CD

La1B3008　每年(　　)期间要对通信电源系统进行负荷校验。

　　(A)春检　　　　　(B)秋检　　　　　(C)迎峰度夏　　　　(D)迎峰度冬

【答案】　AB

La1B3009　电源系统交流输入端应装有浪涌保护装置,至少应能承受(　　)的冲击。

　　(A)电压脉冲(10/700 $\mu$s、5 kV)　　　　　　(B)电压脉冲(10/700 $\mu$s、10 kV)

　　(C)电流脉冲(8/20 $\mu$s、10 kA)　　　　　　(D)电流脉冲(8/20 $\mu$s、20 kA)

【答案】　AD

La1B3010　三极管的类型包括(　　)。

　　(A)PN 型　　　　(B)NP 型　　　　(C)NPN 型　　　　(D)PNP 型

【答案】　CD

La1B3011　模拟信号数字化的三个主要过程包括(　　)。

　　(A)抽样　　　　　(B)量化　　　　　(C)编码　　　　　(D)解码

【答案】　ABC

La1B3012　下列描述符合数字通信特点的是(　　)。

　　(A)抗干扰能力强　　　　　　　　　(B)可以时分复用

　　(C)便于构成综合业务网　　　　　　(D)占用信道带宽窄

【答案】　ABC

La1B3013　载波同步的方法主要有(　　)。

　　(A)插入导频法　　(B)直接法　　(C)起止式同步法　　(D)连贯式插入法

【答案】　AB

La1B3014　帧同步的方法主要有(　　)。

　　(A)起止式同步法　　(B)连贯式插入法　　(C)间隔式插入法　　(D)插入导频法

【答案】　ABC

La1B3015　一段电路的欧姆定律用公式表示为(　　)。

　　(A)U＝I/R　　　(B)R＝U/I　　　(C)U＝IR　　　(D)I＝U/R

【答案】　BCD

La1B3016　正弦量的三要素是(　　)。

　　(A)最大值　　　　(B)最小值　　　　(C)频率　　　　(D)初相位

【答案】　ACD

La1B3017　通信系统中,常见的随机噪声有(　　)噪声。

　　(A)附加　　　　　(B)单频　　　　　(C)脉冲　　　　　(D)起伏

【答案】　BCD

La1B3018　通信系统中,(　　)属于非线性调制的调制方式。

　　(A)AM　　　　　(B)FM　　　　　(C)PM　　　　　(D)DSB

【答案】　BC

La1B3019　通信系统中,(　　)属于线性调制。

    (A)AM　　　　　　(B)DSB　　　　　　(C)SSB　　　　　　(D)FM

【答案】　ABC

La1B3020　通信系统中,调制的作用包括(　　)。

    (A)将基带信号(调制信号)变换成适合在信道中传输的已调信号

    (B)实现信道的多路复用

    (C)改善系统抗噪声性能

    (D)提高信息传输速率

【答案】　ABC

La1B3021　通信系统按传输信号类型可分为(　　)通信系统。

    (A)模拟　　　　　　(B)数字　　　　　　(C)有线　　　　　　(D)无线

【答案】　AB

La1B3022　关于数字通信系统,描述不正确的是(　　)。

    (A)数字通信系统的主要性能指标是传输速率和差错率

    (B)从研究消息的传输来说,通信系统的主要性能指标是其标准性和可靠性

    (C)对于数字通信系统,传码率和传信率是数值相等,单位不同的两个性能指标

    (D)所谓误码率是指错误接收的信息量在传送信息总量中所占的比例

【答案】　BCD

La1B3023　通信系统中,能够无限制地增大信道容量的方法是(　　)。

    (A)无限制提高信噪比　　　　　　　　(B)无限制减小噪声

    (C)无限制提高信号功率　　　　　　　(D)无限制增加带宽

【答案】　ABC

La1B3024　(　　)数字码型的功率谱中不含时钟分量。

    (A)NRZ　　　　　　(B)RZ　　　　　　(C)AMI　　　　　　(D)HDB3

【答案】　ACD

La1B3025　数字通信系统中,同步包括(　　)。

    (A)载波同步　　　　(B)时钟同步　　　　(C)帧同步　　　　(D)网同步

【答案】　ABCD

La1B3026　音频配线的防过电压保护采用(　　)等措施。

    (A)电缆屏蔽层接地　　　　　　　　　(B)户外引入电缆穿钢管

    (C)音频保安器　　　　　　　　　　　(D)空线对接地方式

【答案】　ABCD

La1B3027　在发送端把模拟信号转换为数字信号的过程简称为模数转换,模数转换要经过
(　　)个步骤。

    (A)抽样　　　　　　(B)对比　　　　　　(C)量化　　　　　　(D)编码

【答案】　ACD

La1B3028 关于通信工作票的签发,(　　)说法是正确的。

(A)各中心工作票由运检中心统一签发

(B)各中心工作票由本中心签发

(C)外单位进入信通公司生产场所工作票,由外单位自行签发

(D)外单位进入信通公司生产场所工作票,由各中心根据职责范围签发相应的工作票

【答案】 BD

La1B3029 工作票的签发人应(　　)。

(A)熟悉人员技术水平

(B)熟悉设备情况、熟悉安规

(C)并具有相关工作经验的生产领导人、技术人员

(D)或经本单位批准的人员

【答案】 ABCD

La1B3030 工作负责人(监护人)应(　　)。

(A)具有相关工作经验　　　　　　(B)熟悉设备情况和安规

(C)班组长　　　　　　　　　　　　(D)应熟悉工作班成员的工作能力

【答案】 ABD

La1B3031 工作票延期,需要(　　)在工作票上分别签名、分别填入签名时间后执行。

(A)工作票签发人　　　　　　　　(B)工作负责人

(C)工作班成员　　　　　　　　　　(D)工作许可人

【答案】 BD

La1B3032 工作票许可手续完成后,工作负责人应完成(　　)事项,才可以开始工作。

(A)交代带电部位和现场安全措施

(B)告知危险点

(C)履行确认手续

(D)向工作班成员交代工作内容、人员分工

【答案】 ABCD

La1B3033 现场作业人员应被告知其作业现场和工作岗位存在的(　　)。

(A)安全风险　　　　　　　　　　　(B)安全注意事项

(C)事故防范措施　　　　　　　　　(D)紧急处理措施

【答案】 ABCD

La1B3034 (　　)是电力通信工作票必须包含的内容。

(A)工作负责人　　(B)工作班成员　　(C)工作任务　　(D)工作计划

【答案】 ABCD

La1B3035　通信系统中,调制信道的模型可分为(　　)信道。

(A)随参　　　　　(B)有线　　　　　(C)恒参　　　　　(D)无线

【答案】　AC

La1B3036　根据香农公式,为了使信道容量趋于无穷大,可以采取(　　)措施。

(A)噪声功率为零　　　　　　　　(B)噪声功率谱密度始终为零

(C)信号发射功率为无穷大　　　　(D)系统带宽为无穷大

【答案】　ABC

La1B3037　通信系统中,连续信道的信道容量受到(　　)要素的限制。

(A)带宽　　　　　(B)信号功率　　　　　(C)噪声功率谱密度(D)信息量

【答案】　ABC

La1B3038　接触器的电磁机构由(　　)组成。

(A)活动线圈　　　(B)吸引线圈　　　(C)静铁心　　　(D)动铁心

【答案】　BCD

La1B3039　幅度调制是正(余)弦载波的幅度随调制信号作线性变化的过程,在幅度调制中有(　　)等方式。

(A)调幅　　　　　　　　　　　　(B)双边带(DSB)调制

(C)单边带(SSB)调制　　　　　　(D)残留边带(VSB)调制

【答案】　ABCD

La1B3040　数字通信系统中,数字复接的方法主要有(　　)。

(A)按位复接　　　(B)按字复接　　　(C)按帧复接　　　(D)按段复接

【答案】　ABC

Lb1B3041　常用电力调度交换机的调度台有(　　)调度台。

(A)按键式　　　　(B)触摸式　　　　(C)声控式　　　　(D)视频

【答案】　ABD

Lb1B3042　在数字程控交换机中,用户通话完毕,挂机复原采用的复原控制方式有(　　)。

(A)主叫控制　　　　　　　　　　(B)被叫控制

(C)主被叫互不控制　　　　　　　(D)主被叫互控制

【答案】　ABC

Lb1B3043　调度程控交换机用户侧接口包括(　　)。

(A)二线模拟用户接口 Z　　　　　(B)数字用户接口 V

(C)N - ISDN 接口　　　　　　　(D)网络接口 Y

【答案】　ABCD

Lb1B3044　通信设备安装前,机房基础设施应具备的条件,包括走线槽(架)路由、规格应符合施工图设计要求,盖板应(　　)。

(A)严密 　　　　(B)坚固 　　　　(C)防水 　　　　(D)防潮

【答案】 AB

Lb1B3045 通信设备安装前机房基础设施应具备的条件,包括通风取暖、空调等设施已安装完毕并能正常使用。室内( )应符合设备要求。

(A)高度 　　　　(B)宽度 　　　　(C)温度 　　　　(D)湿度

【答案】 CD

Lb1B3046 屏内走线安装工艺要求中,所有连接线均应采用规范的线缆,不应使用( )。

(A)护套线 　　　　(B)裸露线 　　　　(C)电缆 　　　　(D)地线

【答案】 AB

Lb1B3047 子架与机盘安装要求中,设备子架安装应( )。

(A)牢固 　　　　　　　　　　(B)排列整齐

(C)插接件接触良好 　　　　　(D)位置灵活可调

【答案】 ABC

Lb1B3048 传送网由( )基本网元组成。

(A)终端复用器 　　(B)分插复用器 　　(C)再生器 　　(D)交叉连接设备

【答案】 ABCD

Lb1B3049 SDH 设备的光放大单元有( )放大器。

(A)功率 　　　　(B)预置 　　　　(C)线路 　　　　(D)交叉

【答案】 ABC

Lb1B3050 SDH 帧结构中,( )开销位于净负荷区。

(A)再生段 　　　　(B)复用段 　　　　(C)高阶通道 　　　　(D)低阶通道

【答案】 CD

Lb1B3051 STM－N 的帧结构由( )组成。

(A)开销 　　　　(B)负载 　　　　(C)指针 　　　　(D)净负荷

【答案】 ACD

Lb1B3052 在 SDH 中,光路误码产生的原因有( )。

(A)尾纤头污染 　　　　　　　(B)传输线路损耗增大

(C)DCC 通道故障 　　　　　　(D)上游临站光发送盘故障

【答案】 ABD

Lb1B3053 SDH 设备备板插拔应注意( )。

(A)戴防静电手坏 　　　　　　(B)双手持板件

(C)防止倒针 　　　　　　　　(D)插盘到位,接触良好

【答案】 ABCD

Lb1B3054 可能造成 SDH 网管无法访问远端网元的情况包括( )故障。

(A)光缆线路 　　(B)节点 　　(C)DCC 通道 　　(D)支路盘

【答案】 ABC

**Lb1B3055** SDH 光纤传输系统中,故障定位的原则是( )。

(A)先线路、后支路　　　　　　　　(B)先高级、后低级

(C)先外因、后内因　　　　　　　　(D)先硬件、后软件

【答案】 ABC

**Lb1B3056** 数据通信网中,命令行接口提供( )帮助。

(A)完全　　　　(B)在线　　　　(C)部分　　　　(D)互动

【答案】 AC

**Lb1B3057** 采用( )方式可以升级路由器。

(A)通过 CONSOLE 口升级　　　　　(B)通过 FTP 升级

(C)通过 TFTP 升级　　　　　　　　(D)通过 MODEM 升级

【答案】 ABCD

**Lb1B3058** OSPF 协议适用于基于 IP 的( )。

(A)大型网络　　　　　　　　　　(B)中小型网络

(C)更大规模的网络　　　　　　　(D)ISP 与 ISP 之间

【答案】 ABC

**Lb1B3059** 在 OSPF 协议中,对于"指定路由器",描述正确的是( )。

(A)DR 不是人为指定的,而是由本网段中所有的路由器共同选举出来的

(B)若两台路由器的优先级值不同,就选择优先级值较小的路由器作为 DR

(C)若两台路由器的优先级值相等,则选择 RouterID 大的路由器作为 DR

【答案】 AC

**Lb1B3060** 三层交换机可以使用( )实现负载均衡。

(A)基于源 IP 地址　　　　　　　　(B)基于目的 IP 地址

(C)基于源 MAC 地址　　　　　　　(D)基于目的 MAC 地址

【答案】 ABCD

**Lb1B3061** 关于 IS－IS 的骨干区域,说法正确的有( )。

(A)是由所有的 L2 路由器组成的　　(B)可以不连续

(C)用于区域间路由　　　　　　　　(D)用区域 area0 标识

【答案】 AC

**Lb1B3062** IP 网络中,( )协议属于传输层协议。

(A)UDP　　　　(B)Telnet　　　　(C)TCP　　　　(D)http

【答案】 AC

**Lb1B3063** 一个标准的计算机网络由( )组成。

(A)通信子网　　　(B)资源子网　　　(C)数据子网　　　(D)协议子网

【答案】 AB

Lb1B3064　音频配线架一般由(　　)组成。

(A)接线排　　　(B)保安单元　　　(C)走线部分　　　(D)机架

【答案】　ABCD

Lb1B3065　音频配线架在接线排上,可以通过各种插塞、塞绳,进行(　　)等作业。

(A)示明　　　(B)断开　　　(C)测试　　　(D)调线

【答案】　ABCD

Lb1B3066　音频端子排上线时按照(　　)原则。

(A)先左后右　　　(B)先上后下　　　(C)先右后左　　　(D)先下后上

【答案】　AB

Lb1B3067　音频配线单元卡线时遵循(　　)的顺序排列。

(A)从上到下　　　(B)从左到右　　　(C)从下到上　　　(D)从右到左

【答案】　AB

Lb1B3068　PCM设备数据接口板卡的配置包括(　　)。

(A)同步　　　(B)输入电平　　　(C)传输速率　　　(D)内部交换电路

【答案】　ACD

Lb1B3069　属于我国PDH体制的速率体系是(　　)M。

(A)2　　　(B)8　　　(C)45　　　(D)140

【答案】　ABD

Lb1B3070　2.048 Mb/s接口基本指标包括(　　)。

(A)数字比特率　　　　　　(B)输入脉冲波形及输入特性

(C)最大输出抖动　　　　　(D)最大允许输入抖动

【答案】　ACD

Lb1B3071　按复接时各低次群时钟情况,可分为(　　)复接方式。

(A)同步　　　(B)伪同步　　　(C)异步　　　(D)准同步

【答案】　ACD

Lb1B3072　数字通信网的同步方式可分为(　　)方式。

(A)准同步　　　(B)主从同步　　　(C)互同步　　　(D)混合同步

【答案】　ABCD

Lb1B3073　同步时钟输入模块支持的类型有(　　)输入模块。

(A)GPS　　　(B)北斗　　　(C)E1　　　(D)STM-1

【答案】　ABCD

Lb1B3074　时钟再生子系统TSG的工作方式有(　　)。

(A)预热　　　(B)跟踪　　　(C)锁定　　　(D)保持

【答案】　ABCD

**Lb1B3075** 关于同步时钟输入模块说法正确的有( )。

(A)GPS 输入模块配置 GPS 接收机,从 GPS 卫星接收准确的时频信息,作为频率基准参考

(B)北斗输入模块配置北斗接收机,从北斗卫星接收准确的时频信息,作为频率基准参考

(C)E1 输入模块从 E1 定时链路中提供更高级别的时钟,作为频率基准参考

(D)STM-1 输入模块从 STM-1 链路中提供更高级别的时钟,作为频率基准参考

【答案】 ABCD

**Lb1B3076** OPGW 在线路上的接地方式包括"( )"方式。

(A)单点接地 (B)经放电间隙接地 (C)逐塔接地 (D)以上都不正确

【答案】 ABC

**Lb1B3077** 数字通信网的同步方式主要有( )方式。

(A)主从同步 (B)完全同步 (C)互同步 (D)准同步

【答案】 ABCD

**Lb1B3078** 符合基准时钟源指标的基准时钟源可以是( )。

(A)铯原子钟 (B)卫星全球定位系统

(C)铷原子钟 (D)PDH2M 支路信号

【答案】 AB

**Lb1B3079** SDH 的网元时钟来源有( )时钟。

(A)外部 (B)内部 (C)线路 (D)支路

【答案】 ABCD

**Lb1B3080** ( )可用来进行尾纤的核对。

(A)光源 (B)光功率计 (C)OTDR (D)传输分析仪

【答案】 AB

**Lb1B3081** 在开剥光缆时,施工人员应戴( ),避免施工人员受伤。

(A)护目镜 (B)安全帽 (C)手套 (D)绝缘鞋

【答案】 AC

**Lb1B3082** 光缆线路的衰减测量方法有( )。

(A)后向散射法 (B)截断法 (C)插入损耗法 (D)前向散射法

【答案】 ABC

**Lb1B3083** 进行光功率测试时,注意事项有( )。

(A)保证尾纤连接头清洁

(B)测试前应测试尾纤的衰耗

(C)测试前验电

(D)保证光板面板上法兰盘和光功率计法兰盘的连接装置耦合良好

【答案】 ABD

**Lb1B3084** 普通光缆一般由( )共同构成。

(A)缆芯      (B)加强件      (C)护层      (D)填充物

【答案】 ABCD

**Lb1B3085** 光缆常用的结构主要有( )。

(A)层绞式      (B)骨架式      (C)中心管式      (D)叠带状式

【答案】 ABCD

**Lb1B3086** UPS 按输出波形分类,输出波形可分为( )。

(A)正弦波      (B)方波      (C)三角波      (D)矩形波

【答案】 AB

**Lb1B3087** ( )描述属于在线式 UPS 的特点。

(A)真正实现了对负载的无干扰稳压供电

(B)波形失真系数最小,一般小于 3%

(C)具有较高的效率

(D)具有优良的输出电压瞬变特性

【答案】 ABD

**Lb1B3088** 实行通信电源集中监控的主要目的是( )。

(A)提高设备维护和管理质量      (B)降低系统维护成本

(C)提高整体防雷效果      (D)提高整体工作效率

【答案】 ABD

**Lb1B3089** 通信高频开关电源系统安装过程中,根据蓄电池技术参数或设计要求,设置整流模块的( )等,并对电源的告警系统进行功能测试。

(A)交流输入电压      (B)浮充电压

(C)均充电压      (D)温度补偿系数

【答案】 BCD

**Lb1B3090** 蓄电池的内阻包括( )。

(A)正负极板的内阻      (B)电解液的电阻

(C)隔离物的电阻      (D)连接体的电阻

【答案】 ABCD

**Lb1B3091** 通信系统接地中,接地电阻主要受( )影响。

(A)土壤电阻率      (B)接地电流

(C)电极与土壤的接触电阻      (D)接地极位置

【答案】 AC

**Lb1B3092** 为减少电磁干扰的感应效应,应采取的基本措施是( )。

(A)建筑物或房间的外部屏蔽      (B)设备屏蔽

(C)静电屏蔽      (D)以合适的路径敷设线路,线路屏蔽

【答案】 ABD

**Lb1B3093** 光纤通信常用的三个波长为( )μm。

    (A)0.85　　　　　(B)1.31　　　　　(C)1.55　　　　　(D)1.48

【答案】 ABC

**Lb1B3094** 根据运行特点及具体要求,通信机房一般由( )等功能区组成。

    (A)主设备区　　　(B)网管区　　　(C)辅助区　　　(D)支持区

【答案】 ACD

**Lb1B3095** 《电力系统通信站过电压保护规程》规定,金属管道引入室内前应( ),并在入口处接入接地网。

    (A)平直地埋 10 m 以上　　　　　　　(B)平直地埋 15 m 以上

    (C)埋深应大于 0.6 m　　　　　　　　(D)埋深应大于 1 m

【答案】 BC

**Lb1B3096** 机房防静电地板或地面的表面电阻或体积电阻应为 $2.5\times10^4\sim1.0\times10^9$ Ω,其导电性能应长期稳定,且应具有( )性能。

    (A)防火　　　　　(B)环保　　　　　(C)耐污　　　　　(D)耐磨

【答案】 ABCD

**Lb1B3097** 《国家电网公司十八项电网重大反事故措施》规定,每年雷雨季节前应对接地系统进行检查和维护,内容包括( )。

    (A)检查连接处是否紧固、接触是否良好

    (B)检查接地引下线有无锈蚀

    (C)接地体附近地面有无异常设备投运

    (D)必要时应开挖地面抽查地下隐蔽部分锈蚀情况

【答案】 ABCD

**Lb1B3098** 机房动力环境监控系统中的动力类包括( )。

    (A)高低压配电　　(B)整流系统　　(C)蓄电池组　　(D)空调

【答案】 ABCD

**Lb1B3099** 防雷措施一般有( )。

    (A)接地与均压　　(B)屏蔽　　　　(C)限幅　　　　(D)隔离

【答案】 ABCD

**Lb1B3100** 调度通信综合楼内的通信站应与同楼内的( )共用一个接地网。

    (A)空调系统　　　　　　　　　　　　(B)动力装置

    (C)建筑物避雷装置　　　　　　　　　(D)排水系统

【答案】 BC

**Lb1B3101** 按照不同用途,电力系统调度交换机可以分为( )。

    (A)汇接调度交换机　　　　　　　　　(B)调度软交换机

    (C)终端调度交换机　　　　　　　　　(D)调度、行政合一交换机

【答案】 ACD

**Lb1B3102** 数字程控交换机设备的数字用户电路包括( )。

(A)30B+D　　　　(B)3B+D　　　　(C)2B+D　　　　(D)B+D

【答案】 ACD

**Lb1B3103** 调度程控交换机中继侧接口包括( )。

(A)2M 数字中继接口 A 　　　　　　(B)E&M 中继接口 C1

(C)二线环路中继接口 C2 　　　　　(D)串行接口 RS-232

【答案】 ABC

**Lb1B3104** 模拟电话单机用户可以直接接入( )设备。

(A)AG　　　　　(B)IAD　　　　　(C)TG　　　　　(D)SG

【答案】 AB

**Lb1B3105** 在软交换体系中,可直接接入数据终端,( )设备属于数据终端。

(A)IP-phone　　(B)PC　　　　　(C)IAD　　　　　(D)IPPBX

【答案】 ABD

**Lb1B3106** 通信设备安装前机房基础设施应具备的条件,包括机房内应具备有效的消防设施,附近严禁存放( )等危险品。

(A)易碎　　　　(B)易潮　　　　(C)易燃　　　　(D)易爆

【答案】 CD

**Lb1B3107** 屏体安装工艺要求中,屏体的安装位置应符合施工图的设计要求,机柜按设计统一编号。同一机房的屏体( )宜统一。

(A)品牌　　　　(B)材质　　　　(C)尺寸　　　　(D)颜色

【答案】 CD

**Lb1B3108** 屏内走线安装工艺要求中,屏内除光缆尾纤外,各种连线应按类别扎成( )的线把。

(A)圆形　　　　(B)方形　　　　(C)扁形　　　　(D)锥形

【答案】 ABC

**Lb1B3109** 光设备子架安装时,检查子架系统背板(母板)上的插针,插针应( )。

(A)清洁　　　　(B)微弯　　　　(C)平直　　　　(D)整齐

【答案】 ACD

**Lb1B3110** SDH 系统误码性能测试采用短期系统误码指标,测试时间分为( )两种。

(A)24 h　　　　(B)15 min　　　　(C)3 h　　　　(D)1 h

【答案】 AB

**Lb1B3111** SDH 传输网的同步方式有( )。

(A)同步方式　　(B)伪同步方式　　(C)准同步方式　　(D)异步方式

【答案】 ABCD

Lb1B3112　当源站点与目的站点通过一个三层交换机连接,且不在同一个 VLAN,源站点要向目的站点发送数据,(　　)是必须的。

(A)两个主机都要配置网关地址

(B)两个 VLAN 都要配置 IP 地址

(C)两个 VLAN 必须配置路由协议

(D)两个主机必须获得对方的 VLAN ID 号

【答案】　AB

Lb1B3113　(　　)地址表示的是私有地址。

(A)202.118.56.21　　　　　　　　(B)1.2.3.4

(C)10.0.1.2　　　　　　　　　　(D)172.16.33.78

【答案】　CD

Lb1B3114　关于 FTP 和 TFTP 的说法中,错误的是(　　)。

(A)FTP 是基于 UDP 的,而 TFTP 是基于 TCP 的

(B)FTP 使用的是客户服务器模式

(C)TFTP 的中文含义应该是简单文件传送协议

(D)TFTP 不支持 ASCII 码,但支持二进制传送和 HDB3 码

【答案】　AD

Lb1B3115　关于链路状态算法的说法正确的是(　　)。

(A)链路状态是对路由的描述

(B)链路状态是对网络拓扑结构的描述

(C)链路状态算法本身不会产生自环路由

(D)OSPF 和 RIP 都使用链路状态算法

【答案】　BC

Lb1B3116　TCP 协议的三次握手过程中不会涉及(　　)TCP 分段。

(A)SYN　　　　　(B)ACK　　　　　(C)FIN　　　　　(D)FIN+ACK

【答案】　CD

Lb1B3117　光纤配线架主要用于(　　)。

(A)光缆终端的光纤熔接　　　　　(B)光纤连接器安装

(C)光路的调接　　　　　　　　　(D)多余尾纤的存储

【答案】　ABCD

Lb1B3118　光纤配线架由(　　)组成。

(A)架体部分　　　(B)走线部分　　　(C)配线部分　　　(D)成端部分

【答案】　ABCD

Lb1B3119　光纤配线架配纤资料包括(　　)。

(A)ODF 编号　　　　　　　　　　(B)模块编号

(C)ODF 端口编号　　　　　　　　(D)对端局站设备编号

【答案】　ABCD

**Lb1B3120** 数字配线架一般由( )组成。

    (A)同轴连接器　　　(B)单元面板　　　(C)走线部分　　　(D)机架

【答案】 ABCD

**Lb1B3121** PCM 中 2 Mb/s 接口板的功能有( )。

    (A)话路数据的传输

    (B)控制和协调各种接口板的通信

    (C)将各种话路或数据接口送来的信息汇集成帧送到对端设备

    (D)将对端送来的信息分接到每个话路或数据接口

【答案】 BCD

**Lb1B3122** 带时隙交叉功能的 PCM 设备的有( )等基本功能。

    (A)连接设备内部结构接口的转换　　　(B)数据和信令的交叉连接

    (C)同步　　　(D)设备与网络的监控和管理

【答案】 ABCD

**Lb1B3123** PCM 设备的二线接口有( )接口类型。

    (A)FXO　　　(B)FXS　　　(C)V.11/V.24　　　(D)V.24/V.28

【答案】 AB

**Lb1B3124** 数字通信方式与模拟信号方式相比的主要优点有( )。

    (A)抗干扰能力强,无噪声累积　　　(B)设备便于集成化、小型化

    (C)数字信号易于加密　　　(D)灵活性强,能适应各种业务要求

【答案】 ABCD

**Lb1B3125** SDH 光传输网的时钟性能应满足( )建议。

    (A)G.811　　　(B)G.812　　　(C)G.813　　　(D)G.814

【答案】 BC

**Lb1B3126** 光缆单盘测试包括( )等测试,测试结果应符合设计规定和订货合同要求。

    (A)光缆盘长　　　(B)光纤衰减指标　　　(C)型号　　　(D)线径

【答案】 AB

**Lb1B3127** 光缆敷设准备阶段工作内容包括( )。

    (A)检查缆盘、光缆外观是否完好无损,光缆端头是否封装良好,所附标志、标签内容是否清晰、齐全

    (B)检查光缆、金具及附件的型号、规格、数量是否符合设计规定和订货合同要求

    (C)检查光缆、金具及附件的出厂质量检验合格证和性能检测报告是否齐全

    (D)收集出厂检测报告、合格证等资料,根据开箱检验结果填写开箱检验记录(见 DL/T 5344 相关规定),对损坏的光缆应做详细记录并取证(拍照或摄像)存档

【答案】 ABCD

**Lb1B3128** 光缆敷设准备阶段,光缆开箱检验要求包括(　　)。

(A)光缆在现场应进行单盘测试

(B)单盘测试包括光缆盘长、光纤衰减指标等测试,测试结果应符合设计规定和订货合同要求

(C)每盘光缆的光纤应全部测试,供货方代表应到现场确认测试结果

(D)对单盘测试结果不符合要求的光缆应做详细记录并取证(拍照或摄像)存档

【答案】　ABCD

**Lb1B3129** 光缆敷设准备阶段,光缆路由复核要求包括(　　)。

(A)施工单位应根据工程概况、光缆路由情况、光缆盘长、光缆接续位置等编制可行的光缆敷设施工方案

(B)光缆敷设前应对光缆路由进行通道处理、障碍物清除,做好交叉跨越等防护措施

(C)光缆盘应直立装卸、运输及存放,不应平放,短距离滚动时应按缆盘标明的旋转箭头方向滚动

(D)敷设光缆时,光缆应由缆盘上方放出并保持松弛弧形,牵引端头与牵引绳之间应加退扭器

【答案】　ABCD

**Lb1B3130** 光缆敷设工艺要求中,牵引场和张力场相关要求包括(　　)。

(A)牵引场和张力场应布置在架设段两端耐张塔外侧,且应在线路方向上,水平偏角应小于7°

(B)张力机和牵引机到第一基铁塔的距离应大于4倍塔高,张力机与放线架线轴之间的距离不应小于5 m

(C)牵引机卷扬轮、张力机导向轮、光缆放线架及牵引绳卷筒与牵引绳的受力方向应与其轴线垂直

(D)牵引机、张力机、光缆放线架应进行锚固,并可靠接地,接地线采用25 mm² 软铜线连接φ30 圆钢,圆钢插入地下 0.5 m 以上

【答案】　ABCD

**Lb1B3131** 光缆敷设工艺要求中,悬挂放线滑轮要求包括(　　)。

(A)在架设光缆前,各基铁塔应先挂好放线滑轮,放线滑轮槽底直径应大于 40 倍光缆直径,且不应小于 500 mm,磨阻系数不应大于 1.015

(B)临近牵引场和张力场的第一基铁塔、转角塔和滑轮包络角大于 60°的铁塔,应悬挂槽底直径不小于 800 mm 的滑轮(或使用 600 mm 的组合滑轮)

(C)转角塔直通放线时,为防止可能出现的光缆跳槽卡线现象,可将滑轮向内侧进行预倾斜处理

(D)光缆放线区段长度应与光缆长度相适应

【答案】 ABC

Lb1B3132 光缆敷设工艺要求中,牵引绳布放与升空要求包括( )。

(A)牵引绳采用人工展放,按牵引绳盘长分段布线、展放,然后用抗弯连接器连接,连接应有专人负责;展放完毕后,应对牵引绳顺线检查连接是否良好

(B)转角塔直通放线时,为防止可能出现的光缆跳槽卡线现象,可将滑轮向内侧进行预倾斜处理

(C)使用牵引绳连接器前检查有无断裂、变形,不合格不应使用

(D)牵引绳展放完毕后,应将其升高至每一基杆塔的放线滑轮槽里

【答案】 ACD

Lb1B3133 光缆敷设工艺要求中,牵引端头连接要求包括( )。

(A)光缆端头从光缆线盘上拉出后,不应直接往张力机上缠绕,应先采用软绳缠绕在张力机上再牵引通过

(B)光缆出张力机后与牵引绳的连接方式宜采用:光缆→牵引网套→抗弯连接器→防扭鞭(可选)→退扭器→牵引绳

(C)牵引网套与光缆外径应匹配,牵引网套与光缆连接应紧固,在牵引网套末端宜用铁丝进行绑扎(不少于30匝)并裹上黑胶布

(D)牵引绳展放完毕后,应将其升高至每一基杆塔的放线滑轮槽里

【答案】 ABC

Lb1B3134 光缆敷设工艺要求中,光缆牵引要求包括( )。

(A)起始放线速度应为 5 m/min,待光缆通过第一基铁塔后,可均匀加速至 30 m/min 左右,最大放线速度不应超过 40 m/min。牵引时应匀速前进,不应突然加速或减速

(B)转角杆塔、交叉跨越点和其他重要位置应配置信号人员,发生夹线或其他情况时及时报告处理。光缆牵引端头应在信号人员监视下慢速通过滑轮

(C)光缆端头及防扭鞭临近放线滑轮时,应均匀放慢牵引速度,光缆端头通过滑轮后均匀加速至原来的牵引速度

(D)临时中断放线时,应及时通过手闸阻止缆盘上的光缆继续绕出,同时应避免在光缆上产生扭矩

【答案】 ABCD

Lb1B3135 光缆敷设工艺要求中,光缆临时固定要求包括( )。

(A)光缆如未能在当日展放完毕,应在牵引端、张力端对牵引绳、光缆进行临时锚固

(B)光缆展放完毕后如不能立即紧、挂线,应将光缆临时锚固。此时应在光缆尾端锚线,专用卡线工具宜卡在光缆尾端 3~4 m 处

(C)锚固时应有相应的防扭措施

(D)光缆在任何情况下不应与杆塔任何部件发生摩擦碰撞

【答案】 ABC

**Lb1B3136**　光缆敷设工艺要求中,光缆紧线要求包括(　　)。

(A)紧线时应向一个方向紧光缆,紧线张力不应超过20%RTS

(B)紧线时牵引速度要平稳,其方向应沿线路方向进行。短档距紧线时,牵引速度要保持缓慢,不应过牵引。高落差和转角较大时,宜采用平行挂线法紧线

(C)紧线时应使用紧线预绞丝作为紧线工具,并应通过心形环受力,不应直接拉外层预绞丝

(D)当弧垂接近设计要求时,停止预紧,用手扳葫芦将光缆弧垂紧至设计值

【答案】　ABCD

**Lb1B3137**　UPS的后台监控可以通过(　　)方式接入。

(A)RS232　　　　(B)RS485　　　　(C)SNMP　　　　(D)Modem

【答案】　ABCD

**Lb1B3138**　UPS电源系统由(　　)等设备组成。

(A)主机　　　　　　　　　　　　(B)交流输入单元

(C)交流输出配电单元　　　　　　(D)蓄电池组

【答案】　AC

**Lb1B3139**　UPS的控制电路应具有分别执行(　　)的能力,以保证UPS能在具有不同供电质量的交流旁路电源系统中正常运行。

(A)延时切换　　　(B)断开切换　　　(C)同步切换　　　(D)非同步切换

【答案】　CD

**Lb1B3140**　UPS多机之间进行并机,必须保证条件是(　　)。

(A)同电压　　　(B)同频率　　　(C)同相位　　　(D)同电流

【答案】　ABC

**Lb1B3141**　交流不间断电源由(　　)等部分组成。

(A)整流模块　　　(B)静态开关　　　(C)逆变器　　　(D)蓄电池

【答案】　ABCD

**Lb1B3142**　UPS的三种工作模式是(　　)。

(A)旁路模式　　　(B)市电模式　　　(C)电池模式 V　　(D)备用模式 V

【答案】　ABC

**Lb1B3143**　电源系统的不可用度是指电源系统的故障时间与(　　)的比值。

(A)系统应运行时间　　　　　　　　(B)非正常供电时间

(C)故障时间和正常供电时间之和　　(D)非故障时间

【答案】　AC

**Lb1B3144**　高频开关整流器由(　　)部分组成。

(A)输入回路　　　(B)功率变换器　　　(C)输出电路　　　(D)控制电路

【答案】　ABCD

**Lb1B3145** 通信系统采用联合接地方式,即( )接地接入同一个接地网。

    (A)防雷        (B)过电压保护        (C)工作        (D)防静电

【答案】 ABCD

**Lb1B3146** 对于土壤电阻率高的地区,可采用( )等方式,降低接地电阻值。

    (A)延伸接地体                (B)改善土壤的传导性能

    (C)深埋电极                  (D)外引

【答案】 ABCD

**Lb1B3147** 通信站机房基础设施要求,室内已充分干燥,地面、墙壁、顶棚等处的预留孔洞、预埋件的( )等应符合施工图设计要求。

    (A)规格        (B)尺寸        (C)数量        (D)位置

【答案】 ABCD

**Lb1B3148** 通信站机房基础设施要求,走线槽(架)路由、规格应符合施工图设计要求,盖板应( )。

    (A)严密        (B)坚固        (C)防水        (D)防潮

【答案】 AB

**Lb1B3149** 通信站机房基础设施要求,通风取暖、空调等设施已安装完毕并能正常使用,室内( )应符合设备要求。

    (A)温度        (B)湿度        (C)高度        (D)宽度

【答案】 AB

**Lb1B3150** 通信站机房基础设施要求,机房内应具备有效的消防设施,附近严禁存放( )等危险品。

    (A)易燃        (B)易爆        (C)易碎        (D)易潮

【答案】 AB

**Lb1B3151** 通信蓄电池室根据其运行特点应配置( )辅助设施。

    (A)空调        (B)排风扇        (C)防爆灯具        (D)灭火器材

【答案】 BCD

**Lb1B3152** 属于A类通信机房的是( )。

    (A)地市公司通信中心机房        (B)省调备调通信中心机房

    (C)省公司通信中心机房        (D)500 kV及以上独立通信机房

【答案】 BC

**Lb1B3153** 浪涌保护器根据使用功能分为( )浪涌保护器。

    (A)电源        (B)天馈        (C)电磁        (D)静电

【答案】 AB

**Lb1B3154** 机房动力环境监控系统的组成中,环境类包括( )。

    (A)门禁        (B)烟感        (C)温度        (D)湿度

【答案】 ABCD

**Lb1B3155**　机房动力环境监控软件系统功能有(　　)。

(A)系统设置　　　(B)数据处理　　　(C)告警产生　　　(D)数据存储

【答案】　ABCD

**Lb1B3156**　防雷减灾是防御和减轻雷电的活动,包括对雷电灾害的(　　)。

(A)研究　　　　　(B)检测　　　　　(C)预警　　　　　(D)防御

【答案】　ABCD

**Lb1B3157**　软交换系统可采取(　　)保证信息安全的基本措施。

(A)防火墙　　　　(B)加密算法　　　(C)数据备份　　　(D)分布处理

【答案】　ABCD

**Lb1B3158**　按采用的交换技术分类,电力系统调度交换机可以分为(　　)。

(A)程控调度交换机　　　　　　　　(B)调度软交换机

(C)用户交换机　　　　　　　　　　(D)汇接交换机

【答案】　AB

**Lb1B3159**　调度程控交换机公共控制部分,包括(　　)单元、信号音单元、会议单元、电源单元等,应采用冗余配置,且双套热备份,自动切换。

(A)中央处理　　　(B)时钟　　　　　(C)交换网络　　　(D)铃流

【答案】　ABCD

**Lb1B3160**　SDH 设备单机测试及功能检查时,SDH 单机以太网接口验收项目包括(　　)。

(A)误码测试　　　　　　　　　　　(B)告警测试

(C)物理指标测试　　　　　　　　　(D)部分透传功能测试

【答案】　CD

**Lb1B3161**　SDH 设备单机测试及功能检查时,SDH 设备单机测试及功能检查项目包括(　　)。

(A)电源及设备告警功能检查　　　　(B)光接口检查与测试

(C)电接口检查与测试　　　　　　　(D)以太网接口检查与测试

【答案】　ABCD

**Lb1B3162**　通信电源系统安装调试时,应根据蓄电池技术参数或者设计要求,设置整流模块的(　　),并对电源的告警系统进行功能测试。

(A)浮充电压　　　(B)均充电压　　　(C)功率因数　　　(D)温度补偿系数

【答案】　ABD

**Lb1B3163**　DWDM 系统对光源的基本要求是(　　)。

(A)稳定的输出波长　(B)色散容限高　(C)直接调制　　　(D)采用 LED

【答案】　AB

**Lb1B3164**　在帧中继封装中,配置静态 MAP 必须指定(　　)参数。

(A)本地的 DLCI　　　　　　　　　(B)对端的 DLCI

(C)本地的协议地址　　　　　　　　(D)对端的协议地址

【答案】　AD

**Lb1B3165** 交换机的主要功能包括（　　）方面。

(A)连接设备　　　(B)隔离广播　　　(C)网络地址转换　(D)访问控制列表

【答案】　AB

**Lb1B3166** 以太网交换机端口的通信方式可以被设置为（　　）。

(A)全双工　　　(B)Trunk 模式　　　(C)半双工　　　(D)自动协商

【答案】　ACD

**Lb1B3167** 关于交换机工作过程，说法正确的是（　　）。

(A)通过学习了解到每个端口上所连接设备的 MAC 地址

(B)将 MAC 地址与端口编号的对应关系存储在内存上，生成 MAC 地址表

(C)从各端口接收到数据帧后，在 MAC 地址表中查找与帧头中目的 MAC 地址相对应的端口编号

(D)将数据帧从查到的端口上转发出去

【答案】　ABCD

**Lb1B3168** 数据通信网中，关于 MPLS 二层 VPN 说法正确的是（　　）。

(A)CCC 方式的 MPLS 标签采用 LDP 分发

(B)SVC 方式的 MPLS 标签采用 MBGP 分发

(C)Martini 方式的 MPLS 标签采用 LDP 分发

(D)Kompella 方式的 MPLS 标签采用 MBGP 分发

【答案】　CD

**Lb1B3169** PCM 设备板卡配置包括（　　）接口板。

(A)2 Mbit/s　　　(B)2W/4WE/M　　　(C)FXS　　　(D)FXO

【答案】　ABCD

**Lb1B3170** UPS 电源按工作原理划分包括（　　）。

(A)后备式　　　(B)在线式　　　(C)渐变式　　　(D)在线互动式

【答案】　ABD

**Lb1B3171** 通信电源监控系统变送器通常由（　　）部分组成。

(A)隔离耦合元件　　　　　　　(B)耦合元件

(C)电路变换元件　　　　　　　(D)隔离电路变换元件

【答案】　AC

**Lb1B3172** 高频开关电源的控制方式可分为（　　）型开关稳压电源。

(A)PWM　　　(B)PFM　　　(C)SPWM　　　(D)SPFM

【答案】　AB

**Lb1B3173** 工程验收前，施工方应分步骤按照各类规范要求对机房装饰装修、综合布线、电源系统、（　　）等部分组织专业人员进行综合测试。

(A)空调系统　　　　　　　　　(B)电磁屏蔽

(C)消防安全系统　　　　　　　(D)环境监控

【答案】　ABCD

Lb1B3174 工程验收前,施工单位应分步骤按照各类规范要求对机房装饰装修、电源系统、( )等部分组织专业人员进行综合测试。

(A)空调系统      (B)防雷接地

(C)消防安全系统      (D)环境监控

【答案】 ABC

Lb1B3175 《电力系统通信站过电压保护规程》规定,进入机房前应水平直埋 15 m 以上且埋深应大于 0.6 m 的有( )。

(A)屏蔽通信电缆

(B)架空电力线由站内终端杆引下更换为屏蔽电缆后

(C)金属管道

(D)微波塔上的航标灯铠装电源线

【答案】 ABCD

Lb1B3176 动力环境监控系统中,对于非智能设备需要增加( )完成数据采集和上报。

(A)传感器      (B)变送器      (C)采集器      (D)控制器

【答案】 ABC

Lc1B3177 铁磁材料分为( )材料。

(A)中性磁      (B)矩磁      (C)硬磁      (D)软磁

【答案】 BCD

Lc1B3178 机房的风管及其他管道的保温和消声材料及其黏结剂,应选用( )材料。

(A)非燃烧      (B)难燃烧 B1 级

(C)可燃烧 B2 级      (D)易燃烧 B3 级

【答案】 AB

Lc1B3179 ( )属于再生能源。

(A)太阳能      (B)风能      (C)水能      (D)天然气

【答案】 ABC

Lc1B3180 电动机的定子绕组可以采用( )连接方式。

(A)环形      (B)三角形      (C)星形      (D)矩形

【答案】 BC

Lc1B3181 采用 M 型或 SM 混合型等电位联结方式时,主机房应设置等电位联结网格,网格四周应设置等电位联结带,并应通过等电位联结导体将等电位联结带就近与( )等进行连接。

(A)接地汇流排      (B)各类金属管道

(C)金属线槽      (D)建筑物金属结构

【答案】 ABCD

Lc1B3182 电网调度机构是电网运行的( )机构。

(A)组织      (B)指挥      (C)指导      (D)协调

【答案】 ABCD

Lc1B3183　变压器可以改变(　　　)。

(A)交变电压　　　　(B)交变电流　　　　(C)频率　　　　(D)阻抗

【答案】　ABC

## 1.2.3　判断题

La1C3001　离开特种作业岗位 2 个月的作业人员,应重新进行实际操作考试,经确认合格后才可上岗作业。(×)

La1C3002　生产经营单位必须为从业人员提供符合国家标准或者行业标准的劳动防护用品,并监督、教育作业人员按照使用规则佩戴、使用。(√)

La1C3003　《中华人民共和国安全生产法》规定,因生产安全事故受到损害的从业人员,除依法享有工伤保险外,依照有关民事法律尚有获得赔偿的权利的,有权向当地人事管理部门提出赔偿要求。(×)

La1C3004　任何单位或者个人对事故隐患或者安全生产违法行为,均有向负有安全生产监督管理职责的部门报告或者举报的权利。(√)

La1C3005　生产经营单位的从业人员有依法获得安全生产保障的权利,并应当依法履行安全生产方面的义务。(√)

La1C3006　电器设备着火,应首先切断电源,可以使用 ABC 型干粉灭火器、四氯化碳、1211 灭火器或使用沙土灭火,也可使用泡沫灭火器和水。(×)

La1C3007　通信作业现场内不准存放易燃易爆化学危险品和易燃可燃材料。(√)

La1C3008　通信工作登高作业时,高处传递物品应使用绳索,无绳索时可以采用上下抛掷。(×)

La1C3009　施工中使用易燃易爆化学危险品时,应制订防火安全措施;不得在作业场所分装、调料;不得在建设工程内使用液化石油气。(√)

La1C3010　地震、台风、洪水、泥石流等灾害发生后,如需要对设备进行巡视时,应制订必要的安全措施,得到设备运维管理单位批准,可单人巡视,但巡视人员应与派出部门之间保持通信联络。(×)

La1C3011　电气设备停电后(包括事故停电),在未拉开有关断路器(开关)前,不得触及设备或进入遮拦,以防突然来电。(×)

La1C3012　事故紧急抢修应填写工作票,或事故紧急抢修单。(√)

La1C3013　工作票应使用黑色或蓝色的钢(水)笔或圆珠笔填写与签发,一式两份,内容应正确、填写应清楚,不得任意涂改。(√)

La1C3014　承发包工程中,工作票可实行"双签发"形式。(√)

La1C3015　第一种工作票所列工作地点超过两个,或有两个及以上不同的工作单位(班组)在一起工作时,可采用总工作票和分工作票。(√)

La1C3016　总工作票应在分工作票许可后才可许可;总工作票应在所有分工作票终结后才可终结。(√)

La1C3017　在同一电气连接部分用同一张工作票依次在几个工作地点转移工作时,全部安全

措施由运维人员在开工前一次做完,不需再办理转移手续。(√)

La1C3018 只有在同一停电系统的所有工作票都已终结,并得到值班调控人员或运维负责人的许可指令后,才可合闸送电。(√)

La1C3019 公司实行安全目标管理和以责论处的奖惩制度,对实现安全目标的单位和对安全工作做出突出贡献的个人予以表扬和奖励。(√)

La1C3020 按照职责管理范围,从规划设计、招标采购、施工验收、生产运行和教育培训等各个环节,对发生安全事故(事件)的单位及责任人进行责任追究和处罚。(√)

La1C3021 公司各级办公、法律、人事(人董、人资)、政工、财务、监察、工会、运检、建设、营销、调控、信息通信等有关部门或专业,根据需要派员参加事故调查并提出涉及专业相关人员的处理意见。(√)

La1C3022 公司所属各级单位发生重大事故(二级人身、电网、设备事件),对负主要及同等责任的主要责任者所在单位二级机构负责人给予撤职至留用察看一年处分。(√)

La1C3023 公司所属各级单位发生较大事故(三级人身、电网、设备事件),对负主要及同等责任的事故责任单位(基层单位)主要领导、有关分管领导给予记过至撤职处分。(√)

La1C3024 本规程仅用于公司系统内部安全监督和管理,其事故定义、调查程序、调查和统计结果、安全记录不作为处理和判定行政责任、民事责任的依据。(√)

La1C3025 在公司系统各单位工作场所或承包、承租、承借的工作场所发生的人身伤亡不是人身事故。(×)

La1C3026 员工个人驾驶非本单位车辆上下班或乘坐公交、火车、飞机等公共交通工具发生的人身伤亡属人身事故。(×)

La1C3027 造成10万元以上20万元以下直接经济损失者定为七级设备事件。(√)

La1C3028 造成5万元以上10万元以下直接经济损失者定为七级设备事件。(×)

La1C3029 营销、财务、电力市场交易、安全生产管理等重要业务应用,3天以上数据完全丢失且不可恢复,定为五级信息系统事件。(√)

La1C3030 公司各单位本地信息网络完全瘫痪,且影响时间超过8 h,定为五级信息系统事件。(√)

La1C3031 任何单位承包公司系统内产权单位或运行管理单位的工作中,造成其电网、设备或信息系统事故的,均由该运行管理单位或产权单位统计。(√)

La1C3032 一次事故既构成电网事故条件,也构成设备事故条件时,公司系统内各相关单位均应遵循"不同等级,等级优先;相同等级,电网优先"的原则统计报告。(√)

La1C3033 一张工作票中,工作票签发人和工作许可人不得兼任工作负责人。(√)

La1C3034 工作票只能由工作负责人填写。(×)

La1C3035 承发包工程采取"双签发"时,工作票签发人的职责全部由设备运维单位承担。(×)

La1C3036 一个工作负责人不能同时持有多张工作票。(×)

La1C3037 第一、第二种工作票的延期可以办理多次。(×)

La1C3038　带电作业工作票不准延期。（√）

La1C3039　用户变、配电站的工作许可人应是具有一定经验的高压电气工作人员。（×）

La1C3040　工作负责人应组织执行工作票所列安全措施。（√）

La1C3041　工作许可人确认由其负责的安全措施正确完成。（√）

La1C3042　线路验电时应戴绝缘手套。（√）

La1C3043　装拆接电线可独自进行。（×）

La1C3044　接地线应使用专用的线夹固定在导体上，可以用缠绕的方法进行接地或短路。（×）

La1C3045　禁止用个人保安线代替接地线。（√）

La1C3046　禁止两套电源负载侧形成并联。（√）

La1C3047　在双电源配置的站点，具备双电源接入功能的光传输设备可由一套通信电源和一套一体化电源独立供电。（√）

La1C3048　某 500 kV 变电站在通信机房交流配电柜中安装了自动切换开关（ATS），接入两路分别取自不同母线的交流输入，此情况下，通信电源两路交流输入由配电柜的单段交流母线供电是符合反措要求的。（×）

La1C3049　空调送风口应处于通信机柜正上方，便于更好地控制设备温度。（×）

La1C3050　当机房内一台空调检修停运时，剩余空调制冷量应保证机房的温度、湿度满足设备运行要求。（√）

La1C3051　微波塔上除架设本站必需的通信装置外，不得架设或搭挂可构成雷击威胁的其他装置。（√）

La1C3052　变电站通信接地网不应列入变电站接地网测量内容和周期。（×）

La1C3053　对接地系统进行检查时，不可开挖地面检查地下隐蔽部分。（×）

La1C3054　要定期对通信网管系统开展网络安全等级保护定级备案和测评工作，及时整改测评中发现的安全隐患。（√）

La1C3055　《国家电网公司安全事故调查规定》中安全事故体系由人身、电网、设备三类事故组成。（×）

La1C3056　《国家电网公司十八项电网重大反事故措施》中规定，调度交换机运行数据应每月进行备份，调度交换机数据发生改动前后，应及时做好数据备份工作。（√）

La1C3057　安全管理的实质就是风险管理。（√）

La1C3058　安全生产管理工作中的"三铁"是指铁的制度、铁的面孔、铁的处理。（√）

La1C3059　安全生产管理工作中的"三违"是违章指挥，违章作业，违反劳动纪律。（√）

La1C3060　安全事故报告应及时、准确、完整，任何单位和个人对事故不得迟报、漏报、谎报或者瞒报，必要时，可以越级上报事故情况。（√）

La1C3061　安全事故调查应做到事故原因未查清不放过、责任人员未处理不放过、整改措施未落实不放过、有关人员未受到教育不放过。（√）

La1C3062　承载 220 kV 及以上电压等级同一线路的两套继电保护、同一系统两套安控装置业务的通道应具备两条不同的路由，相应通信传输设备应满足"双路由、双设备、双电

源"的配置要求。(√)

La1C3063　《国家电网公司安全事故调查规程》规定,除电力生产之外,人身事故统计涵盖煤矿、非生产性办公经营场所、交通、因公外出发生的人身事故。(√)

La1C3064　电网检修、基建和技改等工作涉及通信设施或影响各级电网通信业务时,电网检修单位应至少提前一周与通信机构会商,由通信机构上报月度检修计划;通信检修需电网配合的,应至少提前一周与电网检修单位会商。(×)

La1C3065　电网检修、基建和技改等工作涉及通信设施时,应在通信检修申请单注明对通信设施的影响。(×)

La1C3066　电网通信业务是指为电网调度、生产运行和经营管理提供数据、语音、图像等服务的通信业务。(√)

La1C3067　电网一次系统影响光缆和载波等通信设施正常运行的检修、基建和技改等工作时,应履行通信检修申请程序。(√)

La1C3068　对通信设备进行各类巡视、利用网管对通信网络和设备进行周期巡视时,使用通信线路巡视卡;对通信光缆(电缆)巡视时,使用通信设备巡视卡。(×)

La1C3069　发生六级人身、电网、设备和信息系统事件,应立即按资产关系或管理关系上报至上一级管理单位。(×)

La1C3070　方式单因故无法执行,应立即向下达方式单的通信运行部门汇报,由下达方式单的通信调度下令终止或变更方式单的执行。(×)

La1C3071　方式专业制订的运行方式控制原则要及时下发调度运行及现场,并应随着电网运行方式的变化及时更新或废除,若需要长期执行则应变更为正式文件下发执行。(√)

La1C3072　各级通信机构可根据所辖通信网络运行情况调整优化运行方式,提高通信网安全运行水平和资源分配的合理性。(√)

La1C3073　各级通信机构应对方式单的执行实施闭环管理,按照方式单完成本级通信机构所承担的工作,并在工作完成后的3个工作日之内将执行结果以工作回执的方式及时反馈给方式单下达单位的通信调度。(×)

La1C3074　各级通信机构只需为上级通信机构提供编制年度运行方式所需的基础资料。(×)

La1C3075　各级通信机构在通信运行方式编制时应使用统一规范的命名规则,涉及电网一次、二次设备时,应与一次线路、厂(站)的命名和二次系统命名保持一致。(√)

La1C3076　管道、隧道光缆检查包括光缆沟有无冲刷、塌陷,沟坎加固等保护措施是否完整、可靠,有无光缆外露情况,光缆引上、引下保护设施是否完好,标识是否清楚,光缆路由周边安全范围内有无工程施工、房屋拆迁、市政建设等行为。(×)

La1C3077　检查光缆线路路由走廊是否有施工作业的陈旧痕迹,光缆线路路由走廊范围内是否有影响光缆安全的危险物,杆塔周围是否存在可燃、易燃、易爆物品。(×)

La1C3078　检修审批应按照通信调度管辖范围及下级服从上级的原则进行,以最高级通信调度批复为准。(√)

La1C3079　检修作业按照规模大小,可以分为大型作业、中型作业和小型作业三类。(×)

La1C3080　紧急检修应遵循先修复,后抢通;先电网调度通信业务,后其他业务;先上级业务,后下级业务的原则。(×)

La1C3081　临时检修是指计划检修以外需立即处理的检修工作。(×)

La1C3082　年度运行方式是在通信网的日常运行中,通信机构根据网络建设发展以及用户业务需求,对新建和现有的通信资源进行安排的技术方案。(×)

La1C3083　确保安全的"三个百分之百"是指人员的百分之百,时间的百分之百,场所的百分之百。(×)

La1C3084　设备不停电的安全距离:220 kV 为 4 m,500 kV 为 5 m。(×)

La1C3085　生产运行通信业务是指电网通信业务中为电网调度继电保护及安全自动装置、自动化系统和指挥提供数据、语音、图像等服务的通信业务。(×)

La1C3086　事故调查组在收集原始资料时,应对事故现场搜集到的所有物件(如破损部件、碎片、残留物等)保持原样,并贴上标签,注明地点、时间、物件管理人。(√)

La1C3087　损失发生后的事故管理的目的是尽可能减少损失。(×)

La1C3088　特别重大事故自事故发生之日起 15 日内,事故造成的伤亡人数发生变化的,应当及时补报。(×)

La1C3089　填带电作业工作票为带电作业或与邻近带电设备的距离大于"设备不停电时的安全距离"的规定工作。(×)

La1C3090　通信安检工作分为定期检查和专项检查。定期检查包括春季检查和秋季检查,原则上春检在每年 4 月底前完成,秋季检查在每年 11 月底前完成,检查内容应按标准要求执行,专项检查应根据电网运行、重大活动及通信运行工作的需要进行检查,可采取自查、抽查、互查等多种形式。(√)

La1C3091　通信工作票是准许进行通信现场工作的书面命令,是执行保证安全技术措施的依据,一般在独立通信站、中心站、通信管道、通信杆路等通信专用设施进行通信作业时使用。(√)

La1C3092　通信工作票中的工作班成员不包括工作签发人,但工作票总人数应包括工作签发人在内。(×)

La1C3093　通信检修分为计划检修、临时检修、紧急检修。(√)

La1C3094　通信检修应按电网检修工作标准进行管理。(√)

La1C3095　通信系统的检修作业分为通信光缆检修、通信设备检修、通信电源检修。(√)

La1C3096　在通信巡检作业时,对运行中的通信线路、通信设备等进行修理、测试、试验等,需要进行设备软件、硬件操作和业务数据配置操作,通常会改变设备、网络运行状态。(×)

La1C3097　通信巡视作业一般不对设备进行软件配置修改、硬件操作,主要依靠目测进行,可借助仪器仪表检查。(√)

La1C3098　通信运行方式人员根据工程设计资料和通信网络资源现状编制方式单,经通信主管部门审批后下发至相关通信机构。(√)

La1C3099　通信运行方式指通信机构对通信资源进行安排,确定通信设备(设施)的工作状态

和业务传输模式的技术方案,包括年度运行方式和日常运行方式。（√）

La1C3100 无论高压设备是否带电,工作人员不得单独移开或越过遮拦进行工作;若有必要移开遮拦时,必须有监护人在场,并符合规定的安全距离。（√）

La1C3101 习惯性违章行为的发生主要是因为作业难度大、判断失误,或受到麻痹大意、自以为是、惰性心理等不良心理活动支配所致。（×）

La1C3102 习惯性违章是指那些违反安全工作规程或有章不循、坚持和固守不良作业方式和工作习惯的行为。（√）

La1C3103 习惯性违章是导致事故发生的间接原因。（×）

La1C3104 业务"N−1"原则是在正常运行方式下,通信系统内任何站点的单一设备故障或线路上的单点设施故障,不会造成系统内任一站点的某种电力生产业务全部中断。（√）

La1C3105 一张工作票中,工作票签发人、工作负责人和工作许可人三者可互相兼任。（×）

La1C3106 依据《电力通信现场标准化作业规范》,在独立通信站（含中心通信站）、通信管道、通信专用杆路等专用设施进行检修作业时,应办理通信工作票。（√）

La1C3107 依据《国家电网公司十八项电网重大反事故措施》,线路运行维护部门应结合线路巡检每半年对OPGW进行专项检查,并将检查结果报通信运行部门。（√）

La1C3108 依据《国家电网公司应急预案管理办法》,各单位应制订年度应急演练和培训计划,总体应急预案的培训和演练每两年至少组织一次,专项应急预案的培训和演练每年至少组织一次。（√）

La1C3109 因暴风、雷击、地震、洪水、泥石流等自然灾害超过设计标准承受能力和人力不可抗拒而发生的电网、设备和信息系统事故应不中断事故发生单位的安全记录。（√）

La1C3110 应急演练的原则:结合实际、合理定位;着眼实战、讲求实效;精心组织、确保安全;统筹规划、厉行节约。（√）

La1C3111 遇重大保电工作,通信部门应同步制订通信保障预案并报调度机构。（√）

La1C3112 正常运行中,严禁在无方式单的情况下,调整通信业务的运行方式。紧急情况下,经所属通信机构的通信调度许可后可对运行方式进行临时调整,应急处理结束后,应及时恢复原方式运行;若不能恢复原方式运行,通信运行方式人员应补充下达方式单。（√）

La1C3113 重大事故隐患是指可能造成人身重伤的事故。（×）

La1C3114 作业过程中,需要在原工作票未涉及的设备上进行工作时,在确定不影响网络运行方式和业务中断的情况下,由工作负责人征得工作票签发人和工作许可人同意,可在工作票上增填工作项目。（√）

La1C3115 不随一次电力线路敷（架）设的骨干通信光缆检修工作,无需填报通信工作票。（×）

La1C3116 工作班成员不包括临时工、辅助工。（×）

La1C3117 《国家电网公司电力安全工作规程（通信部分）》是通信安全生产工作的"红线",是指导通信现场作业的重要文件。（√）

La1C3118 防止雷电流感应最有效的办法是屏蔽。（√）

La1C3119 通信系统接地系统按照功能来分,有工作接地、保护接地和防雷接地三种。（√）

La1C3120 调频与调相并无本质区别,但两者之间不可以互换。（×）

La1C3121 在四进制数字通信系统中,码元速率等于信息速率。（×）

La1C3122 阻值不随外加电压或流过的电流而改变的电阻叫恒性电阻。（×）

La1C3123 在通信系统中一般应含信源、发送设备、信道、接收设备、信宿和噪声。（√）

La1C3124 通信系统从传输信号性质可分为模拟通信和数字通信。（√）

La1C3125 信号速率表示单位时间内信道上实际传输的信号个数或脉冲个数。（√）

La1C3126 在二进制通信系统中,每个码元只能是 1 或 0 两个状态之一。（√）

La1C3127 一个八进制信息包含 1 比特信息量。（×）

La1C3128 本征半导体掺入微量的三价元素形成的是 P 型半导体,其多子为空穴 。（√）

La1C3129 与时分复用相比,频分复用技术更适合于数字技术。（×）

La1C3130 我国工业交流电采用的标准频率是 50 Hz。（√）

La1C3131 时分多路复用通信是指各路信号在同一信道上占有不同的时间间隙进行通信。（√）

La1C3132 纯电阻单相正弦交流电路中的电压与电流,其瞬间时值遵循欧姆定律。（√）

La1C3133 电动势的实际方向规定为从正极指向负极。（√）

La1C3134 电位高低的含义,是指该点对参考点间的电流大小。（×）

La1C3135 视在功率就是有功功率加上无功功率。（×）

La1C3136 正弦交流电中的角频率就是交流电的频率。（×）

La1C3137 通过电阻上的电流增大到原来的 2 倍时,它所消耗的电功率也增大到原来的 2 倍。（×）

La1C3138 电阻上的电压增大到原来的 2 倍时,它所消耗的电功率也增大到原来的 2 倍。（×）

La1C3139 若干电阻串联时,其中阻值越小的电阻,通过的电流也越小。（×）

La1C3140 电阻并联时的等效电阻值比其中最小的电阻值还要小。（√）

La1C3141 电容 C 是由电容器的电压大小决定的。（×）

La1C3142 TMS 系统中,通信工作票包含申请开完工节点。（×）

La1C3143 所有工作班成员在确认工作负责人布置的工作任务、人员分工、安全措施和注意事项后,必须在工作票的第 9 项"现场交底,工作班成员确认工作负责人布置的工作任务、人员分工、安全措施和注意事项并签名"的签名栏进行签名确认。（√）

La1C3144 调度通信综合楼内的通信站应与同一楼内的动力装置、建筑物避雷装置共用一个接地网。（√）

La1C3145 通信系统测量接地电阻的工作,宜在雨天或雨后进行。（×）

La1C3146 基本放大电路通常都存在零点漂移现象。（√）

La1C3147 在频带利用率方面 2PSK 通信系统优于 QPSK 通信系统。（×）

La1C3148 信道噪声当传输信号时,它叠加于信号之上对其干扰,因此信道噪声是一种加性噪

声。（√）

La1C3149 并联电路中各电阻消耗的功率与电阻值成正比。（×）

La1C3150 串联回路中,各个电阻两端的电压与其阻值成反比。（×）

La1C3151 几个电阻并联的总电阻值,一定不小于其中任何一个电阻值。（×）

La1C3152 电阻并联使用时,各电阻上消耗的功率与电阻成正比;若串联使用时,各电阻消耗的功率与电阻成反比。（×）

La1C3153 纯净半导体的温度升高时,半导体的导电性减弱。（×）

La1C3154 将两根长度为 10 m,电阻为 10 Ω 的导线并接起来,总的电阻为 20 Ω。（×）

La1C3155 通信系统从传输内容上可分为语音通信、数据通信、图像通信和多媒体通信。（√）

La1C3156 在低压系统中,中线不允许断开,因此不能安装保险丝和开关。（√）

La1C3157 一个二进制信息包含 1 比特信息量。（√）

La1C3158 同轴电缆因趋肤效应会引起很大的功率损失。（×）

La1C3159 晶体三极管有两个 PN 结,分别是发射结和集电结。（√）

La1C3160 在微波传输系统中,分集接收有很多种方式,它们相互独立不可以组合使用。（×）

La1C3161 用有限个电平来表示模拟信号抽样值的过程称为量化。（√）

La1C3162 线圈右手螺旋定则是四指表示电流方向,大拇指表示磁力线方向。（√）

La1C3163 直导线在磁场中运动一定会产生感应电动势。（×）

La1C3164 两个同频率正弦量相等的条件是最大值相等。（×）

La1C3165 自感电动势的方向总是与产生它的电流方向相反。（×）

La1C1166 同一项工作任务涉及安全措施一次性履行的多个工作场所且具备许可条件的工作,只需填写主要工作场所即可。（×）

La1C3167 填写第二种工作票安全措施时,应写明防止触电、机械伤害、高处坠落等人身安全方面,以及电气设备安全方面的具体安全措施,如应断开低压电源开关,应装设的遮拦(围栏、围网)、标示牌、绝缘挡板、红布幔等,安全距离用阿拉伯数字表示。（√）

La1C3168 几个电阻并联后的总电阻等于各串联电阻的总和。（×）

La1C3169 稳压管工作在特性曲线的反向击穿区。（√）

La1C3170 在正弦交流电路中,电源的频率越高,电感元件的感抗越大。（√）

La1C3171 表示正弦交流电随时间变化快慢程度的量是角频率 ω。（√）

La1C3172 幅度调制属于线性调制,频率调制(FM)和相位调制(PM)属于非线性调制。（√）

La1C3173 三阶高密度双极性码(HDB3)中"3 阶"的含义是限制"连 0"个数不超过 3 位。（√）

La1C3174 数字调频可以用模拟调频法来实现,也可用键控法来实现。（√）

La1C3175 数字相位调制(PSK)又称相移键控,通常 PSK 分为绝对调相(PSK)和相对调相(DPSK)两种。（√）

La1C3176 内部过电压按其起因可分为谐振过电压、工频过电压和操作过电压。（√）

Lb1C3177 屏内走线安装工艺要求,屏内所有安装设备(装置),宜在设备下配置一组走线/余线框,设备上下排列没有明显空隙。（√）

Lb1C3178　屏内走线安装工艺要求,屏内所有连接走线均采用向下(上),经走线框向后,再向两侧走线,余线排(盘)放在余线框中。(√)

Lb1C3179　光设备子架可与传输设备安装在同一机柜,如设备较多,也可安装在独立机柜内。(√)

Lb1C3180　电源单元安装要求,安装充电模块时,将模块缓缓推入,位置对准,模块插头和屏体上的插座接触良好。(√)

Lb1C3181　电源单元安装要求,将模块放置端正,不倾斜,并固定模块。模块之间没有大的空隙或相互重叠。(√)

Lb1C3182　设备通电测试前应核实设备的各种选择开关置于指定位置。(√)

Lb1C3183　设备通电测试前应核实设备内部的电源布线无接地现象。(√)

Lb1C3184　VDF 每只模块下侧穿接跳线,上侧穿接内线电缆。(×)

Lb1C3185　音频配线架卡线时,按从上到下、从右到左排列。(×)

Lb1C3186　通信站标识分为设施标识(设备设施标识、走线设施标识)、线缆标识(线缆标签、线缆标牌)和空间环境标识(提示标识、地面警示标识)。(√)

Lb1C3187　接续盒内余纤盘绕应正确有序,且每圈大小基本一致,弯曲半径不应小于 20 mm。余纤盘绕后应可靠固定,不得有扭绞受压现象。(×)

Lb1C3188　通信机房应配置灭火器材、防毒口罩。(×)

Lb1C3189　按照信令传送的区域来划分,信令可分为用户线信令和局间信令(√)

Lb1C3190　计费所需的原始话单是指交换机每一次成功呼叫的详细记录。(√)

Lb1C3191　交换设备综合接地的接地电阻值应不大于 5 Ω。(×)

Lb1C3192　程控交换机是存储程序控制的电话交换设备。(√)

Lb1C3193　环路中继的启动方式有地启动和环路启动两种。(√)

Lb1C3194　155 Mbit/s 的 SDH 光纤数字系统一定比 140 Mbit/s 的 PDH 光纤数字通信系统传输的话路要多。(×)

Lb1C3195　SDH 具有后向兼容性和前向兼容性,其中前向兼容性是指 SDH 的 STM-1 既可复用 2 Mbit/s 系列的 PDH 信号,又可复用 1.5 Mbit/s 系列的 PDH 信号。(×)

Lb1C3196　从 PDH 的高速信号(如 140 Mbit/s)中可以直接分/插出低速信号(如 2 Mbit/s)。(×)

Lb1C3197　PDH 的数字信号速率和帧结构标准是世界性的标准。(×)

Lb1C3198　SDH 是同步网络的简称。(×)

Lb1C3199　光接口位置规定 S 点是紧挨着发送机(TX)的活动连接器。(√)

Lb1C3200　光接口位置规定 R 点是紧挨着发送机(RX)的活动连接器。(√)

Lb1C3201　常用的同轴电缆为 75 Ω 不平衡式,普通双绞线电缆为 120 Ω 平衡式。(√)

Lb1C3202　依据 Q/GDW 11442 规定,标称值为 2 V 的阀控式密封铅酸蓄电池 C10 放电率终止电压为 1.8 V。(√)

Lb1C3203　ip route-static 10.0.12.0 255.255.255.0 192.168.1.1 此命令配置了一条到达192.168.1.1 网络的路由。(×)

Lb1C3204　OSPFv3 版本可适用于 IPv6。(√)

Lb1C3205 一个模拟信号在经过抽样前其信号属于数字信号,在经过量化后其信号属于模拟信号。（×）

Lb1C3206 我国采用的 PCM 基群速率为 64 kbps。（×）

Lb1C3207 T 系列 PCM 一次群信号可传输 30 路话音信号。（×）

Lb1C3208 时分多路复用系统为了保证各路信号占用不同的时隙传输,要求收端与发端同频同相,即在时间上要求严格同步。（√）

Lb1C3209 PCM30/32 路系列三次群能传输的话路数为 480 路。（√）

Lb1C3210 模拟 4 线 E&M 电路中 4 线通路的电平应为−4 dBr±0.5 dBr。（√）

Lb1C3211 PCM30/32 路系统中,用于传送帧同步信号的是 TS0,用于传送话路信令的是 TS16。（√）

Lb1C3212 PCM 终端设备 2M 信号的精度为 2.048 kb/s±50 ppm。（√）

Lb1C3213 PCM 设备的二线或四线接口的特性阻抗是 75 Ω。（×）

Lb1C3214 在设备中数字信号的传输码型均为 HDB3 码。（×）

Lb1C3215 PCM 终端在电力系统常用接口有 2/4W E&M、2W 交换盘、2W 用户盘和 64k 数据盘。（√）

Lb1C3216 对于光纤数字通信,与二进制 PCM 信号 1、0 对应的是光源的开启和关闭。（√）

Lb1C3217 PCM 终端设备 2M 信号的连接只能使用 75 Ω 阻抗的同轴电缆。（×）

Lb1C3218 PCM 30/32 路系统中,每帧有 32 个时隙,每一时隙包括 8 位码,其中第一位码是极性码。（√）

Lb1C3219 PCM30/32 路系统的复帧同步码型是 0000。（√）

Lb1C3220 PCM 终端设备 2M 信号的线路传输码型为 HDB3。（√）

Lb1C3221 PDH 采用按字复接,没有全世界统一的接口标准。（×）

Lb1C3222 准同步方式的特征是网内各个节点上的时钟具有统一的标称频率和频率容差,互相控制。（×）

Lb1C3223 电力时钟同步网的一级时钟一般设在省电力调度中心,为基准时钟,二级时钟设在各供电公司。（√）

Lb1C3224 ADSS 光缆不含金属,完全避免了雷击的可能。（√）

Lb1C3225 ADSS 光缆适合与任何电压等级的高压线路同杆架设。（×）

Lb1C3226 OPGW 是光纤复合架空地线的简称,它是一种非金属光缆。（×）

Lb1C3227 光纤的接续分为活动连接和固定连接两种方式。（√）

Lb1C3228 通用性 FC 型连接器,可以直接拔插,多用于单芯连接。（×）

Lb1C3229 FC/PC 型光纤连接器的 FC 指连接器的插针端面,PC 指连接器的结构。（×）

Lb1C3230 ST 型连接器是采用带键的卡口式锁紧机构,确保连接是准确对准。（√）

Lb1C3231 光缆的连接方法主要有永久性连接、应急连接和活动连接。（√）

Lb1C3232 光缆的国标色谱顺序依次为蓝、桔、绿、棕、灰、白、红、黑、黄、紫、粉红、青绿。（√）

Lb1C3233 全色谱通信电缆的色谱为 A 线色谱是白红黑黄紫,B 线色谱是蓝橙绿棕灰。（√）

Lb1C3234 UPS 电源系统具有直流/交流(DC/AC)逆变功能。（√）

Lb1C3235 保护地线上严禁接头,但可以加装熔断器或开关。(×)

Lb1C3236 保护地线应选用黄绿双色相间的塑料绝缘铜芯导线。(√)

Lb1C3237 保护接地可以防止人身和设备遭受危险电压的接触和破坏,以保护人身和设备的安全。(√)

Lb1C3238 低压交流供电系统采用三相三线制或单相二线制供电。(×)

Lb1C3239 电磁兼容就是设备本身对外界电磁干扰不敏感,同时也不影响其他设备。(√)

Lb1C3240 独立太阳能电源系统由太阳能电池阵、蓄电池和系统控制器三部分构成。(√)

Lb1C3241 对直流配电屏应采取在直流屏输出端加装浪涌吸收装置,作为电源系统的第三级防护防雷措施。(√)

Lb1C3242 阀控式密封铅酸蓄电池具有无酸雾溢出、免加水、能与其他电器设备同室安装、无维护等特点。(×)

Lb1C3243 放电终止电压是蓄电池放电至能反复充电使用的最低电压。(√)

Lb1C3244 高频开关电源系统是指由交流配电模块、直流配电模块、高频开关整流模块和监控模块等组成的直流供电电源系统。(√)

Lb1C3245 搁置不用时间超过三个月和浮充运行达六个月的阀控式密封铅蓄电池需进行均衡充电。(√)

Lb1C3246 各种型号的阀控式密封铅蓄电池可采用统一的浮充电压。(×)

Lb1C3247 环境温度对电池的容量影响很大,在一定的环境温度范围,电池使用容量随温度的升高而增加,随温度的降低而减小。(√)

Lb1C3248 交直流配电设备的机壳应单独从接地汇集线上引入保护接地。(√)

Lb1C3249 接地端子必须经过防腐、防锈处理,其连接应牢固可靠。(√)

Lb1C3250 接地系统按功能来分有三种,即工作接地、保护接地和防雷接地。(√)

Lb1C3251 雷电破坏有直击雷、感应雷和雷电波三种方式。(√)

Lb1C3252 太阳能电池是把太阳光能通过光电效应转换成电能的光-电转换器。(√)

Lb1C3253 蓄电池的容量就是指蓄电池的放电能力。(√)

Lb1C3254 通信电源系统中,一般设有防雷接地装置,其接地电阻一般应不大于 $5\,\Omega$,在土壤电阻率低的地方应不大于 $1\,\Omega$。(√)

Lb1C3255 通信站电源系统的告警项目不用接到 24 h 有人值班的地方。(×)

Lb1C3256 通信电源系统主要包括交流配电设备、整流设备、直流配电设备、蓄电池组等。(√)

Lb1C3257 蓄电池的额定容量是指在 25 ℃ 环境下,以 1 小时率电流放电至终止电压所能放出的安时数。(×)

Lb1C3258 标称值为 2 V 的蓄电池放电终止电压为 1.75 V。(×)

Lb1C3259 阀控式密封铅蓄电池具有"免维护"的功能,仅指使用期间无须加水。(√)

Lb1C3260 阀控式密封铅蓄电池在一年四季的日常运行中无需进行温度补偿。(×)

Lb1C3261 蓄电池在运行中会产生氧气,如遇明火或短路,有引发爆炸及火灾的危险。(×)

Lb1C3262 电源中的电流是从负极流向正极,而负载中的电流总是从电位高处的一端流到电位低的一端。(√)

Lb1C3263 当组合电源系统不是满配置时,应尽量将整流模块均匀挂接在交流三相上,以保证三相平衡,否则会引起零线电流过大,系统发生故障。(√)

Lb1C3264 电源柜体应设有保护接地,接地处应有防锈措施和明显标志。(√)

Lb1C3265 TCP/IP 中的 TCP 指传输控制协议,IP 是指网际协议,IPX/SPX 中的 IPX 指互联网信息包交换协议,SPX 是指顺序信息交换包协议。(√)

Lb1C3266 网络隧道技术是构建 VPN 的关键技术。(√)

Lb1C3267 FTP 只提供文件传送的一些基本的服务,它使用 TCP 可靠地运输服务。(√)

Lb1C3268 机房空调应具备停电记忆功能和来电自启功能。(√)

Lb1C3269 《电力系统通信站过电压保护规程》规定,设计资料和施工记录应由相应的防雷主管部门妥善存档备查,通信站不需要备份本站防雷设计资料。(×)

Lb1C3270 接地体一般采用镀锌钢材,其规格应根据最大故障电流来确定。(√)

Lb1C3271 接地线的要求是粗、短、直。(√)

Lb1C3272 防雷接地有单点接地、多点接地和混合接地三种方式。(√)

Lb1C3273 接地系统按功能来分有三种,即工作接地、保护接地和防雷接地这三种,接地方式共同合用一组接地体的方式称之为联合接地。(√)

Lb1C3274 保护性接地分为保护接地、防雷接地、防静电接地。(√)

Lb1C3275 针对雷电的危害,通信电源系统采取二级防雷措施。(×)

Lb1C3276 工作人员在进行板卡操作时应佩戴防静电手环。(√)

Lb1C3277 通信工程施工过程中接地体导线中间可以有接头。(×)

Lb1C3278 网络设备的电缆线、跳线应连接可靠,沿路有固定,走向清楚明确,线缆上应有标签。(√)

Lb1C3279 在音频配线架的接线排上可进行示明、断开、测试、调线等作业。(√)

Lb1C3280 电缆成端制作时,所有接线均采用压接、焊接、接插件或端子接线(卡接)方式,其外护套、连接线绝缘护套剥离处、压接头子的压接处均应加匹配的热缩套管。(√)

Lb1C3281 所有电气设备(含数配、音配、屏体),均应装设接地线接至地母排。接地线应采用带黑红色标和绝缘护套的专用线缆。(×)

Lb1C3282 蓄电池安装前,需检测各节电池端电压,并进行充放电实验,确认所有电池正常。(√)

Lb1C3283 通信电源屏间线缆连接应按施工图进行。接线前,需将屏体上所有的空开断开(熔断器拔出)。(√)

Lb1C3284 变电站导引光缆在电缆沟内穿延燃,用子管保护并分段固定在支架上,保护管直径不应小于 35 mm。(√)

Lb1C3285 电力管道中敷设光缆,管孔位置应全线一致,不应任意变换。光缆接头和余缆应在专用通信接头孔中存放。(√)

Lb1C3286 光缆在管孔内不应有接头,可以在人孔内直接穿过,但应固定在托架上,并应排列整齐。(×)

Lb1C3287 敷设光缆时,光缆应由缆盘下方放出并保持松弛弧形,牵引端头与牵引绳之间应加

连接器。（×）

Lb1C3288　分组交换是采用统计时分复用交换技术。（√）

Lb1C3289　模拟电话机能否显示主叫号码与电话机的功能有关，与交换机的功能设置无关。（×）

Lb1C3290　电话交换网的呼损是指损失的呼叫与总呼叫数的比值。（√）

Lb1C3291　使用中国 No.1 信令时，一般选用主叫控制方式。（×）

Lb1C3292　SDH 系统中，AIS 信号是往上游方向发送的。（×）

Lb1C3293　SDH 采用世界统一的标准速率，利于不同速率的系统互连。（√）

Lb1C3294　SDH 最为核心的三大特点是同步复用、强大的网络管理能力和统一的光接口及复用标准。（√）

Lb1C3295　采用指针调整技术是 SDH 复用方法的一个重要特点。（√）

Lb1C3296　磷酸铁锂电池放电终止电压一般不低于 1.7 V。（×）

Lb1C3297　Tracert 记录下每一个 ICMP TTL 超时消息的目的端口，从而可以向用户提供报文到达目的地所经过的 IP 地址。（×）

Lb1C3298　数据网络设备不属于电力通信设施。（×）

Lb1C3299　交换式以太网中，当两台计算机同时发送数据时就会产生"碰撞"，发送失败，只能稍后再试。（×）

Lb1C3300　交换机的最主要功能就是连接计算机、服务器、网络打印机等终端设备，并实现与其他交换机、无线接入点、路由器等网络设备的互联，从而构建局域网，实现所有设备之间的通信。（√）

Lb1C3301　相比较交换式以太网，共享式以太网数据转发效率更高。（×）

Lb1C3302　PCM 基群的接口码型为 AMI 码。（×）

Lb1C3303　PCM 设备的 V.24/V.11 接口可以接模拟信号远动。（×）

Lb1C3304　PCM30/32 路系统中，复帧的重复频率为 500 Hz，周期为 2 ms。（√）

Lb1C3305　一路 PCM 数字电话的编码话音信号的码速率是 2 048 kb/s。（×）

Lb1C3306　A 率 13 折线近似的折线压扩特性由 13 段直线组成。（√）

Lb1C3307　在 PCM30/32 制式帧结构中，16 个基本帧构成一个复帧，15 个基本帧用于传送 30 个话路的信令，另一个基本帧用于传送复帧同步信号。（√）

Lb1C3308　PCM30/32 路系列二次群能传输的话路数为 480 路。（×）

Lb1C3309　PCM 基群设备中，CRC-4 的作用是流量监测。（×）

Lb1C3310　从时间上看，32 路 PCM 的帧结构中，一复帧为 2 ms，一帧占 125 $\mu$s，而每个时隙占 3.9 $\mu$s，每个时隙传 8 位码，则每位占据 488 ns。（√）

Lb1C3311　交换机的模拟用户经 PCM 终端机延伸后，该用户的铃流是由交换机送出的。（×）

Lb1C3312　在 PCM30/32 系统中，TS0 用来传送信令码。（×）

Lb1C3313　当 PCM 终端通道发生 LOS、AIS、RMT 告警时，所传的业务不受影响。（×）

Lb1C3314　PCM 终端出现 2M AIS 故障告警时，一定是本端设备故障。（×）

Lb1C3315　PCM 终端出现 2M RMT 告警灯亮表明故障一定出现在对端设备。（×）

Lb1C3316 同步网的两个 BITS 间隔中的 SDH 网元最多为 20 个网元。（√）

Lb1C3317 一般同步时钟的精度相比较,线路提取时钟高于外部时钟,外部时钟高于内部自由钟。（×）

Lb1C3318 外时钟有两种选择,即 2 048 kHz 和 2 048 kbit/s,SDH 设备外接时钟应优先选用 2 048 kHz。（×）

Lb1C3319 同步传输中,比特流的同步时钟载入其中,由接收端提取后进行同步控制。（√）

Lb1C3320 按 IEC 60794 - 4"沿电力线路架设的光缆"标准划分,目前电力特种光缆包括 OPGW、OPPC、ADSS、MASS、OPAC 五种。（√）

Lb1C3321 GYFTZY-12B1 光缆,GY 表示通信用室内光缆。（×）

Lb1C3322 网络交换机一定工作在 OSI 七层的网络层。（×）

Lb1C3323 IP 地址采用点分十进制标记法。（√）

Lb1C3324 机房装修时应做好机房楼面、墙面的防漏水和防结霜措施。（×）

Lb1C3325 通信机房位置不宜选择在建筑物的顶层、底层及用水设备的下层。（√）

Lb1C3326 气体灭火系统的灭火剂及设施应采用经消防检测部门检测合格的产品。（√）

Lb1C3327 雷电可以通过通信铁塔、天馈线、电力电源线、进出局信号线、光缆、空间电磁场感应等进入通信局(站),对通信设备造成破坏。（√）

Lb1C3328 接地系统检查和维护工作,宜在雨天或雨后进行。（×）

Lb1C3329 服务器安装,宜先进行系统联机调试,后安装系统软件,配置网络参数(域名、IP 地址、网络等)。（×）

Lb1C3330 通信光缆进入通信站时在沟(管)道内全程穿放阻燃防护子管或使用防火槽盒,并绑扎醒目的识别标志。（√）

Lb1C3331 户外架空交流供电线路接入通信站除采用多级避雷器外,还应采用直埋至少 5 m 以上电缆或穿钢管管道的方式引入。（×）

Lb1C3332 光缆单盘测试应在现场进行,每盘光缆的光纤抽测 50% 光纤纤芯,供货方代表应到现场确认测试结果。（×）

Lb1C3333 光缆余缆盘绕应整齐有序,不得交叉扭曲受力,盘绕后应使用铝线或不锈钢抱箍捆绑,捆绑点应不少于 2 处。（×）

Lb1C3334 数字程控交换机来电显示信号是在第一次振铃时就能看到号码显示。（×）

Lb1C3335 软交换指一种体系结构,包括媒体/接入层、传输层、控制层和业务/应用层,它主要由软交换设备、信令网关、媒体网关、应用服务器、IAD 等组成。（√）

Lb1C3336 IMS 网络在与电力系统自动交换电话网、公网程控交换网互通时,采用 SIP 协议。（×）

Lb1C3337 中国 No.1 信令规定采用公共信道信令方式。（×）

Lb1C3338 电路交换方式分为时分电路交换和空分电路交换;存储交换方式分为报文交换和分组交换。（√）

Lb1C3339 在 SDH 中,交叉板仅能够实现高阶交叉功能,低阶交叉在业务板卡中实现。（×）

Lb1C3340 E&M 中继接口中,E 线为信令接收电路,M 线为信令发送电路。（√）

Lb1C3341　PCM30/32 基群帧结构中,TS0 时隙主要用于传输标志信号,TS16 时隙主要用于传输帧同步码。(×)

Lb1C3342　PCM30/32 路系统中,如果帧同步系统连续 2 个同步帧未收到帧同步码,则判系统已失步。(×)

Lb1C3343　取样后的样值序列是 PAM 的信号属于数字信号,因为 PAM 信号的取样时间是不连续的。(×)

Lb1C3344　塑料是制造光纤的材料之一,可以制造塑料光纤。(√)

Lb1C3345　用光功率计测试接收光信号时,测得光功率值为 0 dBm,即表示收不到光。(×)

Lb1C3346　G.652 光纤是零色散波长在 1 310 nm 的单模光纤。(√)

Lb1C3347　光纤通信系统,主要有发送设备、接收设备、传输光缆三部分组成。(√)

Lb1C3348　光接收器件主要有发光二极管(LED)和雪崩光电二极管(APD)。(×)

Lb1C3349　OPGW 是光纤复合架空地线,是与电力线架空地线复合在一起的特殊光缆,它既保持电力架空地线的功能,又是光通信的传输介质。(√)

Lb1C3350　光纤通信只适应数字信号的传输。(×)

Lb1C3351　光导纤维是利用光的全反射原理来进行传输光信号的。(√)

Lb1C3352　光纤的典型结构是多层同轴圆柱体,它由纤芯、包层和涂覆层三部分组成。(√)

Lb1C3353　电池组接入放电仪,放电仪正极接电池负极,负极接电池正极。(×)

Lb1C3354　数据通信用户设备按功能可分成数据终端设备 DTE 和数据电路终接设备 DCE。(√)

Lb1C3355　超文本是一种全局性的信息机构,它将文档中的不同部分通过关键字建立链接,使信息得以交互式搜索,它将菜单嵌放在文本中,也是一种界面友好的文本显示技术。(√)

Lb1C3356　通信站应有防直击雷的接地保护措施,在房顶上应敷设均压网(带)并与接地网连接。(×)

Lb1C3357　由于变电站已经有了完善的防雷与避雷系统,因此在变电站的通信设备只要进站线路将防雷与避雷措施按照规范实施就能满足要求。(×)

Lc1C3358　通信站的交流配电屏输入端的三根相线及零线应分别对地加避雷器。(√)

Lc1C3359　电力市场的基本特征是开放性、竞争性、独立性和协调性。(×)

Lc1C3360　电网调控机构分为四级,依次是国调、省调、地调、县调。(×)

Lc1C3361　通信通道异常会直接影响纵联保护和安全自动装置的正常运行,甚至会导致保护和安全自动装置的误动或拒动。(√)

Lc1C3362　分析和计算复杂电路的基本依据是基尔霍夫定律和欧姆定律。(√)

Lc1C3363　在独立避雷针、架空避雷线(网)的支柱上严禁悬挂电话线、广播线、电视接收天线及低压架空线。(√)

Lc1C3364　电力系统中,由三个单相构成的变压器正序电抗与零序电抗不相等。(×)

Lc1C3365　电力系统中,由于误碰导致断路器跳闸时,重合闸没有反应。(×)

Lc1C3366　在我国,特高压是指由 800 kV 级交流和正负 1 000 kV 级直流系统构成的高压电网。(×)

Lc1C3367 对于事故及异常处理时采用口令操作,调控人员必须按照口令操作的流程完成,事后补填操作票。（×）

Lc1C3368 在并联电路中,由于流过各电阻的电流不一样,因此,每个电阻的电压降也不一样。（×）

Lc1C3369 某电流表的指示为 100 A(TA 变比 300/5),则表实际通过的电流是 5/3 A。（√）

Lc1C3370 调度操作指令形式有综合操作指令、逐项操作指令和单项操作指令三种。（√）

Lc1C3371 任何单位和个人均不得非法干预电力调度活动。（√）

## 1.2.4 计算题

Lb1D3001 一组用户在 1 h 内发生 5 次呼叫,每次呼叫占用时长都是 10 min,试求这组用户的话务量是多少?

【解】 $A = C \times t = (5 \times 10)/6 = 0.83$ Erl。

【答】 这组用户的话务量是 0.83 Erl。

Lb1D3002 PCM 信道音频四线接口发信电平为 $-6$ dBr,收信电平为 $-12$ dBr,试计算该通道的传输衰减值。

【解】 传输衰减值＝发信电平－收信电平＝$-6-(-12)=6$(dB)

【答】 该通道衰减值为 6 dB。

Lb1D3003 已知参考点功率为 2 mW,某点功率为 20 mW,求该点相对功率电平。

【解】 $P = 10\lg(20/2) = 10\lg10 = 10$(dB)

【答】 该点的相对功率电平为 10 dB。

Lb1D3004 某通信站通信电源采用 $-48$ V 直流供电,有两组铅酸阀控蓄电池,该蓄电池浮充电压为 2.23 V/节,试计算蓄电池的浮充电压是多少?

【解】 $2.23 \times 24 = 53.52$(V)

【答】 浮充电压是 53.52 V。

Lb1D3005 有一部交换机的 10 个用户终端共用交换机的 2 条话路,每个用户忙时话务量为 0.1 Erl,求交换机的话务量、每条线路话路利用率。(呼损符合爱尔兰分布,爱尔兰呼损公式表为 $E(2,1)=0.2$。)

【解】 话务量:$A = 0.1 \times 10 = 1$ Erl;

每条线路话路利用率:$\eta = (1-20\%)/2 = 40\%$

【答】 话务量为 1 Erl,利用率为 40%。

Lb1D3006 在开关电源系统中,某路负载所用的采样分流器的规格为 75 mV/500 A,用万用表测得此分流器两端的电压为 6 mV,则此路负载电流是多大?

【解】 $C = 500 \times 6/75 = 40$(A)

【答】 负载电流为 40 A。

Lb1D3007 计算 PCM30/32 路基群速率,写出抽样频率、帧、时隙数及计算公式。

【解】 因为话音信号的抽样频率为 $f_s = 8$ kHz,即 8 000 帧/s,而每帧有 32 时隙,每个时隙有 8 bit;所以 PCM30/32 路系统的速率为

8 000 帧/s×32 时隙/帧×8 bit/时隙＝2 048 000 bit/s＝2 048 kbit/s＝2.048 Mbit/s

【答】 PCM30/32 路基群速率为 2.048 Mbit/s。

## 1.2.5 识图题

**Lb1E3001** 如下图所示,其表示的是(    )。

(A)电话通过语音网关接入电力交换网

(B)电话通过中继网关接入电力交换网

(C)IP 电话直接接入电力交换网

(D)电话通过 SIP 协议接入电力交换网

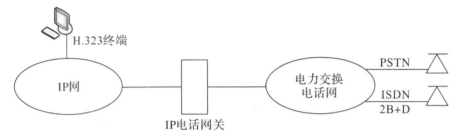

【答案】 A

**Lb1E3002** 下图为电力交换电话网的假设参考连接模型图,试说明 C1~C4 和 DZ 的含义。

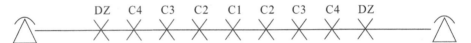

【答】 C1 为国网中心汇接局;C2 为区域中心汇接局;C3 为省中心汇接局;C4 为地市中心汇接局;DZ 为交换站。

**Lb1E3003** 下图表示的是电力系统自动交换电话机与(    )共存时的连接示意图。

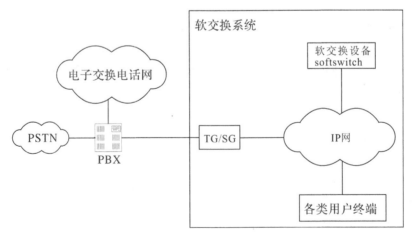

(A)公共电信网     (B)IMS 系统        (C)AG 和 IAD     (D)软交换系统

【答案】 D

Lb1E3004　　如下图所示的光纤连接器为（　　　）型连接器。

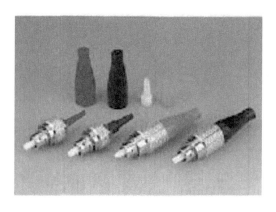

　　　　　　（A）FC　　　　　　　（B）PC　　　　　　　（C）SC　　　　　　　（D）ST

【答案】　AB

Lb1E3005　　如下图所示的光纤连接器为（　　　）型连接器。

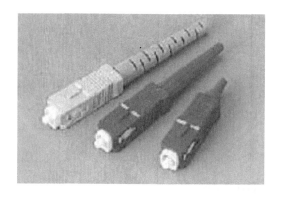

　　　　　　（A）FC/APC　　　　（B）FC/PC　　　　　　（C）SC　　　　　　　（D）ST

【答案】　C

Lb1E3006　　如下图所示的光纤连接器为（　　　）型连接器。

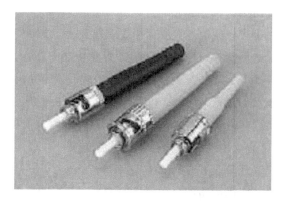

　　　　　　（A）FC/APC　　　　（B）FC/PC　　　　　　（C）SC　　　　　　　（D）ST

【答案】　D

**Lb1E3007** 如下图所示的光纤连接器为(    )型适配器。

(A)FC/APC          (B)FC/PC          (C)SC          (D)ST

【答案】 AB

**Lb1E3008** 如下图所示的光纤连接器为(    )型适配器。

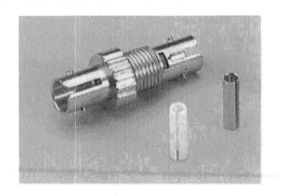

(A)FC/APC          (B)FC/PC          (C)SC          (D)ST

【答案】 D

## 1.2.6 简答题

**Lb1F3001** 数字程控交换机的用户信令包括哪些信号?

【答】 用户状态信号、用户话机产生的拨号直流脉冲或双音多频(DTMF)信号、铃流和信号音。

**Lb1F3002** 试解释描述衡量电话交换机服务质量的呼损和接通率指标。

【答】 呼损是指损失的呼叫与总呼叫数的比值。接通率是完成通话的呼叫次数与总呼叫次数之比。

**Lb1F3003** 电话具有来电显示功能,交换机和电话机必须具备哪些条件?

【答】 必须具备三个条件:(1)电话机具有来电显示功能;(2)被叫端交换机具备来电显示功能;(3)主叫端交换机将主叫号码通过中继线已发送到被叫端交换机。

**Lb1F3004** 什么是话务量?其计算公式是什么?量纲是什么?

【答】 话务量一般是指程控交换机话路部分的话务通过能力,其计算公式为 $A = C \times t$,其中 $A$ 表示话务量,$C$ 表示单位时间内平均发生的呼叫次数,$t$ 表示每次呼叫平均占用时长。话务量单位是爱尔兰(Erl),或叫小时呼。

**Lb1F3005** 什么叫标准测试单音?

【答】　在电路中进行某些测试时,往往在 0 传输电平点加以频率为 800～1 000 Hz、功率为 1 mw(0 dBm)的单音信号,此信号称为标准测试单音,有时也称为测试信号。

Lb1F3006　在 PCM 的传输特性测试时,使用的参考测试频率和电平是多少?

【答】　在 PCM 的传输特性测试时,使用的参考测试频率是 1 020 Hz,频率容差为＋2～－7 Hz,参考测试电平为－10 dBm0,容差为±0.1 dBm0。

Lb1F3007　语音信号在数字化过程中包括哪几个步骤?

【答】　语音信号在数字化过程中,如脉冲编码调制(PCM),有三个步骤:抽样、量化、编码。

Lb1F3008　试解释在数字通信技术中同步的概念。

【答】　两个或多个信号之间在频率和相位上具有相同的长期频率准确度,最简单的关系是频率相等。

Lb1F3009　什么是时钟的频率准确度?

【答】　频率准确度是指在规定的时间周期内,时钟频率偏离的最大幅度。

Lb1F3010　通信网中从时钟的工作状态有几种?

【答】　其工作状态有 3 种:自由运行(Free Running)、保持(Hold Over)、锁定(Locked),其中锁定状态是从时钟的正常工作状态。

Lb1F3011　数字同步网采用什么定时信号分配方法?

【答】　通过 BITS 设备,采用 2 Mbit/s 和 2 MHz 接口并行分配。

Lb1F3012　普通光缆主要由什么组成?

【答】　普通光缆主要由纤芯、光纤油膏、护套材料、PBT(聚对苯二甲酸丁二醇酯)等材料组成。

Lb1F3013　试说明光缆松套管中光纤的色谱顺序。

【答】　蓝、橙、绿、棕、灰、白、红、黑、黄、紫、粉红、青绿。

Lb1F3014　光缆的铠装是指什么?

【答】　铠装是指在特殊用途的光缆中(如海底光缆等)所使用的保护元件(通常为钢丝或钢带),铠装都附在光缆的内护套上。

Lb1F3015　光缆的外护套采用何种材料?

【答】　光缆护套或护层通常由聚乙烯(PE)和聚氯乙烯(PVC)材料构成,其作用是保护缆芯不受外界影响。对于特种光缆如 ADSS、阻燃光缆、防蚁光缆等,其外护套涂覆抗电腐蚀、阻燃材料及防蚂蚁材料等涂层。

Lb1F3016　列举并说明在电力系统中常用的三种特殊光缆。

【答】　(1)光纤复合架空地线(OPGW),这是一种光纤单元复合在架空地线中的特种光缆。光纤单元有铝管型、铝骨架和不锈钢管型等结构。OPGW 同时具备电力输电线路地线功能和通信功能。

　(2)光纤复合相线(OPPC),这是一种将光纤单元复合在电力输电线路相线中的特种光缆。OPPC 同时具备电力输电线路相线功能和通信功能。

　(3)全介质自承式光缆(ADSS),这是一种以芳纶、尼龙构建为加强件的非金属光缆,可直接加挂在电力杆塔上,提供光通信传输通道。

Lb1F3017　阀控式密封铅酸蓄电池由哪几个主要部分组成?

【答】 任何蓄电池都由正极、负极、电解液、隔膜、电池槽5个主要部分组成。

Lb1F3018 阀控式密封铅酸蓄电池的浮充电压参考值为多少？

【答】 阀控式铅酸阀控蓄电池的浮充电压参考值为 2.23～2.27 V。

Lb1F3019 什么是蓄电池的额定容量？

【答】 蓄电池额定容量是指在 25 ℃环境下，以 10 小时率电流放电至终止电压所能释放出的安时数。

Lb1F3020 在 IP 网络中，地址的构成包括哪些部分？

【答】 网络地址段、子网地址段、主机地址段。

Lb1F3021 网桥的作用是什么？

【答】 在数据链路层实现连接 LAN 的存储转发设备，它独立于高层协议。

Lb1F3022 从 ISO/OSI 的分层体系结构观点看，X.25 是 OSI 哪三层同等层协议的组合？

【答】 物理层，数据链路层，网络层。

Lb1F3023 什么是侧音效应？侧音有什么危害？

【答】 当自己对着送话器讲话时，能从受话器听到自己的讲话声音，这种现象叫侧音效应，侧音的存在将引起听觉疲劳和听不清对方讲话的问题，严重影响电话通信质量。

Lb1F3024 何谓交换机的 BHCA 值？

【答】 交换机 BHCA 值指交换机忙时试呼次数（busy hour call attempts），它说明了交换机控制部件的呼叫处理能力，是评价交换机话务能力、系统设计水平和服务能力的一个重要指标。

Lb1F3025 什么是数字程控交换的无阻塞网络？构成无阻塞网络的条件是什么？

【答】 交换矩阵不存在内部阻塞条件为 $m \geq 2n-1$；$m$：链路数；$n$：输入/输出端数。

Lb1F3026 PCM 终端设备的一般配置有哪几种类型的接口？

【答】 PCM 的配置一般有 4W E&M、2W FXO、2W FXS 和 64K 数据盘（同向）等。

Lb1F3027 同步网的时钟传输方式有哪些？

【答】 PDH 2M 专线电路，SDH STM-N 线路信号，PDH 2M 业务电路。

Lb1F3028 语音信号的抽样频率一般是多少？一路语音信号抽样、量化、PCM 编码后的速率是多少？

【答】 语音信号的抽样频率一般为 8 kHz，一路语音信号抽样、量化、PCM 编码后的速率是64 kbit/s。

Lb1F3029 同步网由什么组成？

【答】 同步网由同步网节点设备（各种级别高精度的时钟）和定时链路组成。

Lb1F3030 试简述大楼综合定时供给系统（BITS）的基本功能。

【答】 接收上一级定时参考信号，分配给通信设备使用由于内置高精度时钟，对于定时信号在传输中引起的抖动有过滤作用，对漂移有抑制作用。

Lb1F3031 OPGW 光纤单元外的绞线一般为什么材质？

【答】 一般采用 AA 线（铝合金线）、AS 线材（铝包钢线）材质。

Lb1F3032 电源系统的基本组成是什么？

【答】 电源系统一般由市电、柴油发电机组、市电/油机转换屏、整流配电设备、蓄电池组等组成。在市电电压变动范围经常超出标称值的 -10% 或 +15% 时，应采用交流稳压器。

Lb1F3033　在对蓄电池进行清洁时,为什么要用湿布?

【答】　蓄电池的池壳、盖子是合成树脂制成的,如用干布或掸子进行清扫,会产生静电,有引发爆炸的危险。

Lb1F3034　简述数据通信网中 VPN 的特点。

【答】　(1)网络安全保障;(2)服务质量保证;(3)可扩充性和灵活性;(4)可管理性。

Lb1F3035　什么是 IP 电话?

【答】　IP 电话泛指基于网际协议(IP)的语音传输技术(voice over IP,简称 VoIP)实现语音通信的系统,即语音信号在以 IP 为网络层协议的数据网络中进行话音通信的系统。

Lb1F3036　电力系统自动交换电话网中,一级交换中心(C1)的交换和汇接有哪些功能?

【答】　(1)本局用户间的交换,本局用户出入公用网的交换、出入专网的交换。(2)直接接入 C1 的终端交换站的专网呼叫的汇接。(3)各级交换中心间经 C1 的专网呼叫的汇接。

Lb1F3037　电力系统自动交换网电话中,二级交换中心(C2)的交换和汇接有哪些功能?

【答】　(1)本局用户间的交换,本局用户出入公用网的交换、出入专网的交换。(2)直接接入 C2 的终端交换站的专网呼叫的汇接。(3)C3 经 C2 的专网呼叫的汇接。(4)具有至其他 C2 的直达路由时,其他 C2 经本 C2 的专网呼叫的汇接。

Lb1F3038　电力系统自动交换网电话中,三级交换中心(C3)的交换和汇接有哪些功能?

【答】　(1)本局用户间的交换,本局用户出入公用网的交换、出入专网的交换。(2)直接接入 C3 的终端交换站的专网呼叫的汇接。(3)各 C4 经 C3 的专网呼叫的汇接。(4)具有至其他 C3 的直达路由时,其他 C3 经本 C3 的专网呼叫的汇接。

Lb1F3039　PCM 终端设备发生 LOS、AIS、RMT 告警,判断出现故障的原因。

【答】　LOS 告警表明本端 PCM 终端设备未收到 2M 信号,原因可能是本地传输设备 2M 输出故障或本地线缆连接问题;AIS 告警表明本端 PCM 终端设备收到的是全"1"码信号,原因可能是对端 PCM 终端设备发送部分故障或中间转接故障或传输设备问题;RMT 告警表明对端 PCM 终端设备发来对端告警信号,原因可能是本端 PCM 终端设备发送部分故障、对端接收部分故障、中间转接故障或传输设备故障。

Lb1F3040　说明时钟同步系统中"频率准确度、频率稳定度、牵引范围"三个参数的含义。

【答】　频率准确度是指在规定的时间周期内,时钟频率偏离的最大幅度。

频率稳定度是指在给定的时间间隔内,由于时钟的内在因素或环境影响而导致的频率变化。

牵引范围包括牵引入范围和牵引出范围,前者是指从钟参考频率和规定的标称频率间的最大频率偏差范围,在此范围内,从钟将达到锁定状态;后者是指从钟参考频率和规定的标称频率间的频率偏差范围,在此范围内,从钟工作在锁定状态,在此范围外,无论参考频率如何变化,从钟都不能在锁定状态工作。

Lb1F3041　保护接地的作用是什么?

【答】　保护接地的作用是防止人身和设备遭受危险电压的接触和破坏,以保护人身和设备的安全。

Lb1F3042　铅酸阀控蓄电池的使用环境温度是多少,温度对蓄电池会产生什么影响?

【答】　铅酸阀控蓄电池的使用环境温度宜在 20～25 ℃,蓄电池温度过高,会降低蓄电池的性能和寿命,还有可能导致蓄电池的损坏及变形。

Lb1F3043　防雷接地有几种方式？接地线有何要求？

【答】　防雷接地有单点接地、多点接地和混合接地三种方式。接地线的要求是粗、短、直,要兼顾到泄放设备短路电流和泄放雷电流的能力。

Lb1F3044　简述压敏电阻的工作原理和作用。

【答】　压敏电阻是电源系统长期使用的防护材料,其功能相当于很多串联和并联在一起的双向抑制二极管。工作原理如同与电压相关的电阻,电压超过规定的电压,压敏电阻可以导电,电压低于规定电压,压敏电阻则不导电。压敏电阻起到很好的电压限位作用,压敏电阻工作极为迅速,响应时间在毫微秒范围下段。压敏电阻适合做电源 D 级保护器。

Lb1F3045　网络服务器有哪些种类,他们的功能是什么？

【答】　(1)硬件服务器:为用户提供共享设备,如打印机、磁盘驱动器等;(2)通信服务器:在网络系统中为用户提供数据交换服务;(3)数据服务器:为用户提供各种数据服务。

Lb1F3046　衡量路由协议的性能指标有哪些？

【答】　正确性、快收敛、低开销、安全性、普适性。

Lb1F3047　与 OSI 模型相比较,TCP/IP 参考模型有什么不同？

【答】　TCP/IP 参考模型有应用层、TCP 层、IP 层和主机到网络层,没有表示层和会话层,其中 TCP 层对应传输层,IP 对应网络层。

Lc1F3048　电力企业安全生产的目的是什么？

【答】　向用户提供数量充足、安全可靠、质量优良的电能。

# 第 2 章

# 技能操作

## ▶ 2.1 技能操作大纲

通信工程建设工——初级工技能等级评价技能操作考核大纲

| 等级 | 考核方式 | 能力种类 | 能力项 | 考核项目(题目) | 考核主要内容(要点) |
|------|---------|---------|--------|---------------|------------------|
| 初级工 | 技能操作 | 基本技能 | 电力识绘图 | 通信缆线接头辨识 | (1)正确识别常用光纤、同轴电缆、双绞线等接头规格型号;<br>(2)熟悉各种接头的用途 |
| | | | | 通信缆线辨识 | (1)正确识别常用光缆、同轴电缆、网线、音频电缆线、接地线等线缆的规格型号;<br>(2)熟悉各种通信缆线的用途 |
| | | | 通信线缆制作及布线 | 网线的制作 | (1)熟悉网线接头的制作工艺流程;<br>(2)掌握网线色谱辨识、压接及连通性测试方法 |
| | | | | 设备接地线制作 | (1)熟悉接地线的制作工艺流程;<br>(2)掌握网地线和接头选取、压接及连通性测试方法 |
| | | | | 音频电缆成端制作 | (1)熟悉接音频电缆成端制作工艺流程;<br>(2)掌握音频电缆色谱识别、卡接、绑扎及连通性测试方法 |
| | | | | 2M 同轴电缆头制作 | (1)熟悉接 2M 同轴电缆头制作工艺流程;<br>(2)掌握同轴电缆和接头选取、压接、焊接及连通性测试方法 |
| | | | 仪器仪表及工器具的使用 | 用剪断法测试光缆损耗 | (1)掌握光源、光功率计的使用方法;<br>(2)能用光源和光功率计测试光缆损耗参数指标 |
| | | 专业技能 | 通信设备安装 | 光、数、音配线单元安装 | (1)熟悉光、数、音配线单元上架安装工艺流程;<br>(2)能按照施工图完成光、数、音配线模块上架安装 |
| | | | | 光缆纤序核对 | (1)正确识别光纤色谱;<br>(2)能用光源、光功率计核对光缆纤序 |
| | | | | SDH 设备板卡安装 | (1)熟悉 SDH 传输设备板卡安装的工作流程、工艺质量和操作方法;<br>(2)能按照设计图纸熟练进行板卡上架安装、设备加电操作 |

续表

| 等级 | 考核方式 | 能力种类 | 能力项 | 考核项目(题目) | 考核主要内容(要点) |
|------|---------|---------|--------|---------------|------------------|
| 初级工 | 技能操作 | 专业技能 | 通信传输设备调试 | SDH设备板卡、模块的识别 | (1)熟悉SDH设备板卡及其功能;<br>(2)能正确识别SDH设备的各类板卡及光、电模块 |
| | | | | SDH设备告警识别 | 能根据SDH设备面板告警,正确识别告警的类别 |
| | | | | SDH设备加电、输入电压测试 | (1)掌握SDH设备加电操作方法;<br>(2)能用万用表测试SDH设备的输入电压 |
| | | | | PTN设备板卡、模块识别 | (1)熟悉PTN设备板卡及其功能;<br>(2)能正确识别SDH设备的各类板卡及光、电模块 |
| | | | | PTN设备告警识别 | 能根据PTN设备面板告警,正确识别告警的类别 |
| | | | | PTN设备加电、输入电压测试 | (1)掌握PTN设备加电操作方法;<br>(2)能用万用表测试PTN设备的输入电压 |
| | | | 网络设备调试 | 网络交换互连及加电操作 | (1)掌握网络交换机之间互连操作方法;<br>(2)能正确连接电源线并加电 |
| | | | | 路由器设备板卡、模块识别及设备互联、加电操作 | (1)熟悉路由器设备板卡及其功能,正确识别路由器设备的各类板卡及光、电模块;<br>(2)掌握网络交换机之间互连操作方法,正确连接电源线并加电 |
| | | | 接入及其他设备调试 | PCM二线通道测试(查询本机号码) | (1)熟悉PCM用户接口板的配置和出线配置;<br>(2)能通过电话试验进行二线通道状态检测 |
| | | | | 程控交换机供电电压、铃流电压测试 | 掌握程控交换机供电电压及铃流电压的测试方法 |
| | | | | IP电话的注册和开通 | (1)掌握IMS系统电话用户的开通方法;<br>(2)能独立完成IP电话的注册、开通 |
| | | | 机房辅助设备调试 | 通信电源输入输出电压测试 | (1)掌握通信电源设备输入、输出电压的测试方法;<br>(2)能用万用表测试交流输入的相电压、线电压及输出直流电压 |
| | | | | 蓄电池组电压测试 | (1)掌握蓄电池组电压测试方法;<br>(2)能用万用表测量蓄电池单体电压和总电压 |

续表

| 等级 | 考核方式 | 能力种类 | 能力项 | 考核项目(题目) | 考核主要内容(要点) |
|------|----------|----------|--------|----------------|---------------------|
| 初级工 | 技能操作 | 专业技能 | 通信线缆敷设与测试 | 光纤配线架跳纤连接 | (1)掌握光纤配线的工艺流程;<br>(2)能熟练进行光纤跳纤连接、布放和绑扎固定 |
| | | | | 标签标牌制作 | (1)掌握标签机、标牌机的使用方法;<br>(2)能按规范要求制作设备、缆线的标识牌和标签 |
| | | 相关技能 | 电工仪表与测量 | 万用表使用 | (1)掌握万用表的使用方法;<br>(2)能熟练的测试电阻、电流和电压 |
| | | | | 钳形电流表使用 | (1)掌握钳形电流表的使用方法;<br>(2)能用钳形电流表熟练地测试电流 |

## ▶ 2.2　技能操作项目

### 2.2.1　基本技能题

#### TG1JB0101　通信缆线接头辨识

**一、作业**

**(一)工器具、材料、设备**

(1)工器具:无。

(2)材料:光纤接头(FC、SC、LC、ST),同轴电缆接头(BNC、西门子头),双绞线头(RJ45、RJ11)。

(3)设备:无。

**(二)安全要求**

轻拿轻放,防止割伤、夹伤。

**(三)操作步骤及工艺要求(含注意事项)**

**1.操作前准备**

(1)规范着装。

(2)根据题目要求选择材料并做外观检查。

**2.操作过程**

(1)对几种常用光纤接头进行辨识(FC、SC、LC、ST)并说明其用途。

(2)辨识常用同轴电缆接头(西门子头、BNC头)并说明其用途。

（3）辨识双绞线接头（RJ45、RJ11）。

（4）辨识完毕，将材料放回原地。

3. 操作结束

清理现场，报告结束。

## 二、考核

（一）考核场地

通信实训基地。

（二）考核时间

10 min。

（三）考核要点

（1）能正确辨识常用光纤接头，并能说出其用途。

（2）能正确辨识常用同轴电缆接头，并能说出其用途。

（3）能正确辨识常用双绞线接头，并能说出其用途。

## 三、评分标准

行业：电力工程　　　　　工种：通信工程建设工　　　　　等级：初级工

| 编号 | TG1JB0101 | 行为领域 | 专业技能 | 评价范围 | | |
|---|---|---|---|---|---|---|
| 考核时限 | 10 min | 题型 | 单项操作 | 满分 | 100 分 | 得分 |
| 试题名称 | 通信缆线接头辨识 | | | | | |
| 考核要点及其要求 | 考核要点<br>（1）能正确辨识常用光纤接头，并能说出其用途；<br>（2）能正确辨识常用同轴电缆接头，并能说出其用途；<br>（3）能正确辨识常用双绞线接头，并能说出其用途 | | | | | |
| 现场设备、工器具、材料 | 光纤接头（LC、FC、SC、ST 头），同轴电缆接头（BNC、西门子头），双绞线头（RJ45、RJ11）等 | | | | | |
| 备注 | | | | | | |

| | | | 评分标准 | | | |
|---|---|---|---|---|---|---|
| 序号 | 考核项目名称 | 质量要求 | 分值 | 扣分标准 | 扣分原因 | 得分 |
| 1 | 正确识别常用光纤接头 | 正确辨识几种常用光纤接头（FC、SC、LC、ST） | 20 | 辨识错误 1 种扣 5 分 | | |
| 2 | 指出光纤接头的用途 | 说明各种接头的用途 | 10 | 用途描述错误 1 种扣 5 分 | | |

| 序号 | 考核项目名称 | 质量要求 | 分值 | 扣分标准 | 扣分原因 | 得分 |
|---|---|---|---|---|---|---|
| 3 | 辨识常用同轴电缆接头 | 正确辨识常用同轴电缆接头（西门子头、BNC头） | 10 | 辨识错误1种扣5分 | | |
| 4 | 指出同轴电缆接头的用途 | 说明各种接头用途 | 10 | 用途描述错误1种扣5分 | | |
| 5 | 辨识双绞线接头 | 正确辨识对常用双绞线接头（RJ45、RJ11） | 20 | 辨识错误1种扣10分 | | |
| 6 | 指出双绞线接头的用途 | 说明各种接头用途 | 15 | 用途描述错误1种扣5分 | | |
| 7 | 操作结束 | 辨识完毕、将材料放回原地 | 5 | 不清理工作现场、不报告操作结束扣2～5分 | | |
| 8 | 操作时间 | 在规定时间内单独完成 | 10 | 未在规定时间完成，每超时1分钟扣1分，扣完本项分数为止 | | |

## TG1JB0102　通信缆线辨识

一、作业

（一）工器具、材料、设备

（1）工器具：无。

（2）材料：常用光缆（ADSS、OPGW）、同轴电缆、网线、音频电缆、接地线等。

（3）设备：无。

（二）安全要求

轻拿轻放，防止割伤、夹伤。

（三）操作步骤及工艺要求（含注意事项）

1．操作前准备

（1）规范着装。

（2）根据题目要求选择材料并做外观检查。

2．操作过程

（1）辨识常用光缆（ADSS、OPGW），说出使用场景。

（2）同轴电缆、说出使用范围。

（3）各类网线识别，并说明用途。

（4）音频电缆的识别，指出其对数、芯线直径。

（5）接地线识别，常用颜色、线径。

3.操作结束

清理现场,报告结束。

## 二、考核

(一)考核场地

通信实训基地。

(二)考核时间

10 min。

(三)考核要点

(1)能正确辨识常用光缆(ADSS、OPGW)说出其芯数、结构。

(2)能正确辨识常用同轴电缆(基带、高频)。

(3)能正确辨识常用网线(五类线、超五类线)。

(4)能正确识别常用音频电缆的对数、芯线直径。

(5)能区分常用接地线的颜色、线径及用途等。

## 三、评分标准

行业:电力工程　　　　　　工种:通信工程建设工　　　　　等级:初级工

| 编号 | TG1JB0102 | 行为领域 | 专业技能 | 评价范围 | | |
|---|---|---|---|---|---|---|
| 考核时限 | 10 min | 题型 | 单项操作 | 满分 | 100分 | 得分 |
| 试题名称 | 通信缆线辨识 | | | | | |
| 考核要点及其要求 | 考核要点<br>(1)能正确辨识常用光缆(ADSS、OPGW)说出其芯数、结构及应用场景;<br>(2)能正确辨识常用同轴电缆(基带、高频)及用途;<br>(3)能正确辨识常用网线(五类线、超五类线);<br>(4)能正确识别常用音频电缆的对数、芯线直径;<br>(5)能区分常用接地线的颜色、线径及用途 | | | | | |
| 现场设备、工器具、材料 | 常用光缆(ADSS、OPGW、普通)、同轴电缆(基带、高频)、网线(五类线、超五类线)、音频电缆、接地线等 | | | | | |
| 备注 | | | | | | |

| | | | 评分标准 | | | |
|---|---|---|---|---|---|---|
| 序号 | 考核项目名称 | 质量要求 | 分值 | 扣分标准 | 扣分原因 | 得分 |
| 1 | 识别常用光缆 | 对几种常用光缆进行辨识(ADSS、OPGW、普通光缆)基本结构 | 20 | 有1种光缆辨识错误扣5分;光缆结构描述错1项扣2分,扣完本项分数为止 | | |

续表

| 序号 | 考核项目名称 | 质量要求 | 分值 | 扣分标准 | 扣分原因 | 得分 |
|---|---|---|---|---|---|---|
| 2 | 说明其应用场景 | 指出不同光缆的使用场景 | 15 | 应用场景错误1种扣5分，扣完本项分数为止 | | |
| 3 | 辨识常用同轴电缆 | 对常用同轴电缆进行辨识（基带、高频） | 10 | 有1种辨识错误5分，扣完本项分数为止 | | |
| 4 | 指出同轴电缆的基本用途 | 说明其用途适用范围 | 10 | 用途错1项扣5分，扣完本项分数为止 | | |
| 5 | 辨识双绞线及用途 | 各类网线识别，并说明用途 | 10 | 有1种辨识错误扣5分，扣完本项分数为止 | | |
| 6 | 辨识音频电缆及用途 | 音频电缆的识别，指出其对数、芯线直径 | 10 | 芯数、芯线直径及用途每错1项扣2分，扣完本项分数为止 | | |
| 7 | 辨识接地线及用途 | 接地线识别，指出颜色、线径及用途 | 10 | 辨识错误1项扣5分，用途错1项扣2分，扣完本项分数为止 | | |
| 8 | 操作结束 | 辨识完毕、将材料放回原地 | 5 | 不清理工作现场，不报告操作结束扣2~5分 | | |
| 9 | 操作时间 | 在规定时间内单独完成 | 10 | 未在规定时间完成，每超时1分钟扣1分，扣完本项分数为止 | | |

## TG1JB0203　网线的制作

### 一、作业

（一）工器具、材料、设备

（1）工器具：斜口钳、压线钳、壁纸刀或者电工刀、操作台、钢卷尺、网线测试仪等。

（2）材料：网线、RJ45水晶头。

（3）设备：无。

（二）安全要求

正确使用工具，防止割伤、夹伤。

（三）操作步骤及工艺要求（含注意事项）

1.操作前准备

（1）规范着装。

（2）根据题目要求选择工具、材料并做外观检查。

2.操作过程

（1）截取网线。用斜口钳剪下2 m长双绞线。

（2）剥线。用剥线器剥离网线的外皮 2 cm～3 cm。

（3）识别并排序芯线。按标准色谱识别并排序芯线。

（4）剪除余线。剪下多余芯线，芯线余 14 mm。

（5）压接接头。正确放置芯线到 RJ45 水晶头，压接到位。

（6）测量验证。用网线测试仪测试各芯线连通。

3. 操作结束

清理现场，交还工器具。

## 二、考核

（一）考核场地

通信实训基地。

（二）考核时间

20 min。

（三）考核要点

（1）工器具及材料选择。

（2）网线色谱识别。

（3）网线剥线、接头压接操作的熟练程度。

（4）网线成品的工艺质量。

（5）网线成品的连通性。

## 三、评分标准

行业：电力工程　　　　　工种：通信工程建设工　　　　　等级：初级工

| 编号 | TG1JB0203 | 行为领域 | 专业技能 | 评价范围 | | |
|---|---|---|---|---|---|---|
| 考核时限 | 20 min | 题型 | 单项操作 | 满分 | 100 分 | 得分 |
| 试题名称 | 网线的制作 | | | | | |
| 考核要点<br>及其要求 | 考核要点<br>（1）正确说明 568A 标准和 568B 标准 RJ45 水晶头的线序；<br>（2）正确使用压线钳制作两头都为 568B 标准 RJ45 水晶头的 2 m 长直联网线 1 根；<br>（3）正确使用压线钳制作一头为 568A 标准一头为 568B 标准 RJ45 水晶头的 2 m 长交叉网线 1 根；<br>（4）正确使用网线测试仪测量线缆是否全部连通。<br>操作要求<br>（1）单人操作；<br>（2）剥线操作熟练、准确，防止损伤芯线；<br>（3）RJ45 水晶头压接到位，金属片接触良好 | | | | | |
| 现场设备、<br>工器具、材料 | （1）工器具：斜口钳、压线钳、壁纸刀或者电工刀、操作台、万用表等；<br>（2）材料：双绞线、RJ45 水晶头 | | | | | |
| 备注 | | | | | | |

续表

| 序号 | 考核项目名称 | 质量要求 | 分值 | 扣分标准 | 扣分原因 | 得分 |
|---|---|---|---|---|---|---|
| | | | 评分标准 | | | |
| 1 | 工具、材料的选用 | 工器具选用满足操作需要,工器具做外观检查 | 5 | (1)选用不当扣3分;<br>(2)工器具未做外观检查扣2分 | | |
| 2 | 截取网线 | 正确使用工具,按照题目要求截取线缆长度 | 5 | (1)不能正确使用工具扣3分;<br>(2)截取的线缆不符合题目要求扣2分 | | |
| 3 | 剥线 | 正确用剥线器剥离网线外皮2cm~3cm,操作熟练,不发生断线 | 10 | (1)不能正确使用工具扣3分;<br>(2)尺寸不正确扣2分;<br>(3)发生断线,一次扣2分,扣完本项分数为止 | | |
| 4 | 识别并排序芯线 | 正确识别芯线色谱:白橙、橙、白绿、蓝、白蓝、绿、白棕、棕,排列整齐 | 20 | (1)识别芯线色谱不正确,每错2芯扣5分;<br>(2)芯线整理不齐扣2分 | | |
| 5 | 剪芯线 | 正确用斜口钳剪除多余芯线,芯线余长14 mm | 5 | (1)不正确使用工具扣3分;<br>(2)芯线余长尺寸错误扣2分 | | |
| 6 | 压接接头 | 按题目要求,正确将芯线卡入水晶头,并用压线钳压接到位。两头都为568B标准RJ45水晶头线序为直通连接;一头为568A标准一头为568B标准RJ45水晶头交叉连接(1-3、2-6交叉连接) | 30 | (1)不能正确使用工具扣3分;<br>(2)线序错误,每错2芯扣5分;<br>(3)压接失败1次扣5分,扣完本项分数为止 | | |
| 7 | 测量验证 | 正确使用仪表测量验证 | 10 | (1)不能正确使用仪表扣5分;<br>(2)测量结果有短路、开路、错线的,如在规定时间内处理好,从总分中扣10分;如未处理好,从所得的分数内再扣20分 | | |
| 8 | 操作结束 | 工作完毕后报告操作结束,清理现场,交还工器具 | 5 | 不清理工作现场、不恢复原始状态、不报告操作结束扣2~5分 | | |
| 9 | 操作时间 | 在规定时间内单独完成 | 10 | 未在规定时间完成,每超时1分钟扣1分,扣完本项分数为止 | | |

## TG1JB0204  设备接地线的制作

**一、作业**

(一)工器具、材料、设备

(1)工器具:老虎钳、液压钳或者压线钳、斜口钳、壁纸刀或者电工刀、卷尺、扳手、热风枪、操作台等。

(2)材料:接地线鼻子若干规格、各种规格电源线、接地线、各种颜色的电工胶带、热缩管、扎带等。

(3)设备:通信机柜。

(二)安全要求

正确使用工器具,防止割伤、夹伤。

(三)操作步骤及工艺要求(含注意事项)

1.操作前准备

(1)规范着装。

(2)根据题目要求选择工具、材料并做外观检查。

2.操作过程

(1)选取接地线、线鼻子。截取 2 m 长度的大于 25 mm² 黄绿双色护套的铜芯多股软导线,选取规格与接地线线径一致的非开口线鼻子、热塑管。所有开缆处用热风枪热缩加以保护。

(2)剥线。用壁纸刀剥离接地线两端外皮,裸露导体长度应与线鼻子匹配。

(3)压接线鼻子。将接地线两端裸露部分分别插入线鼻子,用液压钳将接口处压紧。

(4)缠绕胶带封装。用黑色胶带将连接处缠绕封装。

(5)接地线安装。将接地线一端连接于机柜的接地汇流排,另一端连接于室内接地母排;连接处用螺钉旋具将螺栓拧紧;接地线在适当位置进行绑扎,绑扎应平直、整齐。

3.操作结束

清理现场,交还工器具。

**二、考核**

(一)考核场地

通信实训基地。

(二)考核时间

20 min。

(三)考核要点

(1)工器具及材料的选择。

(2)接地线缆剥线、接头压接操作的熟练程度。

(3)接地线成品的工艺质量。

(4)接地线安装的工艺质量。

### 三、评分标准

行业:电力工程　　　　工种:通信工程建设工　　　　等级:初级工

| 编号 | TG1JB0204 | 行为领域 | 专业技能 | 评价范围 | | | |
|---|---|---|---|---|---|---|---|
| 考核时限 | 20 min | 题型 | 单项操作 | 满分 | 100 分 | 得分 | |
| 试题名称 | | | 设备接地线的制作 | | | | |
| 考核要点<br>及其要求 | 考核要点<br>(1)工器具及材料的选择;<br>(2)接地线缆剥线、接头压接操作的熟练程度;<br>(3)接地线成品的工艺质量;<br>(4)接地线安装的工艺质量。<br>操作要求<br>(1)单人操作;<br>(2)工器具使用正确,操作规范、熟练;<br>(3)防止夹具、刀具在操作过程中造成伤害 | | | | | | |
| 现场设备、<br>工器具、材料 | (1)工器具:老虎钳、液压钳或者压线钳、斜口钳、壁纸刀或者电工刀、卷尺、扳手、热风枪、操作台等;<br>(2)材料:接地线鼻子、各种规格的电源线、接地线、各种颜色的电工胶带、热缩管等;<br>(3)设备:机柜 | | | | | | |
| 备注 | | | | | | | |

| | | | 评分标准 | | | | |
|---|---|---|---|---|---|---|---|

| 序号 | 考核项目<br>名称 | 质量要求 | 分值 | 扣分标准 | 扣分<br>原因 | 得分 |
|---|---|---|---|---|---|---|
| 1 | 工具、材料的选用 | 工器具选用满足操作需要,工器具做外观检查 | 5 | (1)选用不当扣3分;<br>(2)工器具未做外观检查扣2分 | | |
| 2 | 选取接地线、线鼻子 | 截取长 2 m、截面积大于 25 mm² 的黄绿双色护套的铜芯多股软导线,选取规格与接地线线径一致的非开口线鼻子、热塑管。所有开缆处用热风枪热缩加以保护 | 10 | (1)不能正确使用工具扣3分;<br>(2)截取的线缆不符合题目要求扣3分;<br>(3)选取的线鼻子规格错误扣2分;<br>(4)未热缩开缆处扣2分 | | |
| 3 | 剥线 | 熟练剥离接地线两端外皮,裸露导体长度应与线鼻子匹配 | 10 | (1)不能正确使用工具扣3分;<br>(2)接地线与线鼻子尺寸不匹配扣5分;<br>(3)剥线时每割断芯线1次扣2分,扣完本项分数为止 | | |

| 序号 | 考核项目名称 | 质量要求 | 分值 | 扣分标准 | 扣分原因 | 得分 |
|---|---|---|---|---|---|---|
| 4 | 压接线鼻子 | 接地线两端与线鼻子连接规范,压接紧固、接触良好,无飞线 | 30 | (1)接地线与线鼻子压接松动、接触不良扣10分;<br>(2)有飞线扣5分;<br>(3)线鼻子与接地线对接不顺直扣2～5分 | | |
| 5 | 缠绕胶带封装 | 用黑色胶带将连接处缠绕封装,缠绕均匀、整齐 | 10 | (1)选取胶带材质、颜色不正确扣3分;<br>(2)缠绕胶带不整齐扣2分 | | |
| 6 | 接地线安装 | 将接地线分别连接于机柜的接地汇流排和室内接地母排;连接处牢固、接触良好;接地线绑扎应平直、整齐 | 20 | (1)不能正确使用工具扣3分;<br>(2)连接点选择不合理扣2分;<br>(3)接地线未进行绑扎或绑扎不规范扣2～5分;<br>(4)连接不牢固,每处扣5分,扣完本项分数为止 | | |
| 7 | 操作结束 | 整理现场 | 5 | 不清理工作现场;不恢复原始状态;不报告操作结束扣2～5分 | | |
| 8 | 操作时间 | 在规定时间内单独完成 | 10 | 未在规定时间完成,每超时1分钟扣1分,扣完本项分数为止 | | |

## TG1JB0205　音频电缆成端制作

### 一、作业

(一)工器具、材料、设备

(1)工器具:斜口钳、壁纸刀或者电工刀、卷尺、打线刀、剥线钳等。

(2)材料:HYV-25*2*0.5音频电缆、胶带、扎带等。

(3)设备:音频配线架。

(二)安全要求

正确使用工具,防止割伤。

(三)操作步骤及工艺要求(含注意事项)

1.操作前准备

(1)规范着装。

(2)根据题目要求选择工具、材料并做外观检查。

2.操作过程

(1)截取音频电缆。用刀具、斜口钳剪下2m长音频电缆。

(2)固定音频电缆。开剥处缠绕胶带封装。沿音频配线柜走线槽布放音频电缆,并用扎带固定。

(3)剥线。用剥线器剥离音频电缆两端外皮、内保护层,成端长度1.0～1.2 m,末端2.0～3.0 cm,末端做好分对标记,并用剥线钳剥离芯线外皮。

(4)识别色谱并分对。按标准色谱识别并排序芯线。

(5)卡线。将芯线按顺序固定并卡入配线端子。

(6)测量验证。用万用表欧姆挡位测试各芯线连通情况。

3.操作结束

清理现场,交还工器具。

## 二、考核

### (一)考核场地

通信实训基地。

### (二)考核时间

30 min。

### (三)考核要点

(1)工器具及材料的选择。

(2)音频电缆布放工艺质量。

(3)音频电缆色谱识别和分对。

(4)音频电缆剥线、卡线操作的熟练程度。

(5)音频电缆的卡线质量及连通性测试。

## 三、评分标准

行业:电力工程　　　　　工种:通信工程建设工　　　　　等级:初级工

| 编号 | TG1JB0205 | 行为领域 | 专业技能 | 评价范围 | | |
|---|---|---|---|---|---|---|
| 考核时限 | 30 min | 题型 | 单项操作 | 满分 | 100分 | 得分 |
| 试题名称 | 音频电缆成端制作 | | | | | |
| 考核要点<br>及其要求 | 考核要点<br>(1)工器具及材料的选择;<br>(2)音频电缆布放工艺质量;<br>(3)音频电缆色谱识别和分对;<br>(4)音频电缆剥线、卡线操作的熟练程度;<br>(5)音频电缆的卡线质量及连通性测试。<br>操作要求<br>(1)单人操作,测试验证时1人协助;<br>(2)音频电缆剥线熟练、准确,防止损伤芯线;<br>(3)卡接到位、接触良好 | | | | | |
| 现场设备、<br>工器具、材料 | (1)工器具:斜口钳、壁纸刀或电工刀、卷尺、打线刀、剥线钳等;<br>(2)材料:HYV-25*2*0.5音频电缆、胶带、扎带等;<br>(3)设备:音频配线架 | | | | | |

续表

| | 备注 | | | | | | |
|---|---|---|---|---|---|---|---|
| | | | 评分标准 | | | | |
| 序号 | 考核项目名称 | 质量要求 | 分值 | 扣分标准 | 扣分原因 | 得分 | |
| 1 | 工具、材料的选用 | 工器具选用满足操作需要,工器具做外观检查 | 5 | (1)选用不当扣3分;<br>(2)工器具未做外观检查扣2分 | | | |
| 2 | 截取音频电缆 | 正确使用工具,按照题目要求截取线缆长度 | 5 | (1)不能正确使用工具扣3分;<br>(2)截取的线缆不符合题目要求扣2分 | | | |
| 3 | 固定音频电缆 | 开剥处缠绕胶带封装。沿音频配线柜走线槽布放音频电缆,并用扎带固定 | 10 | (1)开剥处未缠绕封装扣2分;<br>(2)音频电缆未绑扎固定扣5分;<br>(3)电缆布线、绑扎不规范扣2~5分 | | | |
| 4 | 剥线 | 正确用剥线器剥离音频电缆的外皮和内保护层,长度适当,操作熟练,不发生断线 | 10 | (1)不能正确使用工具扣3分;<br>(2)发生断线1次扣2分,扣完本项分数为止 | | | |
| 5 | 识别色谱并芯线分对 | 正确识别芯线色谱并分对主色:白、红、黑、黄、紫,副色:蓝、橙、绿、棕、灰 | 20 | (1)识别芯线色谱不正确,每错1对扣2分,扣完本项分数为止;<br>(2)分线错误,每发生1对扣2分,扣完本项分数为止 | | | |
| 6 | 卡线 | 将芯线按顺序固定并卡入配线端子,要求整齐、顺直 | 20 | (1)不能正确使用工具扣3分;<br>(2)布线不整齐扣5分;<br>(3)每卡断1芯扣2分,扣完本项分数为止 | | | |
| 7 | 测量验证 | 正确使用仪表测量,验证各芯线的连通情况 | 15 | (1)不能正确使用仪表扣5分;<br>(2)测量结果有短路或开路的,扣10分 | | | |
| 8 | 操作结束 | 整理现场 | 5 | 不清理工作现场,不恢复原始状态、不报告操作结束扣2~5分 | | | |
| 9 | 操作时间 | 在规定时间内单独完成 | 10 | 未在规定时间完成,每超时1分钟扣1分,扣完本项分数为止 | | | |

## TG1JB0206 2M同轴电缆头制作

### 一、作业

（一）工器具、材料、设备

（1）工器具：剥线刀、压线钳、电烙铁、万用表、盒尺、斜口钳、操作台等。

（2）材料：BNC/M电缆头、西门子/M电缆头、同轴电缆、焊锡丝、松香水等。

（3）设备：无。

（二）安全要求

正确使用工具，防止割伤、烫伤。

（三）操作步骤及工艺要求（含注意事项）

1. 操作前准备

（1）规范着装。

（2）根据题目要求选择工具、材料并做外观检查。

2. 操作过程

（1）截取同轴电缆、选取电缆头。用斜口钳剪下2 m长同轴电缆；按题目要求选取BNC/M电缆头、西门子/M电缆头。

（2）剥线。用剥线刀剥离同轴电缆外皮、屏蔽层和内护层，护套、芯线的长度和电缆头适配。注意在操作过程中不得损伤屏蔽层和芯线。

（3）用电烙铁对同轴电缆芯线进行涂锡处理。

（4）穿线。将芯线、屏蔽层穿入电缆头相应位置。

（5）压接。用压线钳将电缆头和同轴电缆衔接处压接紧固，注意压接用力合适，防止压力过小松脱或压力过大损坏线缆或接头。

（6）焊接。用电烙铁将同轴电缆芯线和电缆头插针焊接牢固，焊点匀称、光亮平整。

（7）测量验证。用万用表欧姆挡位测试芯线和屏蔽层是否有开路或短路情况。

（8）操作结束，整理现场。

### 二、考核

（一）考核场地

通信实训基地。

（二）考核时间

20 min。

（三）考核要点

（1）工器具及材料的选择。

（2）芯线预处理、穿线、压接、焊接等操作的熟练程度。

（3）2M同轴线缆成品的工艺质量。

（4）2M同轴线缆成品连通性测试。

## 三、评分标准

行业:电力工程　　　　　　　工种:通信工程建设工　　　　　　　等级:初级工

| 编号 | TG1JB0206 | 行为领域 | 专业技能 | 评价范围 | | |
|---|---|---|---|---|---|---|
| 考核时限 | 20 min | 题型 | 单项操作 | 满分 | 100 分 | 得分 |
| 试题名称 | 2M 同轴电缆头制作 | | | | | |

| 考核要点及其要求 | 考核要点<br>(1)工器具及材料的选择;<br>(2)芯线预处理、穿线、压接、焊接等操作的熟练程度;<br>(3)2M 同轴线缆成品的工艺质量;<br>(4)2M 同轴线缆成品连通性测试。<br>操作要求<br>(1)单人操作;<br>(2)同轴电缆剥线熟练、准确,防止损伤芯线;<br>(3)焊接、压接牢固,防止短路、开路 |
|---|---|
| 现场设备、工器具、材料 | (1)工器具:剥线刀、压线钳、电烙铁、万用表、盒尺、斜口钳、操作台等<br>(2)材料:BNC/M 电缆头、西门子/M 电缆头、同轴电缆、焊锡丝、松香水等 |
| 备注 | |

评分标准

| 序号 | 考核项目名称 | 质量要求 | 分值 | 扣分标准 | 扣分原因 | 得分 |
|---|---|---|---|---|---|---|
| 1 | 工具、材料的选用 | 工器具选用满足操作需要,工器具做外观检查 | 5 | (1)选用不当扣 3 分;<br>(2)工器具未做外观检查扣 2 分 | | |
| 2 | 截取同轴电缆、选取电缆头 | 正确使用工具,按照题目要求截取线缆长度,选取电缆头 | 5 | (1)不能正确使用工具扣 3 分;<br>(2)线缆、电缆头选取不符合题目要求扣 2 分 | | |
| 3 | 剥线 | 正确用剥线刀剥离同轴电缆的外皮和内保护层,长度适当,不发生断线 | 10 | (1)不能正确使用工具扣 3 分;<br>(2)发生断线 1 次扣 2 分 | | |
| 4 | 同轴电缆芯线热涂锡处理 | 正确使用电烙铁,涂锡均匀 | 5 | (1)不能正确使用电烙铁扣 3 分;<br>(2)涂锡不到位扣 2 分 | | |
| 5 | 穿线 | 正确将芯线、屏蔽层穿入电缆头相应位置 | 15 | (1)穿入位置不正确扣 10 分;<br>(2)屏蔽层不能完全穿入扣 5 分 | | |

| 序号 | 考核项目名称 | 质量要求 | 分值 | 扣分标准 | 扣分原因 | 得分 |
|---|---|---|---|---|---|---|
| 6 | 压接 | 正确使用压线钳,电缆头和同轴电缆衔接处压接紧固,接触良好,不得有松脱或损坏的电缆和接头 | 15 | (1)衔接处松动、接触不良扣10分;<br>(2)有飞线扣5分;对接不顺直扣5分 | | |
| 7 | 焊接 | 正确使用电烙铁将同轴电缆芯线和电缆头插针焊接牢固,焊点匀称、光亮平整 | 15 | (1)焊接不牢固、接触不良扣10分;<br>(2)焊点粗糙、不规则扣5分;<br>(3)发生断芯1次扣2分,扣完本项分数为止 | | |
| 8 | 测量验证 | 用万用表测试芯线和屏蔽层是否有开路或短路情况 | 15 | (1)不能正确使用仪表扣5分;<br>(2)测量结果有短路或开路的,扣10分 | | |
| 9 | 操作结束 | 整理现场 | 5 | 不清理工作现场、不恢复原始状态、不报告操作结束扣2～5分 | | |
| 10 | 操作时间 | 在规定时间内单独完成 | 10 | 未在规定时间完成,每超时1分钟扣1分,扣完本项分数为止 | | |

## TG1JB0307　用剪断法测试光缆损耗

### 一、作业

（一）工器具、材料、设备

（1）工器具:斜口钳、光纤端面清洁器、光源、光功率计等。

（2）材料:尾纤盘、跳纤。

（3）设备:无。

（二）安全要求

（1）正确使用工具,防止割伤、夹伤。

（2）禁止人眼直视光口,防止灼伤双眼。

（三）操作步骤及工艺要求（含注意事项）

1.操作前准备

（1）规范着装。

（2）根据题目要求选择工器具、材料并做外观检查。

2.操作过程

（1）设置测量仪表的波长及单位。

（2）将被测光缆线路一端接入光源,另一端接入光功率计。

(3) 待测量系统稳定后,查看光功率计,并记录光功率 $P_1$。

(4) 保持测量条件不变,在距离光源 $1\sim2$ m 的点截断光纤,并测量其输出功率 $P_2$。

(5) $P_1$ 与 $P_2$ 的差值即为此光缆线路的衰减。

3. 操作结束

清理现场,交还工器具。

## 二、考核

(一) 考核场地

通信实训基地。

(二) 考核时间

10 min。

(三) 考核要点

(1) 工器具及材料选择。

(2) 光源、光功率计的使用。

(3) 测试环境搭建。

(4) 尾纤接头、仪表收发光口在不用时应及时使用专用封堵遮盖。

## 三、评分标准

行业:电力工程　　　　工种:通信工程建设工　　　　等级:初级工

| 编号 | TG1JB0307 | 行为领域 | 专业技能 | 评价范围 | | | |
|---|---|---|---|---|---|---|---|
| 考核时限 | 10 min | 题型 | 单项操作 | 满分 | 100 分 | 得分 | |
| 试题名称 | | 剪断法测试光缆损耗 | | | | | |
| 考核要点及其要求 | 考核要点<br>(1) 工器具及材料选择;<br>(2) 光源、光功率计的使用;<br>(3) 测试环境搭建;<br>(4) 尾纤接头、仪表收发光口在不用时应及时使用专用封堵遮盖。<br>操作要求<br>(1) 单人操作;<br>(2) 禁止人眼直视光口;<br>(3) 搭建测试环境,得出正确结论 | | | | | | |
| 现场设备、工器具、材料 | (1) 工器具:斜口钳、光纤端面清洁器、光源、光功率计等;<br>(2) 材料:尾纤盘、跳纤 | | | | | | |
| 备注 | | | | | | | |

续表

| | | 评分标准 | | | | |
|---|---|---|---|---|---|---|
| 序号 | 考核项目名称 | 质量要求 | 分值 | 扣分标准 | 扣分原因 | 得分 |
| 1 | 工具、材料的选用 | 工器具选用满足操作需要,工器具做外观检查 | 10 | (1)选用不当,扣5分;<br>(2)工器具未做外观检查,扣5分 | | |
| 2 | 光源、光功率计使用 | 正确使用工具,按照题目要求设置波长和单位 | 20 | (1)不能正确设置测试波长,扣10分;<br>(2)不能正确选取单位,扣10分 | | |
| 3 | 测试环境搭建 | 按照题目要求正确搭建测试环境 | 30 | (1)不能正确搭建测试环境,扣20分;<br>(2)仪表尾纤接口螺帽未拧紧,扣10分 | | |
| 4 | 测试数据计算 | 根据测试数据得出正确结论 | 10 | 测试数据及结论不正确,扣10分 | | |
| 5 | 操作结束 | 工作完毕后报告操作结束,清理现场,交还工器具 | 20 | (1)不清理工作现场、不恢复原始状态、不报告操作结束,扣5分;<br>(2)仪表收发光口及尾纤头使用后未做防尘防污措施,扣10分 | | |
| 6 | 操作时间 | 在规定时间内单独完成 | 10 | 未在规定时间完成,每超时1分钟,扣1分,扣完本项分数为止 | | |

## 2.2.2 专业技能题

### TG1ZY0108 光、数、音配线单元安装

**一、作业**

（一）工器具、材料、设备

（1）工器具:压线钳、尖嘴钳、斜嘴钳、电工刀、改锥、扳手等。

（2）材料:螺丝、螺母、多股铜线、接线端子、Y型三通连接器、保安器等。

（3）设备:机柜、光配线模块、数字配线模块、音频配线模块等。

（二）安全要求

正确使用工具,防止夹伤、砸伤。

（三）操作步骤及工艺要求(含注意事项)

1.操作前准备

(1)规范着装。

(2)根据题目要求选择工具、材料、设备,并做外观检查。

2.操作过程

(1)识图,确定安装位置。按照配线柜安装图纸,确定光、数、音配线单元的安装位置。

(2)配线模块上架。在机柜的相应位置卡入固定螺母。按照图纸要求,分别安装光、数、音模块。

(3)制作接地线。截取长度适宜的 6 mm² 的多股铜线,并选取合适规格的接线端子,用压线钳压接接地线接线端子。

(4)接地线安装。沿走线槽分别布放并绑扎光、数、音配线模块到机柜接地汇流排接地线,将接地线两端分别连接各配线模块接地端子和接地汇流排。

(5)DDF 模块端子安装 Y 型三通连接器;VDF 模块安装保安器单元。

3.操作结束

清理现场,交还工器具。

二、考核

(一)考核场地

通信实训基地。

(二)考核时间

30 min。

(三)考核要点

(1)工器具及材料选择。

(2)配线架施工图纸的识图。

(3)配线模块安装操作。

(4)设备接地线的制作工艺及安装操作。

三、评分标准

行业:电力工程　　　　　工种:通信工程建设工　　　　　等级:初级工

| 编号 | TG1ZY0108 | 行为领域 | 专业技能 | 评价范围 | | |
|---|---|---|---|---|---|---|
| 考核时限 | 30 min | 题型 | 单项操作 | 满分 | 100 分 | 得分 |
| 试题名称 | 光、数、音配线单元安装 | | | | | |
| 考核要点及其要求 | 考核要点<br>(1)工器具及材料选择;<br>(2)配线架施工图纸的识图;<br>(3)配线模块安装操作;<br>(4)设备接地线的制作工艺及安装操作。<br>操作要求<br>(1)单人操作,配线模块上架时需 1 人协助安装;<br>(2)配线模块安装到位;<br>(3)接地线与接线端子压接到位,接触良好,无飞线;接地线布线顺直,绑扎均匀,连接牢固 | | | | | |

续表

| 现场设备、工器具、材料 | (1)工器具:压线钳、尖嘴钳、斜嘴钳、电工刀、改锥、扳手等;<br>(2)材料:螺丝、螺母、多股铜线、接线端子、Y型三通连接器、保安器等;<br>(3)设备:机柜、光配线模块、数字配线模块、音频配线模块等 |
|---|---|
| 备注 | |

评分标准

| 序号 | 考核项目名称 | 质量要求 | 分值 | 扣分标准 | 扣分原因 | 得分 |
|---|---|---|---|---|---|---|
| 1 | 工具、材料的选用 | 工器具选用满足操作需要,工器具做外观检查 | 5 | (1)选用不当扣3分;<br>(2)工器具未做外观检查扣2分 | | |
| 2 | 识图,确定安装位置 | 确定配线架在机柜的安装位置 | 10 | 安装位置每发生1处错误扣2分,扣完本项分数为止 | | |
| 3 | 配线模块上架,附件安装 | 光、数、音配线架安装稳固,Y型连接器、保安器安装正确 | 20 | (1)发生1处螺丝松动扣5分,扣完本项分数为止;<br>(2)未安装相应附件扣5分 | | |
| 4 | 接地线制作 | 正确选择接地线、接地线端子规格。接地线两端与线鼻子连接规范,压接紧固、接触良好,无飞线 | 30 | (1)选取的线鼻子规格错误扣2分;<br>(2)接地线与线鼻子压接松动、接触不良,每处扣5分,扣完本项分数为止;<br>(3)有飞线扣2分 | | |
| 5 | 接地线安装 | 接地线布放顺直,绑扎均匀,连接牢固 | 20 | (1)连接点选择不合理扣2分;<br>(2)接地线绑扎不规范扣2~5分;<br>(3)连接不牢固,每处扣2分,扣完本项分数为止 | | |
| 6 | 操作结束 | 整理现场 | 5 | 不清理工作现场、不恢复原始状态、不报告操作结束扣2~5分 | | |
| 7 | 操作时间 | 在规定时间内单独完成 | 10 | 未在规定时间完成,每超时1分钟扣1分,扣完本项分数为止 | | |

## TG1ZY0109　光缆纤序核对

**一、作业**

（一）工器具、材料、设备

（1）工器具：光源、光功率计、熔纤台等。

（2）材料：尾纤、酒精棉等。

（3）设备：光纤配线架。

（二）安全要求

眼睛不能直视光源发送口，防止灼伤眼睛。

（三）操作步骤及工艺要求（含注意事项）

1.操作前准备

（1）规范着装。

（2）根据题目要求选择仪器仪表、材料，并检查仪器仪表状况。

2.操作过程

（1）测试连线。确定要校核光缆在光纤配线架的端子位置，将光源、光功率计分别用尾纤连接光缆两端的第1芯法兰盘端子。

（2）测试校对。打开光源开关，调整光源输出电平为 0 dB；查看光功率表指示，如有功率输出，做好记录；如无功率输出，依次测试第 2 芯、第 3 芯等，直到有功率输出，记录所对应的芯数。依次测试完成 1 至 12 芯核对。

（3）改正纤序。打开熔接盘，查找错误纤芯的色谱，并将错芯按照色谱顺序改正端子位置。

（4）按照步骤（2）检验错误纤芯改正情况。

（5）整理记录，关闭仪表，拆除连接尾纤。

3.操作结束

清理现场，交还仪器仪表及材料。

**二、考核**

（一）考核场地

通信实训基地。

（二）考核时间

30 min。

（三）考核要点

（1）光源、光功率计的连线、测试操作。

（2）光缆纤芯的色谱识别。

（3）光纤配线架尾纤连接操作。

### 三、评分标准

行业:电力工程　　　　　　工种:通信工程建设工　　　　　　等级:初级工

| 编号 | TG1ZY0109 | 行为领域 | 专业技能 | 评价范围 | |
|---|---|---|---|---|---|
| 考核时限 | 30 min | 题型 | 单项操作 | 满分 | 100分 | 得分 | |

| 试题名称 | 光缆纤序核对 |
|---|---|

| 考核要点 及其要求 | 考核要点<br>(1)光源、光功率计的连线、测试操作;<br>(2)光缆纤芯的色谱识别;<br>(3)光纤配线架尾纤连接操作。<br>操作要求<br>(1)单人操作,测试校对时1人协助;<br>(2)眼睛不得直视光源发送口,防止灼伤眼睛 |
|---|---|
| 现场设备、<br>工器具、材料 | (1)工器具:光源、光功率计、熔纤台等;<br>(2)材料:尾纤、酒精棉等;<br>(3)设备:光纤配线架 |
| 备注 | 本题目在光缆一端设置2芯错配 |

| 评分标准 | | | | | | | |
|---|---|---|---|---|---|---|---|
| 序号 | 考核项目 名称 | 质量要求 | 分值 | 扣分标准 | 扣分 原因 | 得分 |
| 1 | 仪器仪表 检查和选用 | 正确选择仪器仪表,检查仪器 仪表正常 | 5 | (1)选用不当扣3分;<br>(2)未检查仪器仪表扣2分 | | |
| 2 | 测试连线 | 按题目要求,测试连线正确 | 10 | (1)光源连接错误扣5分;<br>(2)光功率计连接错误扣5分 | | |
| 3 | 测试校对 | 正确设置仪表,测试步骤规范 | 35 | (1)光源输出参数设置错误扣 5分;<br>(2)光功率测试读数错误,每处 扣2分,扣完本项分数为止;<br>(3)测试步骤错误扣5分 | | |
| 4 | 改正纤序 | 正确识别错配的纤芯,并按照 标准色谱排序、改正 | 35 | (1)识别错配纤芯错误扣,每 芯扣5分;<br>(2)未按照标准色谱改正扣 10分;<br>(3)改正后未复测核实扣10分 | | |
| 5 | 操作结束 | 整理现场 | 5 | 不清理工作现场、不恢复原始 状态、不关闭仪表电源、不报 告操作结束扣2~5分 | | |
| 6 | 操作时间 | 在规定时间内单独完成 | 10 | 未在规定时间完成,每超时1 分钟扣1分,扣完本项分数 为止 | | |

## TG1ZY0110 SDH 设备板卡的安装与 2M 电缆上架

**一、作业**

（一）工器具、材料、设备

（1）工器具：斜口钳、万用表、防静电腕带等。

（2）材料：2M 电缆、扎带等。

（3）设备：SDH 设备、板卡、机柜、DDF 架。

（二）安全要求

防止静电对设备和人身的损伤，接触设备或单板前必须佩戴防静电腕带，防静电腕带的另一端必须良好接地。

（三）操作步骤及工艺要求（含注意事项）

1.操作前准备

（1）规范着装。

（2）根据题目要求选择工器具、仪表、材料，并做外观检查。

2.操作过程

（1）设备、材料检查。检查 SDH 设备子架、机柜、DDF 机柜安装稳固、接地良好；检查 2M 同轴电缆连通性，无开路、短路情况。

（2）识图。识别 SDH 设备面板施工图，核对施工图与现场设备的规格、型号一致。

（3）插入板卡。佩戴好防静电腕带，并将其接地；核对板卡和设备槽位无误后，依次将板卡插入设备对应槽位。

（4）2M 同轴电缆布放、绑扎、上架。布放 SDH 设备到 DDF 的 2M 同轴电缆，并绑扎固定；按顺序依次将设备和 DDF 两端 2M 接头插入，完成 2M 连接。

（5）设备加电。合上直流配电盘空开，测试 PDU 空开输入电压正常。依次合上 PDU 空开、设备电源开关，观察设备状态正常。

3.操作结束

清理现场，交还仪器仪表及材料。

**二、考核**

（一）考核场地

通信实训基地。

（二）考核时间

30 min。

（三）考核要点

（1）SDH 面板图的识图。

（2）SDH 设备板卡安装操作。

（3）2M 同轴电缆布放、绑扎及上架操作。

(4)SDH 设备加电操作。

## 三、评分标准

行业:电力工程　　　　工种:通信工程建设工　　　　等级:初级工

| 编号 | TG1ZY0110 | 行为领域 | 专业技能 | 评价范围 | | |
|---|---|---|---|---|---|---|
| 考核时限 | 30 min | 题型 | 单项操作 | 满分 | 100 分 | 得分 |
| 试题名称 | SDH 设备板卡的安装与 2M 电缆上架 | | | | | |
| 考核要点 及其要求 | 考核要点<br>(1)SDH 面板图的识图;<br>(2)SDH 设备板卡安装操作;<br>(3)2M 同轴电缆布放、绑扎及上架操作;<br>(4)SDH 设备加电操作。<br>操作要求<br>(1)单人操作;<br>(2)接触设备或单板前必须佩戴防静电腕带,防静电腕带的另一端必须良好接地;<br>(3)设备加电应严格按照操作流程进行 | | | | | |
| 现场设备、 工器具、材料 | (1)工器具:斜口钳、万用表、防静电腕带等;<br>(2)材料:2M 电缆、扎带等;<br>(3)设备:SDH 设备、板卡、机柜、DDF 架等 | | | | | |
| 备注 | 考核题目可预设 SDH 设备子架或机柜接地线断开,以考核考生操作前的检查情况 | | | | | |

| | | | 评分标准 | | | | |
|---|---|---|---|---|---|---|---|
| 序号 | 考核项目 名称 | 质量要求 | 分值 | 扣分标准 | 扣分 原因 | 得分 |
| 1 | 设备、 材料检查 | 正确选择工器具、材料,检查 SDH 设备子架、机柜、DDF 机柜状态正常、设备接地良好;检查 2M 同轴电缆连通正常;检查卡板规格型号正确 | 20 | (1)不正确使用工具、材料扣 5 分;<br>(2)未检查设备、板卡扣 5 分;<br>(3)未发现设备接地缺陷扣 5 分;<br>(4)未检查 2M 同轴电缆连通情况扣 5 分 | | |
| 2 | 识图 | 正确识别施工图,按照施工图确定板卡型号、槽位位置 | 10 | 不能正确识图,导致板卡、槽位对位错误,每错 1 处扣 2 分,扣完本项分数为止 | | |
| 3 | 插入板卡 | 佩戴好防静电腕带;板卡依次插入设备对应槽位,应插入到位,接触良好 | 20 | (1)未佩戴防静电腕带扣 5 分;<br>(2)防静电腕带未接地扣 5 分;<br>(3)板卡未插到位,每处扣 2 分,扣完本项分数为止 | | |

续表

| 序号 | 考核项目名称 | 质量要求 | 分值 | 扣分标准 | 扣分原因 | 得分 |
|---|---|---|---|---|---|---|
| 4 | 2M 同轴电缆布放、绑扎、上架 | 2M 同轴电缆布放整齐、绑扎牢固；设备和 DDF 两端 2M 接头插入到位、紧固 | 25 | (1)2M 同轴电缆布放不规范扣 5 分；<br>(2)设备和 DDF 连接序号错误，每处扣 5 分，扣完本项分数为止；<br>(3)2M 接口安装不牢固，每处扣 2 分，扣完本项分数为止 | | |
| 5 | SDH 设备加电 | 合上直流配电盘空开，测试 PDU 空开输入电压正常。依次合上 PDU 空开、设备电源开关，观察设备状态正常 | 10 | (1)加电操作程序错误扣 5 分；<br>(2)未进行电压测试扣 5 分 | | |
| 6 | 操作结束 | 整理现场 | 5 | 不清理工作现场、不恢复原始状态、不关闭仪表电源、不报告操作结束扣 2~5 分 | | |
| 7 | 操作时间 | 在规定时间内单独完成 | 10 | 未在规定时间完成，每超时 1 分钟扣 1 分，扣完本项分数为止 | | |

## TG1ZY0211　SDH 设备板卡、模块的识别

### 一、作业

(一)工器具、材料、设备

(1)工器具:无。

(2)材料:无。

(3)设备:SDH 光传输设备光接口板、2M 出线板、2M 处理板、交叉板、主控板、光模块等。

(二)安全要求

正确使用工具,轻拿轻放。

(三)操作步骤及工艺要求(含注意事项)

1. 操作前准备

(1)规范着装。

(2)熟悉题目要求。

2. 操作过程

(1)选取题目中指定的板卡。

华为 OSN 3500 设备板卡分为交叉和系统控制类单板、SDH 类单板、PDH 类单板、ATM 类单板、波分类单板、微波类单板、光功率放大板,以及其他单板等。

(2)选取题目中指定的模块。

光模块分为 1 310 nm 和 1 550 nm 波长,1 310 nm 波长对应传输距离为 10 km 或 40 km,1 550 nm 波长对应传输距离为 80 km 或者 100 km。

(3)板卡的功能以及使用场景介绍。

(4)模块信息介绍。

(5)将模块与板卡进行组合。

3.操作结束

答题完毕后,将板卡放置到规定位置。

## 二、考核

(一)考核场地

通信实训基地。

(二)考核时间

20 min。

(三)考核要点

(1)板卡和模块的正确选择。

(2)板卡功能介绍。

(3)模块功能介绍。

## 三、评分标准

行业:电力工程　　　　　　　工种:通信工程建设工　　　　　　　等级:初级工

| 编号 | TG1ZY0211 | 行为领域 | 专业技能 | 评价范围 | | |
|---|---|---|---|---|---|---|
| 考核时限 | 20 min | 题型 | 单项操作 | 满分 | 100 分 | 得分 |
| 试题名称 | SDH 设备板卡、模块的识别 | | | | | |
| 考核要点<br>及其要求 | 考核要点<br>(1)板卡和模块的正确选择;<br>(2)板卡功能介绍;<br>(3)模块功能介绍。<br>操作要求<br>(1)单人操作;<br>(2)操作时轻拿轻放 | | | | | |
| 现场设备、<br>工器具、材料 | SDH 光传输设备光接口板、2M 出现板、交叉板、主控板、光模块等 | | | | | |
| 备注 | | | | | | |

续表

| 序号 | 考核项目名称 | 质量要求 | 分值 | 扣分标准 | 扣分原因 | 得分 |
|---|---|---|---|---|---|---|
| | | 评分标准 | | | | |
| 1 | 板卡、模块的选用 | 正确识别各种板卡 | 30 | 识别错误1项扣5分,扣完本项分数为止 | | |
| 2 | 板卡功能介绍 | 介绍板卡的功能 | 20 | 板卡的描述错误1项扣5分,扣完本项分数为止 | | |
| 3 | 模块功能介绍 | 介绍模块的功能 | 10 | 模块功能描述错误1项扣5分,扣完本项分数为止 | | |
| 4 | 板卡、模块进行组合使用 | 按照使用需求正确组合模块和板卡 | 25 | 不能正确组合模块和板卡扣5分,扣完本项分数为止 | | |
| 5 | 操作结束 | 工作完毕后报告操作结束,清理现场,交还工器具及设备 | 5 | 不清理工作现场、不恢复原始状态、不报告操作结束扣2~5分 | | |
| 6 | 操作时间 | 在规定时间内单独完成 | 10 | 未在规定时间完成,每超时1分钟扣1分,扣完本项分数为止 | | |

## TG1ZY0212 SDH 设备告警识别

### 一、作业

（一）工器具、材料、设备

（1）工器具:无。

（2）材料:无。

（3）设备:SDH 光传输设备、华为 U2000 传输网管。

（二）安全要求

正确使用工具,正确操作网管。

（三）操作步骤及工艺要求（含注意事项）

1.操作前准备

（1）规范着装。

（2）检查设备、网管运行状态正常。

2.操作过程

（1）正确说出板卡面板指示灯含义。

①单板硬件状态灯(STAT)说明。

| 状态描述 | 指示灯说明 |
|---|---|
| 亮(绿色) | 单板工作正常 |
| 亮(红色) | 单板硬件故障或者单板硬件不匹配 |
| 灭 | 单板没有上电或单板未开工 |

②业务激活状态/单板主备状态指示灯(ACT)说明。

| 状态描述 | 业务激活状态指示灯说明 | 单板主备状态指示灯说明 |
|---|---|---|
| 亮(绿色) | 业务处于激活状态,单板正在工作 | 单板处于主用状态 |
| 灭 | 业务处于非激活状态 | 单板处于备用状态 |

③单板软件状态灯(PROG)说明。

| 状态描述 | 指示灯说明 |
|---|---|
| 亮(绿色) | FLASH 中单板软件或 FPGA 存储加载正常,或者单板软件初始化正常 |
| 100 毫秒亮 100 毫秒灭(绿色) | 正在向 FLASH 中加载单板软件或向 FPGA 中加载 FPGA 软件 |
| 300 毫秒亮 300 毫秒灭(绿色) | (1)单板软件正在初始化,正处在 BIOS 引导阶段;<br>(2)5 分钟内发生 3 次复位而进入到 BIOS 状态 |
| 亮(红色) | (1)FLASH 中单板软件或 FPGA 丢失;<br>(2)加载单板软件不成功;<br>(3)单板软件初始化不成功 |
| 灭 | (1)没有电源输入;<br>(2)高功耗单板进入低功耗模式 |

④业务告警指示灯(SRV)说明。

| 状态描述 | 指示灯说明 |
|---|---|
| 亮(绿色) | 业务正常工作,没有任何业务告警产生 |
| 亮(红色) | 业务有紧急或重要告警 |
| 亮(黄色) | 业务有次要或者远端告警 |
| 灭 | 没有配置业务且没有告警,或没有电源输入 |

(2)登录网管查看系统告警,设备告警。

3.操作结束

答题完毕后,关闭网管,恢复系统状态。

## 二、考核

### (一)考核场地

通信实训基地。

### (二)考核时间

30 min。

### (三)考核要点

(1)正确说出常见告警。

(2)熟练操作网管进行告警查看。

## 三、评分标准

行业:电力工程　　　　　　工种:通信工程建设工　　　　　　等级:初级工

| 编号 | TG1ZY0212 | 行为领域 | 专业技能 | 评价范围 | | | |
|---|---|---|---|---|---|---|---|
| 考核时限 | 30 min | 题型 | 单项操作 | 满分 | 100 分 | 得分 | |
| 试题名称 | SDH 设备告警识别 | | | | | | |
| 考核要点及其要求 | 考核要点<br>(1)正确说出常见告警;<br>(2)熟练操作网管进行告警查看。<br>操作要求<br>(1)单人操作;<br>(2)熟练操作网管软件 | | | | | | |
| 现场设备、工器具、材料 | SDH 光传输设备,华为 U2000 传输网管 | | | | | | |
| 备注 | | | | | | | |

| | | | 评分标准 | | | | |
|---|---|---|---|---|---|---|---|
| 序号 | 考核项目名称 | 质量要求 | | 分值 | 扣分标准 | 扣分原因 | 得分 |
| 1 | SDH 板卡的主要告警分类 | 正确辨识 SDH 板卡告警类别 | | 15 | 告警类别辨识错误 1 处扣 5 分,扣完本项分数为止 | | |
| 2 | STAT 指示灯含义 | 正确指出 STAT 指示灯含义 | | 10 | 指示灯含义错误 1 处扣 5 分,扣完本项分数为止 | | |
| 3 | ACT 指示灯含义 | 正确介绍 ACT 指示灯含义 | | 10 | 指示灯含义错误 1 处扣 5 分,扣完本项分数为止 | | |

续表

| 序号 | 考核项目名称 | 质量要求 | 分值 | 扣分标准 | 扣分原因 | 得分 |
|---|---|---|---|---|---|---|
| 4 | PROG 指示灯含义 | 正确介绍 PROG 指示灯含义 | 10 | 指示灯含义错误 1 处扣 5 分，扣完本项分数为止 | | |
| 5 | SRV 指示灯含义 | 正确介绍 SRV 指示灯含义 | 10 | 指示灯含义错误 1 处扣 5 分，扣完本项分数为止 | | |
| 6 | 登录网管查看设备告警 | 熟练掌握操作步骤 | 30 | (1) 未能查看全网告警扣 10 分；(2) 未能正确查看紧急告警、重要告警扣 10 分；(3) 未能正确查看单个网元告警扣 10 分 | | |
| 7 | 操作结束 | 工作完毕后报告操作结束，回答提问，清理现场，交还工器具及设备 | 5 | 不清理工作现场、不恢复原始状态、不报告操作结束扣 2～5 分 | | |
| 8 | 操作时间 | 在规定时间内单独完成 | 10 | 未在规定时间完成，每超时 1 分钟扣 1 分，扣完本项分数为止 | | |

## TG1ZY0213　SDH 设备加电、输入电压测试

**一、作业**

(一)工器具、材料、设备

(1)工器具：数字万用表。

(2)材料：无。

(3)设备：SDH 光传输设备(包含架顶电源)、通信高频整流电源设备。

(二)安全要求

正确使用工具，轻拿轻放。

(三)操作步骤及工艺要求(含注意事项)

1.操作前准备

(1)规范着装。

(2)检查设备状态正常。

2.操作过程

(1)正确选取工器具、仪表。

(2)打开数字万用表，调节挡位至直流电压挡。

(3)确认高频电源 SDH 设备供电空开以及 SDH 设备架顶电源盘空开均处于分离位置。

(4)将高频电源SDH设备供电空开合闸,使用数字万用表测量SDH设备架顶电源盘输入电压,并确认极性是否正确。

(5)电压测试和极性确认后将架顶电源盘输入电源空开合闸,SDH设备供电空开合闸。

3.操作结束

答题完毕后,将工器具放置到规定位置。

## 二、考核

### (一)考核场地

通信实训基地。

### (二)考核时间

20 min。

### (三)考核要点

(1)数字万用表的使用。

(2)电源极性校核。

(3)设备加电合闸顺序。

## 三、评分标准

行业:电力工程　　　　工种:通信工程建设工　　　　等级:初级工

| 编号 | TG1ZY0213 | 行为领域 | 专业技能 | 评价范围 | | |
|---|---|---|---|---|---|---|
| 考核时限 | 20 min | 题型 | 单项操作 | 满分 | 100 分 | 得分 | |
| 试题名称 | SDH 设备加电、输入电压测试 | | | | | |
| 考核要点及其要求 | 考核要点<br>(1)数字万用表的使用;<br>(2)电源极性校核;<br>(3)设备加电合闸顺序。<br>操作要求<br>(1)单人操作;<br>(2)操作时穿戴劳动防护用品,防止触电 | | | | | |
| 现场设备、工器具、材料 | (1)工器具:数字万用表;<br>(2)设备:SDH 光传输设备(含架顶电源),通信高频整流电源设备 | | | | | |
| 备注 | | | | | | |

续表

| 评分标准 | | | | | | |
|---|---|---|---|---|---|---|
| 序号 | 考核项目名称 | 质量要求 | 分值 | 扣分标准 | 扣分原因 | 得分 |
| 1 | 规范着装 | 工作前身着全身工作服,佩戴手套及安全帽 | 10 | 每项未按要求执行扣5分,扣完本项分数为止 | | |
| 2 | 工器具的选用 | 工器具选用满足操作需要,工器具做外观检查 | 10 | 工器具选用不当扣5分,未做检查扣5分 | | |
| 3 | 各级空开状态确认 | 观察各级空开状态,是否均处于分离 | 15 | 未核实各级空开状态扣15分 | | |
| 4 | 电源侧空开合闸并测量 | 正确将电源侧SDH设备供电空开合闸并测量电压值、验证供电极性 | 35 | (1)不能正确将空开合闸扣5分;<br>(2)万用表挡位设置错误扣5分,测量位置及结果错误扣5分;<br>(3)未验证极性扣10分;<br>(4)加电顺序错误扣10分 | | |
| 5 | 架顶电源空开合闸送电 | 设备供电空开合闸,设备正常开启 | 15 | (1)未能正确将供电空开合闸,扣5分;<br>(2)未能将两路空开全部合闸,扣10分 | | |
| 6 | 操作结束 | 工作完毕后报告操作结束,清理现场,交还工器具及设备 | 5 | 不清理工作现场、不恢复原始状态、不报告操作结束扣2~5分 | | |
| 7 | 操作时间 | 在规定时间内单独完成 | 10 | 未在规定时间完成,每超时1分钟扣1分,扣完本项分数为止 | | |

## TG1ZY0214 PTN设备板卡、模块识别

### 一、作业

（一）工器具、材料、设备

（1）工器具:无。

（2）材料:各类接口盘、光模块、防静电手环等。

（3）设备:PTN设备、PTN设备卡板等。

（二）安全要求

防止滑落、歪针,防止损坏设备。

(三)操作步骤及工艺要求(含注意事项)

1.操作前准备

(1)规范着装。

(2)根据题目要求选择连接线,并检查设备状况。

2.操作过程

(1)识别 PTN 设备的 2M 支路盘。确认其为哪种设备上的卡板及其可插槽位,简述其功能。

(2)识别 PTN 设备的 GE 接口盘。确认其为哪种设备上的卡板及其可插槽位,简述其功能。

(3)识别 PTN 设备的电源盘。确认其为哪种设备上的卡板及其可插槽位,指出其端子正确的接线情况。

(4)识别 PTN 设备的各种光模块,指出其使用场景,及调整方法。

3.操作结束

清理现场,交还仪器仪表及材料。

## 二、考核

(一)考核场地

通信实训基地。

(二)考核时间

20 min。

(三)考核要点

(1)PTN 卡板的识别。

(2)PTN 设备各槽位的使用差别。

(3)PTN 卡板的不同功能差别。

(4)光模块的使用范围。

## 三、评分标准

行业:电力工程　　　　　　　　工种:通信工程建设工　　　　　　　　等级:初级工

| 编号 | TG1ZY0214 | 行为领域 | 专业技能 | 评价范围 | | | |
|---|---|---|---|---|---|---|---|
| 考核时限 | 20 min | 题型 | 单项操作 | 满分 | 100 分 | 得分 | |
| 试题名称 | PTN 设备板卡、模块识别 | | | | | | |
| 考核要点<br>及其要求 | 考核要点<br>(1)PTN 卡板的识别;<br>(2)PTN 设备各槽位的使用差别;<br>(3)PTN 卡板的不同功能差别;<br>(4)光模块的使用范围 | | | | | | |

续表

| 现场设备、工器具、材料 | (1)材料:各类接口盘、光模块、防静电手环等;<br>(2)设备:PTN设备、PTN设备卡板等 |
|---|---|
| 备注 | |

评分标准

| 序号 | 考核项目名称 | 质量要求 | 分值 | 扣分标准 | 扣分原因 | 得分 |
|---|---|---|---|---|---|---|
| 1 | 设备检查和材料选用 | 正确选择卡板,使用防静电手环 | 15 | (1)选用不当扣5分;<br>(2)不轻拿轻放扣5分;<br>(3)防静电手环不接地扣5分 | | |
| 2 | 识别PTN设备的2M支路盘 | (1)正确选择2M支路盘;<br>(2)确认是哪种设备上使用;<br>(3)指出可用的插槽位置;<br>(4)能说出其简要功能 | 20 | 每错1项扣5分,扣完本项分数为止 | | |
| 3 | 识别PTN设备的GE接口盘 | (1)正确选择GE接口盘;<br>(2)确认是哪种设备上使用;<br>(3)指出可用的插槽位置;<br>(4)能说出其简要功能 | 20 | 每错1项扣5分,扣完本项分数为止 | | |
| 4 | 识别PTN设备的电源盘 | (1)正确选择电源盘;<br>(2)确认其为哪种设备上的卡板及其可插槽位;<br>(3)指出其端子正确的接线情况 | 15 | 每错1项扣5分,扣完本项分数为止 | | |
| 5 | 识别PTN设备的各种光模块,指出其使用场景,及调整方法 | (1)正确识别PTN光模块;<br>(2)指出其适用范围;<br>(3)确认其使用波长 | 15 | 每错1项扣5分,扣完本项分数为止 | | |
| 6 | 操作结束 | 整理现场,回复原样,报告结束 | 5 | 不清理工作现场、不恢复原始状态、不报告操作结束扣2~5分 | | |
| 7 | 操作时间 | 在规定时间内单独完成 | 10 | 未在规定时间完成,每超时1分钟扣1分,扣完本项分数为止 | | |

## TG1ZY0215  PTN设备告警识别

### 一、作业

（一）工器具、材料、设备

(1)工器具:无。

(2)材料:无。

(3)设备:PTN设备及说明书、网管设备等。

（二）安全要求

防止触电、短路,防止损坏设备。

（三）操作步骤及工艺要求（含注意事项）

1.操作前准备

(1)规范着装。

(2)根据题目要求检查设备状况。

2.操作过程

(1)根据设备面板告警判断2M中断故障。

(2)根据设备面板告警判断以太网业务中断。

(3)根据设备面板告警判断光路故障。

(4)根据设备面板告警判断电源盘故障。

(5)根据设备面板告警判断时钟同步故障。

3.操作结束

清理现场,报告结束。

### 二、考核

（一）考核场地

通信实训基地。

（二）考核时间

20 min。

（三）考核要点

(1)能根据设备面板告警判断2M中断。

(2)能根据设备面板告警判断以太网业务中断。

(3)能根据设备面板告警判断光路中断。

(4)能根据设备面板告警判断电源盘故障。

(5)能根据设备面板告警大致判断时钟同步丢失。

## 三、评分标准

行业:电力工程 工种:通信工程建设工 等级:初级工

| 编号 | TG1ZY0215 | 行为领域 | 专业技能 | 评价范围 | | |
|---|---|---|---|---|---|---|
| 考核时限 | 20 min | 题型 | 单项操作 | 满分 | 100 分 | 得分 | |
| 试题名称 | PTN 设备告警识别 | | | | | |
| 考核要点及其要求 | 考核要点<br>(1)能根据设备面板告警判断 2M 中断;<br>(2)能根据设备面板告警判断以太网业务中断;<br>(3)能根据设备面板告警判断光路中断;<br>(4)能根据设备面板告警判断电源盘故障;<br>(5)能根据设备面板告警大致判断时钟同步丢失 | | | | | |
| 现场设备、工器具、材料 | PTN 设备及其说明书、网管设备等 | | | | | |
| 备注 | | | | | | |

评分标准

| 序号 | 考核项目名称 | 质量要求 | 分值 | 扣分标准 | 扣分原因 | 得分 |
|---|---|---|---|---|---|---|
| 1 | 检查设备状况 | 检查设备运行状态 | 5 | 未检查设备状态扣 5 分 | | |
| 2 | 判断 2M 中断故障 | 能根据设备面板告警判断 2M 中断故障 | 20 | 不能判断出 2M 中断故障扣 20 分 | | |
| 3 | 判断以太网业务中断故障 | 能根据设备面板告警判断以太网业务中断故障 | 20 | 不能判断出以太网业务中断故障扣 20 分 | | |
| 4 | 判断光路故障 | 能根据设备面板告警判断光路中断故障 | 10 | 不能判断出光路中断故障扣 10 分 | | |
| 5 | 判断电源盘故障 | 能根据设备面板告警判断电源盘故障 | 10 | 不能判断出以电源盘故障扣 10 分 | | |
| 6 | 判断时钟同步故障 | 能根据设备面板告警大致判断时钟同步故障 | 20 | 不能判断出同步故障扣 10 分 | | |
| 7 | 结束操作 | 整理现场,回复原样,报告结束 | 5 | 不清理工作现场、不恢复原始状态、不报告操作结束扣 2～5 分 | | |
| 8 | 操作时间 | 在规定时间内单独完成 | 10 | 未在规定时间完成,每超时 1 分钟扣 1 分,扣完本项分数为止 | | |

## TG1ZY0216  PTN设备加电、输入电压测试

**一、作业**

（一）工器具、材料、设备

（1）工器具：数字万用表。

（2）材料：无。

（3）设备：PTN光传输设备（包含架顶电源），通信高频整流电源设备。

（二）安全要求

正确使用工具，轻拿轻放。

（三）操作步骤及工艺要求（含注意事项）

1.操作前准备

（1）规范着装。

（2）检查设备状态正常。

2.操作过程

（1）根据施工图纸查看电源线缆连接是否正确，牢靠。

（2）正确选取工器具、仪表。

（3）打开数字万用表，调节挡位至直流电压挡。

（4）确认高频电源PTN设备供电空开以及PTN设备架顶电源盘空开均处于分离位置。

（5）将高频电源PTN设备供电空开合闸，使用数字万用表测量直流输出电压，输出电压在－42.2～－57.6 V范围内为正常。

（6）测量PTN设备架顶电源盘输入电压是否正常。

（7）电压测试后将架顶电源盘输入电源空开合闸，PTN设备供电空开合闸。

3.操作结束

答题完毕后，将工器具放置到规定位置。

**二、考核**

（一）考核场地

通信实训基地。

（二）考核时间

20 min。

（三）考核要点

（1）正确识别电源接线图纸。

（2）正确使用数字万用表测量各级电压。

（3）按步骤将各级空开投合。

### 三、评分标准

行业:电力工程　　　　工种:通信工程建设工　　　　等级:初级工

| 编号 | TG1ZY0216 | 行为领域 | 专业技能 | 评价范围 | | |
|---|---|---|---|---|---|---|
| 考核时限 | 20 min | 题型 | 单项操作 | 满分 | 100 分 | 得分 |
| 试题名称 | PTN 设备加电、输入电压测试 | | | | | |
| 考核要点<br>及其要求 | 考核要点<br>(1)正确识别电源接线图纸;<br>(2)正确使用数字万用表测量各级电压;<br>(3)按步骤将各级空开投合。<br>操作要求<br>(1)单人操作;<br>(2)操作时穿戴劳动防护用品,防止触电 | | | | | |
| 现场设备、<br>工器具、材料 | (1)工器具:数字万用表;<br>(2)设备:PTN 光传输设备(包含架顶电源),通信高频整流电源设备 | | | | | |
| 备注 | | | | | | |

评分标准

| 序号 | 考核项目<br>名称 | 质量要求 | 分值 | 扣分标准 | 扣分<br>原因 | 得分 |
|---|---|---|---|---|---|---|
| 1 | 规范着装 | 工作前身着全身工作服,佩戴手套及安全帽 | 10 | 每项未按要求执行扣 5 分,扣完本项分数为止 | | |
| 2 | 识别图纸及线缆检查 | 根据电源接线施工图纸检查电源布线是否正确、牢靠。设备及机柜接地线是否符合要求 | 10 | (1)不能识别电源布线施工图扣 5 分;<br>(2)未对源线缆和接地线连接可靠性进行检查扣 5 分 | | |
| 3 | 工器具的选用 | 工器具选用满足操作需要,工器具做外观检查 | 10 | 工器具选用不当扣 5 分,未做检查扣 5 分 | | |
| 4 | 各级空开状态确认 | 观察各级空开状态,是否均处于分离 | 15 | 每漏检 1 处扣 2 分,扣完本项分数为止 | | |
| 5 | 电源设备上空开合闸并测量 | 正确将电源设备上 PTN 设备供电空开合闸并测量电压值 | 15 | (1)不能正确将空开合闸扣 5 分;<br>(2)万用表挡位设置错误扣 5 分,测量位置及结果错误扣 5 分 | | |
| 6 | PTN 设备架顶电源输入电压测量 | 测量架顶电源输入电压值 | 15 | (1)万用表挡位设置错误扣 5 分;<br>(2)测量位置错误扣 5 分;<br>(3)测量结果错误扣 5 分 | | |

续表

| 序号 | 考核项目名称 | 质量要求 | 分值 | 扣分标准 | 扣分原因 | 得分 |
|------|-------------|----------|------|----------|---------|------|
| 7 | 架顶电源空开合闸送电 | 设备供电空开合闸,设备正常开启 | 10 | (1)未能正确将供电空开合闸,扣5分;<br>(2)未能将两路空开全部合闸,扣5分 | | |
| 8 | 操作结束 | 工作完毕后报告操作结束,清理现场,交还工器具及设备 | 5 | 不清理工作现场、不恢复原始状态、不报告操作结束扣2~5分 | | |
| 9 | 操作时间 | 在规定时间内单独完成 | 10 | 未在规定时间完成,每超时1分钟扣1分,扣完本项分数为止 | | |

## TG1ZY0317　网络交换互连及加电操作

### 一、作业

（一）工器具、材料、设备

（1）工器具:斜口钳、压线钳、万用表、螺丝刀、热风枪等。

（2）材料:电源线、保护地线、铜鼻子、热缩管、绝缘胶带等。

（3）设备:无。

（二）安全要求

正确使用工具,防止割伤、夹伤。

接电前验电,防止人身触电及短路。

（三）操作步骤及工艺要求(含注意事项)

1.操作前准备

（1）规范着装。

（2）根据题目要求选择工具、材料并做外观检查。

2.操作过程

（1）根据图纸要求确定安装位置。

（2）将设备托盘固定到合适高度,交换机安装至指定位置。

（3）布放电源线及接地线,将线缆绑扎整齐,孔洞封堵严密。

（4）制作线缆接头,并接引。

（5）确认两侧电源空开在分位,使用万用表验证极性。

（6）先闭合电源侧空开,在设备侧使用万用表测量电压并再次确认极性,无误后闭合设备侧空开。

3.操作结束

清理现场,交还工器具。

## 二、考核

### (一)考核场地

通信实训基地。

### (二)考核时间

30 min。

### (三)考核要点

(1)工器具及材料选择。

(2)设备安装定位。

(3)线缆接头制作及接引顺序。

(4)电源线极性验证及设备加电顺序。

(5)标签标识制作。

## 三、评分标准

行业:电力工程　　　　　　工种:通信工程建设工　　　　　　等级:初级工

| 编号 | TG1ZY0317 | 行为领域 | 专业技能 | 评价范围 | | |
|---|---|---|---|---|---|---|
| 考核时限 | 30 min | 题型 | 单项操作 | 满分 | 100 分 | 得分 |
| 试题名称 | | | 网络交换机加电 | | | |
| 考核要点<br>及其要求 | 考核要点<br>(1)按照图纸要求,将交换机安装至正确位置,托盘高度合适,不应使设备悬空;<br>(2)接地线使用专用黄绿线缆,接在设备指定端口和接地汇流排上;<br>(3)将线缆绑扎在专用走线槽上,上下走线垂直于地面;<br>(4)线缆接头制作,剥线长度合适,与压接端子匹配;<br>(5)电源线极性验证及设备加电顺序。<br>操作要求<br>(1)单人操作;<br>(2)剥线操作熟练、准确,压接到位;<br>(3)加电时注意操作顺序,防止人身触电 | | | | | |
| 现场设备、工器具、材料 | (1)工器具:斜口钳、压线钳、壁纸刀或者电工刀、操作台、万用表等;<br>(2)材料:电源线、保护地线、铜鼻子、热缩管、绝缘胶带等 | | | | | |
| 备注 | | | | | | |
| 评分标准 | | | | | | |
| 序号 | 考核项目<br>名称 | 质量要求 | 分值 | 扣分标准 | 扣分<br>原因 | 得分 |
| 1 | 确定安装位置 | 按照要求确定安装位置 | 10 | 安装位置与图纸不符扣 10 分 | | |

续表

| 序号 | 考核项目名称 | 质量要求 | 分值 | 扣分标准 | 扣分原因 | 得分 |
|---|---|---|---|---|---|---|
| 2 | 安装设备托盘及设备 | 按照要求安装设备托盘和设备 | 20 | (1)不能正确安装设备托盘扣10分;<br>(2)不能正确安装设备扣10分 | | |
| 3 | 布放电源线和接地线并封堵 | 布放电源线和接地线并绑扎整齐,孔洞封堵严密 | 20 | (1)布放接地线和电源线绑扎不整齐扣10分;<br>(2)孔洞未封堵严密扣10分 | | |
| 4 | 线缆接头制作与接引 | 线缆剥线长度应与压接端子匹配,并做绝缘措施 | 20 | (1)线缆剥线长度与压接端子不匹配扣10分;<br>(2)未做绝缘扣10分 | | |
| 5 | 设备加电 | 先闭合电源侧空开,在设备侧使用万用表测量电压并再次确认极性,无误后闭合设备侧空开 | 20 | 加电顺序不正确扣20分 | | |
| 6 | 操作时间 | 在规定时间内单独完成 | 10 | 未在规定时间完成,每超时1分钟扣1分,扣完本项分数为止 | | |

## TG1ZY0318　路由器设备板卡识别及互联操作

一、作业

(一)工器具、材料、设备

(1)工器具:十字螺丝刀、压线钳、网线测试仪等。

(2)材料:网线、尾纤、光模块、路由器板卡。

(3)设备:路由器、交换机。

(二)安全要求

正确使用工器具,防止人身触电。

(三)操作步骤及工艺要求(含注意事项)

1.操作前准备

(1)规范着装。

(2)根据题目要求选择工具、材料并做外观检查。

2.操作过程

(1)根据题目要求选择相应板卡及匹配的光模块。

(2)将光模块插入板卡。

(3)佩戴防静电手环,将板卡插入路由器相应槽位。

(4)使用网线或尾纤将路由器和交换机按要求互联。

(5)观察设备指示灯,确认设备物理联通性。

## 3.操作结束

清理现场,交还工器具。

## 二、考核

### (一)考核场地

通信实训基地。

### (二)考核时间

20 min。

### (三)考核要点

(1)路由器板卡及光模块识别。

(2)路由器指示灯含义。

## 三、评分标准

行业:电力工程　　　　　　工种:通信工程建设工　　　　　　等级:初级工

| 编号 | TG1ZY0318 | 行为领域 | 专业技能 | 评价范围 | | |
|---|---|---|---|---|---|---|
| 考核时限 | 20 min | 题型 | 单项操作 | 满分 | 100 分 | 得分 |
| 试题名称 | 路由器设备板卡识别及互联操作 | | | | | |
| 考核要点及其要求 | 考核要点<br>(1)路由器板卡及光模块识别;<br>(2)路由器指示灯含义。<br>操作要求<br>(1)单人操作;<br>(2)正确识别设备板卡及光模块;<br>(3)正确安装设备板卡和光模块 | | | | | |
| 现场设备、工器具、材料 | (1)工器具:十字螺丝刀、压线钳、网线测试仪等;<br>(2)材料:网线、尾纤、光模块、路由器板卡;<br>(3)设备:路由器、交换机 | | | | | |
| 备注 | | | | | | |
| 评分标准 | | | | | | |
| 序号 | 考核项目名称 | 质量要求 | 分值 | 扣分标准 | 扣分原因 | 得分 |
| 1 | 工具、材料的选用 | 按要求正确选取板卡和光模块 | 20 | (1)板卡选用不当扣 10 分;<br>(2)光模块选择不当扣 10 分 | | |

| 序号 | 考核项目名称 | 质量要求 | 分值 | 扣分标准 | 扣分原因 | 得分 |
|---|---|---|---|---|---|---|
| 2 | 佩戴防静电手环 | 操作板卡前需正确佩戴防静电手环 | 10 | (1)未佩戴防静电手环扣10分;<br>(2)佩戴不正确扣5分 | | |
| 3 | 将板卡插入指定槽位 | 选择正确的槽位,将板卡安插到位 | 20 | (1)槽位选择不正确扣10分;<br>(2)板卡安插不到位扣10分 | | |
| 4 | 设备互联 | 使用网线或尾纤,将路由器和交换机互联 | 15 | 设备互联不正确扣15分 | | |
| 5 | 确认联接状态 | 观察设备指示灯,确认联接状态正常 | 15 | 端口指示灯状态不正常扣15分 | | |
| 6 | 操作结束 | 工作完毕后报告操作结束,清理现场,交还工器具 | 10 | 不清理工作现场、不恢复原始状态、不报告操作结束扣2～5分 | | |
| 7 | 操作时间 | 在规定时间内单独完成 | 10 | 未在规定时间完成,每超时1分钟扣1分,扣完本项分数为止 | | |

## TG1ZY0419　PCM二线通道测试(查询本机号码)

一、作业

(一)工器具、材料、设备

(1)工器具:普通话机、卡线刀等。

(2)材料:音频跳线等。

(3)设备:PCM终端接入设备、音频配线架。

(二)安全要求

使用卡线刀操作时注意力度,避免误伤。

(三)操作步骤及工艺要求(含注意事项)

1.操作前准备

操作前规范着装,选取合格的音频卡线刀。

2.操作过程

(1)查看现场已连接的局端站与远端站PCM设备用户接口配置状况,建立FXO-FXS用户延伸线通信方式。

(2)在音频配线架上找到用户接口话路出线在音频配线架相对应的配线端子,利用卡线刀分别卡接局端交换机小号和电话单机。

(3)卡接跳线要平整、顺直,符合规范要求。

(4)摘机听拨号音,拨打♯123,在听筒里听到:你追查的号码已找到,号码是××××,记录该号码,挂机;话机振铃,数秒后摘机,在听筒里听到播放音乐声,挂机,完成测试。(或拨打已知的其他电话号码,对方话机振铃摘机后,请对方按照来电显示的号码回拨,待己方话机振铃,摘机通话,挂机,完成测试。)

3. 操作结束

工作完成后清理现场,交还所用工器具、材料及其他等。

## 二、考核

(一)考核场地

通信实训基地。

(二)考核时间

20 min。

(三)考核要点

(1)掌握 PCM 设备 FXO、FXS 用户接口功能。

(2)掌握 PCM 用户话路出线与音频配线架配线对应关系。

(3)会通过查询本机号码测试二线通道。

## 三、评分标准

行业:电力工程　　　　　　工种:通信工程建设工　　　　　　等级:初级工

| 编号 | TG1ZY0419 | 行为领域 | 专业技能 | 评价范围 | | | |
|---|---|---|---|---|---|---|---|
| 考核时限 | 20 min | 题型 | 单项操作 | 满分 | 100分 | 得分 | |
| 试题名称 | PCM 二线通道测试(查询本机号码) | | | | | | |
| 考核要点及其要求 | 考核要点<br>(1)掌握 PCM 设备 FXO、FXS 用户接口功能;<br>(2)掌握 PCM 用户话路出线与音频配线架配线对应关系;<br>(3)会通过查询本机号码测试二线通道。<br><br>操作要求<br>(1)单人独立操作;<br>(2)规定时间内完成二线通道测试 | | | | | | |
| 现场设备、工器具、材料 | (1)工器具:音频配线架、普通电话机、卡线刀等;<br>(2)材料:音频跳线等;<br>(3)设备:PCM 终端接入设备、音频配线架 | | | | | | |
| 备注 | | | | | | | |

续表

| | | | 评分标准 | | | |
|---|---|---|---|---|---|---|
| 序号 | 考核项目<br>名称 | 质量要求 | 分值 | 扣分标准 | 扣分<br>原因 | 得分 |
| 1 | 操作流程 | 操作步骤正确 | 10 | 操作步骤每错1处扣2分,扣<br>完本项分数为止 | | |
| 2 | FXO、FXS<br>用户接口<br>板的应用 | 建立FXO-FXS用户延伸线通<br>信方式 | 20 | (1)不能正确应用FXO、FXS<br>的功能分别扣10分;<br>(2)未能建立连接扣10分 | | |
| 3 | 话路配线<br>端口的选取 | 在音频配线架上选择正确的<br>话路配线端子,卡接局端小号<br>及电话机 | 20 | (1)不能正确使用卡线刀扣<br>5分;<br>(2)卡接电话单机不牢靠扣<br>5分;<br>(3)不能正确卡接小号及电话<br>单机扣10分 | | |
| 4 | 通道测试 | 通过查询本机号码测试二线<br>通道 | 20 | 未能按要求进行测试,每错1<br>处扣4分,扣完本项分数为止 | | |
| 5 | 工艺要求 | 布线整齐、规范 | 10 | 不整齐、不规范,每发现1处<br>扣1分,扣完本项分数为止 | | |
| 6 | 安全文明生产 | 规范着装,清理现场,整理工<br>器具 | 10 | (1)未规范着装扣5分;<br>(2)未清理工作现场扣3分;<br>(3)未整理工器具扣2分 | | |
| 7 | 操作时间 | 在规定时间内单独完成 | 10 | 未在规定时间完成,每超时1分<br>钟扣1分,扣完本项分数为止 | | |

## TG1ZY0420　程控交换机供电电压、铃流电压测试

### 一、作业

(一)工器具、材料、设备

(1).工器具:万用表、电话机等。

(2)材料:测试线等。

(3)设备:程控交换机、音频配线架等。

(二)安全要求

正确使用仪表,测量时防止短路,防止损坏仪表。

(三)操作步骤及工艺要求(含注意事项)

1.操作前准备

(1)规范着装。

(2)根据题目要求选择工具、材料、设备,并做外观和运行状态检查。

2.操作过程

(1)确定测量位置。按照题目要求,确定交换机输入电压、铃流的测量位置。

(2)测量输入电压。

①万用表挡位设置。将万用表设置到直流电压测试挡位和相应量程。

②测量。在交换机直流配电端子测试输入电压。

③记录。记录测试结果。

(3)测量铃流电压。

①万用表挡位设置。将万用表设置到交流测试挡位和相应量程。

②测量。拨打测试电话,电话处于振铃状态,测量配线架相应端子铃流电压。

③记录。记录测试结果。

3.操作结束

拆除连线,恢复原始状态,清理现场,交还工器具、仪表。

## 二、考核

(一)考核场地

通信实训基地。

(二)考核时间

20 min。

(三)考核要点

(1)万用表的使用。

(2)交换机输入电压的测试方法。

(3)交换机铃流的测试方法。

## 三、评分标准

行业:电力工程　　　　　　工种:通信工程建设工　　　　　　等级:初级工

| 编号 | TG1ZY0420 | 行为领域 | 专业技能 | 评价范围 | | |
|---|---|---|---|---|---|---|
| 考核时限 | 20 min | 题型 | 单项操作 | 满分 | 100 分 | 得分 |
| 试题名称 | 程控交换机供电电压、铃流电压测试 | | | | | |
| 考核要点及其要求 | 考核要点<br>(1)万用表的使用;<br>(2)交换机输入电压的测试方法;<br>(3)交换机铃流的测试方法。<br>操作要求<br>(1)单人操作;<br>(2)万用表挡位、量程设置正确,防止损坏仪表;<br>(3)测试时防止短路,防止身体各部位触及带电体 | | | | | |

续表

| 现场设备、工器具、材料 | (1)工器具:万用表、电话机等;<br>(2)材料:测试线等;<br>(3)设备:程控交换机、音频配线架等 |
| --- | --- |
| 备注 | 交换机、音频配线架设备良好接地 |

评分标准

| 序号 | 考核项目名称 | 质量要求 | 分值 | 扣分标准 | 扣分原因 | 得分 |
| --- | --- | --- | --- | --- | --- | --- |
| 1 | 仪器仪表、材料的选用 | 仪器仪表选用满足操作需要,并做外观检查 | 5 | (1)选用不当扣3分;<br>(2)未做外观检查扣2分 | | |
| 2 | 确定测量位置 | 确定交换机输入电压测试和铃流测试位置 | 20 | 测试位置每错1处扣10分 | | |
| 3 | 测量输入电压 | 正确设置万用表测量挡位和量程,测试操作规范 | 30 | (1)挡位、量程错误扣10分;<br>(2)测量结果错误扣20分 | | |
| 4 | 测量铃流电压 | 正确设置万用表测量挡位和量程,测试操作规范 | 30 | (1)挡位、量程错误扣10分;<br>(2)测量结果每错误1项扣10分 | | |
| 5 | 操作结束 | 整理现场 | 5 | 不清理工作现场、不恢复原始状态、不报告操作结束扣2~5分 | | |
| 6 | 操作时间 | 在规定时间内单独完成 | 10 | 未在规定时间完成,每超时1分钟扣1分,扣完本项分数为止 | | |

## TG1ZY0421　IP电话的注册和开通

### 一、作业

（一）工器具、材料、设备

(1)工器具:万用表等。

(2)材料:连接线等。

(3)设备:IP电话设备及说明书、数据网设备等。

（二）安全要求

防止触电、短路,防止损坏设备。

（三）操作步骤及工艺要求（含注意事项）

1.操作前准备

(1)规范着装。

(2)根据题目要求选择连接线,并检查设备状况。

2.操作过程

(1)连接线。确定 IP 电话连接到数据网设备的端子位置,用网线完成 IP 电话的连接;连接 IP 电话电源,确认 IP 电话状态正常。

(2)IP 电话配置。

①打开 IP 电话配置界面。

②IP 地址配置。打开 IP 配置界面,按照题目提示,输入 IP 地址。

③服务器设置。打开服务器设置界面,按照题目提示输入管理员密码;组网环境选择 IMS;选择 SIP 服务器 1,按题目所示输入服务器域名和端口号。配置代理服务器:选择代理服务器 1、2,分别配置代理服务器 1、2 的 IP 地址和端口号。确定保存设置,退出界面。

(3)开通试验。用 IP 电话进行呼入、呼出试验正常。

3.操作结束

清理现场,交还仪器仪表及材料。

## 二、考核

(一)考核场地

通信实训基地。

(二)考核时间

20 min。

(三)考核要点

(1)IP 电话的连线操作。

(2)IP 电话的 IP 地址设置。

(3)IMS 服务器的配置。

(4)电话开通试验。

## 三、评分标准

行业:电力工程　　　　　　工种:通信工程建设工　　　　　　等级:初级工

| 编号 | TG1ZY0421 | 行为领域 | 专业技能 | 评价范围 | | |
|---|---|---|---|---|---|---|
| 考核时限 | 20 min | 题型 | 单项操作 | 满分 | 100 分 | 得分 | |
| 试题名称 | IP 电话的注册和开通 | | | | | |
| 考核要点及其要求 | 考核要点<br>(1)IP 电话的连线操作;<br>(2)IP 电话的 IP 地址设置;<br>(3)在 IP 电话上进行 IMS 服务器的配置;<br>(4)电话开通试验。<br>操作要求<br>(1)单人操作;<br>(2)IP 电话设置操作准确、规范 | | | | | |

续表

| 现场设备、工器具、材料 | (1)工器具:万用表等；<br>(2)材料:连接线等；<br>(3)设备:IP 电话设备、数据网设备等 |
|---|---|
| 备注 | |

评分标准

| 序号 | 考核项目名称 | 质量要求 | 分值 | 扣分标准 | 扣分原因 | 得分 |
|---|---|---|---|---|---|---|
| 1 | 设备检查和材料选用 | 正确选择连接线,检查设备运行正常、接地正常 | 5 | (1)选用不当扣3分；<br>(2)未检查设备运行及接地状态扣2分 | | |
| 2 | 连线 | 按题目要求,正确连接 IP 电话网线,连接电源线 | 20 | (1)设备连接错误扣10分；<br>(2)电源线连接错误扣10分 | | |
| 3 | IP电话设置 | 正确设置 IP 电话 IP 地址；正确设置服务器参数 | 40 | (1)IP电话 IP 地址设置错误扣10分；<br>(2)服务器参数设置每错1项扣5分,扣完本项分数为止 | | |
| 4 | 电话开通试验 | 进行呼入、呼出试验 | 20 | (1)未进行呼入试验扣10分；<br>(2)未进行呼出试验扣10分 | | |
| 5 | 操作结束 | 整理现场 | 5 | 不清理工作现场、不恢复原始状态、不报告操作结束扣2～5分 | | |
| 6 | 操作时间 | 在规定时间内单独完成 | 10 | 未在规定时间完成,每超时1分钟扣1分,扣完本项分数为止 | | |

## TG1ZY0522　通信电源输入输出电压测试

### 一、作业

(一)工器具、材料、设备

(1)工器具:万用表等。

(2)材料:无。

(3)设备:通信电源。

(二)安全要求

操作时注意人身和设备安全。

(三)操作步骤及工艺要求(含注意事项)

1.操作前准备

(1)规范着装,注意危险点和安全防护。

(2)操作前确认通信设备系统正常运行,选取数字电压表(指针式电压表)进行测量。

2.操作过程

(1)测量通信电源设备交流输入相电压、线电压。

①设置测量仪表的测试功能挡为交流电压挡位,测试量程挡设置为 500 V 挡位。

②将测量仪表的两只表笔分别接到电源设备交流输入端子的 A 相和 B 相、B 相和 C 相、A 相和 C 相,待测量仪表读数稳定后记录下此数值,该数值即为通信电源设备交流输入相电压。

③将测量仪表的两只表笔分别接到电源设备交流输入端子的 A 相和零线、B 相和零线、C 相和零线,待测量仪表读数稳定后记录下此数值,该数值即为通信电源设备交流输入线电压。

(2)测量通信电源设备交流输出电压。

①设置测量仪表的测试功能挡为直流电压挡位,测试量程挡设置为 50 V 挡位。

②将测量仪表的负表笔接到整流器负极输出母线排上,正表笔接到整流器地线端子排上,待测量仪表读数稳定后记录下此数值,该数值即为通信电源设备直流输出电压。

3.操作结束

测量结束后,清理现场,交还测量仪表。

二、考核

(一)考核场地

通信实训基地。

(二)考核时间

20 min。

(三)考核要点

(1)测量仪表的正确选取及使用。

(2)通信电源设备交流输入端子及 ABC 相序和零线的辨识。

(3)整流器输出正、负极的辨识。

(4)安全防护。

## 三、评分标准

行业:电力工程　　　　　　　工种:通信工程建设工　　　　　　等级:初级工

| 编号 | TG1ZY0522 | 行为领域 | 专业技能 | 评价范围 | | |
|---|---|---|---|---|---|---|
| 考核时限 | 20 min | 题型 | 单项操作 | 满分 | 100 分 | 得分 |
| 试题名称 | | | 通信电源输入输出电压测试 | | | |

| 考核要点<br>及其要求 | 考核要点<br>(1)测量仪表的正确选取及使用;<br>(2)通信电源设备交流输入端子及 ABC 相序和零线的辨识;<br>(3)整流器输出正、负极的辨识;<br>(4)安全防护。<br>操作要求<br>(1)单人操作;<br>(2)防止交流侧、直流侧极间短路;<br>(3)根据测试结果得出正确结论,相电压为 380 V,线电压 220 V,直流输出电压为 52.32～54.72 V |
|---|---|
| 现场设备、<br>工器具、材料 | (1)工器具:万用表等;<br>(2)设备:通信电源 |
| 备注 | 发生一次短路事件即判定本次考核不通过 |

### 评分标准

| 序号 | 考核项目<br>名称 | 质量要求 | 分值 | 扣分标准 | 扣分<br>原因 | 得分 |
|---|---|---|---|---|---|---|
| 1 | 操作流程 | 操作步骤正确 | 10 | 操作步骤每错 1 项扣 2 分,扣完本项分数为止 | | |
| 2 | 测量仪表<br>的使用 | 选取适合的测量仪表依照题目要求完成测量 | 20 | (1)仪表选取不正确扣 5 分;<br>(2)未做测量前检查扣 5 分;<br>(3)不能正确设置测量功能挡位扣 5 分;<br>(4)不能正确设置测量量程挡位扣 5 分 | | |
| 3 | 设备交流输入相电压及线电压测量 | 正确辨别交流输入 ABC 三相电相序,辨别零线;给出正确测量结果 | 20 | (1)不能正确判定 ABC 三相相序扣 5 分;<br>(2)不能辨别零线扣 5 分;<br>(3)未正确测量出相、线电压分别扣 5 分 | | |
| 4 | 设备直流输出电压测量 | 正确判定整流器负极输出母线端子排;正确判定整流器地线端子排;给出正确测量结果 | 25 | (1)不能正确判定整流器负极输出母线端子排扣 10 分;<br>(2)不能正确判定整流器地线端子排扣 10 分;<br>(3)未给出正确测量结果扣 5 分 | | |

续表

| 序号 | 考核项目名称 | 质量要求 | 分值 | 扣分标准 | 扣分原因 | 得分 |
|---|---|---|---|---|---|---|
| 5 | 操作熟练程度 | 熟练使用测量仪表;熟练分辨交流的相序 | 10 | 不熟练1处扣2分,扣完本项分数为止 | | |
| 6 | 安全文明生产 | 规范着装,清理现场,整理工器具 | 10 | (1)未规范着装扣5分;<br>(2)未清理工作现场扣3分;<br>(3)未整理工器具扣2分 | | |
| 7 | 操作时间 | 在规定时间内独立完成 | 5 | 未在规定时间完成,每超时1分钟扣2分,扣完本项分数为止 | | |

## TG1ZY0523　蓄电池组电压测试

一、作业

(一)工器具、材料、设备

(1)工器具:电压表等。

(2)材料:无。

(3)设备:蓄电池组。

(二)安全要求

(1)专用蓄电池室强制排风3分钟,防止操作人员窒息或中毒。

(2)蓄电池组室内严禁烟火,以防爆炸事件发生。

(3)防止蓄电池正负极间短路,以免发生灼伤事件。

(4)穿戴防护用具,防止灼伤身体。

(三)操作步骤及工艺要求(含注意事项)

1.操作前准备

(1)规范着装。

(2)依据题目要求正确选择测试仪表、并对仪表进行检查。

2.操作过程

(1)设置测量仪表的测试功能挡为直流电压挡位,测试量程挡设置为10 V挡位。

(2)将测试仪表的正极表笔接单只蓄电池的正极柱,负极表笔接单只蓄电池的负极柱。

(3)待测试仪表读数稳定后,查看读数,并记录此数值。

(4)依据此方法逐一测试每一单只蓄电池。

(4)设置测量仪表的测试功能挡为直流挡位,测试量程挡为50 V挡位。

(5)将测试仪表的正极表笔接蓄电池组的总正极柱,负极表笔接蓄电池组的总负极柱。

(6)待测试仪表读数稳定后,查看读数,并记录此数值。

## 3.操作结束

清理现场,交还测试仪表。

## 二、考核

### (一)考核场地

通信实训基地。

### (二)考核时间

20 min。

### (三)考核要点

(1)测试仪表的正确选取。

(2)测试仪表的正确使用。

(3)蓄电池正负极的正确辨识。

(4)安全防护。

## 三、评分标准

行业:电力工程　　　　　　　工种:通信工程建设工　　　　　　　等级:初级工

| 编号 | TG1ZY0523 | 行为领域 | 专业技能 | 评价范围 | | | |
|---|---|---|---|---|---|---|---|
| 考核时限 | 20 min | 题型 | 单项操作 | 满分 | 100 分 | 得分 | |
| 试题名称 | | 蓄电池组电压测试 | | | | | |
| 考核要点<br>及其要求 | 考核要点<br>(1)测试仪表的正确选取;<br>(2)测试仪表的正确使用;<br>(3)蓄电池正负极的正确辨识;<br>(4)安全防护。<br>操作要求<br>(1)单人操作;<br>(2)防止蓄电池极间短路(发生一次蓄电池短路事件即判定本次考核不通过);<br>(3)根据测试结果得出正确结论。单只蓄电池电压为 2.18~2.28 V;蓄电池组电压为 52.32~54.72 V | | | | | | |
| 现场设备、<br>工器具、材料 | (1)工器具:电压表等;<br>(2)设备:蓄电池组 | | | | | | |
| 备注 | | | | | | | |
| 评分标准 | | | | | | | |
| 序号 | 考核项目<br>名称 | 质量要求 | | 分值 | 扣分标准 | 扣分<br>原因 | 得分 |
| 1 | 操作流程 | 操作步骤正确 | | 10 | 操作步骤每错 1 项扣 2 分,扣完本项分数为止 | | |

续表

| 序号 | 考核项目名称 | 质量要求 | 分值 | 扣分标准 | 扣分原因 | 得分 |
|---|---|---|---|---|---|---|
| 2 | 测试仪表的选取 | 测试仪表选用满足操作需要;测量前对选用的仪表进行检查 | 20 | (1)仪表选取不正确扣10分;<br>(2)未做测量前检查扣10分 | | |
| 3 | 测试仪表的使用 | 正确使用仪表,按照题目要求设置测试功能挡位及测试量程挡位 | 20 | (1)不能正确设置测试功能挡位扣10分;<br>(2)不能正确设置测试量程挡位扣10分 | | |
| 4 | 正确辨识蓄电池极性 | 测试仪表正表笔接蓄电池正极柱;测试仪表负表笔接蓄电池负极柱 | 20 | (1)不能正确区分仪表正负极性扣5分;<br>(2)不能正确区分蓄电池正负极性扣5分;<br>(3)仪表表笔与蓄电池极柱测试连接极性接错扣10分 | | |
| 5 | 读取测试数据 | 根据测试得到数据给出正确结论 | 10 | 测试数据及结论不正确扣10分 | | |
| 6 | 安全文明生产 | 规范着装,清理现场,整理工器具 | 10 | (1)未规范着装扣5分;<br>(2)未清理工作现场扣3分;<br>(3)未整理工器具扣2分 | | |
| 7 | 操作时间 | 在规定时间内独立完成 | 10 | 未在规定时间完成,每超时1分钟扣2分,扣完本项分数为止 | | |

## TG1ZY0624　光纤配线架跳纤连接

### 一、作业

(一)工器具、材料、设备

(1)工器具:斜口钳、老虎钳等。

(2)材料:跳纤、尼龙扎带、魔术贴扎带、通信方式单等。

(3)设备:标签机。

(二)安全要求

(1)规范着装。

(2)使用工器具时防止划伤。

(三)操作步骤及工艺要求(含注意事项)

1.操作前准备

(1)规范着装。

(2)根据题目要求选择工具、材料并做外观检查。

2.操作过程

(1)根据题目要求选取长度合适的跳纤。

(2)光纤配线屏内,跳纤应在柜内相对光缆另一侧(左/右)的走线区垂直走线,单独捆扎,每隔200 mm绑扎一次,每隔300 mm固定一次,绑扎时不得过于勒紧。

(3)跳纤进入光配子盘后应按照方式单要求与对应法兰连接,接入法兰时跳纤应保持跳纤头部清洁,弯曲成弧形,每根跳纤的弯曲弧度应一致、美观。在子盘内尾纤的绑扎应使用魔术贴扎带。跳纤的弯曲半径宜至少为外径的10倍,布放过程中弯曲半径宜至少为外径的20倍。

(4)多余跳纤应盘留在盘纤单元内,可采用环形或者8字缠绕方法,余留一般不超过2圈。盘绕后余纤应松紧适度,不得过紧,也不应过松而出现明显的松弛。盘纤单元内的余纤的绑扎应使用魔术贴扎带。

(5)跳纤与法兰对接后应在跳纤2~3 cm处粘贴标签。

3.操作结束

清理现场,交还工器具,清理现场。

## 二、考核

### (一)考核场地

通信实训基地。

### (二)考核时间

30 min。

### (三)考核要点

(1)工器具及材料的选择。

(2)按要求布放跳纤并绑扎,布放应自然平直,排列整齐,不得产生扭绞,打圈等。

(3)跳纤布放完成及连接完成后,应在线缆两端粘贴标签。

## 三、评分标准

行业:电力工程　　　　　　工种:通信工程建设工　　　　　　等级:初级工

| 编号 | TG1ZY0624 | 行为领域 | 专业技能 | 评价范围 | | |
|---|---|---|---|---|---|---|
| 考核时限 | 30 min | 题型 | 单项操作 | 满分 | 100分 | 得分 |
| 试题名称 | 光纤配线架跳纤连接 | | | | | |
| 考核要点及其要求 | 考核要点<br>(1)工器具及材料的选择;<br>(2)按要求布放跳纤并绑扎,布放应自然平直,排列整齐,不得产生扭绞,打圈等;<br>(3)跳纤布放完成及连接完成后,应在线缆两端粘贴标签。<br>操作要求<br>(1)单人操作;<br>(2)操作过程防止跳纤损伤 | | | | | |

续表

| 现场设备、工器具、材料 | (1)工器具:斜口钳、老虎钳等;<br>(2)材料:跳纤、尼龙扎带、魔术贴扎带、通信方式单等;<br>(3)设备:标签机 |
| --- | --- |
| 备注 | |

<table>
<tr><td colspan="7" align="center">评分标准</td></tr>
<tr><td>序号</td><td>考核项目<br>名称</td><td>质量要求</td><td>分值</td><td>扣分标准</td><td>扣分<br>原因</td><td>得分</td></tr>
<tr><td>1</td><td>工具、材料<br>的选用</td><td>工器具选用满足操作需要,工器具做外观及功能检查</td><td>5</td><td>(1)选用不当扣3分;<br>(2)工器具未做外观及功能检查扣2分</td><td></td><td></td></tr>
<tr><td>2</td><td>跳纤编序</td><td>对跳纤进行编序</td><td>5</td><td>未对跳纤进行编序,扣5分</td><td></td><td></td></tr>
<tr><td>3</td><td>跳纤布放</td><td>跳纤应在柜内走线区顺直走线,跳纤弯曲满足弯曲半径要求</td><td>15</td><td>(1)布放过程中跳纤弯曲超标扣5分;<br>(2)布放过程中出现跳纤扭绞、打圈等现象1次扣2分,扣完本项分数为止</td><td></td><td></td></tr>
<tr><td>3</td><td>跳纤连接</td><td>跳纤连接时保持跳纤头部清洁,跳纤头部凸起应对准法兰凹槽</td><td>10</td><td>(1)操作过程中污损跳纤头部扣5分;<br>(2)未能正确对准跳纤头部凸起与法兰凹槽扣5分</td><td></td><td></td></tr>
<tr><td>4</td><td>跳纤固定</td><td>单独捆扎,每隔200 mm绑扎一次,每隔300 mm固定一次,绑扎时不得过于勒紧;在子盘内尾纤的绑扎应使用魔术贴扎带。跳纤的弯曲半径宜至少为外径的10倍,布放过程中弯曲半径宜至少为外径的20倍</td><td>20</td><td>(1)子盘内未使用尼龙扎带固定扣4分;<br>(2)走线区内线缆绑扎过紧扣4分;<br>(3)固定后子盘内跳纤未弯曲成弧形扣4分;<br>(4)与其他线缆混合捆扎扣4分;<br>(5)尼龙扎带未修建整齐扣4分</td><td></td><td></td></tr>
<tr><td>5</td><td>余纤盘留</td><td>多余跳纤应盘留在盘纤单元内,可采用环形或者8字缠绕方法,余留一般不超过2圈。盘绕后余纤应松紧适度,不得过紧,也不应过松而出现明显的松弛。盘纤单元内的余纤的绑扎应使用魔术贴扎带</td><td>15</td><td>(1)跳纤选择不合适导致余纤过长扣5分;<br>(2)余纤盘绕松弛扣5分;<br>(3)盘纤单元内余纤随意缠绕扣10分</td><td></td><td></td></tr>
</table>

| 序号 | 考核项目名称 | 质量要求 | 分值 | 扣分标准 | 扣分原因 | 得分 |
|---|---|---|---|---|---|---|
| 6 | 粘贴标签 | 在跳纤 2 cm～3 cm 处粘贴标签,标签上应包含起始和终端位置 | 15 | (1)粘贴位置不正确扣5分;<br>(2)未选用正确的标签类型扣5分;<br>(3)标签信息不完整扣5分 | | |
| 7 | 操作结束 | 工作完毕后报告操作结束,清理现场,交还工器具 | 5 | 不清理工作现场、不恢复原始状态、不报告操作结束扣2～5分 | | |
| 8 | 操作时间 | 在规定时间内独立完成 | 10 | 未在规定时间完成,每超时1分钟扣2分,扣完本项分数为止 | | |

## TG1ZY0625　标签标牌制作

### 一、作业

（一）工器具、材料、设备

（1）工器具:美工刀、斜口钳等。

（2）材料:标签、标牌等。

（3）设备:标签机、标牌机。

（二）安全要求

（1）规范着装。

（2）使用工器具时防止划伤。

（三）操作步骤及工艺要求(含注意事项)

1.操作前准备

（1）规范着装。

（2）根据题目要求选择工器具、材料并做外观检查。

2.操作过程

（1）根据题目要求制作相应的标签、标牌。

（2）标签机制作标签。

①机柜标签命名规范。

内容:机柜所属通信机房编号＋"/"＋机柜编号＋设备资产所属公司简称＋"/"＋设备类型＋"/"＋设备厂家简称＋"♯"＋设备序号。

格式:H×/R× ×(国/网/省/市/县)/××(设备类型)光/××(设备厂家简称)(SDH/OTN/DWDM/ASON……)＋♯＋设备序号。

②设备标签命名规范及标签制作。

位置:粘贴于设备表面。

形式:兄弟牌标签、粘贴型。

内容:国网公司标识;机柜名称(具体要求见机柜标识命名原则),设备型号,运维单位,投运时间,维护责任人。

字体:汉字为宋体,字母及数字为 Times New Roman,字体颜色为黑色。

规格:推荐 70 mm×50 mm,长方形小圆角。上方 8 mm 白色,左上角有国家电网标准标识及本单位信息,下方为国网标准色彩(C100 M5 Y50 K40 PANTONE 3292C,透明度 60%)。

材质:基材为聚合类材料,具备 1 mm 厚度,背胶采用永久性丙烯酸类乳胶,室内使用 10～15 年。

备注:本标准应用过程中,要保证同一机房内材质、形式、颜色的统一性。

效果示例如下:

③尾纤(同轴电缆)标签命名规范及标签制作。

位置:粘贴于尾纤跳线(2M 线缆两端)上,距离 DDF/ODF 端口连接处(端口与线缆连接处)2～3 cm 左右。

形式:旗形签、粘贴型。

内容要求:本端端口为对应的本端光纤(数字)配线架或者光传输设备端口的编号(端口编号为 H×R×SR×P×,其中"SR"为子框编号,"P"为端口编号);对端端口为对应的对端光纤(数字)配线架或者光传输设备端口的编号(端口编号为 H×R×SR×P×,其中"SR"为子框编号,"P"为端口编号);光纤极性为光纤收/发;业务名称为承载的业务名称或者其他能够表述承载业务的文字描述;方式单号为尾纤连接对应的方式单号,如没有方式单则此项省略。

字体:汉字为宋体,字母及数字为 Times New Roman,字体颜色为黑色。

材质:基材聚合类材料,背胶采用永久性丙烯酸类乳胶,室内使用 10～15 年。

规格:颜色使用蓝色(C55 M35 Y0 K0),对承载保护、安控等重要业务的专用线缆,使用橙色(C0 M35 Y100 K0),形式使用 P 形/T 形,其中 P 形应用于垂直走向尾纤,T 形应用于水平走向尾纤,推荐 33 mm×24 mm+30 mm。

备注:本标准应用过程中,要保证同一机房内材质、形式、颜色的统一性。

效果示例如下所示

P形：

T形：

(3)标牌机制作标牌。

位置：光缆、音频电缆、电源电缆(所有至室外的线缆)首尾，进入机柜内、转弯处及穿越墙壁的两边，在两转弯之间距离大于 30 m 时。

形式：悬挂或绑扎。

内容要求：线缆名称、线缆型号、起点位置和终点位置。

字体：汉字为宋体，字母及数字为 Times New Roman，字体颜色为黑色。

材质：PVC 板。

规格：推荐 68 mm×32 mm，长方形小圆角，短边一侧开双孔利于绑扎。

备注：本标准应用过程中，要保证同一机房内材质、形式、颜色的统一性。

3. 操作结束

清理现场，交还工器具，清理现场。

**二、考核**

(一)考核场地

通信实训基地。

(二)考核时间

30 min。

(三)考核要点

(1)工器具及材料的选择。

(2)标签和标牌的内容编制。

(3)标签、标牌的制作。

(4)标签、标牌的粘贴、绑扎。

## 三、评分标准

行业:电力工程　　　　工种:通信工程建设工　　　　等级:初级工

| 编号 | TG1ZY0625 | 行为领域 | 专业技能 | 评价范围 | | |
|---|---|---|---|---|---|---|
| 考核时限 | 30 min | 题型 | 单项操作 | 满分 | 100 分 | 得分 |
| 试题名称 | 标签标牌制作 | | | | | |
| 考核要点<br>及其要求 | 考核要点<br>(1)工器具及材料的选择;<br>(2)标签和标牌的内容编制;<br>(3)标签、标牌的制作;<br>(4)标签、标牌的粘贴、绑扎。<br>操作要求<br>(1)单人操作;<br>(2)熟练使用标签机、标牌机 | | | | | |
| 现场设备、<br>工器具、材料 | (1)工器具:斜口钳、美工刀等;<br>(2)材料:标签、标牌;<br>(3)设备:标签机、标牌机 | | | | | |
| 备注 | | | | | | |

| | | | 评分标准 | | | | |
|---|---|---|---|---|---|---|---|
| 序号 | 考核项目<br>名称 | 质量要求 | 分值 | 扣分标准 | 扣分<br>原因 | 得分 | |
| 1 | 工具、材料<br>的选用 | 工器具选用满足操作需要,工器具做外观及功能检查 | 10 | (1)选用不当扣 5 分;<br>(2)工器具未做外观及功能检查扣 5 分 | | | |
| 2 | 机柜标签<br>内容编制<br>与制作 | 按照机柜标签命名规范,编制标签内容,并制作标签 | 15 | (1)标签内容不完整、错误 1 处扣 2 分,扣完本项分数为止;<br>(2)标签制作不规范,扣 2~5 分,扣完本项分数为止 | | | |
| 3 | 设备标签<br>内容编制<br>与制作 | 按照设备标签命名规范,编制标签内容,并制作标签 | 15 | (1)标签内容不完整、错误 1 处扣 2 分,扣完本项分数为止;<br>(2)标签制作不规范,扣 2~5 分,扣完本项分数为止 | | | |
| 4 | 尾纤标签<br>内容编制<br>与制作 | 按照尾纤标签命名规范,编制标签内容,并制作标签 | 15 | (1)标签内容不完整、错误 1 处扣 2 分,扣完本项分数为止;<br>(2)标签制作不规范,扣 2~5 分,扣完本项分数为止 | | | |

续表

| 序号 | 考核项目名称 | 质量要求 | 分值 | 扣分标准 | 扣分原因 | 得分 |
|------|------------|---------|------|---------|---------|------|
| 5 | 线缆标牌内容编制与制作 | 按照线缆标牌命名规范,编制标牌内容,并制作标牌 | 15 | (1)标签内容不完整、错误1处扣2分,扣完本项分数为止;<br>(2)标签制作不规范,扣2~5分,扣完本项分数为止 | | |
| 6 | 粘贴标签 | 按照要求,粘贴机柜、设备和尾纤标签,挂线缆标牌 | 15 | (1)粘贴位置不正确有1处扣2分,扣完本项分数为止;<br>(2)粘贴不规范有1处扣2分,扣完本项分数为止 | | |
| 7 | 操作结束 | 工作完毕后报告操作结束,清理现场,交还工器具 | 5 | 不清理工作现场、不恢复原始状态、不报告操作结束扣2~5分 | | |
| 8 | 操作时间 | 在规定时间内独立完成 | 10 | 未在规定时间完成,每超时1分钟扣2分,扣完本项分数为止 | | |

## 2.2.3 相关技能题

### TG1XG0126 万用表的使用

**一、作业**

(一)工器具、材料、设备

(1)工器具:数字万用表。

(2)材料:无。

(3)设备:无。

(二)安全要求

正确使用仪表,防止触电和损伤仪表。

(三)操作步骤及工艺要求(含注意事项)

1.操作前准备

(1)规范着装。

(2)根据题目要求正确使用仪表,并做外观检查。

2.操作过程

(1)按照题目要求选择合适的测试端子和挡位。

(2)先测量一个已知电压,验证万用表是否工作正常。

(3)测试指定设备的电压和接地电阻。

(4)正确读取测量值。

**3. 操作结束**

清理现场,交还工器具。

## 二、考核

**(一)考核场地**

通信实训基地。

**(二)考核时间**

10 min。

**(三)考核要点**

(1)使用万用表前应仔细检查外壳及绝缘体是否完好,禁止在潮湿环境、爆炸性气体中使用。

(2)正式测试前先测量一个已知电压,验证万用表工作是否正常。

(3)选择正确的测试端子、功能挡和量程,禁止超出最大量程。

(4)正确读取测量值。

## 三、评分标准

行业:电力工程　　　　　　工种:通信工程建设工　　　　　等级:初级工

| 编号 | TG1XG0126 | 行为领域 | 专业技能 | 评价范围 | |
|---|---|---|---|---|---|
| 考核时限 | 10 min | 题型 | 单项操作 | 满分 | 100 分 | 得分 | |

| 试题名称 | 万用表使用 |
|---|---|
| 考核要点及其要求 | 考核要点<br>(1)使用万用表前应仔细检查外壳及绝缘体是否完好,禁止在潮湿环境、爆炸性气体中使用;<br>(2)正式测试前先测量一个已知电压,验证万用表工作是否正常;<br>(3)选择正确的测试端子、功能挡和量程,禁止超出最大量程;<br>(4)正确读取测量值。<br>操作要求<br>(1)单人操作;<br>(2)测试时应双手持握测试表笔,禁止单手操作;<br>(3)测试完毕后关闭万用表电源 |
| 现场设备、工器具、材料 | 数字万用表 |
| 备注 | |

评分标准

| 序号 | 考核项目名称 | 质量要求 | 分值 | 扣分标准 | 扣分原因 | 得分 |
|---|---|---|---|---|---|---|
| 1 | 万用表绝缘验证 | 使用万用表前应验证万用表绝缘部分是否良好 | 10 | 使用前未验证绝缘,扣 10 分 | | |
| 2 | 测试端子选择 | 选择正确的测试端子 | 20 | 测试端子选择不正确扣 20 分 | | |

续表

| 序号 | 考核项目名称 | 质量要求 | 分值 | 扣分标准 | 扣分原因 | 得分 |
|---|---|---|---|---|---|---|
| 3 | 验证万用表功能是否正常 | 选择交流电压挡,测量市电电压 | 20 | (1)不能正确选择交流电压挡,扣10分;<br>(2)测试时应双手测量,单手测量扣10分 | | |
| 4 | 测量指定设备的电压和接地电阻 | 正确选择直流电压挡和电阻挡 | 20 | (1)不能正确选取直流电压挡,扣10分;<br>(2)不能正确选取电阻挡,扣10分 | | |
| 5 | 读取测量值 | 正确读取测量值 | 10 | 不正确读取电压值扣10分 | | |
| 6 | 测量结束 | 测量结束后,关闭万用表电源 | 10 | 测量结束未关闭万用表扣10分 | | |
| 7 | 操作时间 | 在规定时间内独立完成 | 10 | 未在规定时间完成,每超时1分钟扣2分,扣完本项分数为止 | | |

## TG1XG0127　钳形电流表使用

### 一、作业

**(一)工器具、材料、设备**

(1)工器具:钳型电流表。

(2)材料:无。

(3)设备:无。

**(二)安全要求**

正确使用仪表,防止触电和损伤仪表。

**(三)操作步骤及工艺要求(含注意事项)**

**1.操作前准备**

(1)规范着装。

(2)根据题目要求正确使用仪表,并做外观检查。

**2.操作过程**

(1)按照题目要求选择合适的测试端子和挡位。

(2)先测量一个已知电压,验证万用表是否工作正常。

(3)测试指定设备的电流。

(4)正确读取测量值。

**3.操作结束**

清理现场,交还工器具。

## 二、考核

**(一)考核场地**

通信实训基地。

**(二)考核时间**

10 min。

**(三)考核要点**

(1)使用万用表前应仔细检查外壳及绝缘体是否完好,禁止在潮湿环境、爆炸性气体中使用。

(2)正式测试前先测量一个已知电压,验证万用表工作是否正常。

(3)选择正确的功能挡和量程,禁止超出最大量程。

(4)测试交流或直流电流时,在钳口中只能放入一根导线。

(5)闭合夹钳并用钳口上的对准标记将导线居中。

(6)正确读取测量值。

## 三、评分标准

行业:电力工程　　　　　　工种:通信工程建设工　　　　　　等级:初级工

| 编号 | TG1XG0127 | 行为领域 | 专业技能 | 评价范围 | | |
|---|---|---|---|---|---|---|
| 考核时限 | 10 min | 题型 | 单项操作 | 满分 | 100 分 | 得分 |
| 试题名称 | | 钳形电流表使用 | | | | |
| 考核要点<br>及其要求 | 考核要点<br>(1)使用万用表前应仔细检查外壳及绝缘体是否完好,禁止在潮湿环境、爆炸性气体中使用;<br>(2)正式测试前先测量一个已知电压,验证万用表工作是否正常;<br>(3)选择正确的功能挡和量程,禁止超出最大量程;<br>(4)测试交流或直流电流时,在钳口中只能放入一根导线;<br>(5)闭合夹钳并用钳口上的对准标记将导线居中;<br>(6)正确读取测量值。<br>操作要求<br>(1)单人操作;<br>(2)测试时应双手持握测试表笔,禁止单手操作;<br>(3)测试完毕后关闭万用表电源 | | | | | |
| 现场设备、<br>工器具、材料 | 数字万用表 | | | | | |
| 备注 | | | | | | |

评分标准

| 序号 | 考核项目名称 | 质量要求 | 分值 | 扣分标准 | 扣分原因 | 得分 |
|---|---|---|---|---|---|---|
| 1 | 万用表绝缘验证 | 使用万用表前应验证钳形电流表绝缘部分是否良好 | 10 | 使用前未验证绝缘,扣10分 | | |
| 2 | 端子选择 | 选择正确的测试端子 | 20 | 测试端子选择不正确扣20分 | | |
| 3 | 验证万用表功能是否正常 | 选择交流电压挡,测量市电电压 | 20 | (1)不能正确选择交流电压挡,扣10分;<br>(2)测试时应双手测量,单手测量扣10分 | | |
| 4 | 测量指定设备的电流 | 正确选择直流或交流电流挡 | 30 | (1)不能正确选取挡位,扣10分;<br>(2)测试交流或直流电流时,在钳口中放入多根线缆扣10分;<br>(3)测量时未对准钳口上的对准标志扣10分 | | |
| 5 | 读取测量值 | 正确读取测量值 | 5 | 不正确读取电压值扣5分 | | |
| 6 | 测量结束 | 测量结束后,关闭钳形电流表电源 | 5 | 测量结束未关闭万用表扣5分 | | |
| 7 | 操作时间 | 在规定时间内独立完成 | 10 | 未在规定时间完成,每超时1分钟扣2分,扣完本项分数为止 | | |

第二部分

中级工

# 第 3 章

# 理论

## ▶ 3.1 理论大纲

通信工程建设工——中级工技能等级评价理论知识考核大纲

| 等级 | 考核方式 | 能力种类 | 能力项 | 考核项目 | 考核主要内容 |
|---|---|---|---|---|---|
| 中级工 | 理论知识考试 | 基本知识 | 安全生产相关规定 | 安全生产相关规定 | 缺陷定级及处理 |
| | | | 电工基础 | 电工基础 | 电容器与电容元件 |
| | | | | | 电阻、电感和电容元件串联的正弦交流电路 |
| | | | | | 基尔霍夫定律 |
| | | | 电子技术 | 电子技术 | 单相可控整流电路 |
| | | | | | 基本门电路及其组合 |
| | | | | | 晶体管的开关作用 |
| | | | 通信原理 | 通信原理 | 数字基带传输系统 |
| | | | | | 同步原理 |
| | | 专业技能 | SDH、OTN、PTN原理 | SDH原理 | SDH信号的帧结构和复用步骤 |
| | | | | | SDH基本的网络拓扑结构 |
| | | | | | SDH的开销和指针 |
| | | | | OTN原理 | OTN基本的网络拓扑结构 |
| | | | | PTN原理 | PTN伪线仿真 |
| | | | 电力通信工程标准化施工工艺 | 电力通信工程标准化施工工艺 | 机房防静电地板安装工艺 |
| | | | | | 通信机房门窗安装工艺 |
| | | | | | 通信机房设备预制基础工艺 |
| | | | | | 线缆布放及成端工艺 |
| | | | | | 站内光缆引下工艺 |
| | | | 光纤光缆基础 | 光纤光缆基础 | 光缆的主要特性 |
| | | | | | 光纤的结构和类型 |
| | | | | | 电力特种光缆的特性和参数指标 |

| 等级 | 考核方式 | 能力种类 | 能力项 | 考核项目 | 考核主要内容 |
|---|---|---|---|---|---|
| 中级工 | 理论知识考试 | 专业知识 | 交换原理 | 程控交换机原理 | 程控交换机信令 |
| | | | | | 数字交换基本原理 |
| | | | | | 局间中继的种类和特点 |
| | | | | IMS系统原理 | IMS系统的组成 |
| | | | | | 语音网关和中继网关 |
| | | | 数据通信网原理 | 数据通信网原理 | 路由器基本知识 |
| | | | | | 网络交换机基本知识 |
| | | | 通信电源 | 通信电源 | UPS电源系统的主要电路 |
| | | | | | 电源集中监控系统的监控单元与组网运用 |
| | | | | | 铅酸阀控式铅蓄电池的结构和密封原理 |
| | | | | | 通信高频开关电源的主要电路 |
| | | 相关知识 | 电网调度基础知识 | 电网调度基础知识 | 电网调度工作规范 |
| | | | 继电保护及安控 | 继电保护及安控 | 电网保护对通信通道的要求 |
| | | | 调度自动化 | 调度自动化 | 电力调度数据网的结构和功能 |

## 3.2　理论试题

### 3.2.1　单选题

**La2A3001**　省级及以上调度大楼(含备调及灾备中心)应具备(　　)全程不同路由的出局光缆接入骨干通信网。

(A)一条　　　　　(B)二条　　　　　(C)三条　　　　　(D)三条及以上

【答案】　D

**La2A3002**　公司数据中心应具备(　　)全程不同路由的出局光缆接入骨干通信网。

(A)一条　　　　　(B)二条　　　　　(C)三条　　　　　(D)三条及以上

【答案】　D

**La2A3003**　省级备用调度应具备(　　)全程不同路由的出局光缆接入骨干通信网。

(A)一条　　　　　(B)二条　　　　　(C)两条及以上　　(D)三条及以上

【答案】　C

**La2A3004**　地(市)级调度大楼应具备(　　)全程不同路由的出局光缆接入骨干通信网。

(A)一条　　　　　(B)二条　　　　　(C)两条及以上　　(D)三条及以上

【答案】　C

**La2A3005**　通信光缆或电缆应避免与(　　)同沟(架)布放,并完善防火阻燃和阻火分隔等各项安全措施,绑扎醒目的识别标识。

(A)一次动力电缆　(B)信号线　　　　(C)接地线　　　　(C)保护专用光缆

【答案】　A

**La2A3006**　新建通信站应在设计时与(　　)电缆沟(架)统一规划,满足反措相关要求。

(A)机房　　　　　(B)全站　　　　　(C)站外　　　　　(D)设备区

【答案】　B

**La2A3007**　电网调度机构与直调发电厂及重要变电站调度自动化实时业务信息的传输应具有(　　)条不同路由的通信通道(主/备双通道)。

(A)一　　　　　　(B)二　　　　　　(C)三　　　　　　(D)四

【答案】　B

**La2A3008**　同一条(　　)kV 及以上线路的两套继电保护通道应采用两条完全独立的路由。

(A)220　　　　　(B)330　　　　　(C)500　　　　　(D)750

【答案】　A

**La2A3009**　同一(　　)的有主/备关系的两套安全自动装置通道应采用两条完全独立的路由。

(A)线路　　　　　(B)站点　　　　　(C)方向　　　　　(D)系统

【答案】　D

La2A3010 （　　）配置的继电保护光电转换接口装置的直流电源应取自不同的电源。

(A)冗余　　　　(B)独立　　　　(C)双重化　　　　(D)重要

【答案】　C

La2A3011 每套通信电源应有两路分别取自（　　）母线的交流输入,并具备自动切换功能。

(A)不同　　　　(B)相同　　　　(C)合适　　　　(D)合格

【答案】　A

La2A3012 县级及以上调度大楼应配备（　　）套独立的通信专用电源。

(A)一　　　　(B)二　　　　(C)三　　　　(D)四

【答案】　B

La2A3013 地(市)级及以上电网生产运行单位应配备（　　）套独立的通信专用电源。

(A)一　　　　(B)二　　　　(C)三　　　　(D)四

【答案】　B

La2A3014 220 kV及以上电压等级变电站应配备（　　）套独立的通信专用电源。

(A)一　　　　(B)二　　　　(C)三　　　　(D)四

【答案】　B

La2A3015 "三跨"的架空输电线路区段光缆不应采用（　　）光缆。

(A)架空复合地线　(B)全介质自承式　(C)架空复合相线　(D)地埋光缆

【答案】　B

La2A3016 OPGW、ADSS等光缆在进站门形架处应悬挂醒目（　　）。

(A)光缆标示牌　(B)接地线　　(C)警示牌　　(D)围栏

【答案】　A

La2A3017 变电站内的引入光缆应使用（　　）光缆,并在沟道内全程穿防护子管或使用防火槽盒。

(A)ADSS　　　(B)普通　　　(C)防火阻燃　　(D)地埋光缆

【答案】　C

La2A3018 应防止引入光缆封堵不严或接续盒安装不正确,造成（　　）内或接续盒内进水结冰。

(A)光缆保护管　(B)沟道　　(C)光缆　　(D)门形架

【答案】　A

La2A3019 变电站内的引入光缆从门形架至电缆沟地埋部分应全程穿（　　）。

(A)PVC管　　(B)热镀锌钢管　(C)普通钢管　　(D)铁管

【答案】　B

La2A3020 引入光缆地埋部分钢管（　　）上应设置地埋光缆标识或标牌。

(A)埋设路径　　(B)起点　　(C)终点　　(D)管体

【答案】　A

La2A3021　各级开关、断路器或熔断器保护范围应逐级配合,下级不应大于其对应的上级开关、断路器或熔断器的额定容量,避免出现(　　),导致故障范围扩大。

(A)短路　　　　　(B)同时跳闸　　　　(C)越级跳闸　　　　(D)过载

【答案】　C

La2A3022　给通信设备供电的各级开关、断路器或熔断器保护范围应(　　)配合。

(A)相互　　　　　(B)逐级　　　　(C)上下　　　　(D)协调

【答案】　B

La2A3023　通信机房的窗户具备(　　)功能,防止阳光直射机柜和设备。

(A)通风　　　　　(B)密闭　　　　(C)自动开启　　　　(D)遮阳

【答案】　D

La2A3024　各级通信调度负责监视及控制所辖范围内的通信网的运行情况,(　　)通信网故障处理。

(A)指挥、协助　　　(B)指挥、协调　　　(C)指导、协助　　　(D)指导、协调

【答案】　B

La2A3025　通信电源系统(　　)V 部分的状态及告警信息应纳入实时监控,满足通信运行要求。

(A)交流 380　　　(B)交流 220　　　(C)直流－48　　　(D)直流－24

【答案】　C

La2A3026　一体化电源(　　)V 通信部分的状态及告警信息应纳入实时监控,满足通信运行要求。

(A)交流 380　　　(B)交流 220　　　(C)直流－48　　　(D)直流－24

【答案】　C

La2A3027　通信站内主要设备的告警信息应上传至(　　)值班的场所。

(A)白天有人　　　(B)晚上有人　　　(C)24 h 有人　　　(D)无人

【答案】　C

La2A3028　线路运行维护部门应结合线路巡检每半年对(　　)光缆进行专项检查,线路运行维护部门应将光缆专项检查结果报通信运行部门。

(A)ADSS　　　　　(B)OPGW　　　　(C)普通　　　　(D)OPPC

【答案】　B

La2A3029　通信运行部门应每半年对光缆(　　)纤芯的(　　)进行测试对比。

(A)在用　衰耗　　　(B)备用　衰耗　　　(C)在用　光功率　　　(D)备用　光功率

【答案】　B

La2A3030　(　　)类机房中的自动化、信息或通信设备失电,且持续时间 24 h 以上,属于五级设备事件。

(A)A　　　　　　(B)B　　　　　　(C)C　　　　　　(D)以上都不是

【答案】　B

**La2A3031** 架线施工时受力钢丝绳的( )不得有人,OPGW 光缆严禁托地,严禁与杆塔发生碰撞或摩擦,必须保证 OPGW 的最小弯曲半径。

(A)外角侧　　(B)内角侧　　(C)后面　　(D)前面

【答案】 B

**La2A3032** 为预防电力通信专业各类工作中发生人身、电网、( )和设备事故,制订了《国家电网公司电力安全工作规程(通信部分)》。

(A)通信网　　(B)仪器　　(C)断路器　　(D)变压器

【答案】 A

**La2A3033** 在城镇及道路的工作地点作业时,必须设立明显的安全警示标志和警示灯,白天用( )色标志。

(A)红　　(B)黄　　(C)绿　　(D)蓝

【答案】 A

**La2A3034** 电力通信专业安全工作规范编写的依据是( )。

(A)《中华人民共和国安全生产法》《中华人民共和国劳动法》《电力安全工作规程》

(B)《中华人民共和国安全生产法》

(C)《电力安全工作规程》

(D)《中华人民共和国道路交通法》

【答案】 A

**La2A3035** ADSS 的架设,不能在大风、雷雨等恶劣气候下施工;遇有( )级以上大风及雨雾天气严禁光缆放线及熔接作业。

(A)3　　(B)4　　(C)5　　(D)6

【答案】 C

**La2A3036** 变电站内布放光缆应有专人监护,作业人员应防止误碰与本工作无关的设备,注意与( )保持足够的安全距离。

(A)检修设备　　(B)带电设备　　(C)停运设备　　(D)以上都不是

【答案】 B

**La2A3037** 通信作业现场内( )存放易燃易爆化学危险品和易燃可燃材料。

(A)不准　　(B)可以　　(C)宜　　(D)应

【答案】 A

**La2A3038** 生产经营单位的( )依法组织职工参加本单位安全生产工作的民主管理和民主监督,维护职工在安全生产方面的合法权益。

(A)党群部门　　(B)办公室　　(C)工会　　(D)监察审计部门

【答案】 C

**La2A3039** 生产经营单位必须为从业人员提供符合( )的劳动防护用品,并监督、教育作业人员按照使用规则佩戴、使用。

(A)行业标准或者企业标准　　　　(B)国家标准或者行业标准

(C)国家标准或者企业标准　　　　　　　(D)企业标准或者地方标准

【答案】　B

La2A3040　两个以上生产经营单位在同一作业区域内进行生产经营活动,可能危及对方生产安全的,应当(　　),明确各自的安全生产管理职责和应当采取的安全措施,并指定专职安全生产管理人员进行安全检查与协调。

(A)制订安全生产实施细则

(B)采取相应安全措施

(C)停止相关活动

(D)以上都不是

【答案】　A

La2A3041　生产经营单位的从业人员有权了解其作业场所和工作岗位存在的危险因素、防范措施及(　　)。

(A)劳动用工情况　　　　　　　　　　　(B)安全技术措施

(C)安全投入资金情况　　　　　　　　　(D)事故应急措施

【答案】　D

La2A3042　从业人员发现直接危及人身安全的紧急情况时,有权停止作业或者在(　　)后撤离作业现场。

(A)经安全管理人员同意　　　　　　　　(B)经单位负责人批准

(C)经现场负责人同意　　　　　　　　　(D)采取可能的应急措施

【答案】　D

La2A3043　任何单位或者个人对事故隐患或者安全生产违法行为,均有权向(　　)报告或者举报。

(A)人民政府

(B)建设单位负责人

(C)负有安全生产监督管理职责的部门

(D)市级以上负有安全生产监督管理职责的部门

【答案】　C

La2A3044　生产经营单位发生生产安全事故造成人员伤亡、他人财产损失,拒不承担赔偿责任或者其负责人逃匿的,由(　　)依法强制执行。

(A)人民法院　　　　　　　　　　　　　(B)安全生产监督管理部门

(C)公安机关　　　　　　　　　　　　　(D)上级机构

【答案】　A

La2A3045　安全监督管理机构是本单位安全工作的综合管理部门,对其他职能部门和下级单位的(　　)工作进行综合协调和监督。

(A)计划　　　　　　(B)管理　　　　　　(C)安全　　　　　　(D)规划

【答案】　C

La2A3046 安全设备的设计、制造、安装、使用、检测、维修、改造和报废,应当符合国家标准或者( )标准。

(A)行业 　　(B)地方 　　(C)企业 　　(D)车间

【答案】 A

La2A3047 生产经营单位与从业人员订立的劳动合同,应当载明有关保障从业人员劳动安全、防止职业危害的事项,以及依法为从业人员办理( )保险的事项。

(A)工伤 　　(B)社会 　　(C)工伤社会 　　(D)失业

【答案】 A

La2A3048 一个数字通信系统至少应包括的两种同步是( )。

(A)载波同步、位同步 　　　　(B)载波同步、网同步
(C)帧同步、载波同步 　　　　(D)帧同步、位同步

【答案】 D

La2A3049 $R_1$,$R_2$,$R_3$ 三个电阻并联时,总电导 $G$ 的值是( )。

(A)$R=1/R_1+1/R_2+1/R_3$ 　　　　(B)$R=1/(R_1+R_2+R_3)$
(C)$G=G_1+G_2+G_3$ 　　　　(D)$G=1/(R_1+R_2+R_3)$

【答案】 C

La2A3050 已知三个电阻 $R_1>R_2>R_3$ 并联接在电源上,其中,流过电流最大的电阻是( )。

(A)$R_1$ 　　(B)$R_2$ 　　(C)$R_3$ 　　(D)$R_2$ 和 $R_3$

【答案】 C

La2A3051 电容器的电容量与电容器几何尺寸的关系是( )。

(A)极板面积愈大或极板间距离愈小电容量愈大
(B)极板面积愈大或极板间距离愈大电容量愈大
(C)极板面积愈大电容量愈大,电容量和极板距离无关
(D)极板面积愈小电容量愈大,电容量和极板距离无关

【答案】 A

La2A3052 电容器通过直流电源充电后,说法正确的是( )。

(A)极板上带同种等量电荷
(B)极板上带异性等量电荷
(C)正电源极板电荷量多于负电源极板上的电荷量
(D)负电源极板电荷量多于正电源极板上的电荷量

【答案】 B

La2A3053 电容器在正弦交流电路中,它的容抗单位是( )。

(A)法 　　(B)微法 　　(C)欧姆 　　(D)韦伯

【答案】 C

La2A3054 互感电动势的大小和方向,用( )分析。

(A)楞次定律 　　　　(B)右手定则

(C)左手定则　　　　　　　　　　　　(D)法拉第电磁感应定律

【答案】 D

La2A3055 电容器在直流稳态电路中相当于(　　　)。

(A)短路　　　　(B)开路　　　　(C)高通滤波器　　(D)低通滤波器

【答案】 B

La2A3056 在纯电感电路中,没有能量消耗,只有能量(　　　)。

(A)变化　　　　(B)增强　　　　(C)交换　　　　(D)补充

【答案】 C

La2A3057 RLC 并联电路,当电路谐振时,回路中(　　　)最小。

(A)电压　　　　(B)阻抗　　　　(C)电流　　　　(D)电抗

【答案】 C

La2A3058 交流电阻和电感串联电路中,用(　　　)三角形表示电阻、电感及阻抗之间的关系。

(A)电压　　　　(B)功率　　　　(C)阻抗　　　　(D)电流

【答案】 C

La2A3059 码速调整方式中不正确的是(　　　)调整。

(A)正码速　　　　(B)负码速　　　　(C)正/负码速　　　　(D)正/零/负码速

【答案】 B

La2A3060 异步复接在复接过程中需要进行(　　　)。

(A)码速调整和码速恢复　　　　　　　(B)码速恢复

(C)编码方式变换　　　　　　　　　　(D)码速调整

【答案】 D

La2A3061 电话采用的 A 律 13 折线 8 位非线性码的性能相当于编线性码位数为(　　　)位。

(A)8　　　　(B)10　　　　(C)11　　　　(D)12

【答案】 D

La2A3062 采用非均匀量化可以使得(　　　)。

(A)小信号量化信噪比减小、大信号量化信噪比增加

(B)小信号量化信噪比增加、大信号量化信噪比减小

(C)小信号量化信噪比减小、大信号量化信噪比减小

(D)小信号量化信噪比增加、大信号量化信噪比增加

【答案】 B

La2A3063 按信号特征通信系统可分为模拟和数字通信系统,为数字通信系统的是(　　　)。

(A)采用 PAM 方式的通信系统　　　　(B)采用 SSB 方式的通信系统

(C)采用 VSB 方式的通信系统　　　　(D)采用 PCM 方式的通信系统

【答案】 D

**La2A3064** 频带利用率表征的是通信系统的(　　)。

(A)有效性　　　　(B)可靠性　　　　(C)标准性　　　　(D)可维护性

【答案】 A

**La2A3065** 由发送端发送专门的同步信息,接收端把这个专门的同步信息检测出来作为同步信号的方法,被称为(　　)。

(A)外同步法　　　(B)自同步法　　　(C)位同步法　　　(D)群同步法

【答案】 A

**La2A3066** 不属于线性调制的调制方式为(　　)。

(A)AM　　　　　(B)DSB　　　　　(C)FSK　　　　　(D)SSB

【答案】 C

**La2A3067** 架空电缆通过市区在房屋上方经过时距房顶不低于(　　)m。

(A)1.5　　　　　(B)4.5　　　　　(C)5.5　　　　　(D)6.0

【答案】 A

**La2A3068** 有源三极管平衡调制器,两管工作状态是(　　)。

(A)两管分别处于饱和、放大状态　　　　(B)两管分别处于截止、放大状态

(C)两管分别处于饱和、截止状态　　　　(D)两管分别处于放大、放大状态

【答案】 B

**La2A3069** 交流测量仪表所指示的读数是正弦量的(　　)。

(A)有效值　　　　(B)平均值　　　　(C)最大值　　　　(D)瞬时值

【答案】 A

**La2A3070** 导线通以交流电流时,导线表面的电流密度(　　)。

(A)比靠近导线中心密度小　　　　(B)比靠近导线中心密度大

(C)与靠近导线中心密度一样　　　　(D)无法确定

【答案】 B

**La2A3071** 绝缘体不导电是因为绝缘体中几乎没有(　　)。

(A)质子　　　　　(B)自由电子　　　(C)中子　　　　　(D)离子

【答案】 B

**La2A3072** 编码方法中不属于波形编码的是(　　)。

(A)PCM　　　　　(B)LPC　　　　　(C)ΔM　　　　　(D)DPCM

【答案】 B

**La2A3073** 样值为513,它属于 A 律13折线的(I=8)第(　　)量化段。

(A)5　　　　　　(B)6　　　　　　(C)7　　　　　　(D)8

【答案】 A

**La2A3074** 以下4种传输码型中不利于提取定时的传输码型是(　　)码。

(A)CMI　　　　　(B)HDB3　　　　(C)AMI　　　　　(D)单极性归零

【答案】 C

La2A3075 将数字信号码元序列以串行方式一个码元接一个码元在一条信道上传输,这种通信方式属于( )传输。

(A)并行      (B)串行      (C)同步      (D)异步

【答案】 B

La2A3076 在数字通信系统中,需要接收端产生与"字"或"句"起止时刻相一致的定时脉冲序列,这个定时脉冲序列通常被称为( )。

(A)位同步      (B)网同步      (C)载波同步      (D)群同步

【答案】 D

La2A3077 对于 2PSK 采用直接法载波同步会带来的载波相位模糊是( )。

(A)90°和 180°不定            (B)0°和 180°不定

(C)90°和 360°不定            (D)0°和 90°不定

【答案】 B

La2A3078 帧同步系统中的后方保护电路是为了防止( )。

(A)伪同步      (B)假同步      (C)伪失步      (D)假失步

【答案】 B

La2A3079 电容器在正弦交流电路中,它的容抗和频率的关系是( )。

(A)频率愈高,容抗愈大            (B)频率愈高,容抗愈小

(C)是个常量            (D)以上都不对

【答案】 B

Lb2A3080 机房建筑的防雷接地、保护接地、工作接地体及引线已经完工并验收合格,( )应符合施工图设计及 DL/T548 要求。

(A)接地电阻      (B)机房温度      (C)机房亮度      (D)机房湿度

【答案】 A

Lb2A3081 屏体安装工艺要求中,列内屏体应相互( ),屏体间隙不应大于 3 mm,列内机面平齐,无明显差异。

(A)分离      (B)并排      (C)隔离      (D)靠拢

【答案】 D

Lb2A3082 屏体安装工艺要求中,屏体内底部防小动物盖板(网)采用磁吸或其他扣件固定,不应采用( )方式,也不宜采用活动螺栓。

(A)灵活可调      (B)永久固定      (C)活动      (D)固定

【答案】 B

Lb2A3083 光设备子架安装时,子架间保持 50 mm 的( )距离,若有风扇的子架,应留出足够的散热距离。

(A)平行      (B)垂直      (C)横向      (D)纵向

【答案】 B

**Lb2A3084** 配电单元安装要求中,先连接电源分配单元的电缆线(告警输出线、电源线),插座要插紧,用( )固定。

(A)铁丝 (B)扎线 (C)胶带 (D)螺钉

【答案】 D

**Lb2A3085** 配电单元安装要求中,电源分配单元安装于( ),安装时由前往后推,根据安装位置在机架安装条适当位置上卡上螺母,用螺栓(带垫片和弹簧垫圈)将电源分配单元固定在机架上。

(A)机架顶部 (B)机架底部 (C)机架外部 (D)机架内部

【答案】 A

**Lb2A3086** 调度台采用2B+D接口与电力调度交换机之间直接连接距离应不小于( )m。

(A)1 000 (B)1 500 (C)2 000 (D)2 500

【答案】 B

**Lb2A3087** 交换机V5.1接口支持的最大接入速率是( )。

(A)64 kb/s (B)2.048 Mb/s (C)8.448 Mb/s (D)34.368 Mb/s

【答案】 B

**Lb2A3088** 在ISDN业务中的基群速率接口30B+D中,D通道主要用于传送信令,其传送速率为( )kbit/s。

(A)4 (B)8 (C)16 (D)64

【答案】 D

**Lb2A3089** 在基本速率接口BRI和基群速率接口PRI ISDN中的PRI线路中,D通道的一般作用是( )。

(A)用户数据通道 (B)传送信令 (C)传送话音 (D)传送同步信号

【答案】 B

**Lb2A3090** 各省公司建设两套IMS核心网元,两套核心网元建议按照( )方式部署,采用( )容灾方式。

(A)同城异地,1+1主备 (B)同省异市,1+1主备

(C)同城异地,1+1互备 (D)同省异市,1+1互备

【答案】 D

**Lb2A3091** 在SDH原理中,MS-RDI告警是通过( )开销字节回送的。

(A)E1 (B)V5 (C)M1 (D)S1

【答案】 C

**Lb2A3092** 当一条2M业务出现故障时,大致可以从( )方面对故障进行分析定位,逐段排查故障。

(A)SDH侧、用户侧和接地 (B)远端侧、近端侧和接地

(C)环回侧和用户侧 (D)环回侧、用户侧和接地

【答案】 A

Lb2A3093 2M业务在SDH侧开通正常时,在未接入用户设备的情况下该端口应有( )告警。

(A)LOS (B)AIS (C)LOF (D)MD

【答案】 A

Lb2A3094 ( )表示数字信号的各有效瞬间相对于其理想位置的瞬时偏离量。

(A)抖动 (B)误码 (C)漂移 (D)帧失步

【答案】 A

Lb2A3095 SDH体制中集中监控功能的实现由( )。

(A)段开销及通道开销 (B)线路编码的冗余码

(C)帧结构中的TS0及TS15时隙 (D)业务净负荷

【答案】 A

Lb2A3096 在SDH中,非网关网元是通过( )通道和网关网元进行通信从而实现和网管的通信的。

(A)LP (B)DCN (C)ECC (D)TCP/IP

【答案】 C

Lb2A3097 在SDH各信息单元中,( )进行指针处理。

(A)AU和TU (B)AUG和AU-4-NC

(C)高阶VC和低阶VC (D)容器C和STM-N帧

【答案】 A

Lb2A3098 根据用户需要,利用SDH系统开展20M的以太网业务,如果以太网单板Vctrunk绑定的带宽为$10 \times VC12$,则实际通过的以太网数据的净负荷要( )$10 \times VC12$。

(A)大于 (B)小于 (C)等于 (D)不一定

【答案】 B

Lb2A3099 关于拉曼放大器DRA和掺铒光纤放大器EDFA的说法不正确的是( )。

(A)DRA比EDFA噪声大

(B)DRA比EDFA噪声小

(C)DRA是40Gbps波分系统的关键器件之一

(D)将DRA与EDFA配合使用,能够在获得高增益的同时减少噪声

【答案】 A

Lb2A3100 在SDH网络中传送定时要通过的接口种类有2 048 kHz接口、2 048 kbit/s接口和( )接口3种。

(A)34 Mbit/s (B)8 Mbit/s (C)STM-N (D)STM-0

【答案】 C

Lb2A3101 在SDH中,STM-4的再生段数据通信通路速率为( )kbit/s。

(A)64 (B)192 (C)576 (D)768

【答案】 B

**Lb2A3102** STM - N 帧一帧的周期为( )μs。

(A)50 　　　　(B)125 　　　　(C)150 　　　　(D)500

【答案】 B

**Lb2A3103** 某 SDH 接收到的 STM - 4 信号头部有连续( )个 A1 字节。

(A)6 　　　　(B)8 　　　　(C)19 　　　　(D)12

【答案】 D

**Lb2A3104** 某 SDH 接收到的信号头部有连续 48 个 A1 字节,问该信号速率是( )kbit/s。

(A)18 　　　　(B)14 　　　　(C)16 　　　　(D)12

【答案】 D

**Lb2A3105** 在 SDH 中,需要开通一个 34M 带宽的通道,则占用 SDH 的时隙为( )。

(A)VC12 　　　(B)VC3 　　　(C)VC4 　　　(D)AU4

【答案】 B

**Lb2A3106** 在 SDH 中,一个 AU - 4 包含( )个 TU - 3 时隙,可以容纳( )个 34M 信号。

(A)1　1 　　　(B)1　3 　　　(C)3　1 　　　(D)3　3

【答案】 D

**Lb2A3107** 由于各厂商在 STM - N 段开销中的某些字节编码不同,从而导致不同商家的 SDH 网络不能正常互连互通,段开销中( )属于互联字节。

(A)J1 　　　　(B)A1A2 　　　(C)M1 　　　　(D)K2

【答案】 A

**Lb2A3108** 在 SDH 中,AU - 4 指针负调整时,3 个 H3 字节传送( )字节。

(A)非信息 　　(B)VC - 4 　　(C)VC - 12 　　(D)C - 12

【答案】 B

**Lb2A3109** 采用( )的方式是 SDH 的重要创新,它消除了在常规 PDH 系统中由于采用滑动缓存器所引起的延时和性能损伤。

(A)虚容器结构 　(B)指针处理 　(C)同步复用 　(D)字节间插

【答案】 B

**Lb2A3110** 在 SDH 中,对于 AU 指针调整,( )个字节为一个调整单位,TU - 12 指针的调整单位是( )字节。

(A)1　1 　　　(B)1　3 　　　(C)3　1 　　　(D)3　3

【答案】 C

**Lb2A3111** 在 SDH 系统中,下列告警中是复用段环保护倒换条件的是( )。

(A)HP - SLM 　(B)AU - AIS 　(C)R - OOF 　(D)R - LOF

【答案】 D

**Lb2A3112** SDH 自愈环中,发生故障时仅需要在一侧倒换的是( )。

(A)二纤单向通道保护环(1+1方式) 　　(B)二纤双向复用段共享保护环

(C)四纤双向复用段共享保护环　　　　　(D)二纤单向复用段保护环

【答案】 A

Lb2A3113 在 SDH 中,当启用二纤通道保护环时,2M 业务可以实现保护,其倒换条件是(　　)。

(A)APS 保护倒换协议　　　　　　　　　(B)交叉板时分对 TU12 的优选

(C)TU - AIS 和 TU - LOP　　　　　　　　(D)支路板的并发优收

【答案】 C

Lb2A3114 STM - N 的复用方式是(　　)。

(A)字节间插　　　　(B)比特间插　　　　(C)帧间插　　　　(D)统计复用

【答案】 A

Lb2A3115 SDH 光端机的 L - 4.2 光接口卡是指(　　)。

(A)长距,155M 速率,1 550 nm 波长　　　(B)长距,622M 速率,1 550 nm 波长

(C)短距,155M 速率,1 310 nm 波长　　　(D)短距,622M 速率,1 310 nm 波长

【答案】 B

Lb2A3116 SDH 光端机的 S - 1.1 光接口卡是指(　　)。

(A)长距,155M 速率,1 550 nm 波长　　　(B)长距,622M 速率,1 550 nm 波长

(C)短距,155M 速率,1 310 nm 波长　　　(D)短距,622M 速率,1 310 nm 波长

【答案】 C

Lb2A3117 通信机房内环形接地母线如用铜排,其截面不小于(　　) $mm^2$。

(A)75　　　　　　　(B)80　　　　　　　(C)90　　　　　　　(D)120

【答案】 C

Lb2A3118 搁置不用时间超过三个月和浮充运行达(　　)的阀控式密封铅酸蓄电池需进行均衡充电。

(A)三个月　　　　(B)六个月　　　　(C)一年　　　　(D)两年

【答案】 B

Lb2A3119 OTN 的主要节点设备是(　　)。

(A)OADM 和 OXC　　　　　　　　　　　(B)REG 和 OXC

(C)WDM 和 SDH　　　　　　　　　　　(D)TM 和 ADM

【答案】 A

Lb2A3120 OTN 中复用采用的是(　　)。

(A)比特间插　　　　　　　　　　　　　(B)字节间插

(C)帧并帧横向排列　　　　　　　　　　(D)帧并帧纵向排列

【答案】 A

**Lb2A3121** 对于波分系统,说法错误的是(　　)。

(A)基于时分复用技术　　　　　　　　(B)可单纤双向传输

(C)课双纤单向传输　　　　　　　　　(D)基于波长复用技术

【答案】　A

**Lb2A3122** 关于 VLAN 标签头的正确描述是(　　)。

(A)对于连接到交换机上的用户计算机来说,是不需要知道 VLAN 信息的

(B)无论报文是否含有标签头,都会把报文发送给用户

(C)VLAN 标签头有很多个

(D)VLAN 标签头并不是必需的

【答案】　A

**Lb2A3123** 关于 Telnet 的正确描述的是(　　)。

(A)默认端口为 21　　　　　　　　　(B)属于 TCP/IP 协议族

(C)属于 ICMP 协议　　　　　　　　(D)基于 UDP 协议实现远程登录

【答案】　B

**Lb2A3124** 关于 OSPF 的广播网络中的 DR,说法正确的是(　　)。

(A)DR 一定是优先级最大的路由器

(B)DR 是针对接口而言,所以路由器可能既是 DR 也是

(C)DR 和 BDR 之间不用建立邻接关系

(D)如果优先级相同,则拥有最小 RID 的路由器为 DR

【答案】　C

**Lb2A3125** OSPF 路由协议的管理距离是(　　)。

(A)90　　　　　(B)100　　　　　(C)110　　　　　(D)120

【答案】　C

**Lb2A3126** 默认情况下,OSPF 在广播多路访问链路上每隔(　　)s 发送一个 Hello 分组。

(A)3.3　　　　　(B)10　　　　　(C)30　　　　　(D)40

【答案】　B

**Lb2A3127** 路由器的性能指标中,代表数据包转发能力的是(　　)。

(A)吞吐量　　　(B)路由表能力　　　(C)背板带宽　　　(D)转发时延

【答案】　A

**Lb2A3128** 路由器中负责维护所需的各种表格以及路由运算的部件是(　　)。

(A)CPU　　　　　(B)ROM　　　　　(C)NVRAM　　　　(D)管理接口

【答案】　A

**Lb2A3129** 路由器中用来保存启动配置文件的存储器类型是(　　)。

(A)ROM　　　　　(B)FLASH　　　　　(C)RAM　　　　　(D)NVRAM

【答案】　D

**Lb2A3130** 对路由器进行配置后,所有的参数都将保留以文件的形式驻留在路由器的(     )中,称为运行配置文件。

(A)ROM　　　　(B)RAM　　　　(C)FLASH　　　　(D)NVRAM

【答案】 B

**Lb2A3131** ARP 协议中,Netstat 命令的作用是(     )。

(A)查看本机实时网络连接和协议统计信息

(B)查看本地计算机缓存中的 IP 地址与 MAC 地址对应关系

(C)网络基本输入输出系统管理工具

(D)查看本地计算机网卡配置信息

【答案】 A

**Lb2A3132** 通过路由器上网时,局域网中的 PC 机不需进行的设置(假设局域网中无 DHCP 服务器)(     )。

(A)网关地址　　　　　　　　　　(B)PC 机的 IP 地址

(C)DNS 地址　　　　　　　　　　(D)MAC 地址

【答案】 D

**Lb2A3133** 在以太网中 ARP 报文分为 ARPRequest 和 ARPResponse,其中 ARPRequest 是广播报文,ARPResponse 是(     )报文。

(A)广播　　　　(B)单播　　　　(C)组播　　　　(D)单播

【答案】 B

**Lb2A3134** 关于 IP 地址,说法正确的是(     )。

(A)P 地址的表示方式是点分二进制

(B)私网 IP 地址可在公网中唯一标识一个网络设备

(C)IP 地址属于 OSI 分层中的第三层

(D)同一网络中的两台计算机 IP 地址可以重复

【答案】 A

**Lb2A3135** 网络中应用层中不支持(     )协议。

(A)HTTP　　　　(B)FTP　　　　(C)RIP　　　　(D)SMTP

【答案】 C

**Lb2A3136** 在 IP 网络中,(     )是合法的 IP 地址。

(A)127.2.3.5　　　　　　　　　　(B)1.255.255.2

(C)255.23.200.9　　　　　　　　(D)192.240.150.255/24

【答案】 B

**Lb2A3137** 某供电公司申请到一个 C 类 IP 地址,但要连接 6 个部门,最大的一个部门有 26 台计算机,每个部门需在一个网段内,则子网掩码应设置为(     )。

(A)255.255.255.0　　　　　　　　(B)255.255.255.128

(C)255.255.255.192　　　　　　　　　(D)255.255.255.224

【答案】 D

Lb2A3138 关于二层交换机的描述,不正确的是( )。

(A)解决了广播泛滥问题　　　　　　　(B)解决了冲突严重问题

(C)基于源地址学习　　　　　　　　　(D)基于目的地址转发

【答案】 A

Lb2A3139 交叉网线与直通网线都可采用( )接头。

(A)RJ - 45　　　　(B)RJ - 11　　　　(C)RJ - 21　　　　(D)RS - 232

【答案】 A

Lb2A3140 对默认路由描述正确的是( )。

(A)默认路由是优先被使用的路由　　　(B)默认路由是最后一条被使用的路由

(C)默认路由是一种特殊的动态路由　　(D)默认路由可自动生成

【答案】 C

Lb2A3141 一根网线两端均是白绿、绿、白橙、蓝、白蓝、桔、白棕、棕顺序,是( )。

(A)586B　　　　(B)直连线　　　　(C)交叉线　　　　(D)直排线

【答案】 C

Lb2A3142 在 IP 网络中,路由环路问题不会引起( )。

(A)慢收敛　　　　(B)广播风暴　　　　(C)路由器重起　　　　(D)路由不一致

【答案】 C

Lb2A3143 在 OSPF 协议中,对 Hello 包描述不正确的是( )。

(A)建立和验证单向连接　　　　　　　(B)选举 DR 和 BDR

(C)路由器之间保持　　　　　　　　　(D)建立和维护邻居关系

【答案】 A

Lb2A3144 PCM 四线通道测试采用的测试仪器是( )。

(A)2M 误码仪　　　　　　　　　　　(B)万用表

(C)话路特性分析仪　　　　　　　　　(D)示波器

【答案】 C

Lb2A3145 PCM 二线通道测试使用的仪器是( )。

(A)2M 误码仪　　　　　　　　　　　(B)话路特性分析仪

(C)万用表　　　　　　　　　　　　　(D)示波器

【答案】 B

Lb2A3146 在 2.048 kbit/s 复帧结构中的( )时隙作为传递 SSM 的信息通道。

(A)TS0　　　　(B)TS1　　　　(C)TS16　　　　(D)TS30

【答案】 A

**Lb2A3147** 时分多路利用 PCM 通信是对输入的多路话音信号进行抽样、量化和编码,使每路话音信号变换为( )kbit/s 速率的数码序列直接在线路上传输。

(A)8　　　　　　(B)32　　　　　　(C)64　　　　　　(D)128

【答案】 C

**Lb2A3148** 在 2 Mb/s 传输电路测试中,当测试仪表显示 LOS 告警时,可能的原因是( )。

(A)仪表 2M 连接线收发接反　　　　(B)远端未环回

(C)中间电路 2M 转接不好　　　　　(D)以上都不是

【答案】 A

**Lb2A3149** 在 PCM 通信中,话路用作电话延伸方式时,自动话机侧的铃流(振铃电流)由( )装置提供。

(A)交换机提供　　(B)PCM 提供　　(C)话机提供　　(D)以上都不是

【答案】 B

**Lb2A3150** 在 PCM 系统中 30 个话路的状态信号传输在( )时隙。

(A)0　　　　　　(B)16　　　　　　(C)31　　　　　　(D)不定

【答案】 B

**Lb2A3151** ( )是时钟的一个运行状态此时,时钟的输出信号取决于内部的振荡源,并且不受伺服锁相环系统的控制。

(A)自由运行状态　　(B)保持工作状态　　(C)锁定状态　　　(D)搜索状态

【答案】 A

**Lb2A3152** 为避免网元跟踪低级别的时钟源,在环形网络中需要配置( )。

(A)时钟保护　　(B)时钟优先级　　(C)外部时钟源　　(D)高精度时钟源

【答案】 A

**Lb2A3153** SDH 传输网中,BITS 时钟信号通过网元 1 和网元 4 的外时钟接入口接入,互为主备,满足 G.812 本地时钟基准源质量要求正常工作的时候,整个传输网的时钟同步于网元 1 的外接 BITS 时钟基准源。SDH 的同步网规划及组网原则应着重考虑( )。

(A)避免定时环的出现

(B)低级时钟同步高级时钟

(C)时钟重组对定时的影响并扩大其影响的范围

(D)时钟频繁倒换

【答案】 A

**Lb2A3154** 在没有外接时钟源的情况下,为 PCM 设备配置时钟应该优先选择( )。

(A)GPS 时钟　　　　　　　　(B)自身内部振荡器

(C)2M 线路提取　　　　　　　(D)话路提取

【答案】 C

**Lb2A3155** 如果所有配置的时钟源失效,PCM 设备将同步于( )。

(A)GPS 时钟　　　　　　　　　　(B)自身内部振荡器

(C)2M 线路提取　　　　　　　　　(D)话路提取

【答案】 B

**Lb2A3156** 通信电源市电输入电压浮动范围是( )V。

(A)单相 AC220(1±20%)　　　　(B)三相 AC380(1±20%)

(C)三相 AC380(1±15%)　　　　　(D)单向 AC220(1±10%)

【答案】 C

**Lb2A3157** 在 SDH 中,关于 S1 的说法错误的是( )。

(A)S1 字节共有 4 位

(B)S1 可以表示 32 种信号

(C)SSM 值是通过 SDH 的 S1 字节表示的

(D)S1 用于在同步定时链路中传递定时信号等级

【答案】 B

**Lb2A3158** OTDR 的工作特性中( )决定了 OTDR 所能测量的最远距离。

(A)盲区　　　　(B)波长　　　　(C)分辨率　　　　(D)动态范围

【答案】 D

**Lb2A3159** 干线光缆工程中,绝大多数为( )光纤,而尾纤都是( )光纤。

(A)紧套　松套　　(B)松套　紧套　　(C)紧套　紧套　　(B)松套　松套

【答案】 B

**Lb2A3160** 关于 OPGW 光缆代号中,OPGW－2C1×48SM(AA/AS)85/43－12.5,下列含义不正确的是( )。

(A)48:48 根光纤　　　　　　　(B)SM:光纤类型是单模

(C)AS:外层是铝包钢线　　　　　(D)12.5:短路电流 12.5 kA$^2$·s

【答案】 C

**Lb2A3161** 关于随工验收的叙述中,错误的是( )。

(A)随工验收应对工程的隐蔽部分边施工边验收

(B)在竣工验收时一般要对隐蔽工程进行复查

(C)随工代表随工时应做好详细记录

(D)随工记录应作为竣工资料的组成部分

【答案】 B

**Lb2A3162** 管道建设在人行道上时,管道与建筑物的距离通常保持在( )m 以上;与人行道树的净距不小于( )m;与道路边石的距离不小于( )m。

(A)1.5　1.0　1.0 (B)1.0　1.5　2.0 (C)2.0　1.5　1.5 (D)2.0　2.0　1.0

【答案】 A

Lb2A3163 光缆线路施工步骤中的单盘测试作用为（ ）。

(A)检查光缆的外观 （B)检验施工质量

(C)竣工的质量 （D)检验出厂光缆质量

【答案】 D

Lb2A3164 接收机过载功率是在 R 参考点上，达到规定的 BER 所能接收到的（ ）平均光功率。

(A)最低 （B)平均 （C)最高 （D)噪声

【答案】 C

Lb2A3165 某接头正向测试值 0.08 dB,反向测试值−0.12 dB,这一接头损耗为（ ）dB。

(A)−0.02 （B)−0.10 （C)0.08 （D)0.10

【答案】 A

Lb2A3166 通信光缆大多采用（ ）防止水和潮气进入光缆。

(A)充气 （B)阻水油膏 （C)充电 （D)其他

【答案】 B

Lb2A3167 在光纤传输指标中,收光功率的单位是（ ）。

(A)dB （B)dBm （C)W （D)V

【答案】 B

Lb2A3168 G.652C 光纤在（ ）$\mu$m 处损耗最小。

(A)0.85 （B)1.55 （C)1.31 （D)0.45

【答案】 B

Lb2A3169 完成光信号在不同类型的光媒质上提供传输功能,同时实现对光放大器或中继器的检测和控制等功能是（ ）层。

(A)客户层 （B)光传输段层 （C)光复用段层 （D)光通道层

【答案】 B

Lb2A3170 光接收机的灵敏度主要和（ ）有关。

(A)动态范围 （B)误码率 （C)抖动 （D)噪声

【答案】 D

Lb2A3171 光通信是利用了光信号在光导纤维中传播的（ ）原理。

(A)折射 （B)反射 （C)衍射 （D)全反射

【答案】 D

Lb2A3172 光纤复合架空地线（OPGW)应架设于（ ）位置。

(A)在相线下层边线 （B)地线支架

(C)相线下方 （D)相线和地线之间

【答案】 B

**Lb2A3173** OPGW 光缆外层线股 110 kV 及以下线路可选取单丝直径(　　)mm 及以上的铝包钢线。

(A)2.8　　　　　(B)3.0　　　　　(C)3.2　　　　　(D)3.5

【答案】 A

**Lb2A3174** 校验 OPGW 的热稳定通常采用(　　)短路电流。

(A)三相　　　　　(B)相间　　　　　(C)单相　　　　　(D)两相接地

【答案】 C

**Lb2A3175** 掺铒光纤的激光特性为(　　)。

(A)主要由起主介质作用的石英光纤决定

(B)主要由掺铒元素决定

(C)主要由泵浦光源决定

(D)主要由入射光的工作波长决定

【答案】 A

**Lb2A3176** DL/T 788 规定,ADSS 光缆外护套、内垫层(内护套)的标称厚度分别为(　　)mm。

(A)1.5、0.8　　　(B)1.7、0.6　　　(C)1.7、0.8　　　(D)1.6、0.7

【答案】 C

**Lb2A3177** 对于层绞式光缆应在缆芯外挤包一层黑色聚乙烯内垫层,其厚度的标称值不小于(　　)mm。

(A)0.6　　　　　(B)0.8　　　　　(C)1.0　　　　　(D)1.2

【答案】 B

**Lb2A3178** B 级光缆经过耐电痕性能试验后,光缆表面任一点的痕迹或蚀点不得超过外护套厚度的(　　)。

(A)20%　　　　　(B)30%　　　　　(C)40%　　　　　(D)50%

【答案】 D

**Lb2A3179** 在用 OTDR 测试光纤时,对近端光纤和相邻事件点的测量宜使用(　　)脉冲。

(A)宽　　　　　(B)窄　　　　　(C)5 纳秒　　　　　(D)10 纳秒

【答案】 B

**Lb2A3180** (　　)不属于光纤的色散特性。

(A)材料色散　　　(B)波导色散　　　(C)模式色散　　　(D)本征色散

【答案】 D

**Lb2A3181** 当光纤弯曲到一定曲率半径时,就会产生(　　)。

(A)吸收损耗　　　(B)散射损耗　　　(C)辐射损耗　　　(D)插入损耗

【答案】 C

Lb2A3182　（　　）因素不会影响光纤的连接损耗。

(A)光纤模场直径相同　　　　　　　(B)待熔接光缆的间隙不当

(C)光纤轴向错位　　　　　　　　　(D)光纤端面不完整

【答案】　A

Lb2A3183　多模光纤的折射率分布对其（　　）具有决定性的影响。

(A)波长　　　　　(B)模场直径　　　　(C)带宽　　　　(D)色散

【答案】　C

Lb2A3184　光纤芯折射率 $n_1$ 随着纤芯半径加大而逐渐减小,而包层中的折射率 $n_2$ 是均匀的,
这种光纤称为（　　）。

(A)渐变型光纤　　　(B)阶跃型光纤　　　(C)弱导波光纤　　　(D)单模光纤

【答案】　A

Lb2A3185　当光纤弯曲到某个临界值时,如进一步减小曲率半径,损耗突然变大,这种弯曲为
（　　）。

(A)光纤微弯　　　(B)宏弯曲　　　(C)断裂型弯曲　　　(D)临界弯曲

【答案】　B

Lb2A3186　由于潮气的渗入,造成光纤的损耗增大,属于光纤的（　　）。

(A)辐射损耗　　　(B)散射损耗　　　(C)介入损耗　　　(D)吸收损耗

【答案】　D

Lb2A3187　ADSS 光缆的耐电痕性能属于光缆的（　　）。

(A)光学特性　　　(B)机械特性　　　(C)电气特性　　　(D)环境特性

【答案】　D

Lb2A3188　ADSS 光缆的拉伸、压扁、冲击、反复弯曲、卷绕、微风疲劳振动、舞动、过滑轮、蠕变、
扭转、磨损等性能属于光缆的（　　）。

(A)物理特性　　　(B)机械特性　　　(C)电气特性　　　(D)环境特性

【答案】　B

Lb2A3189　ADSS 光缆的加强件芳纶纱应以合适的节距和张力绞合在内垫层或中心束管周围,
且应均匀分布,相邻芳纶纱绞层的绞合方向应（　　）。

(A)绞合方向相同,最外层应左旋　　　(B)绞合方向相同,最外层应右旋

(C)绞合方向相反,最外层应左旋　　　(D)绞合方向相反,最外层应右旋

【答案】　C

Lb2A3190　在 OPGW 光缆设计中,关于分流线的选择,（　　）是正确的。

(A)对 OPGW 的热稳定要求通常高于对分流线的热稳定要求

(B)分流线应电阻尽量小.截面尽量大,以便起到更好的分流作用

(C)分流线的截面选择一般与 OPGW 基本相当

(D)分流线的选择与普通地线选择没有区别

【答案】 C

Lb2A3191 ADSS 光缆的主要受力(抗拉力)元件是(    )。

(A)光纤    (B)束膏    (C)外层 PE 护套    (D)芳纶纱

【答案】 D

Lb2A3192 ADSS 光缆的 RTS 为(    )。

(A)额定抗拉强度    (B)最大允许使用张力

(C)年平均运行张力    (D)极限运行张力

【答案】 A

Lb2A3193 当 OPGW 多层绞线采用相同单线直径绞制时,逐层递增 6 根单线,其结构组成一定是(    )。

(A)1+6+9+12+…    (B)1+6+12+18+…

(C)1+6+12+24+…    (D)1+6+18+32+…

【答案】 B

Lb2A3194 在线式 UPS 一般为双变换结构,所谓双变换是指 UPS 正常工作时,电能经过了(    )两次变换后再供给负载。

(A)AC/DC 和 DC/AC    (B)AC/DC 和 AC/DC

(C)DC/AC 和 AC/DC    (D)DC/AC 和 DC/AC

【答案】 A

Lb2A3195 通信电源集中监控系统是一个多级的分布式计算机监控网络,一般分为监控中心、监控站及(    )三级。

(A)监控台    (B)监控单元    (C)监控屏    (D)监控模块

【答案】 B

Lb2A3196 对全双工以太网的描述正确的是(    )。

(A)可以在共享式以太网中实现全双工技术

(B)可以在一对双绞线上同时接收和发送以太网帧

(C)仅可以用于点对点连接

(D)可用于点对点和点对多点连接

【答案】 C

Lb2A3197 (    )设备是网络与网络连接的桥梁,是因特网中最重要的设备。

(A)中继器    (B)集线器    (C)路由器    (D)服务器

【答案】 C

Lb2A3198 在 OSI 七层结构模型中,处于数据链路层与传输层之间的是(    )。

(A)物理层    (B)网络层    (C)会话层    (D)表示层

【答案】 B

**Lb2A3199** 在 Internet 中的大多数服务(如 WWW,FTP)等都采用( )。

(A)主机/终端      (B)客户机/服务器      (C)网状      (D)星型

【答案】 B

**Lb2A3200** 分组交换网的网间互联信令规程是( )。

(A)X.21      (B)X.25      (C)X.28      (D)X.75

【答案】 B

**Lb2A3201** HTTP 是 Internet 上的一种( )。

(A)浏览器      (B)协议      (C)服务      (D)协议集

【答案】 B

**Lb2A3202** 下列功能中,属于表示层提供的是( )。

(A)交互管理      (B)透明传输      (C)死锁处理      (D)文本压缩

【答案】 D

**Lb2A3203** ISO 提出 OSI 的关键是( )。

(A)系统互联                 (B)提高网络速度

(C)经济利益                 (D)为计算机制订标准

【答案】 A

**Lb2A3204** 在 TCP/IP 协议簇中,UDP 协议工作在( )。

(A)应用层      (B)传输层      (C)网络互联层      (D)网络接口层

【答案】 B

**Lb2A3205** ARP 协议的主要功能是( )。

(A)将 IP 地址解析为物理地址      (B)将物理地址解析为 IP 地址

(C)将主机名解析为 IP 地址      (D)将 IP 地址解析为主机名

【答案】 A

**Lb2A3206** 路由器的主要性能指标不包括( )。

(A)延迟      (B)流通量      (C)帧丢失率      (D)语音数据压缩比

【答案】 D

**Lb2A3207** 判断下列地址属于 C 类地址的是( )。

(A)100.2.3.4      (B)192.10.20.30      (C)138.6.7.8      (D)10.100.21.61

【答案】 B

**Lb2A3208** 为保证信息安全,电力系统业务包括( )大区和信息管理大区等。

(A)财务管理      (B)生产控制      (C)经营管理      (D)营销

【答案】 B

**Lb2A3209** 路由器转发数据时,依据 IP 地址的( )。

(A)主机地址      (B)路由器地址      (C)服务器地址      (D)网络地址

【答案】 D

Lb2A3210 （　　）LAN 是应用 CSMA/CD 协议的。

(A)令牌环　　　　(B)FDDI　　　　(C)ETHERNET　　(D)NOVELL

【答案】　C

Lb2A3211 TCP/IP 参考模型中,应用层协议常用的有(　　　)。

(A)TELNET、FTP、SMTP 和 HTTP　　(B)TELNET、FTP、SMTP 和 TCP

(C)IP、FTP、SMTP 和 HTTP　　(D)IP、FTP、DNS 和 HTTP

【答案】　A

Lb2A3212 如果用户希望在网上下载软件或大文件,可以使用 Internet 提供的服务形式是(　　　)。

(A)新闻组服务　　　　　　　(B)电子公告牌服务

(C)电子邮件服务　　　　　　(D)文件传输服务

【答案】　D

Lb2A3213 要从一台主机远程登录到另一台主机,使用的应用程序为(　　　)。

(A)HTTP　　　　(B)PING　　　　(C)TELNET　　　(D)TRACERT

【答案】　C

Lb2A3214 在互联网中,URL 指的是(　　　)。

(A)统一资源定位符　　　　　(B)Web

(C)IP　　　　　　　　　　　(D)主页

【答案】　A

Lb2A3215 在 OSI 中,为网络用户间的通信提供专用程序的层次是(　　　)。

(A)运输层　　　　(B)会话层　　　　(C)表示层　　　　　(D)应用层

【答案】　D

Lb2A3216 属于 A 类 IP 地址的是(　　　)。

(A)61.11.68.1　　　　　　　(B)128.168.119.102

(C)202.199.15.32　　　　　　(D)294.125.13.1

【答案】　A

Lb2A3217 （　　）不是 LAN 的主要特性。

(A)提供全时的局部服务　　　(B)连接物理相邻的设备

(C)提供多用户高带宽介质访问　　(D)运行在一个宽广的地域范围内

【答案】　D

Lb2A3218 （　　）正确地描述了数据封装过程。

(A)数据,数据段,数据包,数据帧,比特

(B)数据,数据帧,数据包,数据段,比特

(C)比特,数据,数据包,数据帧,数据段

(D)比特,数据帧,数据,数据段,数据包

【答案】　A

Lb2A3219　用户在利用客户端邮件应用程序从邮件服务器接收邮件时,通常使用的协议是( )。

(A)FTP　　　　　　(B)POP3　　　　　(C)HTTP　　　　　(D)SMTP

【答案】　B

Lb2A3220　代理(proxy)技术是面向( )防火墙的一种常用的技术。

(A)网络层　　　　(B)链路层　　　　(C)传输层　　　　(D)应用层

【答案】　D

Lb2A3221　关于路由器和二层交换机的说法错误的是( )。

(A)路由器具有更加复杂的功能

(B)路由器可以提供更大的带宽和更小的延迟

(C)路由器可以实现不同 VLAN 之间的通信,二层交换机不能

(D)路由器可以实现不同子网之间的通信,二层交换机不能

【答案】　B

Lb2A3222　局域网的协议结构主要包括( )。

(A)物理层

(B)物理层、数据链路层

(C)物理层、介质访问控制 MAC 子层、逻辑链路控制 LLC 子层

(D)物理层、数据链路层、网络层

【答案】　D

Lb2A3223　光功率是指光信号的( )。

(A)宽度　　　　　　(B)频谱　　　　　(C)强度　　　　　(D)圆滑度

【答案】　C

Lb2A3224　通信设备安装前机房基础设施应具备的条件之一:楼板预留孔洞应配置( )的安全盖板,已用的电缆走线孔洞应用( )封堵。

(A)阻燃材料　阻燃材料　　　　　(B)水泥　水泥

(C)防火泥　防火泥　　　　　　　(D)阻燃材料　防火泥

【答案】　A

Lb2A3225　屏内走线安装工艺要求,进入屏内电缆的( )宜在进屏后 150～300 mm 的高度统一剥去,所有缆线应从屏两侧走,所有细线缆应捆扎成普通电缆粗细的小把,然后与其他电缆排列成纵向(从前后看)的直线队列。

(A)外层护套　　(B)外层标记　　(C)内层护套　　(D)内层标记

【答案】　A

Lb2A3226　屏内走线安装工艺要求,所有缆线均应挂好标志牌、加标记套管,屏体内缆线的标记套管或标记牌应设置在电缆头紧靠热缩套管( )。

(A)前端　　　　　(B)中段　　　　　(C)末端　　　　　(D)任一端

【答案】　C

**Lb2A3227** 我国长途自动电话计费方式一般采用（　　）计费方式，对本地用户采用（　　）。

(A)LAMA　LAMA

(B)PAMA　LAMA

(C)CAMA　LAMA

(D)BULK　PAMA

【答案】 C

**Lb2A3228** 对于软交换的描述，不正确的说法是（　　）。

(A)业务提供和呼叫控制分开

(B)呼叫控制和承载连接分开

(C)提供开放的接口便于第三方提供业务

(D)以 PSTN 网作为承载网络

【答案】 D

**Lb2A3229** 通过对语音信号进行编码数字化、压缩处理成压缩帧，然后转换为 IP 数据包在 IP 网络上进行传输，从而达到了在 IP 网络上进行语音通信的目的，这种技术称为（　　）。

(A)VoIP　　　(B)IP 交换　　　(C)虚拟电话　　　(D)ATM

【答案】 A

**Lb2A3230** No.7 信令方式基本功能结构中的第二级是（　　）。

(A)信令数据链路级

(B)信令链路控制级

(C)信令网功能级

(D)用户级

【答案】 B

**Lb2A3231** 不同用户容量的调度程控交换机，应具备相应的话务量处理能力小型机忙时试呼次数 BHCA 值应不小于（　　）次/h；中型机的忙时试呼次数 BHCA 值应不小于（　　）次/h；大型机的忙时试呼次数 BHCA 值应不小于（　　）次/h。

(A)600　6 000　60 000

(B)6 000　60 000　300 000

(C)6 000　60 000　600 000

(D)3 000　30 000　300 000

【答案】 B

**Lb2A3232** IMS 核心网设备应支持（　　）备份方式，满足容灾备份的要求备份可分为主备和互备两种工作方式。

(A)1+1　　　(B)1：1　　　(C)$N$+1　　　(D)$N$：1

【答案】 A

**Lb2A3233** 2M 信号共有（　　）个时隙。

(A)16　　　(B)30　　　(C)31　　　(D)32

【答案】 D

**Lb2A3234** SDH 同步网定时基准传输链中，相邻两个 G.812 时钟之间的 SDH 网元设备时钟数目不宜超过（　　）个。

(A)10　　　(B)20　　　(C)60　　　(D)99

【答案】 B

**Lb2A3235** 在 SDH 中,MSTP 业务单板的系统口绑定(　　　)个 VC12,才能达到带宽为 100M。

(A)44　　　　　　(B)46　　　　　　(C)48　　　　　　(D)50

【答案】　D

**Lb2A3236** 在 SDH 中,对于 STM-1 而言,AU-PTR 的传输速率为(　　　)。

(A)8 kbps　　　　(B)64 kbps　　　(C)576 kbps　　　(D)4.608 Mbps

【答案】　C

**Lb2A3237** SDH 从时钟有(　　　)工作方式。

(A)锁定、自由振荡　　　　　　　　　(B)保持和自由运行

(C)自由运行和自由振荡　　　　　　　(D)锁定、保持和自由运行

【答案】　D

**Lb2A3238** 通道保护环是由网元支路板的(　　　)功能实现的。

(A)双发双收　　　(B)双发选收　　　(C)单发单收　　　(D)单发双收

【答案】　B

**Lb2A3239** (　　　)类型的时钟精度最高。

(A)PRC　　　　　(B)LPR　　　　　(C)二级钟(SSU)　　(D)三级钟

【答案】　A

**Lb2A3240** 光信号在光纤中的传输距离受到(　　　)和衰减的双重影响。

(A)色散　　　　　(B)材料吸收　　　(C)热噪声　　　　(D)干扰

【答案】　A

**Lb2A3241** 自愈环的二纤单向通道保护环的保护机理可以概括为(　　　)。

(A)并发选收　　　(B)并发并收　　　(C)选发选收　　　(D)选发选收

【答案】　A

**Lb2A3242** 在 SDH 系统中,对于 AU 指针调整,(　　　)个字节为一个调整单位。

(A)1　　　　　　(B)2　　　　　　(C)3　　　　　　(D)4

【答案】　C

**Lb2A3243** 关于 OTN 映射中 GFP 帧的封装,说法错误的是(　　　)。

(A)GFP 的帧长度是可变的

(B)GFP 帧的封装阶段可插入空闲帧

(C)可跨越 OPUk 帧的边界

(D)要进行速率适配和扰码

【答案】　D

**Lb2A3244** 80 波 DWDM 系统通路间隔为(　　　)GHz。

(A)20　　　　　　(B)50　　　　　　(C)100　　　　　(D)200

【答案】　C

**Lb2A3245** DWDM 系统使用的系统波长主要集中在( )左右。

(A)1 310 nm      (B)1 410 nm      (C)1 550 nm      (D)1 710 nm

【答案】 C

**Lb2A3246** 基于 C 波段的 40 波系统的波道起始频率是( )THz。

(A)192.1      (B)196.0      (C)192.15      (D)196.05

【答案】 B

**Lb2A3247** 下列关于 VLAN 特性的描述中,不正确的选项为( )。

(A)VLAN 技术是在逻辑上对网络进行划分

(B)VLAN 技术增强了网络的健壮性,可以将一些网络故障限制在一个 VLAN 之内

(C)VLAN 技术有效地限制了广播风暴,但并没有提高带宽的利用率

(D)VLAN 配置管理简单,降低了管理维护的成本

【答案】 C

**Lb2A3248** 路由器 RTA 与 RTB 之间建立 BGP 连接并互相学习到了路由 RTA 与 RTB 都使用缺省定时器如果路由器间链路拥塞,导致 RTA 收不到 RTB 发出的 Keepalive 消息,则会发生( )后果。

(A)30 秒后,RTA 认为邻居失效,并删除从 RTB 学来的路由

(B)90 秒后,RTA 认为邻居失效,并删除从 RTB 学来的路由

(C)120 秒后,RTA 认为邻居失效,并删除从 RTB 学来的路由

(D)180 秒后,RTA 认为邻居失效,并删除从 RTB 学来的路由

【答案】 D

**Lb2A3249** 应该在( )模式使用 debug 命令。

(A)用户      (B)特权      (C)全局配置      (D)接口配置

【答案】 B

**Lb2A3250** 路由器的 IP 路由表中有一条由 21.22.23.0/22,要把它导入 BGP,应该用( )指令。

(A)network21.22.23.0mask255.255.254.0

(B)network21.22.20.0mask255.255.252.0

(C)network21.22.23.0255.255.254.0

(D)network21.22.20.0255.255.252.0

【答案】 D

**Lb2A3251** 关于路由器转发时延的定义,描述正确的选项是( )。

(A)数据包第一个比特进入路由器到第一个比特从路由器输出的时间间隔

(B)数据包最后一个比特进入路由器到第一个比特从路由器输出的时间间隔

(C)数据包第一个比特进入路由器到最后一个比特从路由器输出的时间间隔

(D)数据包最后一个比特进入路由器到最后一个比特从路由器输出的时间间隔

【答案】 C

Lb2A3252 TCP/IP 协议分为四层,分别为应用层、传输层、网际层和网络接口层不属于应用层协议的是( )。

(A)SNMP      (B)UDP      (C)TELNET      (D)FTP

【答案】 B

Lb2A3253 A 律 13 折线编码器量化级数 N 越大,则( )。

(A)量化信噪比越小           (B)传输带宽越小

(C)折叠噪声越小             (D)量化噪声越小

【答案】 D

Lb2A3254 对 PCM 设备告警,判断是否本站故障,可首先采用( )方式检查故障情况。

(A)对端站 2M 自环         (B)本站 2M 自环

(C)本站光纤自环           (D)对端站光纤自环

【答案】 B

Lb2A3255 E1 数字中继同轴不平衡接口阻抗( )Ω,平衡电缆接口阻抗( )Ω。

(A)50 80      (B)75 120      (C)80 50      (D)120 75

【答案】 B

Lb2A3256 通信管线施工工艺要求,线缆穿过楼板孔或墙洞应加装子管保护,保护管外径不应小于( )mm。

(A)30      (B)32      (C)35      (D)40

【答案】 C

Lb2A3257 通信光缆进入通信站时在沟(管)道内全程穿放( )防护子管或使用( )槽盒。

(A)延燃 防鼠      (B)阻燃 防火      (C)阻燃 防鼠      (D)防鼠 防鼠

【答案】 B

Lb2A3258 均匀量化主要特点是( )。

(A)信噪比低

(B)小信号信噪比小,大信号信噪比大

(C)不便于解码

(D)小信号信噪比大,大信号信噪比小

【答案】 B

Lb2A3259 我国采用的 PCM 基群中的帧结构是( )。

(A)1 帧有 30 个时隙,1 个复帧由 16 帧组成

(B)1 帧有 32 个时隙,1 个复帧由 16 帧组成

(C)1 帧有 24 个时隙,1 个复帧由 16 帧组成

(D)1 帧有 32 个时隙,1 个复帧由 15 帧组成

【答案】 B

Lb2A3260 在 PDH 系统中为了从 140 Mb/s 的码流中分出一个 2 Mb/s 的支路信号,要经过
( )次分接。

(A)一 (B)二 (C)三 (D)四

【答案】 C

Lb2A3261 GB12048—89《数字网内时钟同步设备的进网要求》,省级同步网作为一个同步区,
在同步区内采用( )方式。

(A)准同步 (B)主从同步 (C)互同步 (D)混合同步

【答案】 B

Lb2A3262 使用 OTDR 测试光纤长度时,当设置折射率小于光纤实际折射率时,测定的长度
( )实际光纤长度。

(A)小于 (B)大于 (C)小于等于 (D)大于等于

【答案】 B

Lb2A3263 使用 OTDR 可以测试到的光纤的指标为( )。

(A)光纤发光强度 (B)光纤折射率 (C)光纤骨架结构 (D)光纤断点

【答案】 D

Lb2A3264 测量光缆传输损耗时,( )测量结果更精确。

(A)OTDR (B)光源、光功率计

(C)PMD 测试仪 (D)光纤熔接机

【答案】 B

Lb2A3265 ADSS 光缆的型号为 ADSS - AT24B1 - 12 kN,其中 B1 标示为( )。

(A)50/125 $\mu$m 渐变型多模光纤 (B)62.5/125 $\mu$m 渐变型多模光纤

(C)非色散位移单模光纤 (D)非零色散位移单模光纤

【答案】 C

Lb2A3266 光纤连接器的介入损耗(或称插入损耗)是指因连接器的介入而引起传输线路有效
功率减小的量值,ITU - T 规定其值为( )dB。

(A)应不大于 0.05 (B)应不小于 0.25 (C)应不大于 0.25 (D)应不大于 0.5

【答案】 D

Lb2A3267 属于 OPGW 环境性能的参数为( )。

(A)蠕变性能 (B)应变性能 (C)耐受雷击的性 (D)渗水性能

【答案】 D

Lb2A3268 GYGZL03 - 12J 50/125(2 10 08)C 光缆某项含义表述正确项是( )。

(A)室外光缆 (B)非金属光缆 (C)填充式光缆 (D)聚乙烯护套

【答案】 A

**Lb2A3269** OPGW 雷击试验完成后,如果发现任何单线断裂,应计算 OPGW 其余未断股线的残余抗拉力,若其残余抗拉力小于(　　)RTS 应判为不合格。

(A)25% (B)40% (C)50% (D)75%

【答案】　D

**Lb2A3270** UPS 电源的电路组成中为 UPS 电池组充电的是(　　)。

(A)市电整流输入

(B)市电旁路输入

(C)市电整流及旁路输入均可

(D)市电旁路输入通过逆变电源转换后

【答案】　A

**Lb2A3271** UPS 主要由(　　)组成。

(A)整流放电器、蓄电池和逆变器

(B)整流充电器、蓄电池和滤波器

(C)整流充电器、滤波器和逆变器

(D)整流充电器、蓄电池和逆变器

【答案】　D

**Lb2A3272** GFM－1000 型密封阀控式铅酸蓄电池中,1 000 代表的含义为(　　)。

(A)额定电流 1 000 A

(B)额定功率 1 000 W

(C)额定电压 1 000 V

(D)额定容量 1 000 Ah

【答案】　D

**Lb2A3273** 密封阀控式铅酸蓄电池在正常运行中以浮充电方式运行,浮充电压值宜控制为负(　　)V。

(A)53.52～54.72

(B)53.50～54.50

(C)55.20～56.40

(D)54.20～56.40

【答案】　A

**Lb2A3274** 密封阀控式铅酸蓄电池的温度补偿系数受环境温度影响,基准温度为 25 ℃时,每下降 1 ℃,单体 2 V 阀控蓄电池浮充电压值应提高(　　)mV。

(A)4～5 (B)3～5 (C)3～6 (D)4～6

【答案】　B

**Lb2A3275** WWW 浏览器的工作基础是解释执行用(　　)语言书写的文件。

(A)HTML (B)Java (C)SQL (D)VC

【答案】　A

**Lb2A3276** IP 网络中,说法错误的是(　　)。

(A)中继器是工作在物理层的设备

(B)网桥和以太网交换机工作在数据连路层

(C)路由器是工作在网络层的设备

(D)网桥能隔离网络层广播

【答案】　D

**Lb2A3277** 在 OSI 参考模型中,保证端到端的可靠性是在(    )上完成的。

(A)数据链路层　　　(B)网际层　　　(C)传输层　　　(D)会话层

【答案】　A

**Lb2A3278** ISDN 接入网的速率应大于等于(    )kbit/s。

(A)56　　　(B)64　　　(C)1 024　　　(D)2 048

【答案】　D

**Lb2A3279** 域名服务器上存放有 Internet 主机的(    )。

(A)域名　　　(B)IP 地址　　　(C)域名和 IP 地址　　　(D)E-mail 地址

【答案】　C

**Lb2A3280** 在 OSI 模型中,(    )允许在不同机器上的两个应用建立、使用和结束会话。

(A)表示层　　　(B)会话层　　　(C)网络层　　　(D)应用层

【答案】　B

**Lb2A3281** 一个 VLAN 可以看作是一个(    )。

(A)冲突域　　　(B)广播域　　　(C)管理域　　　(D)阻塞域

【答案】　B

**Lb2A3282** 关于以太网交换机的说法(    )是正确的。

(A)以太网交换机是一种工作在网络层的设备

(B)以太网交换机最基本的工作原理就是 802.1D

(C)生成树协议解决了以太网交换机组建虚拟局域网的需求

(D)使用以太网交换机可以隔离冲突域

【答案】　D

**Lb2A3283** Ethernet 交换机是利用端口/MAC 地址映射表进行数据交换的,交换机动态建立和维护端口/MAC 地址映射表的方法是(    )。

(A)地址学习　　　(B)人工建立　　　(C)操作系统建立　　　(D)轮询

【答案】　A

**Lb2A3284** 如果用户希望在网上聊天,可以使用 Internet 提供的服务形式是(    )。

(A)新闻组服务　　　(B)即时通信服务　　　(C)电子邮件服务　　　(D)文件传输服务

【答案】　B

**Lb2A3285** (    )端口被用来做路由器的初始配置。

(A)Auxiliary　　　(B)Console　　　(C)Serial　　　(D)BRI

【答案】　B

**Lb2A3286** 在 Windows 操作系统的命令行窗口下,能用(    )命令查看主机的路由表。

(A)NETSTAT - R　　　　　　(B)ARP - A

(C)TRACEROUTE　　　　　　(D)ROUTEPRINT

【答案】　D

**Lb2A3287** 在身份认证中,使用最广泛的一种身份验证方法是(　　)。

(A)令牌 　　　　　　　　　　　(B)口令或个人识别码

(C)个人特征 　　　　　　　　　(D)以上都是

【答案】 B

**Lb2A3288** 一般而言,Internet 防火墙建立在一个网络的(　　)部分。

(A)内部子网之间传送信息的中枢 　(B)每个子网的内部

(C)内部网络与外部网络的交叉点 　(D)部分网络和外部网络的结合处

【答案】 C

**Lb2A3289** 在 TCP/IP 模型中,能提供端到端通信的是(　　)。

(A)网络接口层 　(B)网际层 　(C)传输层 　(D)应用层

【答案】 C

**Lb2A3290** 光纤通信中,(　　)是导致四波混频的主要原因。

(A)零色散 　　(B)长距离传输 　(C)波分复用 　(D)相位匹配

【答案】 A

**Lb2A3291** 子架与机盘安装要求,安插机盘前先戴上(　　),以免静电损坏机盘。

(A)绝缘手套 　(B)绝缘杆 　(C)绝缘鞋 　(D)防静电手环

【答案】 D

**Lb2A3292** SDH 设备单机测试及功能检查中,每块 2M 支路板只需抽测(　　)个 2M 口。

(A)二 　　(B)三 　　(C)五 　　(D)七

【答案】 A

**Lb2A3293** 数字程控交换机的软件有系统软件和应用软件两部分,(　　)程序属于程控交换机的应用软件。

(A)输入/输出(人—机通信)程序 　(B)执行管理程序

(C)维护和运行程序 　　　　　　　(D)故障诊断程序

【答案】 C

**Lb2A3294** 中国 No.1 信令是一种随路信令方式,它包括线路信令和(　　)。

(A)用户信令 　(B)公共信道信令 　(C)记发器信令 　(D)管理信令

【答案】 C

**Lb2A3295** 某电话摘机无拨号音,对方呼叫本机听占线音,不可能的故障原因是(　　)。

(A)话机本身故障 　　　　　　(B)线路短路

(C)线路断线 　　　　　　　　(D)交换机部分故障

【答案】 C

**Lb2A3296** 某电话摘机无拨号音,对方呼叫本机听回铃音,不可能的故障原因是(　　)。

(A)话机本身故障 　(B)线路短路 　(C)线路断线 　(D)交换机部分故障

【答案】 B

**Lb2A3297** 中国 No.1 信令系统中,记发器前向 I 组 KC 信号的基本含义是( )。

(A)主叫用户类别　(B)长途接续类别　(C)市内接续类别　(D)被叫用户类别

【答案】 B

**Lb2A3298** No.7 信令产生同抢的主要原因是( )。

(A)采用双向电路工作方式　　　　(B)采用公共信道传递信令消息

(C)防卫时间过长　　　　　　　　(D)防卫时间过短

【答案】 A

**Lb2A3299** 接收灵敏度是定义在接收点处为达到( )的 BER 值,所需要的平均接收功率最小值。

(A)$1 \times 10^{-3}$　(B)$1 \times 10^{-6}$　(C)$1 \times 10^{-7}$　(D)$1 \times 10^{-10}$

【答案】 D

**Lb2A3300** SDH 网络中,穿通业务是指时隙从站点一侧线路端口进入( )的处理后,从另一侧线路端口送出一种业务形式。

(A)交叉单元　(B)业务单元　(C)光板　(D)接口单元

【答案】 A

**Lb2A3301** 在 SDH 中,AU 指针调整和 TU12 指针调整的单位分别为( )个字节。

(A)1 和 3　(B)3 和 1　(C)1 和 1　(D)3 和 3

【答案】 B

**Lb2A3302** SDH 复用结构中,不支持( )Mbit/s 速率的复用。

(A)2　(B)8　(C)34　(D)140

【答案】 B

**Lb2A3303** 在 SDH 中,网元地址的配置中,每个网元有( )网元地址。

(A)多个　(B)唯一　(C)两个　(D)不确定

【答案】 B

**Lb2A3304** STM − N 帧中复用段 DCC 的传输速率为( )kbit/s。

(A)$6 \times 64$　(B)$7 \times 64$　(C)$8 \times 64$　(D)$9 \times 64$

【答案】 D

**Lb2A3305** STM − N 帧中再生段 DCC 的传输速率为( )kbit/s。

(A)$3 \times 64$　(B)$4 \times 64$　(C)$5 \times 64$　(D)$6 \times 64$

【答案】 A

**Lb2A3306** SDH 为低阶通道层与高阶通道层提供适配功能的信息结构称为( )。

(A)容器　(B)虚容器 VC　(C)支路单元 TU　(D)管理单元 AU

【答案】 C

**Lb2A3307** STM − 4 一帧的字节数是( )。

(A)$9 \times 270$　(B)$9 \times 270 \times 4$　(C)$9 \times 261$　(D)$9 \times 261 \times 4$

【答案】 B

Lb2A3308 SDH 网的自愈能力与网络的(　　)有关。

(A)保护功能 　　　　　　　　　(B)恢复功能

(C)保护功能、恢复功能两者 　　(D)倒换能力

【答案】 C

Lb2A3309 PDH 信号最终复用成 SDH 光信号,需经过(　　)三个步骤。

(A)定位、映射、复用 　　　　　(B)复用、映射、定位

(C)映射、定位、复用

【答案】 C

Lb2A3310 对两纤单向通道保护环描述正确的有(　　)。

(A)单向业务、分离路由 　　　　(B)双向业务、分离路由

(C)单向业务、一致路由 　　　　(D)双向业务、一致路由

【答案】 A

Lb2A3311 光收发信机对二进制进行扰码利于(　　)。

(A)线路时钟的提取 　　　　　　(B)误码检测

(C)帧同步信号的提取 　　　　　(D)通道开销的提取

【答案】 A

Lb2A3312 1 550 nm 波长主要采用(　　)光纤放大器。

(A)拉曼 　　　(B)掺铒 　　　(C)布里渊 　　　(D)掺饵

【答案】 D

Lb2A3313 OTN 设备提供的保护方式有光通道 1+1 保护、光复用段 1+1 保护、电层波长 1+1 保护、电层子波长 1+1 保护,保护倒换时间为(　　)ms。

(A)小于 20 　　　(B)小于 30 　　　(C)小于 40 　　　(D)小于 50

【答案】 D

Lb2A3314 EDFA 是在石英光纤的芯层之中掺入一些(　　)而形成的在泵浦光的激励下进行光信号放大的光纤放大器。

(A)二价铒离子 　　　(B)三价铒离子 　　　(C)二价铒离子 　　　(D)三价铒离子

【答案】 B

Lb2A3315 (　　)光纤的色散系数较小,能够有效抑制四波混频效应,适合于 DWDM 系统。

(A)G.652 　　　(B)G.653 　　　(C)G.654 　　　(D)G.655

【答案】 D

Lb2A3316 在 OTN 系统中,(　　)不属于 OTN 系统告警。

(A)OTUk-AIS 　　(B)ODUK-AIS 　　(C)OTUk-OOM 　　(D)OPUk-AIS

【答案】 D

Lb2A3317 交换机的某个端口开启了基于端口、MAC 地址、协议和 IP 子网的 VLAN,则该 VLAN 按照(　　)顺序进行匹配。

(A)端口、MAC、协议、IP 子网 　　　　(B)端口、IP 子网、端口、MAC

(C)MAC、端口、协议、子网　　　　　　(D)MAC、子网、协议、端口

【答案】　D

Lb2A3318　不属于路由器配置文件管理的命令是(　　)。

(A)查看当前配置　　(B)保存当前配置　　(C)比较配置文件　　(D)整理配置文件

【答案】　D

Lb2A3319　数据通信网知识中,关于BGP反射器描述错误的是(　　)。

(A)在没有路由反射器的情况下,IBGP邻居关系需全互联。路由反射器的引入可以降低对全互联的要求

(B)路由反射器可以将从non-client学习到的路由通告给所有client

(C)路由反射器可以将从一个client学习到的路由通告其他client和non-client

(D)路由反射器可以将从IBGP邻居学习到的路由通告所有client和non-client

【答案】　D

Lb2A3320　通信用$-48$ V高频开关整流模块配置数量应满足(　　)。

(A)不少于3块　　　　　　　　　　(B)不少于3块且符合N+1原则

(C)满足负载容量即可　　　　　　　(D)符合N+1原则即可

【答案】　B

Lb2A3321　已知话音信号最高频率为3 400 Hz,今用PCM系统传输(均匀量化),要求量化信噪比不低于30 dB,则PCM系统所需的奈奎斯特基带频宽(　　)kHz。

(A)12　　　　　(B)15　　　　　(C)16　　　　　(D)17

【答案】　D

Lb2A3322　应从(　　)获得主、备用时钟基准,以防止当主用时钟传递链路中断后,导致时钟基准丢失的情况。

(A)分散路由　　(B)主备路由　　(C)同路由　　(D)不同路由

【答案】　A

Lb2A3323　G.811建议,基准主时钟频率准确度应达到(　　)。

(A)$1\times10^{-11}$　　(B)$1\times10^{-10}$　　(C)$1\times10^{-9}$　　(D)$1\times10^{-8}$

【答案】　A

Lb2A3324　国网公司通信时钟频率同步网采用(　　)层架构。

(A)1　　　　　(B)2　　　　　(C)3　　　　　(D)4

【答案】　B

Lb2A3325　EDFA中用于降低放大器噪声的器件是(　　)。

(A)光耦合器　　(B)波分复用器　　(C)光滤波器　　(D)光衰减器

【答案】　C

Lb2A3326　OPGW短路电流容量是指温度在20 ℃~200 ℃的短路电流,其单位是(　　)。

(A)$kA^2\cdot s$　　(B)$A\cdot s$　　(C)A　　(D)$kA\cdot s$

【答案】　A

Lb2A3327　不属于 OPGW 机械性能的参数为（　　）。

(A)抗拉性能　　　　(B)应变性能　　　　(C)蠕变性能　　　　(D)耐雷击性

【答案】　D

Lb2A3328　属于 OPGW 电气性能的参数为（　　）。

(A)蠕变性能　　　　(B)应变性能　　　　(C)耐雷击性　　　　(D)滴流性能

【答案】　C

Lb2A3329　（　　）UPS 中有一个双向变换器,既可以当逆变器使用,又可作为充电器。

(A)后备式　　　　　　　　　　(B)双变换在线式

(C)在线互动式　　　　　　　　(D)双向变换串并联补偿在线式

【答案】　B

Lb2A3330　UPS 的（　　）反映 UPS 的输出电压波动和输出电流波动之间的相位以及输入电流谐波分量大小之间的关系。

(A)输出功率因数　　　　　　　(B)输出电压失真度

(C)峰值因数　　　　　　　　　(D)输出过载能力

【答案】　A

Lb2A3331　UPS 频率跟踪速率是指（　　）。

(A)UPS 输出频率跟随交流输入频率变化的快慢

(B)UPS 输出频率跟随直流输入频率变化的快慢

(C)UPS 输入频率跟随交流输出频率变化的快慢

(D)UPS 输入频率跟随直流输出频率变化的快慢

【答案】　A

Lb2A3332　UPS 在正常工作时,逆变器输出与旁路输入锁相,锁相的目的是（　　）。

(A)使 UPS 输出电压值更加稳定

(B)使 UPS 输出频率更加稳定

(C)使 UPS 可以随时不间断地向旁路切换

(D)UPS 输入频率跟随交流输入频率变化的快慢

【答案】　C

Lb2A3333　当 UPS 从逆变器供电向市电交流旁路供电切换时,逆变器频率与市电交流旁路电源频率不同步时,将采用（　　）的方式来执行切换操作。

(A)先接通后断开　　(B)先断开后接通　　(C)同时断开　　(D)同时接通

【答案】　B

Lb2A3334　以太网交换机端口 A 配置成 10/100 M 自协商工作状态,与 10/100 M 自协商网卡连接,自协商过程结束后端口 A 的工作状态为（　　）。

(A)10 M 半双工　　(B)10 M 全双工　　(C)100 M 半双工　　(D)100 M 全双工

【答案】　D

**Lb2A3335** 局域网中常使用两类双绞线,其中 STP 和 UTP 分别代表(　　)。

(A)屏蔽双绞线和非屏蔽双绞线　　　　(B)非屏蔽双绞线和屏蔽双绞线

(C)3 类和 5 类屏蔽双绞线　　　　　　(D)3 类和 5 类非屏蔽双绞线

【答案】　A

**Lb2A3336** 对存储转发描述正确的是(　　)。

(A)收到数据后不进行任何处理,立即发送

(B)收到数据帧头后检测到目标 MAC 地址,立即发送

(C)收到整个数据后进行 CRC 校验,确认数据正确性后再发送

(D)发送延时较小

【答案】　C

**Lb2A3337** 路由器在执行数据包转发时,(　　)发生变化。

(A)源端口号　　(B)目的端口号　　(C)源网络地址　　(D)源 MAC 地址

【答案】　D

**Lb2A3338** TCP/IP 体系结构中的 TCP 和 IP 所提供的服务分别为(　　)。

(A)链路层服务和网络层服务　　　　(B)网络层服务和传输层服务

(C)传输层服务和应用层服务　　　　(D)传输层服务和网络层服务

【答案】　D

**Lb2A3339** (　　)功能最好地描述了 OSI 模型的数据链路层。

(A)保证数据正确的顺序、无差错和完整

(B)处理信号通过介质的传输

(C)提供用户与网络的接口

(D)控制报文通过网络的路由选择

【答案】　A

**Lb2A3340** 在 TCP/IP 环境中,如果以太网上的站点初始化后只有自己的物理地址而没有 IP 地址,则可以通过广播请求获取自己的 IP 地址,负责这项服务的协议是(　　)。

(A)ARP　　　　(B)ICMP　　　　(C)IP　　　　(D)RARP

【答案】　D

**Lb2A3341** 通信设备的高频开关技术,零电压技术及(　　)技术等都降低了整流模块自身的损坏。

(A)零电流切换　　(B)低电压切换　　(C)人工智能　　(D)不进行切换

【答案】　A

**Lb2A3342** DWDM 系统使用的业务波长主要集中在(　　)nm 附近。

(A)1 310　　　　(B)1 410　　　　(C)1 550　　　　(D)1 710

【答案】　C

Lc2A3343 调度自动化SCADA系统的基本功能不包括(   )。

(A)数据采集和传输　　　　　　(B)事故追忆

(C)在线潮流分析　　　　　　　(D)安全监视、控制与告警

【答案】 C

Lc2A3344 电力系统的事故从事故范围角度可分为(   )。

(A)特大电网事故和一般电网事故　　(B)特大电网事故和重大电网事故

(C)重大电网事故和一般电网事故　　(D)电网事故和局部事故

【答案】 D

Lc2A3345 继电保护装置试验所用仪表精确度应为(   )级。

(A)0.5　　　　(B)0.2　　　　(C)1　　　　(D)2

【答案】 A

Lc2A3346 当电力系统发生故障时,要求继电保护动作,将靠近故障设备的断路器跳开,以缩小停电范围,这就是继电保护的(   )。

(A)选择性　　　(B)可靠性　　　(C)灵敏性　　　(D)快速性

【答案】 A

Lc2A3347 在生产控制大区与管理信息大区之间必须设置经国家指定部门检测认证的(   )。

(A)电力专用横向安全隔离装置　　(B)加密认证装置

(C)国产防火墙　　　　　　　　(D)非网络装置

【答案】 A

Lc2A3348 整个电力二次系统原则上分为(   )两个安全大区。

(A)实时控制大区、生产管理大区　　(B)生产控制大区、管理信息大区

(C)生产控制大区、生产应用大区　　(D)实时控制大区、信息管理大区

【答案】 B

Lc2A3349 并列运行的变压器其容量之比一般不超过(   )。

(A)1:1　　　　(B)2:1　　　　(C)3:1　　　　(D)4:1

【答案】 C

Lc2A3350 为了保证用户电压质量,系统必须保证有足够的(   )。

(A)无功容量　　　(B)电压　　　(C)有功容量　　　(D)电流

【答案】 A

Lc2A3351 线路发生两相短路时,短路点处正序电压(UK1)和负序电压(UK2)的关系为(   )。

(A)UK1>UK2　　(B)UK1=UK2　　(C)UK1<UK2　　(D)不一定

【答案】 B

## 3.2.2 多选题

**La2B3001** 国家电网公司总(分)部、省电力公司、地市供电公司、县供电公司本部和县供电公司以上电力调控(分)中心、电力通信站的(    )的检修工作,需填报第二种工作票。

(A)传输设备　　　　　　　　　　(B)调度交换设备

(C)行政交换设备　　　　　　　　(D)通信电源

【答案】 ABCD

**La2B3002** 变电站、发电厂等场所的(    )检修工作,需填报第二种工作票。

(A)通信传输设备　(B)通信路由器　(C)通信电源　(D)站内通信光缆

【答案】 ABCD

**La2B3003** 通信电源的(    )应符合《通信专用电源技术要求、工程验收及运行维护规程》要求。

(A)模块配置　　　(B)整流容量　　(C)蓄电池容量　(D)整流模块尺寸

【答案】 ABC

**La2B3004** (    )(含电源设备)的防雷和过电压防护能力应满足电力系统通信站防雷和过电压防护相关标准、规定的要求。

(A)通信机房　　　(B)变电机房　　(C)通信设备　(D)二次设备

【答案】 AC

**La2B3005** 承载继电保护、安全自动装置业务的(    )等应采用醒目颜色的标识。

(A)设备　　　　　(B)板卡　　　　(C)专用通信线缆　(D)配线端口

【答案】 CD

**La2B3006** 通信调度员必须具有较强的判断、分析、沟通、协调和管理能力,熟悉(    ),上岗前应进行培训和考试。

(A)所辖通信网络状况　　　　　　(B)业务运行方式

(C)设备状况　　　　　　　　　　(D)人员配置

【答案】 AB

**La2B3007** 通信检修工作应严格遵守电力通信检修管理规定相关要求,对通信检修票的(    )等内容应严格进行审查核对,对影响电网生产业务的检修工作应按电网检修管理办法办理相关手续。

(A)申请单位　　　(B)业务影响范围　(C)采取的措施　(D)申请日期

【答案】 BC

**La2B3008** 通信运行部门应与电网一次线路建设、运行维护及市政施工部门建立沟通协调机制,避免因(    )对光缆运行造成影响。

(A)市政施工　　　(B)电网建设　　(C)电网检修　(D)电网运行

【答案】 ABC

La2B3009 同时办理电网检修申请和通信检修申请的检修工作,检修施工单位在得到( ) 双许可后方可开展检修。

(A)电网调度　　　(B)通信调度　　　(C)电网运行人员　　(D)通信运行人员

【答案】 AB

La2B3010 每年雷雨季节前应对通信机房接地系统进行检查和维护检查( ),必要时应开挖地面抽查地下隐蔽部分锈蚀情况。

(A)连接处是否紧固　　　　　　　　(B)接触是否良好

(C)接地引下线有无锈蚀　　　　　　(D)接地体附近地面有无异常

【答案】 ABCD

La2B3011 通信运行部门应每半年对 ADSS 和普通光缆进行专项检查,重点检查( )等,并对光缆备用纤芯的衰耗进行测试对比。

(A)站内及线路光缆的外观　　　　　(B)接续盒固定线夹

(C)接续盒密封垫线　　　　　　　　(D)接地是否良好

【答案】 ABC

La2B3012 加强通信网管系统运行管理,落实( )工作,定期开展网络安全等级保护定级备案和测评工作,及时整改测评中发现的安全隐患。

(A)数据备份　　　　　　　　　　　(B)病毒防范

(C)信息安全防护　　　　　　　　　(D)数据更新

【答案】 ABC

La2B3013 在通信设备检修或故障处理中,应严格按照通信设备和仪表使用手册进行操作,避免( )。

(A)误操作　　　　　　　　　　　　(B)对通信设备造成损伤

(C)对人员造成损伤　　　　　　　　(D)对机房环境造成影响

【答案】 ABC

La2B3014 电器设备着火,应首先( ),使用 ABC 型干粉灭火器、( )灭火,不得使用水和泡沫灭火器。

(A)切断电源　　　(B)四氯化碳　　　(C)1211 灭火器　　(D)沙土

【答案】 ABCD

La2B3015 分部、省公司、地(市)公司通信机构承担的职责包括( )。

(A)审核、上报涉及上级电网通信业务的通信检修计划和申请

(B)受理、审批管辖范围内不涉及上级电网通信业务的通信检修申请

(C)对涉及电网通信业务的电网检修计划和申请进行通信专业会签

(D)协助、配合线路运维单位开展涉及通信设施的检修工作

【答案】 ABCD

La2B3016 生产经营单位应当具备的安全生产条件所必需的资金投入,由( )予以保证。

(A)生产经营单位的决策机构　　　　(B)生产经营单位的财务部门

(C)生产经营单位的主要负责人　　　　(D)个人经营的投资人

【答案】 ACD

La2B3017 公司各级单位应贯彻"谁主管谁负责、管业务必须管安全"的原则,做到( )考核业务工作的同时,计划、布置、检查、总结、考核安全工作。

(A)计划　　　　(B)布置　　　　(C)检查　　　　(D)总结

【答案】 ABCD

La2B3018 电路的三种工作状态是( )。

(A)通路　　　　(B)断路　　　　(C)短路　　　　(D)旁路

【答案】 ABC

La2B3019 晶体管有( )工作状态。

(A)放大　　　　(B)饱和　　　　(C)截止　　　　(D)工作

【答案】 ABC

La2B3020 在放大电路中,可分为( )负反馈组态。

(A)电压串联　　(B)电压并联　　(C)电流串联　　(D)电流并联

【答案】 ABCD

La2B3021 工作票终结或作废后,应在上面指定位置盖( )章。

(A)已执行　　　　(B)作废　　　　(C)未执行　　　　(D)执行中

【答案】 AB

La2B3022 具有检测误码能力的传输码型是( )码。

(A)NRZ　　　　(B)CMI　　　　(C)AMI　　　　(D)HDB3

【答案】 BCD

La2B3023 传输码型中不含直流分量的传输码型是( )码。

(A)双极性归零　　(B)HDB3　　　　(C)AMI　　　　(D)单极性归零

【答案】 ABC

La2B3024 基带信号的码型中,属于二元码的是( )码。

(A)单极性归零　　(B)单极性不归零　　(C)双极性不归零　　(D)差分

【答案】 ABCD

La2B3025 工作负责人接到工作许可命令后,应向全体工作人员交代工作票中所列( ),并询问是否有疑问。

(A)工作任务　　　　　　　　(B)安全措施完成情况

(C)保留或邻近的带电设备　　(D)工作状态

【答案】 ABCD

La2B3026 变电站第一种工作票的编号由各单位统一编号,使用时应按编号顺序依次使用在备注中填写( )在办理工作票过程中需要双方交代的工作及注意事项。

(A)工作票签发人 (B)工作负责人 (C)工作许可人 (D)检修、试验人员

【答案】 ABC

La2B3027 关于变电站第一种工作票的填写,工作的变配电站名称及设备双重名称,此栏应填写进行工作的( )和站内工作的设备双重名称。

(A)变电站 (B)开关站 (C)配电室名称 (D)电压等级

【答案】 ABCD

La2B3028 关于变电站第一种工作票的填写,工作内容栏应填写该工作的( )项目,工作内容应对照工作地点及工作设备来填写。

(A)设备检修 (B)试验清扫

(C)保护校验 (D)设备更改、安装、拆除等

【答案】 ABCD

La2B3029 通信作业应符合《安全生产规程》的"两票"制度,两票是指( )。

(A)通信工作票 (B)通信操作票 (C)通信检修票 (D)通信停役申请单

【答案】 AB

La2B3030 基带传输系统在码型选择时通常考虑的因素有( )。

(A)线路编码应不含直流 (B)便于从接受码流中提取定时信号

(C)节省传输带宽,减少码间干扰 (D)具有一定的检错能力

【答案】 ABCD

La2B3031 不属于基带传输的是( )。

(A)PSK (B)PCM (C)QAM (D)SSB

【答案】 ACD

La2B3032 物质按导电能力强弱可分为( )。

(A)导体 (B)半导体 (C)强导体 (D)绝缘体

【答案】 ABD

La2B3033 晶体三极管有两个 PN 结,分别是( )。

(A)集电极 (B)发射结 (C)集电结 (D)发射极

【答案】 BC

La2B3034 晶体三极管分的三个区是指( )。

(A)集电 (B)放大区 (C)基 (D)发射

【答案】 ACD

La2B3035 实现数字通信网同步的方式有( )方式。

(A)主从同步 (B)相互同步 (C)独立时钟同步 (D)自同步

【答案】 ABC

**Lb2B3036** 电力系统通信自动交换网中,下列属于三级交换中心(C3)的汇接功能有( )。

(A)本局用户间的交换,本局用户出入公用网的交换、出入专网的交换

(B)直接接入 C3 的终端交换站的专网呼叫的汇接

(C)各 C4 经 C3 的专网呼叫的汇接

(D)具有至其他 C3 的直达路由时,其他 C3 经本 C3 的专网呼叫的汇接

【答案】 BCD

**Lb2B3037** 用于电力调度的调度台应具备( )接口。

(A)RJ11 模拟　　(B)2B+D 数字　　(C)30B+D 数字　　(D)RJ45 网络

【答案】 ABD

**Lb2B3038** 软交换提供的原始计费信息主要包括( )。

(A)主、被叫用户识别码　　　　　　(B)呼叫起始时间

(C)接续时间　　　　　　　　　　(D)途径路由

【答案】 ABCD

**Lb2B3039** IMS 行政交换设备应支持( )接口。

(A)100/1 000 Mbit/s 自适应　　　　(B)E1 电

(C)STM - 1 电　　　　　　　　(D)STM - 1 光

【答案】 ABCD

**Lb2B3040** SDH 设备光接口接收灵敏度测试仪表有( )。

(A)用 SDH 测试仪　(B)可调光衰　　(C)光源　　　　(D)光功率计

【答案】 ABD

**Lb2B3041** SDH 采用的网络结构中,具有自愈能力的有( )。

(A)枢纽型　　　　(B)线型　　　　(C)环型　　　　(D)网状网

【答案】 BCD

**Lb2B3042** 在 SDH 中,在 STM - N 帧结构中为帧定位的字节是( )。

(A)A1　　　　　(B)A2　　　　　(C)B1　　　　　(D)B2

【答案】 AB

**Lb2B3043** 在数据通信网中,距离矢量协议包括( )。

(A)RIP　　　　　(B)BGP　　　　(C)IS - IS　　　　(D)OSPF

【答案】 AB

**Lb2B3044** 以太网业务故障检测中,( )工具可以帮助用来检测连通性。

(A)PING　　　　　　　　　　　(B)TRACEROUTE

(C)IPCONFIG　　　　　　　　　(D)SHOWVERSION

【答案】 AB

**Lb2B3045** PCM 终端设备的 E/M 接口板包括( )。

(A)8W E/M 板　　(B)4W E/M 板　　(C)2W E/M 板　　(D)6W E/M 板

【答案】 BC

Lb2B3046　G.703 建议是数字网络接口建议,64 kbit/s 接口的发送和接收两个方向,都有（　　　）信号通过接口。

(A)64 kbit/s 信息　(B)64 kHz 定时　(C)8 kbit/s 信息　(D)8 kHz 定时

【答案】　ABD

Lb2B3047　我国采用的 PDH 数字系列中,一次、二次、三次的传输速率分别是（　　　）Mbit/s。

(A)2.048　　　　(B)8.448　　　　(C)34.368　　　　(D)139.264

【答案】　ABC

Lb2B3048　关于时钟源说法正确的是（　　　）。

(A)PRC、LPR 都是一级基准时钟

(B)PRC 包括 Cs 原子钟

(C)BITS 只能配置 Rb 钟

(D)SDH 的外部定时输出信号可作为 BITS 的参考信号源

【答案】　ABD

Lb2B3049　有关时钟跟踪说法正确的是（　　　）。

(A)在同步时钟传送时用环路跟踪,可以对时钟进行保护

(B)尽量减少定时传递链路的长度,避免由于链路太长影响传输时钟信号的质量

(C)从站时钟要从高一级设备或同一级设备获得基准

(D)应从一致路由获得主、备用时钟基准,以保持主备来源时钟的一致

【答案】　BC

Lb2B3050　SDH 网络设备可使用的时钟源包括（　　　）。

(A)外部时钟　　　　　　　　　　(B)线路时钟

(C)支路时钟　　　　　　　　　　(D)设备自振荡晶体时钟

【答案】　ABCD

Lb2B3051　一般 PCM 获得时钟的来源有（　　　）。

(A)外接时钟源　　　　　　　　　(B)不需要时钟

(C)设备内部振荡器　　　　　　　(D)从支路或复接信号中提取

【答案】　ACD

Lb2B3052　（　　　）标准是 OPGW 目前所采用的标准。

(A)IEEE 1138　　　　　　　　　(B)IEC 60794 - 4 - 1

(C)GB/T 7424.4　　　　　　　　(D)DL/T 832

【答案】　ABCD

Lb2B3053　（　　　）是 OPGW 标准中所规定的特性参数。

(A)直径、截面

(B)单位重量、额定抗拉强度

(C)直流电阻、短路电流容量

(D)弹性模量、线膨胀系数、最大运行温度范围

【答案】 ABCD

Lb2B3054 光信号在光纤中的传输距离受到( )的双重影响。

(A)色散 (B)衰耗 (C)热噪声 (D)干扰

【答案】 AB

Lb2B3055 ( )光纤适合用于 DWDM 系统。

(A)G.652 (B)G.653 (C)G.654 (D)G.655

【答案】 AD

Lb2B3056 UPS 电源按工作原理不同,主要分为( )。

(A)后备式 (B)在线式 (C)后背互动式 (D)在线互动式

【答案】 AB

Lb2B3057 UPS 在运行中频繁的转换到旁路供电,主要的原因有( )。

(A)UPS 本身出现故障 (B)UPS 暂时过载

(C)过热 (D)蓄电池内阻增大

【答案】 ABC

Lb2B3058 不间断电源 UPS 一般有( )等功能。

(A)双路电源之间的无间断切换 (B)隔离干扰

(C)电压变换 (D)温度变换

【答案】 ABC

Lb2B3059 常见的 UPS 电源异常现象有( )。

(A)市电中断 (B)分相负载不均衡

(C)过负载 (D)过电压

【答案】 ABCD

Lb2B3060 阀控式密封铅酸蓄电池主要由( )组成。

(A)正极板 (B)负极板

(C)隔板,电解液,安全阀 (D)外壳,端子

【答案】 ABCD

Lb2B3061 蓄电池隔板的主要作用包括( )。

(A)防止正负极板短路

(B)使电解液中正负离子顺利通过

(C)对电池起密封作用,阻止空气进入,防止极板氧化

(D)阻缓正负极板活性物质的脱落,防止正负极板因震动而损伤

【答案】 ABD

Lb2B3062 通信电源高频开关部分的组成包括( )。

(A)输入滤波器 (B)整流与滤波 (C)防雷模块 (D)逆变器

【答案】 ABD

Lb2B3063 铅酸蓄电池室应使用防爆型(    )。

    (A)通风电动机    (B)照明灯具    (C)空调    (D)开关

【答案】 ABC

Lb2B3064 UPS 的故障一般分为(    )。

    (A)电气元件损坏    (B)开关损坏    (C)电池亏电    (D)插接件接触不良

【答案】 ACD

Lb2B3065 通信系统接地中,对于需要接地的设备,安装、拆除时应注意(    )。

    (A)安装时应先接地        (B)拆除设备时,先拆地线

    (C)拆除设备时,最后再拆地线    (D)禁止破坏接地导体

【答案】 ACD

Lb2B3066 每年雷雨季节前应对接地系统进行检查和维护,需做(    )工作。

    (A)检查连接处是否紧固、接触是否良好

    (B)检查接地引下线有无锈蚀

    (C)接地体附近地面有无异常设备投运

    (D)必要时应开挖地面抽查地下隐蔽部分锈蚀情况

【答案】 ABCD

Lb2B3067 通信系统接地中,接地装置中接地电阻主要由(    )决定。

    (A)接地引线电阻        (B)接地体本身电阻

    (C)接地体与土壤的接触电阻    (D)接地体周围的散流电阻

【答案】 CD

Lb2B3068 (    )光纤类型适合用于 DWDM 系统。

    (A)G. 652    (B)G. 653    (C)G. 654    (D)G. 655

【答案】 AD

Lb2B3069 机房防火堵料按其组成成分和性能特点可分为(    )等各类防火堵料。

    (A)有机防火堵料        (B)复合类防火堵料

    (C)无机防火堵料        (D)通信用防火堵料

【答案】 ABC

Lb2B3070 数字程控交换机的数字中继接口电路的基本功能包括(    )、时钟恢复、帧同步搜索及局间信令插入与提取等。

    (A)帧与复帧同步码产生    (B)帧调整

    (C)连零抑制           (D)码型变换

【答案】 ABCD

Lb2B3071 电力系统交换机应具备外部时钟输入接口,外部时钟接口采用(    )接口。

    (A)2. 048 Mbit/s        (B)V. 24

    (C)2. 048 MHz        (D)100 Mbit/s 以太网

【答案】 AC

**Lb2B3072** 软交换体系与传统 VoIP 网络相比,不同之处主要在于( )。

(A)开放的业务接口

(B)网关分离的思想

(C)在 IP 网络上提供传统 PSTN 业务以及补充业务

(D)设备的可靠性

【答案】 ABD

**Lb2B3073** IMS 行政交换网接入及终端设备分为可信设备、非可信设备两类进行信息安全管理,下列属于可信设备的有( )。

(A)安装于中心通信机房内的 AG

(B)安装于变电站的 IAD

(C)安装于办公室的 IP 电话

(D)安装于中心通信机房的 IP-PBX

【答案】 AD

**Lb2B3074** 在测试光功率之前,应检查( ),必要时用专用擦纤纸或酒精棉擦拭,擦完后等酒精干后再连接,否则会引入较大衰耗,影响测试结果。

(A)光板光接口 (B)光功率计光接口

(C)测试用尾纤接头是否清洁 (D)不要触动可变衰耗器的连接

【答案】 ABC

**Lb2B3075** SDH 较之 PDH 有( )特点。

(A)光接口标准化 (B)网管能力强

(C)信道利用率高 (D)简化复用/解复用技术

【答案】 ABD

**Lb2B3076** 波分系统中,影响系统传输距离的因素主要有( )。

(A)光功率 (B)OSNR (C)监控信道 (D)色散容限

【答案】 ABD

**Lb2B3077** 关于地址转换的描述,正确的是( )。

(A)地址转换有效地解决了互联网地址短缺所面临的问题

(B)地址转换实现了对用户透明的网络外部地址的分配

(C)使用地址转换后,对 IP 包加密、快速转发不会造成什么影响

(D)地址转换为内部主机提供了一定的"隐私"保护

【答案】 ABD

**Lb2B3078** 路由协议中,支持无类域间路由选择的有( )。

(A)OSPF (B)RIP-1 (C)BGP (D)IGPR

【答案】 AC

Lb2B3079　两台运行 BGP 的路由器之间,邻居建立时间为 46 h,那么最近 24 h 内,这两台设备之间一定没有交互过的报文是(　　)。

(A)OPEN　　　　　(B)KEEPALIVE　　(C)UPDATE　　　　(D)NOTIFICATION

【答案】　AD

Lb2B3080　以太网是一个支持广播的网络,一旦网络中有环路,这种简单的广播机制就会引发灾难性后果,(　　)现象可能是环路导致的。

(A)设备无法远程登录

(B)在设备上使用 display、interface 命令查看接口统计信息时发现接口收到大量广播报文

(C)CPU 占用率超过 70%

(D)通过 ping 命令进行网络测试时丢包严重

【答案】　ABCD

Lb2B3081　信号总失真是衡量 PCM 音频通道的重要指标之一,总失真包括(　　)。

(A)量化失真

(B)电路的线性失真

(C)电路的非线性失真

(D)电路热噪声及信道误码引入的噪声所引起的失真

【答案】　ACD

Lb2B3082　(　　)不是再生中继系统中实际常采用的均衡波形。

(A)升余弦波　　　　　　　　　(B)有理函数均衡波形

(C)正弦波　　　　　　　　　　(D)余弦波

【答案】　ACD

Lb2B3083　PCM30/32 中定时系统产生的脉冲为(　　)。

(A)主时钟　　　　(B)位脉冲　　　　(C)时隙脉冲　　　　(D)复帧脉冲

【答案】　ABCD

Lb2B3084　属于我国 PDH 体制的速率体系是(　　)。

(A)2 Mbit/s　　　(B)8 Mbit/s　　　(C)34 Mbit/s　　　(D)140 Mbit/s

【答案】　ABCD

Lb2B3085　在 PCM 音频特性指标中,增益随输入电平变化的指标主要反映通路的非线性,主要是由于(　　)引起的。

(A)信号量化　　　　　　　　　(B)放大器和编码器等电路的过载

(C)音频部件的非线性　　　　　(D)PAM 部件的非线性

【答案】　ABCD

Lb2B3086　PCM 终端设备一般配置有(　　)类型的接口。

(A)4WE＆M　　　(B)2WFXO　　　(C)2WFXS　　　(D)64K 数据盘

【答案】　ABCD

Lb2B3087 同步网的时钟传输方式有(　　)。

(A)PDH 2M 专线电路　　　　　　　　(B)SDH STM－N 线路信号

(C)PDH 2M 业务电路　　　　　　　　(D)以上都不是

【答案】 ABC

Lb2B3088 (　　)是 OPGW 现场盘测验收时必须做的项目。

(A)光缆外观检查　　　　　　　　　(B)光纤纤芯连续性

(C)光纤长度　　　　　　　　　　　(D)光纤衰减性能

【答案】 ABCD

Lb2B3089 UPS 电源供电时间长短取决于(　　)。

(A)电压　　　　(B)电池容量　　　　(C)负载电流　　　　(D)频率

【答案】 BC

Lb2B3090 配置两套 UPS 电源时,应遵循(　　)原则。

(A)负载均分　　　(B)三相平衡　　　(C)负载均衡　　　(D)三相平均

【答案】 AB

Lb2B3091 UPS 面板显示"机内过热",可能的原因是(　　)。

(A)热继电器连接线松脱　　　　　　(B)散热风道堵塞

(C)风扇损坏　　　　　　　　　　　(D)环境温度高

【答案】 ABCD

Lb2B3092 通信电源巡视的基本方法有(　　)。

(A)看　　　　(B)听　　　　(C)嗅　　　　(D)测

【答案】 ABCD

Lb2B3093 蓄电池在 25 ℃条件下,浮充工作单体电压、均衡工作单体电压分别为(　　)V。

(A)2.23～2.27　(B)2.30～2.35　(C)2.23～2.25　(D)2.28～2.37

【答案】 AB

Lb2B3094 UPS 电源的保护功能有(　　)。

(A)输入欠压保护　(B)输出短路保护　(C)输出过载保护　(D)过温保护

【答案】 BCD

Lb2B3095 机房巡检时,巡检人员应重点关注 UPS 电源(　　)运行参数。

(A)UPS 电源温度　(B)市电输出电压　(C)分相负载　　(D)分相负载率(%)

【答案】 BCD

Lb2B3096 进入室内前应水平直埋 10 m 以上且埋深应大于 0.6 m 的有(　　)。

(A)屏蔽通信电缆

(B)架空电力线由站内终端杆引下更换为屏蔽电缆后

(C)金属管道

(D)微波塔上的航标灯电源线(金属外皮电缆)

【答案】 ABCD

**Lb2B3097** 可用于软交换机之间的互通的协议包括( )。

    (A)Parlay        (B)H.323        (C)H.248        (D)BICC/SIP

【答案】 BD

**Lb2B3098** H.323协议中,关守(GK)的作用包括( )。

    (A)地址翻译        (B)带宽控制        (C)许可控制        (D)区域管理

【答案】 ABCD

**Lb2B3099** 软交换系统主要包括软交换设备(SS)和( )等。

    (A)信令网关(SG)                  (B)中继媒体网关(TG)

    (C)综合接入设备(IAD)             (D)应用服务器

【答案】 ABCD

**Lb2B30100** 如果SDH网管上的一个或部分网元无法登录,可能的原因有( )。

    (A)光路衰耗大,误码过量,导致ECC通路不通

    (B)主控板故障

    (C)SCC板ID拨码不正确

    (D)网元掉电、断纤

【答案】 ABCD

**Lb2B30101** SDH的"管理单元指针丢失"告警产生的原因可能是( )。

    (A)发送端时序有故障              (B)发送端没有配置交叉板业务

    (C)接收误码过大                  (D)PCM支路故障

【答案】 ABC

**Lb2B3102** SDH网络中,A、B两个网元相连接,如果A、B两个网元都收到无光告警,试判断故障点可能在( )。

    (A)B网元光板故障                (B)光缆中断

    (C)B网元电源故障                (D)B网元尾纤故障

【答案】 BD

**Lb2B3103** SDH不同厂家设备对接应注意( )。

    (A)线缆连接正确                (B)SDH帧结构中开销字节设置一致

    (C)双方设备共地                (D)时钟同步

【答案】 ABCD

**Lb2B3104** ( )nm波长可以用作泵浦光。

    (A)850        (B)980        (C)1 310        (D)1 480

【答案】 BD

**Lb2B3105** OTN维护信号包括( )。

    (A)OTUk-AIS    (B)ODUk-AIS    (C)ODUk-LCK    (D)ODUk-OCI

【答案】 ABCD

**Lb2B3106** 一个广播域中 IP 地址与 MAC 地址的对应关系正确的是(　　)。

(A)一个 IP 地址只能对应一个 MAC 地址

(B)一个 IP 地址可以对应多个 MAC 地址

(C)一个 MAC 地址只能对应一个 IP 地址

(D)一个 MAC 地址可以对应多个 IP 地址

【答案】 AD

**Lb2B3107** 与路由器可靠性指标有关的是(　　)。

(A)路由器的可用性　　　　　　　(B)负载承受能力

(C)平均无故障工作时间　　　　　(D)故障恢复时间

【答案】 ABCD

**Lb2B3108** 路由器的管理接口主要包括(　　)部分。

(A)控制台接口　(B)网络接口　(C)辅助接口　(D)电源接口

【答案】 AC

**Lb2B3109** 路由器的软件一般包括(　　)。

(A)自举程序　　　　　　　　　　(B)路由器操作系统

(C)配置文件　　　　　　　　　　(D)实用管理程序

【答案】 ABCD

**Lb2B3110** 关于 BGP 邻居间进行建立连接的过程中,(　　)描述是错误的。

(A)BGP 邻居建立的过程中只能存在一条 TCP 连接

(B)BGP 邻居如果建立了两条 TCP 连接,一条将作为主连接,另一条作为备份

(C)BGP 邻居如果建立了两条 TCP 连接,会通过冲突处理原则关闭其中一条

(D)BGP 处理 TCP 冲突的原则是保留 BGPID 大的邻居发起的 TCP 连接

【答案】 AB

**Lb2B3111** 按照复接过程中各支路的数字码在高次群中的排列方式的不同,复接方式可分为按(　　)。

(A)位　　　　　(B)节　　　　　(C)字　　　　　(D)帧

【答案】 ACD

**Lb2B3112** 对经过抽样的 PAM 信号描述正确的是(　　)。

(A)时间域上是连续的　　　　　　(B)时间域上是离散的

(C)幅度上是连续的　　　　　　　(D)幅度上是离散的

【答案】 BC

**Lb2B3113** 编码调制方式中,能完成语音信号模/数变换的方法是(　　)。

(A)PCM　　　(B)增量调制　　　(C)参数调制　　　(D)PAM

【答案】 ABC

**Lb2B3114** PCM 基群设备中,CRC-4 的作用是(　　)。

（A）误码监测 （B）流量监测 （C）伪同步监测 （D）奇偶校验

【答案】 AC

Lb2B3115 双路交流输入切换试验前,应验证( )正常工作,并做好试验过程监视。

（A）整流模块 （B）两路交流输入

（C）蓄电池组 （D）连接蓄电池组的直流接触器

【答案】 BCD

Lb2B3116 UPS 不宜带( )负载。

（A）电炉 （B）服务器 （C）激光打印机 （D）电吹风

【答案】 CD

Lb2B3117 依据( )来判断低压恒压是否正常充电终了。

（A）充电终期电流 （B）充入电量 （C）充电时间 （D）直流接地

【答案】 ABC

Lb2B3118 在 PTN 网络中,自动保护倒换(APS)按保护容量的专用和共享形式划分类型,可分为( )等。

（A）1+1 （B）1+0 （C）1:N （D）1:1

【答案】 ACD

Lc2B3119 纯电感交流电路中电压和电流的相位关系是( )。

（A）同相位 （B）电压滞后电流 90 度

（C）电压超前电流 90 度 （D）电流滞后电压 90 度

【答案】 CD

Lc2B3120 在电力自动化系统中,( )是上行信息。

（A）遥测 （B）遥信 （C）遥控 （D）遥调

【答案】 AB

Lc2B3121 在电力自动化系统中,( )是下行信息。

（A）遥测 （B）遥信 （C）遥控 （D）遥调

【答案】 CD

Lc2B3122 电网调度的性质有( )。

（A）指挥性质 （B）生产性质 （C）操作性质 （D）职能性质

【答案】 ABD

Lc2B3123 电压互感器二次接地属于( )接地。

（A）工作 （B）过压保护接 （C）防雷 （D）防静电

【答案】 ABCD

Lc2B3124 主站系统能正确接收电力自动化信息,必须使主站与厂站端的( )一致。

（A）设备型号 （B）通信规约 （C）通道速率 （D）系统软件

【答案】 BC

Lc2B3125 对电力系统运行的基本要求是( )。

(A)保证可靠地持续供电 (B)保证良好的电能质量

(C)保证系统运行的经济性 (D)保证供电功率恒定

【答案】 ABC

Lc2B3126 属于母线接线方式的有( )。

(A)单母线 (B)双母线 (C)3/2接线 (D)2/3接线

【答案】 ABC

Lc2B3127 变压器运行中,交变磁场在铁芯中所引起的( )损耗和( )损耗合称为铁损耗。

(A)磁滞 (B)涡流 (C)交变 (D)电磁

【答案】 AB

## 3.2.3 判断题

La2C3001 通信卫星可以传输电话、电报、传真、数据和电视等信息。(√)

La2C3002 在公司各级单位内部考核上,上级单位为下级单位承担连带责任。(√)

La2C3003 生产岗位班组长应每年进行安全知识、现场安全管理、现场安全风险管控等知识培训后即可上岗。(×)

La2C3004 地市公司级单位、县公司级单位每月至少组织一次对班组人员的安全规章制度、规程规范考试。(×)

La2C3005 在岗生产人员每年再培训不得少于10学时。(×)

La2C3006 省级以上地方各级人民政府应当组织有关部门制订本行政区域内生产安全事故应急预案,建立应急救援体系。(×)

La2C3007 事故抢救过程中无须采取必要措施,避免或者减少对环境造成的危害。(×)

La2C3008 生产经营单位发生生产安全事故造成人员伤亡、他人财产损失,拒不承担赔偿责任或者其负责人逃匿的,由公安机构依法强制执行。(×)

La2C3009 安全带严禁低挂高用,悬挂点务必牢靠,在铁塔平台上移动时,安全带应背在肩上各种工具应放在工具袋中,工具袋背在肩上。(√)

La2C3010 机房施工一般不得使用明火,需要用火时应经相关单位部门批准,办理动火工作票后方可在指定地点、时间作业。(√)

La2C3011 在发生人身触电事故时,可以不经许可,立刻断开有关设备的电源,但事后应立即报告调度控制中心(或设备运维管理单位)和上级部门。(√)

La2C3012 同一变电站的操作票应事先连续编号,计算机生成的操作票应在正式出票前连续编号,操作票按编号顺序使用。(√)

La2C3013 部分停电的工作,是指高压设备部分停电,或室内虽全部停电,但通至邻接高压室

的门并未全部闭锁的工作。（√）

La2C3014 全站停电可不使用工作票。（×）

La2C3015 工作票有破损不能继续使用时,应补填新的工作票,补填的工作票不需再次履行签发许可手续。（×）

La2C3016 专责监护人临时离开时,应指定一名工作人员担任临时监护人。（×）

La2C3017 公司各级安监、运检部门,负责落实对相关责任人员的奖惩。（×）

La2C3018 公司按照《国家电网公司企业负责人年度业绩考核管理办法》,每年对省级公司安全第一责任人及领导班子成员进行考核奖励。（√）

La2C3019 公司所属各级单位发生特别重大事故(一级人身、电网、设备事件),对负次要责任的主要责任者、同等责任者给予留用察看一年至解除劳动合同处分。（×）

La2C3020 单位组织的集体外出活动过程中发生的人身伤亡不是人身事故。（×）

La2C3021 重大人身事故(二级人身事件)是指一次事故造成 10 人以上 30 人以下死亡,或者 50 人以上 100 人以下重伤。（√）

La2C3022 造成 3 人以下死亡,或者 10 人以下重伤的事故为一般人身事故(三级人身事件)。（×）

La2C3023 八级人身事件是指无人员死亡和重伤,但造成 1～2 人轻伤的事故。（√）

La2C3024 造成 5 000 万元以上 1 亿元以下直接经济损失的事故为重大设备事故(二级设备事件)。（√）

La2C3025 造成 100 万元以上 1 000 万元以下直接经济损失的事故为一般设备事故(四级设备事件)。（√）

La2C3026 造成 1 万元以上 1 000 万元以下直接经济损失的事故为一般设备事故(五级设备事件)。（×）

La2C3027 公司系统各单位事故发生后,事故现场有关人员应当立即向本单位现场负责人报告,现场负责人接到报告后,应立即向本单位负责人报告,情况紧急时,事故现场有关人员可以直接向本单位负责人报告。（√）

La2C3028 八级人身和设备事件由事件发生单位的安监部门或指定专业部门组织调查。（√）

La2C3029 开工前未对承包方负责人、工程技术人员和安监人员进行应由发包方交代的安全技术交底,且没有完整的记录造成事故的,确认为本单位负同等以上责任。（√）

La2C3030 发生五级以上人身事故时,中断有责单位的安全记录。（√）

La2C3031 事故紧急抢修工作,指电气设备发生故障被迫紧急停止运行,需按计划恢复的抢修和排除故障的工作。（×）

La2C3032 新参加电气工作的人员、实习人员和临时参加劳动的人员(管理人员、非全日制用工等),应经过安全知识教育后,方可到现场单独工作。（×）

La2C3033 事故紧急抢修只能填写事故紧急抢修单。（×）

La2C3034　工作票应用黑色或蓝色的钢(水)笔或圆珠笔填写与签发,一式两份,内容应正确,填写应清楚,不得任意涂改。(√)

La2C3035　对同杆塔架设的多层电力线路进行验电时,作业人员可以穿越已验电的10(20)kV线路及未采取绝缘措施的低压线路对上层线路进行验电。(×)

La2C3036　同一方向的多条光缆应同路由敷设进入通信机房和主控室。(×)

La2C3037　按照《国家电网公司十八项电网重大反事故措施》要求,部署公司95598呼叫平台的直属单位机房应具备2条及以上全程不同路由的出局光缆。(×)

La2C3038　为赶工期可以适当减少通信工程调试项目,降低调试质量。(×)

La2C3039　变电站内的引入光缆所穿钢管应全程密闭并与站内接地网隔离。(×)

La2C3040　变电站内的引入光缆所穿钢管口应进行防水封堵。(√)

La2C3041　直埋通信光缆、电缆、在地面应设置清晰醒目的标识。(√)

La2C3042　特殊情况时,两台通信设备可以共用一只断路器供电。(×)

La2C3043　通信机房的窗户应具备遮阳功能,防止阳光直射机柜和设备。(√)

La2C3044　影响一次电网生产业务的通信检修工作应按一次电网检修管理办法办理相关手续。(√)

La2C3045　如电网检修影响到了上级通信电路,必须报电网调度审批后,方可批准办理开工手续。(×)

La2C3046　"两票三制"是指:工作票制度、操作票制度、交接班制度、事故调查制度、设备定期试验轮换制度。(√)

La2C3047　《国家电网公司安全事故调查规程》的制订是为了规范国家电网公司系统安全事故报告和调查处理,落实安全事故责任追究制度,通过对事故的调查分析和统计,总结经验教训,研究事故规律,采取预防措施,防止和减少安全事故。(×)

La2C3048　TMS中,第二种工作票中的工作场所名称只能点选。(×)

La2C3049　输入全为低电平"0",输出也为"0"时,必为"与"逻辑关系。(×)

La2C3050　传输码型应便于时钟信号提取,基带信号频谱中存在直流成分。(×)

La2C3051　位同步的方法主要有插入导频法和间接法。(×)

La2C3052　信息传输速率等于信号速率。(×)

La2C3053　信息传输速率等于二进制的信号速率。(√)

La2C3054　通信系统占用的频带愈宽,传输信息的能力也就愈大。(√)

La2C3055　模拟信号在幅度和时间上都必须是连续的。(×)

La2C3056　数字信号通常采用十进制码。(×)

La2C3057　正弦量的三要素是最小值或有效值、频率和初相位。(×)

La2C3058　计算机网络属于全双工通信。(√)

La2C3059　放大电路为稳定静态工作点,应该引入直流负反馈。(√)

La2C3060　10 进制 31 其二进制为 11111。（√）

La2C3061　半导体激光器 LD 是利用在有源区中受激而发射光的光器件。（√）

La2C3062　在均匀磁场中,磁感应强度 $B$ 与垂直于它的截面积 $S$ 的乘积,叫作该截面的磁通密度。（√）

La2C3063　电阻两端的交流电压与流过电阻的电流相位相同,在电阻一定时,电流与电压成正比。（√）

La2C3064　由于二极管的开通时间比关闭时间短得多,所以一般情况下可以忽略不计,而只考虑反向恢复时间。（√）

La2C3065　通信系统分为基带传输和频带调制传输,频带调制传输是将未经调制的信号直接传送。（×）

La2C3066　信号速率的单位是波特。（√）

La2C3067　信息传输速率等于八进制的信号速率。（×）

La2C3068　数字信号在幅度和时间上都必须是连续的。（×）

La2C3069　从计算机主机输出数据到显示器是单工通信。（√）

La2C3070　集群通信属于半双工通信。（√）

La2C3071　加在二极管上的正向电压大于死区电压时,二极管截止;加反向电压时,二极管导通。（×）

La2C3072　计算机和终端之间的通信属于半双工通信。（√）

La2C3073　时分复用时,各路信号在时间轴上可以重叠。（×）

La2C3074　利用载波相位的相对数值也同样可以传送数字信息。（√）

La2C3075　当工作温度升高时,同样工作电流下的 LED 的输出功率要上升。（×）

La2C3076　最大值是正弦交流电在变化过程中出现的最大瞬时值。（√）

La2C3077　负载电功率为正值表示负载吸收电能,此时电流与电压降的实际方向一致。（√）

La2C3078　"负载大小"常用来指负载电功率大小,在电压一定的情况下,负载大小是指通过负载的电流的大小。（√）

La2C3079　HDB3 码除了保持 AMI 码的优点外,还增加了使连"0"串减小到至多 3 个的优点,所以 HDB3 码信号波形的功率谱与信源的统计特性无关,这对于收端定时提取十分有利。（√）

La2C3080　由于单极性不归零码序列的功率谱中含有离散的直流分量及很低的频率成分,与同轴电缆的传输要求不相符,所以该码型不宜于在电缆中传输。（√）

La2C3081　采用扰码能够防止连"0"或长连"1"的出现。（√）

La2C3082　眼图提供了关于数字通信系统的大量有用信息,"眼睛"张开度最小时是抽样的最好时刻。（×）

La2C3083　眼图斜边的斜率决定定时误差的灵敏度,斜边越平,对定时误差越敏感,即要求定

时越准。（×）

La2C3084　信息传输速率表示单位时间内系统传输的信息量。（√）

La2C3085　双绞线比同轴电缆具有更宽的带宽和更快的传输速率。（×）

La2C3086　对称三相电源是指三个幅值相同、频率相同和相位互差 60°的电动势电源。（×）

La2C3087　MOS 管在不使用时应避免栅极悬空,务必将各电极短接。（√）

La2C3088　终端设备的主要功能是将输入信变换为易于在信道中传送的信号,并参与控制通
　　　　　信工作。（√）

La2C3089　为提高电路的输入电阻,应该引入串联负反馈。（√）

La2C3090　为了稳定输出电压,应该引入电压负反馈。（√）

La2C3091　四进制绝对移相键控利用载波的四种不同相位来表示数字信息,由于每一种载波相位
　　　　　代表两个比特信息,因此每个四进制码元可以用两个二进制码元的组合来表示。（√）

Lb2C3092　子架与机盘安装要求:机盘安插到相应槽位后,仔细检查每块机盘是否有明显的损
　　　　　坏。（×）

Lb2C3093　变电站导引光缆敷设弯曲半径不应小于 20 倍光缆直径。（×）

Lb2C3094　接通率是完成通话的呼叫次数与总呼叫次数之比。（√）

Lb2C3095　E1 数字中继接口阻抗为同轴不平衡接口 75 Ω、平衡电缆接口 120 Ω。（√）

Lb2C3096　IMS 网络支持视频会议业务,视频会议支持 SIP 软终端、SIP 硬终端等通信终端加
　　　　　入。（√）

Lb2C3097　中国 No.1 信令信号系统包含线路信号和记发器信号。（√）

Lb2C3098　分组交换不适合数据通信的交换方式。（×）

Lb2C3099　在 SDH 中,34 Mb/s 对应的 VC 等级是 VC－4。（×）

Lb2C3100　SDH 网同步设计中,主从时钟传送时不应存在环路。（√）

Lb2C3101　STM－1 的容量为 1 个 VC－4 或 3 个 VC－3 或 63 个 VC－12。（√）

Lb2C3102　在 SDH 中,常用于传送长距信号的光的波长是 850 nm。（×）

Lb2C3103　在 SDH 中,系统的复接、分接过程,指针定位等是引起抖动的主要原因。（√）

Lb2C3104　SDH 网可以与现有的 PDH 兼容,并容纳各种新的业务信号,形成了全球统一的数
　　　　　字传输体制标准。（√）

Lb2C3105　SDH 系统的频带利用率比传统的 PDH 系统高。（×）

Lb2C3106　单向通道保护环使用"首端桥接,末端倒换"的结构。（√）

Lb2C3107　SDH 具有全世界统一的网络节点接口。（√）

Lb2C3108　SDH 网可以与 PDH 网完全兼容。（√）

Lb2C3109　不同厂家的 SDH 设备在光路上可以互通。（√）

Lb2C3110　所谓蓄电池的免维护是相对于传统铅酸电池维护而言的,仅指使用期间无需加水。（√）

Lb2C3111　STM－N 帧结构的最小单位为比特。（×）

Lb2C3112 接地线的要求是粗、短、直,要兼顾到泄放设备短路电流和泄放雷电流的能力。(√)

Lb2C3113 网络设备 Console 端口采用 RJ-45 接口,但也有少量网络设备采用 DB-9 串行接口。(√)

Lb2C3114 在路由器基本配置操作中,所有用户键入的命令,如果通过语法检查,则正确执行,否则系统将会向用户报告错误信息。(√)

Lb2C3115 PCM 设备的二线或四线口的特性阻抗是 75 Ω 或 120 Ω。(×)

Lb2C3116 PCM 二线用户接口也可以传输远动信号。(×)

Lb2C3117 语音信号的抽样频率 8 kHz,一路语音信号抽样、量化、PCM 编码后的速率是 2 048 kbit/s。(×)

Lb2C3118 PCM 信道音频四线接口发信电平为 $-14$ dBr 收信电平为 $+4$ dBr,说明 4 线音频话路通道有 18 dB 的增益。(√)

Lb2C3119 PCM 信道音频二线接口发信电平为 0 dBr 收信电平为 $-2$ dBr,说明 2 线音频话路通道有 2 dB 的增益。(×)

Lb2C3120 PCM 信道音频四线接口标称阻抗为 120 Ω 平衡。(×)

Lb2C3121 AIS 是将二进制数字信号置成全"0"用以取代正常信号。(×)

Lb2C3122 PCM30/32 路系统中,每个码元的时间间隔是 488 ns。(√)

Lb2C3123 按复接时各低次群时钟情况,复接可分为同步、异步、准同步。(√)

Lb2C3124 数字通信系统中收发两端的同步包括时钟同步、帧同步和复帧同步。(√)

Lb2C3125 数字同步网中的受控时钟源是指时钟源输出的时钟信号是受高等级的时钟信号控制的信号。(√)

Lb2C3126 各网络节点同步输入接口应接受来自局内 BITS 设备不同输出模块的两路定时信号,采用一主一备外定时信号方式。(√)

Lb2C3127 时钟失步时业务质量会受损甚至中断。(√)

Lb2C3128 PCM 信道音频二线接口在 300~600 Hz 时反射损耗大于 15 dB。(×)

Lb2C3129 模拟电话信号的抽样频率理论上最低为 8 000 Hz。(×)

Lb2C3130 G.652 光纤只能传输 1 310 nm 波长。(×)

Lb2C3131 光缆布放时应尽量做到整盘布放,以减少接头。(√)

Lb2C3132 目前光纤通信中常用的光源主要有两种:发光二极管(LED)和激光器(LD)。(√)

Lb2C3133 光纤熔接时,目前国际上基本上是都是采用预放电熔接方式。(√)

Lb2C3134 光缆护层开剥后,缆内油膏可用汽油或稀料擦洗干净。(×)

Lb2C3135 OPGW 光缆外层单丝直径的大小,主要影响其承受张力的程度。(×)

Lb2C3136 音频配线架限幅装置主要包括压敏电阻器、气体放电管、熔丝、热线圈等。(√)

Lb2C3137 通信电缆的芯线间绝缘采用 500 V 兆欧表进行测量;芯线对地绝缘电阻采用 1 000 V 兆欧表进行测量。(×)

Lb2C3138　为防止潮气侵入而影响光纤的使用寿命,光纤应置于密闭的管中,或采取其他有效的防潮措施。(√)

Lb2C3139　OPGW及起分流作用的另一侧地线,应逐塔经专用接地线良好、可靠接地,专用接地线的热容量应与OPGW相匹配。(√)

Lb2C3140　电缆沟道、竖井内的金属支架至少应两点接地,接地点间距离不应大于30 m。(√)

Lb2C3141　LED的输出特性曲线线形好,调制速率较高,使用寿命长,成本低,适用于长距离、大容量的传输系统。(×)

Lb2C3142　光纤的色散系数的单位是 ps/nm·km。(√)

Lb2C3143　光纤使用的不同波长,在 1.55 $\mu$m 处色散最小,在 1.31 $\mu$m 处损耗最小。(×)

Lb2C3144　不同使用年限但相同规格的电池可以在同一直流供电系统中并联使用,但要经常测其性能的变化。(×)

Lb2C3145　采用避雷针是为了防止绕击雷。(×)

Lb2C3146　测量接地电阻的工作,宜在雨天或雨后进行。(×)

Lb2C3147　对于一给定的铅酸蓄电池,在不同放电率下放电,将有不同的容量。(√)

Lb2C3148　将同型号的蓄电池并联使用可以提高电压,串联使用的可以增加容量。(×)

Lb2C3149　通信专用仪器仪表每年须进行一次加电试验,并按照规定定期到资质合格的计量单位进行校验。(√)

Lb2C3150　在电力通信电源系统中要求工作接地、保护接地和防雷接地三点共地。(√)

Lb2C3151　蓄电池放电后,可以过一段时间再充电。(×)

Lb2C3152　铅酸蓄电池放电实验投运前,必须进行蓄电池的容量实验,以后每年无须再进行充放电试验。(×)

Lb2C3153　高频开关整流器可以直接给通信设备供电。(√)

Lb2C3154　接地网的接地电阻宜每年进行一次测量。(√)

Lb2C3155　当蓄电池放电容量达不到额定容量的30%表明蓄电池的使用寿命终结。(×)

Lb2C3156　免维护阀控式密封铅蓄电池具有"免维护"的功能,在日常运行中无需进行维护和检测。(×)

Lb2C3157　蓄电池放电维护后,运行期间对蓄电池充电装置一般采用充放电仪进行充电。(×)

Lb2C3158　高频开关整流模块的额定输入电压是三相380 V时,允许波动范围是323 V到418 V。(√)

Lb2C3159　蓄电池组接入电源时,应检查电池极性,并确认蓄电池组功率与整流器输出电压匹配。(×)

Lb2C3160　路由表分为静态路由表和动态路由表,使用路由选择信息协议 RIP 来维护的路由表是动态路由表。(√)

Lb2C3161　防火墙可以阻止来自内部的威胁和攻击。(×)

Lb2C3162 网关用于完全不同的网络之间的连接。它为网间提供协议转换,使得使用不同协议的网络可以通过网关相连。(√)

Lb2C3163 广域网与局域网的区别不仅在距离长短,而且从层次上看,局域网使用的协议主要在数据链路层上,而广域网使用的协议主要在网络层上。(√)

Lb2C3164 光纤损耗使光信号波形失真。(×)

Lb2C3165 光纤色散使光信号幅度衰减。(×)

Lb2C3166 E&M 中继接口中,M 线为信令接收电路,E 线为信令发送电路。(×)

Lb2C3167 光纤熔接的单点双向平均熔接损耗应小于 0.05 dB,最大不应超过 0.1 dB,全程大于 0.05 dB 的接头比例应小于 20%。(×)

Lb2C3168 光缆盘纤时,光纤接头应固定,排列整齐。接续盒内余纤盘绕应正确有序,且每圈大小基本一致,弯曲半径不应小于 20 mm。余纤盘绕后应可靠固定,不应有扭绞受压现象。(×)

Lb2C3169 数字程控交换机交换网络可由 T 接线器和 S 接线器构成 TST 及 STS 两种基本结构。(√)

Lb2C3170 时间(T)接线器有输出控制工作方式和输入控制工作方式。(√)

Lb2C3171 局间采用中国 No.7 信令时,信令链路可占用 1~31 时隙中的任一时隙。(√)

Lb2C3172 No.7 信令中的信令数据链路只能占用第 16 时隙。(×)

Lb2C3173 2B+D 接口含义是 2 个 64 kbps 的 B 信道和一个 16 kbps 的 D 信道。(√)

Lb2C3174 SDH 帧结构中有许多空闲字节,如果利用空闲字节,可以提高光线路速率。(×)

Lb2C3175 SDH 帧结构中安排了段开销 SOH 和通道开销 POH,分别用于段层和通道层的维护。(√)

Lb2C3176 在 SDH 系统中,A1、A2 字节是定位字节,用来识别帧的结束位置。(×)

Lb2C3177 在 SDH 系统中,B1 字节为 bit 间插奇偶校验码,用作复用段的误码监视。(×)

Lb2C3178 在 SDH 系统中,B2 字节用作再生段误码监视。(×)

Lb2C3179 在 SDH 系统中,E1、E2 字节用作使用者通路,为网络使用者提供以维护为目的的 64 k 速率的临时通道。(×)

Lb2C3180 SDH 帧结构中的 F1 字节用作公务联络。(×)

Lb2C3181 SDH 传输一帧的时间为 125 $\mu$s,每秒传 8 000 帧。(√)

Lb2C3182 SDH 帧结构中包括两大类开销,即段开销和通道开销。(√)

Lb2C3183 二纤单向复用段保护环,不需要 APS 协议进行倒换。(×)

Lb2C3184 蓄电池进行容量试验时,放电电流应不超过 10 h 放电率的电流。(√)

Lb2C3185 不同年限、同一容量的电池允许在同一直流供电系统中使用。(×)

Lb2C3186 二纤单向复用段倒换环的倒换方式可归纳为"发端并发,收端择优选择"。(×)

Lb2C3187 不同厂家、不同型号、相同容量的蓄电池组可以并联使用,不同时期的蓄电池并联

使用时,其投产使用年限相差应不大于 2 年。（×）

Lb2C3188　ADM 设备除了连接能力外,上/下支路能力也是 ADM 能力的标志。（√）

Lb2C3189　SDH 帧结构有纵向 9 列和横向 270×N 行字节组成。（√）

Lb2C3190　Console 配置路由器时,终端仿真程序的正确设置是 9 600 bps、8 位数据位、1 位停止位、无校验和无流控。（√）

Lb2C3191　使用不带参数的 netstat 命令可以显示本机上的 TCP 连接和所使用的端口号。（√）

Lb2C3192　路由表能力是指路由表内所能容纳路由条目的最大数量。路由器应能够支持至少 25 万条路由。（×）

Lb2C3193　吞吐量是路由器的重要指标之一,是指单位时间内转发的数据量。（×）

Lb2C3194　路由器的性能指标中,因为数据业务对时延抖动不敏感,所以时延抖动不需要考虑。（×）

Lb2C3195　在路由器的一系列存储器中,ROM 的存取速度最快。（×）

Lb2C3196　路由器的运行配置文件在路由器关机或重启后不会丢失。（×）

Lb2C3197　在无盘工作站向服务器申请 IP 地址时,使用的是 ARP 协议。（×）

Lb2C3198　我国和欧洲采用的 PCM 非均匀量化方式实现方法为 $\mu$ 律 13 折线压扩特性,共分 128 个量化级。（×）

Lb2C3199　外接时钟有两种选择,即 2048 kHz 和 2 048 kbit/s,SDH 设备外接时钟应优先选 2 048 kHz。（×）

Lb2C3200　一级基准时钟的频率准确度应优于 $\pm 1 \times 10^{-9}$。（×）

Lb2C3201　二级节点时钟(G.812)的频率准确度应优于 $\pm 1.6 \times 10^{-8}$。（√）

Lb2C3202　三级节点时钟(G.813)的频率准确度应优于 $\pm 4.6 \times 10^{-6}$。（√）

Lb2C3203　G.781 建议长链大于 16 个网元时,必须采用 BITS 补偿。（×）

Lb2C3204　LPR(区域基准时钟源)由卫星定位系统＋Rb 原子钟组成的。（√）

Lb2C3205　在制订本地 BITS 设备输出端口分配方案时,应避免出现定时环路,包括主、备用定时基准链路倒换时不应构成定时环路。（√）

Lb2C3206　一般小型 SDH 网络时钟同步方式可采取主从同步法和伪同步结合的方法。（×）

Lb2C3207　单模光纤的色散分为材料色散、波导色散和模式色散。（×）

Lb2C3208　PVC 护套的光缆不宜在低于 0 ℃的温度下安装,而聚乙烯护套光缆可以在低于－15 ℃的温度下安装。（√）

Lb2C3209　光纤的传输特性主要是指光损耗特性、色散特性和非线性特性。（√）

Lb2C3210　ADSS 光缆中纤芯填充材料常采用油膏,目的是阻止水分和潮气从外界环境侵入到缆芯,以保护光纤的长期稳定性及使用寿命。（√）

Lb2C3211　在架空光缆线路上,耐张线夹主要用于耐张杆塔和终端杆塔,悬垂线夹主要用于直线杆塔和转角杆塔。（×）

Lb2C3212 ADSS 松套管层绞式光缆主要由中央非金属加强芯、加强芯外皮、松套管、纤芯、填充材料、内护套、金属加强件和外护层构成。（×）

Lb2C3213 按照 GB/T 7424.1 规定，一般光缆的安装温度上限为 60 ℃，光缆安装前不宜在规定的安装温度范围之外的温度中暴露 12 h。（×）

Lb2C3214 芳纶纱杨氏模量应不低于 90 GPa 在光缆制造长度内，每束芳纶纱不允许有接头。（√）

Lb2C3215 OTDR 监测方法有远端监测、近端监测和远端环回双向监测三种主要方式。（√）

Lb2C3216 直流电缆接线前，无需校验线缆两端极性。（×）

Lb2C3217 网络按其拓扑可以划分为总线型、星型、环型、树型和网状网等，按其覆盖范围可以划分为局域网、城域网、广域网。（√）

Lb2C3218 防火墙技术的核心控制思想是包过滤技术。（√）

Lb2C3219 在客户-服务器交互模型中，客户和服务器是指两个应用程序，其中客户机经常处于守候状态。（×）

Lb2C3220 复合型防火墙是内部网与外部网的隔离点，起着监视和隔绝应用层通信流的作用，也常结合过滤器的功能。（√）

Lb2C3221 路由器与三层交换机相比在支持规则和 QOS 保证、流分类方面的能力比较弱。（×）

Lb2C3222 MPLS–TP 是 PTN 的主要实现技术。（√）

Lb2C3223 通信设备屏体内侧面设置截面积 90 mm$^2$ 及以上规格的镀锌扁铁作为屏内接地母排。母排应每隔约 50 mm 预设 $\phi$6～10 mm 的孔，并配置镀锌螺栓。（×）

Lb2C3224 OPGW 引下时，应在构架顶端、最下端固定点分别通过匹配的专用接地线与构架进行可靠的电气连接。（×）

Lb2C3225 用被覆钳垂直钳住光纤快速剥除 20 mm～30 mm 长的一次涂覆和二次涂覆层，用酒精棉球或镜头纸将纤芯擦拭干净，剥除涂覆层时应避免损伤光纤。（√）

Lb2C3226 ISDN 是集语音电话、传真、视频会议、数据传输等通信业务于一体的综合业务数字网。（√）

Lb2C3227 公共信道信令是将传送信令的通路与传送语音的通路分开，即把各电话接续通路中的各种信令集中在一条单向的信令链路上传送。（×）

Lb2C3228 随路信令利用 TS0 和 TS16 传送两个话路的线路信令，TS0、TS16 和话路有着固定的对应关系。（×）

Lb2C3229 由于数字交换网络是收发分开的，也就是单向传输的，时隙交换就是将发送通道的某一时隙交换到接收通道相应的时隙。（×）

Lb2C3230 信令网关（Signaling Gateway）是连接 No.7 信令网与 IP 网的设备，主要完成 PSTN/ISDN 侧的 No.7 信令与 IP 网侧信令的转换功能。（√）

Lb2C3231 IMS 系统与原行政电路交换网和行政软交换网互联互通，能实现基本语音/视频通话和补充业务、传真业务、一号通业务、语音会议等业务的互通。（√）

Lb2C3232　在局间采用 No.7 信令进行中继连接时，一条数据链路只能管理一个 2M 数字中继。（×）

Lb2C3233　IMS 网络支持语音、视频通话业务，并且支持通话的呼叫转移、呼叫等待、呼叫保持、呼叫限制、呼叫前转、主叫号码显示/限制等业务功能。（√）

Lb2C3234　SDH 的帧长是固定的，即不论是 155 M、622 M 还是 2.5 G 速率，帧长是不变的。（×）

Lb2C3235　MSTP 的中文含义是多业务传输平台。（√）

Lb2C3236　高阶交叉指 VC-4 级别的交叉，低阶交叉指 VC-3/VC-12 级别的交叉。（√）

Lb2C3237　在一定的环境温度范围，电池使用容量随温度的升高而增加，随温度的降低而减小。（√）

Lb2C3238　光纤通信备份方式，复用段保护环为 1:1 业务级保护，通道保护环为 1+1 业务级保护。（√）

Lb2C3239　VC 虚级联组成的大容器中的各个 VC 必须在传输上走相同的路径。（×）

Lb2C3240　OTUk 帧的结构相同，帧的发送速率不相同。（√）

Lb2C3241　80 波系统相邻波道频率间隔为 50 GHz，波长间隔为 0.8 nm。（×）

Lb2C3242　波分复用系统中监控信道中断时会影响业务。（×）

Lb2C3243　当被测通路输入和输出接口阻抗为 600 Ω 时，净衰减定义为频率为 1 020 Hz 正弦信号输出功率和输入功率比的分贝值，即净衰减为 10 lg(Pout/Pin)。（×）

Lb2C3244　PCM 设备的用户板分为 FXO 板、FXS 板，只是习惯叫法，实际上它们完全相同。（×）

Lb2C3245　SSMB 信号是和同步定时信号一同传输，即同步传递链路中的每一个节点时钟在接收到从上游节点来的同步定时信号的同时，也接收到 SSMB 信号。（√）

Lb2C3246　当 SDH 系统内不支持 SSM 功能时不能采用该系统传递定时。（√）

Lb2C3247　光信号在光纤中传播利用的是光的全反射原理。（√）

Lb2C3248　盲区决定了 2 个可测特征点的靠近程度，盲区有时也被称为 OTDR 的 2 点分辨率。对 OTDR 来说，盲区越大越好。（×）

Lb2C3249　目前应用最广泛的光纤是 G.652 光纤，它在波长 1 310 nm 处衰耗最小，色散较大；在波长 1 550 nm 处色散最小，衰耗较大。（×）

Lb2C3250　光纤色散系数的单位是 ps/nm·km。（√）

Lb2C3251　G.652 光纤在 1 310 nm 的典型衰减系数是 0.3~0.4(dB/km)，1 550 nm 的典型衰减系数是 0.15~0.25(dB/km)。（√）

Lb2C3252　光纤使用的不同波长，在 1.55 μm 处色散最小，在 1.31 μm 处损耗最小。（×）

Lb2C3253　光纤的损耗主要由吸收损耗和散射损耗引起。（√）

Lb2C3254　STM-N 帧结构的最小单位为字节。（√）

Lb2C3255　单模光纤适用于高速率长距离的通信传输系统。（√）

Lb2C3256　光缆接头盒内盘留光纤长度大于等于 2 m×0.8 m。（√）

Lb2C3257 光纤活动连接器的插入损耗一般要求小于 0.5 dB。（√）

Lb2C3258 从光纤的温度特性可知,光纤的衰耗冬天低,夏天高。（×）

Lb2C3259 光纤通信中常用的三个低损耗窗口的中心波长分别为 0.85 $\mu$m、1.31 $\mu$m 和 1.55 $\mu$m。（√）

Lb2C3260 同一束光纤中,对 1 310 nm 和 1 550 nm 窗口的光,其折射率是一致的。（×）

Lb2C3261 灵敏度和动态范围是光接收机的两个重要特性指标。（√）

Lb2C3262 ADSS 光缆的外护套必须由含有炭黑和防氧化剂的聚乙烯制成,防菌、抗紫外线,表面光滑,并将外护套分成 A 和 B 两种级别,A 级护套上的场强不超过 12 kV,B 级护套上的场强须大于 25 kV。（×）

Lb2C3263 将不同波长的多个光信号合并在一起,耦合到一根光纤中进行传输的无源光器件称作光合波器。（√）

Lb2C3264 光纤结构的主要参数是几何参数、折射率分布、NA（数值孔径）、截止波长、模场直径。（√）

Lb2C3265 在商用光纤中,1 310 nm 波长的光具有最小色散,1 550 nm 波长的光具有最小损耗。（√）

Lb2C3266 光缆配盘是为了合理使用光缆,减少光缆接头和降低接头损耗,达到节省光缆和提高光缆通信工程质量的目的。（√）

Lb2C3267 用 OTDR 测定光缆接头损耗,应取双向测量平均值。（√）

Lb2C3268 电力行业内的 OPGW 结构基本分为铝管型、铝骨架型、铝包钢管型、不锈钢管型四大类,其中不锈钢管型 OPGW 基本结构使用最广泛。（√）

Lb2C3269 光缆的工程测试是指工程建设阶段内对单盘光缆和中继段光缆进行的性能指标检测。（√）

Lb2C3270 OPGW 长度可由生产过程中计米装置计量,也可用 OTDR 的测量长度作为参考。（√）

Lb2C3271 光纤的回波损耗为 $10 \lg(P_入/P_反)$,回损越大,反射波越大,链路性能越差。（×）

Lb2C3272 按照国际电气与电子工程师协会的技术标准,光纤的模场直径、衰减、色散等参数是光缆温度性能的指标。（×）

Lb2C3273 按照国际电气与电子工程师协会的技术标准,ADSS 光缆耐漏痕试验属于光缆的物理性能试验。（×）

Lb2C3274 光波在光纤中传输时,按照波动理论,满足全反射条件的模式能在光纤中传播,称其为传导模;不能满足全反射条件的模式能在光纤中传播,称其为辐射模。（√）

Lb2C3275 光纤的色散一般指模式畸变、波长色散、偏振模色散的总称,人们已认识到 PMD 对大容量数字通信系统工作是非常重要的。（×）

Lb2C3276 采用 OTDR 测试光纤时,盲区越小越好,对相邻事件点的测量要使用窄脉冲,而对光纤远端进行测量时要使用宽脉冲。（√）

Lb2C3277 光时域反射计可以测定光纤断裂点位置、光纤损耗、光纤长度,但不能测定接头损耗。(×)

Lb2C3278 高频开关整流器中的功率转换电路常使用功率场控晶体管和绝缘门极晶体管。(√)

Lb2C3279 因特网中将 IP 地址划分为五类,其中最常用的为 A、B 和 C。为了方便用户记忆,子网掩码的作用是用来区分网络上的主机是否在同一网络区段内。(√)

Lb2C3280 安全管理从范畴上讲,涉及物理安全策略、访问控制策略、信息加密策略和网络安全管理策略。(√)

Lb2C3281 消光比定义为全"1"码平均发送光功率与全"0"码平均发送光功率之比。(√)

Lb2C3282 分组传送网络是指采用分组交换技术实现多种业务高效传送的网络,但不具备高效的 OAM 和网络管理支持能力。(×)

Lb2C3283 紧急事故情况下可以"约时停电和送电"。(×)

Lb2C3284 电气设备发生事故后,拉开有关断路器及隔离开关,即可接触设备。(×)

Lb2C3285 过电流保护在系统运行方式变小时,保护范围也将缩短。(√)

Lb2C3286 传送音频信号应采用屏蔽双绞线,其屏蔽层应在两端接地。(√)

Lb2C3287 电压有功优化的主要目的是控制电压、降低网损。(×)

Lb2C3288 每相负载的端电压叫负载的相电压。(√)

Lb2C3289 电气设备功率大,功率因数当然就大。(×)

Lb2C3290 变压器铭牌上的阻抗电压就是短路电压。(√)

Lb2C3291 线路的自然功率与线路的长度无关。(√)

Lb2C3292 避雷器与被保护设备距离越近越好。(√)

Lb2C3293 变压器铜耗是可变损耗,铁耗是不变损耗。(√)

Lb2C3294 事故处理中应注意,切不可只凭站用电源全停或照明全停而误认为是变电站全停电。(√)

Lb2C3295 三相四线制的对称电路,若中线断开,三相负载不可正常工作。(×)

Lb2C3296 同一故障地点、同一运行方式下,三相短路电流一定大于单相短路电流。(×)

Lb2C3297 变压器中性点接地,属于保护接地。(×)

Lb2C3298 降低功率因数,对保证电力系统的经济运行和供电质量十分重要。(×)

Lb2C3299 在 RLC 串联正弦交流电路中,当外加交流电源的频率为 $f$ 时发生谐振,当外加交流电源的频率为 $2f$ 时,电路的性质为电容性电路。(×)

Lb2C3300 电网运行的客观规律包括瞬时性、动态性、电网事故发生的突然性。(×)

Lb2C3301 把电容器串联在线路上以补偿电路电抗,可以改善电压质量,提高系统稳定性和增加电力输出能力。(√)

### 3.2.4 计算题

Lb2D3001 某处理机忙时用于呼叫处理的时间开销平均为 0.85(称它为占用率),固有开销

$a=0.29$。处理一个呼叫平均需时 32 ms,试计算该处理机的 BHCA。

【解】　由于 $0.85=0.29+(32\times10^{-3})\times N/3\ 600$

所以 $N=(0.85-0.29)\times3\ 600/(32\times10^{-3})=63\ 000$（次/h）

【答】　该处理机的 BHCA 为 63 000 次/h。

Lb2D3002　电路中某一点信号功率为 10 mW,计算其绝对功率电平值是多少。

【解】　$P=10\ \lg(P_i/P_o)=10\ \lg(10/1)=10$（dBm）

【答】　绝对功率电平为 10 dBm。

Lb2D3003　电视会议系统中,终端设备的语音延迟为 50 ms,MCU 的语音延迟为 100 ms。当采用 3 个 MCU 级联组成多点会议系统时,整个系统最大语音延迟为多少毫秒(不考虑网络延迟)?

【解】　$100\times3+50\times2=400$（ms）

【答】　该系统内最大的语音延迟不少于 400 ms。

Lb2D3004　某光纤通信系统中光源平均发送光功率为 $-24$ dBm,光纤线路传输距离为 20 km,损耗系数为 0.5 dB/km。

(1)试求接收端收到的光功率为多少。

(2)若接收机灵敏度为 $-40$ dBm,试问该信号能否被正常接收。

【解】　$(1)P_o=P_i-P_x$

$\qquad\qquad=-24-20\times0.5$

$\qquad\qquad=-34$（dBm）

$(2)-40$（dBm）$<-34$（dBm）

【答】　接收端光功率为 $-34$ dBm;接收机为 $-40$ dBm 时,信号能被正常接收。

Lb2D3005　说明 STM$-1$ 的帧结构并计算其传输速率。

【解】　STM$-1$ 的帧结构为 9 行 270 列结构,每字节 8 比特,周期 125 $\mu$s,帧频 8 000 Hz。

其速率为:$8\ 000\times9\times270\times8=155\ 520$（kbit/s）。

【答】　STM$-1$ 传输速率为 155 520 kbit/s

Lb2D3006　A 站到 D 站光路距离为 15 km,1 310 nm 衰耗为 0.35 dB/km,1 550 nm 衰耗为 0.22 dB/km,经过 B、C 站 2 次活接头转接,光口发光功率为 $-2$ dB,灵敏度为 $-18$ dB。若使用 1 310 nm 光端机,其光路储备电平为多少?

【解】　储备电平$=[-2-(-18)]-15\times0.35-6\times0.5=7.75$（dB）

【答】　光路储备电平为 7.75 dB。

Lb2D3007　已知某光传输系统的光输出功率为 $-3$ dB,接收灵敏度为 $-28$ dB,设备富余度为 3 dB,光缆富余度为 2 dB,每公里光纤平均损耗为 0.25 dB。求该系统的最大中继段长度是多少。

【解】　$L=\{[-3-(-28)]-3-2\}\div0.25=80$（km）

【答】 该系统的最大中继段长度是 80 km。

## 3.2.5 识图题

Lb2E3001 下图表示的是电力 IMS 系统的( )。

(A)大区和省互通媒体路由      (B)省间互通媒体路由

(C)省内互通媒体路由      (D)省地互通媒体路由

【答案】 B

Lb2E3002 下图为( )的连接示意图。

(A)专用光纤纵差保护      (B)2M 复用纵差保护

(C)2M 安全稳定装置      (D)64K 复用纵差保护

【答案】 B

Lb2E3003 下图为( )基本功能结构。

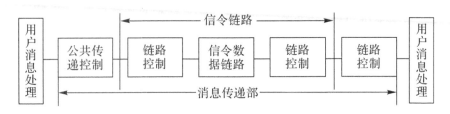

(A)CHINA No.1 信号系统      (B)CHINA No.7 信号系统

(C)DSS1 共路信令系统      (D)Q. SIG 信号系统

【答案】 B

Lb2E3004 下图表示的是电力系统自动交换电话网的( )。

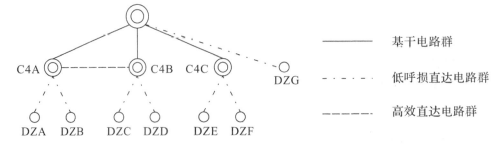

(A)三级汇接的省间网电路群设置      (B)两级汇接的省间网电路群设置

(C)两级汇接的省内网电路群设置　　　　(D)两级汇接的省内网电路群设置

【答案】 C

## 3.2.6 简答题

**Lb2F3001** 试解释"三型两网"概念。

【答】 "三型"是指枢纽型、平台型和共享型。"两网"是指坚强智能电网和泛在电力物联网。

**Lb2F3002** 空闲信道噪声是如何定义的?

【答】 空闲信道噪声定义为通路在没有业务情况下由热噪声和电源干扰等原因产生的噪声。

**Lb2F3003** 在时钟同步网中,地面链路传送定时基准的方式有哪些?

【答】 PDH 2M 专线电路,SDH STM – N 线路信号,PDH 2M 业务电路。

**Lb2F3004** ITU 规定对 G.652 光纤在波长 1 310 nm 和 1 550 nm 时的衰减有何要求?

【答】 1 310 nm 波长不大于 0.36 dB/km,1 550 nm 波长不大于 0.22 dB/km。

**Lb2F3005** 在目前最常用的 G.652 光纤中,最小损耗的窗口(波长)是多少? 最小色散的窗口(波长)是多少?

【答】 最小损耗的窗口(波长)是 1 550 nm;最小色散的窗口(波长)是 1 310 nm。

**Lb2F3006** 测量光纤衰减的常用仪器有哪些?

【答】 光源、光功率计、光时域反射仪(OTDR)等。

**Lb2F3007** 什么是背向散射法?

【答】 背向散射法是一种沿光纤长度测量衰减的方法。光纤中的光功率绝大部分为前向传播,但有很少部分朝发光器背向散射。在发光器处利用分光器观察背向散射的时间曲线,从一端不仅能测量接入的均匀光纤的长度和衰减,而且能测出局部的不规则性、断点及在接头和连接器引起的光功率损耗。

**Lb2F3008** 常见光测试仪表中的"1 310 nm"或"1 550 nm"指的是什么?

【答】 其指的是光信号的波长。光纤通信使用的波长范围处于近红外区,波长在 800～1 700 nm。常将其分为短波长波段和长波长波段,前者指 850 nm 波长,后者指 1 310 nm 和 1 550 nm波长。

**Lb2F3009** OPGW 金具主要有哪些?

【答】 OPGW 金具是指安装使用的材料,主要有耐张线夹、悬垂线夹、防振器、专用接地线、引下线夹、光缆预留架等。

**Lb2F3010** 对 ADSS 光缆外护套有什么要求?

【答】 根据光缆使用的电场强度大小,ADSS 光缆外护套分为 A、B 两级。A 级:光缆敷设区空间电位不大于 12 kV,采用黑色聚乙烯护套料。B 级:光缆敷设区空间电位大于 12 kV,采用耐电痕黑色聚烯烃护套料。外护套表面应光滑圆整、无裂痕、无气泡、无沙眼和机械损伤,标称厚度不小于 1.7 mm,任何横断面上的厚度应不小于 1.5 mm。

Lb2F3011　简述光纤的组成？

【答】　光纤由两个基本部分组成：由透明的光学材料制成的芯和包层、涂敷层。

Lb2F3012　试说明通信电源系统对环境的要求。

【答】　对于新一代的高频开关整流器和阀控密封式蓄电池，宜在电源室和蓄电池室加装环境温度控制设备，以保证电源设备的正常使用和蓄电池的使用寿命。

Lb2F3013　简述交流接触器的作用。

【答】　接触器是一类通过小容量电磁结构，频繁远距离地自动接通和断开主电路，并控制大容量电路或电机的电磁式操作电器。接触器分交流接触器和直流接触器。

Lb2F3014　在高频开关电源的日常维护中，哪些项目需要每年检查一次？

【答】　在高频开关电源的日常维护中，下列项目需要每年检查一次：(1)所有整流模块之浮充及强充设置；(2)所有整流模块是否准确的流；(3)所有监视器上之设置如时钟、低压脱离、周期及自动均充等是否正确；(4)所有告警指示灯及液晶体显示是否正常。

Lb2F3015　在通信用直流电源系统中，什么是浮充运行方式？

【答】　浮充运行方式是指将蓄电池组与充电装置、负载并列运行。在正常运行时，充电装置为负载供电，同时向蓄电池补充充电，以补充蓄电池的自放电，使蓄电池处于满充电状态。

Lb2F3016　局域网的安全技术包括哪些？

【答】　(1)实体访问控制。(2)网络介质保护。(3)数据访问控制。(4)计算机病毒防护。

Lb2F3017　VLAN 的划分方法有哪几种？

【答】　基于交换机端口划分、基于 MAC 地址划分、基于 IP 地址划分和基于网络层协议划分。

Lb2F3018　路由表中路由的来源有哪几个？

【答】　其来源有链路层协议发现的路由、手工配置的静态路由、动态路由协议发现的路由。

Lb2F3019　什么是随路信令(CAS)？什么是公共信道信令(CCS)？

【答】　CAS 是指在呼叫接续中所需的各种信令通过该接续占用的中继电路来传送的信令。CCS 是利用交换局间的一条集中的信令链路为多条话路传送的信令。

Lb2F3020　试解释电力系统自动交换电话网中基干路由的概念。

【答】　基干路由由同交换区相邻等级交换中心之间无溢出低呼损电路群组成的。

Lb2F3021　试解释电力系统自动交换电话网中低呼损直达路由的概念。

【答】　低呼损直达路由是由任意二个交换等级交换中心之间无溢出低呼损直达电路群组成的。

Lb2F3022　试解释电力系统自动交换电话网中高效直达路由的概念。

【答】　高效直达路由是由任意二个交换等级交换中心之间允许溢出的高效直达电路群所组成。

Lb2F3023　PCM 基群复用设备的话路传输特性测试主要内容有哪些？

【答】　话路传输特性主要是指话路的音频特性，主要内容有二-四线收发电平、净衰减频率特性、增益随输入电平变化、空闲信道噪声、总失真、串话干扰、谐波失真、互调失真、对带外输入信号的抑制、信道输出口的寄生带外信号、绝对群时延、群时延失真等。

**Lb2F3024**　用 PCM 基群复用设备测试话路传输特性时,一般选取什么信号,相应的频率点是多少?

**【答】**　用 PCM 基群复用设备测试话路传输特性时,一般选取正弦信号作为测量信号,相应的频率点有 300 Hz、420 Hz、600 Hz、840 Hz、1 020 Hz、2 040 Hz、2 400 Hz、3 000 Hz、3 400 Hz。

**Lb2F3025**　总失真是如何定义的?

**【答】**　在规定的测试信号编解码过程中产生的所有失真,主要是量化过程中产生的量化失真,称总失真,定义为信号与总失真功率比的分贝值。

**Lb2F3026**　串话是如何定义的?

**【答】**　串话定义为信号能量从一个通路(主串)向另一个通路(被串)的有害传递所形成的干扰。

**Lb2F3027**　衰减/频率失真是如何定义的?

**【答】**　衰减/频率失真定义为在规定的传输频带内,各频率的衰减与参考频率 1 020 Hz 的衰减差值。

**Lb2F3028**　PCM 信道音频二线接口的主要技术条件有哪些?

**【答】**　PCM 信道音频二线接口的技术条件应符合 ITU - T 建议 G. 713 规定,主要技术条件如下:

(1)频带:300～3 400 Hz;标称阻抗:600 Ω 平衡;发信电平和收信相对电平。

(2)发信电平:0 dBr(0～-5 dBr 可调);收信电平:-2 dBr(-2～-7.5 dBr 可调)。

(3)反射衰耗:300～600 Hz 时大于 12 dB;60～3 400 Hz 时大于 15 dB。

**Lb2F3029**　说明同步网各节点频率准确度的要求。

**【答】**　1 级基准时钟,在各种运行条件下,对于大于 7 天的连续观察时间,基准时钟的频率准确度应优于 $\pm 1 \times 10^{-11}$,以基准时钟为参考基准,在连续同步工作 30 天后,在保持一年的情况下,2 级节点时钟应优于 $\pm 1.6 \times 10^{-8}$,3 级节点时钟应优于 $\pm 4.6 \times 10^{-6}$。

**Lb2F3030**　说明 PRC、LPR、BITS 的概念及其关系。

**【答】**　PRC 和 LPR 都是 1 级基准时钟 PRC(基准时钟源),由 Cs 原子钟组成;LPR(区域基准时钟源)由卫星定位系统+Rb 原子钟组成;BITS 是指大楼综合定时供给系统,其内部配置的振荡器为 2 级时钟,即 Rb 或晶体钟。

**Lb2F3031**　工作中如何处置光纤适配器接口和尾纤接头?并说明原因。

**【答】**　光纤适配器接口和尾纤上未使用的光接头一定要用光帽盖住;正在使用的光纤适配器接口,当拔下尾纤时,立即用光帽盖住两侧端口。原因:(1)激光安全防护(防止激光器发送的不可见激光照射到人眼);(2)防尘(避免沾染灰尘使光接口或者尾纤接头的损耗增加)。

**Lb2F3032**　某 OPGW 光缆的型号为 OPGW - 48B1 - 100[70;95],试表述其中各项含义。

**【答】**　光纤复合架空地线、48 芯(G. 652 单模),光缆截面积为 100 mm²,额定抗拉强度(RTS)为 70 kN,短路电流容量为 95 kA² · s。

**Lb2F3033**　单模光缆 G. 652 与 G. 655 的主要区别是什么?

**【答】**　(1)模场直径不同:G. 652 标称值为 9.3 $\mu$m,G. 655 标称值为 10.0 $\mu$m。(2)G. 655 衰减

值一般比 G.652 略大,在 1 550 $\mu$m 时,G.652 一般在 0.22 dB/km,G.655 一般在0.24 dB/km。

**Lb2F3034** 光时域反射计(OTDR)的测试原理是什么? 有何功能?

【答】 OTDR 基于光的背向散射与菲涅耳反射原理制作,利用光在光纤中传播时产生的后向散射光来获取衰减的信息,可用于测量光纤衰减、接头损耗、光纤故障点定位,以及了解光纤沿长度的损耗分布情况等。其主要指标参数包括动态范围、灵敏度、分辨率、测量时间和盲区等。

**Lb2F3035** OTDR 的盲区是指什么? 对测试会有何影响?

【答】 通常将如活动连接器、机械接头等特征点产生反射引起的 OTDR 接收端饱和带来的一系列"盲点"称为盲区。光纤中的盲区分为事件盲区和衰减盲区两种:由于介入活动连接器而引起反射峰,从反射峰的起始点到接收器饱和峰值之间的长度距离,被称为事件盲区;光纤中由于介入活动连接器引起反射峰,从反射峰的起始点到可识别其他事件点之间的距离,被称为衰减盲区。对于 OTDR 来说,盲区越小越好。盲区会随着脉冲展宽宽度的增加而增大,增加脉冲宽度虽然增加了测量长度,但也增大了测量盲区。所以,在测试光纤时,对 OTDR 附近的光纤和相邻事件点的测量要使用窄脉冲,而对光纤远端进行测量时要使用宽脉冲。

**Lb2F3036** OTDR 能否测量不同类型的光纤?

【答】 如果使用单模 OTDR 模块对多模光纤进行测量,或使用一个多模 OTDR 模块对单模光纤进行测量,光纤长度的测量结果不会受到影响,但不能得到光纤损耗、光接头损耗、回波损耗的正确结果。所以,在测量光纤时,应选择与被测光纤相匹配的 OTDR 进行测量,得到各项性能指标均正确的结果。

**Lb2F3037** 如果铅酸阀控蓄电池的极柱或外壳温度过高,可能的原因有哪些? 如何处理?

【答】 蓄电池的电池极柱或外壳温度过高,可能是由于连接处螺丝松动或浮充电压过高引起的,应该及时检查螺丝或检查开关电源和充电方法。

**Lb2F3038** 电池的额定容量是如何定义的? 放电终止电压是如何定义的?

【答】 固定铅蓄电池额定容量在 25 ℃环境下,以 10 小时率电流放电至终止电压所能放出的安时数。铅蓄电池以一定的放电率在 25 ℃环境温度下放电至能再反复充电使用的最低电压称为放电终止电压。

蓄电池组按规定方法试验,10 小时率容量应在第一次循环不低于 0.95C10,第五次循环应达到 C10,标称值为 2 V 的蓄电池放电终止电压为 1.80 V。

**Lb2F3039** 阀控式铅酸蓄电池在初次使用前充放电方面应注意什么?

【答】 阀控式铅酸蓄电池在初次使用前不须进行充放电,但应该进行补充充电,并做一次容量试验。

**Lb2F3040** 路由器的主要作用是什么?

【答】 路由器利用互联网协议将网络分成几个逻辑子网,能将通信数据包从一种格式转换成另一种格式,可以连接不同类型的网络。

**Lb2F3041** IP 语音通信协议主要由哪四部分构成?

【答】 (1)语音通信控制协议(相当于通信网中的呼叫控制信令);(2)语音信息传送协议;(3)会

议电话控制协议;(4)实时控制协议。

**Lb2F3042** 电话交换网的计费系统有哪几种方式,分别应用在什么系统?

【答】 程控交换机的计费系统有三种方式:CAMA 计费系统称作集中式自动电话计费系统;LAMA 计费系统称作本地电话计费系统;PAMA 计费系统称作专用自动电话计费系统。

**Lb2F3043** 什么是近端环回、远端环回、硬件环回、软件环回,环回的主要作用是什么?

【答】 近端环回指向用户侧的环回,远端环回指向网络侧的环回,硬件环回即采用硬件实体(跳线)做的收发通道的环回,软件环回指采用软件手段(网管)使数据通道收发短接做的环回。环回主要用于故障的分析和定位。

**Lb2F3044** 试说明电话交换网的局间线路信令分类。

【答】 根据传输媒介的不同,局间线路信令可分为局间直流线路信令、局间数字型线路信令和带内单频脉冲线路信令。实线中继方式采用局间直流线路信令;2M 数字中继采用局间数字型线路信令;传输媒介为载波电路时,采用带内单频脉冲线路信令。

**Lb2F3045** 电力交换电话网中,号码处理应遵循的原则是什么?

【答】 对于网内有效的被叫号码,除主叫、被叫方交换节点外,中间交换节点不能进行任何变换和拦截处理;对于主叫号码,任何交换节点不得屏蔽,并且除主叫方交换节点外,其他交换节点不应进行任何变换和拦截处理。

**Lb2F3046** 在软交换系统中,软交换设备(SS)主要有哪些功能?

【答】 作为软交换系统的控制核心,软交换设备完成协议适配、呼叫处理、资源管理、业务代理等功能,并作为系统的对外接口完成与其他系统的互联互通功能。

**Lb2F3047** 在软交换系统中,信令网关(SG)和中继网关有什么作用?

【答】 信令网关完成电路交换网(基于 MTP)和包交换网(基于 IP)之间的信令转换功能。中继网关用于连接 PSTN 和 NGN 网络,实现 TDM 和 IP 包业务之间的转换功能。

**Lb2F3048** 产生光纤衰减的原因有什么?

【答】 光纤的衰减是指在一根光纤的两个横截面间的光功率的减少,与波长有关。造成衰减的主要原因是散射、吸收,以及由于连接器、接头造成的光损耗。

**Lb2F3049** 描述光纤线路传输特性的基本参数有哪些?

【答】 包括损耗、色散、带宽、截止波长、模场直径等。

**Lb2F3050** 对 G.652 光纤,什么波长的光具有最小色散?什么波长的光具有最小损耗?

【答】 1 310 nm 波长的光具有最小色散,1 550 nm 波长的光具有最小损耗。

**Lb2F3051** 如果阀控式密封铅酸蓄电池出现漏液或破损,可能的原因有哪些,如何处理?

【答】 蓄电池出现漏液或破损可能的原因有电池外壳变形、温度过高、浮充电压过高、电池极柱密封不严。在这些情况下应及时更换处理。

**Lb2F3052** 如何理解阀控式密封铅酸蓄电池"免维护"的概念?

【答】 阀控式密封铅蓄电池具有"免维护"的功能,即在规定条件下使用期间不需维护。所谓蓄电池的维护是相对于传统铅酸电池维护而言的,仅指使用期间无需加水。

**Lb2F3053 接地系统按功能来分有哪几种,有何关系?**

【答】 接地系统按功能来分有三种,即工作接地、保护接地和防雷接地。目前这三种接地方式倾向于采用一组接地体,称为联合接地。

**Lb2F3054 路由器具有哪些基本功能?**

【答】 (1)高级的数据包筛选;(2)网络互联多重协议;(3)智能路由选择改进性能;(4)高级过滤功能。

**Lc2F3055 什么是电力系统的一次设备及二次设备?**

【答】 电力系统由各种电气元件组成,包括发电机、变压器、母线、输电线路等一次设备。对一次设备的运行状态进行监视、测量、控制和保护的设备称为电力系统的二次设备。

**Lc2F3056 什么是电网调度?**

【答】 电网调度是指电网调度机构为保障电网的安全、优质、经济运行,对电网运行进行组织、指挥、指导和协调。电网调度应当符合社会主义市场经济的要求和电网运行的客观规律。

**Lc2F3057 线路纵联保护的信号主要有哪几种?**

【答】 线路纵联保护的信号分为闭锁信号、允许信号、跳闸信号三种。

**Lc2F3058 220 kV 线路保护的配置原则是什么?**

【答】 对于 220 kV 线路,根据稳定要求或后备保护整定配合有困难时,应装设两套全线速动保护。接地短路后备保护可装阶段式或反时限零序电流保护,亦可采用接地距离保护并辅之以阶段式或反时限零序电流保护。相间短路后备保护一般应装设阶段式距离保护。

# 第4章

## 技能操作

## ▶ 4.1 技能操作大纲

通信工程建设工——中级工技能等级评价技能操作考核大纲

| 等级 | 考核方式 | 能力种类 | 能力项 | 考核项目(题目) | 考核主要内容(要点) |
|------|---------|---------|--------|---------------|------------------|
| 中级工 | 技能操作 | 基本技能 | 电力识、绘图 | 根据光缆路由图说明工程建设项目概况 | (1)熟悉通信工程施工图图形标记;<br>(2)能根据光缆路由图说明光缆的起止点、芯数、长度等概况 |
| | | | | 根据光传输系统配置图说明设备连接关系 | 能根据光传输系统配置图说明光通信设备系统连接关系及光传输设备的型号、容量、速率信息 |
| | | | | 根据光通信系统网络拓扑图说明系统连接关系及设备配置信息 | 能根据光通信系统网络拓扑图说明系统连接关系及节点名称、设备型号、传输速率等信息 |
| | | | 工作票、操作票的填写和使用 | 通信工作票及变电第二种工作票填写和使用 | (1)熟悉变电第二种工作票的填报、审批及执行流程,能熟练填写变电第二种工作票;<br>(2)熟悉通信工作票的填报、审批及执行流程,能熟练填写通信工作票 |
| | | | 仪器仪表及工器具的使用 | 使用OTDR测量光缆损耗 | (1)掌握OTDR的使用方法;<br>(2)能熟练地用OTDR测试光缆损耗指标 |
| | | | | 使用2M误码测试仪测量通道误码 | (1)掌握2M误码仪的使用方法;<br>(2)能熟练地用2M误码仪测试2M电路的误码指标 |
| | | 专业技能 | 通信传输设备调试 | SDH设备2M电路搭接及测试(环回验证) | (1)掌握SDH设备2M软、硬环回的方法;<br>(2)能用2M全程通道进行状态测试验证 |
| | | | | SDH网元地址配置 | (1)掌握SDH网元地址配置方法;<br>(2)能用网管设置SDH设备网元地址 |
| | | | | PTN设备光功率测试 | (1)掌握PTN设备发送光功率的测试方法;<br>(2)能用信号发生器和功率计测试PTN设备平均发送光功率 |

| 等级 | 考核方式 | 能力种类 | 能力项 | 考核项目(题目) | 考核主要内容(要点) |
|---|---|---|---|---|---|
| 中级工 | 技能操作 | 专业技能 | | PTN 设备灵敏度测试 | (1)掌握 PTN 设备接收灵敏度的测试方法;<br>(2)能用信号发生器、功率计和误码测试仪测试 PTN 设备的接收灵敏度 |
| | | | | PTN 设备 2M 电路搭接及测试 | (1)掌握 PDH 设备 2M 软、硬环回的方法;<br>(2)能用 2M 全程通道进行状态测试验证 |
| | | | 网络设备的调试 | 网络交换设备的 VLAN 配置 | 掌握网络交换机的 VLAN 的配置方法 |
| | | | | 配置网络交换机 SSH 远程登录 | 掌握网络交换机 SSH 远程登录配置方法 |
| | | | | 路由器的静态路由配置 | 掌握路由器的静态路由配置方法 |
| | | | | 路由器的端口 IP 配置 | 掌握路由器的端口 IP 配置方法 |
| | | | 接入及其他设备的调试 | PCM 电话通道连通调试 | (1)熟悉 PCM 终端设备的板卡配置和接线;<br>(2)能开通 PCM 业务 |
| | | | | 程控交换机设备模拟用户添加及开通 | (1)熟悉程控交换机板卡配置和添加模拟用户数据库的操作;<br>(2)能开通模拟电话业务 |
| | | | | IMS 系统 IAD 新用户注册及开通 | (1)掌握 IMS 系统接入设备的用户注册操作;<br>(2)能开通模拟电话业务 |
| | | | 机房辅助设备的调试 | UPS 上电及输入输出电压测试 | 掌握 UPS 设备加电及输入、出电压测试方法 |
| | | | | 通信电源浮充与均充的设置 | 掌握通信电源浮充与均充的设置方法 |
| | | | | 通信蓄电池的投切和熔丝更换 | (1)掌握通信蓄电池投切方法;<br>(2)能熟练进行蓄电池熔丝的更换操作 |
| | | | | 通信电源系统的投、切操作 | 掌握通信电源系统投、切的操作方法 |
| | | | 通信线缆敷设与测试 | ADSS 光缆开盘测试 | (1)熟悉 ADSS 光缆开盘测试流程;<br>(2)能用 OTDR 对光缆进行开盘测试 |
| | | | | 使用远端环回法测量接续损耗 | (1)掌握光源、光功率计的使用方法;<br>(2)能用远端环回法测试光缆损耗参数指标 |
| | | | | SDH 设备 2M 出线布放至 DDF | (1)熟悉 2M 同轴电缆布放、绑扎工艺流程;<br>(2)能熟练进行电缆布放、绑扎、连接及测试 |
| | | | | 通信设备接地线连接 | 掌握通信设备接地线安装方法,完成设备各子架、机柜的接地连接 |
| | | 相关技能 | 电工仪表与测量 | 绝缘电阻表使用 | (1)掌握测试绝缘电阻的方法;<br>(2)能用兆欧表测试光缆、音频电缆等绝缘电阻 |

## ▶ 4.2 技能操作项目

### 4.2.1 基本技能题

#### TG2JB0101 根据光缆路由图说明工程建设项目概况

**一、作业**

（一）工器具、材料、设备

（1）工器具：无。

（2）材料：光缆路由设计图。

（3）设备：无。

（二）安全要求

无。

（三）操作步骤及工艺要求（含注意事项）

1. 操作前准备

（1）规范着装。

（2）准备笔、纸。

2. 操作过程

（1）详细阅览题目提供的光缆路由图。

（2）回答问题：

①本工程的电压等级、光缆的起始点位置。

②本工程建设光缆数量、长度、芯数。

③本工程光缆方案对在运通信网的影响。

3. 操作结束

清理现场，交还图纸。

**二、考核**

（一）考核场地

通信实训基地。

（二）考核时间

20 min

（三）考核要点

（1）能识别光缆路由的各种图例。

（2）通过阅图了解本工程建设的基本情况，如电压等级、光缆的建设情况。

(3)通过阅图了解本工程建设光缆数量、长度、芯数。

(4)通过阅图了解本工程光缆方案对在运通信网的影响。

### 三、评分标准

行业:电力工程　　　　　　工种:通信工程建设工　　　　　　等级:中级工

| 编号 | TG2JB0101 | 行为领域 | 专业技能 | 评价范围 | | | |
|---|---|---|---|---|---|---|---|
| 考核时限 | 20 min | 题型 | 单项操作 | 满分 | 100分 | 得分 | |
| 试题名称 | | | 根据光缆路由图说明工程建设项目概况 | | | | |
| 考核要点及其要求 | 考核要点<br>(1)能识别光缆路由的各种图例;<br>(2)通过阅图了解本工程建设的基本情况,如电压等级、光缆的建设情况;<br>(3)通过阅图了解本工程建设光缆数量、长度、芯数;<br>(4)通过阅图了解本工程光缆方案对在运通信网的影响 | | | | | | |
| 现场设备、工器具、材料 | 光缆路由施工图 | | | | | | |
| 备注 | | | | | | | |

评分标准

| 序号 | 考核项目名称 | 质量要求 | 分值 | 扣分标准 | 扣分原因 | 得分 |
|---|---|---|---|---|---|---|
| 1 | 图例识别 | 正确识别施工图的各种图例 | 15 | 图例每错1处扣5分,扣完本项分数为止 | | |
| 2 | 工程概况 | 说明本工程的电压等级、光缆的起始点位置 | 20 | 错误1项扣5分,扣完本项分数为止 | | |
| 3 | 光缆建设方案概况 | 说明光缆数量、长度、芯数 | 25 | 错误1项扣5分,扣完本项分数为止 | | |
| 4 | 本期工程对在运光传输网络的影响 | 清楚本工程光缆方案对在运通信网的影响 | 25 | 错误1项扣5分,扣完本项分数为止 | | |
| 5 | 操作结束 | 在规定时间完成,报告结束 | 5 | 不清理工作现场、不恢复原始状态、不报告操作结束扣2～5分 | | |
| 6 | 操作时间 | 在规定时间内独立完成 | 10 | 未在规定时间完成,每超时1分钟扣2分,扣完本项分数为止 | | |

## TG2JB0102 根据光传输系统配置图说明设备连接关系

**一、作业**

（一）工器具、材料、设备

（1）工器具：无。

（2）材料：光传输系统配置图等。

（3）设备：无。

（二）安全要求

无。

（三）操作步骤及工艺要求（含注意事项）

1.操作前准备

（1）规范着装。

（2）准备笔、纸。

2.操作过程

（1）详细阅览题目提供的光传输系统配置图。

（2）回答问题：

①本工程的系统概况，包括站点、传输容量。

②本工程光传输系统的连接关系。

③本工程光传输设备的型号、容量、速率信息。

④本工程的光板卡配置情况。

3.操作结束

清理现场，交还图纸。

**二、考核**

（一）考核场地

通信实训基地。

（二）考核时间

20 min。

（三）考核要点

（1）能识别光传输系统配置图的各种图例。

（2）通过阅图了解本工程的系统概况，包括站点、传输容量。

（3）通过阅图了解本工程光传输系统的连接关系。

（4）通过阅图了解本工程光传输设备的型号、容量、速率信息。

（5）通过阅图了解本工程的光板卡配置情况。

## 三、评分标准

行业:电力工程　　　　　工种:通信工程建设工　　　　　等级:中级工

| 编号 | TG2JB0102 | 行为领域 | 专业技能 | 评价范围 | | | |
|---|---|---|---|---|---|---|---|
| 考核时限 | 20 min | 题型 | 单项操作 | 满分 | 100 分 | 得分 | |
| 试题名称 | | | 根据光传输系统配置图说明设备连接关系 | | | | |
| 考核要点及其要求 | | 考核要点<br>(1)能识别光传输系统配置图的各种图例;<br>(2)通过阅图了解本工程的系统概况,包括站点、传输容量;<br>(3)通过阅图了解本工程光传输系统的连接关系;<br>(4)通过阅图了解本工程光传输设备的型号、容量、速率信息;<br>(5)通过阅图了解本工程的光板卡配置情况 | | | | | |
| 现场设备、工器具、材料 | | 光传输系统配置施工图 | | | | | |
| 备注 | | | | | | | |

评分标准

| 序号 | 考核项目名称 | 质量要求 | 分值 | 扣分标准 | 扣分原因 | 得分 |
|---|---|---|---|---|---|---|
| 1 | 图例识别 | 正确识别施工图各种图例 | 15 | 图例每错 1 处扣 5 分,扣完本项分数为止 | | |
| 2 | 工程的系统概况 | 说明本工程的站点、各区段的链路容量 | 20 | 错、漏 1 项扣 5 分,扣完本项分数为止 | | |
| 3 | 光传输系统连接关系 | 说明本工程光传输系统的连接关系 | 20 | 错、漏 1 项扣 5 分,扣完本项分数为止 | | |
| 4 | 本工程光传输设备的型号、容量、速率信息 | 说明配置的传输设备的型号、容量、速率信息 | 20 | 错、漏 1 项扣 5 分,扣完本项分数为止 | | |
| 5 | 本工程的光板卡配置情况 | 说明各传输设备光板卡的配置规格、速率 | 10 | 错、漏 1 项扣 2 分,扣完本项分数为止 | | |
| 6 | 操作结束 | 在规定时间完成,报告结束。 | 5 | 不清理工作现场、不恢复原始状态、不报告操作结束扣 2～5 分 | | |
| 7 | 操作时间 | 在规定时间内独立完成 | 10 | 未在规定时间完成,每超时 1 分钟扣 2 分,扣完本项分数为止 | | |

## TG2JB0103 根据光通信系统网络拓扑图说明系统连接关系及设备配置信息

**一、作业**

（一）系统设计图纸

（1）工器具:无。

（2）材料:光通信系统网络拓扑图等。

（3）设备:无。

（二）安全要求

无。

（三）操作步骤及工艺要求（含注意事项）

1.操作前准备

（1）规范着装。

（2）准备笔、纸。

2.操作过程

（1）详细阅览题目提供的光通信系统网络拓扑图。

（2）回答问题:

①说明光传输网络类型、传输速率,本工程站点在网络中的性质（核心、汇聚、接入）。

②说明本工程涉及的站点、配置,光传输设备的型号、容量及连接关系。

③说明本工程光传输方案对在运网络的影响。

3.操作结束

清理现场,交还图纸。

**二、考核**

（一）考核场地

通信实训基地。

（二）考核时间

20 min。

（三）考核要点

（1）能识别光传输网络类型、传输速率,本工程站点在网络中的性质。

（2）清楚本工程涉及的站点、配置,光传输设备的型号、容量及连接关系。

（3）清楚说明本工程光传输方案对在运网络的影响。

## 三、评分标准

行业:电力工程　　　　　工种:通信工程建设工　　　　　等级:中级工

| 编号 | TG2JB0103 | 行为领域 | 专业技能 | 评价范围 | | |
|---|---|---|---|---|---|---|
| 考核时限 | 20 min | 题型 | 单项操作 | 满分 | 100 分 | 得分 |
| 试题名称 | | 根据光通信系统网络拓扑图说明系统连接关系及设备配置信息 | | | | |
| 考核要点及其要求 | | 考核要点<br>(1)能识别光传输网络类型、传输速率,本工程站点在网络中的性质;<br>(2)清楚本工程涉及的站点、配置,光传输设备的型号、容量及连接关系;<br>(3)清楚说明本工程光传输方案对在运网络的影响 | | | | |
| 现场设备、工器具、材料 | | 光通信系统网络拓扑图等 | | | | |
| 备注 | | | | | | |

评分标准

| 序号 | 考核项目名称 | 质量要求 | 分值 | 扣分标准 | 扣分原因 | 得分 |
|---|---|---|---|---|---|---|
| 1 | 图例识别 | 正确识别施工图各种图例 | 15 | 图例每错1处扣5分,扣完本项分数为止 | | |
| 2 | 工程的系统概况 | 说明光传输网络类型、传输速率,本工程站点在网络中的性质 | 20 | 错、漏1项扣5分,扣完本项分数为止 | | |
| 3 | 光传输设备配置及连接 | 说明本工程涉及的站点、配置,光传输设备的型号、容量及连接关系 | 30 | 错、漏1项扣5分,扣完本项分数为止 | | |
| 4 | 本期工程对在运光传输网络的影响 | 清楚本工程对在运通信网的影响 | 20 | 错误1项扣5分,扣完本项分数为止 | | |
| 6 | 操作结束 | 在规定时间完成,报告结束 | 5 | 不清理工作现场、不恢复原始状态、不报告操作结束扣2～5分 | | |
| 7 | 操作时间 | 在规定时间内独立完成 | 10 | 未在规定时间完成,每超时1分钟扣2分,扣完本项分数为止 | | |

## TG2JB0204 通信工作票及变电第二种工作票填写和使用

### 一、作业

（一）工器具、材料、设备

（1）工器具：无。

（2）材料：空白变电站二种票和通信工作票、笔、工作内容，以及现场工作要求。

（3）设备：无。

（二）安全要求

无。

（三）操作步骤及工艺要求

1.准备工作

着装整齐。

2.变电站二种工作票的填写

（1）工作票的编号。

为确保每份工作票的编号唯一，且便于查阅、统计、分析。

（2）工作负责人，班组、工作班成员。

①"工作负责人"栏：工作负责人即为工作监护人，单一工作负责人或多项工作的总负责人（一人）填入此栏。

②"班组"栏：一个班组检修，班组栏填写工作班组全称；几个班组进行综合检修，则班组栏填写检修单位专业（班组不允许用简称、检修单位名称可用简称但必须一致）。

③"工作班成员"栏：工作班成员在10人及10人以下的，应将每个工作人员的姓名填入"工作班成员"栏，超过10人的，只填写10人工作姓名，并写明工作班成员人数（如×××等共×人）。"共×人"的总人数不包括工作负责人，工作负责人的姓名不填写在工作班成员内。

（3）工作的变配电站名称及设备双重名称。

必须填写变电站的电压等级及设备的双重编号。

（4）工作任务。

应填明工作的确切地点，设备的双重名称及工作内容。

①工作地点及设备双重编号：必须填写工作地点的电压等级及设备的双重编号。

②工作内容：所有工作内容必须列入，未列入的项目不得工作。

（5）"计划工作时间"栏。

填写经批准检修的计划工作时间。

（6）"安全措施"栏。

填写检修工作应具备的安全措施，安全措施要求周密、细致，做到不丢项、不漏项。

①将检修设备的各方面电源断开，在开关或刀开关操作把手上挂"禁止合闸，有人工作！"的标识牌。分、合开关或刀开关应戴手套。

②工作前应验电。

③工作期间禁止进入与工作无关的区域。

④工作负责人(监护人)对工作人员进行监护,不得擅自离开工作现场。

⑤应针对从事的工作填明具体明确的注意事项,如"××设备带电""禁止触碰××运行设备"。

(7)"工作票签发人"栏。

填写该工作票的签发人姓名。

(8)注意事项。

工作票中的关键字词不能修改,"关键字词"指:工作票中的设备名称、编号、接地线位置、日期、时间、动词,以及人员姓名。错漏字修改应遵循以下方法,并做到规范清晰:填写时写错字,更改方法为在写错的字上划两道水平线,接着写正确的字即可;审查时发现错字,将正确的字写到空白处圈起来,将写错的字也圈起来,再用线连接;漏字时,将要增补的字圈起来连线至增补位置,并画"∧"符号。禁止使用"……""同上"等省略词语;修改处要有运行人员的签名确认。

3.通信工作票填写

(1)"单位栏"的填写。

填写工作负责人所在的单位和部门名称。

(2)"编号"的填写。

单位简称-班组名称-年月(六位)-编号(四位),确保每份工作票编号的唯一性,且便于查阅、统计、分析。

(3)"班组名称"栏的填写。

应填写实际从事工作任务的班组全称。多班组作业时,应填写所有班组名称。

(4)"工作班人员(不包括工作负责人)栏的填写)。

若工作班成员少于或等于10人,应填写全部工作班成员,工作班成员应包括临时工、辅助工。当超过10人及以上时,应填写10个工作班成员姓名,其余工作班成员用"等"表示,并填明总人数(不含工作负责人)。若单人工作,应填写"单人工作",总人数(不含工作负责人)填"0"。

(5)"工作任务"栏的填写。

工作地点及设备名称:可填写场地名称、杆塔名称、机柜编号、通信线路名称,以及设备名称。若涉及同塔双(多)回杆塔,应填写与通信线路名称接近的一次线路名称;若涉及多条通信线路、多个工作地点,应填写1条通信线路或1个工作地点,其余用"等"标识,并注明"详细内容见附票"。

工作内容:逐一描述对应工作地点及设备将要执行的检修操作。

(6)"计划工作时间"栏的填写。

该项工作计划开始的工作时间及预计终结的时间,注意考虑必要的安全措施布置和许可确认时间。

(7)"安全措施"栏的填写。

电气安全措施：

应填写需要停用的低压电气设备、防止触电、机械伤害、高处坠落等人身安全要求,以及电气设备安全的措施,具体参考电气专业安规。

通信安全措施：

填写确保本次工作现场具备检修工作开始的基本安全条件,包括应获得的授权、应验证的内容、应切换实验的对象等(检修前的安全措施),必要时可附页绘图说明。

(8)"现场补充安全措施"栏的填写。

现场补充安全措施由工作许可人根据现场条件,在许可前,认为需要增加现场安全措施时填写,但不得作为确保本次工作现场具备检修工作开始的基本安全条件。

(9)"工作许可"栏的填写。

双许可为由电气许可和通信许可共同许可,电气许可由变电站(线路)运维人员现场当面许可或电话许可;通信许可由通信调度或其他通信许可人电话许可或当面许可。

电气许可和通信许可时间不一致时,以最晚的许可时间为实际开工时间。

(10)"现场交底,工作班成员确认工作负责人布置的工作任务、人员分工、安全措施和注意事项并签名"栏需工作班成员确认相关事项后全体签名。

(11)"工作终结"栏的填写。

填写方式与"工作许可"栏相同。电气终结和通信终结时间不一致时,以最早的终结时间为实际完工时间。

(12)"备注"栏的填写(不限于以下内容)。

"备注"栏应由工作负责人填写。每项备注应先填写备注填写的时间,再填写备注内容。例如："2018 年 7 月 9 日 12：30 根据工作需要添加××为工作班成员"。

**二、考核**

(一)考核场地

(1)室内进行。

(2)现场摆放工作内容,准备相关纸笔。

(二)考核时间

20 min。

(三)考核要点

(1)要求 1 人完成工作票填写,考评员监督。

(2)规范用语,按照《电力安全规程》和《电力通信安规》要求用规范用语填写工作票。

(3)掌握工作票填写规范及现场安全措施需求,掌握工作中的特别危险点。

(4)考评员根据工作内容,由考生根据题目要求填写工作票。

### 三、评分标准

行业:电力工程　　　　　工种:通信工程建设工　　　　　等级:中级工

| 编号 | TG2JB0204 | 行为领域 | 专业技能 | 评价范围 | | |
|---|---|---|---|---|---|---|
| 考核时限 | 20 min | 题型 | 单项操作 | 满分 | 100 分 | 得分 |
| 试题名称 | | 通信工作票及变电第二种工作票填写和使用 | | | | |
| 考核要点及其要求 | | 考核要点:<br>(1)要求 1 人完成工作票填写,考评员监督;<br>(2)规范用语,按照《电力安全规程》和《电力通信安规》要求用规范用语填写工作票;<br>(3)掌握工作票填写规范及现场安全措施需求,掌握工作中的特别危险点;<br>(4)考评员根据工作内容,由考生根据题目要求填写工作票 | | | | |
| 现场设备、工器具、材料 | | 空白变电站二种票和通信工作票、笔、工作内容,以及现场工作要求 | | | | |
| 备注 | | | | | | |

评分标准

| 序号 | 考核项目名称 | 质量要求 | 分值 | 扣分标准 | 扣分原因 | 得分 |
|---|---|---|---|---|---|---|
| 1 | 工作内容及危险点分析 | 根据故障情况,分析现场危险点和安全注意事项 | 10 | 危险点分析不到位,发生 1 处扣 2 分,扣完本项分数为止 | | |
| 2 | 工作票编号 | 工作票的编号正确 | 5 | 两份票编号错误扣 2～5 分 | | |
| 3 | 工作班组人员填写 | 工作负责人,班组、工作班成员填写符合要求 | 10 | 不符合要求每处扣 2 分,扣完本项分数为止 | | |
| 4 | 工作变配电站及设备名称 | 工作的变配电站名称及设备的双重名称必须填写变电站的电压等级及间隔的双重编号 | 10 | (1)二种票工作的变配电站名称及设备双重名称填写不规范扣 5 分;<br>(2)通信工作票工作地点填写不规范扣 5 分 | | |
| 5 | 工作任务 | 应填明工作的确切地点,设备名称及工作内容 | 10 | 两份票不符合要求每处扣 2 分,扣完本项分数为止 | | |
| 6 | 计划工作时间 | 填写经批准检修的计划工作时间 | 5 | "计划工作时间"有误扣 5 分 | | |
| 7 | 安全措施 | 填写检修工作应具备的安全措施,安全措施要求周密、细致,做到不丢项、不漏项 | 30 | (1)电气安全措施:需要停用的低压电气设备、防止触电、机械伤害、高处坠落等人身安全要求,以及电气设备安全的措施 1 处不符合扣 10 分,扣完本项分数为止;<br>(2)检修工作开始的基本安全条件,包括应获得的授权、应验证的内容、应切换实验的对象等 1 处不符合扣 5 分,扣完本项分数为止 | | |

续表

| 序号 | 考核项目名称 | 质量要求 | 分值 | 扣分标准 | 扣分原因 | 得分 |
|---|---|---|---|---|---|---|
| 8 | 工作票签发人签字 | 填写该工作票的签发人姓名 | 5 | 工作票签发人未签名扣5分 | | |
| 9 | 检查 | 核对检查票面填写情况,发现遗漏错误用规范符号修改,若无法修改,重新填写新的工作票 | 5 | 1处不符合要求扣2分,扣完本项分数为止 | | |
| 10 | 操作时间 | 在规定时间内独立完成 | 10 | 未在规定时间完成,每超时1分钟扣2分,扣完本项分数为止 | | |

## TG2JB0305  使用 OTDR 测量光缆损耗

**一、作业**

(一)工器具、材料、设备

(1)工器具:OTDR。

(2)材料:尾纤、尾纤盘。

(3)设备:无。

(二)安全要求

正确使用 OTDR,防止激光灼伤人眼。

(三)操作步骤及工艺要求(含注意事项)

1.操作前准备

(1)规范着装。

(2)根据题目要求搭建测试环境,并正确设置 OTDR 各项参数。

2.操作过程

(1)按照题目要求正确搭建测试环境。

(2)根据测试环境,合理设置 OTDR 各项参数。

(3)读取测试结果。

3.操作结束

清理现场,交还工器具。

**二、考核**

(一)考核场地

通信实训基地。

(二)考核时间

10 min。

(三)考核要点

(1)根据题目要求,搭建测试环境。

(2)设置 OTDR 各项参数(禁止使用自动测量挡位)。

(3)使用光标设置被测线路起始点。

(4)读出测试结果,理解不同波形的含义和成因。

### 三、评分标准

行业:电力工程　　　　工种:通信工程建设工　　　　等级:中级工

| 编号 | TG2JB0305 | 行为领域 | 专业技能 | 评价范围 | | |
|---|---|---|---|---|---|---|
| 考核时限 | 10 min | 题型 | 单项操作 | 满分 | 100 分 | 得分 |
| 试题名称 | OTDR 测量光纤损耗 | | | | | |
| 考核要点及其要求 | 考核要点<br>(1)根据题目要求,正确搭建测试环境;<br>(2)根据测试场景,合理设置 OTDR 各项参数(禁止使用自动测量挡位);<br>(3)正确读出测试结果,理解不同波形的含义和成因。<br>操作要求<br>(1)单人操作;<br>(2)禁止双眼直视 OTDR 发光光口;<br>(3)OTDR 光口及尾纤端口注意防尘 | | | | | |
| 现场设备、工器具、材料 | (1)工器具:OTDR;<br>(2)材料:尾纤、尾纤盘 | | | | | |
| 备注 | | | | | | |

| | | | 评分标准 | | | | |
|---|---|---|---|---|---|---|---|
| 序号 | 考核项目名称 | 质量要求 | 分值 | 扣分标准 | 扣分原因 | 得分 | |
| 1 | 搭建测试环境 | 按要求搭建测试环境 | 5 | 不能正确搭建测试环境扣 5 分 | | | |
| 2 | 设置 OTDR 参数 | 正确设置 OTDR 各项参数(禁止使用自动测量挡位) | 40 | (1)不能正确设置量程扣 10 分;<br>(2)不能正确设置脉冲宽度扣 10 分;<br>(3)不能正确选择测试波长扣 10 分;<br>(4)不能正确操作光标选取测试区段扣 10 分 | | | |
| 3 | 读取测试结果 | 正确读出测试结果,理解测试曲线含义 | 30 | (1)不能正确读出测试结果扣 10 分;<br>(2)不能正确读出光纤长度扣 10 分;<br>(3)不能理解测试曲线含义扣 10 分 | | | |
| 4 | 保存测试结果 | 正确保存测试曲线及结果 | 10 | 不能正确保存测试结果扣 10 分 | | | |
| 5 | 清理现场 | 测试环境复原 | 5 | 未清理现场、OTDR 光口和尾纤端口未及时遮盖防尘扣 2~5 分 | | | |
| 6 | 操作时间 | 在规定时间内独立完成 | 10 | 未在规定时间完成,每超时 1 分钟扣 2 分,扣完本项分数为止 | | | |

## TG2JB0306 使用 2M 误码测试仪测量通道误码

### 一、作业

（一）工器具、材料、设备

(1)工器具:2M 误码仪。

(2)材料:2M 线。

(3)设备:SDH 设备、DDF 架等。

（二）安全要求

正确使用仪表,防止仪表损坏。

（三）操作步骤及工艺要求(含注意事项)

1.操作前准备

(1)规范着装。

(2)根据题目要求正确使用仪表,并做外观检查。

2.操作过程

(1)按照题目要求连接测试线缆。

(2)将被测通道做硬环回或软环回。

(3)设置 2M 误码测试仪参数。

(4)读取测试结果。

3.操作结束

清理现场,交还工器具。

### 二、考核

（一）考核场地

通信实训基地。

（二）考核时间

20 min。

（三）考核要点

(1)正确连接测试线缆。

(2)通道环回操作。

(3)2M 误码测试仪参数设置。

(4)正确读取测试数据。

### 三、评分标准

行业:电力工程　　　　　工种:通信工程建设工　　　　　等级:中级工

| 编号 | TG2JB0306 | 行为领域 | 专业技能 | 评价范围 | |
|---|---|---|---|---|---|
| 考核时限 | 20 min | 题型 | 单项操作 | 满分 | 100 分 | 得分 |

| 试题名称 | 使用 2M 误码仪测试通道误码 |
|---|---|
| 考核要点及其要求 | 考核要点<br>(1)正确连接测试线缆;<br>(2)通道环回操作;<br>(3)正确设置 2M 误码测试仪参数;<br>(4)正确读取测试数据。<br>操作要求<br>(1)单人操作;<br>(2)测试线缆接好后,2M 误码测试仪不出现任何告警 |
| 现场设备、工器具、材料 | (1)工器具:2M 误码测试仪;<br>(2)材料:2M 线;<br>(3)设备:SDH 设备、DDF 架等 |
| 备注 | |

<table>
<tr><td colspan="7" align="center">评分标准</td></tr>
<tr><td>序号</td><td>考核项目名称</td><td>质量要求</td><td>分值</td><td>扣分标准</td><td>扣分原因</td><td>得分</td></tr>
<tr><td>1</td><td>连接测试线缆</td><td>按要求正确连接测试线缆</td><td>20</td><td>测试线缆连接不正确扣 10 分</td><td></td><td></td></tr>
<tr><td>2</td><td>测试通道环回</td><td>正确将测试通道一端环回</td><td>20</td><td>不能正确环回测试通道扣 20 分</td><td></td><td></td></tr>
<tr><td>3</td><td>2M 误码测试仪参数设置</td><td>正确设置接口码型、接口阻抗、测试图案等参数</td><td>30</td><td>(1)不能正确设置接口码型扣 10 分;<br>(2)不能正确选择接口阻抗扣 10 分;<br>(3)不能正确选择测试图案扣 10 分</td><td></td><td></td></tr>
<tr><td>4</td><td>读取测试结果</td><td>正确读取测试结果</td><td>10</td><td>不能正确读取测试结果扣 10</td><td></td><td></td></tr>
<tr><td>5</td><td>操作结束</td><td>工作完毕后报告操作结束,清理现场,交还工器具</td><td>10</td><td>不清理工作现场、不恢复原始状态、不报告操作结束扣 5～10 分</td><td></td><td></td></tr>
<tr><td>6</td><td>操作时间</td><td>在规定时间内独立完成</td><td>10</td><td>未在规定时间完成,每超时 1 分钟扣 2 分,扣完本项分数为止</td><td></td><td></td></tr>
</table>

## 4.2.2　专业技能题

### TG2ZY0107　SDH 设备 2M 电路搭接与测试

**一、作业**

(一)工器具、材料、设备

(1)工器具:2M 误码仪。

(2)材料:无。

(3)设备:SDH 传输网管、SDH 光传输设备。

(二)安全要求

正确使用网管,防止误操作。

(三)操作步骤及工艺要求(含注意事项)

1.操作前准备

(1)规范着装。

(2)根据题目要求选择工具、材料并做外观检查。

2.操作过程

(1)根据题目要求确认所需开通的 2M 业务。

(2)登录 U2000 网管进行操作。

(3)主菜单中选择"业务→SDH 路径→创建 SDH 路径"。

(4)"创建 SDH 路径"参数设置:在"方向"下拉列表中选择"双向",在"级别"下拉列表中选择"VC12","计算路由"栏中选中"自动计算"复选框。

(5)源端口选择:双击"网元 1",在弹出的端口选择对话框中"板位图"一栏单击 2 槽位 PQ1,在"支路端口"栏中选中"1"的单选按钮,点击右下角的【确定】按钮,表示选取了网元 1 的第一个 2M 端口。

(6)宿端口选择:参照源端口选择的步骤选择网元 2 的第一个支路端口作为宿端口。

(7)数据下发:选中左下方的"激活"复选框,并单击左下角的【应用】按钮,出现"操作成功"的提示,此时网元 1 到网元 2 之间的一条 2M 业务就创建完成。

(8)使用 2M 误码仪测试通道误码,采用软换回和硬环回两种方法。

3.操作结束

清理现场,交还工器具。

**二、考核**

(一)考核场地

通信实训基地。

(二)考核时间

30 min。

(三)考核要点

(1)工器具及材料的选择。

(2)网管搭接 2M 电路。

(3)正确连接仪器仪表。

(4)按要求进行测量,熟练使用工器具及仪器仪表。

(5)测试结果的准确性。

### 三、评分标准

行业:电力工程　　　　工种:通信工程建设工　　　　等级:中级工

| 编号 | TG2ZY0107 | 行为领域 | 专业技能 | 评价范围 | |
|---|---|---|---|---|---|
| 考核时限 | 30 min | 题型 | 单项操作 | 满分 | 100 分 | 得分 | |
| 试题名称 | | | SDH 设备 2M 电路搭接与测试 | | | |

| 考核要点及其要求 | 考核要点<br>(1)工器具及材料的选择;<br>(2)网管搭接 2M 电路;<br>(3)正确连接仪器仪表;<br>(4)按要求进行测量,熟练使用工器具及仪器仪表;<br>(5)测试结果的准确性。<br>操作要求<br>(1)单人操作;<br>(2)网管进行电路搭接;<br>(3)利用仪器仪表进行测试 |
|---|---|
| 现场设备、工器具、材料 | (1)工器具:2M 误码仪;<br>(2)设备:SDH 传输网管,SDH 光传输设备 |
| 备注 | 考试前 VC4 服务层路径已开通,无需考生开通 VC4 服务层路径 |

| | | | 评分标准 | | | |
|---|---|---|---|---|---|---|
| 序号 | 考核项目名称 | 质量要求 | 分值 | 扣分标准 | 扣分原因 | 得分 |
| 1 | 工具、材料的选用 | 工器具选用满足操作需要,工器具做外观及功能检查 | 10 | (1)选用不当扣 5 分;<br>(2)工器具未做外观及功能检查扣 5 分 | | |
| 2 | 登录网管查看网络状态 | 网络设备无告警 | 10 | (1)不能正确登录网管扣 5 分;<br>(2)未能查看网络设备告警状态扣 5 分 | | |
| 3 | 进入通道创建界面 | 正确进入通道创建界面 | 5 | 不能正确进入通道创建界面扣 5 分 | | |
| 3 | 配置通道参数 | 正确配置通道参数 | 10 | "方向""级别""业务领域"错 1 项扣 2 分,扣完本项分数为止 | | |
| 4 | 选择源、宿端口 | 正确选择源网元、源端口、宿网元、宿端口 | 15 | 源网元、源端口、宿网元、宿端口,错 1 项扣 5 分,扣完本项分数为止 | | |
| 5 | 创建激活 | 正确创建激活通道 | 10 | (1)不能正确创建激活通道扣 10 分;<br>(2)创建激活后不关闭通道创建界面扣 5 分 | | |

| 序号 | 考核项目名称 | 质量要求 | 分值 | 扣分标准 | 扣分原因 | 得分 |
|---|---|---|---|---|---|---|
| 6 | 使用2M误码仪进行测试 | 硬环回和软换回两种测试通道连通性 | 20 | (1)未能使用硬环回测试扣5分；<br>(2)未能使用软环回测试扣5分；<br>(3)未对通道进行测试扣10分 | | |
| 7 | 操作结束 | 工作完毕后报告操作结束,删除电路,清理现场,交还工器具 | 10 | (1)不清理工作现场、不恢复原始状态、不报告操作结束扣2~5分；<br>(2)未删除创建电路扣5分 | | |
| 8 | 操作时间 | 在规定时间内独立完成 | 10 | 未在规定时间完成,每超时1分钟扣2分,扣完本项分数为止 | | |

## TG2ZY0108 SDH 网元地址配置

### 一、作业

(一)工器具、材料、设备

(1)工器具：无。

(2)材料:无。

(3)设备:SDH 传输网管、SDH 光传输设备。

(二)安全要求

正确使用网管,防止误操作。

(三)操作步骤及工艺要求(含注意事项)

1.操作前准备

(1)规范着装。

(2)检查设备、网管状态正常。

2.操作过程

(1)说出网元地址的概念和配置原则。

为了能够进行有效的网络管理,任何 SDH 网元在网络中都要有唯一的地址作为标识。有了网元地址,网管才能识别上报的信息是属于哪个网元的,同样网管下发的命令才能正确地到达相应的网元。网元地址的配置一般要遵循以下的原则:

①每个网元只能有唯一的一个网元地址。

②同一台网管管理的网络中,不能把多个网元设置为同一个网元地址。

③在 SDH 网络建设初期应同步考虑规划网元地址。比如相同类型的设备分配同一个可用网元地址,或者根据行政区域、设备级别进行划分。网元地址使用情况需及时记录并更新,防

止扩容时错误地分配了已用的网元地址。

（2）登录 U2000 网管进行操作。

（3）右键点击需配置时钟的网元，选择"网元管理器"，进入到网元管理器窗口，在功能树中选择"通信→通信参数设置"即可看到网元地址信息。

（4）修改 IP 地址后点击"应用"完成操作。

3. 操作结束

清理现场，交还工器具。

### 二、考核

（一）考核场地

通信实训基地。

（二）考核时间

20 min。

（三）考核要点

（1）了解网元地址的概念和配置原则。

（2）正确操作网管进行网元地址设置。

### 三、评分标准

行业：电力工程　　　　　　　工种：通信工程建设工　　　　　　　等级：中级工

| 编号 | TG2ZY0108 | 行为领域 | 专业技能 | 评价范围 | | |
|---|---|---|---|---|---|---|
| 考核时限 | 20 min | 题型 | 单项操作 | 满分 | 100 分 | 得分 |
| 试题名称 | SDH 设备网元地址配置 | | | | | |
| 考核要点及其要求 | 考核要点<br>（1）了解网元地址的概念和配置原则；<br>（2）正确操作网管进行网元地址设置。<br>操作要求<br>（1）单人操作；<br>（2）防止网管误操作 | | | | | |
| 现场设备、工器具、材料 | SDH 传输网管、SDH 光传输设备 | | | | | |
| 备注 | | | | | | |
| 评分标准 | | | | | | |

| 序号 | 考核项目名称 | 质量要求 | 分值 | 扣分标准 | 扣分原因 | 得分 |
|---|---|---|---|---|---|---|
| 1 | 检查设备、网管状态 | 设备、网管运行状态正常 | 10 | 未检查设备、网管状态每项扣5分 | | |

续表

| 序号 | 考核项目名称 | 质量要求 | 分值 | 扣分标准 | 扣分原因 | 得分 |
|---|---|---|---|---|---|---|
| 2 | 网元地址概念简述 | 正确说出网元地址的概念和配置原则 | 20 | 未能正确说出网元地址的概念和配置原则扣10分~20分 | | |
| 3 | 登录网管 | 登录网管进入主拓扑界面 | 20 | (1)登录不成功扣10分;<br>(2)未能打开主拓扑界面扣10分 | | |
| 4 | 打开网元地址配置界面 | 正确打开网元地址配置界面 | 20 | (1)未能正确选择网元扣5分;<br>(2)未能正确进入网元管理器扣5分;<br>(3)通信、通信参数设置步骤操作错误每项扣5分,扣完本项分数为止 | | |
| 5 | 修改网元地址 | 根据题目要求更改网元地址 | 10 | (1)网元地址输入错误扣5分;<br>(2)修改完成没有点击应用扣5分 | | |
| 6 | 操作结束 | 工作完毕后报告操作结束,清理现场,交还工器具 | 10 | 不清理工作现场、不恢复原始状态、不报告操作结束扣5分~10分 | | |
| 7 | 操作时间 | 在规定时间内单独完成 | 10 | 未在规定时间完成,每超时1分钟扣1分,扣完本项分数为止 | | |

## TG2ZY0109 PTN设备光功率测试

### 一、作业

(一)工器具、材料、设备

(1)工器具:信号发生器、光功率计等。

(2)材料:尾纤、连接线等。

(3)设备:PTN设备及说明书、数据网设备等。

(二)安全要求

防止触电、短路,防止损坏设备。

(三)操作步骤及工艺要求(含注意事项)

1. 操作前准备

(1)规范着装。

(2)根据题目要求选择连接线,并检查设备状况。

2.操作过程

(1)选择被测设备,确定需测试的波长、速率。

(2)功率计校准。

(3)正确选择线缆、连接设备连线。

(4)打开信号发生器。

(5)光功率计设置在被测光波长上,待输出功率稳定,从光功率计读出平均发送功率。

(6)做好记录。如有需要,测量并记录激光器的偏置电流及温度。

3.操作结束

清理现场,交还仪器仪表及材料。

## 二、考核

(一)考核场地

通信实训基地。

(二)考核时间

30 min。

(三)考核要点

(1)平均发送光功率的概念。

(2)被测设备的波长、速率。

(3)测试点位置,所需设备仪表(是否需要连接信号发生器)。

(4)测试连接方法。

(5)PTN 设备平均发送光功率测试方法。

## 三、评分标准

行业:电力工程　　　　工种:通信工程建设工　　　　等级:中级工

| 编号 | TG2ZY0109 | 行为领域 | 专业技能 | 评价范围 | | |
|---|---|---|---|---|---|---|
| 考核时限 | 30 min | 题型 | 单项操作 | 满分 | 100 分 | 得分 |
| 试题名称 | PTN 设备光功率测试 | | | | | |
| 考核要点及其要求 | 考核要点<br>(1)平均发送光功率的概念;<br>(2)被测设备的波长、速率;<br>(3)测试点位置,所需设备仪表(是否需要连接信号发生器);<br>(4)测试连接方法;<br>(5)PTN 设备平均发送光功率测试方法。<br>操作要求<br>(1)单人操作;<br>(2)功率计设置正确;<br>(3)测试时防止短路,防止身体各部位触及带电体 | | | | | |

续表

| 现场设备、工器具、材料 | (1)工器具:信号发生器、光功率计等;<br>(2)材料:尾纤、连接线等;<br>(3)设备:PTN 设备及说明书、数据网设备等 |
|---|---|
| 备注 | 设备、仪器仪表良好接地 |

<table>
<tr><th colspan="7">评分标准</th></tr>
<tr><th>序号</th><th>考核项目<br>名称</th><th>质量要求</th><th>分值</th><th>扣分标准</th><th>扣分<br>原因</th><th>得分</th></tr>
<tr><td>1</td><td>仪器仪表、材料的选用</td><td>选择被测设备,仪器仪表、线缆</td><td>10</td><td>(1)选用不当扣5分;<br>(2)未做外观检查扣5分</td><td></td><td></td></tr>
<tr><td>2</td><td>确定测量位置</td><td>确定 PTN 发光功率的测试位置</td><td>10</td><td>测试位置错误扣10分</td><td></td><td></td></tr>
<tr><td>3</td><td>正确连接仪表设备</td><td>正确连接被测设备、功率计</td><td>30</td><td>设备、仪表每连接错误1处扣10分</td><td></td><td></td></tr>
<tr><td>4</td><td>仪表校正</td><td>功率计校准</td><td>5</td><td>未进行校准扣5分</td><td></td><td></td></tr>
<tr><td>5</td><td>测量平均光功率</td><td>(1)打开信号发生器;<br>(2)光功率计设置在被测光波长上,待输出功率稳定,从光功率计读出平均发送功率;<br>(3)做好记录</td><td>30</td><td>(1)挡位、量程错误扣10分;<br>(2)测量结果每错误1项扣10分</td><td></td><td></td></tr>
<tr><td>6</td><td>操作结束</td><td>整理现场</td><td>5</td><td>不清理工作现场、不报告操作结束扣2~5分</td><td></td><td></td></tr>
<tr><td>7</td><td>操作时间</td><td>在规定时间内独立完成</td><td>10</td><td>未在规定时间完成,每超时1分钟扣2分,扣完本项分数为止</td><td></td><td></td></tr>
</table>

## TG2ZY0110　PTN 设备灵敏度测试

一、作业

(一)工器具、材料、设备

(1)工器具:信号发生器、可变衰耗器、误码仪、功率计等。

(2)材料:尾纤、连接线等。

(3)设备:PTN 设备及说明书等。

(二)安全要求

防止触电、短路,防止损坏设备。

(三)操作步骤及工艺要求(含注意事项)

1.操作前准备

(1)规范着装。

(2)根据题目要求选择仪表、连接线,并检查设备状况。

2.操作过程

(1)选择被测设备,确定需测试的波长、速率。

(2)确认被测端口、功率计校准。

(3)按下图连接好电路。

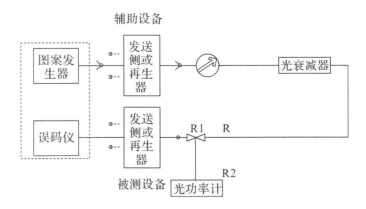

(4)按照监视误码的通道速率等级,选择适当的 PRBS,从支路输入口送光信号。

(5)调整光衰减器,逐渐增大衰耗值,使误码仪测得的误码尽量接近,但不大于规定的 BER。

(6)断开 R 点的活动连接器,将光衰减器与光功率计相连,读出 R 点的接收光功率 $P_R$;对于精确测量,应考虑 R、R1、R2 各点光功率的差异,用活动连接器的衰减值对读出的接收光功率进行修正。

3.操作结束

清理现场,交还仪器仪表及材料。

**二、考核**

(一)考核场地

通信实训基地。

(二)考核时间

30 min。

(三)考核要点

(1)正确选择被测设备。

(2)正确选择所用仪表、连接线。

(3)正确连接电路。

(4)精确调整可变衰耗器,确认误码值准确位置。

(5)准确读出光功率数值。

## 三、评分标准

行业:电力工程　　　　　　工种:通信工程建设工　　　　　　等级:中级工

| 编号 | TG2ZY0110 | 行为领域 | 专业技能 | 评价范围 | | |
|---|---|---|---|---|---|---|
| 考核时限 | 30 min | 题型 | 单项操作 | 满分 | 100 分 | 得分 |
| 试题名称 | | | PTN 设备灵敏度测试 | | | |
| 考核要点<br>及其要求 | 考核要点<br>(1)正确选择被测设备;<br>(2)正确选择所用仪表、连接线;<br>(3)正确连接电路;<br>(4)精确调整可变衰耗器,确认符合误码值的准确位置;<br>(5)准确读出光功率数值 $P_R$。<br>操作要求<br>(1)单人操作;<br>(2)功率计设置正确;<br>(3)测试时防止短路,防止身体各部位触及带电体 | | | | | |
| 现场设备、<br>工器具、材料 | (1)工器具:信号发生器、光功率计等;<br>(2)材料:尾纤、连接线等;<br>(3)设备:PTN 设备及说明书、数据网设备等 | | | | | |
| 备注 | 设备、仪器仪表良好接地 | | | | | |

评分标准

| 序号 | 考核项目<br>名称 | 质量要求 | 分值 | 扣分标准 | 扣分<br>原因 | 得分 |
|---|---|---|---|---|---|---|
| 1 | 仪器仪表、<br>材料的选用 | 选择被测设备,仪器仪表、<br>线缆 | 10 | (1)选择被测设备位置错误扣 5 分;<br>(2)选择信号发生器和误码仪错<br>误各扣 5 分 | | |
| 2 | 正确连接<br>设备仪表 | 正确连接被测设备、功率计 | 20 | 连接错误 1 处扣 5 分,扣完本项<br>分数为止 | | |
| 3 | 确定测量信号<br>的波长、速率 | 确定信号发生器速率、波长 | 20 | 挡位、速率、波长每设置错误 1<br>项扣 5 分,扣完本项分数为止 | | |
| 4 | 测量平均<br>光功率 | (1)光功率计设置在被测光波<br>长上,待输出功率稳定,从光<br>功率计读出平均发送功率;<br>(2)调节可变衰耗器,使误码<br>仪读数在允许值上;<br>(3)断开连接、测量设备实际<br>接受光功率值;<br>(4)做好记录 | 30 | (1)~(3)每错误 1 项扣 10 分,<br>没有记录测量结果扣 5 分 | | |
| 5 | 操作结束 | 整理现场 | 10 | 不清理工作现场,不恢复原始状<br>态,不报告操作结束扣 5 分 | | |
| 6 | 操作时间 | 在规定时间内独立完成 | 10 | 未在规定时间完成,每超时 1 分钟<br>扣 2 分,扣完本项分数为止 | | |

## TG2ZY0111　PTN 设备 2M 电路搭接及测试

### 一、作业

（一）工器具、材料、设备

（1）工器具：万用表等。

（2）材料：2M 连接线等。

（3）设备：PTN 设备等。

（二）安全要求

防止触电、短路，防止损坏设备。

（三）操作步骤及工艺要求（含注意事项）

1. 操作前准备

（1）规范着装。

（2）根据题目要求选择连接线，并检查设备状况。

2. 操作过程

（1）登录网管。

（2）在数字配线架 DDF 上找到相应的 2M 位置。

（3）用 2M 线在 DDF 配线架上做环回。

（4）在网管上用软件做 2M 环回。

（5）操作恢复，退出登录。

### 二、考核

（一）考核场地

通信实训基地。

（二）考核时间

30 min。

（三）考核要点

（1）网管登录操作。

（2）在网管上进行 2M 环回操作。

（3）在数字配线架 DDF 上进行硬件环回操作。

（4）用 2M 全程通道进行状态测试验证。

（5）恢复运行状态。

## 三、评分标准

行业:电力工程　　　　工种:通信工程建设工　　　　等级:中级工

| 编号 | TG2ZY0111 | 行为领域 | 专业技能 | 评价范围 | |
|---|---|---|---|---|---|
| 考核时限 | 30 min | 题型 | 单项操作 | 满分 | 100 分 | 得分 |

| 试题名称 | PTN 设备 2M 电路搭接及测试 |
|---|---|

| 考核要点及其要求 | 考核要点<br>(1)网管登录操作;<br>(2)在网管上进行 2M 环回操作;<br>(3)在数字配线架 DDF 上进行硬件环回操作;<br>(4)用 2M 全程通道进行状态测试验证;<br>(5)恢复运行状态 |
|---|---|
| 现场设备、工器具、材料 | (1)工器具:维护终端等;<br>(2)材料:连接线等;<br>(3)设备:PTN 设备等 |
| 备注 | |

<table>
<tr><td colspan="7" align="center">评分标准</td></tr>
<tr><td>序号</td><td>考核项目名称</td><td>质量要求</td><td>分值</td><td>扣分标准</td><td>扣分原因</td><td>得分</td></tr>
<tr><td>1</td><td>正确登录网管</td><td>选取和输入登录用户名和密码</td><td>10</td><td>不能正确登录网管系统扣10分</td><td></td><td></td></tr>
<tr><td>2</td><td>清楚 2M 输出端子位置</td><td>在数字配线架 DDF 上找到相应的 2M 位置</td><td>10</td><td>不能在数字配线架 DDF 上准确找到相应的 2M 位置扣10 分</td><td></td><td></td></tr>
<tr><td>3</td><td>能用 2M 线做硬环回</td><td>(1)选择合适的 2M 连接线;<br>(2)测量 2M 连接线没有开路、短路;<br>(3)用 2M 线在 DDF 配线架上做硬件环回</td><td>30</td><td>(1)选择 2M 连接线(接头)错误扣 10 分;<br>(2)没有测量 2M 连接线完好扣 10 分;<br>(3)不能正确做硬件环回扣 10分</td><td></td><td></td></tr>
<tr><td>4</td><td>能用软件做环回</td><td>在网管上用软件做 2M 环回</td><td>20</td><td>不能正确做软件环回扣20分</td><td></td><td></td></tr>
<tr><td>5</td><td>状态测试验证</td><td>用 2M 全程通道进行状态测试验证</td><td>15</td><td>采用网管或电路通断验证,验证不成功扣15分</td><td></td><td></td></tr>
<tr><td>6</td><td>退出数据库操作结束</td><td>操作结束后,正确退出、做使用网管登记,报告工作结束</td><td>5</td><td>不恢复原始状态,不报告操作结束扣2~5分</td><td></td><td></td></tr>
<tr><td>7</td><td>操作时间</td><td>在规定时间内独立完成</td><td>10</td><td>未在规定时间完成,每超时 1分钟扣 2 分,扣完本项分数为止</td><td></td><td></td></tr>
</table>

## TG2ZY0212　网络交换设备的 VLAN 配置

**一、作业**

（一）工器具、材料、设备

（1）工器具：配置终端等。

（2）材料：网线、console 线。

（3）设备：交换机。

（二）安全要求

正确使用工器具，防止设备损坏。

（三）操作步骤及工艺要求（含注意事项）

1. 操作前准备

（1）规范着装。

（2）根据题目要求选择工具、材料并做外观检查。

2. 操作过程

（1）使用 console 线连接到交换机配置端口。

（2）笔记本上打开超级终端与交换机建立连接。

（3）在交换机 A 上配置 VLAN2、VLAN3，并将端口 2 加入 VLAN2，端口 3 加入 VLAN3。

（4）在交换机 B 上配置 VLAN3，并将端口 3 加入 VLAN3。

（5）用网线将两台交换机互联，将互联端口配置为 trunk 口，且只允许 VLAN3 通过。

（6）在交换机 A 的 2、3 口分别下挂 PC1、PC2，在交换机 B 的 3 口下挂 PC3，并按要求配置电脑 IP 地址。

（7）测量验证。使用 PC1 ping PC3，可 ping 通，使用 PC2 ping PC3 无法 ping 通。

3. 操作结束

清理现场，交还工器具。

**二、考核**

（一）考核场地

通信实训基地。

（二）考核时间

20 min。

（三）考核要点

（1）使用 console 线连接交换机并登录。

（2）在两台交换机上按要求建立 VLAN，并加入指定端口。

（3）将交换机互联端口配置为 trunk 口，并允许指定 VLAN 通过。

（4）将 PC 按要求连接到交换机，并配置 IP 地址。

（5）使用 ping 命令验证连通性。

### 三、评分标准

行业：电力工程　　　　　　工种：通信工程建设工　　　　　　等级：中级工

| 编号 | TG2ZY0212 | 行为领域 | 专业技能 | 评价范围 | |
|---|---|---|---|---|---|
| 考核时限 | 20 min | 题型 | 单项操作 | 满分 | 100 分 | 得分 | |
| 试题名称 | 网络交换设备的 VLAN 配置 |||||
| 考核要点 及其要求 | 考核要点<br>(1)正确使用 console 线连接交换机并登录；<br>(2)正确配置 VLAN,并加入指定端口；<br>(3)正确互联两台交换机,并将互联端口配置为 trunk 口,且只允许 VLAN3 通过；<br>(4)正确配置 PC 机 IP 地址；<br>(5)正确使用 ping 命令验证连通性。<br>操作要求<br>(1)单人操作；<br>(2)按要求搭建实验环境,并做相应配置 |||||
| 现场设备、 工器具、材料 | (1)工器具：配置终端等；<br>(2)材料：网线、console 线等；<br>(3)设备：交换机 |||||
| 备注 | |||||

评分标准

| 序号 | 考核项目 名称 | 质量要求 | 分值 | 扣分标准 | 扣分 原因 | 得分 |
|---|---|---|---|---|---|---|
| 1 | 工具、材料 的选用 | 使用 console 线正确连接交换机与笔记本 | 10 | (1)未使用 console 线扣 5 分；<br>(2)未准确连接交换机配置端口扣 5 分 | | |
| 2 | 登录交换机 | 使用超级终端登录交换机 | 10 | 不能正确使用超级终端登录交换机扣 10 分 | | |
| 3 | 配置 VLAN | 按要求正确配置两台交换机 VLAN,并加入指定端口 | 20 | (1)不能正确建立 VLAN 扣 10 分；<br>(2)不能正确加入端口扣 10 分 | | |
| 4 | 交换机互联并 配置端口属性 | 按要求正确互联两台交换机,并将互联端口配置为 trunk 口 | 30 | (1)不能使用双绞线正确互联交换机扣 10 分；<br>(2)未将互联端口配置为 trunk 口扣 10 分；<br>(3)未配置只允许 VLAN3 通过扣 10 分 | | |
| 5 | PC 机配置 | 按要求将 PC 机接入交换机指定端口,并配置 IP 地址 | 10 | (1)未按要求接入 PC 机扣 5 分；<br>(2)PC 机 IP 地址配置不正确扣 5 分 | | |
| 6 | 验证连通性 | 使用 ping 命令验证连通性 | 10 | (1)不能正确使用 ping 命令扣 5 分；<br>(2)两台交换机相同 VLAN 不能 ping 通扣 5 分 | | |
| 7 | 操作时间 | 在规定时间内独立完成 | 10 | 未在规定时间完成,每超时 1 分钟扣 2 分,扣完本项分数为止 | | |

## TG2ZY0213　配置网络交换机 SSH 远程登录

**一、作业**

(一)工器具、材料、设备

(1)工器具:交换机、配置终端等。

(2)材料:网线、console 线。

(3)设备:交换机。

(二)安全要求

正确使用工器具,防止设备损坏。

(三)操作步骤及工艺要求(含注意事项)

1.操作前准备

(1)规范着装。

(2)根据题目要求选择工具、材料并做外观检查。

2.操作过程

(1)使用 console 线连接到交换机配置端口。

(2)笔记本上打开超级终端与交换机建立连接。

(3)配置虚拟终端 VTY 设置。

(4)配置 SSH 用户设置。

(5)配置 SSH 服务器设置。

3.操作结束

清理现场,交还工器具。

**二、考核**

(一)考核场地

通信实训基地。

(二)考核时间

20 min。

(三)考核要点

(1)使用 console 线连接交换机并登录。

(2)配置虚拟终端 VTY 设置。

(3)SSH 用户和服务器设置。

## 三、评分标准

行业:电力工程　　　　　　工种:通信工程建设工　　　　　　等级:中级工

| 编号 | TG2ZY0213 | 行为领域 | 专业技能 | 评价范围 | |
|---|---|---|---|---|---|
| 考核时限 | 20 min | 题型 | 单项操作 | 满分 | 100 分 | 得分 | |
| 试题名称 | 配置网络交换机 SSH 远程登录 | | | | |
| 考核要点及其要求 | 考核要点<br>(1)正确使用 console 线连接交换机并登录;<br>(2)正确配置虚拟终端 VTY 设置;<br>(3)正确配置 SSH 用户设置;<br>(4)正确配置 SSH 服务器设置。<br>操作要求<br>(1)单人操作;<br>(2)按要求搭建实验环境,并做相应配置 | | | | |
| 现场设备、工器具、材料 | (1)工器具:交换机、配置终端等;<br>(2)材料:网线、console 线等;<br>(3)设备:交换机 | | | | |
| 备注 | | | | | |

| | | | 评分标准 | | | | |
|---|---|---|---|---|---|---|---|

| 序号 | 考核项目名称 | 质量要求 | 分值 | 扣分标准 | 扣分原因 | 得分 |
|---|---|---|---|---|---|---|
| 1 | 工具、材料的选用 | 使用 console 线正确连接交换机与笔记本 | 10 | (1)未使用 console 线扣 5 分;<br>(2)未准确连接交换机配置端口扣 5 分 | | |
| 2 | 登录交换机 | 使用超级终端登录交换机 | 10 | 不能正确使用超级终端登录交换机扣 10 分 | | |
| 3 | 配置虚拟终端 VTY 设置 | 按要求正确配置虚拟终端设置,用户认证方式为 AAA,设置 VTY 只支持 SSH | 20 | (1)不能正确配置用户认证方式扣 10 分;<br>(2)不能设置 VTY 方式为 SSH 扣 10 分 | | |
| 4 | SSH 用户设置 | 按要求正确创建本地用户 sshuser,设置密码为 12345,密文传输,等级 15,SSH 用户服务方式为 stelnet | 30 | 不能按要求正确配置 SSH 用户设置,每错 1 项扣 5 分,扣完为止 | | |
| 5 | SSH 服务器设置 | 使能 SSH 服务,生成本地 RSA 或 DSA 密钥对 | 10 | (1)未按要求接入 PC 机扣 5 分;<br>(2)PC 机 IP 地址配置不正确扣 5 分 | | |
| 6 | 远程登录验证 | 使用 SSH 方式登录验证 | 10 | 不能正确登录扣 10 分 | | |
| 7 | 操作时间 | 在规定时间内独立完成 | 10 | 未在规定时间完成,每超时 1 分钟扣 2 分,扣完本项分数为止 | | |

## TG2ZY0214　路由器的静态路由配置

### 一、作业

（一）工器具、材料、设备

（1）工器具：配置终端。

（2）材料：网线、console 线。

（3）设备：路由器。

（二）安全要求

正确使用工器具，防止设备损坏。

（三）操作步骤及工艺要求（含注意事项）

1. 操作前准备

（1）规范着装。

（2）根据题目要求正确操作设备，防止设备损坏。

2. 操作过程

（1）搭建实验环境。

（2）使用 console 线连接到路由器配置端口。

（3）笔记本上打开超级终端与路由器建立连接。

（4）配置路由器的接口 IP 地址。

（5）在路由器 B 上配置到达路由器 A 的 10.1.1.1 网段的静态路由。

（6）使用命令查看路由器 B 的路由表，验证静态路由有效性。

3. 操作结束

清理现场，交还工器具。

### 二、考核

（一）考核场地

通信实训基地。

（二）考核时间

30 min。

（三）考核要点

（1）使用 console 线连接路由器并登录。

（2）在路由器上配置接口 IP。

（3）按要求配置静态路由。

（4）查看路由表，验证路由有效性。

### 三、评分标准

行业:电力工程　　　　　工种:通信工程建设工　　　　　等级:中级工

| 编号 | TG2ZY0214 | 行为领域 | 专业技能 | 评价范围 | | |
|---|---|---|---|---|---|---|
| 考核时限 | 30 min | 题型 | 单项操作 | 满分 | 100 分 | 得分 |
| 试题名称 | | | 路由器的静态路由配置 | | | |
| 考核要点及其要求 | 考核要点<br>(1)正确使用 console 线连接路由器并登录;<br>(2)正确配置路由器接口 IP 地址;<br>(3)正确配置路由器静态路由;<br>(4)查看路由表,验证路由有效性。<br>操作要求<br>(1)单人操作;<br>(2)按要求搭建实验环境,并做相应配置 | | | | | |
| 现场设备、工器具、材料 | (1)工器具:配置终端;<br>(2)材料:双绞线、console 线等 | | | | | |
| 备注 | | | | | | |

评分标准

| 序号 | 考核项目名称 | 质量要求 | 分值 | 扣分标准 | 扣分原因 | 得分 |
|---|---|---|---|---|---|---|
| 1 | 搭建实验环境 | 正确搭建实验环境 | 10 | 未正确搭建实验环境扣10分 | | |
| 2 | 登录路由器 | 使用超级终端登录路由器 | 20 | (1)不能正确使用console线连接路由器和笔记本扣10分;<br>(2)不能正确使用超级终端登录路由器扣10分 | | |
| 3 | 配置路由器接口 IP | 按要求正确配置路由器接口IP地址 | 30 | 不能正确配置接口IP,每个接口扣15分,扣完本项分数为止 | | |
| 4 | 配置静态路由 | 在路由器B上按要求配置静态路由 | 10 | 未正确配置静态路由扣10分 | | |
| 5 | 验证路由表 | 查看路由表,验证路由有效性 | 20 | (1)不能正确查看路由表扣10分;<br>(2)路由表中无对应静态路由扣10分 | | |
| 6 | 操作时间 | 在规定时间内独立完成 | 10 | 未在规定时间完成,每超时1分钟扣2分,扣完本项分数为止 | | |

## TG2ZY0215　路由器的端口 IP 配置

**一、作业**

（一）工器具、材料、设备

（1）工器具：配置终端。

（2）材料：网线、console 线。

（3）设备：路由器、PC 机。

（二）安全要求

正确使用工器具，防止设备损坏。

（三）操作步骤及工艺要求（含注意事项）

1.操作前准备

（1）规范着装。

（2）根据题目要求正确操作设备，防止设备损坏。

2.操作过程

（1）按下图搭建实验环境。

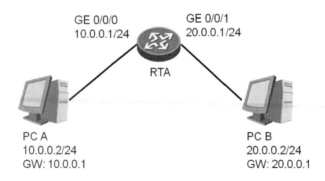

（2）使用 console 线连接到路由器配置端口。

（3）笔记本上打开超级终端与路由器建立连接。

（4）配置路由器的接口 IP 地址和 PC 机 IP。

（5）使用 ping 命令验证 PC A 和 PC B 的连通性。

3.操作结束

清理现场，交还工器具。

**二、考核**

（一）考核场地

通信实训基地。

（二）考核时间

30 min。

（三）考核要点

（1）使用 console 线连接路由器并登录。

(2)在路由器上配置接口 IP。

(3)将 PC 按要求连接到路由器,并配置 IP 地址。

(4)使用 ping 命令验证连通性。

### 三、评分标准

行业:电力工程　　　　　　工种:通信工程建设工　　　　　　等级:中级工

| 编号 | TG2ZY0215 | 行为领域 | 专业技能 | 评价范围 | | |
|---|---|---|---|---|---|---|
| 考核时限 | 30 min | 题型 | 单项操作 | 满分 | 100分 | 得分 |
| 试题名称 | | | 路由器的端口 IP 配置 | | | |
| 考核要点及其要求 | 考核要点<br>(1)使用 console 线连接路由器并登录;<br>(2)在路由器上配置接口 IP;<br>(3)将 PC 按要求连接到路由器,并配置 IP 地址;<br>(4)使用 ping 命令验证连通性。<br>操作要求<br>(1)单人操作;<br>(2)按要求搭建实验环境,并做相应配置 | | | | | |
| 现场设备、工器具、材料 | (1)工器具:配置终端;<br>(2)材料:双绞线、console 线等 | | | | | |
| 备注 | | | | | | |

评分标准

| 序号 | 考核项目名称 | 质量要求 | 分值 | 扣分标准 | 扣分原因 | 得分 |
|---|---|---|---|---|---|---|
| 1 | 搭建实验环境 | 正确搭建实验环境 | 10 | 未正确搭建实验环境扣 10 分 | | |
| 2 | 登录路由器 | 使用超级终端登录路由器 | 20 | (1)不能正确使用 console 线连接路由器和笔记本扣 10 分;<br>(2)不能正确使用超级终端登录路由器扣 10 分 | | |
| 3 | 配置路由器接口 IP | 按要求正确配置路由器接口 IP 地址 | 30 | 不能正确配置接口 IP,每个接口扣 15 分,扣完为止 | | |
| 4 | PC 机配置 | 按要求将 PC 机接入路由器指定端口,并配置 IP 地址 | 10 | (1)未按要求接入 PC 机扣 5 分;<br>(2)PC 机 IP 地址配置不正确扣 5 分 | | |
| 6 | 验证连通性 | 使用 ping 命令验证 PC 连通性 | 20 | (1)不能正确使用 ping 命令扣 10 分;<br>(2)两台 PC 机不能相互 ping 通扣 10 分 | | |
| 7 | 操作时间 | 在规定时间内独立完成 | 10 | 未在规定时间完成,每超时 1 分钟扣 2 分,扣完本项分数为止 | | |

## TG2ZY0316 PCM 电话通道连通调试

**一、作业**

(一)工器具、材料、设备

(1)工器具:数字万用表、卡线刀、普通话机等。

(2)材料:2M 线缆、2M 头等。

(3)设备:PCM 终端接入设备、PCM 用户版各类接口板卡、维护终端。

(二)安全要求

操作时注意人身和设备安全。

(三)操作步骤及工艺要求(含注意事项)

1.操作前准备

(1)规范着装。

(2)根据题目要求正确操作设备,防止设备损坏。

2.操作过程

(1)确定主站(局端站)、从站(远端站)PCM 设备并加以标识,根据现场 PCM 设备 2M 连接端口顺序,确定相对应的用户版槽位。

(2)据已知条件,将主站 PCM 设备的第一插槽位置插入 FXS 接口板、第二插槽位置插入 FX0 接口板、第三插槽位置插入 4W E/M 接口板,相对应的从站 PCM 设备的第一插槽位置插入 FXS 接口板、第二插槽位置插入 FXS 接口板、第三插槽位置插入 4W E/M 接口板。

(3)将配置好的用户板卡插回到相对应的槽位。

(4)在主站 PCM 设备音频配线架第一对线上及对应的从站 PCM 设备话路音频出线配线架第一对线上分别卡接电话单机,任意一方先摘机,则对方话机振铃,双方互相摘机,则进行通道测试。

(5)在主站 PCM 设备音频配线架第三对线上卡接交换机小号,对应的从站 PCM 设备话路音频出线配线架上第三对线卡接电话单机,在从站电话摘机,进行拨号试验测试通道。

(6)利用 PCM 话路特性测试仪对 4W E/M 通道进行测试。

3.操作结束

工作完成后清理现场,整理 PCM 设备和其他材料等。

**二、考核**

(一)考核场地

通信实训基地。

(二)考核时间

30 min。

(三)考核要点

(1)能够熟练掌握各种用户接口板块的使用功能。

(2)正确掌握设备办卡拔插方法和注意事项。

## 三、评分标准

行业:电力工程　　　　　　工种:通信工程建设工　　　　　　等级:中级工

| 编号 | TG2ZY0316 | 行为领域 | 专业技能 | 评价范围 | |
|---|---|---|---|---|---|
| 考核时限 | 30 min | 题型 | 多项操作 | 满分 | 100分 | 得分 | |

| 试题名称 | PCM 电话通道连通调试 |
|---|---|

| 考核要点<br>及其要求 | 考核要点<br>(1)熟练掌握各种用户接口板块的使用功能主站;<br>(2)正确掌握设备办卡拔插方法和注意事项。<br>操作要求<br>(1)在规定时间内单独操作完成;<br>(2)注意人身和设备安全<br><br>2M1　　　　2M1<br><br>主站(局端站)　　　　从站(远端站)<br><br>（下表）|

| 业务类型 | 主站板型 | 主站时隙(路) | 远端站板型 | 远端站 | 时隙(路) |
|---|---|---|---|---|---|
| 直通电话 | FXS | 1 | XS | 1 | 每板2路 |
| 用户延伸 | FXO | 3 | FXS | 3 | 每板2路 |
| 远动通道 | 4W E/M | 5 | 4W E/M | 5 | 每板2路 |

| 现场设备、<br>工器具、材料 | (1)工器具:数字万用表、卡线刀、普通话机等;<br>(2)材料:2M 线缆、2M 头等;<br>(3)设备:PCM 终端接入设备、PCM 用户版各类接口板卡、维护终端 |
|---|---|

| 备注 | |
|---|---|

### 评分标准

| 序号 | 考核项目<br>名称 | 质量要求 | 分值 | 扣分标准 | 扣分<br>原因 | 得分 |
|---|---|---|---|---|---|---|
| 1 | 操作流程 | 操作步骤正确 | 10 | 操作步骤每错1项扣2分,扣<br>完本项分数为止 | | |
| 2 | 插拔板卡 | 选择正确的板卡槽位完成板<br>卡的插拔 | 20 | 槽位选择错误每发现1处扣2<br>分,扣完本项分数为止 | | |
| 3 | 用户接口板 | 选择正确的用户接口板插到<br>对应的槽位 | 20 | (1)用户接口板选择错误扣10<br>分;<br>(2)槽位选择错误扣10分 | | |

| 序号 | 考核项目名称 | 质量要求 | 分值 | 扣分标准 | 扣分原因 | 得分 |
|---|---|---|---|---|---|---|
| 4 | 连接话路出线 | 将接入的电话单机及交换机小号等连接到配线架正确的位置上 | 20 | 未能连接到正确位置,每发现1处扣5分,扣完本项分数为止 | | |
| 5 | 通道测试 | 采用正确的方法完成通道测试 | 10 | 未能完成测试,缺1项扣5分 | | |
| 6 | 安全文明生产 | 规范着装,清理现场,整理工器具 | 10 | (1)未规范着装扣5分;<br>(2)未清理工作现场扣3分;<br>(3)未整理工器具扣2分 | | |
| 7 | 操作时间 | 在规定时间内单独完成 | 10 | 未在规定时间完成,每超时1分钟扣1分,扣完本项分数为止 | | |

## TG2ZY0317　程控交换机设备模拟用户添加及开通

### 一、作业

（一）工器具、材料、设备

（1）工器具:万用表等。

（2）材料:连接线等。

（3）设备:模拟电话机、程控交换机、维护终端、音频配线架等。

（二）安全要求

防止损坏设备。

（三）操作步骤及工艺要求（含注意事项）

1.操作前准备

（1）规范着装。

（2）根据题目要求选择连接线,并检查设备状况。

2.操作过程

（1）连接线。按题目提示,确定模拟电话连接到音频配线架的端子位置,完成电话机的连接。

（2）模拟电话数据配置:

①打开维护终端,按题目提示进入交换机数据库配置界面。

②用户板卡配置。进入板卡配置页面,按题目要求配置板卡类型、槽位等相关数据。

③电话用户配置。进入电话用户配置页面,按照题目要求,配置电话用户的槽位、端口、用户号码、级别及相关参数。

④退出数据库操作界面。

(3)开通试验。用电话进行呼入、呼出试验正常。

**3.操作结束**

清理现场,交还仪器仪表及材料。

## 二、考核

**(一)考核场地**

通信实训基地。

**(二)考核时间**

20 min。

**(三)考核要点**

(1)电话的连线操作。

(2)电话用户板卡数据设置。

(3)电话用户数据设置。

(4)电话开通试验。

## 三、评分标准

行业:电力工程 工种:通信工程建设工 等级:中级工

| 编号 | TG2ZY0317 | 行为领域 | 专业技能 | 评价范围 | | |
|---|---|---|---|---|---|---|
| 考核时限 | 20 min | 题型 | 单项操作 | 满分 | 100分 | 得分 |
| 试题名称 | 程控交换机设备模拟用户添加及开通 | | | | | |
| 考核要点<br>及其要求 | 考核要点<br>(1)电话的连线操作;<br>(2)电话用户板卡数据设置;<br>(3)电话用户数据设置;<br>(4)电话开通试验。<br>操作要求<br>(1)单人操作;<br>(2)设置操作准确、规范 | | | | | |
| 现场设备、<br>工器具、材料 | (1)工器具:万用表等;<br>(2)材料:连接线等;<br>(3)设备:模拟电话机、程控交换机、维护终端、音频配线架等 | | | | | |
| 备注 | 与添加用户相关联的数据库设置完成,如用户级别、时延等指标。 | | | | | |
| 评分标准 | | | | | | |

| 序号 | 考核项目<br>名称 | 质量要求 | 分值 | 扣分标准 | 扣分<br>原因 | 得分 |
|---|---|---|---|---|---|---|
| 1 | 设备检查和<br>材料选用 | 正确选择连接线,检查设备运<br>行正常、接地正常 | 5 | (1)选用不当扣3分;<br>(2)未检查设备运行及接地状<br>态扣2分 | | |

续表

| 序号 | 考核项目名称 | 质量要求 | 分值 | 扣分标准 | 扣分原因 | 得分 |
|---|---|---|---|---|---|---|
| 2 | 连线 | 按题目要求,正确连接电话线 | 10 | 设备连接错误扣10分 | | |
| 3 | 电话用户板卡数据设置 | 正确设置模拟用户板卡数据 | 25 | 用户板卡数据设置错误1处扣5分,扣完本项分数为止 | | |
| 4 | 电话用户数据设置 | 正确设置模拟用户数据 | 25 | 用户数据设置错误1处扣5分,扣完本项分数为止 | | |
| 5 | 电话开通试验 | 进行呼入、呼出试验 | 20 | (1)未进行呼入试验扣10分;<br>(2)未进行呼出试验扣10分 | | |
| 6 | 操作结束 | 整理现场 | 5 | (1)未在规定时间完成,每延时1分钟在总分中扣2分,扣完本项分数为止;<br>(2)不清理工作现场、不恢复原始状态、不报告操作结束扣2~5分 | | |
| 7 | 操作时间 | 在规定时间内单独完成 | 10 | 未在规定时间完成,每超时1分钟扣1分,扣完本项分数为止 | | |

## TG2ZY0318　IMS系统IAD新用户注册及开通

**一、作业**

(一)工器具、材料、设备

(1)工器具:万用表、计算机等。

(2)材料:连接线等。

(3)设备:模拟电话单机、IAD设备及说明书、数据网设备等。

(二)安全要求

防止触电、短路,防止损坏设备。

(三)操作步骤及工艺要求(含注意事项)

1.操作前准备

(1)规范着装。

(2)根据题目要求选择连接线,并检查设备状况。

2.操作过程

(1)连接线。确定IAD连接到数据网设备的端子位置,用网线完成IAD设备的连接;连接IAD设备电源;连接IAD与计算机;连接IAD设备与电话单机。确认IAD设备工作正常。

(2)IAD设备配置:

①登录IAD配置界面。按照说明书,修改计算机IP地址。在浏览器页面输入IAD登录页面IP地址,键入用户名、密码,进入IAD登录页面。

②基本配置。修改网络参数,修改WAN的IP地址、子网掩码和网关。

③SIP业务配置。选择索引0、1项,分别配置服务器IP地址、域名和端口号,以及失效时间。服务器注册模式为自动切换。

④FXS用户配置。选择FXS用户配置条进入页面,分别配置用户ID、用户名和密码。

⑤SIP数图配置。选择SIP数图条进入页面,点击添加,增加数图值。

⑥SIP软件参数配置。选择SIP参数条进入页面,按照说明书所示设置相应参数。

⑦保存数据并退出。数据保存,保存为普通配置,点击确定退出。

(3)开通试验。用电话单机进行呼入、呼出试验正常。

**3.操作结束**

清理现场,交还仪器仪表及材料。

## 二、考核

### (一)考核场地

通信实训基地。

### (二)考核时间

30 min。

### (三)考核要点

(1)IAD设备连接线操作。

(2)IAD设备设置,包括基本配置、SIP业务配置、FXS用户配置、SIP数图配置、SIP软件参数配置等。

(3)电话开通试验。

## 三、评分标准

行业:电力工程              工种:通信工程建设工              等级:中级工

| 编号 | TG2ZY0318 | 行为领域 | 专业技能 | 评价范围 | | |
|---|---|---|---|---|---|---|
| 考核时限 | 30 min | 题型 | 单项操作 | 满分 | 100分 | 得分 |
| 试题名称 | IMS系统IAD新用户注册及开通 | | | | | |
| 考核要点<br>及其要求 | 考核要点<br>(1)IAD设备连接线操作;<br>(2)IAD设备设置,包括基本配置、SIP业务配置、FXS用户配置、SIP数图配置、SIP软件参数配置等;<br>(3)电话开通试验。<br>操作要求<br>(1)单人操作;<br>(2)设置操作准确、规范 | | | | | |
| 现场设备、<br>工器具、材料 | (1)工器具:万用表、计算机等;<br>(2)材料:连接线等;<br>(3)设备:模拟电话单机、IAD设备及说明书、数据网设备等 | | | | | |
| 备注 | | | | | | |
| 评分标准 | | | | | | |

续表

| 序号 | 考核项目名称 | 质量要求 | 分值 | 扣分标准 | 扣分原因 | 得分 |
|------|------------|---------|------|---------|---------|------|
| 1 | 设备检查和材料选用 | 正确选择连接线,检查设备运行正常、接地正常 | 5 | (1)选用不当扣3分<br>(2)未检查设备运行及接地状态扣2分 | | |
| 2 | 连线 | 按题目要求,正确连接IAD设备的电源线、设备线、用户线等 | 20 | 连接每错1处扣10分,扣完本项分数为止 | | |
| 3 | IAD设备设置 | 按照说明书要求,正确进行基本配置、SIP业务配置、FXS用户配置、SIP数图配置、SIP软件参数配置等设置 | 40 | 设置每错1项扣5分,扣完本项分数为止 | | |
| 4 | 电话开通试验 | 进行呼入、呼出试验 | 20 | (1)未进行呼入试验扣10分;<br>(2)未进行呼出试验扣10分 | | |
| 5 | 操作结束 | 整理现场 | 5 | (1)未在规定时间完成,每延时1分钟在总分中扣2分,扣完本项分数为止;<br>(2)不清理工作现场、不恢复原始状态、不报告操作结束扣2～5分 | | |
| 6 | 操作时间 | 在规定时间内单独完成 | 10 | 未在规定时间完成,每超时1分钟扣1分,扣完本项分数为止 | | |

## TG2ZY0419　UPS上电及输入输出电压测试

一、作业

(一)工器具、材料、设备

(1)工器具:万用表等。

(2)材料:无。

(3)设备:UPS通信电源。

(二)安全要求

操作时注意人身和设备安全。

(三)操作步骤及工艺要求(含注意事项)

1.操作前准备

规范着装,注意危险点和安全防护。

2.操作过程

(1)检查UPS电源所有的输入、旁路、输出和电池的电源线连接正常,输入、旁路和输出电源线连接的相序要与端子台标识需要一致,电池电源线的极性要与端子台标识一致,确认所有的断路器及开关处于断开状态。

(2)合上 UPS 电源的交流输入、旁路输入和电池开关,UPS 的控制板液晶屏将自动点亮,待机器完成自检,液晶屏显示主页面。

(3)利用控制面板上的"进入""向上""向下"按键,进入到"实时控制"菜单界面,在此菜单界面选择"立即开机",并点击确认按键,UPS 电源启动运行,合上交流输出开关,系统将向负载供电。

(4)利用数字万用表在 UPS 电源交流输入端子处测得交流输入电压,在 UPS 电源交流输出端子处测得 UPS 电源交流输出电压。(电池冷启动步骤,当没有市电的时候,机器可以通过电池进行冷启动,其对应步骤如下所示:合上电池开关,使用适当的工具,按下机器正面上部标识"冷启动"的按钮,等待液晶屏点亮后松开按钮;等待机器完成自检,液晶屏显示主页面;后续步骤同正常开机步骤。)

3. 操作结束

测量结束后,清理现场,交还测量仪表。

**二、考核**

(一)考核场地

通信实训基地。

(二)考核时间

20 min。

(三)考核要点

(1)掌握 UPS 设备加电及输入、输出电压的测量方法。

(2)熟练掌握用测量仪表测交流电压的方法。

(3)掌握测量交流电源相、线电压的方法。

**三、评分标准**

行业:电力工程  工种:通信工程建设工  等级:中级工

| 编号 | TG2ZY0419 | 行为领域 | 专业技能 | 评价范围 | | |
|---|---|---|---|---|---|---|
| 考核时限 | 20 min | 题型 | 多项操作 | 满分 | 100 分 | 得分 |
| 试题名称 | UPS 上电及输入输出电压测试 | | | | | |
| 考核要点<br>及其要求 | 考核要点<br>(1)掌握 UPS 设备加电及输入、输出电压的测量方法;<br>(2)熟练掌握用测量仪表测交流电压的方法;<br>(3)掌握测量交流电源相、线电压的方法。<br>操作要求<br>(1)单人独立操作;<br>(2)防止交流极间短路;<br>(3)根据测试结果得出正确结论。相电压为 380 V、线电压 220 V | | | | | |

续表

| 现场设备、工器具、材料 | (1)工器具:万用表等;<br>(2)设备:UPS 通信电源 | | | | | |
|---|---|---|---|---|---|---|
| 备注 | UPS 必须接入市电与电池才可以启动开机 | | | | | |

评分标准

| 序号 | 考核项目名称 | 质量要求 | 分值 | 扣分标准 | 扣分原因 | 得分 |
|---|---|---|---|---|---|---|
| 1 | 操作流程 | 操作步骤正确 | 10 | 操作步骤每错 1 项扣 2 分,扣完本项分数为止 | | |
| 2 | 测量仪表的选取和使用 | 选取适合的测量仪表依照题目要求完成测量 | 10 | (1)仪表选取不正确扣 3 分,未做测量前检查扣 2 分;<br>(2)不能正确设置测量功能挡位扣 3 分;<br>(3)不能正确设置测量量程挡位扣 2 分 | | |
| 3 | 操作前应做的检查工作 | 掌握电源系统投入前要检查的工作内容 | 10 | 少做 1 项检查内容扣 2 分,扣完本项分数为止 | | |
| 4 | 加电启动UPS 电源 | 能熟练启动 UPS 电源给负载供电 | 20 | (1)错误或遗漏启动步骤 1 处扣 2 分,最高扣 10 分;<br>(2)未启动 UPS 电源扣 10 分 | | |
| 5 | 测量 UPS 电源输入、输出电压 | 正确判定交流输入 ABC 三相电相序,辨别零线;给出正确测量结果 | 20 | (1)不能正确判定 ABC 三相相序扣 5 分;<br>(2)不能辨别零线扣 5 分;<br>(3)未给出正确测量结果扣 10 分 | | |
| 6 | 操作熟练程度 | 熟练使用测量仪表;熟练掌握 UPS 加电方法 | 10 | 不熟练 1 处扣 2 分,扣完本项分数为止 | | |
| 7 | 安全文明生产 | 规范着装,清理现场,整理工器具 | 10 | (1)未规范着装扣 5 分;<br>(2)未清理工作现场扣 3 分;<br>(3)未整理工器具扣 2 分 | | |
| 8 | 操作时间 | 在规定时间内独立完成 | 10 | 未在规定时间完成,每超时 1 分钟扣 2 分,扣完本项分数为止 | | |

## TG2ZY0420 通信电源浮充与均充的设置

### 一、作业

（一）工器具、材料、设备

（1）工器具：数字万用表等。

（2）材料：无。

（3）设备：通信电源交流屏、整流屏、蓄电池组。

（二）安全要求

操作时注意人身和设备安全。

（三）操作步骤及工艺要求（含注意事项）

1. 操作前准备

规范着装，检查设备运行状态。

2. 操作过程

（1）确认通信电源系统正常运行、确认整流器无故障，确认蓄电池组熔丝在合上状态、确认所有连接线缆连接牢固，确认工作环境温度在正常范围内（是否进行温度补偿）等。

（2）利用设备监控模块功能菜单，使用上下、左右键选择"电压信息"检查整流器输出电压（53.6 V），或用数字万用表测量整流器输出电压（53.6 V），判定系统工作在输出状态。

（3）用设备监控模块面板上上下、左右键进入"用户设置"功能菜单（初始密码 123456），选择"均衡充电"功能，并将均充电压设置为 56.4 V，均充电流设置为 0.1 C10(A)，均充时间为 10 h。

（4）用数字万用表测量整流器输出电压（56.4 V），判定均充设置有效。

（5）在均充基础上，用监控模块功能菜单将整流器设置为浮充状态，设置浮充电压 53.6 V。

（6）用数字万用表测量整流器输出电压（53.6 V），判定浮充设置有效。

3. 操作结束

清理现场，整理仪器仪表等。

### 二、考核

（一）考核场地

通信实训基地。

（二）考核时间

30 min。

（三）考核要点

（1）掌握浮充电压设定值和均充电压、电流设定值、均充时间。

（2）熟练掌握通信电源浮充和均充的设置。

（3）熟悉监控单元功能，掌握监控单元的使用方法。

（4）了解环境温度对蓄电池的影响。

### 三、评分标准

| 行业:电力工程 | | 工种:通信工程建设工 | | | 等级:中级工 | |
|---|---|---|---|---|---|---|

| 编号 | TG2ZY0420 | 行为领域 | 专业技能 | 评价范围 | | |
|---|---|---|---|---|---|---|
| 考核时限 | 30 min | 题型 | 多项操作 | 满分 | 100 分 | 得分 |
| 试题名称 | | | 通信电源浮充与均充的设置 | | | |
| 考核要点及其要求 | 考核要点<br>(1)掌握浮充电压整定值和均充电压、电流整定值、均充时间;<br>(2)熟练掌握通信电源浮充和均充的设置;<br>(3)熟悉监控单元功能,掌握监控单元的使用方法;<br>(4)了解环境温度对蓄电池的影响。<br>操作要求<br>(1)单人独立完成操作;<br>(2)注意人身和设备安全 | | | | | |
| 现场设备、工器具、材料 | (1)工器具:数字万用表等;<br>(2)设备:通信电源交流屏、整流屏、蓄电池组 | | | | | |
| 备注 | | | | | | |

| | | | 评分标准 | | | |
|---|---|---|---|---|---|---|
| 序号 | 考核项目名称 | 质量要求 | 分值 | 扣分标准 | 扣分原因 | 得分 |
| 1 | 操作前进行检查工作 | 掌握电源系统投入前要检查的工作内容 | 10 | 少做1项检查内容扣2分,扣完本项分数为止 | | |
| 2 | 参数设定值 | 正确掌握浮充电压整定值和均充电压、电流整定值,以及均充时间 | 10 | 整定值设置错误,每错1处扣2分,扣完本项分数为止 | | |
| 3 | 均充设置 | 熟练掌握均充方式设置 | 20 | (1)操作步骤每错1处扣2分,扣完本项分数为止;<br>(2)未完成设置此项不得分 | | |
| 4 | 浮充设置 | 熟练掌握浮充方式设置 | 20 | (1)操作步骤每错1处扣2分,扣完本项分数为止;<br>(2)未完成设置此项不得分 | | |
| 5 | 操作熟练程度 | 熟练使用测量仪表;熟练掌握利用监控模块进行浮充和均充的设置 | 10 | 不熟练1处扣2分,扣完本项分数为止 | | |
| 6 | 操作流程 | 操作步骤正确 | 10 | 操作步骤每错1项2分,扣完本项分数为止 | | |
| 7 | 安全文明生产 | 规范着装,清理现场,整理工器具 | 10 | (1)未规范着装扣5分;<br>(2)未清理工作现场扣3分;<br>(3)未整理工器具扣2分 | | |
| 8 | 操作时间 | 在规定时间内独立完成 | 10 | 未在规定时间完成,每超时1分钟扣2分,扣完本项分数为止 | | |

## TG2ZY0421　通信蓄电池的投切和熔丝更换

### 一、作业

（一）工器具、材料、设备

（1）工器具：数字万用表、熔断器专用手柄等。

（2）材料：无。

（3）设备：通信电源整流屏、蓄电池组。

（二）安全要求

（1）操作时注意人身和设备安全。

（2）穿戴防护用具。

（三）操作步骤及工艺要求（含注意事项）

1. 操作前准备

规范着装，穿戴防护用具。

2. 操作过程

（1）在整流屏内（背面）找到所需蓄电池组相对应的熔丝。

（2）用数字万用表测量熔丝两侧的电压，电压为 0 V，表明熔丝正常。

（3）压下熔断器专用手柄按钮，将手柄卡槽插入熔丝卡片后松开按钮，水平方向用力拔下熔丝，使蓄电池组脱离电源系统。

（4）压下熔断器专用手柄按钮，将熔丝卡片插入手柄卡槽内后松开按钮，将熔丝极片水平放入熔丝座卡槽内用力推入到底，压下熔断器专用手柄按钮，向后退出熔断器专用手柄，蓄电池组接入电源系统。

（5）用数字万用表测量熔丝两侧的电压，确认熔丝正常投入。

3. 操作结束

清理现场，整理好熔断器专用手柄。

### 二、考核

（一）考核场地

通信实训基地。

（二）考核时间

10 min。

（三）考核要点

（1）熟练掌握用熔断器专用手柄更换熔丝。

（2）熔丝好坏的判定。

### 三、评分标准

行业:电力工程　　　　　　工种:通信工程建设工　　　　　　等级:中级工

| 编号 | TG2ZY0421 | 行为领域 | 专业技能 | 评价范围 | | |
|---|---|---|---|---|---|---|
| 考核时限 | 10 min | 题型 | 单项操作 | 满分 | 100 分 | 得分 | |

| 试题名称 | 通信蓄电池的投切和熔丝更换 |
|---|---|

| 考核要点及其要求 | 考核要点<br>(1)熟练掌握用熔断器专用手柄更换熔丝;<br>(2)熔丝好坏的判定。<br>操作要求<br>(1)单人独立完成操作;<br>(2)注意人身和设备安全 |
|---|---|
| 现场设备、工器具、材料 | (1)工器具:数字万用表、熔断器专用手柄等;<br>(2)设备:通信电源整流屏、蓄电池组 |
| 备注 | |

<table>
<tr><td colspan="7" align="center">评分标准</td></tr>
<tr><td>序号</td><td>考核项目名称</td><td>质量要求</td><td>分值</td><td>扣分标准</td><td>扣分原因</td><td>得分</td></tr>
<tr><td>1</td><td>操作流程</td><td>操作步骤正确</td><td>10</td><td>操作步骤每错 1 项扣 2 分,扣完本项分数为止</td><td></td><td></td></tr>
<tr><td>2</td><td>熔丝好坏判定</td><td>熟练使用数字万用表测量熔丝两端电压判定熔丝好坏</td><td>20</td><td>(1)仪表选取不正确扣 5 分;<br>(2)仪表设置不正确扣 5 分;<br>(3)未能判断熔丝好坏扣 10 分</td><td></td><td></td></tr>
<tr><td>3</td><td>更换熔丝</td><td>熟练使用熔断器专用手柄更换熔丝</td><td>40</td><td>(1)未按规范正确使用熔断器专用手柄扣 10 分;<br>(2)未完成熔丝的更换扣 30 分</td><td></td><td></td></tr>
<tr><td>4</td><td>操作熟练程度</td><td>熟练使用数字万用表;熟练运用熔断器专用手柄</td><td>10</td><td>不熟练 1 处扣 2 分扣完本项分数为止</td><td></td><td></td></tr>
<tr><td>5</td><td>安全文明生产</td><td>规范着装,清理现场,整理工器具</td><td>10</td><td>(1)未规范着装扣 5 分;<br>(2)未清理工作现场扣 3 分;<br>(3)未整理工器具扣 2 分</td><td></td><td></td></tr>
<tr><td>6</td><td>操作时间</td><td>在规定时间内独立完成</td><td>10</td><td>未在规定时间完成,每超时 1 分钟扣 2 分,扣完本项分数为止</td><td></td><td></td></tr>
</table>

## TG2ZY0422　通信电源系统的投、切操作

### 一、作业

(一)工器具、材料、设备

(1)工器具:万用表、熔断器专用手柄等。

(2)材料:无。

(3)设备:通信电源交流屏、整流屏、蓄电池组。

(二)安全要求

(1)操作时注意人身和设备安全。

(2)穿戴防护用具。

(三)操作步骤及工艺要求(含注意事项)

1.操作前准备

规范着装,穿戴防护用具。

2.操作过程

(1)系统投入前应检查确保交流输入空开断开、确保交流防雷器连接良好、防雷器地线连接到接地铜排、确保用户交流输出空开断开、确保所有的熔丝/空开处于断开位置。确认电池电缆和负载极性连接正确、用万用表测量交流输入和直流输出没有短路。

(2)合上机房交流配电柜输出空开,给电源系统加电,用万用表在系统交流输入端子处测量交流输入电压是否在正常范围内(AC 380 V±15%)。

(3)在系统交流屏配电单元处合上交流输入空开,用万用表测量整流模块交流输入空开上口侧线电压(AC 220 V±5%),在正常范围内。

(4)依次合上整流模块交流输入空开,整流模块逐个进入工作状态,通过整流模块面板指示灯或者监控单元判定整流模块工作正常。

(5)用万用表测量整流模块输出直流电压,在正常值内(DC−53.5,偏差不超过 0.2 V);合上蓄电池熔丝,将电池接入到电源系统中。

(6)通信电源系统投入正常运行。

(7)断开蓄电池熔丝,使蓄电池脱离电源系统;依次断开整流模块交流输入空开,整流模块逐个停止工作;拉开交流屏交流输入空开及机房交流配电柜输出空开,中断交流电输入。

(8)用万用表测量系统交流屏电源输入侧电压、整流模块输出侧电压,电压值均为 0 V。

(9)通信电源系统退出运行。

3.操作结束

清理现场,设备恢复原始状态,整理工器具。

二、考核

(一)考核场地

通信实训基地。

(二)考核时间

20 min。

(三)考核要点

(1)熟练掌握通信电源系统的投、切操作方法。

(2)注意人身和设备安全。

## 三、评分标准

行业:电力工程　　　　工种:通信工程建设工　　　　等级:中级工

| 编号 | TG2ZY0422 | 行为领域 | 专业技能 | 评价范围 | |
|---|---|---|---|---|---|
| 考核时限 | 20 min | 题型 | 多项操作 | 满分 | 100 分 | 得分 | |

| 试题名称 | 通信电源系统的投切操作 |
|---|---|

| 考核要点及其要求 | 考核要点<br>(1)熟练掌握通信电源系统的投、切操作方法;<br>(2)注意人身和设备安全。<br>操作要求<br>(1)单人独立操作完成;<br>(2)注意人身和设备安全 |
|---|---|
| 现场设备、工器具、材料 | (1)工器具:万用表、熔断器专用手柄等;<br>(2)设备:通信电源交流屏、整流屏、蓄电池组 |
| 备注 | |

### 评分标准

| 序号 | 考核项目名称 | 质量要求 | 分值 | 扣分标准 | 扣分原因 | 得分 |
|---|---|---|---|---|---|---|
| 1 | 操作流程 | 操作步骤正确 | 10 | 操作步骤每错 1 项扣 2 分,扣完本项分数为止 | | |
| 2 | 仪表及工器具使用 | 熟练使用测量仪表及工器具 | 10 | 仪表或工器具使用错 1 处扣 2 分,扣完本项分数为止 | | |
| 3 | 操作前检查工作 | 掌握电源系统投入前要检查的工作内容 | 20 | 少做 1 项检查内容扣 2 分,扣完本项分数为止 | | |
| 4 | 投、切通信电源系统 | 熟练掌握通信电源系统的投、切操作方法 | 30 | (1)正确表述各测量点电压值,每错 1 处扣 2 分,最高 10 分;<br>(2)操作步骤及顺序每错 1 处扣 2 分,最高 20 分 | | |
| 5 | 操作熟练程度 | 熟练掌握投切操作方法及步骤。 | 10 | 不熟练 1 处扣 2 分,扣完本项分数为止 | | |
| 6 | 安全文明生产 | 规范着装,清理现场,整理工器具 | 10 | (1)未规范着装扣 5 分;<br>(2)未清理工作现场扣 3 分;<br>(3)未整理工器具扣 2 分 | | |
| 7 | 操作时间 | 在规定时间内独立完成 | 10 | 未在规定时间完成,每超时 1 分钟扣 2 分,扣完本项分数为止 | | |

## TG2ZY0523　ADSS 光缆开盘测试

**一、作业**

（一）工器具、材料、设备

（1）工器具：切割刀、米勒钳、光纤 V 型槽盒耦合器等。

（2）材料：ADSS 光缆、酒精、棉球、热熔缩管、匹配液、1 km 左右的辅助尾纤等。

（3）设备：光缆熔接机，OTDR（光时域反射仪）。

（二）安全要求

（1）规范着装，佩戴安全防护用具。

（2）防止工具伤人、激光伤眼。

（三）操作步骤及工艺要求（含注意事项）

1. 操作前准备

（1）规范着装，佩戴安全防护用具。

（2）根据题目要求选择工具、材料并做外观检查。

2. 操作过程

（1）检查被测光缆缆盘、外观是否完好无损，光缆端头是否封装良好。

（2）将辅助尾纤一端与 OTDR 连接，一端进行开剥处理，放入光纤 V 型槽盒耦合器一端。

（3）开缆长度合理，1～1.2 m 为宜；开缆刀具调整合理，开缆深度合理；开缆过程中不伤及芳纶纱、纤芯、套管，并清理干净。

（4）剥去光纤涂敷层，用米勒钳垂直钳住光纤快速剥除 20～30 mm 长的一次涂覆和二次涂覆层，用酒精棉球将纤芯擦拭干净。剥除涂覆层时应避免损伤光纤。

（5）光缆按照纤芯色谱的顺序（蓝、橙、绿、棕、灰、白、红、黑、黄、紫、粉、青）依次放入切割刀"V"形槽内进行切割，切割后所留长度约 1～2 cm。光纤切割时应长度准、动作快、用力巧，光纤应是被崩断的。制备后的端面应平整，无毛刺、无缺损，与轴线垂直，呈现一个光滑平整的镜面区，并保持清洁。

（6）取光纤时，光纤端面不应碰触任何物体。端面制作好的光纤应及时放入光纤 V 型槽盒耦合器另一端，滴加匹配液后可使用 OTDR 进行测量，记录测试结果。

（7）测量完成后与缆盘出厂合格证书进行对比。

3. 操作结束

清理现场，交还工器具，清理现场。

**二、考核**

（一）考核场地

通信实训基地。

（二）考核时间

50 min。

(三)考核要点

(1)工器具及材料的选择。

(2)光缆开剥的操作。

(3)使用 OTDR 测试光缆。

## 三、评分标准

行业:电力工程　　　　　　　工种:通信工程建设工　　　　　　　等级:中级工

| 编号 | TG2ZY0523 | 行为领域 | 专业技能 | 评价范围 | | |
|---|---|---|---|---|---|---|
| 考核时限 | 50 min | 题型 | 单项操作 | 满分 | 100 分 | 得分 |
| 试题名称 | ADSS 光缆开盘测试 | | | | | |
| 考核要点及其要求 | 考核要点<br>(1)工器具及材料的选择;<br>(2)光缆开剥的操作;<br>(3)使用 OTDR 测试光缆。<br>操作要求<br>(1)单人操作,开缆过程中可以请工作人员做非技术性协助;<br>(2)操作过程防止工具伤人、激光伤眼 | | | | | |
| 现场设备、工器具、材料 | (1)工器具:切割刀、米勒钳、光纤 V 型槽盒耦合器等;<br>(2)材料:ADSS 光缆、酒精、棉球、热熔缩管、匹配液、1 km 左右的辅助尾纤等;<br>(3)设备:光缆熔接机、OTDR(光时域反射仪) | | | | | |
| 备注 | | | | | | |

| | | | 评分标准 | | | |
|---|---|---|---|---|---|---|
| 序号 | 考核项目名称 | 质量要求 | 分值 | 扣分标准 | 扣分原因 | 得分 |
| 1 | 工具、材料的选用 | 工器具选用满足操作需要,工器具做外观及功能检查 | 5 | 工器具选用不当、未作外观及功能检查扣 5 分 | | |
| 2 | 光缆外观检查 | 测试光缆的外观检查、记录 | 5 | 未进行外观检查扣 5 分 | | |
| 3 | 辅助尾纤开剥 | 剥除光纤 2~3 cm;切割后所留长度约 1~2 cm。制备后的端面应平整,无毛刺、无缺损 | 20 | (1)过长或过短均扣 5 分;夹断光纤的每发生 1 次扣 5 分;<br>(2)不清洁纤芯的扣 5 分;<br>(3)余留长度过长或过短均扣 5 分;切割刀使用错误的扣 5 分 | | |
| 4 | 光缆开剥 | 开缆长度合理,1~1.2 m 为宜;开缆刀具调整合理,开缆深度合理;开缆过程中不伤及芳纶纱、纤芯、套管,清理干净 | 10 | (1)过长或过短扣 5 分;<br>(2)开缆过程中,伤及芳纶纱扣 1 分,伤及纤芯套管扣 2 分,伤及纤芯扣 3 分 | | |
| 5 | 剥离涂覆层 | 裸纤长度合理,剥除光纤涂敷层 2~3 cm | 15 | (1)过长或过短均扣 5 分;夹断光纤的每发生 1 次扣 5 分;<br>(2)不清洁纤芯的扣 5 分 | | |
| 6 | 光纤切割 | 切割后所留长度约 1~2 cm。制备后的端面应平整,无毛刺、无缺损。放置光纤位置正确 | 15 | (1)长度过长或过短扣 5 分;切割刀使用错误的扣 5 分;<br>(2)位置不合理扣 5 分 | | |

| 序号 | 考核项目名称 | 质量要求 | 分值 | 扣分标准 | 扣分原因 | 得分 |
|---|---|---|---|---|---|---|
| 7 | OTDR 测试 | 将辅助尾纤放入 V 型槽盒中,光缆纤芯按照色谱顺序放入后滴加匹配液后测量 | 15 | (1)测试顺序不正确每次扣2分,扣完本项分数为止;<br>(2)OTDR 使用不正确扣10分;<br>(3)测试结果未记录,每芯扣2分,扣完本项分数为止 | | |
| 8 | 操作结束 | 工作完毕后报告操作结束,清理现场,交还工器具 | 5 | 不清理工作现场、不恢复原始状态、不报告操作结束扣2~5分 | | |
| 9 | 操作时间 | 在规定时间内独立完成 | 10 | 未在规定时间完成,每超时1分钟扣2分,扣完本项分数为止 | | |

## TG2ZY0524 使用远端环回法测量接续损耗

**一、作业**

(一)工器具、材料、设备

(1)工器具:光功率计、光源。

(2)材料:尾纤。

(3)设备:无。

(二)安全要求

防止激光灼伤双眼。

(三)操作步骤及工艺要求(含注意事项)

1.操作过程

(1)了解光源在 1 310 nm 和 1 550 nm 波长时的发光功率。

(2)对被测光缆在远端进行成对环回。

(3)使用光源、光功率计测试环回的成对光纤,每对光纤测试两次(第一次:A 发光 B 收光;第二次:A 收光 B 发光)。

(4)根据双向测试值计算每对光纤的平均损耗值。

3.操作结束

清理现场。

**二、考核**

(一)考核场地

通信实训基地。

(二)考核时间

30 min。

(三)考核要点

(1)使用光源、光功率计。

(2)光缆双向损耗测试。

### 三、评分标准

行业:电力工程　　　　　　　　工种:通信工程建设工　　　　　　　　等级:中级工

| 编号 | TG2ZY0524 | 行为领域 | 专业技能 | 评价范围 | |
|---|---|---|---|---|---|
| 考核时限 | 30 min | 题型 | 单项操作 | 满分 | 100分 | 得分 | |
| 试题名称 | 使用远端环回法测量光缆损耗 | | | | |
| 考核要点及其要求 | 考核要点<br>(1)使用光源、光功率计;<br>(2)光缆双向损耗测试。<br>操作要求<br>单人操作,防止激光伤眼 | | | | |
| 现场设备、工器具、材料 | (1)工器具:光功率计、光源;<br>(2)材料:尾纤 | | | | |
| 备注 | | | | | |

#### 评分标准

| 序号 | 考核项目名称 | 质量要求 | 分值 | 扣分标准 | 扣分原因 | 得分 |
|---|---|---|---|---|---|---|
| 1 | 选取工器具 | 根据题目要求选取正确的工器具并检查 | 15 | (1)未能正确选取工器具扣10分;<br>(2)未能对工器具进行检查扣5分 | | |
| 2 | 发光功率测量 | 利用光功率计测量出光源的发光功率 | 10 | (1)未进行光源发光功率测量扣5分;<br>(2)未测量两个常用波长的发光功率值扣5分 | | |
| 3 | 光缆远端环回 | 使用尾纤在被测光缆远端进行成对环回 | 20 | (1)未能按顺序进行成端环回,每芯扣3分,扣完本项分数为止;<br>(2)尾纤安装不到位,每芯扣3分,扣完本项分数为止 | | |
| 4 | 测量光缆损耗 | 使用光功率计、光源双向测量损耗值 | 35 | (1)未能正确使用光源、光功率计测量扣10分;<br>(2)未能进行双向测量扣10分;<br>(3)未对1 310 nm和1 550 nm波长进行分别测量扣10分;<br>(4)测量时,尾纤安装不规范导致测量结果偏差较大扣5分 | | |
| 5 | 操作结束 | 工作完毕后报告操作结束,清理现场,交还工器具 | 10 | 不清理工作现场、不恢复原始状态、不报告操作结束扣5~10分 | | |
| 6 | 操作时间 | 在规定时间内单独完成 | 10 | 未在规定时间完成,每超时1分钟扣1分,扣完本项分数为止 | | |

## TG2ZY0525 SDH 设备 2M 出线布放至 DDF

**一、作业**

（一）工器具、材料、设备

（1）工器具：斜口钳等。

（2）材料：2M 电缆、扎带等。

（3）设备：SDH 设备、机柜、DDF 架。

（二）安全要求

布放线缆时防止用力过猛造成线缆损伤。

（三）操作步骤及工艺要求（含注意事项）

1. 操作前准备

（1）规范着装。

（2）根据题目要求选择工器具、线缆，并做外观检查。

2. 操作过程

（1）根据数字配线柜和传输机柜的位置选取合适长度的 2M 线缆。

（2）通信设备柜内，根据设备 2M 出线板位置将线缆一端插入出线板插槽，并将固定螺丝拧紧。将线缆平行布放至机柜后侧垂直走线区，沿走线区引出机柜。

（3）数字配线柜内，传输设备出线应在柜内一侧（左/右）垂直走线区引入机柜，用户侧线缆应在对侧垂直走线。

（3）单排数配端子分上下端子，上端子定义为 A 端子，下端子定义为 B 端子，传输设备出线接 B 端子，用户线缆接 A 端子。双排数字端子时，定义最上端和最下端为 A 端子，中间两排定义为 B 端子。

（4）同轴电缆进入数配单元理线器后，按照编号逐根对应端子进行绑扎（以正面从左到右为顺序进行绑扎）。绑扎完毕后从正面依次进行线序核对，无误后根据端子位置将 2M 同轴电缆西门子头固定拧紧。

（5）数字配线架内同轴电缆布放应顺直，整齐美观、松紧适度。同一设备出线应单独绑扎，每隔 200 mm～300 mm 绑扎固定一次。同轴电缆的弯曲半径至少为电缆外径的 10 倍。

3. 操作结束

清理现场，交还工器具及材料。

**二、考核**

（一）考核场地

通信实训基地。

（二）考核时间

30 min。

（三）考核要点

（1）同轴电缆的选择。

（2）同轴电缆数配柜内布线工艺

### 三、评分标准

行业：电力工程　　　　　工种：通信工程建设工　　　　　等级：中级工

| 编号 | TG2ZY0525 | 行为领域 | 专业技能 | 评价范围 | | | |
|---|---|---|---|---|---|---|---|
| 考核时限 | 30 min | 题型 | 单项操作 | 满分 | 100分 | 得分 | |
| 试题名称 | | | SDH 设备 2M 出线布放至 DDF | | | | |
| 考核要点及其要求 | 考核要点<br>（1）同轴电缆的选择；<br>（2）同轴电缆数配柜内布线工艺。<br>操作要求<br>（1）单人操作；<br>（2）布放过程中防止造成线缆的损伤 | | | | | | |
| 现场设备、工器具、材料 | （1）工器具：斜口钳等；<br>（2）材料：2M 电缆、扎带等；<br>（3）设备：SDH 设备、机柜、DDF 架 | | | | | | |
| 备注 | | | | | | | |

评分标准

| 序号 | 考核项目名称 | 质量要求 | 分值 | 扣分标准 | 扣分原因 | 得分 |
|---|---|---|---|---|---|---|
| 1 | 设备、材料检查 | 正确选择工器具、材料，2M 同轴电缆 | 10 | （1）不正确使用工具、材料扣5分；<br>（2）未检查 2M 同轴电缆连通情况扣 5 分 | | |
| 2 | 2M 同轴电缆与设备连接 | 2M 线缆一头插入出线板插槽内并拧紧固定螺丝 | 15 | （1）不能按要求插入插槽内扣5分；<br>（2）不能正确将 2M 线缆与设备进行固定扣 10 分 | | |
| 3 | 2M 同轴电缆设备柜内布放 | 将线缆平行布放至机柜后侧垂直走线区，沿走线区引出机柜 | 20 | （1）2M 同轴电缆布放不规范，扣 10 分；<br>（2）线缆绑扎过紧扣 10 分 | | |
| 4 | 2M 同轴电缆数配柜内布放、绑扎、上架 | 2M 同轴电缆布放整齐、绑扎牢固；设备和 DDF 两端 2M 接头插入到位、紧固 | 40 | （1）2M 同轴电缆布放出线扭绞、打圈等现象扣 10 分；<br>（2）设备和 DDF 连接序号错误，每处扣 5 分，扣完本项分数为止；<br>（3）2M 接口安装不牢固，每处扣 2 分，扣完本项分数为止；<br>（4）通信设备 2M 出线与用户侧出线混合布放扣 10 分 | | |
| 5 | 操作结束 | 整理现场 | 6 | 不清理工作现场、不恢复原始状态、不关闭仪表电源、不报告操作结束扣 2～5 分 | | |
| 6 | 操作时间 | 在规定时间内单独完成 | 10 | 未在规定时间完成，每超时 1 分钟扣 1 分，扣完本项分数为止 | | |

## TG2ZY0526 通信设备接地线连接

**一、作业**

（一）工器具、材料、设备

（1）工器具：老虎钳、液压钳或者压线钳、斜口钳、壁纸刀或者电工刀、卷尺、扳手、热风枪、操作台等。

（2）材料：接地线鼻子、各种规格电源线、接地线、各种颜色的电工胶带、热缩管、扎带等。

（3）设备：通信机柜若干，通信设备若干。

（二）安全要求

正确使用工器具，防止割伤、夹伤。

（三）操作步骤及工艺要求（含注意事项）

1. 操作前准备

（1）规范着装

（2）根据题目要求选择工具、材料并做外观检查。

2. 操作过程

（1）制作接地线。准确测量每台设备和每个机柜所需接地线长度，选取与接地线线径相同的接线鼻子制作接地线，使用液压钳压紧接线鼻子后用绝缘胶带缠绕，最后使用热风枪加热热缩管进行保护。通信机柜接地母排至机房地母的接地线规格不应小于 $25\sim95\ mm^2$，机柜内设备至柜内接地母排的接地线规格不应小于 $2.5\sim6\ mm^2$（或按照设备要求制作相应接地线）。

（2）通信设备接地线安装。将设备接地线一端连接于机柜的接地汇流排，另一端连接于通信设备机框接地点；连接处用螺钉旋具将螺栓拧紧；接地线在适当位置进行绑扎，绑扎应平直、整齐。

（3）通信机柜接地线安装。将机柜接地线一端连接于机柜的接地汇流排，另一端就近连接于室内接地母排；连接处用螺钉旋具将螺栓拧紧；接地线在适当位置进行绑扎，绑扎应平直、整齐。

3. 操作结束

清理现场，交还工器具。

**二、考核**

（一）考核场地

通信实训基地。

（二）考核时间

30 min。

（三）考核要点

（1）工器具及材料的选择。

（2）接地线制作的熟练程度。

（3）接地线安装的工艺质量。

### 三、评分标准

行业:电力工程　　　　　　工种:通信工程建设工　　　　　　等级:中级工

| 编号 | TG2ZY0526 | 行为领域 | 专业技能 | 评价范围 | |
|---|---|---|---|---|---|
| 考核时限 | 30 min | 题型 | 单项操作 | 满分 | 100分 | 得分 |

| 试题名称 | 通信设备接地线连接 |
|---|---|

| 考核要点及其要求 | 考核要点<br>(1)工器具及材料的选择;<br>(2)接地线制作的熟练程度;<br>(3)接地线安装的工艺质量。<br>操作要求<br>(1)单人操作;<br>(2)工器具使用正确,操作规范、熟练;<br>(3)防止夹具、刀具在操作过程中造成人身伤害 |
|---|---|
| 现场设备、工器具、材料 | (1)工器具:老虎钳、液压钳或者压线钳、斜口钳、壁纸刀或者电工刀、卷尺、扳手、热风枪、操作台等;<br>(2)材料:接地线鼻子、各种规格电源线、接地线、各种颜色的电工胶带、热缩管等;<br>(3)设备:通信机柜若干,通信设备若干 |
| 备注 | |

评分标准

| 序号 | 考核项目名称 | 质量要求 | 分值 | 扣分标准 | 扣分原因 | 得分 |
|---|---|---|---|---|---|---|
| 1 | 工具、材料的选用 | 工器具选用满足操作需要,工器具做外观检查 | 10 | (1)工具、材料不正确扣5分;<br>(2)工器具未做外观检查扣5分 | | |
| 2 | 接地线制作 | 接地线长度合适,接线鼻子应于接地线线径匹配,压接完成后金属裸露部分应做绝缘措施 | 35 | (1)不能正确使用工具扣5分;<br>(2)截取的线缆不符合要求每次扣5分,扣完本项分数为止;<br>(3)选取的线鼻子规格每错误一次扣3分,扣完本项分数为止;<br>(4)接地线与线鼻子压接松动、接触不良出现一次扣10分,扣完本项分数为止 | | |
| 3 | 通信设备接地线安装 | 将设备接地线与接地汇流排连接 | 20 | (1)接地线制作不合格,不能将设备接地点与接地汇流排连接扣10分;<br>(2)布线不规范每处扣5分,扣完本项分数为止;<br>(3)固定不牢靠扣5分 | | |

续表

| 序号 | 考核项目名称 | 质量要求 | 分值 | 扣分标准 | 扣分原因 | 得分 |
|---|---|---|---|---|---|---|
| 4 | 通信机柜接地线安装 | 正确连接接地线;连接处牢固、接触良好;接地线绑扎应平直、整齐 | 20 | (1)接地线制作不合格,不能将机柜汇流排与机房接地母排连接扣10分;<br>(2)布线不规范每处扣5分,扣完本项分数为止;<br>(3)固定不牢靠扣5分;<br>(4)与其他机柜共用接地母排和接地点扣5分 | | |
| 5 | 操作结束 | 整理现场 | 5 | (1)不清理工作现场;不恢复原始状态;不报告操作结束扣2~5分 | | |
| 6 | 操作时间 | 在规定时间内单独完成 | 10 | 未在规定时间完成,每超时1分钟扣1分,扣完本项分数为止 | | |

## 4.2.3　相关技能题

### TG2XG0127　绝缘电阻表使用

一、作业

(一)工器具、材料、设备

(1)工器具:数字式绝缘电阻表。

(2)材料:无。

(3)设备:无。

(二)安全要求

正确使用仪表,防止触电和损伤仪表。

(三)操作步骤及工艺要求(含注意事项)

1.操作前准备

(1)规范着装。

(2)根据题目要求正确使用仪表,并做外观检查。

2.操作过程

(1)按照题目要求选择合适的测试端子和挡位。

(2)先测量一个已知电压,验证绝缘电阻表是否工作正常。

(3)测试电缆的绝缘电阻前应断开电缆两端,并逐项充分放电。

(4)正确读取测量值。

(5)测试完毕后应及时关闭绝缘电阻表,并对被测电缆充分放电。

3. 操作结束

清理现场,交还工器具。

## 二、考核

(一)考核场地

通信实训基地。

(二)考核时间

20 min。

(三)考核要点

(1)使用绝缘电阻表前应仔细检查外壳及绝缘部分是否完好,禁止在潮湿环境、爆炸性气体中使用。

(2)验证绝缘电阻表状态是否正常。

(3)选择正确的测试端子、功能挡和量程,禁止超出最大量程。

(4)正确读取测量值。

## 三、评分标准

行业:电力工程　　　　　　工种:通信工程建设工　　　　　　等级:中级工

| 编号 | TG2XG0127 | 行为领域 | 专业技能 | 评价范围 | | |
|---|---|---|---|---|---|---|
| 考核时限 | 20 min | 题型 | 单项操作 | 满分 | 100分 | 得分 |
| 试题名称 | 绝缘电阻表使用 | | | | | |
| 考核要点及其要求 | 考核要点<br>(1)使用绝缘电阻表前应仔细检查外壳及绝缘部分是否完好,禁止在潮湿环境、爆炸性气体中使用;<br>(2)验证绝缘电阻表状态是否正常;<br>(3)选择正确的测试端子、功能挡和量程,禁止超出最大量程;<br>(4)正确读取测量值。<br>操作要求<br>(1)单人操作;<br>(2)测试时应双手持握测试表笔,禁止单手操作;<br>(3)测试完毕后关闭绝缘电阻表电源 | | | | | |
| 现场设备、工器具、材料 | 数字绝缘电阻表 | | | | | |
| 备注 | | | | | | |

续表

| | | 评分标准 | | | | |
|---|---|---|---|---|---|---|
| 序号 | 考核项目名称 | 质量要求 | 分值 | 扣分标准 | 扣分原因 | 得分 |
| 1 | 绝缘电阻表绝缘验证 | 使用绝缘电阻表前应验证绝缘电阻表绝缘部分是否良好 | 5 | 使用前未验证绝缘,扣5分 | | |
| 2 | 测试端子选择 | 选择正确的测试端子 | 5 | 测试端子选择不正确扣5分 | | |
| 3 | 验证绝缘电阻表功能是否正常 | 选择交流电压挡,测量电压 | 20 | (1)不能正确选择交流电压挡,扣10分;<br>(2)测试时应双手测量,单手测量扣10分 | | |
| 4 | 被测电缆准备 | 将被测电缆两端断开,逐相充分放电,并将另一端 BC 相接地 | 30 | (1)另一端电缆 BC 相未接地扣10分;<br>(2)电缆两端未断开扣10分;<br>(3)未充分放电扣10分 | | |
| 5 | 测量交流电缆 A 相对地绝缘 | 正确接线及选择正确挡位 | 20 | (1)不能正确选取绝缘电阻挡,扣10分;<br>(2)不能正确选取 1 000 V 电压挡,扣10分 | | |
| 6 | 测量结束 | 测量结束后,关闭绝缘电阻表电源,并对电缆充分放电 | 10 | 测量结束未对电缆充分放电扣10分 | | |
| 7 | 操作时间 | 在规定时间内单独完成 | 10 | 未在规定时间完成,每超时1分钟扣1分,扣完本项分数为止 | | |

第三部分

高级工

# 第 5 章

# 理论

## ▶ 5.1 理论大纲

**通信工程建设工——高级工技能等级评价理论知识考核大纲**

| 等级 | 考核方式 | 能力种类 | 能力项 | 考核项目 | 考核主要内容 |
|---|---|---|---|---|---|
| 高级工 | 理论知识考试 | 基本知识 | 电工基础 | 电工基础 | RC、RL 串联电路的过渡过程 |
| | | | | | 振荡电路 |
| | | | 电子技术 | 电子技术 | A/D、D/A 转换器 |
| | | | | | 逻辑电路 |
| | | | 通信原理 | 通信原理 | 差错控制编码 |
| | | | | | 数字调制技术 |
| | | 专业知识 | SDH、OTN、PTN 原理 | SDH 原理 | SDH 基本原理 |
| | | | | | SPH 网管功能 |
| | | | | | SDH 网络保护机理 |
| | | | | OTN 原理 | OTN 基本原理 |
| | | | | | OTN 传送网结构 |
| | | | | | OTN 网络保护机理 |
| | | | | PTN 原理 | PTN 基本原理 |
| | | | | | PTN 传送网结构 |
| | | | | | PTN 网络保护机理 |
| | | | 光纤光缆基础 | 光纤光缆基础 | 光纤的传输特性 |
| | | | | | 光线路传输码型 |
| | | | 交换原理 | 程控交换机交换原理 | 用户信令和中继信令 |
| | | | | | 电路交换矩阵 |
| | | | | | 交换设备的主要性能 |
| | | | | IMS 系统原理 | IMS 系统的基本原理 |
| | | | | | IMS 网络的组成 |

续表

| 等级 | 考核方式 | 能力种类 | 能力项 | 考核项目 | 考核主要内容 |
|------|----------|----------|--------|----------|--------------|
| 高级工 | 理论知识考试 | 专业知识 | 数据通信网原理 | 数据通信网原理 | 数据通信网的结构和拓扑 |
| | | | | | 数据通信网的协议 |
| | | | 数据通信网原理 | 通信电源 | 通信电源系统的防雷接地 |
| | | | | | 磷酸铁锂蓄电池的结构和原理 |
| | | 相关知识 | 继电保护及安控 | 继电保护及安控 | 电力线路纵差保护基本原理 |
| | | | 调度自动化 | 调度自动化 | 电力自动化系统的构成 |

## ◗ 5.2　理论试题

### 5.2.1　单选题

La3A3001　通信安规对规范通信作业人员行为,强化(　　)安全管控提出了新的要求。

(A)通信检修管理　(B)通信运行管理　(C)通信作业现场　(D)通信运维工作

【答案】 C

La3A3002　按照通信安规中有关工作票的规定和要求,国网公司组织制订了包含电气和通信"双安全措施、双许可手续、(　　)"的电气第二种工作票。

(A)双终结手续　　(B)双开工手续　　(C)双执行手续　　(D)双归档手续

【答案】 A

La3A3003　通信站内机房动力环境的告警信息应上传至(　　)有人值班的场所。

(A)白天　　　　(B)晚上　　　　(C)24 h　　　　(D)工作日

【答案】 C

La3A3004　通信蓄电池组核对性放电试验周期不得超过(　　)年。

(A)一　　　　(B)二　　　　(C)三　　　　(D)四

【答案】 C

La3A3005　运行年限超过(　　)年的蓄电池组,应每年进行一次核对性放电试验。

(A)一　　　　(B)二　　　　(C)三　　　　(D)四

【答案】 D

La3A3006　为保障蓄电池使用寿命和运行可靠性,蓄电池单体(　　)电压应严格按照电源运行规程设定。

(A)浮充　　　　(B)均充　　　　(C)欠充　　　　(D)过充

【答案】 A

**La3A3007** 连接两套通信电源系统的（　　）母联开关应采用（　　）切换方式。

(A)直流　手动　　(B)直流　自动　　(C)交流　手动　　(D)交流　自动

【答案】 A

**La3A3008** 通信电源系统正常运行时,禁止闭合（　　）开关。

(A)直流　　　　　(B)交流　　　　　(C)母联　　　　　(D)负载

【答案】 C

**La3A3009** 严格按通信检修申请票工作内容开展工作,严禁（　　）检修。

(A)超范围　　　　　　　　　　(B)超时间

(C)超范围、超时间　　　　　　(D)以上都不对

【答案】 C

**La3A3010** 因电网检修对通信设施造成运行风险时,电网检修部门应至少提前（　　）个工作日通知通信运行部门,通信运行部门按照通信运行风险预警管理规范要求下达风险预警单,相关部门严格落实风险防范措施。

(A)5　　　　　(B)7　　　　　(C)10　　　　　(D)12

【答案】 C

**La3A3011** 独立通信站、综合大楼接地网的接地电阻应每（　　）进行一次测量。

(A)季度　　　　(B)半年　　　　(C)一年　　　　(D)两年

【答案】 C

**La3A3012** 在雷雨季节到来之前,应对各类设备和设施的（　　）系统进行检查和维护。

(A)电源　　　　(B)接地　　　　(C)传输　　　　(D)业务

【答案】 B

**La3A3013** 应定期开展机房和设备除尘工作每（　　）应对通信设备的滤网、防尘罩等进行清洗。

(A)季度　　　　(B)半年　　　　(C)年　　　　(D)两年

【答案】 A

**La3A3014** 在采用光时域反射仪测试光纤时,必须提前断开（　　）通信设备。

(A)本端　　　　(B)对端　　　　(C)本端或对端　　　　(D)以上都不对

【答案】 B

**La3A3015** 在插拔（　　）尾纤时,应先关闭泵浦激光器。

(A)光模块　　　　(B)拉曼放大器　　　　(C)光配　　　　(D)2M 板

【答案】 B

**La3A3016** 调度交换系统运行数据应每（　　）进行备份,当系统数据变动时,应及时备份。

(A)月　　　　(B)季度　　　　(C)半年　　　　(D)年

【答案】 A

**La3A3017** 调度录音系统应每( )进行检查,确保运行可靠、录音效果良好、录音数据准确无误、存储容量充足。

(A)周      (B)月      (C)季度      (D)年

【答案】 A

**La3A3018** 调度录音系统服务器应保持( )同步。

(A)频率      (B)时间      (C)相位      (D)脉冲

【答案】 B

**La3A3019** 因通信设备故障、施工改造或电路优化等原因,需要对原有通信业务运行方式进行调整时,如在( )h之内不能恢复原运行方式,必须编制和下达新的通信业务方式单。

(A)12      (B)24      (C)36      (D)48

【答案】 D

**La3A3020** 定期开展反事故演习,检验应急预案的( )性,提高通信网预防和应对突发事件的能力。

(A)可靠      (B)稳定      (C)有效      (D)正确

【答案】 C

**La3A3021** 按《国家电网有限公司十八项电网重大反事故措施》规定,应完善各类通信设备和系统的( )和应急预案。

(A)现场处置方案      (B)网络结构

(C)标准化作业指导书      (D)运行规程

【答案】 A

**La3A3022** 架设有通信光缆的一次线路计划退运前,应通知相关通信运行管理部门,并根据( )需要制订改造调整方案,确保通信系统可靠运行。

(A)安全      (B)稳定      (C)业务      (D)规划

【答案】 C

**La3A3023** 电缆沟(竖井)内通信光缆或电缆应完善( )阻火分隔等各项安全措施,绑扎醒目的识别标识。

(A)防火阻燃      (B)同其他电缆同层布放

(C)阻火分隔      (D)安装灭火装置

【答案】 A

**La3A3024** 《安全生产法》规定,生产经营单位的主要负责人和安全生产管理人员必须具备与本单位所从事的生产经营活动相应的( )。

(A)安全作业培训      (B)安全生产管理能力

(C)安全生产知识      (D)安全生产知识和管理能力

【答案】 D

**La3A3025** 依据《安全生产法》的规定,生产经营单位(　　)工程项目的安全设施,必须与主体工程同时设计、同时施工、同时投入生产或者使用。

(A)新建扩建引进　(B)新建扩建改建　(C)扩建改建翻修　(D)新建改建装修

【答案】　B

**La3A3026** 《安全生产法》规定,生产经营单位应当在有较大危险因素的生产经营场所和有关设施、设备上,设置明显的(　　)。

(A)安全使用标志　　　　　　　　(B)安全警示标志

(C)安全合格标志　　　　　　　　(D)安全检验检测标志

【答案】　B

**La3A3027** 生产、经营、运输、储存、使用危险物品或者处置废弃危险物品的,由(　　)依照有关法律、法规的规定和国家标准或者行业标准审批并实施监督管理。

(A)安全监督管理部门　　　　　　(B)消防部门

(C)有关主管部门　　　　　　　　(D)公安部门

【答案】　C

**La3A3028** 从事安全监督管理工作的人员符合(　　)条件,人员数量满足工作需要。

(A)岗位　　　　(B)职责　　　　(C)工作　　　　(D)学历

【答案】　A

**La3A3029** 公司各级单位应设立安全生产委员会,主任由单位(　　)担任,副主任由党组(委)书记和分管副职担任,成员由各职能部门负责人组成。

(A)书记　　　　(B)行政副职　　　(C)主任　　　　(D)行政正职

【答案】　D

**La3A3030** 国家电网公司所属各单位应严格执行各项技术监督规程、标准,充分发挥(　　)作用。

(A)技术监督　　　(B)专责监护　　　(C)负责人　　　(D)签发人

【答案】　A

**La3A3031** 省公司级单位、地市公司级单位、县公司级单位及他们所属的检修、运行、发电、煤矿企业每(　　)应编制年度反事故措施计划和安全技术劳动保护措施计划。

(A)月　　　　(B)季　　　　(C)年　　　　(D)半年

【答案】　C

**La3A3032** 新入单位的人员(含实习、代培人员),应进行安全教育培训,经《电力安全工作规程》考试合格后方可(　　)现场工作。

(A)进入生产　　　(B)参观　　　(C)观摩　　　(D)独立进行

【答案】　A

**La3A3033** 国家电网公司所属各级单位应采用多种形式与手段,开展安全宣传教育活动,把安全理念、知识、技能作为(　　),开展有针对性的实际操作、现场安全培训。

　　(A)重要培训内容　　(B)培训主线　　　　(C)学习纲领　　　　(D)考试内容

【答案】　A

**La3A3034** 国家电网公司各级单位应在( )召开一次年度安全工作会,总结本单位上年度安全情况,部署本年度安全工作任务。

　　(A)年底　　　　　　(B)一季度　　　　　(C)每年初　　　　　(D)二季度

【答案】　C

**La3A3035** 班组上级主管领导每( )至少参加一次班组安全日活动并检查活动情况。

　　(A)每周　　　　　　(B)每月　　　　　　(C)每季　　　　　　(D)每半年

【答案】　B

**La3A3036** 国家电网公司各级单位应定期组织开展应急演练,每两年至少组织一次综合应急演练或社会应急联合演练,每( )至少组织一次专项应急演练。

　　(A)月　　　　　　　(B)季度　　　　　　(C)半年　　　　　　(D)年

【答案】　D

**La3A3037** 承包方在电力生产区域内违反有关( )时,业主方、发包方、监理方应予以制止,直至停止承包方的工作,并按照安全协议有关条款进行评价考核。

　　(A)劳动纪律　　　　(B)行为准则　　　　(C)安全规程制　　　(D)运行规定

【答案】　C

**La3A3038** 电力企业主要负责人受到撤职处分或者刑事处罚的,自受处分之日或者刑罚执行完毕之日起( )年内,不得担任任何生产经营单位主要负责人。

　　(A)2　　　　　　　(B)3　　　　　　　(C)5　　　　　　　(D)8

【答案】　C

**La3A3039** 较大事故,是指造成3人以上10人以下死亡,或者( )重伤,或者1 000万元以上5 000万元以下直接经济损失的事故。

　　(A)5人以上10人以下　　　　　　　(B)10人以上20人以下

　　(C)0人以上50人以下　　　　　　　(D)20人以上50人以下

【答案】　C

**La3A3040** 因抢救人员、防止事故扩大及疏通交通等原因,需要移动事故现场物件的,应当做出标志,绘制现场简图并做出( ),妥善保存现场重要痕迹、物证。

　　(A)书面标志　　　　(B)书面记录　　　　(C)分析报告　　　　(D)情况说明

【答案】　B

**La3A3041** 事故发生单位及其有关人员有转移、隐匿资金、财产,或者销毁有关证据、资料的,对事故发生单位处以( )罚款。

　　(A)50万以上100万以下　　　　　　(B)50万以上200万以下

　　(C)100万以上200万以下　　　　　　(D)100万以上500万以下

【答案】　D

La3A3042 开工前( )应对作业人员进行技术和安全交底,包括线路情况、安全注意事项、工器具正确使用及对光缆的保护要求,还应明确专责监护人,以保证人身和设备安全。

(A)工作监护人　　(B)工作班成员　　(C)工作负责人　　(D)工作许可人

【答案】 C

La3A3043 交叉跨越低压线时应防止低压触电,全体作业人员要配备( )。

(A)绝缘鞋　　　　(B)安全带　　　　(C)低压验电器　　(D)绝缘手套

【答案】 C

La3A3044 遇有( )级以上强风或暴雨、大雾、雷电、冰雹、沙尘暴等恶劣气象条件时,应停止露天作业。

(A)五　　　　　　(B)六　　　　　　(C)七　　　　　　(D)八

【答案】 B

La3A3045 非均匀量化的特点是( )。

(A)量化间隔不随信号幅度大小而改变　　(B)信号幅度大时,量化间隔小

(C)信号幅度小时,量化间隔大　　　　　　(D)信号幅度小时,量化间隔小

【答案】 D

La3A3046 同步复接在复接过程中需要进行( )。

(A)码速调整　　　　　　　　　　(B)码速恢复

(C)码速变换　　　　　　　　　　(D)码速调整和码速恢复

【答案】 C

La3A3047 脉冲编码调制信号为( )。

(A)模拟信号　　(B)数字信号　　(C)调相信号　　(D)调频信号

【答案】 B

La3A3048 数字信号的特点是( )。

(A)幅度取值是离散变化的　　　　(B)幅度取值是连续变化的

(C)频率取值是离散变化的　　　　(D)频率取值是连续变化的

【答案】 A

La3A3049 将模拟信号转变为 PCM 数字信号的过程中,经过抽样、量化和( )。

(A)调制　　　　(B)解调　　　　(C)编码　　　　(D)解码

【答案】 C

La3A3050 用脉冲调制的方法使不同信号占据不同的时间区间,这种复用方式属于( )。

(A)TDM　　　　(B)FDM　　　　(C)CDM　　　　(D)WDM

【答案】 A

La3A3051 电场力做功与所经过的路径无关,参考点确定后,电场中各点的电位之值便唯一确定,这就是电位( )原理。

(A)稳定 　　　　(B)不变 　　　　(C)唯一性 　　　　(D)稳压

【答案】 C

La3A3052 在 R、L、C 串联的交流电路中,如果总电压相位落后于电流相位,则(　　)。

(A)$R=X_L=X_C$ 　(B)$X_L>X_C$ 　　(C)$X_L=X_C\neq R$ 　(D)$X_L<X_C$

【答案】 D

La3A3053 单相桥式可控整流电路输出直流电压的平均值等于整流前交流电压的(　　)倍。

(A)1 　　　　　(B)0.5 　　　　(C)0.45 　　　　(D)0.9

【答案】 D

La3A3054 非均匀量化的对数压缩特性采用折线近似时,A 律对数压缩特性与(　　)折线近似。

(A)12 　　　　　(B)13 　　　　(C)14 　　　　(D)15

【答案】 B

La3A3055 根据信道容量的理论公式(香农公式),当噪声功率趋于无穷小时,信道容量趋于(　　)。

(A)无穷大 　　　(B)无穷小 　　　(C)某常数 　　　(D)不一定

【答案】 A

La3A3056 假设分组码的最小码距为 5,则它能纠正的误码位数至少为(　　)。

(A)2 　　　　　(B)3 　　　　　(C)4 　　　　　(D)5

【答案】 A

La3A3057 抗噪声性能最好数字调制方式为(　　)。

(A)ASK 调制 　　(B)FSK 调制 　　(C)2ASK 调制 　　(D)PSK 调制

【答案】 D

La3A3058 半导体的电阻随温度的升高(　　)。

(A)不变 　　　　(B)增大 　　　　(C)减小 　　　　(D)不确定

【答案】 C

La3A3059 叠加定理适用于复杂电路中的(　　)计算。

(A)非线性电路中的电压、电流 　　　　(B)线性电路中的电压、电流

(C)非线性电路中的功率 　　　　　　(D)线性电路中的电压、电流及功率

【答案】 B

La3A3060 三相电动势的相序为 U－V－W 称为(　　)。

(A)负序 　　　　(B)正序 　　　　(C)零序 　　　　(D)反序

【答案】 B

La3A3061 铁磁材料在反复磁化过程中,磁感应强度的变化始终落后于磁场强度的变化,这种现象称为(　　)。

(A)磁化 　　　　(B)剩磁 　　　　(C)磁滞 　　　　(D)减磁

【答案】 C

La3A3062 计划检修应提前( )个工作日提交通信检修申请票,于工作前( )个工作日上午 9:00 前上报至最终检修审批单位。

(A)4 2 (B)5 2 (C)4 3 (D)5 3

【答案】 B

La3A3063 月度检修计划填报流程的基本步骤不包括( )。

(A)国网信通每月末自动启动下发月度检修计划填报流程

(B)各下级单位登录查看、填报本单位的月检修计划项目

(C)各单位按照规定汇总审核本单位管理权限范围内的所有月检修计划项目

(D)各单位需将汇总审核后的月检修计划提交领导审批,并按管理规定准时提交上报给上级单位

【答案】 A

La3A3064 ( )表示的是数字信号各有效瞬间相对于其理想位置的瞬时偏离。

(A)抖动 (B)误码 (C)漂移 (D)帧失步

【答案】 A

La3A3065 A 律 13 折线压缩特性中的第 3 段线的斜率是( )。

(A)1 (B)2 (C)4 (D)8

【答案】 D

La3A3066 所谓匹配滤波器是指( )的特性相匹配。

(A)滤波器与信号 (B)信号与滤波器 (C)滤波器与噪声 (D)噪声与滤波器

【答案】 A

La3A3067 在接收端需要产生和接收与码元严格同步的时钟脉冲序列,用它来确定每个码元的积分区间和抽样判决时刻,这种同步方式是( )。

(A)载波同步 (B)时钟同步 (C)群同步 (D)网同步

【答案】 B

La3A3068 当接收端出现多量错码并有能力纠正时,采用( )差错控制技术。

(A)检错重发 (B)前向纠错 (C)反馈校验 (D)检错删除

【答案】 A

La3A3069 当接收端出现少量错码并有能力纠正时,采用( )差错控制技术。

(A)检错重发 (B)前向纠错 (C)反馈校验 (D)检错删除

【答案】 B

La3A3070 差错控制技术中,( )在接收端不识别有无错码,由发送端识别有无错码。

(A)检错重发 (B)前向纠错 (C)反馈校验 (D)检错删除

【答案】 C

La3A3071 通过改变载波信号的相位值来表示数字信号 1 和 0 的方法叫作( )。

(A)AS (B)FSK (C)PSK (D)ATM

【答案】 C

**Lb3A3072** 通信屏内接地母排至机房地母的接地线规格不应小于(    )mm²,屏内设备至接地母排的接地线不应小于(    )mm²。

(A)2.5  2.5    (B)2.5  25    (C)25  2.5    (D)25  25

【答案】 C

**Lb3A3073** 在我国电力系统调度交换网中,交换机与调度台之间的(    )接口方式通常不被采用。

(A)2B+D    (B)V.24    (C)E1    (D)T1

【答案】 D

**Lb3A3074** No.7信令中的STP的含义是(    )。

(A)信令链    (B)信令点    (C)信令转接点    (D)信令接续点

【答案】 C

**Lb3A3075** 当交换机控制系统正常工作时,用户摘机没有听到拨号音,那么故障点不可能的是(    )。

(A)用户话机    (B)交换机信号音板

(C)用户线路    (D)环路中继板

【答案】 D

**Lb3A3076** 调度程控交换机的交换矩阵应采用(    )结构设计,调度台和用户之间、用户和用户之间的呼叫应无链路阻塞。

(A)低呼损    (B)低时延    (C)无阻塞    (D)低损耗

【答案】 C

**Lb3A3077** 在电力系统自动交换电话网网络模型中,关于各种类型路由特点的说法,(    )是不正确的。

(A)选路顺序是先选直达路由、其次迂回路由、再次基干路由

(B)高效直达路由的呼损不能超过1‰,允许有话务溢出到其他路由

(C)低呼损直达路由不允许话务量溢出到其他路由

(D)一个局向可设置多个路由

【答案】 B

**Lb3A3078** SDH同步网所广泛采用的同步方式是(    )。

(A)全同步方式中的等级主从同步方式

(B)伪同步方式同准同步方式相结合的同步方式

(C)准同步方式或异步方式

【答案】 A

**Lb3A3079** (    )个STM-1同步复用构成STM-4。

(A)2    (B)3    (C)4    (D)5

【答案】 C

**Lb3A3080** PCM30/32 系统中,2M 信号共有( )个时隙。

(A)16 (B)24 (C)30 (D)32

【答案】 D

**Lb3A3081** 2M 信号中的同步信号位于第( )时隙。

(A)0 (B)1 (C)16 (D)32

【答案】 A

**Lb3A3082** SDH 的帧结构包含( )。

(A)通道开销、信息净负荷、段开销

(B)再生段开销、复用段开销、管理单元指针、信息净负荷

(C)容器、虚容器、复用、映射

(D)再生段开销、复用段开销、通道开销、管理单元指针

【答案】 B

**Lb3A3083** SDH 的一个 STM－1 可直接提供( )个 2M。

(A)4 (B)16 (C)48 (D)63

【答案】 D

**Lb3A3084** 过电压保护装置的氧化锌压敏电阻(MOV),须每( )个月检查一次是否损坏。

(A)1 (B)3 (C)6 (D)12

【答案】 B

**Lb3A3085** 关于 L－16.2 类型激光器的描述,错误的是( )。

(A)用于局间长距离传输

(B)激光器信号速率为 STM－16

(C)工作在 1550 窗口,使用 G.652 和 G.654 光纤

(D)此激光器是定波长激光器

【答案】 D

**Lb3A3086** OTN 系统中,下列各板中不具备波长转换功能的是( )。

(A)LSC (B)LSQ (C)LOG (D)LOM

【答案】 C

**Lb3A3087** OTN 与 SDH 最大的差别是( )。

(A)OTN 带宽比 SDH 宽

(B)OTN 应用比 SDH 广

(C)OTN 是基于波长复用技术,SDH 是基于时隙复用技术

(D)OTN 是异步系统,SDH 是同步系统

【答案】 D

**Lb3A3088** 在 OTN 中,OTUk 帧为( )结构。

(A)4 行 3 794 列　　(B)4 行 3 810 列　　(C)4 行 3 824 列　　(D)4 行 4 080 列

【答案】 D

**Lb3A3089** 在配置路由器远程登录口令时,路由器必须进入的工作模式是( )。

(A)特权模式 　　　　　　　　　(B)用户模式

(C)接口配置模式 　　　　　　　(D)虚拟终端配置模式

【答案】 D

**Lb3A3090** OSPF 使用 IP 报文直接封装协议报文,使用的协议号是( )。

(A)23 　　　　(B)89 　　　　(C)170 　　　　(D)520

【答案】 B

**Lb3A3091** 不属于计算机网络类型按覆盖的地理范围分类的是( )。

(A)局域网 　　　(B)城域网 　　　(C)电信网 　　　(D)广域网

【答案】 C

**Lb3A3092** PCM30/32 系统发送帧同步码的频率是( )kHz。

(A)4 　　　　(B)16 　　　　(C)64 　　　　(D)2 048

【答案】 A

**Lb3A3093** PCM30/32 系统中对每路信号的抽样帧频率是( )kHz。

(A)8 　　　　(B)16 　　　　(C)64 　　　　(D)2 048

【答案】 A

**Lb3A3094** PCM 信道音频二线接口技术条件应符合 ITU－T 建议的( )规定。

(A)G. 821 　　　(B)G. 826 　　　(C)G. 712 　　　(D)G. 713

【答案】 D

**Lb3A3095** PCM30/32 系统中 125 $\mu$s 是( )时间。

(A)帧周期 　　　(B)路时隙间隔 　　　(C)复帧周期 　　　(D)位时隙间隔

【答案】 A

**Lb3A3096** 解决均匀量化小信号的量化信噪比低的最好方法是( )。

(A)增加量化级数 　　　　　　　(B)增大信号功率

(C)采用非均匀量化 　　　　　　(D)降低量化级数

【答案】 C

**Lb3A3097** 时钟设备用计算机超级终端或 Telnet 软件通过 RS232 通讯口连接后,波特率设置为( )波特。

(A)3 200 　　　(B)6 400 　　　(C)9 600 　　　(D)11 800

【答案】 C

**Lb3A3098** 决定 OTDR 纵轴上事件的损耗情况和可测光纤的最大距离的是( )。

(A)盲区 　　　(B)动态范围 　　　(C)折射率 　　　(D)脉宽

【答案】 B

Lb3A3099 （　　）最适合于开通高速 DWDM 系统。

    (A)G.652　　　　(B)G.653　　　　(C)G.654　　　　(D)G.655

【答案】　D

Lb3A3100 光纤纤芯折射率为 $n_1=1.5$,用 OTDR 定时装置测得信号从 A 点到 B 点往返的时间为 15 μs,则 A、B 两点间的光纤长度为（　　）m。

    (A)1 500　　　　(B)3 000　　　　(C)6 000　　　　(D)4 500

【答案】　A

Lb3A3101 一般情况下,张力机、牵引机与离它最近的塔的距离与塔高之比为（　　）。

    (A)1∶1　　　　(B)2∶1　　　　(C)3∶1　　　　(D)4∶1

【答案】　C

Lb3A3102 G.652 光纤可分为 G.652A、G.652B、G.652C、G.652D 四类,其中 G.652C、G.652D 被称为全波光纤或无水峰光纤,即消除了（　　）nm 波长的水峰值。

    (A)1 310　　　　(B)1 550　　　　(C)1 625　　　　(D)1 383

【答案】　D

Lb3A3103 目前光通信光源使用的波长范围在（　　）光区内,即波长在 0.8 μm～1.7 μm 之间,是一种不可见光,是一种不能引起视觉的电磁波。

    (A)近红外　　　　(B)红外　　　　(C)远红外　　　　(D)紫外

【答案】　A

Lb3A3104 GYGZL03 - 24J 50/125(2 10 08)C 光缆是（　　）。

    (A)室内光缆　　　　　　　　(B)金属加强构件光缆

    (C)填充式光缆　　　　　　　(D)聚乙烯护套

【答案】　B

Lb3A3105 （　　）以其优良的机械特性、尺寸稳定性和耐化学性能,被广泛用作光纤的松套管材料。

    (A)PBT　　　　(B)LDPE　　　　(C)PVC　　　　(D)HDPE

【答案】　A

Lb3A3106 在拉伸力为（　　）RTS,OPGW 应无光纤应变,无光纤附加衰减。

    (A)25%　　　　(B)40%　　　　(C)50%　　　　(D)60%

【答案】　B

Lb3A3107 按照 ITU - T 建议分类,对于光纤描述不正确的是（　　）。

    (A)G.651 光纤称为渐变型多模光纤

    (B)G.652 称为普通单模光纤或 1.31 μm 性能最佳单模光纤

    (C)G.653 称为零色散位移光纤

    (D)G.655 称为非零色散位移光纤

【答案】　C

**Lb3A3108** 对 OPGW－24B1－100[75;95.5]的某项含义表述正确的是(    )。

(A)12 芯 G.652 单模光纤　　　　　(B)短路电流容量 100 kA² · s

(C)截面积为 95.5 mm²　　　　　(D)RTS 为 75 kN

【答案】 D

**Lb3A3109** ODTR 测试时,当设置折射率小于光纤实际折射率时,测定的长度(    )实际光纤长度。

(A)小于　　　　(B)大于　　　　(C)小于等于　　　　(D)大于等于

【答案】 B

**Lb3A3110** 在光纤连接损耗现场测试时,(    )只能得到一个估算值。

(A)熔接机测试　　　　　(B)OTDR 测试

(C)光源和光功率计测量　　　　　(D)远端环回双向监测

【答案】 A

**Lb3A3111** OTDR 测试中,产生盲区的主要因素是(    )。

(A)反射事件　　(B)增益现象　　(C)非反射事件　　(D)动态范围

【答案】 A

**Lb3A3112** 在 OTDR 中,(    )作用是将被测光纤反射回来的光信号转换为电信号。

(A)脉冲发生器　　(B)放大器　　(C)光检测器　　(D)定向耦合器

【答案】 B

**Lb3A3113** 某接头盒由于引进的光缆固定松弛,造成束管中的光纤轴向受力,表现为在该点的损耗突然增大,这种现象属于(    )。

(A)辐射损耗　　(B)散射损耗　　(C)介入损耗　　(D)吸收损耗

【答案】 A

**Lb3A3114** (    )不是光缆常用的衰减测试方法。

(A)剪断法　　(B)光缆熔接机法　　(C)插入法　　(D)OTDR 法

【答案】 B

**Lb3A3115** 能够引起 OTDR 后向反射曲线中损耗值分别表现为骤降和增大后滑落的组合是(    )。

(A)熔接头和活动连接器　　　　　(B)熔接头和光纤微弯

(C)活动连接器和光纤微弯　　　　　(D)活动连接器和断裂点

【答案】 A

**Lb3A3116** OPGW 的接续方式正确的是(    )。

(A)在没有重要交叉跨越的档内采用接续管进行接续

(B)每个耐张段采用一盘光缆,在每基耐张塔上采用接头盒进行接续

(C)按耐张段进行分段,制造厂按分段定长生产,不同型号的光缆在耐张塔上接续,相同型号的光缆分段宜在耐张塔上进行接续

(D)平均分段,在任何杆塔上进行接续

【答案】 C

Lb3A3117 型式检验的目的是对基本设计和产品质量进行全面考核,不是 OPGW 型式实验的项目为(　　)。

(A)OPGW 结构完整性及外观　　　　(B)光纤识别色谱

(C)绞合单线性能　　　　　　　　　(D)舞动性能

【答案】 C

Lb3A3118 OTDR 测试中,伪增益现象产生的最直接原因是(　　)。

(A)接续点之后的光纤反射系数小于接续点之前的光纤反射系数

(B)接续点之前的光纤反射系数小于接续点之前的光纤反射系数

(C)接续点之后的光纤反射系数大于接续点之前的光纤反射系数

(D)接续点之前的光纤反射系数大于接续点之前的光纤反射系数

【答案】 C

Lb3A3119 内部网状隔离连接法所描述的接地结构是一个设备群内各种设备地线相互连接成网格状,但设备并不直接与建筑钢结构相连接,而是(　　)到一个专门的接地点后,再与建筑钢结构或共用接地系统连接。

(A)汇总　　　　　(B)连接　　　　　(C)发射　　　　　(D)接收

【答案】 A

Lb3A3120 直流系统割接在进行接线时,按照(　　)的顺序进行。

(A)先负后正　　　(B)先正后负　　　(C)正负同时　　　(D)顺序无所谓

【答案】 B

Lb3A3121 新增负载前,应核查电源(　　),并确保各级开关容量匹配。

(A)输出电压　　　(B)输出电流　　　(C)负载能力　　　(D)压降能力

【答案】 C

Lb3A3122 由−48 V 高频开关电源系统供载的(　　)电源供电线路保护接口装置和其对应的(　　)电源供电通信设备,应由同一套−48 V 高频开关电源系统供电。

(A)单　单　　　　(B)单　双　　　　(C)双　单　　　　(D)双　双

【答案】 A

Lb3A3123 在 V.24 异步数据通信中,通常可采用的数据位的位长是(　　)位

(A)2　　　　　　(B)4　　　　　　(C)6　　　　　　(D)7 或 8

【答案】 D

Lb3A3124 假设某个信道的最高码元传输速率为 2 000 band,而且每一个码元携带 4 bit 的信息,则该信道的最高信息传输速率为(　　)。

(A)2 000 band　　(B)2 000 bit/s　　(C)8 000 band/s　　(D)8 000 bit/s

【答案】 D

**Lb3A3125** 对采用虚拟局域网络技术,说法正确的是( )。

(A)网络中的逻辑工作组的节点组成不受节点所在的物理位置的限制

(B)网络中的逻辑工作组的节点组成要受节点所在的物理位置的限制

(C)网络中的逻辑工作组的节点必须在同一个网段上

(D)以上说法都不正确

【答案】 A

**Lb3A3126** 主机域名 www.jh.zj.cn 有四个主域组成,其中( )表示最底层的域名。

(A)WWW (B)jh (C)zj (D)cn

【答案】 A

**Lb3A3127** 与 10.110.12.29 子网掩码 255.255.255.224 属于同一网段的主机 IP 地址是( )。

(A)10.110.12.0 (B)10.110.12.30 (C)10.110.12.31 (D)10.110.12.32

【答案】 B

**Lb3A3128** 关于地址转换的描述正确的是( )

(A)地址转换使得网络调试变得更加简单

(B)地址转换实现了对用户透明的网络外部地址的分配

(C)使用地址转换后,对转发速度不会造成影响

(D)地址转换为内部主机提供一定的"隐私"

【答案】 D

**Lb3A3129** 用户 A 通过计算机网络向用户 B 发消息,表示自己同意签订某个合同,随后用户 A 反悔,不承认自己发过该条消息。为了防止这种情况发生,应采用( )技术。

(A)数字签名 (B)消息认证 (C)数据加密 (D)身份认证

【答案】 A

**Lb3A3130** 路由协议中,属于 IGP 的是( )。

(A)OSPF、EGP、RIP (B)IS-IS、RIP-2、EIGRP、OSPF

(C)BGP、IGRP、RIP (D)PPP、RIP、OSPF、IGRP

【答案】 B

**Lb3A3131** MPLS 协议位于 OSI( )协议之间。

(A)物理层和链路层 (B)链路层和网络层

(C)网络层和传输层 (D)传输层和应用层

【答案】 B

**Lb3A3132** 在 ISO/OSI 参考模型中,网络层的主要功能是( )。

(A)组织两个会话进程之间的通信,并管理数据的交换

(B)数据格式变换、数据加密与解密、数据压缩与恢复

(C)路由选择、拥塞控制与网络互连

（D）确定进程之间通信的性质,以满足用户的需要

【答案】 C

Lb3A3133 传输层协议中设定端口号的目的是(　　　)。

（A）跟踪同一时间网络中的不同会话

（B）源系统产生端口号来预报目的地址

（C）源系统使用端口号维持会话的有序,以及选择适当的应用

（D）源系统根据其应用程序的使用情况用端口号动态将端用户分配给一个特定的会话

【答案】 C

Lb3A3134 有关数字签名技术的叙述中错误的是(　　　)。

（A）发送者的身份认证　　　　　　　　（B）保证数据传输的安全性

（C）保证信息传输过程中的完整性　　　（D）防止交易中的抵赖行为发生

【答案】 B

Lb3A3135 对不同规模的网络,路由器所起的作用的侧重点不同。在园区网内部,路由器的主要作用是(　　　)。

（A）路由选择　　　（B）差错处理　　　（C）分隔子网　　　（D）网络连接

【答案】 C

Lb3A3136 (　　　)地址正确地描述了 139.219.255.255 在没有子网划分的环境中是何种地址。

（A）A 类广播　　　（B）B 类主机　　　（C）B 类广播　　　（D）C 类主机

【答案】 C

Lb3A3137 无类路由协议路由表表目为三维组,其中不包括(　　　)。

（A）子网掩码　　　（B）源网络地址　　　（C）目的网络地址　　　（D）下一跳地址

【答案】 B

Lb3A3138 数字签名是数据的接收者用来证实数据的发送者身份确实无误的一种方法,常采用的数字签名标准是(　　　)标准。

（A）DSS　　　　　　（B）CRC　　　　　　（C）SNMP　　　　　　（D）DSA

【答案】 A

Lb3A3139 IP 网络中,(　　　)不能解决路由环问题。

（A）定义路由权的最大值　　　　　　　（B）路由保持法

（C）水平分割　　　　　　　　　　　　（D）路由器重启

【答案】 D

Lb3A3140 光通信系统的系统误码率一般应小于(　　　)。

（A）$1 \times 10^{-6}$　　　（B）$1 \times 10^{-7}$　　　（C）$1 \times 10^{-8}$　　　（D）$1 \times 10^{-9}$

【答案】 D

**Lb3A3141** 光纤通信指的是( )。

(A)以电波作载波、以光纤为传输媒介的通信方式

(B)以光波作载波、以光纤为传输媒介的通信方式

(C)以光波作载波、以电缆为传输媒介的通信方式

(D)以激光作载波、以导线为传输媒介的通信方式

【答案】 B

**Lb3A3142** 弱导光纤中纤芯折射率 $n_1$ 和包层折射率 $n_2$ 的关系是( )。

(A)$n_1 \approx n_2$      (B)$n_1 = n_2$      (C)$n_1 > n_2$      (D)$n_1 < n_2$

【答案】 A

**Lb3A3143** 非零色散位移单模光纤也称( )光纤,是为适应波分复用传输系统设计和制造的新型光纤。

(A)G.652      (B)G.653      (C)G.654      (D)G.655

【答案】 D

**Lb3A3144** ( )光纤是色散位移单模光纤。

(A)G.652      (B)G.653      (C)G.655      (D)G.656

【答案】 B

**Lb3A3145** 1:64 光分支器的理想衰耗为( )dB。

(A)9.6      (B)12.8      (C)16      (D)18

【答案】 D

**Lb3A3146** 采用插入法测量光纤损耗时,主要是对( )进行校准。

(A)光源      (B)光功率计      (C)可见光光源      (D)OTDR

【答案】 B

**Lb3A3147** 光时域反射仪不可以测量光纤的( )。

(A)插入损耗      (B)光纤的长度      (C)温度      (D)反射损耗

【答案】 C

**Lb3A3148** 在我国大面积敷设的光缆是( )类型的光纤。

(A)G.652      (B)G.653      (C)G.654      (D)G.655

【答案】 A

**Lb3A3149** 尾纤活动连接器连接得不好,很容易产生( ),造成连接损耗较大。

(A)后向散射曲线增大          (B)曲线误差大

(C)长度不准确          (D)光纤端面分离

【答案】 D

**Lb3A3150** PTN 系统中,E-LAN 又称透明以太网传送业务,能够提供一种( )的二层虚拟专用网业务。

(A)点到点      (B)点到群      (C)多点到多点      (D)多点到点

【答案】 D

**Lb3A3151** PTN 系统中，E - Line 是以太网虚连接的一种实现方式，而且是（　　）的 EVC 业务。

(A)点到点　　　　　(B)点到群　　　　　(C)多点到多点　　　　　(D)点到多点

【答案】 A

**Lb3A3152** PTN 系统中，E - Tree 为（　　）业务，实现单点与多点之间联通。

(A)点到点　　　　　(B)点到群　　　　　(C)多点到多点　　　　　(D)点到多点

【答案】 D

**Lb3A3153** PTN 的 LSP 保护称（　　），是指在上下业务站点之间，当工作路径发生故障时，业务倒换到保护路径上，以达到保护业务的目的。

(A)路径保护　　　(B)子网连接保护　　(C)网络保护　　　(D)协议保护

【答案】 A

**Lb3A3154** 在室内布放线缆时，交流电源线和直流电源线分开布放，保持间距在（　　）mm 以上；直流电源线与非屏蔽信号线应分开布放，并行时需保持（　　）mm 以上的距离；交流电源线与非屏蔽信号线应分开布放，并行时需保持（　　）mm 以上的距离。

(A)50　50　50　　(B)50　50　150　　(C)50　150　50　　(D)150　50　50

【答案】 B

**Lb3A3155** 电力特种光缆张力放线时，张力机和牵引机到第一基铁塔的距离应大于（　　）倍塔高，张力机与放线架线轴之间的距离不应小于 5 m。

(A)2　　　　　　(B)3　　　　　　(C)4　　　　　　(D)5

【答案】 C

**Lb3A3156** 在数字交换网络中，数字交换由时间接线器或空间接线器完成的，其中空间接线器由（　　）组成。

(A)话音存储器和控制存储器

(B)数字交叉矩阵和话音存储器

(C)数字交叉矩阵和控制存储器

(D)话音存储器和控制存储器以及数字交叉矩阵

【答案】 C

**Lb3A3157** 中国 No.7 信令中，传输信令通道的速率为（　　）。

(A)64 kbt/s　　(B)128 kbt/s　　(C)256 kbt/s　　(D)没有限制

【答案】 A

**Lb3A3158** 在程控交换系统中按照紧急性和实时性要求优先级最高的任务是（　　）。

(A)故障级任务　　(B)周期级任务　　(C)基本级任务　　(D)高级任务

【答案】 A

**Lb3A3159** No.7 信令的消息传递部分为三个功能级，正确的叙述是（　　）。

(A)第一级为数据链路功能级，第二级是信令网功能级，第三级是信令链路功能级

(B)第一级为信令链路功能级,第二级是数据链路功能级,第三级是信令网功能级

(C)第一级为信令网功能级,第二级是数据链路功能级,第三级是信令链路功能级

(D)第一级为数据链路功能级,第二级是信令链路功能级,第三级是信令网功能级

【答案】 D

Lb3A3160 在设定 No.7 信令数据时,对开双方链路的 SLC(信令链路编号)(　　　)。

(A)必须相同　　　　　　　　　　(B)最好相同,但可以不同

(C)必须从 1 开始　　　　　　　　(D)必须从 0 开始

【答案】 A

Lb3A3161 No.7 信令管理阻断链路后,此链路上(　　　)。

(A)无任何消息传递　　　　　　　(B)只能传送信令网维护测试消息

(C)只能传送 SCCP 消息　　　　　(D)只能传送 TUP 消息

【答案】 B

Lb3A3162 IMS 系统中,SIP 的消息的首行(　　　)字段会在请求消息和响应消息中都出现。

(A)Method　　　　(B)SIP-version　　　　(C)Request-URI　　　　(D)Status-code

【答案】 C

Lb3A3163 IMS 系统中 MGCF 的主要功能是(　　　)。

(A)为 IMS 到 PSTN/CS 的呼叫选择 BGCF

(B)完成 IMS 与 PSTN 及 CS 域用户面宽窄带承载互通及必要的 Codec 编解码变换

(C)支持 ISUP/BICC 与 SIP 的协议交互及呼叫互通

(D)控制 MRFP 上的媒体资源

【答案】 C

Lb3A3164 (　　　)自愈环不需要 APS 协议。

(A)二纤双向复用段倒换环　　　　(B)二纤单向复用段倒换环

(C)四纤双向复用段倒换环　　　　(D)二纤单向通道倒换环

【答案】 D

Lb3A3165 在 SDH 传送网分层模型中 VC-3、VC-4 属于(　　　)层。

(A)电路　　　　(B)低阶通道　　　　(C)高阶通道　　　　(D)物理

【答案】 C

Lb3A3166 在 SDH 系统中,(　　　)告警肯定造成业务中断。

(A)TU 指针丢失　　　　　　　　(B)AU 通道告警指示信号

(C)PJ 超值　　　　　　　　　　(D)接收信号劣化

【答案】 A

Lb3A3167 在 SDH 系统中,VC-12 中 J2 字节出现的次数为每秒(　　　)次。

(A)2 000　　　　(B)4 000　　　　(C)6 000　　　　(D)8 000

【答案】 A

**Lb3A3168** 在 SDH 系统中,高阶虚容器帧的首字节是(　　)。

(A)G1　　　　　　(B)J1　　　　　　(C)C2　　　　　　(D)B3

【答案】　B

**Lb3A3169** SDH 设备的定时工作方式是(　　)。

(A)外同步定时　　　　　　　　　(B)从 STM－N 接收信号中提取

(C)内部定时　　　　　　　　　　(D)以上皆是

【答案】　D

**Lb3A3170** SDH 网的自愈能力与网络的(　　)有关。

(A)保护功能　　　　　　　　　　(B)恢复功能

(C)保护功能、恢复功能两者　　　　(D)均不相关

【答案】　C

**Lb3A3171** SDH 帧结构中的 B1 字节用作(　　)误码监视。

(A)复用段　　　　(B)再生段　　　　(C)高阶 VC　　　　(D)低阶 VC

【答案】　B

**Lb3A3172** 传输系统故障处理原则为(　　)。

(A)进行抢修　　　(B)进行抢通　　　(C)先抢通再抢修　　(D)先抢修再抢通

【答案】　C

**Lb3A3173** 在 SDH 系统中,抖动和漂移的变化频率分别为(　　)。

(A)$>10$ Hz、$<10$ Hz　　　　　　(B)$>5$ Hz、$<5$ Hz

(C)$<10$ Hz、$>10$ Hz　　　　　　(D)$>5$ Hz、$>5$ Hz

【答案】　A

**Lb3A3174** 对于某正常工作的 SDH 网元,如果突然由于某些故障造成其所有定时参考信号失效,该网元将会(　　)。

(A)无法工作,业务中断　　　　　(B)进入锁定模式

(C)进入自由振荡模式　　　　　　(D)进入保持模式

【答案】　D

**Lb3A3175** 限制光信号传送距离的条件,说法错误的是(　　)。

(A)激光器发模块发送功率　　　　(B)激光器收模块接收灵敏度

(C)发光模块的色散容限　　　　　(D)收光模块色散容限

【答案】　D

**Lb3A3176** 可配置成 ADM 网元的 SDH 设备,其特点是(　　)。

(A)所有光方向到 ADM 的业务必须落地

(B)只能有一个光方向

(C)不同光方向的业务均能通过光板直接穿通

(D)光板的最高速率必须低于 622 M

【答案】　C

**Lb3A3177** 在 SDH 系统中,同步状态信息是通过 MSOH 中(　　)字节来传递的。

(A)S1　　　　　　(B)A1　　　　　　(C)B2　　　　　　(D)C2

【答案】 A

**Lb3A3178** OTN 的 1＋1 保护倒换的时间应不超过(　　)ms。

(A)10　　　　　　(B)50　　　　　　(C)100　　　　　　(D)1 000

【答案】 B

**Lb3A3179** 40 波 DWDM 系统通道间隔为(　　)GHz。

(A)20　　　　　　(B)50　　　　　　(C)100　　　　　　(D)200

【答案】 C

**Lb3A3180** 1 310 nm 和 1 550 nm 传输窗口都是低损耗窗口,在 DWDM 系统中,只选用 1 550 nm 传输窗口的主要原因是(　　)。

(A)EDFA 的工作波长平坦区在包含此窗口

(B)1 550 nm 波长的非线性效应小

(C)1 550 nm 波长区适用于长距离传输

(D)以上都不对

【答案】 A

**Lb3A3181** 波分系统中光监控通道采用的波长是(　　)nm。

(A)850　　　　　　(B)1 310　　　　　　(C)1 510　　　　　　(D)1 550

【答案】 C

**Lb3A3182** OTN 技术中的全功能 OTM 光传输模块 OTM‐n.m,其中 n 表示(　　),m 表示(　　)。

(A)复用的通道数　支持的速率　　　　(B)支持的速率　复用的通道数

(C)传输距离　支持的速率　　　　　　(D)支持的速率　传输距离

【答案】 A

**Lb3A3183** 最不适合于 DWDM 系统使用的光纤是(　　),因为该光纤在 1 550 nm 窗口零色散,容易引起非线性效应。

(A)G.652　　　　　　(B)G.653　　　　　　(C)G.654　　　　　　(D)G.655

【答案】 B

**Lb3A3184** 关于 OTN 的 SM 开销和 PM 开销的说法,错误的是(　　)。

(A)SM 位于 OTUk 开销区域,PM 位于 ODUk 开销区域

(B)SM 与 PM 大小均为 3 个字节

(C)SM 开销与 PM 开销完全一样

(D)SM 开销及 PM 开销均有误码检测功能

【答案】 C

**Lb3A3185** 管理员想在 MSR 路由器上配置 OSPF 路由优先级值为 100,则(　　)命令是正确的。

(A)〔Router〕ospfprefernce100　　　　(B)〔Router〕prefernce100

(C)〔Router-ospf-1〕ospfprefernce100　(D)〔Router-ospf-1〕prefernce100

【答案】 C

Lb3A3186　SDH 系统中,155M 链路对应的接口是( )。

(A)STM－1　　　(B)STM－4　　　(C)STM－16　　　(D)STM－64

【答案】 A

Lb3A3187　采用全互联结构的企业网络,路由协议为 OSPF 单域配置,在测试时发现某边缘节点至中心节点的往返路径不一致,用( )命令进行路由追踪。

(A)PING　　　(B)CONFIG　　　(C)DIR　　　(D)TRACERT

【答案】 D

Lb3A3188　在 IP 网络中,关于 NAT,( )说法是错误的。

(A)NAT 是英文"网络地址转换"的缩写

(B)地址转换又称地址翻译,用来实现私有地址和公用网络地址之间的转换

(C)地址转换的提出为解决 IP 地址紧张的问题提供了一个有效途径

(D)当内部网络的主机访问外部网络的时候,一定不需要 NAT

【答案】 D

Lb3A3189　在 IP 网络中,关于 STP 的说法错误的是( )。

(A)在结构复杂的网络中,STP 会消耗大量的处理资源,从而导致网络无法正常工作

(B)STP 通过阻断网络中存在的冗余链路来消除网络可能存在的路径环路

(C)运行 STP 的网桥间通过传递 BPDU 来实现 STP 的信息传递

(D)STP 可以在当前活动路径发生故障时激活被阻断的冗余备份链路来恢复网络的连通性

【答案】 A

Lb3A3190　引起 PCM 设备话音通道振鸣的原因是( )。

(A)传输增益大于损耗　　　　(B)量化噪声大

(C)幅频特性差　　　　　　　(D)串话噪声大

【答案】 A

Lb3A3191　时钟板在跟踪状态工作了 3 天后,由于跟踪时钟源丢失自动进入保持模式,保持时间可以达( )h。

(A)6　　　　(B)12　　　　(C)24　　　　(D)48

【答案】 C

Lb3A3192　SDH 设备如果通过 2M 通道传递时钟,对定时性能影响最小的是( )。

(A)映射过程　　(B)去映射过程　　(C)TU 指针调整　　(D)AU 指针调整

【答案】 B

**Lb3A3193** OPGW 短路电流试验完成后,单模光纤在 1 550 nm 波长下和多模光纤在 1 310 nm 波长下的附加衰减不大于( )dB。

(A)0.5 (B)1 (C)1.5 (D)2

【答案】 B

**Lb3A3194** 通信电源系统检修中,拆接负载电缆前,应断开( )的输出开关。

(A)空开 (B)列头柜 (C)电源 (D)直流配线单元

【答案】 C

**Lb3A3195** 包过滤是防火墙的一种基本安全控制技术,用来检查进出网络的( )数据包可通过或拒绝。

(A)网络层 (B)链路层 (C)传输层 (D)应用层

【答案】 A

**Lb3A3196** 当一台主机从一个网络移到另一个网络时,说法正确的是( )。

(A)必须改变它的 IP 地址和 MAC 地址

(B)必须改变它的 IP 地址,但不需改动 MAC 地址

(C)必须改变它的 MAC 地址,但不需改动 IP 地址

(D)MAC 地址、IP 地址都不需改动

【答案】 B

**Lb3A3197** 在 IP 网络中,关于路由协议的正确解释是( )。

(A)允许数据包在主机间转送的一种协议

(B)定义数据包中域的格式和用法的一种方式

(C)通过执行一个算法来完成路由选择的一个协议

(D)指定 MAC 地址和 IP 地址捆绑的方式和时间的一种协议

【答案】 C

**Lb3A3198** 在 IP 网络中,动态路由协议与静态路由协议相比,具有( )的优势。

(A)带宽占用少 (B)简单 (C)适应网络变化 (D)优先级高

【答案】 C

**Lb3A3199** 某网络终端可以 PING 通本地网关,但不能 PING 通远方终端,不可能的原因是( )。

(A)远方终端没有开机 (B)路由器协议设置错误

(C)本终端网卡故障 (D)路由器之间的连接断开

【答案】 C

**Lb3A3200** 某部门申请到一个 C 类 IP 地址,若要分成 6 个子网,其掩码应为( )。

(A)255.255.255.255 (B)255.255.255.0

(C)255.255.255.224 (D)255.255.255.192

【答案】 C

Lb3A3201 为了防御网络监听,最常用的方法是(    )。

(A)采用物理传输　(B)信息加密　　　(C)无线网　　　(D)使用专线传输

【答案】 B

Lb3A3202 在 Quidway 路由器上,应该使用(    )命令来观察网络的路由表。

(A)displayiproute　　　　　(B)displayippath

(C)displayinterface　　　　(D)displaycurrent-config

【答案】 A

Lb3A3203 路由器技术的核心内容是(    )。

(A)路由算法和协议　　　　(B)提高路由器性能方法

(C)网络地址复用方法　　　(D)网络安全技术

【答案】 A

Lb3A3204 TCP/IP 协议簇的层次中,解决计算机之间通信问题是在(    )层。

(A)网络接口　　(B)网际　　　(C)传输　　　(D)应用

【答案】 B

Lb3A3205 ICMP 是因特网控制报文协议。在网络中,ICMP 测试的目的是(    )。

(A)测定信息是否到达其目的地,若没有达到,则确定是什么原因

(B)保证网络的所有活动都受监视

(C)测定网络是否根据模型建立

(D)测定网络上处于控制模型还是用户模型

【答案】 A

Lb3A3206 总线型局域网中封装在 MAC 帧中的 LLC 帧,最大长度为(    )字节。

(A)1 000　　　　(B)1 500　　　(C)2 000　　　(D)2 500

【答案】 B

Lb3A3207 关于 IP 报文头的 TTL 字段,说法正确的有(    )。

(A)TTL 的最大可能值是 65 535

(B)在正常情况下,路由器可以从接口收到 TTL＝0 的报文

(C)TTL 主要是为了防止 IP 报文在网络中的循环转发,浪费网络带宽

(D)IP 报文每经过一个网络设备,TTL 值都会被减去一定的数值

【答案】 C

Lb3A3208 直接路由、静态路由、RIP、OSPF 按照默认路由优先级从高到低的排序正确的是(    )。

(A)直接路由、静态路由、RIP、OSPF　　(B)直接路由、OSPF、静态路由、RIP

(C)直接路由、OSPF、RIP、静态路由　　(D)直接路由、RIP、静态路由、OSPF

【答案】 B

**Lb3A3209** 属于 VPN 中第三层隧道协议是（　　）。

(A)L2F　　　　　(B)PPTP　　　　　(C)L2TP　　　　　(D)IPsec

【答案】　D

**Lb3A3210** 光源的（　　）调制方法属于直接调制。

(A)电光　　　　　(B)电源　　　　　(C)内　　　　　(D)声光

【答案】　B

**Lb3A3211** 不符合发光二极管的特点的是（　　）。

(A)是非相干光源　　　　　　(B)对应光的自发发射过程

(C)不是阈值器件　　　　　　(D)适合长距离传输

【答案】　D

**Lb3A3212** 光纤数字通信系统中不能传输 HDB3 码的原因是（　　）。

(A)光源不能产生负信号光　　　　(B)将出现长连"1"或长连"0"

(C)编码器太复杂　　　　　　　　(D)码率冗余度太大

【答案】　A

**Lb3A3213** 随着激光器温度的上升,其输出光功率会（　　）。

(A)减少　　　　　　　　　　(B)增大

(C)保持不变　　　　　　　　(D)先逐渐增大,后逐渐减少

【答案】　A

**Lb3A3214** 电力特种光缆张力放线时,牵引场和张力场应布置在架设段两端耐张塔外侧,且应在线路方向上,水平偏角应小于（　　）。

(A)5°　　　　　(B)7°　　　　　(C)9°　　　　　(D)10°

【答案】　B

**Lb3A3215** 电力特种光缆张力放线时,按制造厂家给定的参数调整控制光缆张力,施加的张力应控制在（　　）RTS 以内,在施工过程中施加在光缆上的任一张力,均不应超过（　　）RTS。

(A)5％　10％　　(B)10％　20％　　(C)10％　30％　　(D)20％　30％

【答案】　B

**Lb3A3216** 数字程控交换机来话分析的数据来源是（　　）。

(A)主叫用户数据　　　　　　(B)被叫用户数据

(C)用户所拨号码　　　　　　(D)交换机所收号码

【答案】　A

**Lb3A3217** 为保证信 No.7 信令通道的安全性,应采用（　　）的措施。

(A)一个链路集内必须有超过四条信令链路

(B)到一个目的信令点的多个链路应开在不同的 No.7 信令板上

(C)到一个目的信令点应开有多个信令链路集

(D)到一个目的信令点的七号信令链路可以开在一个 2M 系统内

【答案】 B

Lb3A3218 No.7 信令( )类业务的 SCCP 消息在传送时,SLS 是随机选择的。

(A)0      (B)1      (C)2      (D)3

【答案】 A

Lb3A3219 AIS 的等效二进制内容是( )。

(A)一连串"0"    (B)一连串"1"    (C)"1"和"0"随机    (D)一连串 110

【答案】 B

Lb3A3220 ITU - T 规定,基准定时链路上 SDH 网元时钟个数不能超过( )个。

(A)8      (B)12      (C)60      (D)200

【答案】 C

Lb3A3221 关于光功率放大器 BA 的说法正确的是( )。

(A)工作波长为定波长

(B)光功率输入范围是 $-32 \sim -22$ dBm

(C)固定功率输出

(D)固定增益输出

【答案】 C

Lb3A3222 关于 SDH 系统中指针的作用,说法正确的是( )。

(A)当网络处于同步工作状态时,用来进行同步信号间的频率校准

(B)当网络失去同步时用作频率和相位校准,当网络处于异步工作时用作频率跟踪校准

(C)指针只能用来容纳网络中的漂移

(D)指针只能用来容纳网络中的抖动

【答案】 B

Lb3A3223 判断 SDH 帧失步的最长检测时间为 ( )帧。

(A)2      (B)5      (C)7      (D)8

【答案】 B

Lb3A3224 告警中是复用段环保护倒换条件的是( )。

(A)HP - SLM    (B)AU - AIS    (C)R - OOF    (D)R - LOF

【答案】 D

Lb3A3225 SDH 网同步方式中,在实际应用中同步性能最好的是( )方式。

(A)异步      (B)同步      (C)准同步      (D)伪同步

【答案】 B

Lb3A3226 单向通道保护环的触发条件是( )告警。

(A)MS - AIS    (B)MS - RDI    (C)LOS    (D)TU - AIS

【答案】 D

**Lb3A3227** OTN 规定 OCH 的三个子层的关系,从客户侧输入到波分侧输出正确的是( )。

(A)客户业务 – OPUk – ODUk – OTUk

(B)客户业务 – ODUk – OPUk – OTUk

(C)客户业务 – OTUk – ODUk – OPUk

(D)客户业务 – OPUk – OTUk – ODUk

【答案】 A

**Lb3A3228** 在一个 OTN 系统中,OTU2 的帧速率 $255/237 \times 9\ 953\ 280$ kbit/s,那么 OTU1 的速率是( )kbit/s。

(A)$255/237 \times 9\ 953\ 280$        (B)$255/238 \times 2\ 488\ 320$

(C)$255/236 \times 39\ 813\ 120$        (D)$255/237 \times 4\ 435\ 200$

【答案】 B

**Lb3A3229** 不属于 ODUk 串联连接监视(TCM)开销的是( )。

(A)路径踪迹标识(TTI)        (B)比特间插奇偶校验(8BIP8)

(C)前向缺陷指示(FDI)        (D)串联连接时延测量(DMTi)

【答案】 C

**Lb3A3230** ( )可以提高 OTN 系统 OSNR。

(A)FEC 编码        (B)ERZ 调制技术

(C)DRA        (D)自适应接收电平调制

【答案】 D

**Lb3A3231** 在 OTN 系统中,完全功能光传送模块是( )。

(A)OTM – 0. m        (B)OTM – n. m        (C)OTM – 0r. m        (D)OTM – nr. m

【答案】 A

**Lb3A3232** 有关监控信道和业务主信道的说法正确的是( )。

(A)EDFA 放大器可以同时对主信道和监控信道进行放大

(B)光监控信道是与信道一起传送的,所以不必对光监控信道进行保护

(C)放大器损坏时,监控信道失效

(D)业务主信道失效时,监控信道不会失效

【答案】 D

**Lb3A3233** ( )是光通道 1+1 保护触发条件。

(A)无光 LOS        (B)OTU 检测 B1 误码

(C)OTU 检测到 AIS        (D)OTU 检测到 J0 失配

【答案】 A

**Lb3A3234** 在配置 OSPF 路由协议命令 network192.168.10.100.0.0.0.63area0 中,最后的数字 0 表示( )区域。

(A)主干        (B)无效        (C)辅助        (D)最小

【答案】 A

**Lb3A3235** 数据通信网知识中,关于 BGP 反射器说法错误的是( )。

(A)BGP 路由反射器从客户学到的路由,发布给此反射器 RR 的所有用户

(B)BGP 路由反射器从 EBGP 邻居学到的路由,发布给所有的非客户和客户

(C)BGP 路由反射器从客户学到的路由,发布给此反射器 RR 的所有客户和非客户

(D)BGP 路由反射器从非客户端学到的路由,发布给此路由反射器 RR 的所有客户

【答案】 C

**Lb3A3236** 重冰区不应采用与输电线路同杆塔架设的( )光缆。

(A)OPGW (B)OPPC (C)ADSS (D)以上都不正确

【答案】 C

**Lb3A3237** 某机房设备总负载为 82 A,系统配置两组 300 Ah 蓄电池组并联,均充流设为 0.1C10若选 30 A 整流模块构成电源系统,则需要( )块。

(A)1 (B)2 (C)3 (D)5

【答案】 D

**Lb3A3238** 在路由器中,如果去往同一目的地有多条路由,则决定最佳路由的因素为( )。

(A)路由的优先级和路由的 metric 值

(B)路由的发布者和路由的 metric 值

(C)路由的发布者和路由的生存时间

(D)路由的生存时间和路由的优先级

【答案】 A

**Lb3A3239** 现在 VLAN 基本上采用了( )标准,这是一种采用帧标记的技术。其方法是在帧头上加上 VLAN 标记,根据标记决定帧的转发等。

(A)IEEE802.3 (B)IEEE802.5 (C)IEEE802.11 (D)IEEE802.1Q

【答案】 D

**Lb3A3240** 光纤通信中,一次群的输入接口容许衰减为( )dB。

(A)0~3 (B)0~6 (C)0~12 (D)0~16

【答案】 B

**Lc3A3241** 短路电流最大的短路类型一般为( )。

(A)单相短路 (B)两相短路 (C)相地短路接地 (D)三相短路

【答案】 D

**Lc3A3242** 雷电放电时,( )在附近导体上产生静电感应和电磁感应。

(A)感应雷 (B)直击雷 (C)地电位反击 (D)传导

【答案】 A

**Lc3A3243** 查找直流接地时,所用仪表内阻不应低于( )Ω/V。

(A)1 000 (B)2 000 (C)3 000 (D)4 000

【答案】 B

**Lc3A3244** 大接地电力系统中,在故障线路上的零序功率是(  )。

(A)由线路流向母线  (B)由母线流向线路

(C)不流动  (D)双向流动

【答案】 A

**Lc3A3245** 空载高压长线路的末端电压(  )始端电压。

(A)低于  (B)高于  (C)等于  (D)低于或等于

【答案】 B

**Lc3A3246** 雷电过电压波是持续时间极短的(  )。

(A)方波  (B)正弦波  (C)脉冲波  (D)谐波

【答案】 C

**Lc3A3247** 定时限过流保护的动作值是按躲过线路的(  )电流整定。

(A)最大负荷  (B)平均负荷

(C)本端最大短路电流  (D)对端最大短路电流

【答案】 A

**Lc3A3248** 电力系统发生振荡时,各点电压和电流(  )。

(A)均做往复性摆动  (B)均发生突变

(C)高频振荡时均发生突变  (D)高频振荡时均做往复性摆动

【答案】 A

**Lc3A3249** 快速切除线路和母线的短路电流有利于提高电力系统(  )稳定。

(A)暂态  (B)静态  (C)动态  (D)瞬态

【答案】 A

## 5.2.2 多选题

**La3B3001** 电力通信网的网络规划、设计和改造计划应与电网发展相适应,并保持适度超前,突出本质安全要求,统筹业务布局和运行方式优化,充分满足各类业务应用需求,避免生产控制类业务过度集中承载,强化通信网薄弱环节的改造力度,力求网络(  )。

(A)坚强可靠  (B)结构合理  (C)运行灵活  (D)协调发展

【答案】 ABCD

**La3B3002** 220 kV线路的两套继电保护通道应满足"(  )"的要求。

(A)双路由  (B)双设备  (C)双电源  (D)双光缆

【答案】 ABC

**La3B3003** 电网一次系统配套通信项目,应随电网一次系统建设(  ),以满足电网运行要求。

(A)同步设计  (B)同步实施  (C)同步开工  (D)同步投运

【答案】 ABD

La3B3004　通信设备的(　　)等各个环节应严格执行电力系统通信运行管理和工程建设、验收等方面的标准、规定。

(A)制造　　　　　　(B)安装　　　　　　(C)调试　　　　　　(D)入网试验

【答案】　BCD

La3B3005　OPGW 应在进站(　　)分别通过匹配的专用接地线可靠接地。

(A)门形架顶端　　　　　　　　　　(B)构架中间固定点

(C)最下端固定点(余缆前)　　　　　(D)光缆末端

【答案】　ACD

La3B3006　省公司级单位对本单位(　　)调控等部门的负责人和专业技术人员,对所属地市公司级单位的领导、安全监督管理机构负责人,一般每两年进行一次有关安全法律法规和规章制度考试。

(A)运检　　　　(B)营销　　　　(C)农电　　　　(D)建设

【答案】　ABCD

La3B3007　公司所属各级单位应采用多种形式与手段,开展安全宣传教育活动,把安全(　　)作为重要培训内容,开展有针对性的实际操作、现场安全培训。

(A)理念　　　　(B)知识　　　　(C)技能　　　　(D)能力

【答案】　ABC

La3B3008　事故发生单位和有关人员应当认真吸取事故教训,落实(　　)措施,防止事故再次发生。

(A)事故防范　　　(B)事故预防　　　(C)整治　　　(D)整改

【答案】　AD

La3B3009　事故调查组有权向有关单位和个人了解与事故有关的情况,并要求其提供(　　),有关单位和个人不得拒绝。

(A)相关文件　　　(B)相关证据　　　(C)资料　　　(D)有关情况

【答案】　AB

La3B3010　检修申请票的内容应包括(　　)及对电网的要求等。

(A)施工作时间　　(B)工作内容　　(C)停电范围　　(D)工作人员

【答案】　ABC

La3B3011　未列入月度计划的检修为非计划检修,非计划检修包括(　　)。

(A)日常检修　　　(B)临时检修　　　(C)事故检修　　　(D)技术改造

【答案】　ABC

La3B3012　数字电路中,JK 触发器具有(　　)的功能。

(A)置1　　　　(B)置0　　　　(C)保持　　　　(D)翻转

【答案】　ABCD

**La3B3013**　在数字通信中,提取载波的方法有(　　)。

(A)插入导频法　　(B)直接法　　(C)相干法　　(D)混合法

【答案】　AB

**La3B3014**　在数字通信中,载波同步系统的性能指标主要有(　　)。

(A)效率　　(B)精度　　(C)同步建立时间　　(D)同步保持时间

【答案】　ABCD

**La3B3015**　在数字通信中,数字调制可分为(　　)。

(A)调频　　(B)频移键控　　(C)相移键控　　(D)幅度键控

【答案】　BCD

**La3B3016**　在数字通信中,常用的差错控制方法包括(　　)。

(A)前向纠错　　(B)反馈重发　　(C)混合纠错　　(D)信息反馈

【答案】　ABCD

**La3B3017**　在数字通信中,数字调制的方式有(　　)。

(A)调幅　　(B)调相　　(C)调频　　(D)调码

【答案】　ABC

**La3B3018**　在数字通信中,时序逻辑电路主要包含(　　)两大类型。

(A)缓存器　　(B)寄存器　　(C)计数器　　(D)隔离器

【答案】　BC

**La3B3019**　D在数字通信中,触发器具有(　　)的功能。

(A)存储　　(B)计数　　(C)置0　　(D)置1

【答案】　CD

**La3B3020**　最简单的二元码基带信号的波形是矩形波,幅度取值只有两种电平,常用(　　)码。

(A)单极性不归零　　(B)双极性不归零　　(C)单极性归零　　(D)CMI

【答案】　ABCD

**La3B3021**　所谓同步是指收发双方在时间上步调一致,又称为定时在数字通信中,按照同步的功能分为(　　)同步。

(A)载波　　(B)位　　(C)帧　　(D)网

【答案】　ABCD

**La3B3022**　在等概的情况,数字调制信号的功率谱中含有离散谱的是(　　)。

(A)ASK　　(B)ODFM　　(C)FSK　　(D)PSK

【答案】　ABC

**Lb3B3023**　衡量一台数字程控交换机负荷能力的因素有(　　)。

(A)背板容量　　　　　　　　(B)控制器处理能力

(C)话务量　　　　　　　　(D)最大忙时试呼次数

【答案】　BCD

Lb3B3024 对于数字程控交换机的数字中继电路故障判断和处理,可以采取的方法有( )。

(A)查看告警记录 (B)调用诊断程序

(C)采用自环检测 (D)更换电路板检查

【答案】 ABCD

Lb3B3025 软交换之间的接口实现不同于软交换之间的交互,可采用( )协议。

(A)SIP - T (B)H323 (C)BICC (D)COPS

【答案】 ABC

Lb3B3026 从技术视角看,泛在电力物联网包括( )。

(A)感知层 (B)网络层 (C)平台层 (D)应用层

【答案】 ABCD

Lb3B3027 在 SDH 中,设备支持的组网形式及自愈方式中不需要 APS 协议的是( )。

(A)线性 1∶1 复用段 (B)单向通道保护环

(C)双向通道保护环 (D)子网连接保护

【答案】 BC

Lb3B3028 OTN 功能单元包括( )。

(A)OPUk (B)ODUk (C)OTUk (D)OMUk

【答案】 ABC

Lb3B3029 OTN 相对于传统波分的优势有( )。

(A)丰富的维护信号灵活的业务调度能力

(B)强大的带外前向纠错

(C)减少了网络层次

(D)传输容量大

【答案】 ABCD

Lb3B3030 OTN 中的 OTUk 帧由( )部分组成。

(A)ODUk 帧 (B)OTUkFEC (C)OTUk 开销 (D)FAS

【答案】 ABCD

Lb3B3031 属于路由器配置模式的是( )。

(A)用户模式 (B)特权模式 (C)全局模式 (D)接口模式

【答案】 ABCD

Lb3B3032 关于 OSPF 协议中 DR/BDR 选举原则,说法错误的是( )。

(A)优先级值最高的路由器一定会被选举为 DR

(B)接口 IP 地址最大的路由器一定会被选举为 DR

(C)RouterID 最大的路由器一定会被选举为 DR

(D)优先级值为 0 的路由器一定不参加选举

【答案】 ABC

Lb3B3033　千兆以太网和百兆以太网的共同特点是相同的(　　)。

(A)数据格式　　　　　　　　　　(B)物理层实现技术

(C)组网方法　　　　　　　　　　(D)介质访问控制方法

【答案】　ACD

Lb3B3034　与 OSPF 协议相比,IS－IS 协议具有(　　)特点。

(A)支持的网络类型较多　　　　　(B)支持的区域类型较多

(C)协议的可扩展性较好　　　　　(D)协议报文类型较少

【答案】　CD

Lb3B3035　属于 VPN 中第二层隧道协议的有(　　)。

(A)L2F　　　　(B)PPTP　　　　(C)IPSec　　　　(D)L2TP

【答案】　ABD

Lb3B3036　关于 IP 协议说法正确的是(　　)。

(A)IP 协议规定了 IP 地址的具体格式

(B)IP 协议规定了 IP 地址与其域名的对应关系

(C)IP 协议规定了 IP 数据报的具体格式

(D)IP 协议规定了 IP 数据报分片和重组原则

【答案】　ACD

Lb3B3037　PCM 基群系统的帧同步包含(　　)同步。

(A)复帧　　　　(B)CRC 复帧　　　　(C)时隙　　　　(D)码位

【答案】　AB

Lb3B3038　数字电话信号和数据信号对信道误码率 Pe 的要求分别是(　　)。

(A)$1.0E-5$　　　　(B)$1.0E-6$　　　　(C)$1.0E-7$　　　　(D)$1.0E-8$

【答案】　AD

Lb3B3039　PCM 设备配置数据的恢复是指当 PCM 设备的数据因异常情况(　　)后,把 PCM 设备的数据恢复到某一个时间点上的过程。

(A)出错　　　　(B)异步　　　　(C)重复　　　　(D)丢失

【答案】　AD

Lb3B3040　PCM 终端设备二线接口的常用指标有(　　)。

(A)电平　　　　(B)频率特性　　　　(C)延时特性　　　　(D)量化失真

【答案】　ABCD

Lb3B3041　光缆线路的防雷措施有(　　)。

(A)敷放排流线防雷　　　　　　　(B)消弧线

(C)系统接地或对地电位悬浮式接续　(D)架空防雷地线

【答案】　ABCD

Lb3B3042 波分复用技术包括( )。

(A)WDM　　　　(B)FDM　　　　(C)DWDM　　　　(D)OFDM

【答案】 ACD

Lb3B3043 光纤通信中安装光衰减器的目的是( )。

(A)防止光功率过载　　　　　　　　(B)保护接收光模块

(C)提高信噪比　　　　　　　　　　(D)降低光板接收灵敏度

【答案】 AB

Lb3B3044 光缆按敷设方式可分为( )光缆。

(A)管道　　　　(B)直埋　　　　(C)架空　　　　(D)水底

【答案】 ABCD

Lb3B3045 通信光缆结构分为( )。

(A)层绞式　　　　(B)骨架式　　　　(C)束管式　　　　(D)带状式

【答案】 ABCD

Lb3B3046 架空线路的日常维护工作的内容是( )。

(A)整理、添补或更换缺损的挂钩,清除线路上和吊线上的杂物

(B)检查光缆外护套及垂独有无异常情况,发现问题及时处理

(C)检查吊线与其他线缆交越处的防护装置是否齐全、有效及符合规定

(D)逐杆检修,检查架空线路接头盒和预留处是否可靠

【答案】 ABCD

Lb3B3047 光缆线路工程验收的项目有( )。

(A)接地电阻　　　　　　　　　　　(B)安装工艺

(C)完成全部工程量　　　　　　　　(D)光缆主要传输特性

【答案】 ABCD

Lb3B3048 直埋(硅管)光缆敷设在( )的斜坡上,宜采用"S"形敷设。

(A)坡度大于20° (B)坡度小于20° (C)坡长大于30 m (D)坡长大于20 m

【答案】 AC

Lb3B3049 在电力通信电源上工作一般规定的注意事项,说法正确的是( )。

(A)新增负载前,应核查电源负载能力,并确保各级开关容量匹配

(B)拆接负载电缆前,应断开电源的输出开关

(C)直流电缆接线前,应校验线缆两端极性

(D)裸露电缆线头应做绝缘处理

【答案】 ABCD

Lb3B3050 通信高频开关电源由( )组成。

(A)交流配电单元　　　　　　　　　(B)直流配电单元

(C)整流模块            (D)蓄电池和监控模块

【答案】 ABCD

Lb3B3051 通信高频开关电源主要由( )等部分组成。

(A)主电路     (B)控制电路     (C)检测电路     (D)滤波电路

【答案】 ABC

Lb3B3052 通信高频开关电源发展的方向是( )。

(A)高效性     (B)智能化     (C)小型化     (D)嵌入式

【答案】 ABCD

Lb3B3053 安装通信高频开关电源设备,需准备( )相关技术资料。

(A)合同协议书            (B)设置配置表

(C)会审后施工设计图       (D)安装手册

【答案】 ABCD

Lb3B3054 根据光纤横截面折射率分布的不同,常用的光纤可以分成( )。

(A)阶跃光纤     (B)渐变光纤     (C)单模光纤     (D)多模光纤

【答案】 AB

Lb3B3055 根据光纤内传播模式数量的不同,常用的光纤可以分成( )。

(A)阶跃光纤     (B)渐变光纤     (C)单模光纤     (D)多模光纤

【答案】 CD

Lb3B3056 光缆测试所用的光源包括( )。

(A)导体激光器     (B)发光二极管     (C)半导体激光器     (D)发光三极管

【答案】 BC

Lb3B3057 光纤信道是以光纤为传输媒质、以光波为载波的信道,具有( )等优点。

(A)损耗低            (B)不受电磁干扰

(C)频带宽            (D)重量轻

【答案】 ABCD

Lb3B3058 对于 ISDN 的基本速度接口业务描述正确的是( )。

(A)窄带基本速率为 2B+D

(B)宽带基本速率为 30B+D

(C)使用同轴电缆作为物理传输介质

(D)使用普通电话线作为物理传输介质

【答案】 AD

Lb3B3059 影响交换系统呼损率的因素有( )。

(A)总呼叫次数

(B)久叫不应用户数

(C)因设备全忙遭受损失的呼叫次数

(D)完成通话的呼叫次数

【答案】 ACD

Lb3B3060 IMS 系统中,STP 和 RSTP 协议的区别在于(    )。

(A)协议版本不同 　　　　　　　　 (B)端口状态转换方式不同

(C)配置消息报文格式不同 　　　　　 (D)拓扑改变消息的传播方式不同

【答案】 ABCD

Lb3B3061 IMS 网络接入层设备包括(    )。

(A)IAD 　　　　 (B)SIP 电话 　　　 (C)AG 　　　　 (D)CSCF

【答案】 ABC

Lb3B3062 软交换系统中,呼叫控制协议包括(    )。

(A)SIGTRAN 　　　 (B)SIP 　　　　 (C)AAA 　　　　 (D)H.323

【答案】 BD

Lb3B3063 软交换的协议主要包括(    )。

(A)媒体控制协议 　　　　　　　　 (B)业务控制协议

(C)互通协议 　　　　　　　　　　 (D)应用支持协议

【答案】 ABCD

Lb3B3064 5G 为第五代移动通信技术,其应用的三大场景是(    )。

(A)增强移动带宽 　　　　　　　　 (B)超高可靠、低时延通信

(C)海量机器类通信 　　　　　　　 (D)大功率远程通信

【答案】 ABC

Lb3B3065 SDH 自愈环保护中,保护通道带宽可再利用的是(    )。

(A)二纤单向通道保护环 　　　　　 (B)二纤单向复用段保护环

(C)四纤双向复用段保护环 　　　　 (D)二纤双向复用段保护环

【答案】 BCD

Lb3B3066 SDH 的业务保护分为(    )。

(A)1+1 　　　 (B)1:1 　　　　 (C)1:$n$ 　　　　 (D)$n$:1

【答案】 ABC

Lb3B3067 SDH 为矩形块状帧结构,包括(    )等区域。

(A)再生段开销 　　　　　　　　　 (B)复用段开销

(C)管理单元指针 　　　　　　　　 (D)信息净负荷

【答案】 ABCD

Lb3B3068 SDH 帧结构中,位于净负荷区的是(    )开销。

(A)再生段 　　　　　　　　　　　 (B)复用段

(C)高阶通道           (D)低阶通道

【答案】 CD

**Lb3B3069** 可配置成 TM 网元的 SDH 设备,其特点是( )。

(A)所有光方向到 TM 的业务必须落地

(B)只能有一个光方向

(C)不同光方向的业务不能通过光板直接穿通

(D)光板的最高速率必须低于 622 Mb/s

【答案】 AC

**Lb3B3070** 对于 SDH 复接技术,下列描述正确的是( )。

(A)STM-1 可以容纳 63 个 VC12

(B)STM-4 可以容纳 4 个 VC4

(C)STM-16 可以容纳 16 个 STM-1 支路

(D)STM-64 可以容纳 64 个 VC4

【答案】 ABCD

**Lb3B3071** OTN 光传送网分层体系结构中有( )子层。

(A)OAC        (B)OCH        (C)OMS        (D)OTS

【答案】 BCD

**Lb3B3072** OTN 的光信道层又分为三个电域子层( )。

(A)光信道净荷单元           (B)光信道数据单元

(C)光信道传送单元           (D)光信道监控单元

【答案】 ABC

**Lb3B3073** OTN 设备中,光通道层的功能包括( )。

(A)为来自电复用段层的客户信息选择路由和分配波长

(B)为灵活的网络选路安排光通道连接

(C)处理光通道开销,提供光通道层的检测、管理功能

(D)在故障发生时实现保护倒换和网络恢复

【答案】 ABCD

**Lb3B3074** OTN 设备中,光传输层 OTS 的功能有( )。

(A)为光信号在不同类型的光传输媒介上提供传输功能

(B)对光放大器或中继器的检测和控制功能

(C)EDFA 增益控制,保持功率均衡

(D)色散的累计和补偿

【答案】 ABCD

**Lb3B3075** 两台路由器无法建立 OSPF 邻居,可能的原因有( )。

(A)双方所配置的验证密码不一致

(B)双方的 Hello 时间间隔不一致

(C)双方接口网路类型为 P2P,且 DR 选举优先级都被修改为 0

(D)通过配置 silent-interface 而使双方的相邻接口不发送协议报文

【答案】　ABD

Lb3B3076　在 PCM 帧结构中,帧同步码组的插入方式有(　　)插入。

(A)随机　　　　　　(B)集中　　　　　　(C)分散　　　　　　(D)同步

【答案】　BC

Lb3B3077　PCM 基群复用设备包括(　　)等三部分。

(A)中心单元处理板(CU)　　　　　　(B)支路接口板(TU)

(C)辅助配置接口单元　　　　　　　(D)存储单元

【答案】　ABC

Lb3B3078　PCM 网管通道的配置方法各不相同,一般可以(　　)来传送监控和管理。

(A)用帧结构 TS0 中未分配的字节　　(B)用已分配的时隙

(C)用未分配的时隙　　　　　　　　(D)同时用多种方式

【答案】　ACD

Lb3B3079　同步系统中,区域基准时钟源由(　　)组成。

(A)卫星定位系统　　(B)Rb 原子钟　　(C)Cs 原子钟　　(D)晶体钟

【答案】　AB

Lb3B3080　关于 ODF 是否接地的正确说法有(　　)。

(A)ODF 与设备之间没有电气连通,质量标准中未做要求

(B)国家标准未明确要求架体必须接地

(C)考虑到光缆的钢芯会引雷,对于钢芯与 ODF 连接处应接地保护

(D)架体如果已接地,在自检时应加以拆除

【答案】　ABCD

Lb3B3081　使用光纤进行光口硬件环回操作需要注意(　　)。

(A)首先必须要关闭激光器输出,避免输出功率过强将尾纤端面烧毁

(B)使用光功率计测量输入口功率,避免接收机过载而烧毁

(C)不能用眼睛直视输出光口或者和输出光口连接的尾纤端面

(D)如果没有衰耗器,可以将收端拧松,发端拧紧达到控制收光不过载的目的

【答案】　BCD

Lb3B3082　高频开关整流器主电路的主要作用有(　　)。

(A)整流、滤波　　　　　　　　　　(B)功率因数校正

(C)交流-直流变换电路　　　　　　　(D)直流滤波

【答案】　ABCD

**Lb3B3083** PTN 不仅可以有效承载以太网业务,还可以高效承载( )等传统传送网的 TDM 业务。

(A)ATM      (B)帧中继      (C)SDH      (D)OTN

【答案】 ABCD

**Lb3B3084** 程控交换系统中,两个用户间的每一次成功的接续包括( )。

(A)呼叫建立阶段          (B)建立确认阶段

(C)通话阶段             (D)话终释放阶段

【答案】 ACD

**Lb3B3085** IMS 系统中运行监管核心主机设备总览模块包括( )子模块。

(A)核心主机设备总览      (B)核心网络设备总览

(C)中间件监控总览        (D)数据库监控总览

【答案】 ABC

**Lb3B3086** 属于 IMS 核心功能实体的是( )。

(A)呼叫会话控制功能      (B)归属用户服务器

(C)多媒体资源功能控制器   (D)多媒体资源功能处理器

【答案】 ABCD

**Lb3B3087** 属于 IMS 互联互通功能实体的是( )。

(A)签约定位器功能        (B)信令网关

(C)媒体网关控制功能      (D)应用层网关

【答案】 BCD

**Lb3B3088** 属于 IMS 应用功能实体的是( )。

(A)应用服务器           (B)智能业务触发服务器

(C)业务应用网关         (D)应用层网关

【答案】 ABC

**Lb3B3089** SDH 传输系统中,引发 AU－AIS 的告警有( )。

(A)LOS、LOF          (B)MS－AIS

(C)HP－REI、HP－RDI    (D)OOF

【答案】 AB

**Lb3B3090** SDH 传输系统中,支路输入信号丢失告警的产生原因有( )。

(A)外围设备信号输入丢失

(B)传输线路损耗增大

(C)DDF 架与 SDH 设备之间的电缆障碍

(D)TPU 盘接收故障

【答案】 ACD

Lb3B3091　在 OTN 中,简化功能的 OTM 接口是(　　)。

(A)OTM0.m　　　(B)OTM - n.m　　(C)OTMnr.m　　(D)OTM - 0.mvn

【答案】　ACD

Lb3B3092　波分系统对 EDFA 的要求包括(　　)。

(A)足够的带宽　　(B)平坦的增益　　(C)低噪声系数　　(D)高输出功率

【答案】　ABCD

Lb3B3093　关于 OSPF 协议,说法正确的是(　　)。

(A)OSPF 协议是典型的链路状态路由协议,使用了 SPF 算法

(B)运行 OSPF 协议的路由器间通过交换 LSA 来获知彼此链路状态信息

(C)在以太网链路上,OSPF 协议采用 224.0.0.9 这一组播地址发送更新报文

(D)OSPF 协议中的路由开销主要是根据链路带宽和时延计算出来的

【答案】　AB

Lb3B3094　为简化网络结构,某网络的接入层功能并入到汇聚层中,构成一个二层网络。为保证核心层的快速收敛功能,核心层路由协议应采用(　　)。

(A)BGP　　　　　(B)OSPF　　　　(C)RIP　　　　　(D)IS - IS

【答案】　BD

Lb3B3095　为节省网络地址资源,某网络采用 VLSM 进行地址规划,对于 VLSM 特征的描述,不正确的有(　　)。

(A)它能够支持 IPv4 和 IPv6

(B)它提供了重叠的地址范围

(C)在路由表中它考虑到了更好的路由聚合信息

(D)它允许子网能够进一步被划分为更小的子网

【答案】　AB

Lb3B3096　数据通信网知识中,关于 BGP/MPLSVPN 第二种跨域方式的说法正确是(　　)。

(A)ASBR 之间建立 MP - EBGP 邻居关系

(B)ASBR 之间建立 MP - IBGP 邻居关系

(C)私网数据在 AS 之间转发时不带标签

(D)私网数据在 AS 之间转发时带有标签

【答案】　AD

Lb3B3097　数据通信网知识中,关于 BGP 环路防护的描述正确的是(　　)。

(A)对于 IBGP,通过 AS - path 属性,丢弃从 EBGP 对等体接收到的在 AS - PATH 属性里面包含自身 AS 号的任何更新信息

(B)对于 EBGP,BGP 路由器不会宣告任何从 EBGP 对等体来的更新信息给其他 EBGP 对等体

(C)对于 EBGP,通过 AS - path 属性,丢弃从 EBGP 对等体接收到的在 AS - path

属性里面包含自身 AS 号的任何更新信息

(D)对于 IBGP,BGP 路由器不会宣告任何从 IBGP 对等体来的更新信息给其他 IB-GP 对等体

【答案】 ACD

**Lb3B3098** 根据下列路由器 A 的 BGP 部分配置,( )是正确的。

[routerA]bgp10 [routerA – bgp]router—id1.1.1.1 [routerA – bgp]peer200.1.4.2as – number30 [routerA – bgp]peer200.1.2.2as – number20 [routerA – bgp]import – routedirect

(A)路由器 A 在 AS10

(B)路由器 A 在 BGP 中引入了自己的直连路由,该直连路由的 origin 属性标识为 i

(C)路由器 A 与邻居 200.1.4.2 是 EBGP 邻居关系

(D)路由器 A 与邻居 200.1.2.2 是 IBGP 邻居关系

【答案】 AC

**Lb3B3099** 出现( )故障指示时,需要更换 PCM 板卡。

(A)CardOut (B)Selftest (C)—5 V Failure (D)CardDifferent

【答案】 ABC

**Lb3B3100** ( )属于 2 Mb/s 设备接口的基本参数。

(A)码型采用 HDB3

(B)比特率为 2.048 Mb/s±50 ppm

(C)用平衡电缆连接的阻抗 75 Ω

(D)用平衡电缆连接的电压为 3 V±10%

【答案】 ABD

**Lb3B3101** 阀控式密封铅酸蓄电池使用维护注意事项有( )。

(A)进行电池使用和维护时,应使用绝缘工具,电池上不得放置任何金属工具

(B)可使用有机溶剂清洗电池

(C)切不可拆卸密封电池的安全阀

(D)严禁在电池室内吸烟或动用明火

【答案】 ACD

**Lb3B3102** 数字光纤系统对线路码型的要求是( )。

(A)能限制信号带宽,减小功率谱中的高低频分量

(B)能给光接收机提供足够的定时信息

(C)能提供一定冗余码

(D)能够保证传输的透明性

【答案】 ABCD

Lb3B3103 关于光线路码型,插入码分为(    )类型。

(A)mB1C        (B)mB1H        (C)mB1P        (D)mB1N

【答案】 ABC

Lb3B3104 光线路码型 mBnB 码的特点是(    )。

(A)码流中"0"和"1"码的概率相等

(B)高低频分量较小,信号频谱特性较好,基线漂移小

(C)在码流中引入一定的冗余码,便于在线误码检测

(D)信号频谱中接近于直流的分量较大,不能解决基线漂移

【答案】 ABC

Lb3B3105 数字通信系统中,扰码的缺点包括(    )。

(A)不能完全控制长串连"1"和长串连"0"序列的出现

(B)没有引入冗余,不能进行在线误码监测

(C)在码流中引入一定的冗余码,便于在线误码检测

(D)信号频谱中接近于直流的分量较大,不能解决基线漂移

【答案】 ABD

Lb3B3106 由于光接收机从光纤中接收到的光信号是一微弱的且有失真的信号,因此光检测器应满足(    )基本要求。

(A)必须有足够高的灵敏度        (B)对光脉冲的响应速度快

(C)要有足够的带宽        (D)本身的附加噪声要小,使用寿命要长

【答案】 ABCD

Lb3B3107 对 ADSS-XAT36B1-12 kN 光缆描述正确的是(    )。

(A)多模光缆        (B)非金属加强件

(C)中心管式结构        (D)抗电痕护套

【答案】 BCD

Lb3B3108 ADSS 光缆的结构应依据(    )和其他性能要求等进行严格的设计。

(A)跨距        (B)弧垂        (C)气象条件        (D)空间电位

【答案】 ABCD

Lc3B3109 衡量电能质量指标的有(    )因素。

(A)频率        (B)线路损耗        (C)电压        (D)谐波

【答案】 ACD

Lc3B3110 电力调度操作指令形式有(    )指令。

(A)单项        (B)逐项        (C)综合        (D)遥控

【答案】 ABC

Lc3B3111 耦合电容器在电力系统中的作用是( )。

(A)阻止高频信号 (B)防止高压工频电流进入弱电系统

(C)给高频信号构成通路 (D)阻止工频信号

【答案】 CD

Lc3B3112 假如主站下发了遥控命令,但返校错误,其可能的原因有( )。

(A)通道误码问题 (B)上行通道有问题

(C)下行通道有问题 (D)通道中断

【答案】 AB

## 5.2.3 判断题

La3C3001 一条卫星通信线路由发端地面站、上行线路、卫星转发器、下行线路和收端地面站组成。(√)

La3C3002 应急预案由本单位分管领导签署发布,并向上级有关部门备案。(×)

La3C3003 具有两级机构的承包方应设有专职安全管理机构;施工队伍超过 30 人的应配有专职安全员,30 人以下的应设有兼职安全员。(√)

La3C3004 地市供电企业、县供电企业安全监督管理机构由分管生产经理主管。(×)

La3C3005 禁止在没有监护的条件下指派外来工作人员单独从事有危险的工作。(√)

La3C3006 生产经营单位不得将生产经营项目、场所、设备发包或者出租给不具备安全生产条件或者相应资质的单位或者个人。(√)

La3C3007 事故调查组应当自事故发生之日起 30 日内提交事故调查报告。(×)

La3C3008 自事故发生之日起 60 日内,事故造成的伤亡人数发生变化的,应当及时补报。(×)

La3C3009 经本单位批准允许单独巡视带电设备的人员巡视带电设备时,如果确因工作需要,可临时移开或越过遮拦,事后应立即恢复。(×)

La3C3010 一个工作负责人可以同时执行多张工作票,工作票上所列的工作地点,以一个电气连接部分为限。(×)

La3C3011 在同一变电站内,依次进行的同一类型的带电作业可以使用一张带电作业工作票。(√)

La3C3012 第二种工作票和带电作业工作票应在工作前一日预先交给工作许可人。(×)

La3C3013 工作期间,工作负责人若因故暂时离开工作现场时,应指定能胜任的人员临时代替,离开前应将工作现场交代清楚,并告知工作许可人。(×)

La3C3014 公司所属各级单位发生较大事故(三级人身、电网、设备事件)时,对负次要责任的事故责任单位(基层单位)的主要领导给予通报批评或警告处分。(√)

La3C3015 本规程安全事故体系由人身、电网、设备三类事故组成,分为一至八级事件。(×)

La3C3016 安全事故报告应及时、准确、完整,任何单位和个人对事故不得迟报、漏报、谎报或者瞒报。(√)

La3C3017 任何单位和个人不得阻挠和干涉对事故的报告和调查处理,任何单位和个人对违反本规程规定、隐瞒事故或阻碍事故调查的行为有权向公司系统各级单位反映。(√)

La3C3018 电话下达许可开工的命令时,工作许可人及工作负责人应记录清楚明确,并复诵核对无误。(√)

La3C3019 禁止约时停、送电。(√)

La3C3020 专责监护人不准兼做其他工作。(√)

La3C3021 专责监护人临时离开工作现场时,应通知工作负责人停止工作,待专责监护人回来后方可恢复工作。(×)

La3C3022 白天工作间断可直接恢复工作。(×)

La3C3023 经调度允许的连续停电、夜间不送电线路,工作地点的接地线可以不拆除,只要接地线安装位置未变动,次日恢复工作不需派人检查。(×)

La3C3024 工作终结后,若有其他单位配合停电线路,还应及时通知指定的配合停电设备运维管理单位联系人。(√)

La3C3025 进行线路停电作业前,应断开可能反送电的低压电源的断路器(开关)、隔离开关(刀闸)和熔断器。(√)

La3C3026 停电时,不能直接在地面操作的断路器(开关)、隔离开关(刀闸)应加锁。(×)

La3C3027 停电时,可直接在地面操作的断路器(开关)、隔离开关(刀闸)的操动机构(操作机构)上应加锁。(√)

La3C3028 线路经检验明确无电压后,应立即装设接地线(直流线路两极接地线分别直接接地)。(×)

La3C3029 通信光缆或电缆与一次动力电缆同沟(架)布放时,应采取电缆沟(竖井)内部分隔离等措施进行有效隔离。(√)

La3C3030 电网调度机构与发电厂调度自动化实时业务信息的传输应具有两条不同路由的通信通道(主/备双通道)。(×)

La3C3031 单电源供电的继电保护接口装置和为其提供通道的单电源外置光放大器,应由两套电源分别供电。(×)

La3C3032 "三措一案"的内容包括组织措施、技术措施、安全措施、施工方案。(√)

La3C3033 工作许可人会同工作负责人到现场,对照工作票指明工作任务、工作地点、带电部分及注意事项,工作负责人确认无问题后,填写许可开始工作时间。(×)

La3C3034 组合逻辑电路在任意时刻的输出不仅与该时刻的输入有关,还与电路原来的状态有关。(×)

La3C3035 信息反馈差错控制方式最适于高速数据传输并可提供实时传输的情况。(×)

La3C3036 根据纠错码组中信息元是否隐蔽来分,纠错码组可以分为线性和非线性码。(×)

La3C3037 ASK调制是调频键控数字调制法。(×)

La3C3038　电容元件是耗能元件。（×）

La3C3039　数字信号通常采用二进制码，也可采用八进制码。（√）

La3C3040　运算放大器是一种直接耦合的多级放大器。（√）

La3C3041　触发器两个输出端的逻辑状态在正常情况下总是互非。（√）

La3C3042　若三相电动势依次达到最大值的次序为 e1、e2、e3，则称此种相序为正序。（√）

La3C3043　线路的充电功率与其长度成正比。（√）

La3C3044　填写变电站第二种工作票时，许可工作时间由工作许可人在工作现场填写。（√）

La3C3045　工作班组全体人员确认工作负责人布置的任务和本工作项目安全措施交代清楚并确认无疑问后，工作班组全体人员应在"工作班组人员签名"栏填入自己的姓名，可以由工作负责人统一填写。（×）

La3C3046　继电保护定期校验、检查工作时，应写明退出保护的具体名称，切换断路器选择开关的"遥控"/"就地"状态。（√）

La3C3047　变电站运行值班负责人收到变电站第二种工作票后，应对工作票的全部内容仔细审查，确认无问题后，按照工作票内容做好安全措施。（√）

La3C3048　工作负责人在一式两联工作票上分别签名并填写签名时间后，工作票填写完成。（×）

La3C3049　通信的传输方式可分为串行传输和并行传输。（√）

La3C3050　检修计划分为年度检修计划和季度检修计划。（×）

La3C3051　用于纠错的纠错码在译码器输出端总要输出一个码字或是否出错的标志，这种纠错码的应用方式称为自动请求重发方式。（×）

La3C3052　PSK 调制系统中，相干解调方式略优于非相干解调方式。（×）

La3C3053　FSK 调制信号不可以用鉴频法解调。（×）

La3C3054　在 RC 串联电路中发生的谐振叫作并联谐振。（×）

La3C3055　非线性调制分为频率调制和相位调制，分别简称为调频和调相，两者又统称为角度调制。（√）

La3C3056　在大信噪比的情况下，调频系统的抗噪声性能将好于调幅系统，且其抗噪声性能将随着传输带宽的增加而提高。（√）

La3C3057　在直流电路中，电感可以看作短路，电容可以看作开路。（√）

La3C3058　二进制码分为单极性、双极性和归零、不归零码。（√）

La3C3059　物质按导电能力强弱可分为导体、绝缘体和半导体。（√）

La3C3060　数字信号易于做高保密性的加密处理。（√）

La3C3061　编码信道对信号的影响是一种数字序列的变换，也就是将一种数字序列变成另一种数字序列，有时将编码信道看成是一种数字信道。（√）

La3C3062　当线路出现不对称断相时，因为没有发生接地故障，所以线路没有零序电流。（×）

La3C3063　振荡时系统三相是对称的,而短路时系统可能出现三相不对称。(√)

Lb3C3064　程控交换机的控制方式都是集中控制。(×)

Lb3C3065　数字空间接线器可以完成任意时隙的交换。(×)

Lb3C3066　交换网的任何两个用户间的最大全程传输损耗不大于 33 dB。(√)

Lb3C3067　BHCA 值可以衡量控制部件的呼叫处理能力。(√)

Lb3C3068　SDH 网络再生段的 OAM 信息是由再生段开销中的段开销中的 D4～D12 字节传送的。(×)

Lb3C3069　在 SDH 传输系统中,如果在网管上看到两个相邻的站点,其状态由正常突然同时变化为光路紧急告警,传输网络可能出现的问题为光缆断裂,导致两侧站点同时收不到光,因而同时出现紧急告警。(√)

Lb3C3070　SDH 系统只需利用软件控制,便可从高速码流中依次提取所需的低速支路信号,上下业务十分方便。(√)

Lb3C3071　在 SDH 系统中,复用段保护环都需要 APS 协议。(√)

Lb3C3072　SDH 系统中的 1+1 保护指发端永久连接,收端择优接收。(√)

Lb3C3073　SDH 有管理单元指针和支路单元指针两类。(√)

Lb3C3074　蓄电池组的放电电流越大,放电时间越短,实际放出的容量越小;放电电流越小,放电时间越长,实际放出的容量就越大。(√)

Lb3C3075　PRC 和 LPR 都是二级基准时钟。(×)

Lb3C3076　基准时钟源由 Rb 原子钟组成。(×)

Lb3C3077　OTN 是以波分复用技术为基础,在光层组织网络的传送网,用于骨干传送网。(√)

Lb3C3078　OTN 系统中,ODUk 目前已定义的速率等级为 k=0,1,2,3,4。(√)

Lb3C3079　OTN 技术传输能力很强,主要承载 GE 颗粒以上电路,故 OTN 设备较适合应用在城域传送网的骨干传输层。(√)

Lb3C3080　最适合波分网络使用的光纤为 G.654。(×)

Lb3C3081　时钟设备的"ALARM"功能是显示当前的告警。(√)

Lb3C3082　光端机的平均发送光功率越大越好。(×)

Lb3C3083　光纤通信的主要优点是频带宽、通信容量大、传输衰耗小、不易受干扰等。(√)

Lb3C3084　在光纤通信中,发光光源发出的光是可见光,可以通过直接观察有光或是无光来判断发光器件的工作状况。(×)

Lb3C3085　光端机的平均发送光功率越大越好。　(×)

Lb3C3086　OTDR 测试光纤距离时,选择测试范围应大于光纤的全程长度。(√)

Lb3C3087　光纤纤芯和包层都用石英作为基本材料。(√)

Lb3C3088　光衰减器是对光功率产生衰减量的有源光器件,可分为两类:能改变光衰减量的可变衰耗器和衰减量为一定值的固定衰耗器。(×)

Lb3C3089　ADSS 光缆的主要受力元件是外护套和芳纶纱。（×）

Lb3C3090　全反射只能发生在光线由折射率大的介质射入折射率小的介质的界面上，反之则不会发生全反射。（√）

Lb3C3091　OPPC 光缆从理论上可以用于任何电压等级线路。（√）

Lb3C3092　OTDR 是利用光纤对光信号的后向散射来观察沿光纤分布的光纤质量，对于一般的后向散射信号不会出现盲区。（√）

Lb3C3093　正常的工作条件下，光纤熔接机一对电极熔接 2 000 次后应该更换。（√）

Lb3C3094　电力网广泛使用的光纤种类为 G.652 常规单模光纤，在 1 550 nm 处实际的衰减小于等于 0.3 dB/km。（√）

Lb3C3095　光缆工程竣工后，应进行单向全程测试，并记录线路光纤衰减。（×）

Lb3C3096　光缆护套或护层通常由聚乙烯和聚氯乙烯材料构成，其作用是保护缆芯不受外界影响。（√）

Lb3C3097　ADSS 光缆，主要用于架空高压输电系统的通信线路，也可用于雷电多发地带等架空敷设环境下的通信线路。（√）

Lb3C3098　在光纤测试曲线中，从反射峰的起始点接收器到饱和峰值恢复至距峰值 1.5 dB 点间的距离为事件盲区。（√）

Lb3C3099　OTDR 的盲区会随着脉冲展宽宽度的增加而增大，增加脉冲宽度虽然增加了测量长度，但也增大了测量盲区。（√）

Lb3C3100　目前，不锈钢管型 OPGW、OPPC 的光单元只有松套结构型式，所制成的 OPGW、OPPC 光缆，主要采用层绞式结构绞合组成。（×）

Lb3C3101　在成品 OPGW 上，外层绞合单线和所有的铝包钢线一般不允许有任何接头。（√）

Lb3C3102　普通光缆配盘一般由 A 端局（站）向 B 端局（站）方向配置，ADSS 光缆可按照任意方向配置。（×）

Lb3C3103　OPGW 光缆缆芯外的绞线主要以 AA 线（铝合金线）和 AS 线材（铝包钢线）组成。（√）

Lb3C3104　通信机房内环形接地母线一般应采用截面不小于 90 mm² 的铜排或 120 mm² 的镀锌扁钢。（√）

Lb3C3105　电力通信中断，造成四条 220 kV 线路一套继电保护装置退出超过四个小时，电力通信系统应进入预警状态。（√）

Lb3C3106　截止波长是指光纤中只能传导基模的最短波长。对于单模光纤，其截止波长必须短于传导光的波长。（√）

Lb3C3107　阶跃折射率光纤的数值孔径（NA）表示光纤的收光能力，NA 越小，光纤收集光线的能力越强。（×）

Lb3C3108　220～500 kV 系统主保护的双重化是指两套主保护的交流电流、电压和直流电源均

彼此独立;有独立的选相功能和断路器,有两个跳闸线圈;有两套独立的保护专(复)用通道。（√）

Lb3C3109　功率因数越大,电能的利用率就越小。（×）

Lb3C3110　高频开关电源的氧化锌压敏电阻可用于整流器输入浪涌保护。（√）

Lb3C3111　针对雷电的危害,电源系统采取二级防雷措施。（×）

Lb3C3112　如果防雷器模块窗口变红,需要立即更换防雷模块。（√）

Lb3C3113　铅酸蓄电池的自放电是指电池在存储期间容量降低的现象。（√）

Lb3C3114　Base－T 无屏蔽双绞网线采用 RJ45 接头,每一区段的最大传送距离是 100 m。（√）

Lb3C3115　三层交换机与路由器相比更适合处理简单、静态、接口类型和业务类型单一的网络。（×）

Lb3C3116　传统 VPN 使用大量第三层技术,适合中央站点不多、远程站点非常多的非冗余配置。（√）

Lb3C3117　MPLS－TP 是一种面向非连接的分组交换技术,它采用边缘到边缘的伪连线仿真技术进行多业务仿真承载和传送。（×）

Lb3C3118　程控交换机收号必须达到预收号长度后才进行呼叫分析。（×）

Lb3C3119　数字程控交换系统是由话路信息传送子系统和控制子系统构成的。（√）

Lb3C3120　No.7 信令系统是公共信道信号方式,是将若干条电路的信号集中起来,在一条公共的数据链路上进行传输的信号方式。（√）

Lb3C3121　在中国 No.1 信令中,记发器信号是电话自动接续的控制信号,它包括路由选择信号和网络管理信号,我国采用端到端的带内多频互控传送方式。（√）

Lb3C3122　AG 与 IMS 核心网之间采用 SIP 或 H.248 协议,也可以采用 No.7 和 DSS1 信令。（×）

Lb3C3123　IAD 作为综合接入设备用于传统 POTS 话机的接入,与核心网之间可采用 SIP 或 H.248 协议。（√）

Lb3C3124　SDH 体制数字复接过程是按照比特间插同步复用完成的。（×）

Lb3C3125　在 SDH 中采用了净负荷指针技术,将低速支路信号复用成高速信号。（√）

Lb3C3126　在 SDH 中,复用段环能支持的最大节点数是 15 个。（×）

Lb3C3127　SDH 单向通道环的时隙利用率比复用段高。（×）

Lb3C3128　SDH 帧结构中有许多空闲字节,如果利用空闲字节,可以提高光线路速率。（×）

Lb3C3129　对于同一个环网,使用通道环的业务总量要大于使用复用段环的业务总量。（×）

Lb3C3130　蓄电池在放电过程中,只要发现有任一个单体电池的电压下降到放电终止的数值,应立即停止放电。（√）

Lb3C3131　C10 的含义是蓄电池用 10 小时放电率放出的容量,单位为安时。（√）

Lb3C3132　计算机网络的树形结构中,根节点发生故障,全网可正常工作。（×）

Lb3C3133　VLAN 是由一些局域网网段构成的与物理位置无关的逻辑组,而这些网段具有某些共同的需求。(√)

Lb3C3134　网线的线序分为两种,568A 与标准 568B,568A 的线序为 1 -绿白,2 -绿,3 -桔白,4 -蓝,5 -蓝白,6 -桔,7 -棕白,8 -棕;标准 568B 的线序为 1 -桔白,2 -橙,3 -绿白,4 -蓝,5 -蓝白,6 -绿,7 -棕白,8 -棕。(×)

Lb3C3135　PDH 在复用信号的帧结构中,由于开销比特的数量很少,不能提供足够的运行、管理和维护功能,因而不能满足现代通信网对监控和网管的要求。(√)

Lb3C3136　在 PCM30/32 系统中,F3 的第 16 时隙后 4 位码传送第 18 话路的信令。(√)

Lb3C3137　OTDR 仪表给出的最大距离刻度即为可测光纤的最大距离。(×)

Lb3C3138　光纤弯曲时部分光纤内的光会因散射而损失掉,造成损耗。(×)

Lb3C3139　测量光缆传输损耗时,采用 OTDR 测量的结果更精确。(×)

Lb3C3140　OPGW 的抗拉性能试验一般可以和应力-应变试验同时进行。(√)

Lb3C3141　光纤的色散特性使光信号波形失真,造成码间干扰,使误码率增加。(√)

Lb3C3142　发光二极管产生的光是非相干光,频谱宽;激光器产生的光是相干光,频谱窄。(√)

Lb3C3143　光纤接头损耗的测量,可以在熔接机指示器上读出,不必另行测量。(×)

Lb3C3144　光纤的接续损耗主要包括光纤本征因素造成的固有损耗、非本征因素造成的熔接损耗及活动接头损耗三种。(√)

Lb3C3145　光通信系统的消光比是指光信号的"O"码时的光功率和"1"码时的光功率之比,消光比越大越好。(×)

Lb3C3146　光纤通信中,伪双极性码,CMI 和 DMI 码都是适合在光纤中传输的线路码型。(√)

Lb3C3147　G. 655 光纤被称为非色散位移单模光纤,分为 G. 655A、G. 655B、G. 655C 三类,主要是色散系数和 PMD 值有区别。(×)

Lb3C3148　光纤的纤芯和涂层相比,纤芯的折射率小。(×)

Lb3C3149　用于光通信传输的光,波长范围在 800~1 700 nm 的近红外区内,对单模光纤来说,可以利用的波段分为 O、E、S、C、L、U,常用波长为 1 310 nm、1 550 nm 和 1 625 nm。(√)

Lb3C3150　光纤的色散将使光脉冲在光纤中的传输过程中发生展宽,影响误码率、传输距离及系统速率。(√)

Lb3C3151　在阶跃光纤中,光波在纤芯中的传播速度要低于包层中的传播速度。(×)

Lb3C3152　光纤的非线性可以使入射光纤的光信号的波长发生改变。(√)

Lb3C3153　光纤中只能传导基模的最短波长是截止波长。对于单模光纤,其传导光的波长必须短于截止波长。(×)

Lb3C3154　光纤测量的后向散射法适用于测试光纤的损耗点的测量。(√)

Lb3C3155　光纤测量的截断法、插入损耗法及后向散射法适用于测量光纤的色散参数。(×)

Lb3C3156　光纤测量的相移法和脉冲时延法适用于测量光纤的衰减参数。（×）

Lb3C3157　OPGW 型式的检验目的是对基本设计和产品质量进行全面考核。（√）

Lb3C3158　光纤连接损耗的现场监测主要方法,包括熔接机监测、OTDR 监测及采用光源和光功率计测量。（√）

Lb3C3159　单盘测试包括光特性测试和电特性测试,单盘光缆的衰减测试包括总衰减测试和衰减系数测试。（√）

Lb3C3160　ADSS 光缆的现行标准主要有三种,分别为 IEEE 1222、YD/T 980、DL/T 788。（√）

Lb3C3161　G.655 光纤为非零色散光纤,将零色散点移到 1 525 nm 或 1 585 nm 附近,适用于开通 DWDM 系统。（√）

Lb3C3162　光缆的悬挂方式有直线方式和耐张、转角方式,直线方式采用静端夹具,耐张和转角方式采用悬垂夹具。（×）

Lb3C3163　按照 GB/T 7424.1 规定,光缆安装期间,通常合适的最小静态弯曲半径为 10 倍缆径,在张力安装时,为 20 倍缆径。（√）

Lb3C3164　在光线测试曲线中,幻峰是指光纤末端之后出现的光反射峰。（√）

Lb3C3165　波长为 1 310 nm 和 1 550 nm 时,光纤不应有超过 0.10 dB 的不连续点。（√）

Lb3C3166　OPGW 短路电流容量参数对选用的 OPGW 的结构不会有影响。（×）

Lb3C3167　采用 OTDR 测试光纤时,所谓的盲区主要包括衰减盲区和时间盲区。（√）

Lb3C3168　OPGW 光缆绞合节距应确保 OPGW 的拉伸性能符合 DL/T832 标准,单线最外层的节径比既不小于 10,也不大于 14。（√）

Lb3C3169　从信道间距的选取来划分,波分复用系统包括密集波分复用和稀疏波分复用两种类型。（√）

Lb3C3170　在直线杆塔上一般配置悬垂金具,当水平角和垂直角小于 300（即单边 150）时,可配置单悬垂金具,当垂直角大于 300（单边 150）、小于 600（单边 300）时,应配置双悬垂金具。（√）

Lb3C3171　接地线的主要作用在于系统短路时,为短路电流提供通路接地线的一端与铁塔相接,另一端用并沟线夹与 OPGW 连接。（√）

Lb3C3172　用光源、光功率测量时,测量常用"四 P"法测量光功率,最后算得连接损耗的最终结果是 $a=(P_1-P_2)-(P_3-P_4)$。（√）

Lb3C3173　为了减少对（组）间互相串音的影响和外界干扰,同时,当电缆弯曲时芯线能受到相同位移,保持相对位置不受影响,电缆芯线各线对采用平行排列方式。（×）

Lb3C3174　为了保证安全运行,最大使用张力为 40％ 额定抗拉强度时,通信质量应无变化,OPGW 还应具有良好的疲劳耐振特性,允许平均运行张力不应低于 25％ RTS。（×）

Lb3C3175　OTDR 测试曲线是将每次输出脉冲后的反射信号采样,并把多次采样做平均处理

以消除一些随机事件,平均时间越长,动态范围越小。(×)

Lb3C3176 判断光纤强度的方法主要有抗拉试验法、强度筛选法和动态疲劳法,通过光纤的拉断力试验得到韦布尔分布图,取得低强度点的斜率 $m$ 值。保证较小的 $m$ 值,同时确保光纤具有一定的筛选强度及抗疲劳参数 $n$ 值是选择优质光纤的关键。(√)

Lb3C3177 对稀疏 WDM,其信道间隔 $\Delta\lambda=1\sim10$ nm,采用普通的光纤 WDM 耦合器,即可对复用信道解复用,对密集 WDM,$\Delta\lambda=0.1\sim1$ nm,要用波长选择性高的光栅解复用器对复用信道解复用。(×)

Lb3C3178 造成单模光纤中的偏振模色散的内在原因是纤芯的椭圆度和残余内应力,外因是成缆和敷设时的各种作用力,即压力、弯曲、扭转及光缆连接等都会引起偏振模色散。(√)

Lb3C3179 DL/T 832 标准中规定的 OPGW 应力-应变试验的负荷要求为 40%RTS 和 50% RTS。(×)

Lb3C3180 ADSS 光缆的安装弧垂一般要小于电力导线的弧垂。(√)

Lb3C3181 盲区决定 OTDR 横轴上事件的精确程度;动态范围决定 OTDR 纵轴上事件的损耗情况和可测光纤的最大距离。(√)

Lb3C3182 电源设备断电检修前,应确认负载已转移或关闭。(√)

Lb3C3183 在路由选择中,当遇到低呼损路由和基干路由时,不允许溢出到其他路由上,路由选择结束。(√)

Lb3C3184 路由算法可分为向量-距离算法和链路-状态算法。(√)

Lb3C3185 网络安全应具有保密性、完整性、可用性、可查性。(×)

Lb3C3186 光波是一种高频电磁波,不同波长(频率)的光波复用在一起进行传输,彼此之间相互作用,将产生四波混频。(√)

Lb3C3187 当网元或链路出现失效时,通过备用容量或自动重路由操作,网络业务可保持连续性。这种网络生存性机制称为自动保护倒换。(√)

Lb3C3188 在 No.7 信令中,允许传递消息是由某信令点发出,通知与其相邻各信令点该信令点可达。(×)

Lb3C3189 No.7 信令的第一类是消息信号单元,用于传送用户部分所产生的消息。(√)

Lb3C3190 共路信令利用 TS16 传送时,只是将组成信令单元的若干个 8 位位组依次插入 TS16,TS16 并不知道传送的内容,即信令和话路没有固定关系。(√)

Lb3C3191 在 No.7 信令中,当在信令链路的接收端检测出拥塞条件时,则启动流量控制程序。链路拥塞的接收端以适当的链路状态信号单元通知远端的发送端,并停止证实所有的输入消息信号单元。(√)

Lb3C3192 在 No.7 信令中,预防循环重发校正方法只有肯定证实,无否定证实的前向纠错方法,适用于单向传输时延大于 15 ms 的链路。(√)

Lb3C3193　在 No.7 信令中,管理阻断过程是一种信令业务管理功能,用于信令网的维护和测试,当对某条链路进行管理阻断后,该链路上将没有消息传递。(×)

Lb3C3194　电力 IMS 网络与自动交换电话网汇接局互通时,IM–MGW 配置 IMS 网络侧的信令点编码,采用 No.7 或 No.1 协议实现互通。(×)

Lb3C3195　SDH 系统中,在发信失效的情况下再生段终端基本功能块往下游送 AIS 信号。(×)

Lb3C3196　SDH 各种业务信号复用进 STM–N 帧的过程都要经历映射、定位和复用步骤。(√)

Lb3C3197　在 SDH 中,按字节间插的方式构成 STM-4 段开销时,除第 1 个 STM-1 的段开销完整保留外,其余 3 个 STM-1 的段开销仅保留 A1、A2、E1、E2 等字节。(×)

Lb3C3198　SDH 信号的线路编码仅对信号进行扰码,而不插入冗余码,因而其线路信号速率和相应的电口信号速率一致。(√)

Lb3C3199　在 SDH 帧中,所有的字节必须经过扰码,否则可能会出现长连 0 和长连 1,不利于定时信号的提取。(×)

Lb3C3200　OTN 的 OTUk 开销 FAS 共有 16 个字节。(×)

Lb3C3201　OTN 的基本单位为 OTU1、OTU2、OTU3,但其帧结构是不一样的。(×)

Lb3C3202　数字中继一律采用对帧失步等故障告警信号,并能将这些告警信号插入到 TS1 中,送入网络。(×)

Lb3C3203　光纤的色散越大,光纤的带宽越宽。(×)

Lb3C3204　在 G.652 光纤的 1 550 nm 窗口处,光纤的色散系数为正值,光载波的群速度与载波频率成正比。(√)

Lb3C3205　光衰减器是光通信线路测试技术中不可缺少的无源光器件。(√)

Lb3C3206　当入纤光功率超过一定数值后,光纤的折射率将与光功率呈非线性相关,并产生拉曼散射和布里渊散射,使入射光的频率发生变化。(√)

Lb3C3207　OPGW 的承力部分由铝合金丝、铝包钢丝、铝丝、镀锌钢丝等组成,处于同一层的单丝,材质、直径可以不同。(×)

Lb3C3208　OPGW 光缆相邻层绞合单线的绞向一般应相反,绞层最外层绞合方向为"右"向。(√)

Lb3C3209　建筑物内用的光缆在选用时应注意其阻燃、毒和烟的特性,一般在管道中或强制通风处可选用阻燃但有烟的类型,暴露的环境中应选用阻燃、无毒和无烟的类型。(√)

Lb3C3210　OPGW 在运行时必须考虑能承受大电流,电流的大小取决于电力线路的特性和电网的相应时间。(√)

Lb3C3211　OPGW 现场验收试验可采用光时域反射计(OTDR)法或光源和光功率计法对光纤进行光衰减测试。(√)

Lb3C3212　对于沿海地区,应提高 OPGW 的耐盐雾腐蚀性能,可采用铝包钢管型 OPGW,使得全截面均为铝接触,提高耐腐蚀特性。(√)

Lb3C3213　设定 OTDR 测量的距离范围,测试区间常常稍小于被测光纤的长度,以保证光纤测试的精度。(×)

Lb3C3214　如果使用单模 OTDR 模块对多模光纤进行测量,或使用一个多模 OTDR 模块对单模光纤进行测量,测量结果都不会受到影响。(×)

Lb3C3215　光纤分为阶跃光纤和渐变光纤,阶跃光纤带宽较宽窄,适用于小容量短距离通信;渐变光纤带宽较宽,适用于中、大容量通信。(×)

Lb3C3216　光缆交货盘长应为订货合同中所要求的配盘长度,允许的公差范围为 3%。(×)

Lb3C3217　防振锤主要用于消除或降低 OPGW 光缆运行时因各种因素的影响而产生的振动,从而保护光缆及金具,如安装侧有两个及以上的防振锤,第一个和第二个防振锤安装在线夹预绞丝上,第三个防振锤在安装前应先加装护线条预绞丝。(×)

Lb3C3218　对 OPGW 光缆,因为存在放线、过滑轮、紧线过程而造成的结构伸长,运行过程中温度升高产生的膨胀伸长及塑性变形产生的蠕变伸长,所以对光纤余长有严格的要求,一般为成缆的 6%～7%。(×)

Lb3C3219　从网络层次上,软交换系统可划分为接入层、承载层、控制层和业务应用层。(√)

Lb3C3220　光功率自动控制可通过直接检测光功率控制偏置电流来实现。(√)

Lc3C3221　高频保护不反应被保护线路以外的故障,因此不作为下一段线路的后备保护。(√)

Lc3C3222　交流输电技术中的电功率是由高电压端向低电压端传送的。(×)

Lc3C3223　电网调度的性质有指挥性质、生产性质和职能性质。(√)

Lc3C3224　并联电容器是重要的调压无功补偿设备,其性能缺陷是输出功率随安装母线电压的降低而降低。(√)

Lc3C3225　电压互感器的工作原理与变压器相同,一侧电压随二次负载大小变化。(×)

Lc3C3226　如果接地网的接地电阻过大,在雷电波袭击时,会产生很高的残压,使附近物体受到反击的威胁。(√)

Lc3C3227　同塔多回线路可以是同一电压等级,也可以是不同电压等级。(√)

Lc3C3228　系统频率降低时,可以通过增加励磁的办法使频率上升。(×)

Lc3C3229　电压互感器的二次负载越大,变化误差和角误差就越小。(×)

Lc3C3230　变电站的母线装设避雷器是为了防止直击雷。(×)

Lc3C3231　特高压是指在 1 000 kV 及以上的交流电压,在 +800 kV 及以上的直流电压。(√)

Lc3C3232　两个固定的互感线圈,若磁路介质改变,其互感电动势也改变。(√)

Lb3C3233　电力二次系统安全防护的总体原则是"安全分区、网络专用、横向隔离、纵向认证"。(√)

Lb3C3234　三相电流不对称时,无法由一相电流推知其他两相电流。(√)

Lb3C3235　三相电动势达到最大值的先后次序叫相序。(√)

Lb3C3236　变压器空载时,一次绕组中仅流过励磁电流。(√)

Lb3C3237　有源二端网络,开路电压为 10 V,短路时测得电流为 2 A,该二端网络的等效电势、

电阻分别为 10 V、5 Ω。（√）

**Lb3C3238** 变压器的铁损与负载的大小有关。（×）

**Lb3C3239** 电力系统中，串联电抗器主要用来限制故障时的短路电流。（√）

**Lb3C3240** 电力系统中，并联电抗器主要是用来吸收电网中的容性无功。（√）

**Lb3C3241** 串联电容器和并联电容器一样，可以提高功率因数。（√）

**Lb3C3242** 在大电流接地系统，线路发生接地故障时，故障点的零序电压最高，而变压器中性点的零序电压最低。（√）

**Lb3C3243** 电力系统中有功功率是从电压幅值高的一端流向低的一端，无功功率是从相角超前的一端流向相角滞后的一端。（×）

**Lb3C3244** 同一电阻在相同时间内通过直流电和交流电，并产生相同热量，这时直流电流的数值就为交流电流的有效值。（√）

## 5.2.4　计算题

**Lb3D3001** 在一个阻抗为 75 Ω 的电阻上测得的一个信号功率为 10 W，试问其功率电平、电压电平为多少？

【解】　功率电平 $=10\times\lg(10\,000\ \text{mW}/1\ \text{mW})=10\times\lg10\,000=40\ \text{dBm}$

电压电平 $=$ 功率电平 $+10\ \lg(75\ \Omega/600\ \Omega)$

$\qquad\qquad =40\ \text{dBm}+10\times\lg(75\ \Omega/600\ \Omega)=40\ \text{dBm}-9\ \text{dBm}=31\ \text{dBm}$

【答】　功率电平为 40 dBm；电压电平为 31 dBm。

**Lb3D3002** 某 500 kV 变电站的通信设备终期负荷电流为 200 A，每套电源配置两组 1 000 Ah 的铅酸阀控蓄电池，试计算整流器容量。备用容量按 25% 考虑，蓄电池充电按 10 小时率计算。

【解】　1 000 Ah 蓄电池的所需的充电电流 $=2\times1\,000/10=200(\text{A})$

整流器总电流 $=200+200=400(\text{A})$

备用容量电流 $=400\times25\%=100(\text{A})$

整流器的总容量 $=400+100=500(\text{A})$

【答】　整流器容量至少为 500 A。

**Lb3D3003** 层绞式 OPGW 光缆的内层总直径为 2.5 mm。内层周围第一层绞线的单线根数为 5 根，计算应选择的单线直径。

【解】　$d/D=3/(n-3)$

$d=3/(5-3)\times2.5=3.75(\text{mm})$

【答】　单线直径应选择 3.75 mm。

**Lb3D3004** 已知某交换机在 10 分钟内从外线呼入的电话如下表所示，求其话务量。

|  | 呼入 1 | 呼入 2 | 呼入 3 | 呼入 4 | 呼入 5 | 呼入 6 | 呼入 7 |
|---|---|---|---|---|---|---|---|
| 开始时间 | 09:00:15 | 09:00:30 | 09:02:20 | 09:04:00 | 09:04:00 | 09:05:00 | 09:07:10 |
| 结束时间 | 09:00:55 | 09:01:50 | 09:04:10 | 09:05:20 | 09:05:40 | 09:05:50 | 09:08:20 |

【解】 首先算出各次呼入的时长(呼叫结束时间－开始时间):40 s,80 s,110 s,80 s,80 s,30 s,70 s。

呼叫的平均占用时长＝(40＋80＋110＋80＋80＋30＋70)/7 ＝70 s

单位时间内发生的平均呼叫数＝7/(10×60)＝0.01167

话务量＝70×0.01167＝0.82 爱尔兰

【答】 话务量为 0.82 爱尔兰。

**Lb3D3005** 已知一组额定容量为 1 000 Ah 的阀控铅酸蓄电池,以 100 A 电流作放电实验,放电时间为 9.5 h。(1)求该组电池的测试容量 $C_t$;(2)假设放电实验中环境温度为 20 ℃,求标准温度的实际容量 $C_e$(蓄电池容量的温度补偿系数为 $1＋0.006(t－25)$)。

【解】 (1)$C_t＝100×9.5＝950(Ah)$

(2)$C_e＝950÷[1＋0.006(20－25)]＝950÷0.97＝979.38(Ah)$

【答】 该组蓄电池的测试容量为 950 Ah;标注温度下的实际容量为 979.38 Ah。

**Lb3D3006** 通信直流电源系统配置 1 000 Ah 蓄电池,蓄电池离电源设备 50 m,要求充电时导线压降不大于 0.5 V,请选择蓄电池线缆线径。(电池充电系数按照 0.15 计算;$R$ 铜电导率＝57 $S$。)

【解】 流过线缆的电流:$1 000×0.15＝150(A)$

由直流电缆计算公式:$S＝(IL)/(RU)＝(150×50)/(57×0.5)＝263.16(mm^2)$

【答】 选择 263.16 $mm^2$ 的多股铜芯电缆。

**Lb3D3007** 某 220 kV 变电站需要购买一套站用通信电源,站内的配置及用电情况:通信设备所需的负载电流为 30 A,蓄电池配置为 300 Ah×2 组。蓄电池最大充电电流按 1.12I10 考虑。(1)如果采用单体输出为 30 A 的整流模块,最少需要几个?(2)如果按 $N＋1$ 考虑,需要几个模块?

【解】 蓄电池最大充电电流:$1.12×600/10＝72(A)$

电源总输出电流:$72＋30＝102(A)$

【答】 (1)$102/30＝3.4$,向上取整数,需要 4 个 30 A 模块。(2)为了增加可靠性,电源模块按 $N＋1$ 考虑,则该站电源需要配置 5 个 30 A 模块。

**Lb3D3008** 某 110 kV 线路架设的 ADSS 光缆故障,该光缆型号为 ADSS－AT24B1－12 kN。用 OTDR 测试故障点距测试端的光纤长度为 13.422 km,查资料得知此段共有 6 个接头,接头盒盘留的光纤长度为 $(3＋3.5＋3.4＋4＋3.1＋3)$m,每个接头余留的光缆长度:$(10＋9.5＋8.6＋11.3＋10.5＋9.4)$m,其他盘留长度为 28 m,光缆绞缩率为 0.7%,自然弯曲率为 1%。试计算故障点到测试端的地面长度。

【解】　$L=[(L_1-\sum L_2)/(1+P)-\sum L_3-\sum L_4-\sum L_5]/(1+a)$

式中，$L$ ——故障点到测试端的地面长度；

　　　　$L_1$ ——OTDR 测出的测试端至故障点的光纤长度；

　　　　$L_2$ ——每个接头盒内盘留的光纤长度；

　　　　$L_3$ ——每个接头盒处光缆预留的长度；

　　　　$L_4$ ——光缆各种盘留的长度；

　　　　$L_5$ ——光缆 S 型敷设增加的长度；

　　　　$P$ ——光纤在光缆中的绞缩率；

　　　　$a$ ——光缆的自然弯曲率（架空可取 0.5%～0.7%）。

　　　　$L=[(13\ 422-20)/(1+0.7\%)-59.3-28-12]/(1+1.0\%)=12\ 009(\text{m})$

【答】　故障点到测试端的地面长度为 12 009 m。

**Lb3D3009**　一个标准的 H.320 终端，通信方式为 E1 成帧专线连接，速率为 1 920 kbps，请计算在传输线路上占用多少个时隙；当连接速率为 384 kbps 时，又占用多少个时隙？

【解】　连接速率为 1 920 kbps 时占用的时隙数：$1\ 920\div64=30$（个）

　　　　当连接速率为 384 kbps 时占用的时隙数：$384\div64=6$（个）

【答】　当连接速率为 1 920 kbps 时，在传输线路上占用的时隙数为 30 个，当连接速率为 384 kbps 时，在传输线路上占用的时隙数为 6 个。

**Lb3D3010**　电话信道的信噪比为 30 dB，带宽为 0.3～3.4 kHz，求电话信道的最高传输速率？

【解】　　　　　　　　　　　　$W=3.4-0.3=3.1\ \text{kHz}$

　　　　　　　　　　　　　　　$10\times\lg S/N=30$

则：　　　　　　　　　　　　　$S/N=1\ 000$

　　　　$C=W\log2(1+S/N)=3.1\times\log2(1+1\ 000)=33.8\ \text{kb/s}$

【答】　最高传输速率为 33.8 kb/s。

## 5.2.5　识图题

**Lb3E3001**　如图所示的是电力系统 IMA 交换网的（　　　）。

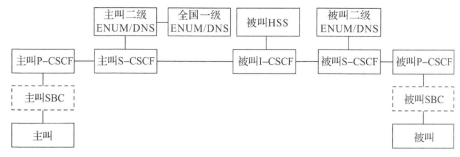

　　（A）省间互通信令路由图　　　　　　（B）省内互通信令路由图

　　（C）省间数据流路由图　　　　　　　（D）省内数据流路由图

【答案】　A

**Lb3E3002** 请说出下图 OTDR 测试的光纤波形图中 A、B、C、D 点的含义是（　　）。

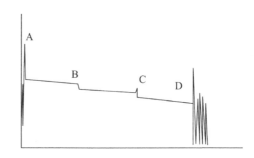

(A)A 点表示测脉冲的起始点

(B)B 点表示该处有衰减

(C)C 点有损耗

(D)D 点后的波形为测试脉冲的回波部分

【答案】　ABCD

**Lb3E3003** 用 OTDR 进行光缆单盘测试时的测量曲线如下图所示,该光缆在 $34.2 \sim 41.8$ m 处（　　）。

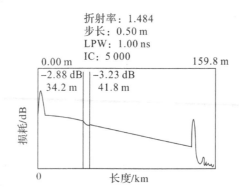

(A)有光缆接头　　　　　　　　　　(B)有伪增益

(C)有明显的局部衰减　　　　　　　(D)是测试脉冲的回波

【答案】　C

**Lb3E3004** 下图为 IMS 系统的用户呼叫过程,其描述的是（　　）过程。

(A)为行政交换网电路交换用户呼叫本省 IMS 用户

(B)为 IMS 用户呼叫本省行政交换网电路交换用户

(C)为行政交换网电路交换用户呼叫异省 IMS 用户

(D)为 IMS 用户呼叫异省行政交换网电路交换用户

【答案】　A

Lb3E3005　下图为测试 SDH 光传输设备的(　　)。

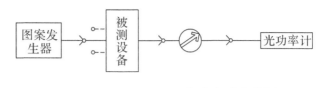

(A)灵敏度　　　　　　　　　　　(B)光功率动态范围

(C)消光比　　　　　　　　　　　(D)平均发送光功率

【答案】　D

## 5.2.6　简答题

Lb3F3001　No.7 信令方式的四个基本功能级是什么?

【答】　信令数据链路级、信令链路控制级、信令网功能级、用户部分(UP)功能级,前三级统称为消息传递部分(MTP)。

Lb3F3002　程控交换机的容量指标主要包括哪些?

【答】　容量指标主要包括程控交换机能承受的话务量、呼叫处理能力、交换机能够接入的用户线和中继线的最大数量。

Lb3F3003　什么是 PON(无源光网络)?

【答】　PON 是本地接入网中的无源光网络,基于无源光器件,如耦合器、分光器及光缆。

Lb3F3004　光通信系统中,插入损耗是什么?

【答】　插入损耗是指光传输线路中插入光学部件(如插入连接器或耦合器)所引起的衰减。

Lb3F3005　简述熔断器的作用。

【答】　熔断器是串接在低压电路中的一种保护器。当线路过载或短路时,利用熔丝(片)熔断来切断电路,从而实现对电路的保护。熔断器的种类有插入式、螺旋式和无填料密封式等。

Lb3F3006　功率因数是如何定义的? 它的意义是什么?

【答】　当电压、电流为正弦波,负载为电阻、电容、电感的线性负载时,由于电压、电流之间存在着相位差 $\varphi$,功率因数的定义是有功功率与视在功率的比值,数学表达式如下:$\cos \varphi = P/S$。意义:从上式可知 $P = S \times \cos\varphi = UI \cos\varphi$,功率因数越大,从外电路提供的电能转变为其他电能的利用率就越大。

Lb3F3007　为防止蓄电池有引起爆炸及火灾的危险,维护时应注意什么事项?

【答】　(1)要进行换气以保证室内氢气浓度在 0.8% 以下。(2)扭矩扳手及钳子等金属工具要用绝缘胶布进行绝缘处理后再使用。(3)绝对不要让火焰、香烟等明火接近电池。

Lb3F3008　为了保证铅酸阀控蓄电池的正常运行,需要经常检查的项目有哪些?

【答】　(1)单体和电池组的浮充电压;(2)极柱、安全阀周围是否有酸雾逸出;(3)电池外壳和极柱的温度;(4)电池壳盖有无变形和渗液;(5)连接螺钉有无松动、腐蚀现象。

Lb3F3009　铅酸阀控蓄电池在什么情况下需要及时进行充电?

【答】 (1)浮充电压有两只低于2.18 V;(2)放出20%以上额定容量;(3)搁置不用时间超过三个月;(4)全浮充运行达六个月。

Lb3F3010　如何理解电涌保护器的概念？

【答】 电涌保护器(SPD)在通信局(站)是用于各类通信系统对雷电电流、操作过电压等进行保护的器件。

Lb3F3011　No.7信令系统的消息传递部分由哪些功能级组成？

【答】 No.7信令系统的消息传递部分由信令链路级、信令链路功能级和信令网功能级三个功能级组成。信令链路级是用于信号的双向传递的通路;信令链路功能级保证信令两端的信号可靠传送;信令网功能级的功能是,当信令网中某些节点或某些链路发生故障时,它能保证信令网仍能可靠传递各种信令消息。

Lb3F3012　试叙述IP电话与传统电话网的互通有哪些方式。

【答】 (1)利用接入服务器实现IP网在传统电话网上的数据接入;(2)在IP网和传统电话网接口处设置IP电话网关设备,实现语音业务的互通;(3)利用软交换设备使传统电话网用户通过IP网进行互通。

Lb3F3013　简述软交换系统的组成。

【答】 软交换网由软交换设备(SS)、路由服务器/转接软交换机、中继网关(TG)、信令网关(SG)、接入网关(AG)、综合接入设备(IAD)、软交换业务接入控制设备(SAC)、应用服务器(AS)、媒体服务器(MS)、用户数据库(SDB)等节点,以及连接这些节点的IP分组承载网组成。

Lb3F3014　什么是IMS? IMS与软交换的主要区别有哪些?

【答】 IMS(IP multimedia subsystem)即IP多媒体子系统,是在基于IP网络基础上提供多媒体业务的通用网络架构,IMS实现了业务、交换、承载的完全分离。IMS与软交换都是基于IP分组的技术,实现了控制与承载的分离,两者的区别主要在网络架构上,包括:(1)在软交换控制与承载分离的基础上,IMS进一步实现了呼叫控制层和业务控制层的分离;(2)IMS较之软交换对移动通信网有更充分的支持,并利用归属用户服务器,用于用户鉴权和保护用户业务触发规则;(3)IMS全部采用SIP协议作为呼叫控制和业务控制的信令,而软交换中,SIP协议只是用于呼叫控制多种协议的一种,更多的适用MGCP和H.248协议。

Lb3F3015　IMS接入网主要包括哪些设备?

【答】 IMS接入网设备主要包括IP话机(含软终端)、IP端局交换机(IP-PBX)、接入网关(AG)、综合接入(IAD)设备等。

Lb3F3016　试说明对IMS行政交换网提供的业务有哪些。

【答】 IMS行政交换网应提供多媒体电话基本业务、多媒体电话补充业务。多媒体电话基本业务及补充业务应由SIP AS实现,可为SIP硬终端、SIP软终端、POTS终端等IMS网络的用户终端提供多媒体电话基本业务及补充业务,且应支持与行政交换网(包括电路交换、软交换、

IMS)、调度交换网、公网互通。

**Lb3F3017** 为什么利用 SDH 网络传送定时信号会有距离限制?

【答】 时钟和传输媒质等都会产生漂移,同步时钟设备和 SDH 设备时钟对于抖动都具有良好的过滤功能,但是难以滤除漂移,SDH 定时链路上的 SDH 网元时钟将会增加漂移总量,随着定时信号的传递,漂移将不断积累,因此定时链路会有距离限制。

**Lb3F3018** OPGW 线路巡查内容有哪些?

【答】 (1)光缆弧垂有无变化;(2)光缆表面有无异物及吊挂;(3)光缆单丝是否存在断股;(4)金具附近有无变形、滑移现象;(5)防振锤、防振鞭是否滑移;(6)与其他电力设施的间距;(7)余缆架、接续盒是否牢固、受损。

**Lb3F3019** 光缆的弯曲程度是如何确定的?

【答】 光缆弯曲半径应不小于光缆外径的 20 倍,施工过程中(非静止状态)不小于光缆外径的 30 倍。

**Lb3F3020** 光缆施工前需要哪些准备工作?

【答】 (1)光缆盘测与金具清点;(2)施工技术方案的培训交底;(3)施工材料、器具准备;(4)放线通道处理。

**Lb3F3021** 光纤的带宽与什么有关?

【答】 光纤的带宽近似与其长度成反比,带宽长度的乘积是一常量。

**Lb3F3022** 什么是光纤的截止波长?

【答】 截止波长是指光纤中只能传导基模的最短波长。对于单模光纤,其截止波长必须短于传导光的波长。

**Lb3F3023** ADSS 光缆中纤芯填充材料常采用油膏,它是起什么作用的,有何特殊要求?

【答】 ADSS 光缆中纤芯填充材料常采用油膏,目的是阻止水分从外界环境侵入到缆芯,以保护光纤的长期稳定性及使用寿命。因此,要求 ADSS 光缆中的油膏应具有抗水性好、低温不凝固、高温不滴漏、绝缘、无毒、防菌、无杂质等特点。

**Lb3F3024** 对开关电源的氧化锌压敏电阻的维护的注意事项是什么?

【答】 氧化锌压敏电阻(MOV)须每三个月检查一次是否破坏。在每次发生雷电之后,都要立刻检查压敏电阻是否遭雷击及损坏。所有损坏的压敏电阻都必须立即更换,否则整流器便失去浪涌保护。

**Lb3F3025** 如何理解铅蓄电池的使用寿命?

【答】 衡量铅蓄电池的使用寿命有两种方式:循环寿命和浮充寿命。铅蓄电池经历一次充电和放电,称为一次循环(一个周期)。在一定放电条件下,电池工作至某一容量规定值之前,电池所能承受的循环次数,称为循环寿命。传统固定型铅蓄电池为 500～600 次,阀控式密封铅蓄电池循环寿命为 1 000～1 200 次。阀控式密封铅蓄电池浮充寿命在 10 年以上。

Lb3F3026 如何理解铅酸阀控蓄电池的温度补偿?

【答】 由于阀控蓄电池漏电流对温度的敏感性,因此常用温度补偿的办法来抑制漏电流的恶性增加,即当温度升高时,采用降低浮充电压的办法来平衡漏电流的增加。温度补偿的电压值通常为温度每升高/降低 1 ℃,每只电池电压降低/升高 3 mV,即在一定温度区间内电压-温度关系是按一定比例关系补偿的。

Lb3F3027 交直流开关与熔丝的容量应如何选择?

【答】 交流开关与熔丝的容量应为负载容量的 1.15~1.5 倍,直流开关与熔丝的容量应为负载容量的 1.5~2 倍。

Lb3F3028 什么是冲突域和广播域?

【答】 冲突域是指所有直接连接在一起的,而且必须竞争以太网总线的节点构成的集合。广播域是一个逻辑上的计算机组,该组内的所有计算机都会收到同样的广播信息。

Lb3F3029 RIP 协议是如何选择路由的?

【答】 RIP 协议认定的最佳路由是到达目的节点所经过的路由器数目最少,也就是"距离"最短的路径。RIP 允许一条路径最多包含 15 个路由器,因此当距离的最小值为 16 时,即认为不可达。

Lb3F3030 在电话交换系统中,什么是接续时延?

【答】 接续时延是衡量网络服务质量的一个指标,包括以下内容:拨号前时延——用户摘机至听到拨号音瞬间的时间间隔;拨号后时延——用户或终端设备拨号终了网络作出响应,即拨号终了至送出回铃音或忙音之间的时间间隔。

Lb3F3031 我国的 No.1 信号系统包含哪两种信号,各自的用途是什么?

【答】 线路信号和记发器信号。线路信号是监视中继线上的呼叫状态的信号,采用逐段识别校正后转发的传送方式;记发器信号是电话自动接续的控制信号,它包括路由选择信号和网络管理信号,我国采用端到端的带内多频互控(MFC)传送方式。

Lb3F3032 DSS1 信令是一种什么协议?

【答】 DSS1 的全称是数字用户 No.1 信令系统,是 ISDN 在 D 信道上的一种协议。

Lb3F3033 随路信令与共路信令在信令的传输机理上的本质区别是什么?

【答】 随路信令利用 TS16 传送时,每个 TS16 负责传送两个话路的线路信令,TS16 和话路有着固定的关系而共路信令可以利用任意时隙传送,传送时只是将信令字节依次插入某一话路传送,话路只是作为信令的载体。

Lb3F3034 电力系统自动交换电话网汇接交换中心是如何设置的?

【答】 (1)一级汇接交换中心(C1)设在电网公司总部;(2)二级汇接交换中心(C2)分别设在各区域电网公司;(3)三级汇接交换中心(C3)设在省(自治区、直辖市)电力公司(以下简称为省公司);(4)四级汇接交换中心(C4)根据交换网的需要设在地区(包括地级市)供电公司;(5)终端交换站(DZ)设在电网公司系统各级直属单位、发电企业、县供电公司等;(6)省级及以上交换节点单独设置汇接中心时也可设置终端交换站。

**Lb3F3035**　试简述 IMS 系统中呼叫会话控制功能。

【答】　CSCF 是 IMS 系统的呼叫控制核心,是 IMS 的最主要功能实体,它的主要作用是在 IP 承载平台上实现对呼叫会话的控制和业务触发,具有中心路由引擎、策略管理和策略执行功能,具体可分为代理 CSCF、问询 CSCF 和服务 CSCF。

**Lb3F3036**　在 2 Mb/s 传输测试仪表中,可选择的时钟模式有哪几种?

【答】　在 2 Mb/s 传输测试仪表中,可选择的时钟模式有内部时钟、接收(环路)时钟和外部时钟三种模式。

**Lb3F3037**　在 2 Mb/s 传输测试仪表中,可选择的测试码型有哪些?

【答】　在 2 Mb/s 传输测试仪表中,测试码型有 PRBS 和字。PRBS 码型中有 $2^9-1$,$2^{11}-1$,$2^{13}-1$,$2^{15}-1$,$2^{20}-1$,$2^{23}-1$;字中有全 1,全 0,1 010,1 000,8 比特或 16 比特字(帧定位)。

**Lb3F3038**　在 2 Mb/s 传输测试仪表中,信号发生告警时,告警类型有哪些?

【答】　在 2 Mb/s 传输测试仪表中,信号发生告警时,告警类型有 LOS,AIS,LOF,LOMF,RDI,TS-AIS 等。

**Lb3F3039**　在 2 Mb/s 传输测试仪表中,在性能分析时,一般支持哪些 ITU-T 的协议?

【答】　在 2 Mb/s 传输测试仪表中,性能分析一般支持 G.821,G.826 和 M.2100 系列的协议。

**Lb3F3040**　在 2 Mb/s 传输测试仪表中,一般情况下,2 Mb/s 和 64 kb/s 信号连接器的接口类型分别是什么?

【答】　2 Mb/s 信号连接器是 BNC 型,75 Ω 不平衡式;64 kb/s 信号连接器是三针 CF 型,120 Ω 平衡式。

**Lb3F3041**　OPGW 光缆的机械强度与短路电流的关系是什么?

【答】　机械强度与短路电流是相互制约的,在相同光缆直径的情况下,机械强度大,短路电流就小,反之,短路电流就大。

**Lb3F3042**　OPGW 光缆的外径是如何计算的?

【答】　各层绞合线的直径相加,计算公式:$D=d(中心直径)+\sum(2×d(各层线直径))$。

**Lb3F3043**　什么是光纤连接器的介入损耗(或称插入损耗)?

【答】　介入损耗是指因连接器的介入而引起传输线路有效功率减小的量值,对于用户来说,该值越小越好。ITU-T 规定其值应不大于 0.5 dB。

**Lb3F3044**　什么是光纤连接器的回波损耗(或称反射衰减、回损、回程损耗)?

【答】　回波损耗是衡量从连接器反射回来并沿输入通道返回的输入功率分量的一个量度,其典型值应不小于 25 dB。

**Lb3F3045**　什么是光纤的非线性?

【答】　光纤的非线性是指当入纤光功率超过一定数值后,光纤的折射率将与光功率非线性相关,并产生拉曼散射和布里渊散射,使入射光的频率发生变化。

Lb3F3046　光纤的色散有几种？它的分类与什么有关？

【答】　光纤的色散包括模色散、材料色散及结构色散。它取决于光源、光纤两者的特性。

Lb3F3047　通信电源系统的测试项目有哪些？

【答】　交流配电屏的检查：两路交流的倒换实验及告警实验，表计指示是否正常，防雷元器件是否完好。高频电源整流器检查：控制、监视、告警单元是否工作正常，电源模块的各点电压设置（重点是蓄电池浮充电压的检查），电源电压的自动均分功能，备用模块检查，防雷器件检查。蓄电池：端电压、组电压（应该在停止交流电源供电的情况下进行），连接处有无松动、腐蚀现象，电池壳体有无渗漏和变形，极柱、安全阀周围有无异常，蓄电池环境温度。蓄电池放电实验：设备到货安装投入使用前，必须进行蓄电池的容量实验，以后应按照厂家的技术指导进行。

Lb3F3048　什么叫铅蓄电池，是如何分类的？什么叫阀控铅蓄电池？

【答】　以酸性水溶液为电解质的电池称为酸蓄电池。因为酸蓄电池的电极以铅及其氧化物为材料，故又称为铅蓄电池。铅蓄电池按其工作环境又可分为移动式和固定式两大类。固定铅蓄电池按电池槽结构分为半密封式和密封式，半密封式又有防酸式和消氢式。依据电解液数量还可将铅蓄电池分为贫液式和富液式，密封式电池均为贫液式，半密封式电池均为富液式。装有密封气阀的密封铅蓄电池，称为阀控铅蓄电池。

Lb3F3049　接地系统由哪些部分组成？它的功能是什么？

【答】　接地系统由大地、接地体（或接地电极）、接地引入线、接地汇集线和接地线组成。接地系统应具有以下功能：(1)防止电气设备事故时故障电路发生危险的接触电位和故障电路开路；(2)保证系统的电磁兼容（EMC）需要，保证通信系统的所有功能不受干扰；(3)给以大地作回路的所有信号系统提供一个低的接地电阻；(4)提高电子设备的屏蔽效果；(5)减低雷击的影响。

Lb3F3050　TCP协议与UDP协议的主要区别和适用场合有哪些？

【答】　TCP协议可以动态地适应互联网的各种特性，在出现各种故障时，有较强的坚韧性，适用于需要准确交付的场合。UDP提供无联接的服务，无重发和纠错功能，不保护数据可靠传输，适用于需要快速交付的场合。

Lb3F3051　简述VPN的工作原理。

【答】　其原理是在IP通信网络上，利用传统设备对发出和接收的IP包进行加解密，在通信的两端之间建立密文通信信道。两个VPN设备之间的通信是在公共网络或者Internet上完成的，但却可以获得像是在一个私有网络内通信的高安全性。

Lb3F3052　什么是光纤纵联保护？

【答】　光纤纵联保护就是利用光纤通道来传送输电线路两端比较信号的继电保护装置。

Lb3F3053　电力系统保护的四要性是什么？

【答】　可靠性、选择性、快速性和灵敏性。

Lb3F3054 电网运行的基本要求是什么?

【答】 (1)最大限度地满足用户的需要;(2)保证供电的可靠性;(3)保证良好的电能质量;(4)努力提高电力系统运行的经济性。

Lb3F3055 什么是电力系统事故?

【答】 电力系统事故是指电力系统中设备全部或部分故障、稳定破坏、人员工作失误等原因使电网的正常运行遭到破坏,以致造成对用户的停止送电、少送电,电能质量变坏到不能容许的程度,严重时甚至会毁坏设备。

# 第6章

技能操作

## ▶ 6.1 技能操作大纲

通信工程建设工——高级工技能等级评价技能操作考核大纲

| 等级 | 考核方式 | 能力种类 | 能力项 | 考核项目(题目) | 考核主要内容(要点) |
|---|---|---|---|---|---|
| 高级工 | 技能操作 | 基本技能 | 工作票、操作票的填写与使用 | 变电第一种工作票的填写 | (1)熟悉变电第一种工作票的填写要求;<br>(2)能根据工作内容填写 |
| | | | | 通信计划检修流程 | (1)熟悉通信计划检修流程;<br>(2)能根据检修计划进行通信检修票填报 |
| | | | 仪器仪表及工器具的使用 | SDH设备灵敏度测试 | 掌握SDH设备接收灵敏度的测试方法,能用信号发生器、功率计和误码测试仪测试SDH设备测试接收灵敏度 |
| | | 专业技能 | 通信传输设备的调试 | SDH设备2M故障分析处理 | (1)掌握SDH 2M业务故障的分析方法;<br>(2)能通过网管、设备面板告警进行故障定位和故障处理 |
| | | | | SDH设备时钟配置 | (1)掌握SDH设备外部时钟的引入和配置方法;<br>(2)能用网管正确设置SHD环网时钟同步 |
| | | | | SDH设备光路搭接 | (1)掌握SDH设备光路搭接操作方法;<br>(2)能按照网络拓扑进行SDH光路搭接 |
| | | | | SDH以太网业务的配置 | (1)掌握SDH以太网业务的配置方法;<br>(2)能通过网管完成以太网业务数据配置 |
| | | | | SDH双纤自愈环单纤故障处理 | (1)掌握SDH双纤自愈环单纤故障处理方法;<br>(2)能通过网管、设备面板告警进行故障定位和故障处理 |
| | | | | PTN设备2M业务配置 | (1)掌握PTN设备2M业务配置方法;<br>(2)通过网管进行2M业务通道设置 |
| | | | | PTN设备以太网业务配置 | (1)掌握PTN设备以太网业务配置方法;<br>(2)能通过网管进行以太网业务通道设置 |

续表

| 等级 | 考核方式 | 能力种类 | 能力项 | 考核项目(题目) | 考核主要内容(要点) |
|------|---------|---------|--------|---------------|------------------|
| 高级工 | 技能操作 | 专业技能 | 网络设备的调试 | 三层网络交换机 VLAN 间通信 | (1)掌握三层网络交换机 VLAN 配置方法；<br>(2)能完成网络交换机的连接、数据设置及业务开通 |
| | | | | 路由器动态路由协议 ISIS 配置 | 掌握路由器动态路由协议 ISIS 配置方法 |
| | | | 接入及其他设备的调试 | PCM 设备开局及电话配置 | (1)熟悉 PCM 设备的板卡配置、接线、上电、测试及配线方法；<br>(2)能通过终端进行话路配置并开通电话用户 |
| | | | | PCM 设备时钟配置 | (1)掌握 PCM 时钟的配置方法；<br>(2)能正确设置 PCM 的时钟同步 |
| | | | | 检查程控交换机 2M 数字中继数据配置 | (1)掌握检查程控交换机 2M 数字中继数据配置方法；<br>(2)能通过网管检查 2M 数字中继的信令点、链路集、路由、链路及相关的参数数据 |
| | | | | 程控交换机 2B＋D 数字用户设置 | (1)掌握程控交换机 2B＋D 数字用户数据配置方法；<br>(2)能通过网管正确配置板卡数据、用户数据，以及局向、子路由、路由、路由分析、出局呼叫字冠、中级群、中继电路等相关数据 |
| | | | | IMS 系统 AG 设备基础配置 | (1)掌握 IMS 系统 AG 设备基础配置方法；<br>(2)能配置 AG 设备的 IP 地址、PVMD 的工作模式及时间服务器 IP 地址等 |
| | | | 机房辅助设备的调试 | 通信蓄电池组容量核对性放电试验 | 掌握铅酸阀控蓄电池组容量核对性放电试验方法 |
| | | | | 通信电源参数设置 | (1)掌握通信高频开关电源浮充、恒压充电、各类告警等参数的设置方法；<br>(2)能根据电源说明书，通过监控模块设置或终端进行参数设置操作 |
| | | | 通信线缆敷设与测试 | 光缆接续及测试 | (1)熟悉光纤熔接机的操作,掌握光缆接续的工艺流程；<br>(2)能完成光缆的光缆开剥及固定、光纤熔接、盘纤及接续盒封装操作；<br>(3)能用 OTDR 完成光缆熔接损耗的双向测试 |

## ▶ 6.2 技能操作项目

### 6.2.1 基本技能题

#### TG3JB0101 变电第一种工作票的填写

**一、作业**

(一)工器具、材料、设备

(1)工器具:无。

(2)材料:纸、笔、一次系统模拟图、现场工作要求。

(3)设备:无。

(二)安全要求

无。

(三)操作步骤及工艺要求(含注意事项)

1.准备工作

着装整齐。

2.工作票的填写

(1)工作票的编号。

确保每份工作票的编号唯一,且便于查阅、统计、分析。

(2)工作负责人、班组、工作班成员。

①"工作负责人"栏:工作负责人即为工作监护人,单一工作负责人或多项工作的总负责人(一人)填入此栏。

②"班组"栏:一个班组检修,班组栏填写工作班组全称;几个班组进行综合检修,则班组栏填写检修单位(班组不允许用简称,检修单位名称可用简称但必须一致)。

③"工作班成员"栏:工作班成员在 10 人及 10 人以下的,应将每个工作人员的姓名填入"工作班成员"栏,超过 10 人的,只填写 10 人姓名,并写明工作班成员人数(如×××等共×人)。"共×人"的总人数不包括工作负责人,工作负责人的姓名不填写在工作班成员内。

(3)工作的变配电站名称及设备双重名称。

必须填写变电站的电压等级及间隔的双重编号。

(4)工作任务。

应填明工作的确切地点,设备双重名称及工作内容。

①工作地点及设备双重编号:必须填写工作地点的电压等级及间隔的双重编号。

②工作内容:所有工作内容必须列入,未列入的项目不得工作。

(5)"计划工作时间"栏。

填写经调度批准的设备停电检修的计划工作时间。

(6)"安全措施"栏。

填写检修工作应具备的安全措施,安全措施要求周密、细致,做到不丢项、不漏项。

①拉开断路器及隔离开关:应包括所有需要拉开的隔离开关、断路器,开关类写在一起,刀闸类写在一起,保险类写在一起;如需在停电的断路器或隔离开关上工作,还应断开该断路器或隔离开关的控制电源和合闸电源。

②挂接地线、应合接地刀闸:必须填写具体的地线和接地刀闸,并且在装设地线处留有空格;应标明所有的接地刀闸或应装设的接地线,并注明确切的接地点;接地线、接地刀闸与检修设备之间不得连有断路器或熔断器。

③装设遮拦应挂标示牌:小面积停电时,遮拦应包围检修设备,并留有出口,遮拦内留有"在此工作"标示牌,在遮拦上悬挂适当数量的"止步,高压危险"警示牌,标示牌朝向围栏里,围栏开口处设"从此进出"标示牌。

大面积停电时,围栏应包围带电设备,不得留有出口,即带电设备四周装设全封闭围栏,并在围栏上悬挂适当数量的"止步,高压危险"的警示牌,警示牌朝向围栏外。

④工作地点保留带电设备及注意事项:应针对从事的工作填明具体明确的注意事项,如"××设备带电""防止触碰××运行设备"。

(7)"工作票签发人"栏。

填写该工作票的签发人姓名。

(8)注意事项。

工作票中的关键字词不能修改,"关键字词"指工作票中的设备名称、编号、接地线位置、日期、时间、动词以及人员姓名;错漏字修改应遵循以下方法,并做到规范清晰:填写时写错字,更改方法为在写错的字上划两道水平线,接着写正确的字即可;审查时发现错字,将正确的字写到空白处圈起来,将写错的字也圈起来,再用线连接;漏字时,将要增补的字圈起来连线至增补位置,并画"∧"符号。禁止使用"……""同上"等省略词语;修改处要有运行人员签名确认。

**二、考核**

(一)考核场地

(1)室内进行。

(2)现场摆放一次系统模拟图,准备相关纸笔。

(二)考核时间

30 min。

(三)考核要点

(1)要求1人完成工作票填写,考评员监督。

(2)规范用语,按照电力安全规程要求用规范用语填写工作票。

(3)掌握工作票填写规范及现场安全措施需求,掌握工作中的特别危险点。

(4)考评员根据一次系统图设计工作内容,由考生根据题目要求填写工作票。

## 三、评分标准

行业:电力工程　　　　　　　工种:通信工程建设工　　　　　　　等级:高级工

| 编号 | TG3JB0101 | 行为领域 | 专业技能 | 评价范围 | | |
|---|---|---|---|---|---|---|
| 考核时限 | 30 min | 题型 | 单项操作 | 满分 | 100 分 | 得分 |
| 试题名称 | | | 变电第一种工作票的填写 | | | |
| 考核要点及其要求 | 考核要点<br>(1)要求1人完成工作票填写,考评员监督;<br>(2)规范用语,按照电力安全规程要求用规范用语填写工作票;<br>(3)掌握工作票填写规范及现场安全措施需求,掌握工作中的特别危险点;<br>(4)考评员根据一次系统图设计工作内容,由考生根据题目要求填写工作票 | | | | | |
| 现场设备、工器具、材料 | 纸、笔、一次系统模拟图 | | | | | |
| 备注 | | | | | | |

评分标准

| 序号 | 考核项目名称 | 质量要求 | 分值 | 扣分标准 | 扣分原因 | 得分 |
|---|---|---|---|---|---|---|
| 1 | 着装、工器具准备(该项不计考核时间) | 考核人员穿工作服、戴安全帽、穿绝缘鞋,工作前清点工器具、设备 | 2 | 未穿工作服、戴安全帽、穿绝缘鞋,每项不合格扣2分 | | |
| 2 | 工作内容及危险点分析 | 根据故障情况,分析现场危险点和安全注意事项 | 10 | 危险点分析不到位扣4分 | | |
| 3 | 工作票编号 | 工作票的编号正确 | 2 | 编号错误扣2分 | | |
| 4 | 工作班组人员填写 | 工作负责人、班组、工作班成员填写符合要求 | 10 | 不符合要求每处扣2分 | | |
| 5 | 工作变配电站及设备名称 | 工作的变配电站名称及设备双重名称必须填写变电站的电压等级及间隔的双重编号 | 10 | 工作的变配电站名称及设备双重名称填写不规范扣3分 | | |
| 6 | 工作任务 | 应填明工作的确切地点,设备双重名称及工作内容 | 10 | 不符合要求每处扣2分 | | |
| 7 | 计划工作时间 | 填写经调度批准的设备停电检修的计划工作时间 | 5 | "计划工作时间"有误扣5分 | | |

续表

| 序号 | 考核项目名称 | 质量要求 | 分值 | 扣分标准 | 扣分原因 | 得分 |
|------|------------|----------|------|----------|----------|------|
| 8 | 安全措施 | 填写检修工作应具备的安全措施,安全措施要求周密、细致,做到不丢项、不漏项 | 40 | 应拉断路器(开关)、隔离开关(刀闸),每处不符合扣10分 | | |
| | | | | 应装接地线、应合接地刀闸,每处不符合扣5分 | | |
| | | | | 应设遮拦、应挂标示牌及防止二次回路误碰等,每处不符合扣5分 | | |
| 9 | 工作地点保留带电部分或注意事项 | 工作地点保留带电部分或注意事项填写正确具体 | 3 | 不符合要求扣3分 | | |
| 10 | 工作票签发人签字 | 填写该工作票的签发人姓名 | 3 | 工作票签发人未签名扣3分 | | |
| 11 | 检查 | 核对检查票面填写情况,发现遗漏和错误用规范符号修改,若无法修改,填写新的工作票 | 5 | 不符合要求每处扣2分 | | |

## TG3JB0102 通信计划检修流程

### 一、作业

(一)工器具、材料、设备

(1)工器具:无。

(2)材料:无。

(3)设备:计算机(可连接内网)。

(二)安全要求

防止误操作。

(三)操作步骤及工艺要求(含注意事项)

1.操作过程

(1)根据要求了解检修计划内容。

(2)登录TMS,菜单栏中选择"检修管理→检修计划→月度检修计划",按要求填报月度计划内容。

(3)菜单栏中选择"检修管理→通信检修票→通信检修票",按要求填报通信检修票内容。

(4)根据检修工作内容正确填报月度计划和相应通信检修票。

## 2.操作结束

清理现场。

## 二、考核

**（一）考核场地**

通信实训基地。

**（二）考核时间**

20 min。

**（三）考核要点**

(1)掌握检修计划流程。

(2)TMS检修模块的使用。

(3)检修计划、通信检修票的内容填报。

## 三、评分标准

行业:电力工程　　　　工种:通信工程建设工　　　　等级:高级工

| 编号 | TG3JB0102 | 行为领域 | 专业技能 | 评价范围 | | |
|---|---|---|---|---|---|---|
| 考核时限 | 20 min | 题型 | 单项操作 | 满分 | 100分 | 得分 |
| 试题名称 | 通信计划检修流程 | | | | | |
| 考核要点及其要求 | 考核要点<br>(1)掌握检修计划流程;<br>(2)TMS检修模块的使用;<br>(3)检修计划、通信检修票的内容填报。<br>操作要求<br>单人操作,防止误操作 | | | | | |
| 现场设备、工器具、材料 | 计算机(可连接内网) | | | | | |
| 备注 | | | | | | |

| | | | 评分标准 | | | | |
|---|---|---|---|---|---|---|---|
| 序号 | 考核项目名称 | 质量要求 | 分值 | 扣分标准 | 扣分原因 | 得分 |
| 1 | 熟悉检修内容 | 根据题目要求了解检修工作内容 | 5 | 未能回答出检修内容重点工作扣5分 | | |
| 2 | TMS检修计划填报 | 按要求在通信管理系统(TMS)中填报1项月度检修计划 | 40 | (1)未能正确新建检修计划扣10分;<br>(2)月计划必填项目每填错1项扣5分,扣完本项分数为止 | | |

续表

| 序号 | 考核项目名称 | 质量要求 | 分值 | 扣分标准 | 扣分原因 | 得分 |
|---|---|---|---|---|---|---|
| 3 | TMS通信检修票填报 | 按要求在通信管理系统（TMS）中填报一张通信检修票 | 40 | (1)未能正确新建检修计划扣10分；<br>(2)检修票基本信息填写错误，每项扣5分，扣完本项分数为止 | | |
| 4 | 操作结束 | 工作完毕后报告操作结束，清理现场，交还工器具 | 5 | 不清理工作现场、不恢复原始状态、不报告操作结束扣5分 | | |
| 5 | 操作时间 | 在规定时间内单独完成 | 10 | 未在规定时间完成，每超时1分钟扣1分，扣完本项分数为止 | | |

## TG3JB0203　SDH设备灵敏度测试

**一、作业**

（一）工器具、材料、设备

（1）工器具：SDH测试仪或2M误码仪，光功率计、可变衰耗器、活结头（法兰盘）。

（2）材料：测试用尾纤，防静电手环。

（3）设备：SDH传输网管，SDH光传输设备两台。

（二）安全要求

（1）规范着装，工作前佩戴防静电手环。

工作前应规范着装，在对设备及仪器仪表进行操作前佩戴防静电手环，以免对设备板卡造成损坏。

（2）防止灼伤人眼及皮肤。

有些光模块发光功率很强，在测量接收灵敏度时，应避免眼睛直视发光器件或长时间照射皮肤，否则很容易将眼睛和皮肤灼伤。对于测量发光不强的短距光模块也应避免此类问题。

（3）避免测试仪器、光板的损坏。

测量接收灵敏度时，SDH光板的发光需要经过可变衰耗器接入光功率计和光板的接收口，需要注意经过衰耗的光功率不能超过光功率计的最大量程和光板的光功率过载点，否则可能损坏光功率计和光板。特别是长距光板，如果在连接时可变衰耗器没有进行足够衰耗，环回接入光板接收端时极易造成光板损坏，要特别注意。因此测量前需先根据光板型号的标称发光功率，选择合适的可变衰耗器并调整到合适的衰耗度，才能插入光板接收端。

（三）操作步骤及工艺要求（含注意事项）

1.操作前准备

（1）规范着装，佩戴防静电手环。

（2）根据题目要求选择工具、材料，并做外观检查。

2.操作过程

(1)查询被测厂家标称的光口发光功率、接收灵敏度及工作波长。

(2)按照图例进行仪器仪表连接,调整好可变衰耗器的衰耗度,按照活结头连接光板的方式接好仪表和线缆。

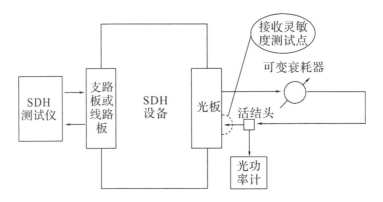

(3)将 SDH 业务配置成 SDH 测试仪发出并通过光板环回(对端站点线路环回)后再进入 SDH 测试仪。

(4)调节可变衰耗器的衰耗,使 SDH 测试仪处于无误码状态。

(5)缓慢增加可变衰耗器的衰耗,同时观察 SDH 测试仪误码情况,直至误码率为 1E－10 为止。由于配置的测试业务速率不同,观察误码率达到 1E－10 的时间长短也不同。比如 155 Mbit/s业务,观察的时间约为 719 s,如果是 2.5 Gbit/s 业务,约为 1 分钟。

(6)将活结头接入光功率计,读出光功率数值,此数值即为接收灵敏度。

(7)恢复原来的网络连接关系,并删除测试的业务。

(8)完成测试工作后拆除连接的工器具。

3.操作结束

清理现场,交还工器具。

**二、考核**

(一)考核场地

通信实训基地。

(二)考核时间

30 min。

(三)考核要点

(1)工器具及材料的选择。

(2)正确连接仪器仪表。

(3)网管搭接测试电路。

(4)按要求进行测量,熟练使用工器具及仪器仪表。

(5)测试结果的准确性。

## 三、评分标准

行业:电力工程　　　　工种:通信工程建设工　　　　等级:高级工

| 编号 | TG3JB0203 | 行为领域 | 专业技能 | 评价范围 | |
|---|---|---|---|---|---|
| 考核时限 | 30 min | 题型 | 单项操作 | 满分 | 100 分 | 得分 | |
| 试题名称 | SDH 设备灵敏度测试 | | | | | | |

| 考核要点及其要求 | 考核要点<br>(1)工器具及材料的选择;<br>(2)正确连接仪器仪表;<br>(3)网管搭接测试电路;<br>(4)按要求进行测量,熟练使用工器具及仪器仪表。<br>操作要求<br>(1)单人操作;<br>(2)网管进行电路搭接;<br>(3)利用仪器仪表进行测试 |
|---|---|
| 现场设备、工器具、材料 | (1)工器具:SDH 测试仪或 2M 误码仪,光功率计、可变衰耗器、活结头(法兰盘);<br>(2)材料:测试用尾纤,防静电手环;<br>(3)设备:SDH 传输网管,SDH 光传输设备 |
| 备注 | |

| | | 评分标准 | | | | |
|---|---|---|---|---|---|---|
| 序号 | 考核项目名称 | 质量要求 | 分值 | 扣分标准 | 扣分原因 | 得分 |
| 1 | 工具、材料的选用 | 工器具选用满足操作需要,工器具做外观及功能检查 | 10 | (1)选用不当扣5分;<br>(2)工器具未做外观及功能检查扣5分 | | |
| 2 | 将 SDH 测试仪准确连接到设备出线侧 | 正确进行设备连接,测试仪无告警 | 10 | (1)不能正确设置测试仪扣5分;<br>(2)不能正确进行连线扣5分 | | |
| 3 | 在设备侧将衰耗器和尾纤连接 | 正确连接被测试板卡、衰耗器与尾纤 | 10 | (1)不能正确进行还回光口连接扣5分;<br>(2)未在连接前进行衰耗器设置扣5分 | | |
| 4 | 登录网管进行测试电路搭接 | 登录网管软件,搭接测试电路 | 15 | (1)不能正确登录网管软件进行操作扣5分;<br>(2)不能使用网管软件进行测试电路搭接扣10分 | | |

续表

| 序号 | 考核项目名称 | 质量要求 | 分值 | 扣分标准 | 扣分原因 | 得分 |
|---|---|---|---|---|---|---|
| 5 | 调节可变衰耗器 | 调节衰耗器,观察测试仪的误码率 | 10 | (1)不能正确调节可变衰耗器扣5分;<br>(2)未达到误码率就停止调节衰耗器扣5分 | | |
| 6 | 利用光功率计测试灵敏度 | 进行测试时保证尾纤头清洁 | 20 | (1)未能选择正确的测试波长扣10分;<br>(2)功率计与尾纤连接不可靠扣10分 | | |
| 7 | 测试完成,拆除尾纤及SDH测试仪,删除测试电路 | 测试结束后将各种连接线拆除,删除测试电路数据 | 10 | (1)测试结束后未拆除测试电路扣5分;<br>(2)测试结束后未拆除SDH仪扣5分 | | |
| 8 | 操作结束 | 工作完毕后报告操作结束,清理现场,交还工器具 | 5 | 不清理工作现场、不恢复原始状态、不报告操作结束扣2～5分 | | |
| 9 | 操作时间 | 在规定时间内独立完成 | 10 | 未在规定时间完成,每超时1分钟扣2分,扣完本项分数为止 | | |

## 6.2.2 专业技能题

### TG3ZY0104 SDH 设备 2M 故障分析处理

**一、作业**

(一)工器具、材料、设备

(1)工器具:2M 误码仪、电烙铁等。

(2)材料:SDH 板卡若干、西门子头、焊锡丝等。

(3)设备:SDH 传输网管、SDH 光传输设备、DDF 设备等。

(二)安全要求

正确使用网管,防止误操作。

(三)操作步骤及工艺要求(含注意事项)

1.操作前准备

(1)规范着装,佩戴防静电手环。

(2)根据题目要求选择工具、材料。

(3)检查设备、网管状态正常。

2.操作过程

(1)SDH 侧业务故障排查。

①登录网管,查看告警,若出现 LOS 告警,在 DDF 上将传输侧信号自环,在网管上查看相应端口 LOS 告警是否消失,若消失表明传输侧没问题,转入排除用户侧业务故障。将 2M 业务在 SDH 侧开通正常时,在未接入用户设备的情况下该端口应有 LOS(信号丢失)告警,而无 AIS(业务配置错)告警,如有 AIS 告警,则需排除业务配置错误故障。

②DDF 侧自环后 LOS 告警不消失,排除中继线的线序接错、焊接问题、线缆断裂等线缆故障。上述问题排除后若 LOS 告警仍然存在,需查看 2M 接口板和业务板,如果有问题则更换完好的板件。

③若故障仍未排除,可以依次更换交叉板、母板,直至故障排除。

(2)用户侧业务故障排查。

①用户侧 2M 端口接口类型(平衡或非平衡)要和传输侧接口一致。

②用户侧 2M 端口的发信号接传输侧的收信号,传输侧的发信号接用户侧的收信号,收发不能接反。

(3)接地故障排查。

接地不当也有可能是产生故障的原因,所以在排查故障时需注意检查 DDF 单元、ODF 单元、SDH 设备各自接地是否良好且共地。

(4)出现误码过高的情况则需要进行逐段环回,使用 2M 误码仪进行测试,以便确定使传输质量劣化的传输段。

(5)找到故障点后进行故障排除,恢复 2M 业务。

3.操作结束

清理现场,交还工器具。

**二、考核**

(一)考核场地

通信实训基地。

(二)考核时间

40 min。

(三)考核要点

(1)工器具、仪器仪表及材料的选择。

(2)正确操作网管,查看告警。

(3)正确分析故障原因并做出有效处理。

(4)2M 业务恢复正常。

## 三、评分标准

行业:电力工程　　　　　　工种:通信工程建设工　　　　　等级:高级工

| 编号 | TG3ZY0104 | 行为领域 | 专业技能 | 评价范围 | | |
|---|---|---|---|---|---|---|
| 考核时限 | 40 min | 题型 | 单项操作 | 满分 | 100分 | 得分 |
| 试题名称 | SDH 设备 2M 电路故障分析处理 | | | | | |
| 考核要点及其要求 | 考核要点<br>(1)正确地选择工器具、仪器仪表及材料;<br>(2)正确操作网管,查看告警;<br>(3)正确分析故障原因并做出有效处理;<br>(4)2M 业务恢复。<br>操作要求<br>(1)单人操作;<br>(2)防止网管误操作;<br>(3)防止发生电源短路损坏设备 | | | | | |
| 现场设备、工器具、材料 | (1)工器具:2M 误码仪、电烙铁等;<br>(2)材料:SDH 板卡若干、西门子头、焊锡丝等;<br>(3)设备:SDH 传输网管、SDH 光传输设备、DDF 设备等 | | | | | |
| 备注 | | | | | | |

### 评分标准

| 序号 | 考核项目名称 | 质量要求 | 分值 | 扣分标准 | 扣分原因 | 得分 |
|---|---|---|---|---|---|---|
| 1 | 工具、材料的选用 | 工器具、仪器仪表选用满足操作需要,工器具做外观及功能检查 | 10 | (1)选用不当扣 5 分;<br>(2)工器具、仪器仪表未作外观及功能检查扣 5 分 | | |
| 2 | 登录网管查看告警 | 正确查看网管告警 | 10 | 不能正确查看网管告警扣 10 分 | | |
| 3 | SDH 侧故障排查 | DDF 侧环回,定位 SDH 侧故障 | 10 | (1)不能正确进行 2M 环回扣 5 分;<br>(2)未能对故障设备 2M 出线进行环回操作扣 5 分 | | |
| 4 | 用户侧故障排查 | DDF 侧环回,用户设备告警查看 | 10 | (1)不能正确进行 2M 环回连接扣 5 分;<br>(2)未能对用户设备进行告警查看扣 5 分 | | |
| 5 | 接地故障排查 | 接地线符合要求且连接牢靠 | 5 | 未对设备接地线进行检查扣 5 分 | | |

续表

| 序号 | 考核项目名称 | 质量要求 | 分值 | 扣分标准 | 扣分原因 | 得分 |
|---|---|---|---|---|---|---|
| 6 | 故障处理 | 根据故障排查结果进行处理 | 30 | 未能完成故障处理,根据排查方法、思路是否正确,酌情扣 10～30 分 | | |
| 7 | 业务测试 | 告警消失后继续观察 5 分钟,测试通道 | 10 | 告警消失后未继续观察 5 分钟扣 10 分 | | |
| 8 | 操作结束 | 工作完毕后报告操作结束,清理现场,交还工器具 | 5 | 不清理工作现场,不恢复原始状态,不报告操作结束扣 2～5 分 | | |
| 9 | 操作时间 | 在规定时间内单独完成 | 10 | 未在规定时间完成,每超时 1 分钟扣 1 分,扣完本项分数为止 | | |

## TG3ZY0105 SDH 设备时钟配置

**一、作业**

(一)工器具、材料、设备

(1)工器具:无。

(2)材料:无。

(3)设备:SDH 传输网管、SDH 光传输设备。

(二)安全要求

正确使用网管,防止误操作。

(三)操作步骤及工艺要求(含注意事项)

1.操作前准备

(1)规范着装。

(2)检查设备、网管状态正常。

2.操作过程

(1)登录 U2000 网管进行操作。

(2)根据题目所给信息,判断所需配置的网元的时钟优先级方向。

(3)右键点击需配置时钟的网元,选择"网元管理器",进入到网元管理器窗口,在功能树中选择"配置→时钟→物理层时钟→时钟源优先级表"。

(4)单击"查询",查询已有的时钟源。

(5)单击"新建",在弹出的"增加时钟源"对话框中选择新时钟源,单击"确定"。

(6)如果选择了外部时钟源,需要根据外部时钟信号的类型选择"外部时钟源模式"。对于 2 Mbit/s 时钟,还需指定传递时钟质量信息的"同步状态字节"。

398

（7）选中时钟源,单击右下方的上下按钮调整其优先级,排在最上方的时钟源作为网元的首选时钟。

（8）按上述流程设置备用时钟。

3. 操作结束

清理现场,交还工器具。

## 二、考核

（一）考核场地

通信实训基地。

（二）考核时间

30 min。

（三）考核要点

（1）掌握时钟的作用和网元时钟设置原则。

（2）正确操作网管进行时钟设置。

## 三、评分标准

行业:电力工程　　　　　工种:通信工程建设工　　　　　等级:高级工

| 编号 | TG3ZY0105 | 行为领域 | 专业技能 | 评价范围 | | |
|---|---|---|---|---|---|---|
| 考核时限 | 30 min | 题型 | 单项操作 | 满分 | 100 分 | 得分 |
| 试题名称 | SDH 设备时钟配置 | | | | | |
| 考核要点及其要求 | 考核要点<br>（1）掌握时钟的作用和网元时钟设置原则;<br>（2）正确操作网管时钟进行设置。<br>操作要求<br>（1）单人操作;<br>（2）防止网管误操作 | | | | | |
| 现场设备、工器具、材料 | SDH 传输网管、SDH 光传输设备 | | | | | |
| 备注 | | | | | | |

| 评分标准 | | | | | | | |
|---|---|---|---|---|---|---|---|
| 序号 | 考核项目名称 | 质量要求 | 分值 | 扣分标准 | | 扣分原因 | 得分 |
| 1 | 检查设备、网管状态 | 设备、网管运行状态正常 | 10 | 未检查设备、网管状态每项扣5分 | | | |
| 2 | 登录网管 | 登录网管进入主拓扑界面 | 10 | （1）登录不成功扣5分;<br>（2）未能打开主拓扑界面扣5分 | | | |

续表

| 序号 | 考核项目名称 | 质量要求 | 分值 | 扣分标准 | 扣分原因 | 得分 |
|---|---|---|---|---|---|---|
| 3 | 打开时钟配置界面 | 正确打开时钟配置界面 | 20 | (1)未能正确选择网元扣5分;<br>(2)未能正确进入网元管理器扣5分;<br>(3)步骤操作错误每项扣5分,扣完本项分数为止 | | |
| 4 | 时钟查询 | 查询已有时钟配置 | 10 | 不能正确查询已有时钟配置扣10分 | | |
| 5 | 时钟配置 | 根据题目要求配置时钟 | 20 | (1)不能正确配置主用时钟扣10分;<br>(2)不能正确配置备用时钟扣10分 | | |
| 6 | 时钟优先级调整 | 根据考评员要求调整时钟优先级 | 10 | 不能正确调整时钟优先级扣5分 | | |
| 7 | 操作结束 | 工作完毕后报告操作结束,清理现场,交还工器具 | 10 | 不清理工作现场、不恢复原始状态、不报告操作结束扣5～10分 | | |
| 8 | 操作时间 | 在规定时间内单独完成 | 10 | 未在规定时间完成,每超时1分钟扣1分,扣完本项分数为止 | | |

## TG3ZY0106   SDH设备光路搭接

一、作业

(一)工器具、材料、设备

(1)工器具:防静电手环。

(2)材料:光板卡、尾纤、光衰减器。

(3)设备:SDH传输网管、SDH光传输设备。

(二)安全要求

正确使用网管,防止误操作。

(三)操作步骤及工艺要求(含注意事项)

1.操作前准备

(1)规范着装,佩戴防静电手环。

(2)检查设备、网管状态正常。

2.操作过程

(1)根据题目所给信息,了解当前网络拓扑结构。

（2）登录 U2000 网管进行操作。

（3）添加单板，布放尾纤。现场设备上插物理单板，选择"增加物理板"，完成板卡添加，并根据要求布放尾纤。

（4）点击快捷菜单栏中"创建纤缆"按钮，选中所要创建光连接的网元1，进入"选择纤缆的源端"对话框中，根据要求选择对应端口后单击"确定"。备注：绿色板卡表示可选，蓝色板卡表示不可选。

（5）按照步骤（3）完成网元2的端口选择。

（6）两个网元端口选择完成后弹出"创建纤缆对话框"，包含基础信息，点击"确定"按钮创建成功。

（7）右键点击新创建的光路纤缆连接，选择"查询相关光功率"可查看两端口的光功率情况。

3. 操作结束

清理现场，交还工器具。

## 二、考核

（一）考核场地

通信实训基地。

（二）考核时间

30 min。

（三）考核要点

（1）SDH 网管操作。

（2）光板卡上架操作。

（3）尾纤布放、连接。

（4）SDH 设备光功率调整。

（5）纤缆创建连接操作。

## 三、评分标准

行业：电力工程　　　　　　　　工种：通信工程建设工　　　　　　　　等级：高级工

| 编号 | TG3ZY0106 | 行为领域 | 专业技能 | 评价范围 | | | |
|---|---|---|---|---|---|---|---|
| 考核时限 | 30 min | 题型 | 单项操作 | 满分 | 100 分 | 得分 | |
| 试题名称 | SDH 设备光路搭接 | | | | | | |
| 考核要点及其要求 | 考核要点<br>（1）SDH 网管操作；<br>（2）光板卡上架操作；<br>（3）尾纤布放、连接；<br>（4）SDH 设备光功率调整；<br>（5）纤缆创建连接操作。<br>操作要求<br>（1）单人操作；<br>（2）现场和网管操作规范、熟练、准确，单独完成光连接开通 | | | | | | |

续表

| 现场设备、工器具、材料 | (1)工器具:防静电手环;<br>(2)材料:光板卡、尾纤、光衰减器;<br>(3)设备:SDH 传输网管、SDH 光传输设备 | | | | | | |
|---|---|---|---|---|---|---|---|
| 备注 | | | | | | | |

评分标准

| 序号 | 考核项目名称 | 质量要求 | 分值 | 扣分标准 | 扣分原因 | 得分 |
|---|---|---|---|---|---|---|
| 1 | 检查设备、网管状态 | 设备、网管运行状态正常 | 10 | 未检查设备、网管状态每项扣5分 | | |
| 2 | 板卡上架操作 | 戴防静电手环,板卡插放到位,接触良好 | 15 | 不戴防静电手环扣5分,板卡插放不到位1项5分,扣完本项分数为止 | | |
| 3 | 网管添加单板 | 添加的板卡与物理板卡保持一致 | 10 | 板卡添加错误1项扣5分,扣完本项分数为止 | | |
| 4 | 尾纤布放、连接 | 尾纤布放顺直,连接端口正确,接触良好 | 10 | (1)尾纤布放不规范扣5分;<br>(2)连接位置或接触不良扣5分 | | |
| 5 | 光功率调整 | 收光功率应处于输入下门限和输入上门限之间,且距上下门限有充足的余量(理想收光功率低于过载门限5 dB以上,高于收光功率动态范围的中间值);两侧收光功率保持基本一致 | 20 | (1)光连接不通扣15分;<br>(2)收光功率调整的不在门限范围内1项扣5分,收光功率逼近门限值1项扣2分,两侧收光功率不一致扣5分,扣完本项分数为止 | | |
| 6 | 创建纤缆连接 | 正确完成纤缆创建 | 10 | 不能正确创建纤缆扣10分 | | |
| 7 | 查看误码性能 | 查看有无误码性能事件,确保误码性能在规定范围内 | 10 | 未查看误码性能扣10分 | | |
| 8 | 操作结束 | 工作完毕后报告操作结果,删除创建的纤缆,删除添加的板卡,现场拔下物理板卡 | 5 | 不清理工作现场、不恢复原始状态、不报告操作结束扣2~5分 | | |
| 9 | 操作时间 | 在规定时间内单独完成 | 10 | 未在规定时间完成,每超时1分钟扣1分,扣完本项分数为止 | | |

## TG3ZY0107　SDH 以太网业务的配置

一、作业

(一)工器具、材料、设备

(1)工器具:无。

(2)材料:无。

(3)设备:SDH 设备、网管。

(二)安全要求

正确使用网管,防止误操作。

(三)操作步骤及工艺要求(含注意事项)

1.操作前准备

(1)规范着装。

(2)根据题目要求选择工具、材料并做外观检查。

2.操作过程

(1)根据题目要求确认所需开通的 2M 带宽的以太网点到点业务。

(2)登录 U2000 网管进行操作。

(3)进入网元 1,网元 2 的"网元管理器"界面,选择 N1EFT8A 单板,在功能树中选择"配置→以太网接口管理→以太网接口"。

①配置以太网业务占用的外部端口( N1EFT8A 单板的 PORT1)的属性。选择"外部端口",选择"基本属性"选项卡,其中端口状态修改为"使能",其他为默认值,完成参数设置后,单击"应用"。"流量控制"选项卡下的参数使用默认值。

②配置以太网业务占用的内部端口( N1EFT8A 单板的 VCTRUNK1)的属性。选择"内部端口","TAG 属性""封装/映射""LCAS"选项卡均按默认设置。完成参数设置后,单击"应用"。选择"绑定通道"选项卡,单击"配置",绑定通道配置中选择 VCTRUNK1 所需要的时隙(根据业务带宽确定),完成参数设置后,单击"应用"。

(4)主菜单中选择"业务→SDH 路径→创建 SDH 路径"。"创建 SDH 路径"参数设置:在"方向"下拉列表中选择"双向",在"级别"下拉列表中选择"VC12","计算路由"栏中选中"自动计算"复选框。

(5)源端口选择:双击网元 1,在弹出的端口选择对话框中"板位图"一栏,单击 3 槽位 EFT8,在"低阶时隙"栏中选中"1"的单选按钮,点击右下角的"确定"按钮,表示选取了网元 1 的以太网板的第一个时隙。

(6)宿端口选择:参照网元 1 的操作步骤,网元 2 做同样选择。

(7)数据下发:选中左下方的"激活"复选框,并单击左下角的"应用"按钮,出现"操作成功"的提示,此时网元 1 到网元 2 之间的一条 2M 带宽的以太网业务就创建完成。

(8)以太网单板具有"以太网测试"功能时,可以在网管上使用该项功能进行以太网业务测试。选中网元1单击右键,在弹出快捷菜单中选择"网元管理器"命令,进入网元管理器页面,在网元1的单板栏中选中"3-N1EFT8"单板,在功能树文件夹列表中逐级打开"配置→以太网维护→以太网测试"。在"以太网测试列表"中选择相应的以太网内部端口"VCTRUNK",在"发送模式"下拉列表中选择"continue模式",点击"应用"按钮。观察"发送测试帧个数"与"收到的应答测试帧个数器"的数值,业务配置正确时,观察"发送测试帧个数"与"收到的应答测试帧个数器"的数值是一致的。

3.操作结束

清理现场,交还工器具。

## 二、考核

(一)考核场地

通信实训基地。

(二)考核时间

30 min。

(三)考核要点

(1)SDH 网管操作。

(2)以外网板内部端口,外部端口配置。

(3)SDH 以太网链路配置。

(4)以太网链路的测试和验证。

## 三、评分标准

行业:电力工程　　　　　　　　工种:通信工程建设工　　　　　　　等级:高级工

| 编号 | TG3ZY0107 | 行为领域 | 专业技能 | 评价范围 | | | |
|---|---|---|---|---|---|---|---|
| 考核时限 | 30 min | 题型 | 单项操作 | 满分 | 100 分 | 得分 | |
| 试题名称 | SDH 以太网业务的配置 | | | | | | |
| 考核要点<br>及其要求 | 考核要点<br>(1)SDH 网管操作;<br>(2)以外网板内部端口,外部端口配置;<br>(3)SDH 以太网链路配置;<br>(4)以太网链路的测试和验证。<br>操作要求<br>(1)单人操作;<br>(2)熟练操作网管 | | | | | | |
| 现场设备、<br>工器具、材料 | SDH 设备、网管 | | | | | | |
| 备注 | | | | | | | |

| | | | | 评分标准 | | |
|---|---|---|---|---|---|---|
| 序号 | 考核项目名称 | 质量要求 | 分值 | 扣分标准 | 扣分原因 | 得分 |
| 1 | 登录网管 | 正确登录网管系统 | 10 | (1)登录不成功扣5分；<br>(2)未能进入主拓扑扣5分 | | |
| 2 | 外部接口配置 | 正确配置外部接口 | 20 | (1)配置、以太网接口管理、以太网接口步骤操作错误每次扣5分，扣完本项分数为止；<br>(2)外部端口属性设置错误扣10分 | | |
| 3 | 内部接口配置 | 正确配置内部接口 | 20 | (1)配置、以太网接口管理、以太网接口步骤操作错误每次扣5分，扣完本项分数为止；<br>(2)内部端口属性设置错误扣10分 | | |
| 4 | SDH链路配置 | 正确创建SDH侧链路 | 20 | (1)业务、SDH路径、创建SDH路径步骤操作错误每次扣5分，扣完本项分数为止；<br>(2)板卡时隙选择错误扣10分 | | |
| 5 | 连通性测试 | 以太网链路收发包数量一致 | 10 | (1)未能正确使用以太网测试功能扣5分；<br>(2)测试结果收发不一致扣5分 | | |
| 6 | 操作结束 | 工作完毕后报告操作结束，清理现场，交还工器具 | 10 | 不清理工作现场、不恢复原始状态、不报告操作结束扣5～10分 | | |
| 7 | 操作时间 | 在规定时间内单独完成 | 10 | 未在规定时间完成，每超时1分钟扣1分，扣完本项分数为止 | | |

## TG3ZY0108 SDH 双纤自愈环单纤故障处理

**一、作业**

（一）工器具、材料、设备

（1）工器具：2M 误码仪、光功率计等。

（2）材料：光板卡、尾纤、光衰减器、法兰盘等。

（3）设备：SDH 传输网管、SDH 设备等。

（二）安全要求

防止误操作，影响正在行的运业务。

（三）操作步骤及工艺要求（含注意事项）

1.操作前准备

（1）规范着装。

（2）检查设备、网管状态正常。

2.操作过程

（1）登录 SDH 传输网管，查看设备连接拓扑。

（2）查看告警。查看网管上各设备告警情况，确定故障现象。

（3）光功率查看。检查 SDH 设备的收发光功率，初步判定故障性质。查看光路两端光功率是否在上下限范围之内。

（4）光连接检查和排查处理。进行光路硬环回，判断故障区段。根据告警情况，利用测量、环回、替换等方法逐段进行排查，直至找到故障点并完成故障处理。

（5）业务恢复后进一步进行网管观察。网管告警消失后，继续观察 5 分钟，确保光连接性能正常。

（6）进行业务测试。

3.操作结束

关闭操作界面，回到拓扑视图。

**二、考核**

（一）考核场地

通信实训基地。

（二）考核时间

40 min

（三）考核要点

（1）SDH 网管操作。

（2）SDH 告警状态检查。

（3）SDH 设备硬件连接检查。

（4）故障排查分析处理的流程和方法。

（5）业务恢复检查。

### 三、评分标准

行业:电力工程　　　　　　工种:通信工程建设工　　　　　　等级:高级工

| 编号 | TG3ZY0108 | 行为领域 | 专业技能 | 评价范围 | |
|---|---|---|---|---|---|
| 考核时限 | 40 min | 题型 | 单项操作 | 满分 | 100分 | 得分 | |

| 试题名称 | SDH 双纤自愈环单纤故障处理 |
|---|---|

| 考核要点及其要求 | 考核要点<br>(1)SDH 网管操作;<br>(2)SDH 告警状态检查;<br>(3)SDH 设备硬件连接检查;<br>(4)故障排查分析处理的流程和方法;<br>(5)业务恢复检查。<br>操作要求<br>(1)单人操作;<br>(2)现场和网管操作规范、熟练、准确,按照题目完成光连接中断故障处理 |
|---|---|
| 现场设备、工器具、材料 | (1)工器具:2M 误码仪、光功率计等;<br>(2)材料:光板卡、尾纤、光衰减器、法兰盘等;<br>(3)设备:SDH 传输网管、SDH 设备等 |
| 备注 | |

### 评分标准

| 序号 | 考核项目名称 | 质量要求 | 分值 | 扣分标准 | 扣分原因 | 得分 |
|---|---|---|---|---|---|---|
| 1 | 检查设备、网管状态 | 设备、网管运行状态正常 | 10 | 未检查设备、网管状态每项扣5分 | | |
| 2 | 网管登录,查看网络拓扑和运行状态 | 正确登录网管,查看拓扑和运行状态信息 | 10 | (1)不能登录网管扣5分;<br>(2)不能查看状态信息扣5分 | | |
| 3 | 查看告警 | 正确查看网管告警 | 10 | 不能正确查看网管告警扣10分 | | |
| 4 | 光路光功率检查 | 正确核对各光路光功率是否正常 | 10 | 不能正确核查收发光功率扣10分 | | |
| 5 | 故障排查处理 | 按照故障排查流程,正确完成故障处理 | 35 | (1)发生光口坏回、不加光衰、拔插板卡/模块、不戴防静电手环等不规范操作,每发生1项扣5分,扣完本项分数为止;<br>(2)不能完成故障排查处理,根据排查方法、思路是否正确,酌情扣10～20分 | | |

续表

| 序号 | 考核项目名称 | 质量要求 | 分值 | 扣分标准 | 扣分原因 | 得分 |
|---|---|---|---|---|---|---|
| 6 | 业务测试 | 告警消失后网管继续观察5分钟(考试时象征性观察几分钟即可),确保光连接性能正常并对业务进行测试 | 10 | (1)告警消失后未继续观察5分钟扣10分;<br>(2)继续观察过程中未查看误码性能或误码性能不在规定范围内扣5分 | | |
| 7 | 操作结束 | 工作完毕后报告操作结束,关闭操作界面,回到拓扑视图 | 5 | 不清理工作现场、不恢复原始状态、不报告操作结束扣2～5分 | | |
| 8 | 操作时间 | 在规定时间内单独完成 | 10 | 未在规定时间完成,每超时1分钟扣1分,扣完本项分数为止 | | |

## TG3ZY0109　PTN 设备 2M 业务配置

**一、作业**

(一)工器具、材料、设备

(1)工器具:维护终端等。

(2)材料:连接线。

(3)设备:PTN 网管、PTN 设备等。

(二)安全要求

操作时应有人监护,不得随意修改 PTN 设备参数。

(三)操作步骤及工艺要求(含注意事项)

1.操作前准备

(1)规范着装。

(2)根据题目要求选择连接线,并检查设备运行状况。

2.操作过程

(1)连接线。将维护终端(网管)连接到 PTN 设备,并连接电源。

(2)登录界面。按题目提示输入用户名、密码,登录维护终端界面。

(3)查看目前 PTN 设备的配置情况。

(4)根据要求配置 2M 电路。

(5)验证 2M 电路配置的正确性。

(6)退出数据库。

3.操作结束

关闭维护终端,拆除连接线和电源线,清理现场,交还仪器仪表及材料。

## 二、考核

**(一)考核场地**

通信实训基地。

**(二)考核时间**

30 min。

**(三)考核要点**

(1)网管登录操作。

(2)系统配置现状检查。

(3)2M电路的配置,包括起始位置、方向(占用第几个VC4)、业务保护等。

(4)2M电路数据配置检查。

(5)验证配置的正确性。

## 三、评分标准

行业:电力工程　　　　工种:通信工程建设工　　　　等级:高级工

| 编号 | TG3ZY0109 | 行为领域 | 专业技能 | 评价范围 | | | |
|---|---|---|---|---|---|---|---|
| 考核时限 | 30 min | 题型 | 单项操作 | 满分 | 100分 | 得分 | |
| 试题名称 | PTN设备2M业务配置 | | | | | | |
| 考核要点<br>及其要求 | 考核要点<br>(1)网管登录操作;<br>(2)系统配置现状检查;<br>(3)2M电路的配置,包括起始位置、方向(占用第几个VC4)、业务保护等;<br>(4)2M电路数据配置检查;<br>(5)验证配置的正确性 | | | | | | |
| 现场设备、<br>工器具、材料 | (1)工器具:维护终端等;<br>(2)材料:连接线;<br>(3)设备:PTN网管、PTN设备等 | | | | | | |
| 备注 | | | | | | | |

| | | | 评分标准 | | | | |
|---|---|---|---|---|---|---|---|
| 序号 | 考核项目<br>名称 | 质量要求 | | 分值 | 扣分标准 | 扣分<br>原因 | 得分 |
| 1 | 检查设备状态 | 设备运行状态正常 | | 5 | 未检查设备状态扣5分 | | |
| 2 | 连接网管或<br>维护终端 | 将维护终端(网管)连接到<br>PTN设备,并连接电源 | | 5 | 连接错误扣5分 | | |

续表

| 序号 | 考核项目名称 | 质量要求 | 分值 | 扣分标准 | 扣分原因 | 得分 |
|---|---|---|---|---|---|---|
| 3 | 登录网管界面 | 按题目提示输入用户名、密码,登录维护终端界面 | 10 | 不能正确登录网管扣10分 | | |
| 4 | 检查系统配置现状 | 查看当前PTN设备的网络拓扑和设备2M电路配置情况 | 15 | 未查看网络拓扑和2M配置情况,每项扣5分 | | |
| 5 | 根据要求配置2M电路 | 按电路起始位置、方向、时隙(占用第几个VC4)、有无保护等要求,完成配置操作 | 40 | 配置每错1项扣10分,扣完本项分数为止 | | |
| 6 | 验证2M电路配置 | 根据电路通断、告警等情况判断配置的正确性 | 10 | 未进行验证扣10分 | | |
| 7 | 退出数据库操作结束 | 关闭维护终端,拆除连接线和电源线,清理现场,交还仪器仪表及材料 | 5 | 不清理工作现场、不恢复原始状态、不报告操作结束扣2~5分 | | |
| 8 | 操作时间 | 在规定时间内单独完成 | 10 | 未在规定时间完成,每超时1分钟扣1分,扣完本项分数为止 | | |

## TG3ZY0110  PTN设备以太网业务配置

**一、作业**

(一)工器具、材料、设备

(1)工器具:以太网测试仪。

(2)材料:连接线等。

(3)设备:PTN设备及说明书、网管、设备等。

(二)安全要求

防止触电、短路,防止损坏设备。

(三)操作步骤及工艺要求(含注意事项)

1.操作前准备

(1)规范着装。

(2)根据题目要求选择连接线,并检查设备状况。

2.操作过程

(1)将维护终端(网管)连接到PTN设备,并连接电源。

(2)登录界面,按题目提示键入用户名、密码,登录维护终端界面。

(3)查看目前PTN设备的配置情况。

(4)配置 IP 地址。

(5)数据库配置。

(6)端口配置。

(7)退出数据库。

3.操作结束

清理现场,交还仪器仪表及材料。

## 二、考核

(一)考核场地

通信实训基地。

(二)考核时间

30 min。

(三)考核要点

(1)系统登录操作。

(2)设备卡板配置。

(3)端口配置。

(4)类型、带宽、IP 地址配置。

## 三、评分标准

行业:电力工程　　　　　　工种:通信工程建设工　　　　　　等级:高级工

| 编号 | TG3ZY0110 | 行为领域 | 专业技能 | 评价范围 | | |
|---|---|---|---|---|---|---|
| 考核时限 | 30 min | 题型 | 单项操作 | 满分 | 100 分 | 得分 |
| 试题名称 | PTN 设备以太网业务配置 | | | | | |
| 考核要点<br>及其要求 | 考核要点<br>(1)系统登录操作;<br>(2)设备卡板配置;<br>(3)端口配置;<br>(4)类型、带宽、IP 地址配置。<br>操作要求<br>(1)单人操作;<br>(2)操作时应有人监护,不得随意修改设备运行参数 | | | | | |
| 现场设备、<br>工器具、材料 | (1)工器具:以太网测试仪等;<br>(2)材料:连接线等;<br>(3)设备:PTN 设备及说明书、网管、设备等 | | | | | |
| 备注 | | | | | | |

续表

| | | | 评分标准 | | | | |
|---|---|---|---|---|---|---|---|
| 序号 | 考核项目名称 | 质量要求 | 分值 | 扣分标准 | 扣分原因 | 得分 |
| 1 | 检查设备状态 | 设备运行状态正常 | 5 | 未检查设备状态每项扣5分 | | |
| 2 | 连接网管或维护终端 | 将维护终端(网管)连接到PTN设备,并连接电源 | 5 | 连接错误扣5分 | | |
| 3 | 登录系统网管 | 正确输入账号、密码,登录系统查看当前配置 | 10 | 输入账号、密码不正确或登录界面错误扣10分 | | |
| 4 | 配置IP地址 | 根据需要配置目的设备IP地址 | 10 | 不能正确配置IP地址扣20分 | | |
| 5 | 数据库配置 | 正确配置数据库数据(树形结构、路由信息) | 35 | 不能正确配置数据库数据(树形结构、路由信息)每项扣5分,扣完本项分数为止 | | |
| 6 | 端口配置 | 配置在运设备以太网出线端口 | 10 | 不能正确配置端口扣10分 | | |
| 7 | 验证以太网配置 | 根据电路通断、告警等情况判断配置的正确性 | 10 | 未进行验证扣10分 | | |
| 8 | 退出数据库操作结束 | 关闭维护终端,拆除连接线和电源线,清理现场,交还仪器仪表及材料 | 5 | 不清理工作现场、不恢复原始状态、不报告操作结束扣2～5分 | | |
| 9 | 操作时间 | 在规定时间内单独完成 | 10 | 未在规定时间完成,每超时1分钟扣1分,扣完本项分数为止 | | |

## TG3ZY0211 三层网络交换机 VLAN 间通信

**一、作业**

(一)工器具、材料、设备

(1)工器具:交换机、配置终端等。

(2)材料:网线、console线。

(3)设备:交换机。

(二)安全要求

正确使用工器具,防止设备损坏。

(三)操作步骤及工艺要求(含注意事项)

1.操作前准备

(1)规范着装。

(2)根据题目要求选择工具、材料并做外观检查。

2.操作过程

(1)按下图搭建实验环境。

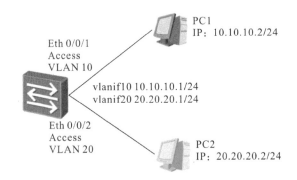

(2)使用 console 线连接到交换机配置端口。

(3)笔记本上打开超级终端与交换机建立连接。

(4)在交换机上创建 VLAN10、VLAN20,并将交换机端口 1 加入 VLAN10,端口 2 加入 VLAN20。

(5)在交换机上创建 vlanif10,IP 地址为 10.10.10.1/24;vlanif20,IP 地址为 20.20.20.1/24

(6)按图配置两台 PC 的 IP 地址和网关地址。

(7)连通性验证。PC1 和 PC2 能够互相访问。

3.操作结束

清理现场,交还工器具。

## 二、考核

(一)考核场地

通信实训基地。

(二)考核时间

30 min。

(三)考核要点

(1)使用 console 线连接交换机并登录。

(2)在交换机上按要求创建 VLAN,并加入指定端口。

(3)在交换机上创建 vlanif 端口并配置 IP 地址。

(4)将 PC 按要求连接到交换机,并配置 IP 地址和网关地址。

(5)使用 ping 命令验证两台 PC 机的连通性。

### 三、评分标准

行业:电力工程　　　　工种:通信工程建设工　　　　等级:高级工

| 编号 | TG3ZY0211 | 行为领域 | 专业技能 | 评价范围 | |
|---|---|---|---|---|---|
| 考核时限 | 30 min | 题型 | 单项操作 | 满分 | 100 分 | 得分 | |
| 试题名称 | 三层网络交换机的 VLAN 配置 | | | | |

| 考核要点及其要求 | 考核要点<br>(1)使用 console 线连接交换机并登录;<br>(2)在交换机上按要求建立 VLAN,并加入指定端口;<br>(3)在交换机上创建 vlanif 端口并配置 IP 地址;<br>(4)将 PC 按要求连接到交换机,并配置 IP 地址和网关地址;<br>(5)使用 ping 命令验证两台 PC 机的连通性。<br>操作要求<br>(1)单人操作;<br>(2)按要求搭建实验环境,并做相应配置 |
|---|---|
| 现场设备、工器具、材料 | (1)工器具:交换机、笔记本等;<br>(2)材料:双绞线、console 线等;<br>(3)设备:交换机 |
| 备注 | |

评分标准

| 序号 | 考核项目名称 | 质量要求 | 分值 | 扣分标准 | 扣分原因 | 得分 |
|---|---|---|---|---|---|---|
| 1 | 搭建实验环境 | 正确使用 console 线正确连接交换机与笔记本 | 10 | (1)未使用 console 线扣 5 分;<br>(2)未准确连接交换机配置端口扣 5 分 | | |
| 2 | 登录交换机 | 正确登录交换机 | 10 | 不能正确使用超级终端登录交换机扣 10 分 | | |
| 3 | 创建 VLAN | 按要求正确配置交换机 VLAN,并加入指定端口 | 20 | (1)不能正确建立 VLAN 扣 10 分;<br>(2)不能正确加入端口扣 10 分 | | |
| 4 | 创建 vlanif 接口 | 按要求正确创建 vlanif 接口,并配置 IP 地址 | 20 | (1)不能正确创建 vlanif 接口扣 10 分;<br>(2)不能正确配置 vlanif 接口 IP 地址扣 10 分 | | |
| 5 | PC 机配置 | 按要求将 PC 机接入交换机指定端口,并配置 IP 地址 | 20 | (1)PC 机 IP 地址配置不正确扣 10 分;<br>(2)PC 机网关地址配置不正确扣 10 分 | | |

续表

| 序号 | 考核项目名称 | 质量要求 | 分值 | 扣分标准 | 扣分原因 | 得分 |
|---|---|---|---|---|---|---|
| 6 | 验证连通性 | 使用 ping 命令验证 PC 机的连通性 | 10 | (1)不能正确使用 ping 命令扣 5 分；<br>(2)两台交换机相同 VLAN 不能 ping 通扣 5 分 | | |
| 7 | 操作时间 | 在规定时间内单独完成 | 10 | 未在规定时间完成，每超时 1 分钟扣 1 分，扣完本项分数为止 | | |

## TG3ZY0212　路由器动态路由协议 ISIS 配置

一、作业

(一)工器具、材料、设备

(1)工器具：配置终端。

(2)材料：网线、console 线。

(3)设备：路由器。

(二)安全要求

正确使用工器具，防止设备损坏。

(三)操作步骤及工艺要求(含注意事项)

1.操作前准备

(1)规范着装。

(2)根据题目要求正确操作设备，防止设备损坏。

2.操作过程

(1)按下图搭建实验环境。

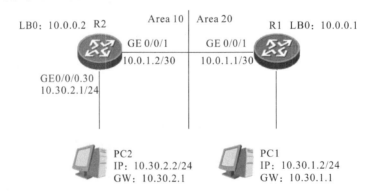

(2)使用 console 线连接到路由器配置端口。

(3)笔记本上打开超级终端与路由器建立连接。

(4)配置路由器的各接口 IP 地址。

(5)创建 ISIS 进程,并配置路由器级别为 Level2。

(6)设置路由器网络实体名称 NET。

(7)在指定接口上使能 ISIS。

(8)使用 ping 命令测试两台 PC 机的连通性。

3. 操作结束

清理现场,交还工器具。

## 二、考核

(一)考核场地

通信实训基地。

(二)考核时间

30 min。

(三)考核要点

(1)使用 console 线连接路由器并登录。

(2)在路由器上配置各接口 IP。

(3)创建 ISIS 进程,并配置路由器级别。

(4)设置路由器网络实体名称 NET。

(5)在相应接口上使能 ISIS。

## 三、评分标准

行业:电力工程　　　　　　　　工种:通信工程建设工　　　　　　　　等级:高级工

| 编号 | TG3ZY0212 | 行为领域 | 专业技能 | 评价范围 | | | |
|---|---|---|---|---|---|---|---|
| 考核时限 | 30 min | 题型 | 单项操作 | 满分 | 100 分 | 得分 | |
| 试题名称 | 路由器动态路由协议 ISIS 配置 | | | | | | |
| 考核要点及其要求 | 考核要点<br>(1)使用 console 线连接路由器并登录;<br>(2)在路由器上配置各接口 IP;<br>(3)创建 ISIS 进程,并配置路由器级别;<br>(4)设置路由器网络实体名称 NET;<br>(5)在相应接口上使能 ISIS。<br>操作要求<br>(1)单人操作;<br>(2)按要求搭建实验环境,并做相应配置 | | | | | | |
| 现场设备、工器具、材料 | (1)工器具:配置终端;<br>(2)材料:网线、console 线;<br>(3)设备:路由器 | | | | | | |
| 备注 | | | | | | | |

| | | | 评分标准 | | | |
|---|---|---|---|---|---|---|
| 序号 | 考核项目名称 | 质量要求 | 分值 | 扣分标准 | 扣分原因 | 得分 |
| 1 | 按图示搭建实验环境 | 正确搭建实验环境 | 5 | 未正确搭建实验环境扣5分 | | |
| 2 | 登录路由器 | 正确登录路由器 | 10 | (1)不能正确使用console线连接路由器和笔记本扣5分;<br>(2)不能正确使用超级终端登录路由器扣5分 | | |
| 3 | 配置路由器接口IP | 按要求正确配置路由器接口IP地址 | 15 | 不能正确配置接口IP,每个接口扣5分,扣完为止 | | |
| 4 | 配置环回地址 | 按要求正确配置环回地址 | 5 | 未正确配置环回地址扣5分 | | |
| 5 | ISIS基本配置 | 正确创建ISIS进程并使用 | 40 | (1)不能正确创建ISIS进程扣10分;<br>(2)不能按要求配置路由器级别扣10分;<br>(3)不能正确配置路由器实体名称NET扣10分;<br>(4)不能正确在指定接口上使能ISIS进程扣10分 | | |
| 6 | PC机配置 | 配置PC机IP地址及网关地址 | 10 | (1)不能正确配置PC机IP地址扣5分;<br>(2)不能正确配置默认网关地址扣5分 | | |
| 7 | 连通性验证 | 验证两台PC机的连通性 | 10 | 两台PC机不能正确连通扣10分 | | |
| 8 | 操作时间 | 在规定时间内单独完成 | 5 | 未在规定时间完成,每超时1分钟扣1分,扣完本项分数为止 | | |

## TG3ZY0313 PCM 设备开局及电话配置

**一、作业**

（一）工器具、材料、设备

(1)工器具:数字万用表、卡线刀、普通话机等。

(2)材料:2M线缆、2M头等。

（3）设备：PCM 终端接入设备、维护终端、配线架。

（二）安全要求

操作时注意人身和设备安全。

（三）操作步骤及工艺要求（含注意事项）

1.操作前准备

（1）规范着装。

（2）先检查 PCM 设备机框、板卡插槽及 2M 插座和电源接线端子是否完好，外观检查所配置板卡是否良好，板卡型号及数量是否配置齐全，话路音频电缆是否齐备，并将机框固定在标准机柜内。

2.操作过程

（1）用现场做好的 2M 线缆，依图将两端 PCM 设备分别连接到数字配线架（DDF）相对应的端子上（注意 2M 线收和发不要接反，E1 接口：IN 为输入，OUT 为输出），将电源盘、控制盘及各种功能的接口话路盘根据各自的功能需要，分别插到各自相对应的板卡槽位上。

（2）连接设备：－48 V 电源线，GND 接地（正极），－48 V 接电源－48 V（负极），PGND 接保护地。

（3）根据话路盘槽位顺序，逐次将一端带有插头的音频电缆插入到 PCM 设备背面话路音频出线插座内，并用弹簧片锁定，再用扎带绑定；另一端根据线序色谱，用卡线刀将音频线按照 1、2、3、…、15、16、17、…、28、29、30 的顺序卡入音频配线模块相对应的卡槽内，完成后做好标识；FXO、FXS 出线为二线，4 线 E/M 出线为四线加一对信令线，共三对线。色谱：白红黑黄紫，蓝橘绿棕灰。

（4）检查设备板卡和接口板所插位置是否正确，检查设备所有线缆连接是否正确、牢固、可靠，设置主从站时钟，用万用表测量电源开关上端直流电压是否符合要求；确认一切正确后，合上设备电源开关，给设备加电，在 DDF 配线架上，用短路环分别对两端 PCM 设备做 2M 环回测试，查看 PCM 设备所有板卡指示灯显示状况，指示灯均为绿色时表示设备运行正常。

（5）如若有红色告警灯点亮，说明设备有故障，根据告警灯指示，检查设备连接线缆是否有问题、板卡对应的插槽槽位是否正确、板卡及接口板配置是否合理等，排除故障使设备处于正常运行状态。

（6）用计算机 R232 串口连接 PCM 设备串口端子，用计算机超级终端访问 PCM 设备，可进行 IP 地址查询及设置，设置后需要重新启动 PCM 设备，使设置得以保存。

（7）用网线连接计算机网络端口和 PCM 设备以太网管接口，登录网管软件，参照说明书对 PCM 设备进行设备信息查询及各项功能配置。

（8）据已知条件，将主站 PCM 设备第一槽位用户板的第一插槽位置插入 FXS（交换板）接口板，相对应的从站 PCM 设备第一槽位用户板的第一插槽位置插入 FXS 接口板。在主站 PCM 设备音频配线架第一对线上及对应的从站 PCM 设备话路音频出线配线架第一对线上分别卡接电话单机，任意一方先摘机，则对方话机振铃，双方互相摘机，进行通道测试。

3.操作结束

清理现场，整理 PCM 设备，交还所用工器具、材料及其他等。

## 二、考核

### (一)考核场地

通信实训基地。

### (二)考核时间

40 min。

### (三)考核要点

(1)熟悉 PCM 设备的板卡配置、接线、上电、测试及配线方法。

(2)能熟练并正确配置话路并开通电话用户。

(3)熟练应用管理终端对设备进行配置。

(4)掌握配线工艺要求。

## 三、评分标准

行业:电力工程　　　　　　工种:通信工程建设工　　　　　　等级:高级工

| 编号 | TG3ZY0313 | 行为领域 | 专业技能 | 评价范围 | | |
|---|---|---|---|---|---|---|
| 考核时限 | 40 min | 题型 | 多项操作 | 满分 | 100 分 | 得分 |
| 试题名称 | PCM 设备开局及电话配置 | | | | | |

| 考核要点及其要求 | 考核要点<br>(1)熟悉 PCM 设备的板卡配置、接线、上电、测试及配线方法;<br>(2)能熟练并正确配置话路并开通电话用户;<br>(3)会熟练应用管理终端对设备进行配置;<br>(4)掌握配线工艺要求。<br><br>主站(局端站)　　DDF架　　从站(远端站)<br>操作要求<br>(1)在规定时间内单独操作完成;<br>(2)注意人身和设备安全 |
|---|---|

| 业务类型 | 主站板型 | 主站时隙(路) | 远端站板型 | 远端站时隙(路) | 备注 |
|---|---|---|---|---|---|
| 直通电话 | FXS | 3 | FXS | 3 | 每板 2 路 |

| 现场设备、工器具、材料 | (1)工器具:数字万用表、卡线刀、普通话机等;<br>(2)材料:2M 线缆、2M 头等;<br>(3)设备:PCM 终端接入设备、维护终端、配线架 |
|---|---|

| 备注 | |
|---|---|

<table>
<tr><td colspan="7" align="center">评分标准</td></tr>
<tr><td>序号</td><td>考核项目名称</td><td>质量要求</td><td>分值</td><td>扣分标准</td><td>扣分原因</td><td>得分</td></tr>
<tr><td>1</td><td>操作前应做的检查工作</td><td>掌握操作前要检查的工作内容</td><td>10</td><td>少做 1 项检查内容扣 2 分,扣完本项分数为止</td><td></td><td></td></tr>
<tr><td>2</td><td>操作流程</td><td>操作步骤正确</td><td>10</td><td>操作步骤每错 1 项扣 2 分,扣完本项分数为止</td><td></td><td></td></tr>
</table>

续表

| 序号 | 考核项目名称 | 质量要求 | 分值 | 扣分标准 | 扣分原因 | 得分 |
|---|---|---|---|---|---|---|
| 3 | 完成设备线缆和话路音频配线连接 | 正确选用工器具按照线缆制作规范及配线工艺要求完成工作 | 10 | (1)工器具使用错误1次扣2分;<br>(2)配线未达到工艺要求,发现1处扣2分;<br>(3)未完成线缆制作,此项不得分 | | |
| 4 | 建立PCM设备的链接 | 用2M线缆正确连接相应的端口 | 10 | 未正确连接,错1处扣2分,扣完本项分数为止 | | |
| 5 | PCM设备板卡配置 | 根据各板卡功能正确配置PCM板卡并将板卡插到PCM设备相对应的槽位上 | 20 | (1)未正确配置板卡,错1处扣3分,扣完本项分数为止;<br>(2)板卡插槽位置不正确,错1处扣3分,扣完本项分数为止 | | |
| 6 | 应用终端配置设备并开通电话用户 | 熟练运用管理终端对PCM设备进行配置并开通电话用户 | 20 | (1)不能使用终端正确配置PCM设备,每错1处扣2分,扣完本项分数为止;<br>(2)不能开通电话用户扣10分 | | |
| 7 | 安全文明生产 | 规范着装,清理现场,整理工器具 | 10 | (1)未规范着装扣5分;<br>(2)未清理工作现场扣3分;<br>(3)未整理工器具扣2分 | | |
| 8 | 操作时间 | 在规定时间内单独完成 | 10 | 未在规定时间完成,每超时1分钟扣1分,扣完本项分数为止 | | |

## TG3ZY0314 PCM 设备时钟配置

**一、作业**

（一）工器具、材料、设备

(1)工器具:压线钳、斜口钳、壁纸刀、电烙铁等。

(2)材料:2M 线缆、2M 头。

(3)设备:PCM 终端接入设备、维护终端。

（二）安全要求

操作时注意人身和设备安全。

（三）操作步骤及工艺要求(含注意事项)

1.操作前准备

操作前规范着装,检查设备运行状态。

## 2.操作过程

(1)将现场给定的两端 PCM 终端设备经 2M 同轴电缆连接,分别连接两端 PCM 设备的 2M1 端口。

(2)设定 1 号设备为主站,2 号设备为从站(主控制盘 S2 拨码开关为站号设置开关,采用二进制编码,第八位为最低位)。

(3)将 1 号站主控制盘上的 S1 拨码开关设置为主时钟,将 2 号站主控制盘上的 S1 拨码开关设置为从时钟(或通过维护终端登录 PCM 设备分别设置 1 号站及 2 号站时钟为主时钟和从时钟)。

(4)查看主控制盘相对应告警指示灯状况,判断时钟是否设置正确。

## 3.操作结束

工作完成后清理现场,交还所用工器具、材料等。

## 二、考核

(一)考核场地

通信实训基地。

(二)考核时间

30 min。

(三)考核要点

(1)建立两端 PCM 设备 2M 通道连接。

(2)利用拨码开关设置站号及主时钟和从时钟。

## 三、评分标准

行业:电力工程　　　　　工种:通信工程建设工　　　　　等级:高级工

| 编号 | TG3ZY0314 | 行为领域 | 专业技能 | 评价范围 | | | |
|---|---|---|---|---|---|---|---|
| 考核时限 | 30 min | 题型 | 多项操作 | 满分 | 100 分 | 得分 | |
| 试题名称 | PCM 设备时钟配置 | | | | | | |
| 考核要点及其要求 | 考核要点<br>(1)建立两端 PCM 设备 2M 通道连接;<br>(2)利用拨码开关设置站号及主时钟和从时钟;<br>操作要求<br>(1)在规定时间内单独操作完成;<br>(2)注意人身和设备安全。<br><br>下表见下 | | | | | | |

| 第一位 | 第二位 | 第三位 | 功能介绍 |
|---|---|---|---|
| OFF | OFF | OFF | 主时钟 |
| OFF | ON | ON | 抽时钟顺序:E1♯1、E1♯2、E1♯3、E1♯4、主时钟(从时钟) |
| OFF | ON | OFF | 抽时钟顺序:E1♯2、E1♯3、E1♯4、E1♯1、主时钟(从时钟) |
| OFF | ON | ON | 抽时钟顺序:E1♯3、E1♯4、E1♯1、E1♯2、主时钟(从时钟) |
| ON | OFF | OFF | 抽时钟顺序:E1♯4、E1♯1、E1♯2、E1♯3、主时钟(从时钟) |

续表

| 现场设备、工器具、材料 | (1)工器具:压线钳、斜口钳、壁纸刀、电烙铁等;<br>(2)材料:2M 线缆、2M 等;<br>(3)设备:PCM 终端接入设备、维护终端 | | | | | |
|---|---|---|---|---|---|---|
| 备注 | | | | | | |
| 评分标准 | | | | | | |
| 序号 | 考核项目名称 | 质量要求 | 分值 | 扣分标准 | 扣分原因 | 得分 |
| 1 | 操作流程 | 操作步骤正确 | 10 | 操作步骤每错 1 项扣 2 分,扣完本项分数为止 | | |
| 2 | 制作 2M 电缆 | 正确选用工器具按照线缆制作规范完成制作 | 20 | (1)不能正确使用工器具扣 5 分;<br>(2)线缆制作未达到工艺要求,发现 1 处扣 2 分;<br>(3)未完成线缆制作,此项不得分 | | |
| 3 | 建立 PCM 设备的连接 | 用 2M 线缆正确连接到指定的 PCM 设备端口 | 10 | 未正确连接到指定的设备端口扣 10 分 | | |
| 4 | 设置 PCM 设备的站号 | 用拨码开关正确设置 PCM 设备的站号 | 20 | 未正确设置 PCM 设备的站号扣 20 分 | | |
| 5 | 设置 PCM 设备的时钟 | 用拨码开关正确设置 PCM 设备的主从时钟 | 20 | 未正确设置 PCM 设备的主从时钟扣 20 分 | | |
| 6 | 安全文明生产 | 规范着装,清理现场,整理工器具 | 10 | (1)未规范着装扣 5 分;<br>(2)未清理工作现场扣 3 分;<br>(3)未整理工器具扣 2 分 | | |
| 7 | 操作时间 | 在规定时间内单独完成 | 10 | 未在规定时间完成,每超时 1 分钟扣 1 分,扣完本项分数为止 | | |

## TG3ZY0315 检查程控交换机 2M 数字中继数据配置

### 一、作业

(一)工器具、材料、设备

(1)工器具:维护终端等。

(2)材料:连接线。

(3)设备:程控交换机、电话机等。

(二)安全要求

操作时应有人监护,不得随意修改交换机参数。

(三)操作步骤及工艺要求(含注意事项)

1.操作前准备

(1)规范着装。

(2)根据题目要求选择连接线,并检查设备运行状况。

2.操作过程

(1)连接线。将维护终端连接到程控交换机设备,并连接电源。

(2)登录界面。按题目提示键入用户名、密码,登录维护终端界面。

(3)查看 No.7 信令链路数据配置。查看并记录 MTP 目的信令点、链路集、路由、链路信息。

(4)查看 2M 数字中继话路数据配置。查看并记录局向、子路由、路由、路由分析、出局呼叫字冠、中级群、中继电路。

(5)跟踪出局呼叫。进行一个出局呼叫,查看并记录出局所占用的中继电路槽位、端口。

(6)退出数据库。

3.操作结束

关闭维护终端,拆除连接线和电源线,清理现场,交还仪器仪表及材料。

二、考核

(一)考核场地

通信实训基地。

(二)考核时间

30 min。

(三)考核要点

(1)维护终端的连接和登录操作。

(2)No.7 信令链路数据配置检查。

(3)2M 数字中继话路数据配置检查。

(4)出局呼叫跟踪检查。

## 三、评分标准

行业:电力工程　　　　工种:通信工程建设工　　　　等级:高级工

| 编号 | TG3ZY0315 | 行为领域 | 专业技能 | 评价范围 | | |
|---|---|---|---|---|---|---|
| 考核时限 | 30 min | 题型 | 单项操作 | 满分 | 100 分 | 得分 | |

| 试题名称 | 检查程控交换机 2M 数字中继数据配置 |
|---|---|
| 考核要点<br>及其要求 | 考核要点<br>(1)维护终端的连接和登录操作;<br>(2)No.7 信令链路数据配置检查;<br>(3)2M 数字中继话路数据配置检查;<br>(4)出局呼叫跟踪检查。<br>操作要求<br>(1)单人操作;<br>(2)操作时应有人监护,不得随意修改交换机运行参数 |
| 现场设备、<br>工器具、材料 | (1)工器具:维护终端等;<br>(2)材料:连接线等;<br>(3)设备:程控交换机、电话机等 |
| 备注 | |

| | | | 评分标准 | | | |
|---|---|---|---|---|---|---|
| 序号 | 考核项目<br>名称 | 质量要求 | 分值 | 扣分标准 | 扣分<br>原因 | 得分 |
| 1 | 设备检查和<br>材料选用 | 正确选择连接线,检查设备运<br>行正常、接地正常 | 5 | (1)选用不当扣 3 分;<br>(2)未检查设备运行及接地状<br>态扣 2 分 | | |
| 2 | 维护终端<br>连线与登录 | 按题目要求,正确连接维护终<br>端与设备的连接线、电源线,<br>登录维护终端界面 | 10 | (1)不能正确连线扣 5 分;<br>(2)不能正确登录扣 5 分 | | |
| 3 | No.7 信令链路<br>数据配置检查 | 查看并记录 MTP 目的信令<br>点、链路集、路由、链路信息 | 25 | 每错 1 项扣 5 分,扣完本项分<br>数为止 | | |
| 4 | 2M 数字中<br>继话路数据<br>配置检查 | 查看并记录局向、子路由、路<br>由、路由分析、出局呼叫字冠、<br>中级群、中继电路 | 25 | 每错 1 项扣 5 分,扣完本项分<br>数为止 | | |
| 5 | 出局呼叫<br>跟踪检查 | 查看并记录出局所占用的中<br>继电路槽位、端口 | 20 | 每错 1 项扣 5 分,扣完本项分<br>数为止 | | |
| 6 | 操作结束 | 关闭维护终端,拆除连接线和<br>电源线,清理现场,交还仪器<br>仪表及材料 | 5 | 不清理工作现场,不恢复原始<br>状态,不报告操作结束扣 2~<br>5 分 | | |
| 7 | 操作时间 | 在规定时间内单独完成 | 10 | 未在规定时间完成,每超时 1<br>分钟扣 1 分,扣完本项分数<br>为止 | | |

## TG3ZY0316 程控交换机 2B＋D 数字用户设置

### 一、作业

（一）工器具、材料、设备

（1）工器具：维护终端等。

（2）材料：连接线。

（3）设备：程控交换机等。

（二）安全要求

操作时应有人监护，不得随意修改交换机参数。

（三）操作步骤及工艺要求（含注意事项）

1. 操作前准备

（1）规范着装。

（2）根据题目要求选择连接线，并检查设备运行状况。

2. 操作过程

（1）连接线。按题目提示，将维护终端连接到程控交换机设备，并连接电源。

（2）2B＋D 用户数据配置。

①打开维护终端，按题目提示进入交换机数据库配置界面。

②用户板卡配置。进入板卡配置页面，按题目要求配置板卡类型、槽位等相关数据。

③电话用户配置。进入电话用户配置页面，按照题目要求，配置 2B＋D 用户的槽位、端口、用户号码、级别及相关参数。

④退出数据库操作界面。

3. 操作结束

清理现场，交还仪器仪表及材料。

### 二、考核

（一）考核场地

通信实训基地。

（二）考核时间

30 min。

（三）考核要点

（1）维护终端的连线操作。

（2）2B＋D 用户板卡的数据设置。

（3）2B＋D 用户的数据设置。

### 三、评分标准

行业:电力工程　　　　　　工种:通信工程建设工　　　　　　等级:高级工

| 编号 | TG3ZY0316 | 行为领域 | 专业技能 | 评价范围 | | |
|---|---|---|---|---|---|---|
| 考核时限 | 30 min | 题型 | 单项操作 | 满分 | 100 分 | 得分 |
| 试题名称 | 程控交换机 2B＋D 数字用户设置 | | | | | |
| 考核要点及其要求 | 考核要点<br>(1)维护终端的连接和登录操作;<br>(2)2B＋D 用户板卡数据设置;<br>(3)2B＋D 用户数据设置。<br>操作要求<br>(1)单人操作;<br>(2)操作时应有人监护,不得随意修改交换机运行参数 | | | | | |
| 现场设备、工器具、材料 | (1)工器具:维护终端等;<br>(2)材料:连接线;<br>(3)设备:程控交换机等 | | | | | |
| 备注 | | | | | | |

<table>
<tr><th colspan="7">评分标准</th></tr>
<tr><th>序号</th><th>考核项目名称</th><th>质量要求</th><th>分值</th><th>扣分标准</th><th>扣分原因</th><th>得分</th></tr>
<tr><td>1</td><td>设备检查和材料选用</td><td>正确选择连接线,检查设备运行正常、接地正常</td><td>5</td><td>(1)选用不当扣 3 分;<br>(2)未检查设备运行及接地状态扣 2 分</td><td></td><td></td></tr>
<tr><td>2</td><td>维护终端连线与登录</td><td>按题目要求,正确连接维护终端与设备的连接线、电源线,登录维护终端界面</td><td>10</td><td>(1)不能正确连线扣 5 分;<br>(2)不能正确登录扣 5 分</td><td></td><td></td></tr>
<tr><td>3</td><td>2B＋D 用户板卡数据设置</td><td>按题目要求配置板卡类型、槽位等相关数据</td><td>35</td><td>每错 1 项扣 5 分,扣完本项分数为止</td><td></td><td></td></tr>
<tr><td>4</td><td>2B＋D 用户数据设置</td><td>按照题目要求,配置 2B＋D 用户的槽位、端口、用户号码、级别及相关参数</td><td>35</td><td>每错 1 项扣 5 分,扣完本项分数为止</td><td></td><td></td></tr>
<tr><td>5</td><td>操作结束</td><td>关闭维护终端,拆除连接线和电源线,清理现场,交还仪器仪表及材料</td><td>5</td><td>不清理工作现场、不恢复原始状态、不报告操作结束扣 2～5 分</td><td></td><td></td></tr>
<tr><td>6</td><td>操作时间</td><td>在规定时间内单独完成</td><td>10</td><td>未在规定时间完成,每超时 1 分钟扣 1 分,扣完本项分数为止</td><td></td><td></td></tr>
</table>

## TG3ZY0317    IMS 系统 AG 设备基础配置

**一、作业**

（一）工器具、材料、设备

（1）工器具：本地维护终端等。

（2）材料：连接线等。

（3）设备：AG 设备及说明书、数据网设备等。

（二）安全要求

操作时应有人监护，不得随意修改交换机参数。

（三）操作步骤及工艺要求（含注意事项）

1. 操作前准备

（1）规范着装。

（2）根据题目要求选择连接线，并检查设备状况。

2. 操作过程

（1）连接线。将本地维护终端连接至 AG 设备端口。连接维护终端电源线。

（2）AG 设备基本配置。

①进入全局模式，转换语言。键入用户名、密码，进入 AG 配置页面，进入全局模式并切换为本地语种。

②进入配置模式。

③查询并修改 IP 地址。键入查询命令，查询并记录本地 IP 地址、子网掩码、网关等。

④修改业务网口 IP 地址。按题目提示修改业务网口 IP 地址、网关地址及子网掩码。

⑤配置 PVMD 的工作模式。工作模式设置为独立组网方式。

⑥配置 SNTP 时间服务器。配置时间服务器 IP 地址。

3. 操作结束

清理现场，交还仪器仪表及材料。

**二、考核**

（一）考核场地

通信实训基地。

（二）考核时间

40 min。

（三）考核要点

（1）维护终端设备连接线操作。

（2）AG 设备的基础设置，包括语言、设备名称、登录密码设置，以及 IP 地址、PVMD 工作模式、SNTP 时间服务器设置等。

### 三、评分标准

行业:电力工程      工种:通信工程建设工      等级:高级工

| 编号 | TG3ZY0317 | 行为领域 | 专业技能 | 评价范围 | | |
|---|---|---|---|---|---|---|
| 考核时限 | 40 min | 题型 | 单项操作 | 满分 | 100 分 | 得分 |
| 试题名称 | IMS 系统 AG 设备基础配置 | | | | | |
| 考核要点及其要求 | 考核要点<br>(1)维护终端设备连接线操作;<br>(2)AG 设备的基础设置,包括语言、设备名称、登录密码设置以及 IP 地址、PVMD 工作模式、SNTP 时间服务器设置等。<br>操作要求<br>(1)单人操作;<br>(2)设置操作准确、规范 | | | | | |
| 现场设备、工器具、材料 | (1)工器具:本地维护终端等;<br>(2)材料:连接线等;<br>(3)设备:AG 设备及说明书、数据网设备等 | | | | | |
| 备注 | | | | | | |

<table>
<tr><td colspan="7" align="center">评分标准</td></tr>
<tr><td>序号</td><td>考核项目名称</td><td>质量要求</td><td>分值</td><td>扣分标准</td><td>扣分原因</td><td>得分</td></tr>
<tr><td>1</td><td>设备检查和材料选用</td><td>正确选择连接线,检查设备运行正常、接地正常</td><td>5</td><td>(1)选用不当扣 3 分;<br>(2)未检查设备运行及接地状态扣 2 分</td><td></td><td></td></tr>
<tr><td>2</td><td>连线</td><td>按题目要求,正确连接维护终端与 AG 设备的连接线、电源线等</td><td>10</td><td>连接每错 1 处扣 5 分,扣完本项分数为止</td><td></td><td></td></tr>
<tr><td>3</td><td>进入全局模式,转换语言</td><td>正确设置模式和语言</td><td>10</td><td>设置每错 1 项扣 5 分</td><td></td><td></td></tr>
<tr><td>4</td><td>配置模式</td><td>正确设置设备名称、更改用户名及密码,配置自动保存设置操作</td><td>20</td><td>设置每错 1 项扣 5 分,扣完本项分数为止</td><td></td><td></td></tr>
<tr><td>5</td><td>查询并修改 IP 地址</td><td>正确查询并修改 IP 地址、子网掩码、网关等</td><td>20</td><td>设置每错 1 项扣 5 分,扣完本项分数为止</td><td></td><td></td></tr>
<tr><td>6</td><td>配置 PVMD 的工作模式</td><td>正确设置 AG 的工作模式</td><td>10</td><td>设置错误扣 10 分</td><td></td><td></td></tr>
<tr><td>7</td><td>配置 SNTP 时间服务器</td><td>正确设置 SNTP 时间服务器 IP 地址等</td><td>10</td><td>设置错误扣 10 分</td><td></td><td></td></tr>
<tr><td>8</td><td>操作结束</td><td>整理现场</td><td>5</td><td>不清理工作现场、不恢复原始状态、不报告操作结束扣 2～5 分</td><td></td><td></td></tr>
<tr><td>9</td><td>操作时间</td><td>在规定时间内单独完成</td><td>10</td><td>未在规定时间完成,每超时 1 分钟扣 1 分,扣完本项分数为止</td><td></td><td></td></tr>
</table>

## TG3ZY0418　通信蓄电池组容量核对性放电试验

**一、作业**

(一)工器具、材料、设备

(1)工器具:蓄电池充放电仪、万用表、组合工具箱、熔断器专用手柄等。

(2)材料:连接电缆。

(3)设备:蓄电池组。

(二)安全要求

(1)专用蓄电池室强制排风3分钟,防止操作人员窒息或中毒。

(2)防蓄电池短路,避免正负极短接。

(3)穿戴防护用具。

(三)操作步骤及工艺要求(含注意事项)

1.操作前准备

(1)规范着装,戴防护手套。

(2)检查电源设备运行状态正常。

2.操作过程

(1)用熔断器专用手柄将被测试的蓄电池组熔丝拔出,使蓄电池组脱离电源系统。

(2)将蓄电池组接入放电仪,放电仪正极接电池组正极,负极接电池组负极,并将拆下的蓄电池电缆接头做绝缘处理。

(3)连接每节蓄电池的电压采集线,根据要求及线上序号一一对应连接。

(4)调整放电仪的控制面板,根据蓄电池容量及要求设置放电电流、放电容量、放电终止电压、放电时间等。

(5)放电电流按0.1I10设置、放电容量设置为电池容量的80%、放电终止电压设置为43.2 V、单节电池电压设置为1.8 V、放电时间设置为10 h。

(6)在放电仪内插入U盘或使用RS232线连接电脑。

(7)启动自动放电按钮,系统进入自动放电环节,并自动记录放电数据。

(8)自动放电时工作人员在一旁监护,放电仪自动终止放电时及时关闭电源即可。

(9)放电结束后,用专用软件分析放电试验数据,得出蓄电池组容量、每节电池容量、内阻、终止放电电压等。

3.操作结束

试验结束后,清理现场,整理蓄电池充放电仪。

**二、考核**

(一)考核场地

通信实训基地。

(二)考核时间

30 min。

(三)考核要点

(1)正确使用蓄电池充放电仪。

(2)蓄电池充放电仪各种参数值设置。

(3)分析放电试验数据,得出结论。

### 三、评分标准

行业:电力工程　　　　工种:通信工程建设工　　　　等级:高级工

| 编号 | TG3ZY0418 | 行为领域 | 专业技能 | 评价范围 | | |
|---|---|---|---|---|---|---|
| 考核时限 | 30 min | 题型 | 多项操作 | 满分 | 100分 | 得分 |
| 试题名称 | | 通信蓄电池组容量核对性放电试验 | | | | |
| 考核要点及其要求 | | 考核要点<br>(1)正确使用蓄电池充放电仪;<br>(2)蓄电池充放电仪各种参数值设置;<br>(3)分析放电试验数据,得出结论。<br>操作要求<br>(1)单人独立操作,设置监护人;<br>(2)防蓄电池短路,避免正负极短接(发生一次短路事件即判定本次考核不通过) | | | | |
| 现场设备、工器具、材料 | | (1)工器具:蓄电池充放电仪、万用表、组合工具箱、熔断器专用手柄等;<br>(2)材料:连接电缆;<br>(3)设备:蓄电池组 | | | | |
| 备注 | | 操作前核对近24小时内通信电源系统是否有停电及蓄电池放电发生,避免影响测试的准确性 | | | | |
| 评分标准 | | | | | | |

| 序号 | 考核项目名称 | 质量要求 | 分值 | 扣分标准 | 扣分原因 | 得分 |
|---|---|---|---|---|---|---|
| 1 | 操作流程 | 操作步骤正确 | 10 | 操作步骤每错1项扣2分,扣完本项分数为止 | | |
| 2 | 蓄电池充放电仪与蓄电池组连接 | 放电仪正极接电池组正极,负极接电池组负极。连接每节电池电压采集线 | 20 | (1)正负极连接错误扣5分;<br>(2)单节电池电压采集线每连接错1处扣2分,扣完10分为止;<br>(3)拆下的蓄电池电缆未做绝缘扣5分 | | |
| 3 | 设置放电参数 | 正确设置放电电流、放电容量、放电终止电压、放电时间等 | 20 | 不能正确设置放电参数,每错1项扣5分 | | |

| 序号 | 考核项目名称 | 质量要求 | 分值 | 扣分标准 | 扣分原因 | 得分 |
|------|-------------|----------|------|----------|----------|------|
| 4 | 分析放电试验数据 | 能熟练用专用软件分析判断试验数据,正确给出蓄电池组放电试验结论 | 20 | 不能正确使用专用分析软件,未给出正确试验结论,每错1项扣5分 | | |
| 5 | 操作熟练程度 | 熟练使用蓄电池充放电仪进行放电试验;熟练掌握软件分析试验数据方法。 | 10 | 不熟练1处扣2分,扣完本项分数为止 | | |
| 6 | 安全文明生产 | 规范着装,清理现场,整理工器具 | 10 | (1)未规范着装扣5分;<br>(2)未清理工作现场扣3分;<br>(3)未整理工器具扣2分 | | |
| 7 | 操作时间 | 在规定时间内独立完成 | 10 | 未在规定时间完成,每超时1分钟扣1分,扣完本项分数为止 | | |

## TG3ZY0419　通信电源参数设置

一、作业

(一)工器具、材料、设备

(1)工器具:数字万用表等。

(2)材料:无。

(3)设备:通信电源交流屏、整流屏、蓄电池组。

(二)安全要求

操作时注意人身和设备安全。

(三)操作步骤及工艺要求(含注意事项)

1.操作前准备

规范着装,检查通信电源设备运行状态。

2.操作过程

(1)用数字万用表测量整流器输出电压(53.6 V),判定系统工作在浮充状态;使用上下、左右键选择功能菜单。

(2)确认通信电源系统正常运行、整流器无故障,确认蓄电池组熔丝在合上状态、确认所有连接线缆连接牢固,确认工作环境温度在正常范围内等。

(3)进入设备监控模块功能菜单,在正常显示状态下查询整流器输出电压、电池电流、负载电流、激活的告警等,确认在正常状态。

(4)用设备监控模块面板上下、左右键进入"用户设置"功能菜单(初始密码123456),选择相应的设置菜单,分别设置"浮充电压"(53.6 V)、"均充电压"(56.4 V)、"均充电流"(0.1 C10)、

"均充时间"(10 h)。

(5)用设备监控模块面板上下、左右键进入"用户设置"功能菜单,选择告警设置菜单,设置告警参数。高压告警(56～59 V)、低压告警(44～50 V)、交流高压告警(221～330 V)、交流低压告警(—219～110)、电池高温告警(20～50 ℃)。

(6)各参数设置完成后,分别要点击执行键。

### 3.操作结束

清理现场,整理仪器仪表等。

### 二、考核

(一)考核场地

通信实训基地。

(二)考核时间

30 min。

(三)考核要点

(1)掌握通信高频开关电源各类充电参数及告警等参数的设置。

(2)掌握监控模块功能,会使用监控模块进行参数设置。

### 三、评分标准

行业:电力工程　　　　　　　　工种:通信工程建设工　　　　　　　　等级:高级工

| 编号 | TG3ZY0419 | 行为领域 | 专业技能 | 评价范围 | | |
|---|---|---|---|---|---|---|
| 考核时限 | 30 min | 题型 | 多项操作 | 满分 | 100分 | 得分 |
| 试题名称 | 通信电源参数设置 | | | | | |
| 考核要点及其要求 | 考核要点<br>(1)掌握通信高频开关电源各类充电参数及告警等参数的设置;<br>(2)掌握监控模块功能,会使用监控模块进行参数设置。<br>操作要求<br>(1)单人独立操作完成;<br>(2)注意人身和设备安全 | | | | | |
| 现场设备、工器具、材料 | (1)工器具:数字万用表等;<br>(2)设备:通信电源交流屏、整流屏、蓄电池组 | | | | | |
| 备注 | | | | | | |
| 评分标准 | | | | | | |
| 序号 | 考核项目名称 | 质量要求 | 分值 | 扣分标准 | 扣分原因 | 得分 |
| 1 | 操作前进行检查工作 | 掌握电源系统投入前要检查的工作内容 | 10 | 少做1项检查内容扣2分,扣完本项分数为止 | | |

| 序号 | 考核项目名称 | 质量要求 | 分值 | 扣分标准 | 扣分原因 | 得分 |
|------|--------------|----------|------|----------|----------|------|
| 2 | 参数设定值 | 正确掌握浮充电压整定值和均充电压、电流整定值、均充时间 | 20 | 整定值设置错误,每错1处扣5分 | | |
| 3 | 运行设置 | 熟练掌握浮充方式设置 | 20 | 操作步骤每错1处扣2分,扣完本项分数为止;未完成设置此项不得分 | | |
| 4 | 告警设置 | 熟练掌握告警门限设置 | 10 | 操作步骤每错1处扣2分,扣完本项分数为止;未完成设置此项不得分 | | |
| 5 | 操作熟练程度 | 熟练使用测量仪表;熟练掌握利用监控模块进行浮充和均充的设置 | 10 | 不熟练1处扣2分扣完本项分数为止 | | |
| 6 | 操作流程 | 操作步骤正确 | 10 | 操作步骤每错1项扣2分,扣完本项分数为止 | | |
| 7 | 安全文明生产 | 规范着装,清理现场,整理工器具 | 10 | (1)未规范着装扣5分;(2)未清理工作现场扣3分;(3)未整理工器具扣2分 | | |
| 8 | 操作时间 | 在规定时间内独立完成 | 10 | 未在规定时间完成,每超时1分钟扣2分,扣完本项分数为止 | | |

## TG3ZY0520  光缆接续及测试

### 一、作业

（一）工器具、材料、设备

（1）工器具：切割刀、米勒钳等。

（2）材料：ADSS光缆、酒精、棉球、热熔缩管等。

（3）设备：光缆熔接机、OTDR等。

（二）安全要求

（1）规范着装,佩戴安全防护用具。

（2）防止划伤和激光伤眼。

（三）操作步骤及工艺要求（含注意事项）

1.操作前准备

（1）规范着装,佩戴安全防护用具。

（2）根据题目要求选择工具、材料并做外观检查。

2.操作过程

(1)开缆长度合理,1~1.2 m 为宜;开缆刀具调整合理,开缆深度合理;开缆过程中不伤及芳纶纱、纤芯、套管,并清理干净。

(2)在光纤上加套带有钢丝的热缩套管,剥去光纤涂敷层,用米勒钳垂直钳住光纤快速剥除20~30 mm 长的一次涂覆和二次涂覆层,用酒精棉球将纤芯擦拭干净。剥除涂覆层时应避免损伤光纤。

(3)两根光缆按照纤芯色谱的顺序(蓝、橙、绿、棕、灰、白、红、黑、黄、紫、粉、青)放入切割刀"V"形槽内进行切割,切割后所留长度为 1~2 cm。光纤切割时应长度准、动作快、用力巧,光纤应是被崩断的。制备后的端面应平整,无毛刺、无缺损,与轴线垂直,呈现一个光滑平整的镜面区,并保持清洁。

(4)取光纤时,光纤端面不应碰触任何物体。端面制作好的光纤应及时放入熔接机 V 型槽内,并及时盖好熔接机防尘盖,放入熔接机 V 型槽时光纤端面不应触及 V 型槽底和电极,避免损伤光纤端面。

(5)光纤熔接时,根据自动熔接机上显示的熔接损耗值判断光纤熔接质量,不合格应重新熔接。合格纤芯进行熔热缩管操作,热缩套管收缩应均匀、管中无气泡。

(6)全部纤芯接续完毕后,用 OTDR 进行复测,采用双向测试测试全程损耗,不合格应重新接续。

(7)接头盒内盘纤,固定。

3.操作结束

清理现场,交还工器具,清理现场。

**二、考核**

(一)考核场地

通信实训基地。

(二)考核时间

60 min。

(三)考核要点

(1)工器具及材料的选择。

(2)光缆开剥、固定操作。

(3)光纤熔接、盘纤及接续盒封装操作。

(4)光缆测试。

## 三、评分标准

行业:电力工程　　　　工种:通信工程建设工　　　　等级:高级工

| 编号 | TG3ZY0520 | 行为领域 | 专业技能 | 评价范围 | |
|---|---|---|---|---|---|
| 考核时限 | 60 min | 题型 | 单项操作 | 满分 | 100 分 | 得分 | |

| 试题名称 | 光缆接续及测试 |
|---|---|

| 考核要点及其要求 | 考核要点<br>(1)工器具及材料的选择;<br>(2)光缆开剥、固定操作;<br>(3)光纤熔接、盘纤及接续盒封装操作;<br>(4)光缆测试。<br>操作要求<br>(1)单人操作,开缆过程中可以请工作人员做非技术性协助;<br>(2)操作过程防止工具伤人,激光伤眼 |
|---|---|

| 现场设备、工器具、材料 | (1)工器具:切割刀、米勒钳等;<br>(2)材料:ADSS 光缆、酒精、棉球、热熔缩管等;<br>(3)设备:光缆熔接机、OTDR 等 |
|---|---|

| 备注 | |
|---|---|

评分标准

| 序号 | 考核项目名称 | 质量要求 | 分值 | 扣分标准 | 扣分原因 | 得分 |
|---|---|---|---|---|---|---|
| 1 | 工具、材料的选用 | 工器具选用满足操作需要,工器具做外观及功能检查 | 5 | (1)选用不当扣 2 分;<br>(2)工器具未做外观及功能检查扣 3 分 | | |
| 2 | 光缆开剥 | 开缆长度合理,1～1.2 m 为宜;开缆刀具调整合理,开缆深度合理;开缆过程中不伤及纤芯、套管,并清理干净 | 10 | (1)过长或过短扣 2 分;<br>(2)开缆过程中,伤及纤芯套管扣 4 分,伤及纤芯扣 4 分 | | |
| 3 | 剥离涂覆层 | 裸纤长度合理,剥除光纤涂敷层 2～3 cm | 10 | (1)未穿入或者穿入两个套管扣 3 分;<br>(2)过长或过短均扣 2～3 分;夹断光纤的扣 3～5 分;<br>(3)不清洁纤芯的扣 2 分,清洁不彻底的扣 1 分 | | |
| 4 | 光纤熔接 | 切割后所留长度为 1～2 cm。制备后的端面应平整,无毛刺、无缺损。放置光纤位置正确;操作仪器正确 | 20 | (1)长度过长或过短均扣 3～5 分;切割刀使用错误的扣 3～4 分;<br>(2)位置不合理扣 2～3 分;仪器操作错误扣 1～2 分 | | |

| 序号 | 考核项目名称 | 质量要求 | 分值 | 扣分标准 | 扣分原因 | 得分 |
|---|---|---|---|---|---|---|
| 5 | 熔热缩管 | 仪器提示的衰耗合理放置套管位置合适;热熔效果良好 | 20 | (1)熔接损耗不合格每芯扣2分,扣完本项分数为止;<br>(2)套管放置位置不合适的扣1分;未热熔完毕就取出的每芯扣2分,扣完本项分数为止 | | |
| 6 | OTDR测试 | OTDR双向测试 | 10 | (1)未进行测试扣10分;<br>(2)只单向测试扣5分 | | |
| 7 | 余纤固定 | 盘纤时弯曲半径合理,不会造成损耗 | 10 | (1)弯曲半径过小扣3～4分;选取固定材料不合理扣1～2分;盘纤方式不正确的扣2～3分;<br>(2)位置不合理扣1～2分;材料选取不合理扣1～2分 | | |
| 8 | 操作结束 | 工作完毕后报告操作结束,清理现场,交还工器具 | 5 | 不清理工作现场、不恢复原始状态、不报告操作结束扣2～5分 | | |
| 9 | 操作时间 | 在规定时间内独立完成 | 10 | 未在规定时间完成,每超时1分钟扣2分,扣完本项分数为止 | | |

第四部分

技师

# 第7章

# 理论

## ▶ 7.1 理论大纲

**通信工程建设工——技师技能等级评价理论知识考核大纲**

| 等级 | 考核方式 | 能力种类 | 能力项 | 考核项目 | 考核主要内容 |
|------|---------|---------|--------|---------|------------|
| 技师 | 理论知识考试 | 基本知识 | 通信原理 | 通信原理 | 无线传输技术 |
| | | | | | 正交多频互调技术 |
| | | 专业知识 | SDH、OTN 原理 | OTN 原理 | OTN 设备组网和保护原理 |
| | | | | | 波分技术原理 |
| | | | | | OTN 网管接口 |
| | | | | SDG 原理 | SDH 网络时钟保护倒换原理 |
| | | | | | SDH 网管接口 |
| | | | 光纤光缆基础 | 光纤光缆基础 | 光缆的选型 |
| | | | | | 光纤传输特性 |
| | | | 交换原理 | 程控交换机 | 交换网的组网设计 |
| | | | | | 信令系统 |
| | | | | IMS 系统 | IMS 系统的设计 |
| | | | 数据通信网原理 | 数据通信网原理 | 数据通信网的 IPV4、IPV6 协议 |
| | | | | | 数据通信网网络安全防护 |
| | | | 通信电源 | 通信电源 | 通信电源系统设计与计算 |
| | | | | | 高频开关电源原理 |
| | | 相关知识 | 继电保护及安控 | 继电保护及安控 | 电网保护技术 |
| | | | 调度自动化 | 调度自动化 | 电力自动化控制技术 |

## ▶ 7.2 理论试题

### 7.2.1 单选题

**La4A3001** 特高压通信中继站应配备(　　)套独立的通信专用电源。

(A)一　　　　(B)二　　　　(C)三　　　　(D)四

【答案】 B

**La4A3002** 通信电源直流母线负载(　　)额定电流值应大于其最大负载电流,满足电源"$N-1$"运行要求。

(A)熔断器　(B)空气开关　(C)输入　　(D)输出

【答案】 A

**La4A3003** 通信电源蓄电池组(　　)额定电流值应大于其最大负载电流,满足电源"$N-1$"运行要求。

(A)熔断器　(B)空气开关　(C)输入　　(D)输出

【答案】 A

**La4A3004** 采用一体化电源供电的通信站点,在每个(　　)模块直流输入侧应加装独立空气开关。

(A)DC/DC 转换　(B)整流　　(C)监控单元　　(D)交流转换

【答案】 A

**La4A3005** 500 kV 变电站通信机房,应配备不少于两套具备(　　)功能的专用的机房空调。

(A)独立控制　　　　　　　　(B)远程控制
(C)独立控制和来电自启　　　(D)来电自启

【答案】 C

**La4A3006** 各级调度大楼的通信机房,应配备不少于(　　)套具备独立控制和来电自启功能的专用的机房空调。

(A)一　　　　(B)二　　　　(C)三　　　　(D)四

【答案】 B

**La4A3007** 省级及以上电网生产运行单位的通信机房,应配备不少丁(　　)套具备独立控制和来电自启功能的专用的机房空调。

(A)一　　　　(B)二　　　　(C)三　　　　(D)四。

【答案】 B

**La4A3008** 省级及以上通信网独立中继站的通信机房,应配备不少于(　　)套具备独立控制和来电自启功能的专用的机房空调。

(A)一　　　　　　(B)二　　　　　　(C)三　　　　　　(D)四

【答案】　B

La4A3009　220 kV 及以上电压等级变电站的通信机房,应配备不少于(　　)套具备独立控制和来电自启功能的专用的机房空调。

(A)一　　　　　　(B)二　　　　　　(C)三　　　　　　(D)四

【答案】　B

La4A3010　"三跨"的架空输电线路区段光缆宜选用(　　)结构的光纤复合架空地线(OPGW)。

(A)全铝包钢　　　(B)全铝合金　　　(C)全钢　　　　　(D)半铝合金

【答案】　A

La4A3011　数字通信系统中,(　　)不是国标中规定的误码性能参数。

(A)误码秒　　　　(B)严重误码秒　　(C)背景块差错比　(D)时延

【答案】　D

La4A3012　电话交换网中,No.7信令两信令点相邻是指(　　)。

(A)两局间有直达的信令链路

(B)两局间有直达的话路,不一定有直达的链路

(C)两局间有直达的话路和链路

(D)两局间话路和链路都不直达

【答案】　A

La4A3013　SDH 网中不采用 APS 协议的自愈环有(　　)。

(A)二纤单向通道倒换环　　　　　　(B)二纤单向复用段倒换环

(C)四纤双向复用段倒换环　　　　　(D)二纤双向复用段倒换环

【答案】　A

La4A3014　两纤单向通道环和两纤双向复用段环收发路由分别采用的是(　　)。

(A)均为一致路由　　　　　　　　　(B)均为分离路由

(C)一致路由,分离路由　　　　　　(D)分离路由,一致路由

【答案】　D

La4A3015　OPGW 的设计安全系数不应小于(　　)的设计安全系数。

(A)地线　　　　　(B)拉线　　　　　(C)铁塔　　　　　(D)导线

【答案】　D

La4A3016　OPGW 悬挂点的最大张力,不应超过其拉断力的(　　)。

(A)66%　　　　　(B)77%　　　　　(C)88%　　　　　(D)99%

【答案】　B

La4A3017　目前光通信光源使用地波长范围在(　　)区内,即波长在 0.8~1.7 μm 之间,是一种不可见光,是一种不能引起视觉的电磁波。

(A)近红外  (B)红外  (C)远红外  (D)紫外

【答案】 A

La4A3018 两站距离60 km,欲使用2.5 G速率连接,使用1 550 nm波长光信号,则应该选用( )类型光模块。

(A)L16.1  (B)S4.2  (C)L16.2  (D)S16.2

【答案】 C

La4A3019 OTN标准的四层复用结构中,光数据单元ODU1的速率接近( )。

(A)GE  (B)2.5G  (C)5G  (D)10G

【答案】 B

La4A3020 OTN系统中,试计算OTU1的比特速率,( )是正确的。

(A)OTU1速率＝2 666 057.143 kbits/s

(B)OTU1速率＝2 888 057.143 kbits/s

(C)OTU1速率＝2 777 057.143 kbits/s

(D)OTU1速率＝2 555 057.143 kbits/s

【答案】 A

La4A3021 OTN系统中,OTUk帧为( )结构。

(A)4行3 794列  (B)4行3 810列  (C)4行3 824列  (D)4行4 080列

【答案】 D

La4A3022 OTN技术的网络分层,可分为( )层、光复用段层、光传送段层三个层面。

(A)电  (B)链路  (C)网络  (D)光通道

【答案】 D

La4A3023 OTN系统中,OTU1的帧结构大小为4×4 080字节,那么OTU2的帧结构大小为( )字节。

(A)4×4 080  (B)8×4 080  (C)16×4 080  (D)32×4 080

【答案】 A

La4A3024 OTN系统中,关于OTUk帧的说法,正确的是( )。

(A)OTUk帧的结构相同,帧的发送速率也相同

(B)OTUk帧的结构不同,但是帧的发送速率相同

(C)OTUk帧的结构相同,但是帧的发送速率不同

(D)OTUk帧的结构不同,帧的发送速率也不同

【答案】 C

La4A3025 OTN网络定义映射和结构的标准协议是( )。

(A)G.693  (B)G.981  (C)G.709  (D)G.655

【答案】 C

La4A3026 WDM 的绝对参考频率是( )THz。

(A)192.9　　(B)193.3　　(C)192.1　　(D)193.1

【答案】 D

La4A3027 WDM 光传送网络中,光监控通道的传输速率采用( )Mbit/s,光监控信道由帧定位信号和净负荷组成。

(A)1.024　　(B)2.048　　(C)4.096　　(D)6.144

【答案】 B

La4A3028 WDM 系统的最核心部件是( )。

(A)合波器/分波器 (B)光放大器　　(C)波长转换器　　(D)光环形器

【答案】 A

La4A3029 OTN 的分层结构在原有的 SDH 上增加了( )层。

(A)光通道　　(B)光传输媒质　　(C)复用段　　(D)客户

【答案】 A

La4A3030 在 OTN 中,关于 OTUk 帧的说法,正确的是( )。

(A)OTUk 帧的结构相同,帧的发送速率也相同

(B)OTUk 帧的结构不同,但是帧的发送速率相同

(C)OTUk 帧的结构相同,但是帧的发送速率不同

(D)OTUk 帧的结构不同,帧的发送速率也不同

【答案】 C

La4A3031 信噪比是 OTN 系统受限的一个重要因素,而噪声的根源是因为系统中大量应用器件( )。

(A)OMU　　(B)OUT　　(C)ODU　　(D)EDFA

【答案】 D

La4A3032 EDFA 带宽是指能进行平坦放大的光波长范围,C 波段 EDFA 的工作波长范围为( )nm。

(A)1 529~1 561 (B)1 515~1 525 (C)1 310~1 350 (D)1 565~1 525

【答案】 D

La4A3033 打开超级终端,配置交换机的准备工作中,波特率选择( )Bd。

(A)2 400　　(B)4 800　　(C)9 600　　(D)19 200

【答案】 C

La4A3034 通过设置( ),可使得计算机一经接入,端口就立即进入转发状态

(A)Backbonefast (B)Portfast　　(C)Trunk 端口　　(D)Access 工作模式

【答案】 B

La4A3035 在 Quidway 中低端交换机上,要修改交换机 STP 的优先级,所用的命令是( )。

(A)[Quidway]stpprioritypriority

(B)[Quidway]stpportprioritypriority

(C)〔Quidway-Ethernet0/1〕stppprioritypriority

(D)〔Quidway-Ethernet0/1〕stpportprioritypriority

【答案】 A

La4A3036 使用 telnet 方式连通网络设备的先决条件不包括（    ）。

(A)客户端与网络设备之间必须具有 IP 可达性

(B)网络设备必须配置一定的 Telnet 验证信息,包括用户名、口令等

(C)中间网络必须允许 TCP 和 Telnet 协议报文通过

(D)配置人员需处于设备所在机房

【答案】 D

La4A3037 IP 网络中,（    ）属于链态路由协议。

(A)RIP　　　　　(B)EIGRP　　　　　(C)IS－IS　　　　　(D)BGP

【答案】 C

La4A3038 在路由模式下,MPLS 标签的分配采用（    ）分配方式。

(A)下游自主　　　(B)下游按需　　　(C)上游自主　　　(D)上游按需

【答案】 A

La4A3039 IP 网络中,高级 ACL 使用（    ）的数字作为表号。

(A)1～99　　　(B)100～199　　　(C)200～299　　　(D)300～399

【答案】 B

La4A3040 一般情况下,交换机默认的 VLAN 是（    ）。

(A)VLAN0　　　(B)VLAN1　　　(C)VLAN10　　　(D)VLAN1024

【答案】 B

La4A3041 关于命令配置模式的叙述不正确的是（    ）。

(A)添加 VLAN 的配置命令模式为全局配置模式

(B)设置端口 PVID 的配置命令模式为以太网接口配置模式

(C)设置相应的端口链路为干道链路的配置命令模式为以太网接口模式

(D)向 VLAN 中增加端口的配置命令模式是全局模式

【答案】 D

La4A3042 数据通信网知识中,关于 MPLSBGPVPN 说法错误的是（    ）。

(A)VPN 采用两层标签方式

(B)内层标签采用 LDP 协议分发

(C)外层标签在骨干网内部进行交换,指示从 PE 到达对端 PE 的一条 LSP

(D)内层标签指示报文应送到一个 CE

【答案】 B

La4A3043 国网公司数据通信骨干网采用的 IGP 协议是（    ）。

(A)OSPF　　　(B)ISIS　　　(C)RIP　　　(D)EIGRP

【答案】 B

La4A3044 不属于国家电网公司综合数据通信骨干网整体网络采用的三层结构的是（ ）层。

(A)核心 　　　　　(B)骨干 　　　　　(C)接入 　　　　　(D)数据

【答案】 D

La4A3045 IP网络中,关于路由聚合说法错误的是（ ）。

(A)OSPF的路由聚合可以通过参数控制,是否发布聚合过的明细路由

(B)BGP的路由聚合可以通过参数控制,是否发布聚合过的明细路由

(C)OSPF协议中,对OSPF路由和OSPF-ASE路由的聚合是分别控制的

(D)BGP进行自动路由聚合后,为了防止路由环路,会自己产生一条聚合路由对应的黑洞路由

【答案】 A

La4A3046 在密集波分复用中,（ ）是系统性能的主要限制因素。

(A)非线性效应 　　　　　　　　　　(B)衰减

(C)偏振模色散和非线性效应 　　　　(D)衰减和偏振模色散

【答案】 C

La4A3047 ADSS光缆的MAT为（ ）。

(A)额定抗拉强度 　　　　　　　　　(B)最大允许使用张力

(C)年平均运行张力 　　　　　　　　(D)极限运行张力

【答案】 B

La4A3048 在光缆单盘测试中,（ ）测试不属于光特性测试。

(A)单盘光缆长度 　　　　　　　　　(B)单盘光缆的后项散射曲线

(C)中继段衰减 　　　　　　　　　　(D)单盘光缆的折射率

【答案】 C

La4A3049 数据通信中,X.25网的层次结构中不包含（ ）层。

(A)分组 　　　　(B)数据链路 　　　　(C)物理 　　　　(D)传送

【答案】 D

La4A3050 在决定局域网性能的各种技术中,对局域网影响最大的是（ ）。

(A)传输介质 　　　　　　　　　　　(B)网络拓扑结构

(C)介质访问控制方法 　　　　　　　(D)操作系统

【答案】 C

La4A3051 BGP是在（ ）之间传播路由的协议。

(A)主机 　　　　(B)子网 　　　　(C)区域 　　　　(D)自治系统

【答案】 D

La4A3052 在MPLS网络中,决定传送级别和标签交换路径的路由器为（ ）。

(A)标签交换路由器 　　　　　　　　(B)标签边缘路由器

(C)核心路由器　　　　　　　　　　(D)客户边缘路由器

【答案】　B

La4A3053　分配一个 B 类 IP 网络 172.16.0.0,子网掩码 255.255.255.192,则可利用的网络数为(　　),每个网段最大主机数(　　)。

(A)512　126　　　(B)1 022　62　　　(C)1 024　62　　　(D)254　254

【答案】　B

La4A3054　命令 IP ROUTE 0.0.0.0 0.0.0.0 10.110.0.1 代表的是(　　)。

(A)默认路由　　　(B)直接路由　　　(C)间接路由　　　(D)以上都不对

【答案】　A

La4A3055　(　　)不属于光纤的非线性效应。

(A)色散　　　　　(B)自相位调制　　(C)拉曼散射　　　(D)四波混频

【答案】　A

La4A3056　PTN 支持的以太网业务类型主要有 E-Line、E-LAN 和(　　)。

(A)ATM　　　　　(B)FR　　　　　　(C)E-Tree　　　　(D)E-VPN

【答案】　C

Lb4A3057　No.7 信令链路编码是对(　　)的编码。

(A)连接到一个信令点的所有链路　　　(B)两个信令点之间的所有直达链路

(C)一个链路集内的所有链路　　　　　(D)到达目的信令点的所有链路

【答案】　B

Lb4A3058　对于从 IMS 域的用户发起的注册,第一个获取到该注册消息的 IMS 网元是(　　)。

(A)P-CSCF　　　　(B)I-CSCF　　　　(C)S-CSCF　　　　(D)MGCF

【答案】　A

Lb4A3059　SDH 管理网的传送链路是(　　)。

(A)DCC 通路　　　(B)FCC 通路　　　(C)KCC 通路　　　(D)E1 字节

【答案】　A

Lb4A3060　SDH 网络中,不是复用段保护启动条件的是检测到(　　)信号。

(A)MS-AIS　　　　(B)AU-AIS　　　　(C)R-LOS　　　　(D)R-LOF

【答案】　B

Lb4A3061　SDH 系统中,同步状态字节 S1 可以携带的信息有(　　)

(A)网元 ID　　　　(B)网元 IP　　　　(C)时钟质量　　　(D)线路信号频偏

【答案】　C

Lb4A3062　SDH 系统中,在 STM-16 信号中的 S1 字节数为(　　)。

(A)1　　　　　　　(B)4　　　　　　　(C)8　　　　　　　(D)16

【答案】　A

**Lb4A3063** 带有光放大器的光通信系统在进行联网测试时,误码率要求为不大于(    )。

(A)$1 \times 10^{-6}$　　　　(B)$1 \times 10^{-8}$　　　　(C)$1 \times 10^{-10}$　　　　(D)$1 \times 10^{-12}$

【答案】 D

**Lb4A3064** SDH 传送网中,如果有两个以上遵守 G.811 建议要求的基准时钟时,此时从时钟可能跟踪于不同的基准时钟,称 SDH 网工作于(    )方式。

(A)同步　　　　(B)伪同步　　　　(C)异常运行　　　　(D)异步

【答案】 B

**Lb4A3065** OTN 系统中,OTM-n.m 基本信息包含关系正确的是(    )。

(A)OTUk 包含 Och 净荷、ODUk、OPUk 和用户

(B)OCh 净荷包含 OTUk、ODUk、OPUk 和用户

(C)OPUk 包含 OTUk、ODUk、Och 净荷和用户

(D)ODUk 包含 OCh 净荷、OTUk、OPUk 和用户

【答案】 B

**Lb4A3066** (    )的 OTN 网络保护可不需要 APS 协议。

(A)共享环保护　　　　　　　　(B)1+1 的单向通道保护

(C)1：n 的通道保护　　　　　　(D)1+1 的双向通道保护

【答案】 B

**Lb4A3067** OTN 标准支持(    )级串联监控功能。

(A)4　　　　(B)6　　　　(C)8　　　　(D)10

【答案】 B

**Lb4A3068** OTN 技术是(    )技术的结合。

(A)分组包和 SDH　　　　　　　(B)MSTP 和 SDH

(C)SDH 和 WDM　　　　　　　(D)OTN 和 MPLS

【答案】 C

**Lb4A3069** OTN 系统中,OPU1 的帧结构大小为 $4 \times 3\,810$ 字节,那么 OPU2 的帧结构大小为(    )。

(A)$4 \times 3\,810$　　(B)$8 \times 3\,810$　　(C)$16 \times 3\,810$　　(D)$32 \times 3\,810$

【答案】 A

**Lb4A3070** G.709 规定了 OTN 设备的接口标准,OPUk 有(    )个开销字节。

(A)2　　　　(B)7　　　　(C)8　　　　(D)16

【答案】 C

**Lb4A3071** 波分系统的波长选择在(    )波段。

(A)E 波段　　　　　　　　　　(B)S 波段

(C)C 波段和 L 波段　　　　　　(D)U 波段

【答案】 C

**Lb4A3072** 在 OTN 系统中,导致四波混频的主要原因是( )。

(A)波分复用　　　(B)长距离传输　　　(C)零色散　　　(D)相位匹配

【答案】 C

**Lb4A3073** 在 OTN 系统中,OTUk 帧中比特传输的顺序是( )。

(A)从左到右,从上到下　　　　　　(B)从左到右,从下到上

(C)从右到左,从上到下　　　　　　(D)从右到左,从下到上

【答案】 D

**Lb4A3074** 关于 RAMAN 放大器描述错误的是( )。

(A)RAMAN 放大器放大介质为线路光纤,放大特性为分布式放大,有效距离为 30～50 km

(B)RAMAN 放大器可以达到使系统信噪比相对改善 3～5 dB

(C)RAMAN 放大器借助于光纤 SRS 效应实现放大,提升效应幅度的途径是提高入纤功率

(D)RAMAN 配置在紧邻线路光纤的位置,其前面可以插入 LAC 等单板

【答案】 A

**Lb4A3075** OTN 系统中,全功能 OTM 和简化 OTM 的区别在于( )。

(A)简化 OTM 只支持单波　　　　　　(B)简化 OTM 不支持光监控通道 OSC

(C)简化 OTM 不支持电层复用　　　　(D)简化 OTM 仅支持一种速率

【答案】 B

**Lb4A3076** OTN 系统中,OTUk 复帧由( )个连续的 OTUk 组成。

(A)64　　　　　(B)32　　　　　(C)128　　　　　(D)256

【答案】 B

**Lb4A3077** 以太网交换机端口 A 配置成 10/100 M 自协商工作状态,与 10/100 M 自协商网卡连接,自协商过程结束后端口 A 的工作状态是( )。

(A)10 M 半双工　　(B)10 M 全双工　　(C)100 M 半双工　　(D)100 M 全双工

【答案】 D

**Lb4A3078** 基于 MPLS 标签最多可以标示出( )类服务等级不同的数据流。

(A)2　　　　　(B)8　　　　　(C)64　　　　　(D)256

【答案】 B

**Lb4A3079** VRRP 协议使用的组播地址是( )。

(A)224.0.0.5　　(B)224.0.0.9　　(C)224.0.0.18　　(D)224.0.0.28

【答案】 C

**Lb4A3080** 一台交换机的生成树优先级是 12 288,若要优先级提高一级,那么优先级应该设定为( )。

(A)4 096 　　　　(B)8 192 　　　　(C)10 240 　　　　(D)16 384

【答案】 B

Lb4A3081 IP 网络中,不属于生成树端口状态的是( )。

(A)blocking 　　　(B)listening 　　　(C)learning 　　　(D)jumping

【答案】 D

Lb4A3082 IP 网络中,( )是路由信息中所不包含的。

(A)目标网络 　　　(B)源地址 　　　(C)路由权值 　　　(D)下一跳

【答案】 B

Lb4A3083 造成 UPS 电源输入越限告警的原因是( )。

(A)市电输入电压瞬间过低 　　　　　(B)市电输入电压瞬间过高

(C)市电输入电流瞬间过高 　　　　　(D)市电输入电流瞬间过低

【答案】 B

Lb4A3084 在线式 UPS 在市电正常时,负载是由( )供电的。

(A)充电器 　　　(B)整流器 　　　(C)稳压器 　　　(D)逆变器

【答案】 D

Lb4A3085 ( )UPS 中,无论市电是否正常,都由逆变器供电,所以市电故障瞬间,UPS 的输出不会间断。

(A)后备式 　　　(B)在线式 　　　(C)三端式 　　　(D)一般式

【答案】 B

Lb4A3086 ( )kV 不属于配电高压的标准。

(A)3.6 　　　(B)6 　　　(C)10 　　　(D)20

【答案】 A

Lb4A3087 为了避免 IP 地址的浪费,需要对 IP 地址中的主机号部分进行再次划分,将其划分成( )部分。

(A)子网号和主机号 　　　　　(B)子网号和网络号

(C)主机号和网络号 　　　　　(D)子网号和分机号

【答案】 A

Lb4A3088 SCCP 提供四类业务,其中 INAP 使用 SCCP 的( )业务。在 SSP 上通过将"本局信息表"中的"提供 SCCP"参数设置位相应的协议类别实现。

(A)基本无连接类(协议类别 0)

(B)有序无连接类(协议类别 1)

(C)基本的面向连接类(协议类别 2)

(D)流量控制面向连接类(协议类别 3)

【答案】 A

**Lb4A3089** 在 TCP/IP 模型中,数据从应用层到网际接口层所经历的传输格式分别是(　　)。

(A)报文或字节流→IP 数据报→网络帧→传输协议分组

(B)报文或字节流→传输协议分组→IP 数据报→网络帧

(C)传输协议分组→IP 数据报→网络帧→报文或字节流

(D)IP 数据报→报文或字节流→网络帧→传输协议分组

【答案】 B

**Lb4A3090** 在 IP 网络上,只有使用用户名和口令才能访问网络资源,不同级别的访问权限,因用户有所不同。这种网络安全级别是(　　)。

(A)共享级完全　　(B)部分访问安全　　(C)用户级安全　　(D)E1 级安全

【答案】 C

**Lb4A3091** 若 FTP 地址为 ftp：//123：213＠333.18.8.241 ，则该地址中的"123"的含义是 FTP 服务器的(　　)。

(A)端口　　(B)用户名字　　(C)用户密码　　(D)连接次数

【答案】 B

**Lb4A3092** 若局域网中的某计算机 IP 地址为 192.168.0.33,子网掩码为 255.255.255.224,则下列 IP 地址中(　　)能直接访问。

(A)A192.168.0.22　　　　　　(B)192.168.1.34

(C)192.168.0.177　　　　　　(D)192.168.0.62

【答案】 D

**Lb4A3093** IP 网络中,使用 traceroute 不能实现的功能是(　　)

(A)检查网络使用什么路由协议　　(B)检查网络连接是否可达

(C)分析网络在哪里出现了问题　　(D)查看经过了哪几跳

【答案】 A

**Lb4A3094** 阶跃光纤中的传输模式是靠光射线在纤芯和包层的界面上(　　)而使能量集中在芯子之中传输。

(A)半反射　　(B)全反射　　(C)全折射　　(D)半折射

【答案】 B

**Lb4A3095** 多模渐变折射率光纤纤芯中的折射率是(　　)的。

(A)连续变化　　(B)恒定不变　　(C)间断变化　　(D)基本不变

【答案】 A

**Lb4A3096** 决定光纤通信中继距离的主要因素是(　　)。

(A)光纤的型号　　　　　　(B)光纤的损耗和传输带宽

(C)光发射机的输出功率　　(D)光接收机的灵敏度

【答案】 B

**Lb4A3097** 以 No.7 信令连接的两个交换局,如果发端局主动发主叫类别和主叫号码,则它会发出(　　)消息。

(A)IAM        (B)IAI        (C)GRQ        (D)ACM

【答案】 B

Lb4A3098 软交换设备与应用服务器之间通过 SIP 通信时,最简单的方式就是把对方看作( )。

(A)Client      (B)Server      (C)Peer      (D)ClientorServer

【答案】 C

Lb4A3099 IMS 系统中,( )可以映射电话号码成 SIPURI 号码。

(A)P-CSCF      (B)HSS      (C)DNS      (D)ENUM

【答案】 D

Lb4A3100 IMS 注册完成后,( )网元不会存储注册过程中的任何信息。

(A)P-CSCF      (B)I-CSCF      (C)S-CSCF      (D)HSS

【答案】 B

Lb4A3101 IMS 系统的 UE 和 SBC/P－CSCF 之间的接口采用( )协议,UE 与 AGCF 之间的接口采用( )协议。

(A)SIP,H.248      (B)SIP,H.323      (C)H.248,H.248      (D)SIP,SIP

【答案】 A

Lb4A3102 SDH 网元的每个发送 STM-N 信号都由相应的输入 STM-N 信号中所提取的定时信号来同步的网元定时方法称为( )。

(A)环路定时      (B)线路定时      (C)通过定时      (D)支路定时

【答案】 A

Lb4A3103 SDH 信号在光纤上传输前需要经过扰码下列字节中,不进行扰码的有( )。

(A)A1、A2      (B)J1      (C)B1      (D)B2

【答案】 A

Lb4A3104 STM-16 级别的二纤双向复用段共享保护环中的 ADM 配置下,业务保护情况为( )。

(A)两个线路板互为备份

(B)一个板中的一半容量用于保护另一板中的一半容量

(C)两个线路板一主一备

(D)两个线路板无任何关系

【答案】 B

Lb4A3105 本端产生支路输入信号丢失,对端相应支路收到( )告警。

(A)AIS      (B)LOS      (C)LOF      (D)LOP

【答案】 A

Lb4A3106 关于拉曼放大器调测和维护注意事项的描述,错误的是( )。

(A)拉曼放大板拔纤之后要用 E2000 光口专用防护插销插进拉曼 LINE 光口,防止灰尘进入插纤之前要先清理光纤连接器上的灰尘

(B)拉曼放大器对近端线路光纤损耗要求非常严格,除连接到 ODF 架上的一个端子外,0～20 km 之内不能有连接头,所有接续点必须采用熔纤方式

(C)拉曼放大器输出光功率比较高,维护过程中严禁眼睛直视光口,一定要先关闭拉曼放大器的激光器才能带纤拔板,避免强光烧伤操作人员

(D)拉曼放大器上电后激光器默认是开启的,无需手工将其激光器打开

【答案】 D

Lb4A3107 根据 SDH 传送定时的网络参考模型,两个 BITS 间可间隔(　　)个 SDH 网元 。

(A)16　　　　(B)18　　　　(C)20　　　　(D)24

【答案】 C

Lb4A3108 SDH 段开销的 S1 字节规定的同步质量等级已经启用了(　　)种,其中(　　)种是 ITU‑T 已经规定的等级。

(A)4,6　　　　(B)6,4　　　　(C)4,8　　　　(D)8,4

【答案】 B

Lb4A3109 某波分网络单波标称输出功率是＋4 dBm,共计 80 波,请问输出总功率是(　　)(注:lg2＝0.3)。

(A)23　　　　(B)24　　　　(C)25　　　　(D)26

【答案】 A

Lb4A3110 WDM 系统中,使几个波长信号同时在一根光纤中传输采用(　　)实现。

(A)光纤连接器　　(B)光隔离器　　(C)光分波合波器　　(D)光放大器。

【答案】 C

Lb4A3111 在 OTN 系统中,OTUk 比特速率容差(　　)ppm。

(A)±20　　　　(B)±30　　　　(C)±40　　　　(D)±50

【答案】 A

Lb4A3112 在 OTN 系统中,ODU2e 能承载的业务信号有(　　)。

(A)STS-48　　(B)STM-16　　(C)STM-64　　(D)10Gbase-R

【答案】 D

Lb4A3113 在 OTN 系统中,OPUk 净荷结构标识开销是(　　)。

(A)RES　　　　(B)PSI　　　　(C)PJO　　　　(D)NJO

【答案】 B

Lb4A3114 在 OTN 系统中,GE 通过 GFP 封装映射到(　　)OPUk 中。

(A)OPU0　　　(B)OPU1　　　(C)OPU2　　　(D)OPU3

【答案】 C

Lb4A3115 信噪比是 DWDM 系统受限的一个重要因素,而噪声的根源是在于系统中大量应用的(　　)。

(A)光转发板　　(B)合/分波板　　(C)Raman 放大板　　(D)EDFA 放大板

【答案】 B

Lb4A3116　OTN 可以提供最多（　　）级串联监控功能。

(A)3　　　　　　(B)4　　　　　　(C)5　　　　　　(D)6

【答案】　B

Lb4A3117　在 OTN 设备中,节点检查到业务失效告警时会向下游节点下插（　　）信号。

(A)AIS　　　　　(B)BDI　　　　　(C)LOS　　　　　(D)LOF

【答案】　A

Lb4A3118　OTUk 帧结构中 TTI 踪迹标示字节由（　　）个连续的 OTUk TTI 字节组成。

(A)256　　　　　(B)128　　　　　(C)64　　　　　　(D)32

【答案】　C

Lb4A3119　按照 VLAN 中继协议,当交换机处于（　　）模式时可以改变 VLAN 配置,并把配置信息分发到管理域中所有的交换机。

(A)Client　　　　(B)Transmission　　(C)Server　　　　(D)Transparent

【答案】　C

Lb4A3120　由于公司网络规模的发展,新增了一段地址,管理人员配置了命令 iproute172.16.4.0255.255.255.0192.168.4.2,（　　）描述是正确的。

(A)此命令用于建立静态路由

(B)此命令用于配置默认路由

(C)源地址的子网掩码为 255.255.255.0

(D)此命令用于建立存根网络

【答案】　A

Lb4A3121　不属于路由器 SSH 服务配置命令的是（　　）。

(A)使用 SSH 服务器功能　　　　　　(B)配置 SSH 客户端登录时的用户界面

(C)生成 RSA 密钥　　　　　　　　　(D)启用 ACL 列表

【答案】　D

Lb4A3122　VLAN10 中仅包含端口 E0/5,VLAN10 的接口为 VLAN-interface10 要想关闭 VLAN10 的接口,错误的方法是（　　）。

(A)〔SwitchA〕vlan10〔SwitchA-vlan2〕undoportEthernet0/5

(B)〔SwitchA〕portEthernet0/5〔SwitchA-Ethernet0/5〕shutdown

(C)〔SwitchA-VLAN-interface10〕shutdown

(D)〔SwitchB-VLAN-interfaccse10〕shutdown

【答案】　D

Lb4A3123　UPS（　　）会切换到旁路供电模式。

(A)主机过载　　　(B)市电停电　　　(C)蓄电池组故障　　(D)其他原因

【答案】　A

Lb4A3124　在 SDH 系统中,关于色散补偿错误的是（　　）。

(A)TWF 单板在 G.652 光纤上无色散补偿传输距离为 30 km,超过 30 km 必需加色散补偿模块

(B)G.653 光纤可以用在 32×2.5G 波分系统

(C)色散补偿的要求是补偿后,系统中任何使用波长的剩余色散量不应超过光源的色散容限

(D)色散系数的定义是波长相距 1 nm 的两个光信号传输 1 km 距离的时延差,单位是 ps/nm·km

【答案】 B

Lc4A3125 快速切除电力线路范围内任意一点故障的主保护是( )保护。

(A)距离 (B)零序 (C)纵联差动 (D)过流

【答案】 C

Lc4A3126 电力系统振荡时,( )可能会发生误动。

(A)电流差动保护 (B)零序电流速断保护

(C)电流速断保护 (D)电流保护

【答案】 C

Lc4A3127 一回 1 000 kV 特高压输电线路的输电能力可达到 500 kV 常规输电线路输电能力的( )倍以上在输送相同功率情况下,1 000 kV 线路功率损耗约为 500 kV 线路的( )左右。

(A)2 倍 1/4 (B)4 倍 1/16 (C)2 倍 1/16 (D)4 倍 1/4

【答案】 B

Lc4A3128 变电站接地网的接地电阻大小与( )无关。

(A)土壤电阻率 (B)接地网面积 (C)站内设备数量 (D)接地体尺寸

【答案】 C

Lc4A3129 电力元件继电保护的选择性,除了决定与继电保护装置本身的性能外,还要求满足由电源起,愈靠近故障点的继电保护的故障起动值( )。

(A)相对愈小,动作时限愈短 (B)相对愈大,动作时限愈短

(C)相对愈小,动作时限愈长 (D)相对愈大,动作时限愈长

【答案】 A

Lc4A3130 避雷器的均压环,主要以其对( )的电容来实现均压的。

(A)地 (B)各节法兰 (C)导线 (D)周围

【答案】 B

### 7.2.2 多选题

La4B3001 电网新建、改(扩)建等工程需对原有通信系统的( )进行改变时,工程建设单位应委托设计单位对通信系统进行设计,并征求通信部门的意见,必要时应根据实际情况制订通信系统过渡方案。

(A)网络结构 (B)安装位置 (C)设备配置 (D)技术参数

【答案】 ABCD

La4B3002 电缆沟(竖井)内通信光缆或电缆应完善( )等各项安全措施,绑扎醒目的识别标识。

(A)防火阻燃 (B)同其他电缆同层布放

(C)阻火分隔 (D)安装灭火装置

【答案】 AC

La4B3003 单电源供电的继电保护接口装置和为其提供通道的单电源供电通信设备,如( )等,应由同一套电源供电。

(A)外置光放大器 (B)脉冲编码调制设备(PCM)

(C)载波设备 (D)保护装置

【答案】 ABC

La4B3004 通信站电源新增负载时,应及时核算( )容量,如不满足安全运行要求,应对电源实施改造或调整负载。

(A)电源 (B)负载 (C)蓄电池组 (D)电流

【答案】 AC

La4B3005 国家电网公司各级单位应开展电网2~3年滚动分析校核及年度电网运行方式分析工作,全面评估( )情况及其实施效果,分析预测电网安全运行面临的风险,组织制订专项治理方案。

(A)电网运行情况 (B)安全稳定措施落实

(C)设备情况 (D)人员情况

【答案】 AB

La4B3006 突发事件发生后,事发单位要做好先期处置,并及时向( )报告。

(A)上级及有关部门 (B)所在地人民政府

(C)调度 (D)公司

【答案】 AB

La4B3007 因承包方责任造成的发包方设备、电网事故,由发包方负责( ),无论任何原因均对发包方进行考核。

(A)调查 (B)统计上报 (C)考核 (D)分析

【答案】 AB

La4B3008 按照"谁使用、谁负责"原则,外来工作人员的安全管理和( )与本单位职工同等对待。

(A)事故统计 (B)考核 (C)奖励 (D)晋级

【答案】 AB

La4B3009 为了保证控制系统的可靠性,程控交换机的重要部分都应采用冗余技术一般话路部分的数字交换网络有两套备份,对处理机也采用冗余配置措施,使在一部处理机出现故障时,不至于造成系统中断常用的方法有(    )。

(A)主/备用方式    (B)成对互助方式    (C)双重备用方式    (D)N+1备用方式

【答案】  ABCD

La4B3010  关于 IMS 理论说法正确的是(    )。

(A)控制和承载分离,业务和网络分离

(B)编号以 E.164 为主,可升级支持 SIPURI 形式

(C)对智能终端的管理控制完善

(D)融合业务部署简单,支持多业务嵌套

【答案】  ACD

La4B3011  IMS 系统架构包括(    )。

(A)IMS 核心域    (B)业务域    (C)互通域    (D)接入域

【答案】  ABCD

La4B3012  "5G"通信的基本架构包括(    )。

(A)传输网    (B)业务网    (C)无线接入网    (D)5G 核心网

【答案】  CD

La4B3013  IMS 网络与电力调度交换网可采用(    )与调度交换网单向互通。

(A)E1 数字中继    (B)E&M 中继    (C)SIP 协议    (D)环路中继

【答案】  AC

La4B3014  属于 OTN 环网保护技术的是(    )。

(A)单向光通道保护倒换 UPSR    (B)双向光通道保护倒换 BPSR

(C)光子网连接保护倒换    (D)OWSP

【答案】  ABCD

La4B3015  IP 网络中,配置网络设备的方法包括(    )。

(A)通过 Console 口本地访问    (B)通过 AUX 口远程访问

(C)使用 Telnet 终端访问    (D)使用 SSH 终端访问

【答案】  ABCD

La4B3016  IP 网络中,配置备份中心的目的是(    )。

(A)增加网络的带宽    (B)提高网络的可用性

(C)防止数据传输的意外中止    (D)降低网络的传输费用

【答案】  BC

La4B3017  已知子网,求通配符掩码,允许 199.172.5.0/24,199.172.10.0/24,199.172.13.0/24,199.172.14.0/24 网段访问路由器,ACL 正确的是(    )。

(A)access-list10permit199.172.5.00.0.8.0

(B)access-list11permit199.172.10.00.0.4.0

(C)access-list11permit199.172.10.00.0.8.0

(D)access-list10permit199.172.5.00.0.4.0

【答案】  AB

La4B3018　IP网络中,(　　)属于距离矢量路由协议。

(A)RIP　　　　　(B)EIGRP　　　　(C)IGRP　　　　(D)BGP

【答案】　ABCD

La4B3019　IP网络中,VLANTruck标记有(　　)两种标准。

(A)ISL　　　　　(B)8021Q　　　　(C)8023Q　　　　(D)DCP

【答案】　AB

La4B3020　关于"三层交换机"和"路由器"区别的描述,(　　)是正确的。

(A)路由器能转发数据包,而三层交换机不行

(B)交换机通常有更小的时延

(C)路由器通常每个端口的成本相对"三层交换机"更高

(D)三层交换机不具有路由功能

【答案】　BC

La4B3021　数据通信网服务质量指标包括(　　)。

(A)服务可用性　　(B)吞吐量　　　(C)用户数　　　(D)时延抖动

【答案】　ACD

La4B3022　关于OSPF协议的说法正确的是(　　)。

(A)支持基于接口的报文验证

(B)支持到同一目的地址的多条等值路由

(C)是一个基于链路状态算法的边界网关路由协议

(D)发现的路由可以根据不同的类型而有不同的优先级

【答案】　ABD

La4B3023　OPGW光缆的主要测试指标包括(　　)。

(A)重量　　　　　(B)导电性　　　(C)单位长度衰耗　(D)全程长度

【答案】　CD

La4B3024　管道线路的日常维护工作的内容是(　　)。

(A)按作业计划定期检查人孔内的托架、托板是否完好,标志是否清晰醒目,光缆的外护层吉接头盒有无腐蚀、损坏或变形等异常情况,发现问题及时处理

(B)按作业计划定期检查人孔内的走线排列是否整齐、预留缆和接头盒是否可靠

(C)发现管道或人孔沉陷、破损井盖丢失等情况,及时采取措施进行修复

(D)清除人孔内缆上的污垢,并配合管道维护人员抽取人孔内积水

【答案】　ABCD

La4B3025　光纤接头各符号的含义正确的是(　　)。

(A)FC:常见的圆形,带螺纹光纤接头　　(B)LC:卡接式圆形光纤接头

(C)SC:特殊的圆形光纤接头　　　　　(D)PC:微凸球面研磨抛光

【答案】　AD

La4B3026 光纤通信误码特性的主要性能参数有( )。

(A)误块秒 (B)误块秒比 (C)严重误块秒比 (D)背景误块比

【答案】 BCD

Lb4B3027 IMS系统中用于与其他网络互通的网元( )。

(A)MGCF (B)GCF (C)SCFW (D)IMMGW

【答案】 ABD

Lb4B3028 IMS核心域是系统的核心部分,主要完成IMS( )等处理。

(A)用户管理 (B)网间互通 (C)增值服务 (D)业务触发

【答案】 ABD

Lb4B3029 应用于IMS系统控制平面的协议的是( )。

(A)H.248协议 (B)SIP协议 (C)Diameter协议 (D)RTCP协议

【答案】 BC

Lb4B3030 核心网应对IMS网络进行安全域划分,以区分( )。

(A)外部网络 (B)接口区 (C)核心层 (D)支撑系统层

【答案】 ABCD

Lb4B3031 属于OTN线性保护技术的是( )。

(A)光线路保护 (B)板内侧1+1保护

(C)SWSNCP保护 (D)ODUkSNCP保护

【答案】 ABCD

Lb4B3032 DWDM对光监控信道有( )要求。

(A)光监控信道不限制光放大器的泵浦波长

(B)光监控信道不限制两个线路放大器之间的距离

(C)光监控通道不限制未来在1 310波长的业务

(D)线路放大器失效时光监控通道仍然可用

【答案】 ABCD

Lb4B3033 通常局域网的网络管理系统由一些网络监测和控制工具组成,并且具备( )功能。

(A)流量控制功能 (B)配置功能 (C)监测功能 (D)故障隔离

【答案】 BC

Lb4B3034 交换机管理功能测试需要( )设备。

(A)交换机 (B)PC机(并安装超级终端软件)

(C)串口配置线 (D)其他线缆

【答案】 ABCD

Lb4B3035 IP网络中,BGP的( )属性不可以反映BGPSPEAKER对某个外部路由的偏好程度。

(A)ORIGIN　　　(B)AS_PATH　　　(C)NEXT_HOP　　(D)LOCAL_PREF

【答案】 ABC

Lb4B3036 IP 网络中,关于 MPLS 二层 VPN 说法正确的是(　　　)。

(A)CCC 方式的 MPLS 标签是采用 LDP 分发

(B)SVC 方式的 MPLS 标签是采用 MBGP 分发

(C)Martini 方式的 MPLS 标签是采用 LDP 分发

(D)Kompella 方式的 MPLS 标签是采用 MBGP 分发

【答案】 CD

Lb4B3037 IP 网络中,(　　　)属于其他类型的(非主要类型)ACL。

(A)标准 MACACL　　　　　　　(B)时间控制 ACL

(C)以太协议 ACL　　　　　　　(D)IPv6ACL

【答案】 ABCD

Lb4B3038 IP 网络中,关于生成树指定端口的描述错误的是(　　　)。

(A)每个网桥只有一个指定端口

(B)指定端口可以向其连接的网段转发配置 BPDU 报文

(C)根交换机上的端口一定不是指定端口

(D)指定端口转发从此交换机到达根交换机的配置 BPDU 报文

【答案】 ACD

Lb4B3039 数据通信网知识中,(　　　)不是配置 BGPpeer 时的必备项。

(A)IPADDRESS　　(B)description　　(C)as-number　　(D)passed

【答案】 BD

Lb4B3040 帧同步码愈长,出现假同步的概率也愈小,但增加帧同步码长度会增加开销,降低了传输效率,为了确定码组长度,通常要考虑的因素有(　　　)。

(A)检定概率　　(B)漏检概率　　(C)假同步概率　　(D)非假同步概率

【答案】 ABCD

Lb4B3041 WDM 的系统组成包括(　　　)。

(A)OTU　　　　(B)MUX/DMUX　　(C)OSC　　　　(D)OA

【答案】 ABCD

Lb4B3042 掺铒光纤放大器利用光纤中掺杂的铒元素引起的增益机制实现光放大,它有(　　　)nm 泵浦光源。

(A)310　　　　(B)1 480　　　　(C)980　　　　(D)1 550

【答案】 BC

Lb4B3043 PWE3 是一种在分组交换网络上仿真(　　　)等业务基本属性的机制,是一种边缘到边缘二层业务承载机制。

(A)SDH　　　　(B)以太网　　　　(C)TDM　　　　(D)VLAN

【答案】 BCD

**Lb4B3044** IMS( )实体将会添加 Record-Route 头域记录到 INVITE 消息中。

（A）UE （B）P-CSCF （C）I-CSCF （D）S-CSCF

【答案】 BD

**Lb4B3045** IMS 系统中,( )是总线的默认数据队列。

（A）IMSRawPerf （B）IMSStatisticsData

（C）IMSRawEvent （D）IMScasxml

【答案】 ABC

**Lb4B3046** IMS 中系统中,HSS 保存的主要信息包括 IMS 用户( )。

（A）标识 （B）安全上下文 （C）路由信息 （D）业务签约信息

【答案】 ABCD

**Lb4B3047** IMS 系统终端可以用( )方式获取 P-CSCF 的地址信息。

（A）GPRS 流程 （B）DHCP/DNS 流程

（C）静态配置 （D）PCSCF 通知终结

【答案】 ABC

**Lb4B3048** 对于一个基本的 IMS 呼叫,主叫侧会使用( )网元。

（A）HSS （B）I-CSCF （C）P-CSCF （D）S-CSCF

【答案】 CD

**Lb4B3049** IMS 行政交换核心网设备具有对( )防范非法攻击的能力。

（A）TCP/UDP 层及以下层面的 DOS 攻击

（B）攻击方通过伪造信令请求消息,发起针对目标主机的某个特定的信令端口的攻击

（C）攻击方通过伪造媒体数据包,发起针对目标主机的媒体接收端口的攻击

（D）通过 CPU 资源消耗方式对设备本身发起的攻击

【答案】 ABCD

**Lb4B3050** IMS 核心设备的服务呼叫会话控制功能应具备( )维护管理功能。

（A）实时查询 HSS 连接状态和运行状态

（B）查询当前注册到本 S-CSCF 的用户信息,包括用户名、IP 地址、注册周期等

（C）对特定用户的存亡周期进行修改

（D）查询、修改、增加用户签约媒体属性配置表的信息

【答案】 ABCD

**Lb4B3051** SDH 各种业务信号复用进 STM – N 的过程都要经历的步骤有( )

（A）映射 （B）定位 （C）复用 （D）扰码

【答案】 ABC

**Lb4B3052** 在 SDH 系统中,关于 AU – AIS 的说法正确的是( )。

（A）对端站发送部分故障

（B）本站接收部分故障

(C)相应 VC4 通道的业务有收发错开的现象,导致收端在相应通道上出现 AU - AIS 告警

(D)可能由 MS - AIS、R - LOS、R - LOF 告警引发

【答案】 ABCD

Lb4B3053　SDH 系统中,引发 AU－AIS 的告警有( )。

(A)LOS、LOF

(B)MS - AIS

(C)HP - REI、HP - RDI

(D)OOF

【答案】 AB

Lb4B3054　SDH 系统中,( )情况下再生段终端基本功能块往下游送 AIS 信号。

(A)帧失步

(B)发信失效

(C)帧丢失

(D)SPI 发出 LOS 信号

【答案】 ACD

Lb4B3055　SDH 系统中,定义 S1 字节的目的是( )。

(A)避免定时成环

(B)当定时信号丢失后向网管告警

(C)能使两个不同厂家的 SDH 网络组成一个时钟同步网

(D)使 SDH 网元能提取最高级别的时钟信号

【答案】 ACD

Lb4B3056　SDH 系统中,支路输入信号丢失告警的产生原因有( )。

(A)外围设备信号输入丢失

(B)传输线路损耗增大

(C)DDF 架与 SDH 设备之间的电缆障碍

(D)TPU 盘接收故障

【答案】 ACD

Lb4B3057　OTN 系统中,波长稳定技术包括( )。

(A)温度反馈　(B)波长反馈　(C)波长集中监控　(D)放大反馈

【答案】 ABC

Lb4B3058　OTN 系统中,非线性效应放大器可以利用( )非线性效应。

(A)自相位调制　(B)四波混频　(C)受激拉曼效应　(D)受激布里渊散射

【答案】 CD

Lb4B3059　OTN 系统中,关于 OTUk 帧加扰的说法,正确的有( )。

(A)加扰的目的是为了避免长 0 和长 1 的情况,保证设备能从业务中提取时钟

(B)加扰是在 FEC 编码前进行的,即 FEC 字节不进行加扰操作

(C)加扰和解扰的算法完全一样,加扰后的信号再进行次加扰算法即相当于解扰

(D)收端先进行 FEC 解码,再进行解扰

【答案】 AC

**Lb4B3060** OTN 系统中,克服非线性效应的主要方法包括( )。

(A)增加光纤的有效传光面积,以减小光功率密度

(B)在工作波段保留一定量的色散,以减小四波混频效应

(C)减小光纤的色散斜率,以扩大 DWDM 系统的工作波长范围,增加波长间隔

(D)减小光纤的偏振模色散,以及在减小四波混频效应的基础上尽量减小光纤工作波段上的色散,以适应单信道速率的不断提高

【答案】 ABCD

**Lb4B3061** IP 网络中,不属于 MPLSLDP 的正常邻居关系状态的是( )。

(A)Full (B)Eastablish (C)Operation (D)Forwarding

【答案】 ABD

**Lb4B3062** IP 网络中,MPLSVPN 网络中( )设备没有分配 VPNlabel。

(A)出口 CE (B)入口 CE (C)出口 PE (D)入口 PE

【答案】 ABC

**Lb4B3063** IP 网络中,属于三层 MPLSVPN 组网中涉及路由器的逻辑名称的是( )。

(A)P (B)PE (C)CE (D)C

【答案】 ABC

**Lb4B3064** IP 网络中,如果要运行 MPLS 业务,( )协议是 PE 设备必须支持的。

(A)LDP (B)MP – BGP (C)OSPF (D)L2TP

【答案】 AB

**Lb4B3065** ( )路由前缀满足 IP – Prefix 条件 "ipip-prefixtestindex10permit20. 0. 0. 016greater-equal24less-equal28"。

(A)20. 0. 1. 0/23 (B)20. 0. 1. 0/24 (C)20. 0. 1. 0/25 (D)20. 0. 1. 0/28

【答案】 BCD

**Lb4B3066** 数据通信网知识中,关于 SSH 描述正确的是( )。

(A)SSH 在无安全保证的网络上提供安全的远程登录等服务

(B)由传输协议、验证协议和连接协议三部分组成

(C)使用 TCP 端口 22 并且一台设备支持多个 SSH 客户端连接

(D)只提供 Publickey 一种验证方式

【答案】 ABC

**Lb4B3067** 数据通信网知识中,关于 Local_Preference,正确的是( )。

(A)Local_Preference 是公认必遵属性

(B)Local_Preference 影响出 AS 的选路

(C)Local_Preference 可以跨 AS 传播

(D)Local_Preference 默认值是 100

【答案】 BD

Lb4B3068　关于网络中 OSPF 的区域说法正确的是(　　)。

　　(A)网络中的一台路由器可能属于多个不同的区域,但是必须有其中一个区域是骨干区域

　　(B)网络中的一台路由器可能属于多个不同的区域,但是这些区域可能都不是骨干区域

　　(C)只有在同一个区域的 OSPF 路由器才能建立邻居和邻接关系

　　(D)在同一个 AS 内多个 OSPF 区域的路由器共享相同的 LSDB

【答案】　BC

Lb4B3069　在数字通信中,群时延特性包括(　　)。

　　(A)绝对群时延　　(B)最小群时延　　(C)最大群时延　　(D)群时延频率特性

【答案】　AD

Lb4B3070　阀控式密封铅酸蓄电池又称为"免维护蓄电池",它免维护的内容是指(　　)。

　　(A)不需任何维护　　　　　　　　(B)不需加水

　　(C)不需加酸　　　　　　　　　　(D)不需测量电池内部的温度和比重

【答案】　BCD

Lb4B3071　阀控式密封铅酸蓄电池的日常维护工作中应做的记录,至少要包括(　　)方面的内容。

　　(A)每个单体电池的浮充电压　　　(B)电池组浮充总电压

　　(C)环境温度及电池外表的温度　　　(D)测量日期及记录人

【答案】　ABCD

Lb4B3072　电网主要安全自动装置有(　　)。

　　(A)低频、低压解列装置　　　　　(B)振荡(失步)解列装置

　　(C)切负荷装置　　　　　　　　　(D)切机装置

【答案】　ABCD

## 7.2.3　判断题

La4C3001　10 kV 以上电气设备发生带负荷误拉(合)隔离开关、带电挂(合)接地线(接地开关)、带接地线(接地开关)合断路器(隔离开关)为五级设备事件。(√)

La4C3002　主要建筑物垮塌(主要建筑物包括仓库、厂房、加工车间、办公大楼、控制室、保护室、集控室)为五级设备事件。(√)

La4C3003　设备损坏造成 20 万元以上 50 万元以下直接经济损失为六级设备事件。(√)

La4C3004　3 kV 以上 10 kV 以下电气设备发生带负荷误拉(合)隔离开关、带电挂(合)接地线(接地开关)、带接地线(接地开关)合断路器(隔离开关)定为五级设备事件。(×)

La4C3005　错误下达调度命令、错误安排运行方式、错误下达继电保护及安全自动装置定值为一般电气误操作。(√)

La4C3006　误(漏)拉合断路器(隔离开关)、误(漏)投或停继电保护安全自动装置(包括连接片)、误设置继电保护及安全自动装置定值为一般电气误操作。(√)

La4C3007　应落实通信专业在电网大面积停电及突发事件发生时的组织机构和技术保障措施,完善各类通信设备和系统的现场处置方案和应急预案。(√)

La4C3008　架设有通信光缆的一次线路计划退运前,应通知相关线路运行管理部门,并根据业务需要制订改造调整方案,确保通信系统可靠运行。(×)

La4C3009　程控交换机软件具有实时性、并发性、不可间断性。(√)

La4C3010　我国目前采用的来电显示制式是 FSK 和 DTMF。(×)

La4C3011　IP 电话是在 IP 网上传送的具有一定服务质量的语音业务。(√)

La4C3012　IMS 功能实体可由单一物理设备实现,但不能将多个功能实体合设在同一物理设备中。(×)

La4C3013　IMS 行政交换核心网设备对非可信用户应进行认证和鉴权,对可信用户则不需要。(×)

La4C3014　SDH 系统中,140 Mb/s 对应的 VC 等级是 VC-3。(×)

La4C3015　SDH 设备系统控制盘被拔出不会对通信造成影响。(√)

La4C3016　SDH 系统中,复用段保护倒换的时间是 30 ms 以内。(×)

La4C3017　SDH 系统中,AIS 信号是往上游方向发送的。(×)

La4C3018　SDH 帧传输时,按由左到右、由上到下的顺序排成串行码流依次传输。(√)

La4C3019　OTN 系统中,OTUk 的帧结构基于 ODUk 的帧结构而来,并且采用前向纠错(FEC)扩展了该结构。(√)

La4C3020　OTN 系统中,光子网连接保护属于专用式的双向光通道保护。(√)

La4C3021　OTN 系统中,ODUkSPRing 属于共享式光通道保护,保护通道在正常情况下可以传送低优先级的业务,适合于均匀型的环网业务分布模式。(√)

La4C3022　波分复用的 OTU 盘的主要功能是进行波长转换(√)

La4C3023　在 WDM 系统中,我国采用 1 510 nm 的光信号作为光监控通道,对 EDFA 的运行状态进行监控,该监控通道速率为 2.048 Mbit/s,码型为 CMI 码。(√)

La4C3024　DWDM 和 CWDM 的区别在于复用波长的频率间隔不同。(√)

La4C3025　OTN 基于波长复用技术,SDH 基于时隙复用技术。(√)

La4C3026　OTN 和 SDH 都是同步系统。(×)

La4C3027　路由器和交换机的 Console 口用户默认拥有最大的权限,可以执行一切操作和配置。(√)

La4C3028　使用 AUX 端口连接设备时不可以通过 PSTN 建立拨号的方式连接。(×)

La4C3029　在同步时钟系统设计中,主从时钟传送时存在环路。(×)

La4C3030　多模光纤因其具有内部损耗低,带宽大,易于升级扩容和成本低等优点,被广泛应用。(×)

La4C3031　单模光纤的特征频率比多模光纤小得多。(√)

La4C3032　光纤衰减测量仪器应使用光时域反射计或光源、光功率计,测试时每根纤芯应进行双向测量,测试值应取双向测量的平均值。(√)

La4C3033　OPGW 是一次线路的组成部分,操作时应由相应电力调度机构调度管辖或调度许可。(√)

La4C3034　ADSS 挂点的确定,主要考虑电场强度、挂点的受力和安全距离。(√)

La4C3035　OPGW 的抗拉性能试验一般可以和应力-应变试验同时进行。(√)

La4C3036　OPGW 最外层单丝一般为左旋。(×)

La4C3037　校验 OPGW 的热稳定通常采用三相短路电流。(×)

La4C3038　ADSS 挂点的电场强度不能超过 ADSS 外护套所能承受的最大电场强度,并且越小越好。(√)

La4C3039　不同型号的地线分段应在耐张塔上进行,相同型号的 OPGW 分段宜在耐张塔上进行,或将悬垂塔的地线挂点改造为耐张形式。(√)

La4C3040　UPS 电源既可以保证负载供电的连续性,又可保证负载供电的质量。(√)

La4C3041　一个 IP 地址从概念上分为网络地址和主机地址两部分,在 IPV4 版本中 IP 地址的长度为 32 位,在 IPV6 版本中 IP 地址的长度为 64 位。(×)

La4C3042　IP 网络中,前 TCAP 协议只建立在无连接业务上,使用 0 类和 1 类服务传送数据。(√)

La4C3043　IP 互联网协议不允许用户在不同的地点访问服务器上的电子邮件。(×)

La4C3044　拉曼光纤放大器比掺铒光纤放大器具有更低的噪声指数。(√)

La4C3045　光纤通信系统中,消光比变小,会使接收机灵敏度降低。(×)

La4C3046　PTN 技术具有传统 SDH 传送网的高效和网络管理能力。(√)

Lb4C3047　电话交换网络中,DSS1 共路信令既可适应模拟通道,也可适应数字通道。(×)

Lb4C3048　数字交换网络的功能是完成时隙交换,在具体实现时,T 接线器完成不同复用线同一时隙的交换,而 S 接线器完成相同复用线不同时隙的交换。(×)

Lb4C3049　电话交换网络中,无阻塞网络的条件是 $m \geqslant 2n-1$,其中 $m$ 是链路数,$n$ 是输入/输出端数。(√)

Lb4C3050　电话交换网络中,三个交换局以 A－B－C 互连,当 A 局用户呼叫 C 局用户时,主叫听到的回铃音来自 C 局,听到的忙音来自 B 局。(×)

Lb4C3051　IMS 网络支持 IP Centrex 业务,但不支持基于 IP Centrex 的群内短号互拨、号码显示限制等业务功能。(√)

Lb4C3052　IMS 网络中,AG 位于 IMS 网络的接入层,负责为 POTS 话机接入 IMS 核心网,为用户提供话音类业务。(√)

Lb4C3053　IMS 行政交换核心网设备应支持 IPv4 和 IPv6 地址双栈。(√)

Lb4C3054　SDH 系统中,AIS 信号的全称是远端缺陷指示,该信号的内容是全 1 码。(×)

Lb4C3055　SDH 系统中,R－LOS 告警与开销字节无关,只与输入的信号质量有关。(√)

Lb4C3056　OTN 的体系继承了 SDH/SONET 的复用和映射架构,同时具备对大颗粒业务灵

活调度的电交叉能力。（√）

Lb4C3057　OTN 具有超大传送容量，它解决了传统 SDH 的大带宽业务适配效率低、带宽粒度小及 WDM 组网能力弱和保护能力差等问题，是光互联网的基础结构。（√）

Lb4C3058　合波器分为波长敏感型和波长不敏感型。（√）

Lb4C3059　有一定色散系数的单模光纤，可以在一定程度上抑制四波混频效应。（√）

Lb4C3060　在路由器间使用缺省路由是一种低成本的解决方案，但是比完整的路由表需要的系统资源多。（×）

Lb4C3061　连接在不同交换机上的、属于同一 VLAN 的数据帧必须通过 Trunk 传输。（√）

Lb4C3062　PCM 编码中，每一个话路的语音信号传输和信令传输同占一个时隙。（×）

Lb4C3063　多模光纤能传输多个模式光波，芯径在 $50\sim60~\mu m$ 之间，传输性能比单模光纤好。（×）

Lb4C3064　在再生中继传输过程中，噪声与信号畸变会累积，误码不累积，故可以根据不同的再生段采取不同的对策。（×）

Lb4C3065　G.655 光纤称为非色散位移单模光纤，分为 G.655A、G.655B、G.655C 三类，主要是衰减、色散和 PMD 值有区别。（×）

Lb4C3066　对于 OPGW 光缆的应用，必然要考虑初伸长和蠕变伸长对弧垂的影响。（√）

Lb4C3067　光纤的数值孔径为入射临界角的正弦值，NA 越大，进光量越大，带宽越宽。（√）

Lb4C3068　"0"码时的光功率和"1"码时的光功率之比叫消光比，消光比越小越好。（√）

Lb4C3069　OPGW 光纤单元中的光纤应有一定的余长，以保证使用中的光纤不受拉伸，采用吊挂式的普通架空光缆由于其承受的张力较小，所以不考虑光纤的余长。（×）

Lb4C3070　G.652 单模光纤在 C 波段 1 530～1 565 nm 和 L 波段 1 565～1 625 nm 的色散较大，一般为 17～22 psnm·km，系统速率达到 40 Gbit/s 以上时，需要进行色散补偿。（×）

Lb4C3071　只要确定了 OPGW 的结构和短路电流温升，就能确定 OPGW 的短路电流容量，在计算时，必须重视热容量 C 的计算，热容量是密度和比热的乘积。（×）

Lb4C3072　色散补偿又被称为光均衡。（√）

Lb4C3073　理想的 OPGW 设计应考虑其作为地线的电气特性、机械强度，并应明显区别于普通金属接地线。（×）

Lb4C3074　OPGW 光缆的中心加强件用来承担光单元内所受的应力，其材料可以是金属材料，也可以是非金属材料。（√）

Lb4C3075　OPGW 光缆绞合单线的横截面可以是圆形，也可以是扇形、管形、Z 形等异形。（√）

Lb4C3076　OPGW 在应用中容易遭受雷击断股，目前，OPGW 结构设计可采取全铝包钢线材、增大缆径、增大外层单丝直径的方法。（√）

Lb4C3077　OPGW 雷击试验的目的为检验高电压瞬间放电不会对 OPGW 光缆造成明显的损

伤,而且还不会影响光纤的性能指标。(√)

Lb4C3078　OPGW 光缆蠕变试验是测量在正常工作温度范围内光缆长期张力蠕变特性,试验数据主要用于设计计算弧垂和张力。(√)

Lb4C3079　OPGW 光缆舞动试验的目的是检验 OPGW 的疲劳特性及在典型的风动条件下的机械特性。(×)

Lb4C3080　OPGW 光缆绞(过)滑轮试验的目的是检验 OPGW 多次通过滑轮对外观的破坏及对 OPGW 机械性能的影响。(×)

Lb4C3081　当 OPGW 承受的最大使用张力为 40% 额定抗拉强度时,通信质量应无变化。OPGW 还应具有良好的疲劳耐振特性,允许平均运行张力不应低于 20% RTS。(√)

Lb4C3082　展放牵引绳与 OPGW 光缆时,在牵引机与张力机两侧都应安装接地滑车,滑车用不小于 25 mm² 软铜线与接地棒相连,接地棒用 Ø30 圆钢打入地下至少 0.5 m。(√)

Lb4C3083　以太网是采用 ALOHA 访问控制方法的局域网。(×)

Lb4C3084　一个主机名在一个时刻只能有一个合法的 IP 地址。(×)

Lb4C3085　大多数网络层防火墙的功能可以设置在内部网络与 Internet 相连的路由器上。(√)

Lb4C3086　为防止出现死循环,在设置自动迂回路由时,任何交换点的呼出呼叫不允许经对方交换机,由原呼出电路群返回本交换点,但允许经多次转接再返回本交换点。(×)

Lb4C3087　在 No.7 信令中,STP 路由数据为保证消息的可靠转发,有时在 LSTP 同一级或下一级设备的路由,可以向 LSTP 的上一级设备设置迂回路由。(×)

Lb4C3088　在 No.7 信令中,SCCP 面向连接的服务使用于实时性和可靠性要求高的数据传输。(×)

Lb4C3089　在 No.7 信令中,信号单元的前向序号是发送信号单元时的顺序编号,后向序号是被证实信号单元的顺序编号,它们的取值范围为 0~128。(×)

Lb4C3090　在 No.7 信令中,信令路由组测试消息是由信令转接点发出,以测试与其相邻的信令点路由是否可用。(×)

Lb4C3091　No.7 信令链路初始定位程序用于信令链路首次启动和链路发生故障后进行恢复时的定位。(√)

Lb4C3092　两台交换机用 No.7 信令连接,Link 已激活但电路顺序错,此时两台交换机之间仍可正常通话。(×)

Lb4C3093　3GPPR5 版本提供 IP 实时多媒体业务,核心网在 PS 基础上增加了 IP 多媒体域(IMS),IMS 主要功能在控制层面,承载通过 PS 域。(√)

Lb4C3094　SIP 硬终端通过 IP 网络接入 IMS 核心网,与信息网串接的 SIP 硬终端应支持双 VPN 接入。(√)

Lb4C3095　SIP 软终端应在支持 IP 接入的设备上接入 IMS 核心网,并支持 SIP Digest 的鉴权方式。(√)

Lb4C3096　IMS 与行政交换网、电力调度交换网、电路交换设备互通时,应支持基本语音业务、T.30/T.38 传真业务的双向通信。(×)

Lb4C3097　E1 、E2 字节在 SDH 设备中的作用相同,因此有一个即可。(×)

Lb4C3098　SDH 系统中,MS-AIS 告警产生时,不一定都下插全"1"信号。(×)

Lb4C3099　SDH 系统中,网元的最大数目是由复用段开销中的 K1、K2 字节确定的,环上节点数最大为 32。(×)

Lb4C3100　OTN 系统中,OTUk 速率=255/(239-k)×STM-N 帧速率。(√)

Lb4C3101　在 DWDM 组网设计中,只要通过足够多的 EDFA 级联来补偿传送过程中的光功率损耗,则系统可以无限制地传送很长的距离。(×)

Lb4C3102　40×10G OTN 系统中,可以实现 2.5G 和 10G 速率混传。(√)

Lb4C3103　为一台交换机配置一个低于其他交换机的优先级可以保证其成为整个网络中的根交换机。(√)

Lb4C3104　光纤是由折射率较高的纤芯和包围在纤芯外面的折射率较低的包层所组成的光的传输媒介。光纤都包括几何参数、光学参数、传输参数,单模光纤的几何参数包括纤芯直径、包层直径、纤芯不圆度、包层不圆度、纤芯与包层的同心度等。(×)

Lb4C3105　在 OPGW 结构设计和参数计算中,重量、抗拉强度、短路电流容量是最重要的三个参数,其中抗拉强度是权重最大的一个参数。(×)

Lb4C3106　对于 OPGW 的两种基本绞合结构,其光纤余长的形成原理是相同的,因此光纤余长是相同的,一般均保证在 0.6%～0.8%。(×)

Lb4C3107　为了节能增效,500 kV 电力线路同杆塔架设的 OPGW 可采用"分段绝缘、单点接地"方式。(√)

Lb4C3108　OPGW 和 ADSS 光缆为电力特种光缆,OPGW 一般用于 35 kV 及以上电压等级的输电线路,ADSS 光缆一般用于 110 kV 及以下电压等级的输电线路上。(√)

Lb4C3109　OPGW 光缆应用中,必然考虑初伸长和蠕变伸长对弧垂的影响,一般采用升温法进行处理。(×)

Lb4C3110　OPGW 短路容量的大小取决于输电线路的短路电流的大小,是由电源容量、变压器变比、线路和各元件的阻抗,以及继电保护的拉断时间来决定的。(√)

Lb4C3111　管道光缆敷设时,在人孔拐弯高差及引出口处,必须加装导引装置。(√)

Lb4C3112　传统的加密方法可以分成替代密码和换位密码两类,现代密码学采用的算法主要有秘密密钥算法和公开密钥算法。(√)

Lb4C3113　PTN 系统的 OAM 具有和 SDH 系统类似的分层架构,可以分层监控,实现快速故障检测和故障定位。(√)

Lc4C3114　当系统运行电压降低时,应增加系统中的无功出力;当系统频率降低时,应增加系统中的有功出力。(√)

Lc4C3115　当线路出现不对称断相时,因为没有发生接地故障,所以线路没有零序电流。(×)

Lc4C3116 过流保护在系统运行方式变小时,保护范围将变大。(×)

Lc4C3117 在电力自动化系统中,监视控制和数据采集系统通过对电力系统运行工况信息的实时采集、处理,实现对电力系统运行情况的监视与控制。(√)

Lc4C3118 在电力自动化系统中,模拟量的采集方式有直流采集和交流采集两种。(√)

Lc4C3119 在整个系统普遍缺少无功的情况下,不能用改变分接头的方法来提高所有用户的电压水平。(√)

Lc4C3120 电网无功补偿的原则是区域电网内平衡。(×)

Lc4C3121 电力网的电压降与输电导线中的电流成正比,功率损耗与电流平方成正比。(√)

Lc4C3122 电网中整流负载和非线性负载是电力系统的谐波源。(√)

Lc4C3123 区域电网互联的最大意义是合理利用能源,加强环境保护,有利于电力工业的可持续发展。(√)

Lc4C3124 系统发生振荡时,提高系统电压有利于提高系统的稳定水平。(√)

Lc4C3125 在相同的电压等级下,直流输电线路的输送功率极限大于交流输电线路。(√)

Lc4C3126 系统主要联络线过载时,可以通过提高送端电压来降低线路电流以缓解过载情况。(√)

Lc4C3127 在接地故障线路上,零序功率的方向与正序功率的方向相同。(×)

Lc4C3128 暂态稳定是指电力系统受到小的扰动,如负荷和电压有较小的变化,能自动地恢复到原来运行状态的能力。(×)

Lc4C3129 当沿线路传送某一固定有功功率,线路产生的无功功率和消耗的无功功率能相互平衡时,这个有功功率,叫作线路的"自然功率"。(√)

Lc4C3130 变压器分接头调整不能增减系统的无功,只能改变无功分布。(√)

Lc4C3131 在电压崩溃的系统中,最有效的稳定措施是切除末端负荷。(√)

## 7.2.4 计算题

Lb4D3001 A、B、C、D 四个网元组成两纤双向通道环,B、C、D 三点均有 15 个 2M 业务需要通达 A 点,B、C、D 间没有其他业务传输,对四个点的网元需配置何种速率的光板?

【解】 业务占用的带宽为 $3 \times 15 = 45$ 个,即业务需占用 45 个 2M 通道。

【答】 由于网络结构为两纤双向通道环,STM-1 的带宽可传输 63 个 2M 业务,所以配置 STM-1速率(155M)的光板即可满足带宽需求。

Lb4D3002 电视会议的中间格式 CIF 的分辨率为 $352 \times 288$,请分别计算 QCIF 和 4CIF 的分辨率。

【解】 QCIF 的分辨率:$(352 \div 2) \times (288 \div 2) = 176 \times 144$

　　4CIF 的分辨率:$(352 \times 2) \times (288 \times 2) = 704 \times 576$

【答】 QCIF 的分辨率为 $176 \times 144$,4CIF 分辨率为 $704 \times 576$。

Lb4D3003 某光电路入纤光功率 $P_s = -2$ dBm,接收灵敏度 $P_r = -28$ dBm,设备富余度为 4 dB,光缆损耗系数 $\alpha_f = 0.2$ dB/km,固定熔接损耗 $\alpha_c = 0.05$ dB/km,光缆富余度

$M_c=0.1$ dB/km,问只考虑损耗的情况下中继距离是多少?

【解】 $L=(P_s-P_r-M_e-2)\div(\alpha_f+\alpha_c+M_c)$

$=(-2+28-4-2)\div(0.2+0.05+0.1)$

$=57.14(km)$

【答】 中继距离为 57.14 km。

Lb4D3004  A、B、C、D、E 五个网元组成两纤双向复用段保护环,A 点至 B、C、D、E 四点均有 20 个 2M 的业务,且 A 至 B、C、D、E 的以太网是点到点的 100M 带宽,B、C、D、E 间无业务,问网元的光板速率如何选择?

【解】 光链路需要的单方向总带宽:$(20\times 2M)\times 4+100M\times 4=560M$。

【答】 由于网络结构为两纤双向复用段环,需提供相同带宽做备用,光链路总带宽为 1 120 M,因此,至少选用 STM-16 光板。

Lb4D3005  某 OPGW 的结构如下图所示,中心为 1/φ2.8 mm AS 线;邻外层为 5/φ2.7 mm AS 线+1/φ2.7 mm 不锈钢管;外层为 2/φ2.7 mm AS 线+10/φ2.7 mm AA 线。试计算 OPGW 直径和光缆的总截面积(不包括不锈钢管截面积)。

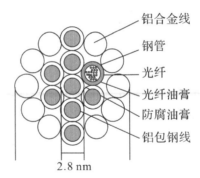

铝合金线
钢管
光纤
光纤油膏
防腐油膏
铝包钢线

2.8 nm

【解】 $d=1\times 2.8+2\times 2.7+2\times 2.7=13.6(mm)$

铝合金截面积 $S_{AA}$:$10\times\pi/4\times 2.72^2=57.26$ (mm²)

铝包钢截面积 $S_{AS}$:$1\times\pi/4\times 2.82^2+7\times\pi/4\times 2.72^2=46.24(mm^2)$

总截面积 $S=57.26+46.24=103.5$ (mm²)

【答】 OPGW 直径为 13.6 mm。光缆的总截面积为 103.5 mm²。

Lb4D3006  甲、乙两供电公司用户数都是 1 000,用户间相互呼叫的机会相等。设每户平均话务量为 0.05E,局间中继线呼损为 0.01(呼损符合爱尔兰分布,爱尔兰呼损公式表为 E(64,50)=0.01,E(36,25)=0.01)。

求:(1)采用单向中继时局间话务量,采用双向中继线时局间总话务量。

(2)采用单向中继时所需的局间中继线数,采用双向中继线时所需的局间中继线数。

(3)采用单向中继时局间中继线的利用率,采用双向中继线时局间中继线的利用率。

【解】 (1)用户相互呼叫机会均等,本局呼叫和出局呼叫各占 1/2。

局间话务量:$A_{(甲\sim 乙)}=A_{(乙\sim 甲)}=0.05(Erl)\times 1 000\times 0.5=25(Erl)$

中继线群负责传送两个方向局间话务量,总话务量:

$$A = A_{(甲\sim乙)} + A_{(乙\sim甲)} = 25Erl + 25Erl = 50(Erl)。$$

(2)E(36,25)=0.01,甲到乙需要 36 条单向中继线,乙到甲需要 36 条单向中继线。

E(64,50)=0.01,甲到乙需要 64 条双向中继线。

(3)单向:$\eta_1 = (1 - 1\%) \times 25/36 = 68.75\%$

双向:$\eta_2 = (1 - 1\%) \times 50/64 = 77.34\%$

【答】 (1)采用双向中继线时局间总话务量为 50 Erl;(2)采用双向中继线时所需中继线条数为 64 条;(3)采用单向中继线时局间中继线利用率 68.75%;采用双向中继线时局间中继线利用率 77.34%。

**Lb4D3007** 已知某通信网一天的总呼叫次数为 1 000 次,呼损率为 5%,每次通话的平均占用时间为 5 分钟,通信网的频道数为 12,试计算:

(1)全天的话务量是多少爱尔兰和多少百秒呼。

(2)损失话务量是多少爱尔兰和多少百秒呼。

(3)频道利用率。

【解】 (1)$A = C \times t$

式中的 $A$ 为话务量;$C$ 为呼叫次数,$t$ 为平均占用时间,单位为 h。

得知话务量 $a = 1\,000 \times 5/60 = 83.33(Erl)$

另 1Erl=36ccs

百呼秒=36×83.33=3 000(ccs)

(2)$B = a_L/A$

式中的 $B$ 为呼损率;$a_L$ 为呼损话务量。

$a_L = BA = 5/100 \times 83.33 = 4.1667(Erl)$

4.166 7(Erl)=36×4.166 7(ccs)=150(ccs)

(3)频道利用率。

$\eta = A(1 - B)/n$($n$ 为频道数)

$\eta = 83.33(1 - 5/100)/12 = 6.597$

【答】 全天的话务量为 83.33 Erl 和 3 000 ccs;损失话务量是 4.166 7Erl 和 150 ccs,频道利用率为 6.597。

**Lb4D3008** 现新建一座 500 kV 变电站,通信机房温度保持在 25 ℃左右,10 年内预期通信负荷为 100 A,交流停电故障和恢复持续时间不超过 4 h,允许蓄电池按 80% 容量放电。现欲使用输出功率为 2 000 W 的开关型整流器模块,配置两组蓄电池。请问:(1)该通信站配置的每组蓄电池至少多大容量?(2)整流器的容量及模块数量如何配置?

【解】 (1)每组蓄电池容量应大于(100×4)/0.8/2=250 Ah,需选择 300 Ah 容量的蓄电池。

(2)整流器容量=(蓄电池 10 小时率充电电流+负荷电流)=(30×2+100)=160(A)

蓄电池组均充时,系统电压为 56.5 V,系统所需最大功率:160×56.5＝9 040(W),
整流模块:9 040/1 000＝9.04(只),向上取整为 10 只。

【答】 需要整流模块 10 只,模块按 N＋1 配置,需要 11 只。

**Lb4D3009** 某主干线光通信系统需要开通 A 和 B 两个 220 kV 变电站的 SDH 光通信电路。
已知条件为 A 和 B 两个 220 kV 变电站之间的 OPGW 光缆长 50 km,中间有一个
光纤转接点和 10 个熔接盒。SDH 光设备采用 1 550 nm 波长的光模块,平均发光功
率为 0 dBm,接收灵敏度为 -27 dBm。OPGW 光缆参数包括光纤衰减系数:
0.36 dB/km(1 310 nm),0.22 dB/km(1 550 nm),光纤平均接头衰耗:0.03 dB/km,光
连接器衰耗:0.3 dB/只。试计算该光通信电路能否正常开通(忽略色散影响)。

【解】 (1)A 和 B 两点光端设备之间总衰减计算:

总衰减 $A$ ＝光缆长度×光纤衰减系数＋光纤熔接头数×光纤平均接头衰耗＋光连接器×
光连接器衰耗

$$＝50×0.22＋10×0.03＋4×0.3＝12.5(dB)$$

(2)计算光端设备收信光功率:

$$光端设备收信电平＝发信功率-总衰耗＝0-12.5＝-12.5(dBm)$$

(3)验证是否满足电路运行条件:

$$光端设备收信电平＝-12.5 \text{ dBm}>-27 \text{ dBm}$$

故该光通信电路能开通。

【答】 该光通信电路能正常开通。

**Lb4D3010** 检测某信号的过程中,发现在 1 分钟内共错了 120 个码元。

(1)若信号的发送速率为 $1×10^5$ bit/s,则误码率为多少?

(2)若传输的是二进制码,求误比特率;若传输的是四进制码(且发生误码时错成其
他三种信号的概率相同),则其误比特率为多少?

【解】 (1)1 分钟发送码元数为 $60×10^5$ 个,则误码率为 $120/(60×10^5)＝2×10^{-5}$。

(2)若传输的为二进制码,则误比特率与误码率相同,为 $2×10^{-5}$。

若传输的为四进制码,则每个码元含有 2 个比特,比特率为 $1×10^5×\log 24＝2×10^5$,
则误比特率为 $120÷(60×2×10^5)＝1×10^{-5}$。

【答】 (1)误码率为 $2×10^{-5}$。

(2)误比特率为 $1×10^{-5}$。

## 7.2.5　识图题

**Lb4E3001**　下图可测试 SDH 光传输设备的(　　)。

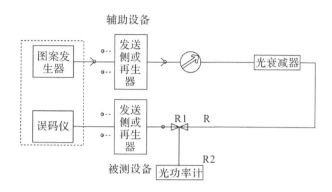

(A)灵敏度　　　　　　　　　　(B)光功率动态范围

(C)消光比　　　　　　　　　　(D)平均发送光功率

【答案】　A

**Lb4E3002**　下图为用 OTDR 进行光缆单盘测试时的测量曲线,该光缆存在(　　)现象。

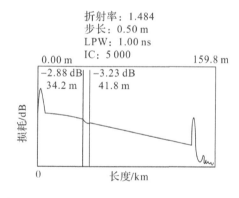

(A)有逐渐增加的衰减　　　　　(B)有伪增益

(C)有光缆接头　　　　　　　　(D)测试脉冲的回波

【答案】　A

**Lb4E3003**　下图为 OTDR 测试单模光纤时产生的曲线图形,该图形表示(　　)现象。

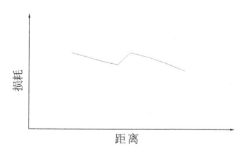

(A)有逐渐增加的衰减　　　　　(B)有伪增益

    (C)有光缆接头      (D)测试脉冲的回波

【答案】 B

Lb4E3004 下列 OTDR 测试的图例,可能的远端事件为(  )。

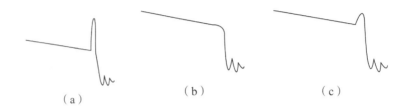

      (a)       (b)       (c)

  (A)(a)端点事件      (B)(b)发生断纤或活动连接器损坏

  (C)(c)光纤出现裂缝      (D)以上都不正确

【答案】 ABC

## 7.2.6 简答题

Lb4F3001 如何理解交换机网的呼损指标?

【答】 呼损是电话局的服务质量指标之一,呼损与所需的话路数成反比。$P=(C-C_y)/C\times 100\%$:$P$ 表示呼损系数,$C$ 表示进入的呼叫数,$C_y$ 表示接通的呼叫数,T(Test):测试。

Lb4F3002 什么是接入网的 V 接口? 试解释 V5 的基本概念。

【答】 V 接口是交换机用户侧的数字接口。V5 接口包括 V5.1 和 V5.2 接口,V5.1 接口由单个 2 048 kbit/s 链路所支持,它支持 PSTN(包括单个用户和 PABX)接入和 ISDN 基本接入;V5.2 接口由多个(不大于 16 个)2 048 kbit/s 链路所支持,除支持 V5.1 接口的业务外,还可支持 ISDN 基群速率接口。

Lb4F3003 公共交换电话网(public switched telephone network,简称 PSTN)和 IP 网络互通,包含哪些层面互通?

【答】 (1)控制平面互通:PSTN 信令和 H.323 信令协议互通。(2)用户平面互通:编码方式互换,包括回波抵消和丢包处理,以及 DTMF 互通。(3)管理平面互通:提供必要的带宽管理,呼叫接纳控制,计费管理等。(4)网络传送层互通:提供 IP 语音传送的底层协议及解决网关和 IP 终端的寻址、选路。

Lb4F3004 电力系统自动交换电话网中,电路群类型与设置标准是如何规定的?

【答】 (1)基干电路群电路数量的配置应满足呼损不大于 1% 的要求,基干电路群为基干路由所经过的低呼损电路群,其电路群上的话务不允许溢出到其他电路群。(2)高效直达中继群电路数量的配置应满足呼损大于 1% 的要求,其电路群上的话务可溢出到其他电路群。(3)低呼损直达中继群电路数量的配置应满足呼损不大于 1% 的要求,其电路群的话务不允许溢出到其他电路群。

**Lb4F3005  IMS 核心网主要包括哪些设备？**

【答】 IMS 核心网主要设备包括会话控制（S/P/I - CSCF）、用户数据库（HSS）、域名解析及号码映射（DNS/ENUM）、多媒体资源控制及处理（MRFC/MRFP）、媒体网关控制（MGCF）、接入网关控制（AGCF）、中继媒体网关（IM - MGW）、会话边缘控制（SBC）、业务应用设备等。

**Lb4F3006  ADSS 的悬挂点是如何确定的？**

【答】 ADSS 挂点的确定，主要考虑以下因素：(1)电场强度，ADSS 挂点的电厂强度不能超过 ADSS 外护套所能承受的最大场强，并且越小越好。(2)挂点的受力，光缆在负荷状态下的安装张力，必须小于该挂点上所能承受的最大拉力，并且能有一定的余度。(3)安全距离，必须考虑安装人员施工时，与导线间有符合规定的安全距离，以便能方便地进行不停电施工和维护。

**Lb4F3007  复用保护通道设备对通信电源的要求？**

【答】 通信设备必须有稳定可靠的通信专用直流电源系统，其蓄电池应设两组，通信专用蓄电池单独供电时应满足有关规程对通信设备的供电要求，同一条线路的两套继电保护、安全自动装置复用通信设备，应由两套独立通信电源系统分别供给。

**Lb4F3008  简述低压断路器的作用。**

【答】 低压断路器也叫低压自动开关，主要用于保护交、直流电路和与之相连接的电器设备。当线路发生严重过电流、逆电流、短路电流和电压不正常等情况下，断路器能自动切断电路，以保护其后的电器设备免受危害。

**Lb4F3009  路由算法有哪几种？**

【答】 距离-向量算法、链路-状态算法、混合算法。

**Lb4F3010  实现 VPN 的关键技术有哪些？**

【答】 实现 VPN 的关键技术有隧道技术、加解密技术、密钥管理技术和身份认证技术。

**Lb4F3011  什么是呼损率？在本地电话网中的取值约为多少？**

【答】 呼损率是交换设备未能完成的电话呼叫数量和用户发出的电话呼叫数量的比值，简称呼损。在本地电话网中，总呼损率在 2‰～5‰ 范围内比较合适。

**Lb4F3012  为什么自动交换机一般规定扫描周期为 8 ms？**

【答】 交换系统能接受的脉冲速度规定为每秒 8～22 个，最短脉冲周期为 $1000/22 \approx 45$ ms，其中脉冲断续比为 3∶1～1∶1.5。脉冲断续比为 3∶1 时，周期为 $1/4 \times 45 \approx 11$ ms，故要求扫描周期不能大于这个值，否则就会丢失脉冲，取 8～10 ms 为宜，所以一般规定扫描周期为 8 ms。

**Lb4F3013  电力系统自动交换电话网的信令选择原则是什么？**

【答】 (1)交换节点间应优先选择数字中继方式；(2)各级汇接交换中心之间的信令应选择中国 No.7 信令；(3)终端交换站至汇接交换中心之间宜优先选择中国 No.7 信令，交换机不具备 No.7 信令时，可选择 DSS1 或 Q.sig 信令方式；(4)局间选择使用中国 No.7 信令时，其用户部分应优先选择 ISUP；(5)公网交换机之间应优先选择中国 No.7 信令，不具备条件时可选择 DSS1 信令。

**Lb4F3014** 试说明 IMS 系统的代理呼叫会话控制功能(P-CSCF)是如何处理用户注册的。

**【答】** 当 IMS 用户发起注册消息时，P-CSCF 应将用户注册消息转发给本网络，I-CSCFP-CSCF 应配置本网络对应的 I-CSCF 的 IP 地址，用户注册成功后，P-CSCF 应具备保存终端的注册信息功能，包括 UE 信息(UE 的地址，UE 的 IMPU/IMPI)和路由信息(本网络的 I-CSCF 地址和 S-CSCF 地址)。

**Lb4F3015** 试说明 IMS 系统的代理呼叫会话控制功能(P-CSCF)是如何处理用户注销的。

**【答】** P-CSCF 应正确转发用户发起的注销消息，当注销成功后，P-CSCF 应删除用户发起注销的公有标识的相关数据，当 P-CSCF 收到由网络发起的用户注销消息时，应删除注销消息所标识的用户公有标识的相关数据记录。

**Lb4F3016** 什么是泛在电力物联网？

**【答】** 泛在电力物联网，就是围绕电力系统各环节，充分应用移动互联、人工智能等现代信息技术、先进通信技术，实现电力系统各个环节的万物互联、人机交互，是具有状态全面感知、信息高效处理、应用便捷灵活特征的智慧服务系统。

**Lb4F3017** OPGW 出厂验收时应进行哪些项目的检测？

**【答】** (1)OPGW 结构完整性及外观检测；(2)识别色谱检测；(3)OPGW 结构尺寸检测；(4)光纤截止波长和传输特性检测；(5)光纤模场直径和尺寸参数检测；(6)绞合前单丝性能检测；(7)OPGW 长度检测；(8)OPGW 机械性能检测；(9)OPGW 电气性能检测；(10)OPGW 环境性能检测。

**Lb4F3018** 光纤的色散对光纤通信系统的性能会产生什么影响？

**【答】** 光纤的色散将使光脉冲在光纤中传输时发生展宽，影响误码率的大小和传输距离的长短，以及系统速率的大小。

**Lb4F3019** 在 -48 V 的直流供电的通信系统中，为什么所有设备的正极接地？

**【答】** 从电话交换机发展的历史看，在现代交换机采用电子元器件以前，都采用了大量的继电器元件。为了保护继电器正常耐久使用，人工电话局或载波机使用的 24 V 蓄电池和自动电话局的 48 V 和 60 V 蓄电池组都是正极接地，以 -24 V、-48 V 和 -60 V 表示。其原因是减少由于继电器线圈或电缆金属外皮绝缘不良时产生的电蚀作用对继电器和电缆金属外皮的损坏。正极接地也可以使大量的用户外线电缆的芯线不因绝缘不良产生漏电流而受到电蚀。

**Lb4F3020** 若蓄电池浮动充电电压长时间偏离指定值，会产生什么不良影响？

**【答】** (1)长时间偏高时(过充电)易造成液体减少，加速正极板栅腐蚀，缩短寿命；(2)长时间偏低(充电不足)会加速正极板栅腐蚀和负极或物质劣化，缩短寿命，不能满足负载的使用要求。

**Lb4F3021** 配置路由器有几种方式？

**【答】** (1)通过 aux 进行远程配置；(2)使用远程登录程序(Telnet)进行配置；(3)通过 ftp 方式

进行配置;(4)通过网络管理软件进行配置。

**Lb4F3022**　在 PTN 技术中,E1 业务是如何进行承载的?

**【答】**　在 PTN 中,E1 业务通过伪线仿真来实现承载。E1 业务仿真有两种形式,分别为 SAToP 和 CESoPSN。SAToP 对 E1 业务进行非结构化仿真,CESoPSN 对 E1 业务进行结构化仿真。

**Lb4F3023**　简要描述 No.7 信令基本差错校正方法的纠错过程。

**【答】**　信令单元中的 FSN、BSN、FIB、BIB,用在基本差错校正法中,完成信令单元的顺序发送、证实重发功能,一个方向的信令单元中的 FSN、FIB 与另一个方向的信令单元中的 BSN、BIB 配合。

**Lb4F3024**　对于 No.7 信令系统中发生的双向电路的同抢,应采取怎样的处理方法?

**【答】**　(1)两个交换局的双向电路群采用不同顺序的选用方法;(2)将双向电路群分为主控电路群和非主控电路群,接入主控电路群时采取"先放先用"的原则,接入非主控电路群时采取"后放先用"的原则;(3)发生同抢时,非主控局让位于主控局。

**Lb4F3025**　在电力系统交换电话网中,低呼损直达路由的配置原则和要求是什么?

**【答】**　(1)配备低呼损直达电路群应符合经济合理的原则;(2)低呼损直达电路群电路数的配备应满足呼损不大于 1‰ 的要求;(3)低呼损直达电路群上的话务不允许溢出到其他电路群;(4)低呼损直达电路群的 2M 电路应承载在不少于两条独立的传输通道上或采取(1+1)保护措施,保证中继电路群的安全可靠,规定至少设置 2 个 2M 数字中继系统。

**Lb4F3026**　电力系统交换电话网中,呼损指标是如何分配的?

**【答】**　电力交换电话网各段基干电路群和低呼损电路群的呼损应不大于 0.01,C4 至 C3 段的基干电路群的呼损应不大于 0.005。由于各段电路呼损取值很小,因此,可以近似地将各段电路呼损相加,以计算全程呼损。电力系统自动交换电话网中,数字长途省间网的全程呼损应不大于 0.095;省内网的全程呼损应不大于 0.051。

**Lb4F3027**　IMS 是如何处理用户黑名单请求的?

**【答】**　呼出黑名单:当 AS 收到该用户发出的呼叫请求 INVITE 时,判断被叫号码是否在黑名单内,如果在黑名单内,则需向主叫用户发送 BYE 或 183 消息,指示呼叫限制;如果不在黑名单内,则按正常呼叫接通。呼入黑名单:当 AS 收到该用户收到的呼叫请求 INVITE 时,判断主叫号码是否在黑名单内,如果在黑名单内,则需向主叫用户发送 BYE 或 183 消息,指示呼入限制;如果不在黑名单内,则按正常呼叫接通。

**Lb4F3028**　试解释 IMS 行政交换网的一号通业务。

**【答】**　一号通业务是指将用户的多种通信终端通过相应的号码(如公网号码、IMS 行政交换网号码、行政电路交换网号码等)绑定在一起,并分配一个唯一的对外号码(该号码可以是行政交换网号码或对应的公网号码)。

**Lb4F3029**　试说明 IMS 系统的会话边界控制设备(SBC)的功能和作用。

**【答】**　会话边界控制设备作为 IMS 的边界控制设备,提供 IMS 核心网与接入网之间的接入控制、QoS 控制、信令和承载安全,以及 IP 互通等功能,通过 SIP 协议接入 SIP 终端和 IAD。

**Lb4F3030** 试说明 IMS 行政交换网号码传送的要求。

【答】 IMS 间传送主叫号码应包括一个 TEL URI 格式的主叫用户 IMPU,主叫的电话号码部分应为 9 位全编码,如果主叫用户在主叫 IMS 网络中存在已注册的 SIP URI 格式用户 IMPU,那么 IMS 间传送的主叫号码还应提供一个已注册的 SIP URI 格式的主叫用户号码,当主叫用户存在多个已注册的 SIP URI 格式的主叫号码时,IMS 间互通仅传送一个 SIP URI 格式的主叫号码。

**Lb4F3031** IMS 与行政交换网电路交换汇接局互通时,IMS 和电路交换局的信令和路由数据是如何配置的?

【答】 IMS 设备的 IM-MGW 配置 IMS 侧的信令点编码及局数据,采用 No.7 或 PRA 协议与行政交换网的电路交换汇接局进行互通。行政交换网的互通汇接局及其下级交换设备应配置 IMS 用户号段的路由数据,将行政交换网电路交换用户到 IMS 用户的呼叫,经过互通汇接局发送到 IM-MGW 所在的局向。

**Lb4F3032** 在 PCM 音频特性指标的测试中,二线、四线收发电平的指标和意义是什么?

【答】 二线、四线收发电平分别指两对端同一话路相应的收、发电平,在发端送 1 000 Hz、−10 dBm0 的测试电平,二线接收电平偏差应在 ±0.8 dB 范围内,四线收发电平偏差应在 ±0.6 dB 范围内。正确的传输电平是保证良好的通话质量的基本条件,设备满足该项指标能保证电路稳定,不发生振鸣,该项指标是实现其他指标的基础。

**Lb4F3033** ADSS 光缆设计安装位置时应注意什么问题?

【答】 (1)空间电位应在允许的范围内,并考虑导线的相位变化;(2)考虑右转角和左转角的比例;(3)"应力-弧垂"的关系;(4)满足净空高度(m)。

**Lb4F3034** 光缆施工质量控制的要点有哪些?

【答】 (1)检查运输与存放过程中光缆及金具、附件是否磨损,是否受潮、受腐蚀;(2)放、紧线过程中要防止光缆过张力,磨损、折曲、扭转的次数过多;(3)附件安装时防止光缆受力的各种螺栓的紧固力矩过多,防止光缆的磨损、折曲和不合理受压。

**Lb4F3035** 光纤非线性对传输会产生什么影响?

【答】 非线性效应会造成一些额外损耗和干扰,恶化系统的性能。WDM 系统的光功率较大并且沿光纤传输很长距离,因此产生非线性失真。非线性失真有受激散射和非线性折射两种,其中受激散射有拉曼散射和布里渊散射。以上两种散射使入射光能量降低,造成损耗。

**Lb4F3036** 可用于网络互连的设备有哪些,分别工作在 OSI 七层协议的哪一层?

【答】 (1)集线器、中继器。集线器、中继器都工作在 OSI 参考模型的第一层(物理层)。(2)交换机、网桥。交换机、网桥都工作在 OSI 模型的第二层(数据链路层)。(3)路由器。路由器工作在 OSI 参考模型的第三层(网络层)。(4)网关。网关工作在网络层以上的高层次,在网络层以上进行协议转换。

Lb4F3037　试简述 PTN 技术中 MPLS L2 VPN 的基本概念。

【答】　MPLS L2 VPN 提供基于 MPLS 网络的二层 VPN 服务,使网络用户可以在统一的 MPLS 网络上提供基于不同数据链路层的二层 VPN,承载包括 TDM 和以太网等多种类型的通信业务。

Lc4F3038　电网建设规划的原则是什么?

【答】　全网出发,分层分压,主次分明。

Lc4F3039　什么是电网的最大运行方式和最小运行方式?

【答】　电网的最大运行方式是指电网在该方式下运行时具有最小的短路阻抗值,发生短路后产生的短路电流最大。电网的最小运行方式是指电网在该方式下运行时具有最大的短路阻抗值,发生短路后产生的短路电流最小。

# 第8章

# 技能操作

## ▶ 8.1 技能操作大纲

通信工程建设工——技师技能等级评价技能操作考核大纲

| 等级 | 考核方式 | 能力种类 | 能力项 | 考核项目(题目) | 考核主要内容(要点) |
|---|---|---|---|---|---|
| 技师 | 技能操作 | 基本技能 | 仪器仪表及工器具的使用 | OTN 设备光接口功率调试 | (1)掌握 OTN 设备发送光功率的测试和调整方法;<br>(2)能根据光功率动态范围指标调整收发光功率指标 |
| | | 专业技能 | 通信传输设备调试 | OTN 设备波道配置 | (1)掌握 OTN 设备光波道配置方法;<br>(2)能按照光波道配置图,通过网管配置工作波道和保护波道 |
| | | | | OTN 设备 GE 业务配置 | (1)掌握 OTN 设备 GE 业务的配置方法;<br>(2)能通过网管配置一条 GE 业务 |
| | | | | OTN 设备 2.5G 业务配置 | (1)掌握 OTN 设备 2.5G 业务的配置方法;<br>(2)能通过网管配置一条 2.5G 业务 |
| | | | | OTN 设备光路故障分析处理 | (1)掌握 OTN 设备光路故障的分析处理方法;<br>(2)能根据告警状态,通过网管进行故障定位,并排除故障 |
| | | | | 电力线路两条复用保护通道组织开通(三双) | (1)熟悉电力线路保护业务的通道配置原则;<br>(2)能完成一条电力线路保护装置的两条 2M 复用保护通道的连接,以及 2M 通道配置和开通操作 |
| | | | | SDH 双纤单向通道自愈环 1+1 配置状态下光纤故障分析处理 | (1)熟悉 SDH 双纤单向通道自愈环 1+1 配置方式;<br>(2)能综合分析发生光纤断纤、错对等情况下的故障现象,并排除故障 |

续表

| 等级 | 考核方式 | 能力种类 | 能力项 | 考核项目(题目) | 考核主要内容(要点) |
|------|---------|---------|--------|---------------|------------------|
| 技师 | 技能操作 | 专业技能 | 通信传输设备调试 | 电力线路保护通道故障分析处理 | (1)熟悉电力线路保护通道的运行方式;<br>(2)能根据保护装置、SDH 光设备的告警情况,通过网管、仪表测试等手段进行故障定位、分析,并排除故障 |
| | | | | SDH 设备 IP 通道故障分析处理 | 根据 SDH 设备告警信息,能通过网管、仪表测试,对 IP 通道故障进行故障定位、分析,并排除故障 |
| | | | | SDH 设备失步故障分析处理 | 根据 SDH 设备告警信息,能通过网管、仪表测试,对 SDH 失步故障进行故障定位、分析,并排除故障 |
| | | | | SDH 站间通信传输电路开通 | (1)熟悉开通两站之间 SDH 传输电路的操作流程;<br>(2)能根据施工图开通两站的光电路及 2M 业务电路 |
| | | | | PTN 设备 2M 业务故障处理 | (1)掌握 PTN 2M 业务故障的分析方法;<br>(2)能通过网管、设备面板告警进行故障定位和故障处理 |
| | | | | PTN 设备以太网业务故障处理 | (1)掌握 PTN 以太网业务故障的分析方法;<br>(2)能通过网管、设备面板告警进行故障定位和故障处理 |
| | | | | PTN 设备光路故障处理 | (1)掌握 PTN 光路故障的分析方法;<br>(2)能通过网管、设备面板告警进行故障定位和故障处理 |
| | | | 网络设备的调试 | 路由器动态路由协议 OSPF 配置与连通性测试 | 掌握数据通信网动态路由协议 OSPF 配置和连通性测试方法 |
| | | | | 数据通信网络互连综合调试 | (1)掌握数据通信网交换机、路由器联网、协议配置和调试方法;<br>(2)能分析网络故障并排除 |
| | | | | 路由器通过 SDH 的 MSTP 方式组网 | 掌握网络设备通过 SDH 网络通道联网方法 |

| 等级 | 考核方式 | 能力种类 | 能力项 | 考核项目(题目) | 考核主要内容(要点) |
|------|---------|---------|--------|---------------|------------------|
| 技师 | 技能操作 | 专业技能 | 接入及其他设备的调试 | PCM 通过 SDH 网络电路的综合故障分析处理 | (1)熟悉 PCM 通过 SDH 承载电路端到端的运行状态;<br>(2)能根据不同的告警状态,进行故障定位、分析和处理 |
| | | | | 调度程控交换机调度台的开通 | 掌握调度程控交换机调度台的数据设置、硬件连接和开通 |
| | | | | 程控交换机 2M 数字中继数据配置 | (1)掌握程控交换机 2M 数字中继数据配置方法;<br>(2)能通过网管正确配置板卡数据、局向数据及相关的参数数据 |
| | | | | IMS 系统 AG 设备的 SIP 接口对接调测数据配置 | 掌握 IMS 系统 AG 设备接口对接调测的数据配置方法 |
| | | | 机房辅助设备的调试 | UPS 电源单机调试 | 掌握 UPS 电源的单机调试方法 |
| | | | | 通信电源系统安装和综合调试 | 掌握通信电源交、直流屏,充电屏和蓄电池的连接、加电和调试 |

## ▶ 8.2 技能操作项目

### 8.2.1 基本技能题

#### TG4JB0101 OTN 设备光接口功率调试

**一、作业**

(一)工器具、材料、设备

(1)工器具:OTN 网管。

(2)材料:无。

(3)设备:OTN 设备。

(二)安全要求

核对光方向及波道,避免误操作。

(三)操作步骤及工艺要求(含注意事项)

1.操作前准备

(1)规范着装。

（2）登录网管，检查网管网元监控情况。

2.操作过程

（1）确认需要操作的网元。

（2）查询操作前单波的光功率。利用 EOPM 光谱分析板或对端站点查询单波光功率。

（3）确认要操作的合波单板。找到要操作的光方向及 VMUX40 合波单板。

（4）打开如下图所示的衰减值调整界面，调整衰减值。

（5）核对。利用如下图所示的 EOPM 光谱分析板或对端站点查询调整后的单波光功率。

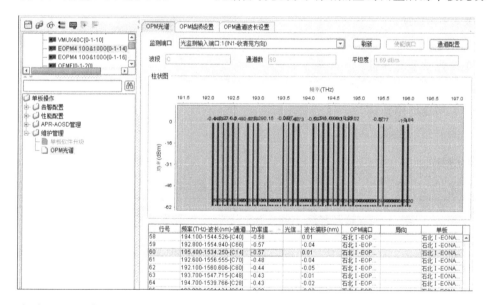

（6）合波后调整单板增益（见下图）。

(7)查询单板增益调整后的光功率(见下图)。

| 行号 | 网元 | 测量对象 | 输出光功率(dBm) | 最大输出光功率(dBm) | 最小输出光功率(dBm) | 平均输出光功率(dBm) | 输入光功率(dBm) | 最大输入光功率(dBm) | 最小输入光功率(dBm) | 平均输入光功率(dBm) |
|---|---|---|---|---|---|---|---|---|---|---|
| 1 | 石北 I | EONAS1820[0-1-28]-内部发送端口.1(DCM2) | 4.22 | 4.23 | 4.20 | 4.21 | | | | |
| 2 | 石北 I | EONAS1820[0-1-28]-内部接收端口.1(DCM1) | | | | | 14.34 | 14.38 | 14.33 | 14.34 |
| | 石北 I | EONAS1820[0-1-28]-输出端口OTS源.1(OUT) | 18.67 | 18.69 | 18.66 | 18.66 | | | | |
| | 石北 I | EONAS1820[0-1-28]-输入端口OTS宿.1(IN) | | | | | 0.66 | 0.68 | 0.66 | 0.66 |

3.操作结束

退出网管。

**二、考核**

(一)考核场地

通信实训基地。

(二)考核时间

30 min。

(三)考核要点

(1)网管操作的熟练程度。

(2)光方向的确认。

(3)VMUX40 合波单板的识别。

(4)单波光功率的调整。

(5)EOPM 单板查询单波光功率/查询对端站点对应单波光功率。

(6)单板增益的调整。

(7)合波后查询单板光功率。

**三、评分标准**

行业:电力工程　　　　　工种:通信工程建设工　　　　　等级:技师

| 编号 | TG4JB0101 | 行为领域 | 专业技能 | 评价范围 | | | |
|---|---|---|---|---|---|---|---|
| 考核时限 | 30 min | 题型 | 单项操作 | 满分 | 100 分 | 得分 | |
| 试题名称 | OTN 设备光接口功率调试 | | | | | | |
| 考核要点及其要求 | 考核要点<br>(1)网管操作的熟练程度;<br>(2)光方向的确认;<br>(3)VMUX40 合波单板的识别;<br>(4)单波光功率的调整;<br>(5)EOPM 单板查询单波光功率/查询对端站点对应单波光功率;<br>(6)单板增益的调整;<br>(7)合波后查询单板光功率。<br>操作要求<br>(1)单人操作;<br>(2)网管操作熟练、准确 | | | | | | |
| 现场设备、工器具、材料 | (1)工器具:OTN 网管等;<br>(2)设备:OTN 设备 | | | | | | |

| 备注 | | | | | | |
|---|---|---|---|---|---|---|
| 评分标准 | | | | | | |
| 序号 | 考核项目名称 | 质量要求 | 分值 | 扣分标准 | 扣分原因 | 得分 |
| 1 | 网管的登录 | 使用正确的网管登录方法 | 5 | (1)网管登录图标选择不当扣3分;<br>(2)多次输入错误用户名及密码扣2分 | | |
| 2 | 单波调整前单波光功率查询 | 正确查询要调节的单波的光功率 | 5 | 单波调节前未查询光功率扣5分 | | |
| 3 | 单板及方向确认 | 正确操作题目要求的光方向及单板 | 10 | (1)未正确选择考题指定网元操作扣5分;<br>(2)未正确选择考题指定光方向VMUX40单板操作扣5分 | | |
| 4 | 单波光功率调整 | 正确调整单波光功率 | 20 | (1)未熟练打开衰减值调整界面扣5分;<br>(2)调整衰减值前未刷新查询当前衰减值扣5分;<br>(3)未正确选择考题指定波道频率操作扣10分 | | |
| 5 | 调节后单波光功率查询 | 正确查询要调节单波的光功率 | 15 | (1)调节后未查询光功率是否与整衰减量相符扣5分;<br>(2)调节后查询的光功率非调整的单波扣10分 | | |
| 6 | 增益调整前光放单板光功率查询 | 查询调整前的单板光功率 | 5 | 调整前单板光功率未进行查询扣5分 | | |
| 7 | 单板增益调整 | 正确调整单板增益 | 20 | (1)未正确选择考题指定网元操作扣10分;<br>(2)未正确选择考题指定光方向单板操作扣10分 | | |
| 8 | 增益调整后光放单板光功率查询 | 查询调整后的单板光功率 | 5 | 调整后未查询光功率是否与调整值相符扣5分 | | |
| 9 | 操作结束 | 工作完毕后报告操作结束,清理现场,退出网管 | 5 | 不清理工作现场、不恢复原始状态、不报告操作结束扣2~5分 | | |
| 10 | 操作时间 | 在规定时间内单独完成 | 10 | 未在规定时间完成,每超时1分钟扣1分,扣完本项分数为止 | | |

## 8.2.2 专业技能题

### TG4ZY0102 OTN 设备波道配置

**一、作业**

（一）工器具、材料、设备

（1）工器具：OTN 网管。

（2）材料：无。

（3）设备：OTN 设备。

（二）安全要求

核对正确光方向及波道，避免误操作。

（三）操作步骤及工艺要求（含注意事项）

1.操作前准备

（1）规范着装。

（2）登录网管，检查网管、网元监控情况。

2.操作过程

（1）确认需要操作的网元。

（2）核对新开通波道的单板及端口。

（3）提前设置通道衰耗（见下图）。

（4）设置波长（见下图）。

（5）调整新开波道平坦度（见下图）。

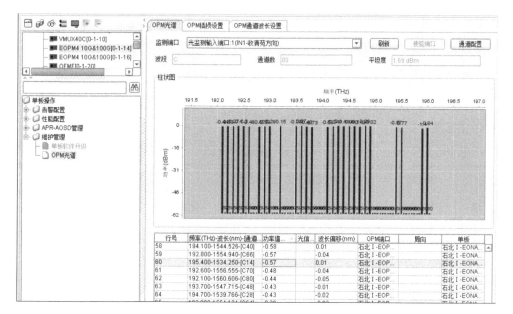

（6）设置FEC解编码模式（见下图）。

（7）查询开通波道性能，无异常告警。

3. 操作结束

退出网管。

## 二、考核

### (一)考核场地

通信实训基地。

### (二)考核时间

30 min。

### (三)考核要点

(1)网管操作的熟练程度。

(2)光方向的确认。

(3)波长的设置。

(4)单波光功率的调整,平坦度的调整。

(5)设置解编码模式。

(6)光功率及性能的查询。

## 三、评分标准

行业:电力工程　　　　　　工种:通信工程建设工　　　　　　等级:技师

| 编号 | TG4ZY0102 | 行为领域 | 专业技能 | 评价范围 | | | |
|------|-----------|----------|----------|----------|---|---|---|
| 考核时限 | 30 min | 题型 | 单项操作 | 满分 | 100 分 | 得分 | |
| 试题名称 | | | OTN 设备波道配置 | | | | |
| 考核要点及其要求 | 考核要点<br>(1)网管操作的熟练程度;<br>(2)光方向的确认;<br>(3)波长的设置;<br>(4)单波光功率的调整,平坦度的调整;<br>(5)设置解编码模式;<br>(6)光功率及性能的查询。<br>操作要求<br>(1)单人操作;<br>(2)网管操作熟练、准确 | | | | | | |
| 现场设备、工器具、材料 | (1)工器具:OTN 网管等;<br>(2)设备:OTN 设备 | | | | | | |
| 备注 | | | | | | | |
| 评分标准 | | | | | | | |
| 序号 | 考核项目名称 | 质量要求 | | 分值 | 扣分标准 | 扣分原因 | 得分 |
| 1 | 网管的登录 | 使用正确的网管登录方法 | | 5 | (1)网管登录图标选择不当扣3分;<br>(2)多次输入错误用户名及密码扣2分 | | |

| 序号 | 考核项目名称 | 质量要求 | 分值 | 扣分标准 | 扣分原因 | 得分 |
|---|---|---|---|---|---|---|
| 2 | 开通波道单板及端口确认准备 | 正确操作新开通波道的单板,提前设置通道衰耗 | 15 | (1)不能确认需要开通波道的单板及端口扣5分;<br>(2)未提前在新开通波道涉及站点VMUX单板上设置大衰耗,每少设置1个扣5分,扣完本项分数为止 | | |
| 3 | 波长设置 | 正确操作波长设置 | 15 | (1)不能熟练找到波长设置界面扣5分;<br>(2)未设置正确的波长扣5分;<br>(3)未在波长设置界面设置波长,每少设置1个扣5分,扣完本项分数为止。 | | |
| 4 | FEC解编码模式设置 | 正确设置FEC解编码模式 | 15 | (1)不能熟练找到解编码设置界面扣5分;<br>(2)新开通波道未设置FEC解编码模式扣5分;<br>(3)设置的FEC解编码模式两端不匹配扣5分 | | |
| 5 | 新开波道平坦度调整 | 正确调整新开通波道平坦度 | 20 | (1)新开通波道平坦度超出已开通波道平均值3 dB扣10分;<br>(2)未调整新开通波道平坦度扣10分 | | |
| 6 | 调整新开通波道性能 | 正确调整新开通波道性能 | 15 | (1)不能正确查询新开通波道性能扣5分;<br>(2)新开通波道存在异常告警(硬件问题除外),如在规定时间内处理好,扣10分;如未处理好,从所得的分数内再扣20分 | | |
| 7 | 操作结束 | 工作完毕后报告操作结束,清理现场,退出网管 | 5 | 不清理工作现场、不恢复原始状态、不报告操作结束扣2~5分 | | |
| 8 | 操作时间 | 在规定时间内独立完成 | 10 | 未在规定时间完成,每超时1分钟扣2分,扣完本项分数为止 | | |

# TG4ZY0103　OTN设备GE业务配置

## 一、作业

### (一)工器具、材料、设备

(1)工器具:OTN网管。

(2)材料:无。

(3)设备:OTN设备。

### (二)安全要求

核对正确光方向及波道,避免误操作。

### (三)操作步骤及工艺要求(含注意事项)

1.操作前准备

(1)规范着装。

(2)登录网管,检查网管网元监控情况。

2.操作过程

(1)确认需要操作的网元。

(2)核对新开业务的单板及端口。

(3)线路侧单板业务映射配置(见下图)。

(4)客户侧单板业务映射配置(见下图)。

(5)交叉连接配置(见下图)。

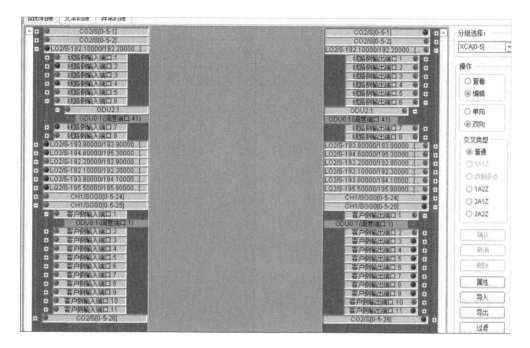

(6)新开通业务无异常告警。

3.操作结束

退出网管。

## 二、考核

(一)考核场地

通信实训基地。

(二)考核时间

30 min。

(三)考核要点

(1)网管操作的熟练程度。

(2)新开通业务单板及端口确认。

(3)线路侧单板映射配置。

(4)客户侧单板映射配置。

(5)交叉连接配置。

(6)新配业务告警确认。

## 三、评分标准

行业:电力工程 工种:通信工程建设工 等级:技师

| 编号 | TG4ZY0103 | 行为领域 | 专业技能 | 评价范围 | | |
|---|---|---|---|---|---|---|
| 考核时限 | 30 min | 题型 | 单项操作 | 满分 | 100 分 | 得分 |
| 试题名称 | OTN 设备 GE 业务配置 | | | | | |
| 考核要点<br>及其要求 | 考核要点<br>(1)网管操作的熟练程度;<br>(2)新开通业务单板及端口确认;<br>(3)线路侧单板映射配置;<br>(4)客户侧单板映射配置;<br>(5)交叉连接配置;<br>(6)新配业务告警确认。<br>操作要求<br>(1)单人操作;<br>(2)网管操作熟练、准确 | | | | | |
| 现场设备、<br>工器具、材料 | (1)工器具:OTN 网管;<br>(2)设备:OTN 设备 | | | | | |
| 备注 | | | | | | |

评分标准

| 序号 | 考核项目<br>名称 | 质量要求 | 分值 | 扣分标准 | 扣分<br>原因 | 得分 |
|---|---|---|---|---|---|---|
| 1 | 网管的登录 | 使用正确的网管登录方法 | 5 | (1)网管登录图标选择不当扣3分;<br>(2)多次输入错误用户名及密码扣2分 | | |
| 2 | 开通业务<br>单板及端<br>口确认准备 | 正确操作新开通业务的单板 | 5 | 不能确认需要开业务的单板及端口扣5分 | | |
| 3 | 客户侧<br>单板映射 | 正确设置客户侧单板映射 | 20 | (1)不能熟练找到单板映射设置界面扣5分;<br>(2)开通业务两端单板映射不一致扣10分;<br>(3)单板映射配置错误扣5分 | | |
| 4 | 线路侧<br>单板映射 | 正确设置线路侧单板映射 | 20 | (1)不能熟练找到单板映射设置界面扣5分;<br>(2)开通业务两端单板映射不一致扣10分;<br>(3)单板映射配置错误扣5分 | | |

| 序号 | 考核项目名称 | 质量要求 | 分值 | 扣分标准 | 扣分原因 | 得分 |
|---|---|---|---|---|---|---|
| 5 | 交叉连接配置 | 正确设置交叉连接 | 20 | (1)不能熟练找到单板映射设置界面扣5分;<br>(2)单板映射配置错误扣10分 | | |
| 6 | 查询新配置业务告警及性能 | 正确查询新开业务告警及性能 | 15 | (1)不能正确查询新开通业务,无法识别由新开业务引起的告警扣5分;<br>(2)新开通波道存在异常告警(硬件问题除外),如在规定时间内处理好,扣10分;如未处理好,从所得的分数内再扣20分 | | |
| 7 | 操作结束 | 工作完毕后报告操作结束,清理现场,退出网管 | 5 | 不清理工作现场、不恢复原始状态、不报告操作结束扣2～5分 | | |
| 8 | 操作时间 | 在规定时间内独立完成 | 10 | 未在规定时间完成,每超时1分钟扣2分,扣完本项分数为止 | | |

## TG4ZY0104 OTN设备2.5G业务配置

### 一、作业

（一）工器具、材料、设备

（1）工器具:OTN网管。

（2）材料:无。

（3）设备:OTN设备。

（二）安全要求

核对正确光方向及波道,避免误操作。

（三）操作步骤及工艺要求(含注意事项)

1.操作前准备

（1）规范着装。

（2）登录网管,检查网管网元监控情况。

2.操作过程

（1）确认需要操作的网元。

（2）核对新开业务的单板及端口。

(3)线路侧单板业务映射配置(见下图)。

(4)客户侧单板业务映射配置(见下图)。

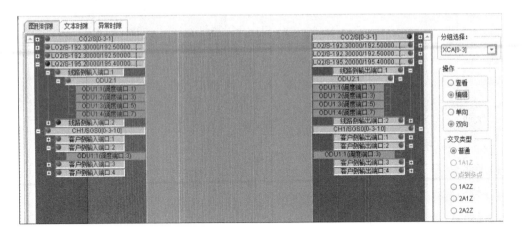

(5)交叉连接配置(见下图)。

(6)新开通业务无异常告警。

3.操作结束

退出网管。

二、考核

(一)考核场地

通信实训基地。

(二)考核时间

30 min。

（三）考核要点

（1）网管操作的熟练程度。

（2）新开通业务单板及端口确认。

（3）线路侧单板映射配置。

（4）客户侧单板映射配置。

（5）交叉连接配置。

（6）新配业务告警确认。

## 三、评分标准

行业：电力工程　　　　　工种：通信工程建设工　　　　　等级：技师

| 编号 | TG4ZY0104 | 行为领域 | 专业技能 | 评价范围 | | | |
|---|---|---|---|---|---|---|---|
| 考核时限 | 30 min | 题型 | 单项操作 | 满分 | 100 分 | 得分 | |
| 试题名称 | OTN 设备 2.5G 业务配置 | | | | | | |
| 考核要点及其要求 | 考核要点<br>（1）网管操作的熟练程度；<br>（2）新开通业务单板及端口确认；<br>（3）线路侧单板映射配置；<br>（4）客户侧单板映射配置；<br>（5）交叉连接配置；<br>（6）新配业务告警确认。<br>操作要求<br>（1）单人操作；<br>（2）网管操作熟练、准确 | | | | | | |
| 现场设备、工器具、材料 | （1）工器具：OTN 网管等；<br>（2）设备：OTN 设备 | | | | | | |
| 备注 | | | | | | | |

| | | | 评分标准 | | | | |
|---|---|---|---|---|---|---|---|
| 序号 | 考核项目名称 | 质量要求 | | 分值 | 扣分标准 | 扣分原因 | 得分 |
| 1 | 网管的登录 | 使用正确的网管登录方法 | | 5 | （1）网管登录图标选择不当扣3分；<br>（2）多次输入错误用户名及密码扣 2 分 | | |
| 2 | 开通业务单板及端口确认准备 | 正确操作新开通业务的单板 | | 5 | 不能确认需要开通业务的单板及端口扣 5 分 | | |

| 序号 | 考核项目名称 | 要求 | 分值 | 扣分标准 | 扣分原因 | 得分 |
|---|---|---|---|---|---|---|
| 3 | 客户侧单板映射 | 正确设置客户侧单板映射 | 20 | (1)不能熟练找到单板映射设置界面扣5分；<br>(2)开通业务两端单板映射不一致扣10分；<br>(3)单板映射配置错误扣5分 | | |
| 4 | 线路侧单板映射 | 正确设置线路侧单板映射 | 20 | (1)不能熟练找到单板映射设置界面扣5分；<br>(2)开通业务两端单板映射不一致扣10分；<br>(3)单板映射配置错误扣5分 | | |
| 5 | 交叉连接配置 | 正确设置交叉连接 | 20 | (1)不能熟练找到单板映射设置界面扣5分；<br>(2)单板映射配置错误扣10分 | | |
| 6 | 查询新配置业务告警及性能 | 正确查询新开业务告警及性能 | 15 | (1)不能正确查询新开通波道，无法识别由新业务引起的告警扣5分；<br>(2)新开通波道存在异常告警（硬件问题除外），如在规定时间内处理好，扣10分；如未处理好，从所得的分数内再扣20分 | | |
| 7 | 操作结束 | 工作完毕后报告操作结束，清理现场，退出网管 | 5 | 不清理工作现场、不恢复原始状态、不报告操作结束扣2～5分 | | |
| 8 | 操作时间 | 在规定时间内独立完成 | 10 | 未在规定时间完成，每超时1分钟扣2分，扣完本项分数为止 | | |

## TG4ZY0105　OTN设备光路故障分析处理

### 一、作业

（一）工器具、材料、设备

(1)工器具：OTN网管。

(2)材料：尾纤。

(3)设备：OTN设备。

(二)安全要求

核对正确光方向及波道,避免误操作。

(三)操作步骤及工艺要求(含注意事项)

1.操作前准备

(1)规范着装。

(2)登录网管,检查网管网元监控情况。

2.操作过程

(1)确认需要操作的网元。

(2)查询两个站点的单波收发光情况。

(3)查询故障单波频率(见下图)。

(4)利用频谱分析板查询分波前/合波后的波光功率(见下图)。

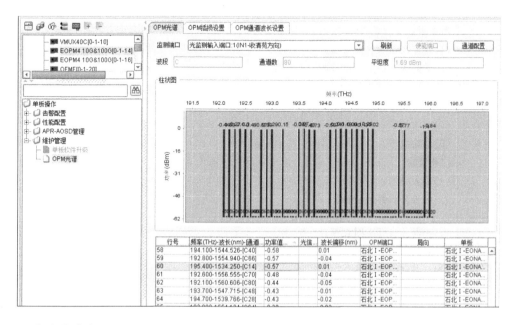

(5)确认故障点。

(6)消除故障。

3.操作结束。

退出网管。

## 二、考核

### (一)考核场地

通信实训基地。

### (二)考核时间

30 min。

### (三)考核要点

(1)网管操作的熟练程度。

(2)查询两个站点的单波收发光情况。

(3)查询故障单波频率。

(4)利用频谱分析板查询分波前/合波后的波光功率。

(5)确认故障点。

(6)消除故障。

## 三、评分标准

行业:电力工程　　　　　　工种:通信工程建设工　　　　　　等级:技师

| 编号 | TG4ZY0105 | 行为领域 | 专业技能 | 评价范围 | | | |
|---|---|---|---|---|---|---|---|
| 考核时限 | 30 min | 题型 | 单项操作 | 满分 | 100分 | 得分 | |
| 试题名称 | OTN设备光路故障分析处理 | | | | | | |
| 考核要点<br>及其要求 | 考核要点<br>(1)网管操作的熟练程度;<br>(2)查询两个站点的单波收发光情况;<br>(3)查询故障单波频率;<br>(4)利用频谱分析板查询分波前/合波后的波光功率;<br>(5)确认故障点;<br>(6)消除故障。<br>操作要求<br>(1)单人操作;<br>(2)网管操作熟练、准确 | | | | | | |
| 现场设备、<br>工器具、材料 | (1)工器具:OTN网管等;<br>(2)材料:尾纤;<br>(3)设备:OTN设备 | | | | | | |
| 备注 | | | | | | | |

| | | 评分标准 | | | | |
|---|---|---|---|---|---|---|
| 序号 | 考核项目名称 | 质量要求 | 分值 | 扣分标准 | 扣分原因 | 得分 |
| 1 | 网管的登录 | 使用正确的网管登录方法 | 5 | (1)网管登录图标选择不当扣3分；<br>(2)多次输入错误用户名及密码扣2分 | | |
| 2 | 故障原因分析 | 初步判断故障原因及故障点 | 10 | 不能清晰地分析出可能存在的故障点扣5～10分 | | |
| 3 | 查询两个站点的单波收发光情况 | 正确查询两个站点的单波收发光情况 | 10 | 每少查一个站扣口5分 | | |
| 4 | 查询故障单波频率 | 正确查询出故障单波频率 | 5 | 不能熟练查询出故障单波频率扣5分 | | |
| 5 | 利用频谱分析板查询分波前/合波后的波光功率 | 正确利用频谱分析板查询光功率 | 15 | (1)不能熟练找到频谱分析板来查询光功率扣5分；<br>(2)频谱分析板端口设置错误,查询错误的光方向扣10分 | | |
| 6 | 故障点确认 | 正确查出故障点 | 15 | (1)不能说出故障处理方法扣5分；<br>(2)故障点定位错误扣10分 | | |
| 7 | 故障消除 | 故障消除 | 35 | (1)查询故障点后不知道消除方法扣5分；<br>(2)故障未在规定时间内消除扣10分；<br>(3)故障处理过程中每引入1处新的故障扣10分；如未处理好故障且新引入故障,从所得的分数内再扣10分 | | |
| 8 | 操作结束 | 工作完毕后报告操作结束,清理现场,退出网管 | 5 | (1)未在规定时间完成,每延时1分钟扣2分,扣完为止；<br>(2)不清理工作现场、不恢复原始状态、不报告操作结束扣2～5分 | | |

## TG4ZY0106　电力线路两条复用保护通道组织开通

### 一、作业

（一）工器具、材料、设备

（1）工器具：2M 误码仪，组合工具等。

（2）材料：SDH 板卡若干，2M 同轴电缆线等。

（3）设备：SDH 传输网管、SDH 光传输设备、DDF 柜、线路保护用光电接口装置等。

（二）安全要求

正确使用网管，防止误操作。

（三）操作步骤及工艺要求（含注意事项）

1. 操作前准备

（1）规范着装。

（2）根据题目要求选择工具、材料。

2. 操作过程

（1）说出线路 2M 复用保护"三双"要求的内容。

（2）根据题目要求确认所需开通的两条 2M 业务。

①登录 U2000 网管进行操作。

②主菜单中选择"业务→SDH 路径→创建 SDH 路径"。

③"创建 SDH 路径"参数设置：在"方向"下拉列表中选择"双向"，在"级别"下拉列表中选择"VC12"，"计算路由"栏中选中"自动计算"复选框。

④源端口选择：双击网元 1，在弹出的端口选择对话框中"板位图"一栏单击 2 槽位 PQ1，在"支路端口"栏中选中"1"的单选按钮，点击右下角的"确定"按钮，表示选取了网元 1 的第一个 2M 端口。

⑤宿端口选择：参照源端口选择的步骤，选择网元 2 的第一个支路端口作为宿端口。

⑥数据下发：选中左下方的"激活"复选框，并单击左下角的"应用"按钮，出现"操作成功"的提示，此时网元 1 到网元 2 之间的一条 2M 业务就创建完成。

⑦使用 2M 误码仪测试通道误码，采用软换回和硬环回两种方法。

（3）搭建电力线路保护装置 2M 通道。

①连接 DDF 至电力线路保护用接口装置。

②观察保护接口装置状态，确认通道连接正常。

3. 操作结束

清理现场，交还工器具。

### 二、考核

（一）考核场地

通信实训基地。

(二)考核时间

40 min。

(三)考核要点

(1)SDH 网管操作。

(2)2M 复用保护的通道配置原则。

(3)SDH 设备 2M 电路的创建和搭接。

(4)2M 通道的测试验证。

(5)保护装置 2M 电路的搭建和连接。

### 三、评分标准

| 行业:电力工程 | | 工种:通信工程建设工 | | 等级:技师 | | | | |
|---|---|---|---|---|---|---|---|---|

| 编号 | TG4ZY0106 | 行为领域 | 专业技能 | 评价范围 | | | | |
|---|---|---|---|---|---|---|---|---|
| 考核时限 | 40 min | 题型 | 单项操作 | 满分 | 100 分 | 得分 | | |
| 试题名称 | 电力线路两条复用保护通道组织开通 | | | | | | | |
| 考核要点<br>及其要求 | 考核要点<br>(1)SDH 网管操作;<br>(2)2M 复用保护的通道配置原则;<br>(3)SDH 设备 2M 电路的创建和搭接;<br>(4)2M 通道的测试验证;<br>(5)保护装置 2M 电路的搭建和连接。<br>操作要求<br>(1)单人操作;<br>(2)网管进行电路搭接;<br>(3)利用仪器仪表进行测试 | | | | | | | |
| 现场设备、<br>工器具、材料 | (1)工器具:2M 误码仪,组合工具等;<br>(2)材料:SDH 板卡若干,2M 同轴电缆线等;<br>(3)设备:SDH 传输网管、SDH 光传输设备、DDF 柜、线路保护用光电接口装置等 | | | | | | | |
| 备注 | 考试前 VC4 服务层路径已开通,无需考生开通 VC4 服务层路径。SDH 设备至 DDF 的 2M 线已经配置完成 | | | | | | | |

| | | 评分标准 | | | | | | |
|---|---|---|---|---|---|---|---|---|
| 序号 | 考核项目<br>名称 | 质量要求 | 分值 | 扣分标准 | | | 扣分<br>原因 | 得分 |
| 1 | 工具、材料<br>的选用 | 工器具选用满足操作需要,工器具做外观及功能检查 | 5 | (1)选用不当扣 2 分;<br>(2)工器具未做外观及功能检查扣 3 分 | | | | |
| 2 | 登录网管<br>查看网络状态 | 能登录网管界面,查看网络设备无告警 | 10 | (1)不能正确登录网管扣 5 分;<br>(2)未查看网络设备告警状态扣 5 分 | | | | |

| 序号 | 考核项目名称 | 质量要求 | 分值 | 扣分标准 | 扣分原因 | 得分 |
|---|---|---|---|---|---|---|
| 3 | 进入通道创建界面 | 正确进入通道创建界面 | 5 | 不能正确进入通道创建界面扣5分 | | |
| 4 | 配置通道参数 | 正确配置通道参数 | 10 | "方向""级别""业务领域"错1项扣5分,扣完本项分数为止 | | |
| 5 | 选择端口 | 正确选择源网元、源端口、宿网元、宿端口 | 20 | 源网元、源端口、宿网元、宿端口,选错1项扣5分,扣完本项分数为止 | | |
| 6 | 创建激活 | 正确创建激活通道 | 10 | (1)不能正确创建激活通道扣5分;<br>(2)创建激活后不关闭通道创建界面扣5分 | | |
| 7 | 使用2M误码仪进行测试 | 用硬环回和软换回两种方法测试通道连通性 | 10 | 未对通道进行测试扣10分,其中未进行硬环回测试扣5分,未进行软环回测试扣5分 | | |
| 8 | 保护装置2M电路的搭建和连接 | (1)连接DDF至电力线路保护用接口装置;<br>(2)观察保护接口装置状态,确认通道连接正常 | 10 | (1)未连接保护接口装置扣5分;<br>(2)保护接口装置通道异常扣5分 | | |
| 9 | 操作结束 | 工作完毕后报告操作结束,删除电路,清理现场,交还工器具 | 10 | (1)不清理工作现场、不恢复原始状态、不报告操作结束扣2~5分;<br>(2)未删除创建电路扣5分 | | |
| 10 | 操作时间 | 在规定时间内单独完成 | 10 | 未在规定时间完成,每超时1分钟扣1分,扣完本项分数为止 | | |

## TG4ZY0107 SDH双纤单向通道自愈环1+1配置状态下光纤故障分析处理

**一、作业**

(一)工器具、材料、设备

(1)工器具:2M误码仪,光功率计等。

(2)材料:光板卡、尾纤、光衰减器、法兰盘等。

(3)设备:SDH传输网管、SDH设备等。

（二）安全要求

防止误操作，影响在运业务。

（三）操作步骤及工艺要求（含注意事项）

1.操作前准备

（1）规范着装。

（2）检查设备、网管状态正常。

2.操作过程

（1）登录 SDH 传输网管，查看设备连接拓扑。

（2）查看告警。查看网管上各设备告警情况，确定故障现象。

（3）光功率查看。检查 SDH 设备的收发光功率，初步判定故障性质。查看光路两端光功率是否在上下限范围之内。

（4）光连接检查和排查处理。进行光路硬环回，判断故障区段。根据告警情况，利用测量、环回、替换等方法逐段进行排查，直至找到故障点并完成故障处理。

（5）业务恢复后进一步进行网管观察。网管告警消失后，继续观察 5 分钟，确保光连接性能正常。

（6）进行业务测试。

3.操作结束

关闭操作界面，回到拓扑视图。

二、考核

（一）考核场地

通信实训基地。

（二）考核时间

40 min。

（三）考核要点

（1）SDH 网管操作。

（2）SDH 告警状态检查。

（3）SDH 设备硬件连接检查。

（4）故障排查分析处理的流程和方法。

（5）业务恢复检查。

### 三、评分标准

行业:电力工程　　　　　工种:通信工程建设工　　　　　等级:技师

| 编号 | TG4ZY0107 | 行为领域 | 专业技能 | 评价范围 | |
|---|---|---|---|---|---|
| 考核时限 | 40 min | 题型 | 单项操作 | 满分 | 100分 | 得分 | |
| 试题名称 | SDH 双纤单向通道自愈环 1+1 配置状态下光纤故障分析处理 | | | | |

| 考核要点及其要求 | 考核要点<br>(1)SDH 网管操作;<br>(2)SDH 告警状态检查;<br>(3)SDH 设备硬件连接检查;<br>(4)故障排查分析处理的流程和方法;<br>(5)业务恢复检查。<br>操作要求<br>(1)单人操作;<br>(2)现场和网管操作规范、熟练、准确,按照题目完成光连接中断故障处理 |
|---|---|
| 现场设备、工器具、材料 | (1)工器具:2M 误码仪,光功率计等;<br>(2)材料:光板卡、尾纤、光衰减器、法兰盘等;<br>(3)设备:SDH 传输网管、SDH 设备等 |
| 备注 | SDH 设备之间采用双纤单向通道(1+1)配置,模拟任意纤芯终端或光卡板故障 |

评分标准

| 序号 | 考核项目名称 | 质量要求 | 分值 | 扣分标准 | 扣分原因 | 得分 |
|---|---|---|---|---|---|---|
| 1 | 检查设备、网管状态 | 设备、网管运行状态正常 | 10 | 未检查设备、网管状态每项扣5分 | | |
| 2 | 网管登录,查看网络拓扑和运行状态 | 正确登录网管,查看拓扑和运行状态信息 | 10 | (1)不能登录网管扣5分;<br>(2)不能查看状态信息扣5分 | | |
| 3 | 查看告警 | 正确查看网管告警 | 10 | 不能正确查看网管告警扣10分 | | |
| 4 | 光路光功率检查 | 正确核对各光路光功率是否正常 | 10 | 不能正确核查收发光功率扣10分 | | |
| 5 | 故障排查处理 | 按照故障排查流程,正确完成故障处理 | 35 | (1)发生光口环回不加光衰、拔插板卡/模块、不戴防静电手环等不规范操作,每发生1项扣5分,扣完本项分数为止;<br>(2)不能完成故障排查处理,根据排查方法、思路是否正确,酌情扣10～20分 | | |

续表

| 序号 | 考核项目名称 | 质量要求 | 分值 | 扣分标准 | 扣分原因 | 得分 |
|------|------------|---------|------|---------|---------|------|
| 6 | 业务测试 | 告警消失后网管继续观察5分钟(考试时象征性观察几分钟即可),确保光连接性能正常并对业务进行测试 | 10 | (1)告警消失后未继续观察5分钟扣10分;<br>(2)继续观察过程中未查看误码性能或误码性能不在规定范围内扣5分 | | |
| 7 | 操作结束 | 工作完毕后报告操作结束,关闭操作界面,回到拓扑视图 | 5 | 不清理工作现场、不恢复原始状态、不报告操作结束扣2～5分 | | |
| 8 | 操作时间 | 在规定时间内单独完成 | 10 | 未在规定时间完成,每超时1分钟扣1分,扣完本项分数为止 | | |

## TG4ZY0108　电力线路保护通道故障分析处理

**一、作业**

(一)工器具、材料、设备

(1)工器具:2M误码仪等。

(2)材料:SDH板卡若干,2M同轴电缆线等。

(3)设备:SDH传输网管、SDH光传输设备。

(二)安全要求

正确使用网管,防止误操作。

(三)操作步骤及工艺要求(含注意事项)

1.操作前准备

(1)规范着装,佩戴防静电手环。

(2)根据题目要求选择工具、材料。

2.操作过程

(1)保护设备侧故障排查。保护光电装置告警进行故障排查,检测线缆连通性。

(2)SDH侧业务故障排查。

①登录网管,查看告警,若出现LOS告警,在DDF侧将传输侧信号自环,在网管上查看相应端口LOS告警是否消失,若消失表明传输侧没问题,转为排除用户侧业务故障。2M业务在SDH侧开通正常时,在未接入用户设备的情况下,该端口应有LOS(信号丢失)告警,而无AIS(业务配置错)告警,如有AIS告警,则需排除业务配置错误故障。

②DDF侧自环后LOS告警不消失,排除中继线的线序接错、焊接问题、线缆断裂等线缆故障。上述问题排除后若LOS告警仍然存在,需查看2M接口板和业务板,如果有问题则更换完

好的板件。

③若故障仍未排除,可以依次更换交叉板、母板,直至故障排除。

(3)接地故障排查。接地不当也有可能是产生故障的原因,所以在排查故障时需注意检查 DDF 单元、ODF 单元、SDH 设备各自接地是否良好且共地。

(4)出现误码过高的情况则需要进行逐段环回,使用 2M 误码仪进行测试,以便确定使传输质量劣化的传输段。

(5)找到故障点后进行故障排除。

3.操作结束

清理现场,交还工器具。

## 二、考核

(一)考核场地

通信实训基地。

(二)考核时间

40 min。

(三)考核要点

(1)工器具及材料的选择。

(2)SDH 网管操作。

(3)2M 电路故障原因的分析、处理。

(4)2M 业务恢复。

## 三、评分标准

行业:电力工程　　　　　　工种:通信工程建设工　　　　　　等级:技师

| 编号 | TG4ZY0108 | 行为领域 | 专业技能 | 评价范围 | | |
|---|---|---|---|---|---|---|
| 考核时限 | 40 min | 题型 | 单项操作 | 满分 | 100 分 | 得分 | |
| 试题名称 | 电力线路保护通道故障分析处理 | | | | | |
| 考核要点<br>及其要求 | 考核要点<br>(1)工器具及材料的选择;<br>(2)SDH 网管操作;<br>(3)2M 电路故障原因的分析、处理;<br>(4)2M 业务恢复。<br>操作要求<br>(1)单人操作;<br>(2)2M 业务故障分析;<br>(3)故障处理 | | | | | |
| 现场设备、<br>工器具、材料 | (1)工器具:2M 误码仪,电烙铁等;<br>(2)材料:SDH 板卡若干,2M 同轴电缆线等;<br>(3)设备:SDH 传输网管、SDH 光传输设备 | | | | | |

| 备注 | | | | | | |
|------|---|---|---|---|---|---|
| 评分标准 | | | | | | |
| 序号 | 考核项目名称 | 质量要求 | 分值 | 扣分标准 | 扣分原因 | 得分 |
| 1 | 工具、材料的选用 | 工器具选用满足操作需要,工器具做外观及功能检查 | 5 | (1)选用不当扣2分;<br>(2)工器具未做外观及功能检查扣3分 | | |
| 2 | 登录网管查看告警 | 正确查看网管告警 | 10 | 不能正确查看网管告警扣10分 | | |
| 3 | SDH侧故障排查 | DDF侧2M近端环回,定位SDH侧故障 | 10 | (1)未进行2M环回操作扣5分;<br>(2)未定位故障点扣5分 | | |
| 4 | 用户侧保护装置故障排查 | DDF侧远端换回,用户设备告警查看 | 10 | (1)未进行2M环回操作扣5分;<br>(2)未定位故障点扣5分 | | |
| 5 | 接地故障排查 | 接地线符合要求并连接牢靠 | 5 | 未对设备接地线进行检查扣5分 | | |
| 6 | 故障处理 | 根据故障排查结果进行处理 | 30 | 未能完成故障处理,根据排查方法、思路是否正确,酌情扣10~30分 | | |
| 7 | 通道测试 | 告警消失后继续观察5分钟,测试通道 | 10 | 告警消失后未继续观察5分钟扣10分 | | |
| 8 | 操作结束 | 工作完毕后报告操作结束,清理现场,交还工器具 | 10 | 不清理工作现场、不恢复原始状态、不报告操作结束扣2~5分 | | |
| 9 | 操作时间 | 在规定时间内单独完成 | 10 | 未在规定时间完成,每超时1分钟扣1分,扣完本项分数为止 | | |

## TG4ZY0109 SDH设备IP通道故障分析处理

**一、作业**

(一)工器具、材料、设备

(1)工器具:网线测线仪、笔记本电脑、网线钳等。

(2)材料:网线等。

(3)设备:SDH传输网管、SDH光传输设备。

（二）安全要求

正确使用网管，防止误操作。

（三）操作步骤及工艺要求（含注意事项）

1.操作前准备

（1）规范着装，佩戴防静电手环。

（2）根据题目要求选择工具、材料。

2.操作过程

（1）根据题目要求对以太网业务故障进行分析处理。

（2）外围设备故障排查。

①使用网线测线仪对网线进行连通性测试。

②对笔记本 IP 设置进行检查。

（3）SDH 侧故障排查

登录网管，查看 SDH 设备是否有告警，将告警消除后使用以太网测试功能进行测试。

（4）以太网侧故障排查

以太网侧业务配置较为复杂，容易出现配置错误的情况。不同的以太网类型业务（EPL、EPLAN、EVPL、EVPLAN）需要设定的参数不同，需要逐段、逐个检查参数，排除由设置错误引起的故障。

①检查内部端口和外部端口的连接设置是否正确，如有错误，重新设置排除故障。

②检查内部端口的属性设置，如有错误，重新设置排除故障。

③检查外部端口的属性设置，如有错误，重新设置排除故障。注意，外部端口连接的是外围。用户设备，参数的设置需要根据用户设备的设定进行，比如半双工/全双工、速率、最大帧长等。

（5）检查数据的过滤模式是否正确，如有错误，重新设置排除故障。

（6）如果完成以上操作，故障仍然存在，基本可以定位为板件硬件故障，更换板件排除故障。

（7）故障处理完成后使用笔记本进行连通测试。

3.操作结束

清理现场，交还工器具。

**二、考核**

（一）考核场地

通信实训基地。

（二）考核时间

40 min。

（三）考核要点

（1）工器具及材料选择。

（2）SDH 网管操作。

（3）SDH 设备 MSTP 通道故障检查。

（4）IP 通道故障原因分析处理。

（5）业务恢复测试。

### 三、评分标准

行业:电力工程　　　　　工种:通信工程建设工　　　　　等级:技师

| 编号 | TG4ZY0109 | 行为领域 | 专业技能 | 评价范围 | | |
|---|---|---|---|---|---|---|
| 考核时限 | 40min | 题型 | 单项操作 | 满分 | 100 分 | 得分 |
| 试题名称 | SDH 设备 IP 通道故障分析处理 | | | | | |

| 考核要点及其要求 | 考核要点<br>(1)工器具及材料选择;<br>(2)SDH 网管操作;<br>(3)SDH 设备 MSTP 通道故障检查;<br>(4)IP 通道故障原因分析处理;<br>(5)业务恢复测试。<br>操作要求<br>(1)单人操作;<br>(2)业务故障分析; |
|---|---|
| 现场设备、工器具、材料 | (1)工器具:网线测线仪、笔记本电脑、网线钳等;<br>(2)材料:网线等;<br>(3)设备:SDH 传输网管、SDH 光传输设备 |
| 备注 | |

评分标准

| 序号 | 考核项目名称 | 质量要求 | 分值 | 扣分标准 | 扣分原因 | 得分 |
|---|---|---|---|---|---|---|
| 1 | 工具、材料的选用 | 工器具选用满足操作需要,工器具做外观及功能检查 | 5 | (1)工具器选用不当扣 2 分;<br>(2)工器具未做外观及功能检查扣 3 分 | | |
| 2 | 外围设备故障排查 | 对设备和网线进行测试 | 10 | 未能对设备和网线进行检测扣 10 分 | | |
| 3 | SDH 侧故障排查 | 查看网管告警,消除告警,使用以太网测试功能进行测试 | 30 | (1)未能查看告警扣 10 分;<br>(2)未能消除告警扣 10 分;<br>(3)未能进行测试扣 10 分 | | |
| 4 | 以太网侧故障排查 | 以太网板内部端口、外部端口属性查看 | 20 | (1)未能进入两个网元的"以太网接口"对话框进行分析扣 10 分;<br>(2)未能核对内、外接口设置扣 10 分 | | |

续表

| 序号 | 考核项目名称 | 质量要求 | 分值 | 扣分标准 | 扣分原因 | 得分 |
|------|--------------|----------|------|----------|----------|------|
| 5 | 连通性测试 | 故障处理后笔记本可以连通 | 20 | （1）未进行连通性测试扣10分；<br>（2）测试结果连通性异常扣10分，如在规定时间内处理好不扣20分 | | |
| 6 | 操作结束 | 工作完毕后报告操作结束，清理现场，交还工器具 | 5 | 不清理工作现场、不恢复原始状态、不报告操作结束扣2～5分 | | |
| 7 | 操作时间 | 在规定时间内单独完成 | 10 | 未在规定时间完成，每超时1分钟扣1分，扣完本项分数为止 | | |

## TG4ZY0110　SDH 设备失步故障分析处理

一、作业

（一）工器具、材料、设备

（1）器具：光功率计等。

（2）材料：光板卡、尾纤、光衰耗器、法兰。

（3）设备：SDH 传输网管、SDH 设备。

（二）安全要求

防止误操作，影响在运业务。

（三）操作步骤及工艺要求（含注意事项）

1. 操作前准备

（1）规范着装。

（2）登录 SDH 传输网管，对照题目熟悉设备连接拓扑。

2. 操作过程

（1）查看告警。查看设备告警，根据故障详细信息判断故障位置。

（2）网元时钟配置检查。进入网元管理器查看时钟配置，跟网络拓扑及时钟设置进行对比，是否存在设置错误情况。

（3）查看各方向光路收发光功率。

（4）排查处理。根据告警，利用测量、环回、替换等方法逐段进行排查，直至找到故障点并完成故障处理。

（5）进一步观察。告警消失后网管继续观察 5 分钟，确保时钟性能正常。

（6）设备时钟恢复。

3.操作结束

关闭操作界面,回到拓扑视图。

## 二、考核

### (一)考核场地

通信实训基地。

### (二)考核时间

40 min。

### (三)考核要点

(1)SDH 网管操作。

(2)查看 SDH 时钟设置。

(3)SDH 设备失步故障排查处理。

(4)时钟同步恢复正常验证。

## 三、评分标准

行业:电力工程　　　　　　　工种:通信工程建设工　　　　　　　等级:技师

| 编号 | TG4ZY0110 | 行为领域 | 专业技能 | 评价范围 | | |
|---|---|---|---|---|---|---|
| 考核时限 | 40 min | 题型 | 单项操作 | 满分 | 100分 | 得分 |
| 试题名称 | SDH 设备失步故障分析处理 | | | | | |
| 考核要点<br>及其要求 | 考核要点<br>(1)SDH 网管操作;<br>(2)查看 SDH 时钟设置;<br>(3)SDH 设备失步故障排查处理;<br>(4)时钟同步恢复正常验证。<br>操作要求<br>(1)单人操作;<br>(2)现场和网管操作规范、熟练、准确 | | | | | |
| 现场设备、<br>工器具、材料 | (1)工器具:光功率计等;<br>(2)材料:光板卡、尾纤、光衰耗器、法兰;<br>(3)设备:SDH 传输网管、SDH 设备 | | | | | |
| 备注 | | | | | | |
| 评分标准 | | | | | | |
| 序号 | 考核项目<br>名称 | 质量要求 | 分值 | 扣分标准 | 扣分<br>原因 | 得分 |
| 1 | 网管登录,<br>查看告警 | 正确登录并能查看网管告警<br>信息 | 10 | (1)不能正确登录扣5分;<br>(2)不能查看告警信息扣5分 | | |

续表

| 序号 | 考核项目名称 | 质量要求 | 分值 | 扣分标准 | 扣分原因 | 得分 |
|---|---|---|---|---|---|---|
| 2 | 网元时钟配置检查 | 正确检查时钟配置情况 | 20 | (1)未查看时钟同步配置状态扣10分;<br>(2)未能对时钟配置情况进行判断扣10分 | | |
| 3 | 光路收发光功率检查 | 查看各方向光功率值 | 10 | 未查看各方向光功率扣10分 | | |
| 4 | 故障处理 | 正确完成故障处理 | 30 | (1)发生光口环回不加光衰、拔插板卡/模块、不戴防静电手环等不规范操作,每发生1项扣5分;<br>(2)不能完成故障排查处理,根据排查方法、思路是否正确,酌情扣2~15分 | | |
| 5 | 观察验证时钟同步正常 | 告警消失后网管继续观察5分钟,确保时钟状态正常 | 10 | 告警消失后未继续观察5分钟扣10分,继续观察过程中再次出现时钟告警扣10分,规定时间内告警处理完成不扣分 | | |
| 6 | 操作结束 | 工作完毕后报告操作结束,关闭操作界面,回到拓扑视图 | 10 | 不关闭操作界面回到拓扑图扣5分,不报告操作结束扣5分 | | |
| 7 | 操作时间 | 按时完成操作 | 10 | 未在规定时间完成,每超时1分钟扣1分,扣完本项分数为止 | | |

## TG4ZY0211　SDH 站间通信传输电路开通

一、作业

(一)工器具、材料、设备

(1)工器具:无。

(2)材料:无。

(3)设备:SDH 传输网管。

(二)安全要求

正确使用网管,防止误操作。

(三)操作步骤及工艺要求(含注意事项)

1.操作前准备

(1)规范着装,佩戴防静电手环。

(2)根据题目要求选择工具、材料并做外观检查。

2.操作过程

(1)根据题目要求确认所需开通的传输通路。

(2)登录 U2000 网管进行操作。

(3)主菜单点击"文件→新建→网元",进入创建网元对话框。选择所要添加的 OSN 设备类型。

(4)输入网元的"ID""扩展 ID""名称"和"备注"信息。

(5)选择网关类型为"非网关",并选择该网元所属网关。

(6)输入"网元用户"和"密码"。

(7)选中"预配置"复选框,并设置"主机版本"。

(8)单击"确定"。然后单击主拓扑,网元图标在鼠标单击的地方出现。

(9)双击新添加网元,出现网元配置向导对话框,配置方式选择"手工配置",点击"下一步",设置默认网元属性,点击下一步进入板位图,根据要求在相应位置配置板卡。

(10)点击"下一步"后,点击"完成"即完成预配置网元的板卡配置。

(11)双击预配置网元进入板卡视图,右键点击各个光口,选择增加光口,随后可以搭建光路。

3.操作结束

清理现场,交还工器具。

**二、考核**

(一)考核场地

通信实训基地

(二)考核时间

40 min

(三)考核要点

(1)正确使用网管软件。

(2)预配置新网元各项数据。

(3)掌握配置板卡数据方法。

(4)正确创建光路。

## 三、评分标准

行业:电力工程　　　　　　工种:通信工程建设工　　　　　　等级:技师

| 编号 | TG4ZY0211 | 行为领域 | 专业技能 | 评价范围 | | |
|---|---|---|---|---|---|---|
| 考核时限 | 40 min | 题型 | 单项操作 | 满分 | 100 分 | 得分 |
| 试题名称 | SDH 站间通信传输电路开通 | | | | | |
| 考核要点及其要求 | 考核要点<br>(1)正确使用网管软件;<br>(2)预配置新网元各项数据;<br>(3)掌握配置板卡数据方法;<br>(4)正确创建光路。<br>操作要求<br>(1)单人操作;<br>(2)网管进行数据配置 | | | | | |
| 现场设备、工器具、材料 | SDH 传输网管 | | | | | |
| 备注 | | | | | | |

### 评分标准

| 序号 | 考核项目名称 | 质量要求 | 分值 | 扣分标准 | 扣分原因 | 得分 |
|---|---|---|---|---|---|---|
| 1 | 正确登录网管 | 登录 U2000 进入网络拓扑界面 | 5 | 未能登录打开网络拓扑扣 5 分 | | |
| 2 | 创建预配置网元 | 按照网元创建步骤创建一个预配置网元 | 35 | 不能正确设置网元数据每项扣 5 分,扣完本项分数为止 | | |
| 3 | 配置网元板卡数据 | 按题目要求在相应槽位配置板卡 | 35 | 不能正确配置题目要求的板卡,每错一次扣 5 分,扣完本项分数为止 | | |
| 4 | 创建光路 | 创建传输光路 | 10 | (1)未能增加新建网元板卡光口扣 5 分;<br>(2)未能按要求创建光路扣 5 分 | | |
| 5 | 操作结束 | 工作完毕后报告操作结束,清理现场,交还工器具 | 5 | 不清理工作现场、不恢复原始状态、不报告操作结束扣 2~5 分 | | |
| 6 | 操作时间 | 在规定时间内单独完成 | 10 | 未在规定时间完成,每超时 1 分钟扣 1 分,扣完本项分数为止 | | |

## TG4ZY0112　PTN 设备 2M 业务故障处理

**一、作业**

（一）工器具、材料、设备

（1）工器具：2M 测试仪等。

（2）材料：2M 连接线等。

（3）设备：PTN 设备及说明书、网管设备等。

（二）安全要求

防止触电、短路，防止损坏设备。

（三）操作步骤及工艺要求（含注意事项）

1. 操作前准备

（1）规范着装。

（2）根据题目要求选择工具、材料，并检查设备状况。

2. 操作过程

（1）观察面板告警信息，确定故障性质。

（2）登录网管，查看 2M 告警信息，进行软环操作，确认告警是否消失。

（3）2M 硬环回，检查 2M 线缆和 DDF 架侧故障。

（4）故障排除。按照检查和故障分析，更换故障板卡、线缆等，排除故障。

（5）检查验证。检查 2M 通道故障消失，测量 2M 电路恢复正常。

3. 操作结束

清理现场，交还仪器仪表及材料。

**二、考核**

（一）考核场地

通信实训基地。

（二）考核时间

30 min。

（三）考核要点

（1）根据面板告警，初步判断告警原因。

（2）登录网管，用软环法，排除设备 2M 故障。

（3）硬件环回，排除数字配线架之间线缆问题。

（4）判断是否为业务侧通道故障。

（5）排除故障，测试验证 2M 电路正常。

### 三、评分标准

行业:电力工程        工种:通信工程建设工        等级:技师

| 编号 | TG4ZY0112 | 行为领域 | 专业技能 | 评价范围 | | |
|---|---|---|---|---|---|---|
| 考核时限 | 30 min | 题型 | 单项操作 | 满分 | 100分 | 得分 |
| 试题名称 | | | PTN设备2M业务故障处理 | | | |
| 考核要点及其要求 | 考核要点<br>(1)根据面板告警,初步判断告警原因;<br>(2)登录网管,用软环法,排除设备2M故障;<br>(3)硬件环回,排除数字配线架之间线缆问题;<br>(4)判断是否为业务侧通道故障;<br>(5)排除故障,测试验证2M电路正常 | | | | | |
| 现场设备、工器具、材料 | (1)工器具:2M测试仪器;<br>(2)材料:2M连接线等;<br>(3)设备:PTN设备及说明书、网管设备 | | | | | |
| 备注 | | | | | | |

评分标准

| 序号 | 考核项目名称 | 质量要求 | 分值 | 扣分标准 | 扣分原因 | 得分 |
|---|---|---|---|---|---|---|
| 1 | 查看盘面告警 | 根据面板告警,初步判断告警原因 | 20 | (1)不能指出面板告警性质扣10分;<br>(2)不能判断故障原因扣10分 | | |
| 2 | 登录网管,查看告警信息 | 查看2M告警信息,进行软环操作,判断故障性质和区段 | 20 | (1)不能登录网管扣5分;<br>(2)未进行软环回操作扣5分;<br>(3)不能判断故障定位区段扣10分 | | |
| 3 | 2M硬环回 | 进行2M硬环回,判断故障性质和区段 | 20 | (1)未进行硬件环回扣10分;<br>(2)不能判断故障定位区段扣10分 | | |
| 4 | 故障处理 | (1)根据故障定位更换故障板卡、线缆;<br>(2)更换故障板卡、线缆 | 20 | (1)未进行故障板卡、线缆故障处理,每项扣5分;<br>(2)更换板卡操作不带防静电手环扣5分 | | |
| 5 | 2M电路测试验证 | 检查2M业务侧通道恢复正常 | 10 | 未进行测试验证扣10分 | | |
| 6 | 操作时间 | 在规定时间内单独完成 | 10 | 未在规定时间完成,每超时1分钟扣1分,扣完本项分数为止 | | |

## TG4ZY0113　PTN 设备以太网业务故障处理

### 一、作业

（一）工器具、材料、设备

（1）工器具：以太网测试仪等。

（2）材料：GE 接口板、连接线等。

（3）设备：PTN 设备等。

（二）安全要求

操作时应有人监护，不得随意修改 PTN 运行参数。

（三）操作步骤及工艺要求（含注意事项）

1. 操作前准备

（1）规范着装。

（2）根据题目要求选择连接线，并检查 PTN 设备运行状况。

2. 操作过程

（1）观察面板告警信息，确定故障性质。

（2）登录网管，键入用户名、密码，登录维护终端界面。

（3）查看告警信息，初步判断故障性质、区段。

（4）排除板卡、线缆连接等故障。

（5）检查验证。

3. 操作结束

关闭网管，清理现场，交还仪器仪表及材料。

### 二、考核

（一）考核场地

通信实训基地。

（二）考核时间

30 min。

（三）考核要点

（1）根据面板告警，初步判断告警原因。

（2）登录网管，查看告警信息，进行软环操作，确认告警是否消失。

（3）检查连接网线，排除连接线缆问题。

（4）判断是否为业务侧故障。

（5）排除故障，测试验证以太网电路正常。

### 三、评分标准

行业:电力工程　　　　　　工种:通信工程建设工　　　　　　等级:技师

| 编号 | TG4ZY0113 | 行为领域 | 专业技能 | 评价范围 | | |
|---|---|---|---|---|---|---|
| 考核时限 | 30 min | 题型 | 单项操作 | 满分 | 100分 | 得分 |
| 试题名称 | | PTN设备以太网业务故障处理 | | | | |

| 考核要点 及其要求 | 考核要点<br>(1)根据面板告警,初步判断告警原因;<br>(2)登录网管,查看告警信息,进行软环操作,确认告警是否消失;<br>(3)检查连接网线,排除连接线缆问题;<br>(4)判断是否为业务侧故障;<br>(5)排除故障,测试验证以太网电路正常。<br>操作要求<br>(1)单人操作;<br>(2)操作时应有人监护,不得随意修改PTN设备运行参数 |
|---|---|
| 现场设备、<br>工器具、材料 | (1)工器具:以太网测试仪等;<br>(2)材料:GE接口板、连接线等;<br>(3)设备:PTN设备等 |
| 备注 | |

评分标准

| 序号 | 考核项目<br>名称 | 质量要求 | 分值 | 扣分标准 | 扣分<br>原因 | 得分 |
|---|---|---|---|---|---|---|
| 1 | 查看盘面告警 | 根据面板告警,初步判断告警原因 | 20 | (1)不能指出面板告警性质扣10分;<br>(2)不能判断故障原因扣10分 | | |
| 2 | 登录网管,<br>查看告警信息 | 查看以太网通道告警信息,进行软环操作,判断故障性质和区段 | 20 | (1)不能登录网管扣5分;<br>(2)未进行软环回操作扣5分;<br>(3)不能判断故障定位区段扣10分 | | |
| 3 | 检查连接网线,排除连接线缆故障 | 正确判断故障性质和区段 | 20 | (1)未进行连接线检查扣10分;<br>(2)不能判断故障定位区段扣10分 | | |
| 4 | 故障处理 | 根据故障定位更换故障板卡、线缆 | 20 | (1)未进行故障板卡、线缆故障处理,每项扣5分,扣完本项分数为止;<br>(2)更换板卡操作不带防静电手环扣5分 | | |

| 序号 | 考核项目名称 | 质量要求 | 分值 | 扣分标准 | 扣分原因 | 得分 |
|------|-------------|---------|------|---------|---------|------|
| 5 | 以太网电路测试验证 | 检查以太网业务侧通道恢复正常 | 10 | 未进行测试验证扣10分 | | |
| 6 | 操作时间 | 在规定时间内单独完成 | 10 | 未在规定时间完成,每超时1分钟扣1分,扣完本项分数为止 | | |

## TG4ZY0114　PTN设备光路故障处理

**一、作业**

（一）工器具、材料、设备

（1）工器具:光功率计等。

（2）材料:备用光卡板、光模块、光纤连接线等。

（3）设备:PTN设备等。

（二）安全要求

操作时应有人监护,不得随意修改PTN设备运行参数。

（三）操作步骤及工艺要求(含注意事项)

1.操作前准备

（1）规范着装。

（2）根据题目要求选择连接线,并检查设备运行状况。

2.操作过程

（1）通过面板查看当前告警信息。

（2）登录界面。按题目提示键入用户名、密码,登录维护终端界面。

（3）查看光路告警信息,确认收光功率是否正常并记录。

（4）如对端发光功率异常,更换对端卡板,排除故障。

（5）在对端发光正常的情况下,如收光异常可使用功率计验证,如是光模块或光卡板问题,应更换光模块或光卡板。

（6）用排除法排除设备之间各环节的问题,包括光缆、尾纤、ODF架等。

（7）确认故障排除,恢复原状,退出网管登录。

3.操作结束

关闭维护终端(网管),清理现场,交还仪器仪表及材料。

**二、考核**

（一）考核场地

通信实训基地。

（二）考核时间

30 min。

（三）考核要点

（1）根据面板告警，初步判断告警原因。

（2）网管登录操作，确认设备本身收发光功率的大小是否正常。

（3）在发端发光正常的情况下，检查本端收光，排除卡板、光模块原因。

（4）更换设备卡板确认是否为卡板故障。

（5）如非设备原因，排查光缆、尾纤、ODF架等因素引起的故障。

（6）能排除光路故障，恢复系统运行。

## 三、评分标准

行业：电力工程　　　　　工种：通信工程建设工　　　　　等级：技师

| 编号 | TG4ZY0114 | 行为领域 | 专业技能 | 评价范围 | | |
|---|---|---|---|---|---|---|
| 考核时限 | 30 min | 题型 | 单项操作 | 满分 | 100 分 | 得分 |
| 试题名称 | | | PTN 设备光路故障处理 | | | |
| 考核要点<br>及其要求 | 考核要点<br>（1）根据面板告警，初步判断告警原因；<br>（2）网管登录操作，确认设备本身收发光功率的大小是否正常；<br>（3）在发端发光正常的情况下，检查本端收光，排除卡板、光模块原因；<br>（4）更换设备卡板确认是否为卡板故障；<br>（5）如非设备原因，排查光缆、尾纤、ODF架等因素引起的故障；<br>（6）能排除光路故障，恢复系统运行。<br>操作要求<br>（1）单人操作；<br>（2）操作时应有人监护，不得随意修改 PTN 设备运行参数 | | | | | |
| 现场设备、<br>工器具、材料 | （1）工器具：光功率计等；<br>（2）材料：备用光卡板、光模块、光纤连接线等；<br>（3）设备：PTN 设备等 | | | | | |
| 备注 | | | | | | |

| | | | 评分标准 | | | | | |
|---|---|---|---|---|---|---|---|---|
| 序号 | 考核项目<br>名称 | 质量要求 | | 分值 | 扣分标准 | | 扣分<br>原因 | 得分 |
| 1 | 观察面板<br>告警情况 | 能通过面板查看当前告警<br>信息 | | 5 | 不能通过面板前告警信息判<br>断故障扣 5 分 | | | |
| 2 | 登录网管，<br>查看光路<br>告警信息 | （1）按题目提示键入用户名、<br>密码，登录维护终端界面；<br>（2）查看光路告警信息，确认<br>收光功率是否正常并记录 | | 20 | （1）不能正确登录扣 10 分；<br>（2）不能查看有关告警信息扣<br>10 分 | | | |

续表

| 序号 | 考核项目名称 | 质量要求 | 分值 | 扣分标准 | 扣分原因 | 得分 |
|---|---|---|---|---|---|---|
| 3 | 正确判断对端卡板故障 | 如对端发光功率异常,更换对端卡板,排除故障 | 20 | 不能正确判断对端卡板故障并排除扣 10 分 | | |
| 4 | 判断是否是本端收光故障 | 在对端发光正常情况下如收光异常可使用功率计验证,如是光模块或光卡板问题,应立刻更换 | 20 | 不能判断本端卡板或光模块故障并排除扣 10 分 | | |
| 5 | 排除设备之间路各环节的故障 | 用排除法排除设备之间各环节的问题,包括光缆、尾纤、ODF 架等因素 | 20 | 不能排除设备之间各环节的故障,每项扣 5 分,扣完本项分数为止 | | |
| 6 | 光链路测试验证 | 检查光链路全部恢复正常 | 5 | 未进行测试验证扣 5 分 | | |
| 7 | 操作时间 | 在规定时间内单独完成 | 10 | 未在规定时间完成,每超时 1 分钟扣 1 分,扣完本项分数为止 | | |

## TG4ZY0215　路由器动态路由协议 OSPF 配置与连通性测试

### 一、作业

(一)工器具、材料、设备

(1)工器具:配置终端。

(2)材料:网线、console 线。

(3)设备:路由器。

(二)安全要求

正确使用工器具,防止设备损坏。

(三)操作步骤及工艺要求(含注意事项)

1.操作前准备

(1)规范着装。

(2)根据题目要求正确操作设备,防止设备损坏。

2.操作过程

(1)搭建实验环境。

(2)使用 console 线连接路由器配置端口。

(3)笔记本上打开超级终端与路由器建立连接。

(4)配置路由器各接口的 IP 地址,并使用 Loopback0 地址作为 Router ID。

(5)开启 OSPF 进程,创建 Area0,并使能相关网段。

(6)按下图配置 PC 的 IP 地址和网关地址。

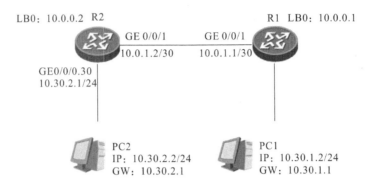

(7)使用 ping 命令测试两台 PC 的连通性。

3.操作结束

清理现场,交还工器具。

**二、考核**

(一)考核场地

通信实训基地。

(二)考核时间

30 min。

(三)考核要点

(1)使用 console 线连接路由器并登录。

(2)在路由器上配置各接口 IP。

(3)配置 Loopback0 地址,并使用 Loopback0 地址作为 Router ID。

(4)开启 OSPF 进程,创建 Area0,并使能相关网段。

**三、评分标准**

行业:电力工程　　　　工种:通信工程建设工　　　　等级:技师

| 编号 | TG4ZY0215 | 行为领域 | 专业技能 | 评价范围 | | |
|---|---|---|---|---|---|---|
| 考核时限 | 30 min | 题型 | 单项操作 | 满分 | 100 分 | 得分 |
| 试题名称 | 路由器动态路由协议 OSPF 配置与连通性测试 | | | | | |
| 考核要点<br>及其要求 | 考核要点<br>(1)使用 console 线连接路由器并登录;<br>(2)在路由器上配置各接口 IP;<br>(3)配置 Loopback0 地址,并使用 Loopback0 地址作为 Router ID;<br>(4)开启 OSPF 进程,创建 Area0,并使能相关网段。<br>操作要求 | | | | | |

| 考核要点及其要求 | (1)单人操作；<br>(2)按要求搭建实验环境,并做相应配置 |
|---|---|
| 现场设备、工器具、材料 | (1)工器具:配置终端；<br>(2)材料:网线、console 线；<br>(3)设备:路由器 |
| 备注 | |

评分标准

| 序号 | 考核项目名称 | 质量要求 | 分值 | 扣分标准 | 扣分原因 | 得分 |
|---|---|---|---|---|---|---|
| 1 | 搭建实验环境 | 正确搭建实验环境 | 5 | 未正确搭建实验环境扣 5 分 | | |
| 2 | 登录路由器 | 正确登录路由器 | 10 | (1)不能正确使用 console 线连接路由器和笔记本扣 5 分；<br>(2)不能正确使用超级终端登录路由器扣 5 分 | | |
| 3 | 配置路由器接口 IP | 按要求正确配置路由器接口 IP 地址 | 15 | 不能正确配置接口 IP,每个接口扣 5 分,扣完本项分数为止 | | |
| 4 | 配置环回地址 | 按要求正确配置环回地址 | 5 | 未正确配置环回地址扣 5 分 | | |
| 5 | 配置 RID | 正确使用 Loopback0 地址作为 Router ID | 10 | 不能正确配置 RID 扣 10 分 | | |
| 6 | OSPF 相关配置 | 正确开启 OSPF 进程,创建 Area0,并使能相关网段 | 30 | (1)不能正确配置 OSPF 进程扣 10 分；<br>(2)不能正确配置 Area0 扣 10 分；<br>(3)不能正确使能相关网段扣 10 分 | | |
| 7 | PC 机配置 | 配置 PC 机 IP 地址及网关地址 | 10 | (1)不能正确配置 PC 机 IP 地址扣 5 分；<br>(2)不能正确配置默认网关地址扣 5 分 | | |
| 8 | 连通性验证 | 验证两台 PC 的连通性 | 5 | 两台 PC 不能正确连通扣 5 分 | | |
| 9 | 操作时间 | 在规定时间内单独完成 | 10 | 未在规定时间完成,每超时 1 分钟扣 1 分,扣完本项分数为止 | | |

## TG4ZY0216　数据通信网络互连综合调试

### 一、作业

（一）工器具、材料、设备

（1）工器具：网线测试仪等。

（2）材料：网线。

（3）设备：路由器、交换机、电脑。

（二）安全要求

正确使用工器具，防止设备损坏。

（三）操作步骤及工艺要求（含注意事项）

1.操作前准备

（1）规范着装。

（2）根据题目要求选择设备、材料并做外观检查。

2.操作过程

（1）按下图搭建实验环境。

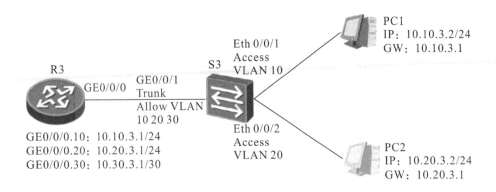

（2）正确配置电脑 IP 地址和网关地址。

（3）在交换机上配置 VLAN10 和 VLAN20，分别对应 PC1 和 PC2，将交换机和路由器互连端口设置为 TRUNK 口，只允许 VLAN10 和 VLAN20 通过。

（4）在路由器上配置子接口，并绑定对应 VLAN。

（5）测试验证。PC1 与 PC2 之间使用 ping 命令测试连通性。

3.操作结束

清理现场，交还工器具。

### 二、考核

（一）考核场地

通信实训基地。

（二）考核时间

40 min。

（三）考核要点

(1)实验环境搭建。

(2)电脑 IP 地址设置。

(3)交换机 VLAN 配置。

(4)路由器端口 IP 及子接口 IP 配置。

## 三、评分标准

行业：电力工程　　　　　　工种：通信工程建设工　　　　　　等级：技师

| 编号 | TG4ZY0216 | 行为领域 | 专业技能 | 评价范围 | | | |
|---|---|---|---|---|---|---|---|
| 考核时限 | 40 min | 题型 | 单项操作 | 满分 | 100 分 | 得分 | |
| 试题名称 | | | 数据通信网互联综合调试 | | | | |
| 考核要点及其要求 | 考核要点<br>(1)正确搭建实验环境；<br>(2)正确设置电脑 IP 地址；<br>(3)交换机 VLAN 配置；<br>(4)路由器端口 IP 及子接口 IP 配置。<br>操作要求<br>(1)单人操作；<br>(2)按要求搭建实验环境，并做相应配置 | | | | | | |
| 现场设备、工器具、材料 | (1)工器具：网线测试仪等；<br>(2)材料：网线；<br>(3)设备：路由器、交换机、电脑 | | | | | | |
| 备注 | | | | | | | |

| | | | 评分标准 | | | | |
|---|---|---|---|---|---|---|---|
| 序号 | 考核项目名称 | 质量要求 | | 分值 | 扣分标准 | 扣分原因 | 得分 |
| 1 | 搭建实验环境 | 正确搭建实验环境 | | 20 | 未正确搭建实验环境扣 20 分 | | |
| 2 | PC 机配置 | 正确配置两台 PC 的 IP 地址和网关地址 | | 10 | (1)不能正确配置电脑 IP 地址扣 5 分；<br>(2)不能正确配置电脑网关地址扣 5 分 | | |

续表

| | | 评分标准 | | | | |
|---|---|---|---|---|---|---|
| 序号 | 考核项目名称 | 质量要求 | 分值 | 扣分标准 | 扣分原因 | 得分 |
| 3 | 交换机配置 | 正确配置VLAN,并分配端口 | 30 | (1)不能正确建立VLAN扣5分;<br>(2)不能正确分配VLAN端口扣5分;<br>(3)不能正确将与路由器互联端口属性设置为Trunk口扣10分;<br>(4)不能正确设置Trunk口允许通过VLAN扣10分 | | |
| 4 | 路由器配置 | 正确配置路由器子接口,并绑定对应VLAN | 20 | (1)不能正确配置子接口IP地址扣10分;<br>(2)不能正确绑定VLAN扣10分 | | |
| 5 | 测量验证 | 验证两台PC的连通性 | 10 | 两台PC的连通性不正常扣10分 | | |
| 6 | 操作时间 | 在规定时间内单独完成 | 10 | 未在规定时间完成,每超时1分钟扣1分,扣完本项分数为止 | | |

## TG4ZY0217　路由器通过SDH的MSTP方式组网

一、作业

(一)工器具、材料、设备

(1)工器具:SDH网管。

(2)材料:无。

(3)设备:路由器、SDH设备。

(二)安全要求

正确使用仪表,防止设备损坏。

(三)操作步骤及工艺要求(含注意事项)

1.操作前准备

(1)规范着装。

(2)根据题目要求正确搭建测试环境,防止设备损坏。

2.操作过程

(1)使用 SDH 设备网管开通一条 100M 以太网电路(使用虚级联方式,通过绑定 VC－12 实现)。

(2)将两台路由器通过网线分别接入 SDH 设备以太网板。

(3)将两台测试电脑分别与两台路由器相连,并配置 IP 地址。

(4)验证两台 PC 的连通性。

3.操作结束

清理现场,交还工器具。

## 二、考核

(一)考核场地

通信实训基地。

(二)考核时间

30 min。

(三)考核要点

(1)正确使用 SDH 网关开通一条 100M 以太网业务。

(2)将两台路由器通过网线分别接入到 SDH 设备以太网板。

(3)正确配置两台电脑的 IP 地址。

## 三、评分标准

行业:电力工程　　　　　　　工种:通信工程建设工　　　　　　　等级:技师

| 编号 | TG4ZY0217 | 行为领域 | 专业技能 | 评价范围 | | | |
|---|---|---|---|---|---|---|---|
| 考核时限 | 30 min | 题型 | 单项操作 | 满分 | 100 分 | 得分 | |
| 试题名称 | 路由器通过 SDH 的 MSTP 方式组网 | | | | | | |
| 考核要点<br>及其要求 | 考核要点<br>(1)正确使用 SDH 网关开通一条 100M 以太网业务;<br>(2)将两台路由器通过网线分别接入到 SDH 设备以太网板;<br>(3)正确配置两台电脑的 IP 地址。<br>操作要求<br>(1)单人操作;<br>(2)正确操作设备网关,防止设备损坏 | | | | | | |
| 现场设备、<br>工器具、材料 | (1)设备:路由器、SDH 设备;<br>(2)工器具:SDH 网管 | | | | | | |
| 备注 | | | | | | | |

<table>
<tr><td colspan="7" align="center">评分标准</td></tr>
<tr><td>序号</td><td>考核项目<br>名称</td><td>质量要求</td><td>分值</td><td>扣分标准</td><td>扣分<br>原因</td><td>得分</td></tr>
<tr><td>1</td><td>设备检查<br>和材料选用</td><td>正确选择连接线,检查设备运<br>行正常、接地正常</td><td>5</td><td>(1)选用不当扣3分;<br>(2)未检查设备运行及接地状<br>态扣2分</td><td></td><td></td></tr>
<tr><td>2</td><td>开通以太<br>网电路</td><td>正确使用网管开通一条100M<br>以太网电路</td><td>30</td><td>(1)未使用虚级联方式扣<br>10分;<br>(2)绑定VC12数量不正确扣<br>10分;<br>(3)不能正确选择端口协商工<br>作模式扣10分</td><td></td><td></td></tr>
<tr><td>3</td><td>路由器接入</td><td>使用双绞线正确连接路由器<br>和SDH以太网板指定端口</td><td>20</td><td>未正确连接路由器和SDH设<br>备以太网板扣20分</td><td></td><td></td></tr>
<tr><td>4</td><td>电脑IP配置</td><td>正确配置两台PC的IP地址<br>和网关地址</td><td>20</td><td>(1)不能正确配置IP地址扣<br>10分;<br>(2)不能正确配置网关地址扣<br>10分</td><td></td><td></td></tr>
<tr><td>5</td><td>结果验证</td><td>两台PC使用ping命令验证<br>连通性</td><td>15</td><td>不能正确连通扣15分</td><td></td><td></td></tr>
<tr><td>6</td><td>操作时间</td><td>在规定时间内单独完成</td><td>10</td><td>未在规定时间完成,每超时1<br>分钟扣1分,扣完本项分数<br>为止</td><td></td><td></td></tr>
</table>

## TG4ZY0318 PCM通过SDH网络电路的综合故障分析处理

**一、作业**

(一)工器具、材料、设备

(1)工器具:数字万用表、卡线刀、普通话机等。

(2)材料:2M线缆、2M头等。

(3)设备:SDH光传输设备、PCM终端接入设备、维护终端。

(二)安全要求

操作时注意人身和设备安全。

(三)操作步骤及工艺要求(含注意事项)

1.操作前准备

(1)规范着装。

(2)检查设备运行状态。

2.操作过程

(1)现场有一条正常运行的 PCM 与 SDH 连接电路,如下图所示。现 PCM2 至 SDH2 2M 连接发送支路中断,试分析图中所示设备会产生什么告警。

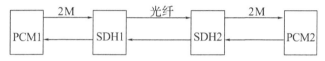

(2)PCM2 至 SDH2 2M 连接发送支路中断,SDH2 2M 支路将收不到 PCM2 的 2M 信号,会产生 2M 支路 LOS 告警。

(3)SDH1 一切正常,无告警。

(4)由于 SDH2 2M 支路收不到 PCM2 的 2M 信号,将产生一个全"1"信息,经 SDH1 传送到 PCM2,PCM2 会有 AIS 告警产生。

(5)由于 PCM1 未收到 PCM2 的 2M 信号,将产生一个 RTM 信息,经 SDH1 和 SDH2 传送到 PCM2,PCM2 会有 RTM 告警产生。

(6)各设备发生的告警信息如下表所示。

| 设备 | PCM1 | PCM2 | SDH1 | SDH2 |
|---|---|---|---|---|
| 告警 | AIS | RMT | 无 | 支路 LOS |

(7)LOS 告警:未收到对端信号。

(8)AIS 告警:收到全"1"信号。

(9)RTM 告警:远端设备告警信息。

3.操作结束

工作完成后清理现场,整理 PCM 设备及其所用工器具、材料等。

**二、考核**

(一)考核场地

通信实训基地。

(二)考核时间

40 min。

(三)考核要点

(1)掌握各种告警指示信息含义。

(2)会根据告警指示分析判断和处理故障。

(3)熟练掌握 PCM 与 SDH 的物理连接。

### 三、评分标准

行业:电力工程　　　　　工种:通信工程建设工　　　　　等级:技师

| 编号 | TG4ZY0318 | 行为领域 | 专业技能 | 评价范围 | | |
|---|---|---|---|---|---|---|
| 考核时限 | 40 min | 题型 | 相关操作 | 满分 | 100 分 | 得分 |
| 试题名称 | PCM 通过 SDH 网络电路的综合故障分析处理 | | | | | |
| 考核要点 及其要求 | 考核要点<br>(1)掌握各种告警指示信息含义;<br>(2)会根据告警指示分析判断和处理故障;<br>(3)熟练掌握 PCM 与 SDH 的物理连接。<br>操作要求<br>(1)在规定时间内单独操作完成;<br>(2)注意人身和设备安全 | | | | | |
| 现场设备、 工器具、材料 | (1)工器具:数字万用表、卡线刀、普通话机等;<br>(2)材料:2M 线缆、2M 头等;<br>(3)设备:SDH 光传输设备、PCM 终端接入设备、维护终端 | | | | | |
| 备注 | | | | | | |

评分标准

| 序号 | 考核项目 名称 | 质量要求 | 分值 | 扣分标准 | 扣分 原因 | 得分 |
|---|---|---|---|---|---|---|
| 1 | 现场提问 | 掌握各种告警指示信息含义 | 10 | 每答错 1 项扣 4 分,扣完本项 分数为止 | | |
| 2 | 故障分析 | 分析思路清晰准确、表述正确 | 20 | 分析或表述错 1 项扣 2 分,扣 完本项分数为止 | | |
| 3 | 结论 | 经分析得出正确结论 | 20 | 结论每错 1 处扣 5 分,扣完本 项分数为止 | | |
| 4 | 熟练程度 | 掌握利用告警信息进行故障 判定 | 20 | 每错 1 项扣 2 分,扣完本项分 数为止 | | |
| 5 | 操作流程 | 操作步骤正确 | 10 | 操作每错 1 项扣 2 分,扣完本 项分数为止 | | |
| 6 | 安全文明生产 | 规范着装,清理现场,整理工 器具 | 10 | (1)未规范着装扣 5 分;<br>(2)未清理工作现场扣 3 分;<br>(3)未整理工器具扣 2 分 | | |
| 7 | 操作时间 | 在规定时间内单独完成 | 10 | 未在规定时间完成,每超时 1 分钟扣 1 分,扣完本项分数 为止 | | |

## TG4ZY0319　调度程控交换机调度台的开通

**一、作业**

（一）工器具、材料、设备

（1）工器具：维护终端等。

（2）材料：连接线。

（3）设备：程控交换机、调度台、音频配线架、电话单机设备等。

（二）安全要求

操作时应有人监护，不得随意修改交换机参数。

（三）操作步骤及工艺要求（含注意事项）

1.操作前准备

（1）规范着装。

（2）根据题目要求选择连接线，并检查设备运行状况。

2.操作过程

（1）按题目提示，将维护终端、调度台连接到程控交换机设备，并连接电源。

（2）2B＋D用户数据配置。

①打开维护终端，按题目提示进入交换机数据库配置界面。

②用户板卡配置。进入板卡配置页面，按题目要求配置板卡类型、槽位等相关数据。

③电话用户配置。进入电话用户配置页面，按照题目要求，配置2B＋D用户的槽位、端口、用户号码、级别及相关参数。

④用户组设置。进入用户组配置页面，按照题目要求，配置用户组号及相应的参数。

⑤退出数据库操作界面。

（3）调度台设置和呼叫试验。

①连接调度台维护终端到调度台连接线，连接电源线。

②打开调度台电源，进入交换机数据库配置界面。

③按照题目要求，设置调度台某键的热线号码。

④进行调度台呼出、呼入试验。

3.操作结束

清理现场，拆除连接线，交还仪器仪表及材料。

**二、考核**

（一）考核场地

通信实训基地。

（二）考核时间

40 min。

（三）考核要点

（1）维护终端的连线操作。

（2）2B＋D用户板卡数据设置。

(3)2B＋D 用户数据设置。

(4)调度台数据设置。

(5)调度台呼叫试验。

## 三、评分标准

行业:电力工程　　　　　工种:通信工程建设工　　　　　等级:技师

| 编号 | TG4ZY0319 | 行为领域 | 专业技能 | 评价范围 | | |
|------|-----------|----------|----------|----------|---|---|
| 考核时限 | 40 min | 题型 | 单项操作 | 满分 | 100分 | 得分 |
| 试题名称 | 调度程控交换机调度台的开通 | | | | | |
| 考核要点及其要求 | 考核要点<br>(1)维护终端的连线操作;<br>(2)2B＋D 用户板卡数据设置;<br>(3)2B＋D 用户数据设置;<br>(4)调度台数据设置;<br>(5)调度台呼叫试验。<br>操作要求<br>(1)单人操作;<br>(2)操作时应有人监护,不得随意修改交换机运行参数 | | | | | |
| 现场设备、工器具、材料 | (1)工器具:维护终端等;<br>(2)材料:连接线等;<br>(3)设备:程控交换机、调度台、音频配线架、电话单机设备等 | | | | | |
| 备注 | 设置调度用户单机一部,用于呼叫实验 | | | | | |

评分标准

| 序号 | 考核项目名称 | 质量要求 | 分值 | 扣分标准 | 扣分原因 | 得分 |
|------|------------|----------|------|----------|----------|------|
| 1 | 设备检查和材料选用 | 正确选择连接线,检查设备运行正常、接地正常 | 5 | (1)选用不当扣 3 分;<br>(2)未检查设备运行及接地状态扣 2 分 | | |
| 2 | 交换机维护终端连线与登录 | 按题目要求,正确连接维护终端与设备的连接线、电源线,登录维护终端界面 | 10 | (1)不能正确连线扣 5 分;<br>(2)不能正确登录扣 5 分 | | |
| 3 | 2B＋D 用户板卡数据设置 | 按题目要求配置板卡类型、槽位等相关数据 | 20 | 每错 1 项扣 5 分,扣完本项分数为止 | | |
| 4 | 2B＋D 用户数据设置 | 按照题目要求,配置 2B＋D 用户的槽位、端口、用户号码、级别及相关参数 | 20 | 每错 1 项扣 5 分,扣完本项分数为止 | | |
| 5 | 调度台维护终端连线与登录 | 按题目要求,正确连接维护终端与设备的连接线、电源线,登录维护终端界面 | 10 | (1)不能正确连线扣 5 分;<br>(2)不能正确登录扣 5 分 | | |

| 序号 | 考核项目名称 | 质量要求 | 分值 | 扣分标准 | 扣分原因 | 得分 |
|---|---|---|---|---|---|---|
| 6 | 调度台数据设置 | 设置调度台某键的热线号码 | 10 | 每错1项扣5分,扣完本项分数为止 | | |
| 7 | 调度台呼出、呼入试验 | 呼入、呼出试验正常 | 10 | 呼出不正常扣5分,呼入不正常扣5分 | | |
| 8 | 操作结束 | 关闭维护终端,拆除连接线和电源线,清理现场,交还仪器仪表及材料 | 5 | 不清理工作现场、不恢复原始状态、不报告操作结束扣2~5分 | | |
| 9 | 操作时间 | 在规定时间内单独完成 | 10 | 未在规定时间完成,每超时1分钟扣1分,扣本项分数完为止 | | |

## TG4ZY0320　程控交换机 2M 数字中继话路数据配置

### 一、作业

（一）工器具、材料、设备

（1）工器具:维护终端等。

（2）材料:连接线。

（3）设备:程控交换机、电话机等。

（二）安全要求

操作时应有人监护,不得随意修改交换机参数。

（三）操作步骤及工艺要求(含注意事项)

1.操作前准备

（1）规范着装。

（2）根据题目要求选择连接线,并检查设备运行状况。

2.操作过程

（1）连接线。将维护终端连接到程控交换机设备,并连接电源。

（2）数据库配置。

①中继板卡槽位配置:按题目要求配置板卡类型、槽位等相关数据。

②局向数据配置:配置局向号、网标示局向名称等。

③增加子路由:配置子路由号、名称等。

④增加路由:配置路由号、名称等。

⑤增加路由分析:配置路由选择码、选择源码、主叫用户类别等。

⑥增加 No.7 信令用户群:配置模块号、中继群号、群向、子路由号、中继群号、呼叫源码、电路类型、呼入、出鉴权、信令链路等。

（3）出局呼叫验证。进行一个出局呼叫,验证出局数据及所占用的中继电路槽位、端口等。

3.操作结束

关闭维护终端,拆除连接线和电源线,清理现场,交还仪器仪表及材料。

## 二、考核

（一）考核场地

通信实训基地。

（二）考核时间

40 min。

（三）考核要点

（1）维护终端的连接和登录操作。

（2）数字中继板卡数据配置。

（3）2M 数字中继话路数据配置。

（4）出局呼叫验证。

## 三、评分标准

行业:电力工程　　　　　　工种:通信工程建设工　　　　　　等级:技师

| 编号 | TG4ZY0320 | 行为领域 | 专业技能 | 评价范围 | | |
|---|---|---|---|---|---|---|
| 考核时限 | 40 min | 题型 | 单项操作 | 满分 | 100分 | 得分 | |
| 试题名称 | 程控交换机 2M 数字中继话路数据配置 | | | | | |
| 考核要点<br>及其要求 | 考核要点<br>（1）维护终端的连接和登录操作;<br>（2）数字中继板卡数据配置;<br>（3）2M 数字中继话路数据配置;<br>（4）出局呼叫验证。<br>操作要求<br>（1）单人操作;<br>（2）操作时应有人监护,不得随意修改交换机运行参数 | | | | | |
| 现场设备、<br>工器具、材料 | （1）工器具:维护终端等;<br>（2）材料:连接线等;<br>（3）设备:程控交换机、电话机等 | | | | | |
| 备注 | 交换机的信令链路数据、参数等配置具备条件,设置调度用户单机一部,用于呼叫试验 | | | | | |

续表

| 序号 | 考核项目名称 | 质量要求 | 分值 | 扣分标准 | 扣分原因 | 得分 |
|---|---|---|---|---|---|---|
| 1 | 设备检查和材料选用 | 正确选择连接线,检查设备运行正常、接地正常 | 5 | (1)选用不当扣3分;(2)未检查设备运行及接地状态扣2分 | | |
| 2 | 维护终端连线与登录 | 按题目要求,正确连接维护终端与设备的连接线、电源线,登录维护终端界面 | 10 | (1)不能正确连线扣5分;(2)不能正确登录扣5分 | | |
| 3 | 中继板卡槽位配置 | 正确配置板卡类型、槽位等相关数据 | 20 | 每错1项扣5分,扣完本项分数为止 | | |
| 4 | 2M数字中继话路数据配置 | 配置中继话路的局向、子路由、路由、路由分析、出局呼叫字冠、中级群、中继电路等数据 | 30 | 每错1项扣5分,扣完本项分数为止 | | |
| 5 | 出局呼叫验证 | 验证出局数据及所占用的中继电路槽位、端口等是否正确 | 20 | 每错1项扣5分,扣完本项分数为止 | | |
| 6 | 操作结束 | 关闭维护终端,拆除连接线和电源线,清理现场,交还仪器仪表及材料 | 5 | 不清理工作现场、不恢复原始状态、不报告操作结束扣2~5分 | | |
| 7 | 操作时间 | 在规定时间内单独完成 | 10 | 未在规定时间完成,每超时1分钟扣1分,扣完本项分数为止 | | |

表头:评分标准

## TG4ZY0321　IMS系统AG设备的SIP接口对接调测数据配置

**一、作业**

(一)工器具、材料、设备

(1)工器具:本地维护终端等。

(2)材料:连接线等。

(3)设备:AG设备及说明书、数据网设备等。

(二)安全要求

操作时应有人监护,不得随意修改交换机参数。

(三)操作步骤及工艺要求(含注意事项)

1.操作前准备

(1)规范着装。

(2)根据题目要求选择连接线,并检查设备状况。

2.操作过程

(1)连接线。将本地维护终端连接至AG设备串口,并连接维护终端电源线。

(2)AG 设备 SIP 接口对接调测数据配置。

①登录:键入用户名、密码,进入 AG 配置页面。

②增加 SIP 接口,配置 SIP 接口的基本属性:配置 SIP 上行端口、上行 VLAN,媒体/信令 IP 地址、信令端口号、传输协议,主、备用代理服务器端口号、IP 地址,归属域名、Profile 索引、支持代理双归属方式、代理检测方式等。

③配置 SIP 接口的可选属性,配置、查询 SIP 接口自交换,修改 Profile 索引。

④根据 SIP 接口设置整个接口鉴权用户名密码。

⑤重启 SIP 接口,查询运行状态,保存数据。

⑥查询 SIP 接口的配置属性,配置 SIP 树图。

3.操作结束

退出终端,清理现场,交还仪器仪表及材料。

## 二、考核

(一)考核场地

通信实训基地。

(二)考核时间

40 min。

(三)考核要点

(1)维护终端设备连接线操作。

(2)AG 设备 SIP 接口对接调测数据配置,包括 SIP 接口基本属性、可选属性、接口自交换、索引及接口鉴权、SIP 树图等。

## 三、评分标准

行业:电力工程　　　　　　工种:通信工程建设工　　　　　　等级:技师

| 编号 | TG4ZY0321 | 行为领域 | 专业技能 | 评价范围 | |
|---|---|---|---|---|---|
| 考核时限 | 40 min | 题型 | 单项操作 | 满分 | 100 分 | 得分 | |
| 试题名称 | IMS 系统 AG 设备的 SIP 接口对接调测数据配置 | | | | |
| 考核要点及其要求 | 考核要点<br>(1)维护终端设备连接线操作;<br>(2)AG 设备 SIP 接口对接调测数据配置,包括 SIP 接口基本属性、可选属性、接口自交换、索引以及接口鉴权、SIP 树图等。<br>操作要求<br>(1)单人操作;<br>(2)设置操作准确、规范 | | | | |
| 现场设备、工器具、材料 | (1)工器具:本地维护终端等;<br>(2)材料:连接线等;<br>(3)设备:AG 设备及说明书、数据网设备等 | | | | |

续表

| 备注 | AG 设备基本配置已具备条件,语音协议类型已经配置为 SIP | | | | | |
|---|---|---|---|---|---|---|
| **评分标准** | | | | | | |
| 序号 | 考核项目名称 | 质量要求 | 分值 | 扣分标准 | 扣分原因 | 得分 |
| 1 | 设备检查和材料选用 | 正确选择连接线,检查设备运行正常、接地正常 | 5 | (1)选用不当扣3分;<br>(2)未检查设备运行及接地状态扣2分 | | |
| 2 | 连线 | 按题目要求,正确连接维护终端与 AG 设备的连接线、电源线等 | 10 | 连接每错1处扣分,扣完本项分数为止 | | |
| 3 | SIP 接口基本属性配置 | 正确设置 SIP 接口的基本属性参数 | 20 | 设置每错1项扣5分,扣完本项分数为止 | | |
| 4 | SIP 接口可选属性配置 | 正确设置 SIP 接口的可选属性 | 10 | 设置每错1项扣5分,扣完本项分数为止 | | |
| 5 | SIP 接口鉴权配置 | 正确配置 SIP 接口鉴权参数 | 20 | 设置每错1项扣5分,扣完本项分数为止 | | |
| 6 | 配置 SIP 树图 | 正确设置 SIP 树图 | 20 | 设置每错1项扣5分,扣完本项分数为止 | | |
| 7 | 操作结束 | 整理现场 | 5 | 不清理工作现场、不恢复原始状态、不报告操作结束扣2～5分 | | |
| 8 | 操作时间 | 在规定时间内单独完成 | 10 | 未在规定时间完成,每超时1分钟扣1分,扣完本项分数为止 | | |

## TG4ZY0422　UPS 电源单机调试

**一、作业**

(一)工器具、材料、设备

(1)工器具:数字万用表等。

(2)材料:无。

(3)设备:UPS 通信电源。

(二)安全要求

操作时注意人身和设备安全。

(三)操作步骤及工艺要求(含注意事项)

1.操作前准备

规范着装,注意危险点和安全防护。

2.操作过程

(1)操作前检查 UPS 电源所有的输入、旁路、输出和电池的电源线连接正常。输入、旁路和输出电源线连接的相序和电池电源线的极性要与端子牌标识一致,确认所有的断路器及开关处于断开状态。

(2)确认各输入源及负载参数均符合机器规格要求。

(3)合上 UPS 电源的交流输入、旁路输入和电池开关,UPS 的控制板液晶屏将自动点亮,待机器完成自检,液晶屏显示主页面。

(4)利用控制面板上的"进入""向上""向下"按键,进入到"实时控制"菜单界面,在此菜单界面选择"立即开机",并点击"确认"按键,UPS 电源启动运行,合上交流输出开关,系统将向负载供电。

(5)利用控制面板上的"进入""向上""向下"按键,进入到"实时控制"菜单界面,在此菜单界面选择"立即关机",并点击"确认"按键。此时,如果旁路被使用,且旁路输入正常,则转入旁路继续供电,否则机器进入待机模式。当市电也不存在时,机器转入关机模式,准备断电关机。在将机器"立即关机"后,可以通过断开交流输入和电池开关,将机器彻底断电。当机器断电后,将旁路输入和交流输出开关断开。

(6)依据设备操作说明书,利用控制面板按键进入模块控制主菜单,可对实时控制、实时数据、设置、告警、事件记录等功能项目进行查询、控制、参数设置等操作。

(7)控制菜单:可对即时开机、电池测试、静音、延时开/关机等功能控制;实时数据:可提供输入/输出相电压和线电压、旁路/逆变相电压和线电压、输出电流、总功率、频率、母线/电池电压、充放电电流、稳度等运行数据实时显示;设置菜单:可执行基本设置、信息查看、高级设置等设备参数设置;告警信息菜单:可查看设备当前告警和故障信息;事件记录:记录菜单会记录UPS 所发生的所有告警及故障信息,信息包含代码及描述,信息发生的日期时间。

3.操作结束

清理现场,整理设备及测量仪表。

**二、考核**

(一)考核场地

通信实训基地。

(二)考核时间

40 min。

(三)考核要点

(1)掌握 UPS 设备开关机方法。

(2)能够依据设备操作说明书调试设备。

(3)掌握 UPS 电源五种常用的工作模式。

(4)熟练使用万用表测量各点参数值。

### 三、评分标准

行业:电力工程　　　　工种:通信工程建设工　　　　等级:技师

| 编号 | TG4ZY0422 | 行为领域 | 专业技能 | 评价范围 | | | |
|------|-----------|----------|----------|----------|---|---|---|
| 考核时限 | 40min | 题型 | 相关操作 | 满分 | 100分 | 得分 | |

| 试题名称 | UPS电源单机调试 | | | | | | |
|------|-----------|----------|----------|----------|---|---|---|
| 考核要点及其要求 | 考核要点<br>(1)掌握UPS设备开关机方法;<br>(2)能够依据设备操作说明书调试设备;<br>(3)掌握UPS电源五种常用的工作模式;<br>(4)熟练使用万用表测量各点参数值。<br>操作要求<br>(1)单人独立操作;<br>(2)防止交流相间短路 | | | | | | |
| 现场设备、工器具、材料 | (1)工器具:数字万用表等;<br>(2)设备:UPS通信电源 | | | | | | |
| 备注 | UPS必须接入市电与电池才可以启动开机 | | | | | | |

评分标准

| 序号 | 考核项目名称 | 质量要求 | 分值 | 扣分标准 | 扣分原因 | 得分 |
|------|--------------|----------|------|----------|----------|------|
| 1 | 操作前应做的检查工作 | 掌握电源系统投入前要检查的内容 | 10 | 少做1项检查内容扣2分,扣完本项分数为止 | | |
| 2 | 测量仪表的选取和使用 | 选取适合的测量仪表依照题目要求完成测量 | 10 | (1)仪表选取不正确扣3分;<br>(2)未做测量前检查扣2分;<br>(3)不能正确设置测量功能挡位扣3分;<br>(4)不能正确设置测量量程挡位扣2分 | | |
| 3 | 操作流程 | 操作步骤正确 | 10 | 操作步骤每错1项扣2分,扣完本项分数为止 | | |
| 4 | 启动/关闭UPS电源 | 能熟练启动/关闭UPS电源给负载供电 | 10 | (1)错误或遗漏启动步骤1处扣2分;<br>(2)未启动/关闭UPS电源扣10分 | | |
| 5 | 依据操作说明书进行设备调试 | 熟练使用控制模块进行功能菜单内容的查询、控制及参数设置 | 30 | 不能正确使用控制模块进行查询、控制及参数设置,每错1项扣2分,扣完本项分数为止 | | |

续表

| 序号 | 考核项目名称 | 质量要求 | 分值 | 扣分标准 | 扣分原因 | 得分 |
|---|---|---|---|---|---|---|
| 6 | 操作熟练程度 | 熟练使用测量仪表;熟练掌握UPS加电方法 | 10 | 不熟练1处扣2分,扣完本项分数为止 | | |
| 7 | 安全文明生产 | 规范着装,清理现场,整理工器具 | 10 | (1)未规范着装扣5分;<br>(2)未清理工作现场扣3分;<br>(3)未整理工器具扣2分 | | |
| 8 | 操作时间 | 在规定时间内独立完成 | 10 | 未在规定时间完成,每超时1分钟扣2分,扣完本项分数为止 | | |

## TG4ZY0423　通信电源系统安装和综合调试

一、作业

(一)工器具、材料、设备

(1)工器具:剪线钳、压线钳、多种扳手、各种螺丝刀、数字万用表等。

(2)材料:电力电缆、膨胀螺栓、铜线鼻子、多色PVC胶带、绝缘胶布等。

(3)设备:通信电源交流屏、整流屏、蓄电池组。

(二)安全要求

操作时注意人身和设备安全。

(三)操作步骤及工艺要求(含注意事项)

1.操作前准备

(1)规范着装。

(2)操作前准备好工器具及材料。交流电缆:交流电缆的选择需满足相关行业标准,选用铜芯电缆,建议采用RVVZ类型,电缆的温度等级至少为70 ℃,当电缆长度小于30 m睦,建议选择电流密度为2.5 A/mm²,横截面为25～35 mm²的电缆。电池电缆:当电池熔丝额定电流为250 A、电池最大电流为200 A时,电池电缆的横截面积应不小于70 mm²。直流负载电缆:当额定电流为125～160 A时,电缆的横截面积应为50 mm²。直流电缆应准备黑色(＋)和蓝色(一)两种,或者用黑色(＋)和蓝色(一)标记。接地线电缆:建议接地线的截面积应不小于35 mm²。根据装箱单检查货物数量和序列号一致,根据附件清单检查部件和数量一致,检查系统机柜是否有运输过程中造成的表面的损坏及元件的松动,填写开箱验货单并保留。

2.操作过程

(1)在地面确定机柜位置后,按机柜放置方位和机柜固定孔尺寸,确定安装孔的位置,依照安装孔位图纸,用铅笔标识出孔位中心点(外围的四个孔用于将机柜固定在地板上,内部的四个孔用于安装),在地面用冲击钻打好安装孔,插入膨胀螺钉,将螺杆加上垫片和螺帽,插入孔中用扳手顺时针旋转螺帽,使膨胀螺杆在孔中固定,然后取下螺帽和垫片(膨胀螺钉固定好后,露出地面部分应为 30 mm、机柜底脚的安装孔直径为 $\phi 14mm$、固定螺杆的直径为 $\phi 10 \times 110$ mm、冲击钻钻头选用 $\phi 12 \times 100$ mm，安装孔深度约为 100 mm)，将机柜搬到需要安装的位置，机柜地脚安装孔对准膨胀螺钉，调整好机柜位置，拧紧螺母，固定好机柜。当机房铺设有防静电地板时，要根据地板表面与地面的高度定制安装支架，安装支架固定在地面上，最后将机柜固定在安装支架上。

(2)在将电源模块插入电源机框之前，用螺丝刀插入电源模块四角的孔中，旋转螺丝刀释放弹扣装置，使把柄脱扣，打开模块锁定把柄，将检测及控制电缆线接至后面板后部端口，再将模块完全插入电源机框中，模块插入完全到位后，扣紧把柄，安全锁上模块。

(3)在连接电力电缆前，确认电源系统没有加电，所有熔丝和空开处于断开位置，所要连接的电力电缆线包括交流电缆、地线、直流电缆、电池电缆、告警干节点信号线。

(4)用选取的电力电缆本身铠甲宽的 1/2 做缆头钢带卡子，采用咬口的方法将卡子打牢，必须打两道，防止钢带松开，两道卡子的间距为 15 mm。剥电缆铠甲，用钢锯在距第一道卡子上方 3~5 mm 处，锯一环形深痕，深度为钢带厚度的 2/3，不得锯透，用螺丝刀在锯痕尖角处将钢带挑起，用钳子将钢带撕掉，随后用钢锉修理钢带锯口处的钢带毛刺，使其光滑。给电缆焊接地线，地线采用焊锡焊接于电缆钢带上，焊接应牢固，不应有虚焊现象，应注意不要将电缆烫伤，必须焊在两层钢带上。剥去电缆统包绝缘层，将电缆头套下部先套入电缆，根据电缆头的型号尺寸，按照电缆头套长度和内径，用塑料带及半叠法包缠电缆，塑料带包缠应紧密，形状呈枣核状，将电缆头套上部套上，与下部对接、套严。从芯线端头量出长度为线鼻子的深度，另加 5 mm，剥去电缆芯线绝缘，并在芯绒上涂上凡士林，将芯线插入接线鼻子内，用压线钳子压紧接线鼻子，压接应在两道以上，对应交流电的 ABC 三相位及零线，使用黄、绿、红、黑四色塑料带分别包缠电缆各芯线至接线鼻子的压接部位，将做好终端头的电缆，固定在预先做好的电缆头支架上，并将芯线分开。

(5)将制作好的各类电缆头按照电源设备安装说明书连接到各自相对应的接线端子上，线缆布线要满足工艺要求。在接入交流电的过程中，一定要先断开交流电配电侧开关。交流电接线顺序：首先接好地线，其次接好零线，最后接好火线。连接直流电缆时，正极电缆和负极电缆必须分别用"＋"或"－"标记，对每一路直流负载，连接设备正极电缆到机柜中公共正排，连接设备负极电缆到相应的熔丝或者空开。连接蓄电池电缆时，必须要先断开蓄电池熔丝。通信电源系统可提供告警干节点输出，每一路干节点可以根据客户要求选择常开节点或者常闭节点，根据所需要输出的告警信息将信号线连接到对应的干节点。

(6)确认电源系统所有硬件安装牢固可靠，确认所有连接线缆连接正确且牢固，确认蓄电池组熔丝在合上状态，用万用表测量交流输入电压在额定要求范围内。合上交流输入空开，依次合上整流模块输入空开，确认整流器无故障、确认通信电源系统运行正常，确认工作环境温度在正常范围内(是否进行温度补偿)等。

(7)利用设备监控模块功能菜单，选择"电压信息"检查整流器输出电压(53.6 V)，或用数字万用表测量整流器输出电压(53.6 V)，判定系统工作在输出状态。

(8)用设备监控模块面板进入"用户设置"功能菜单(初始密码:123456),选择"均衡充电"功能,并将均充电压设置为56.4 V,均充电流设置为0.1 C10(A),均充时间为10 h,用数字万用表测量整流器输出电压(56.4 V),判定均充设置有效。

(9)在均充基础上,用监控模块功能菜单将整流器设置为浮充状态,设置浮充电压为53.6 V,用数字万用表测量整流器输出电压(53.6 V),判定浮充设置有效。

3.操作结束

整理电源系统设备、整理工器具和仪器仪表等。

### 二、考核

(一)考核场地

通信实训基地。

(二)考核时间

60 min。

(三)考核要点

(1)掌握通信电源交流屏、直流屏、充电屏、蓄电池的连接、加电和调试。

(2)操作时注意人身与设备安全。

(3)正确使用工具,注意安全,防止损坏工器具。

### 三、评分标准

行业:电力工程　　　　　工种:通信工程建设工　　　　　等级:技师

| 编号 | TG4ZY0423 | 行为领域 | 专业技能 | 评价范围 | | |
|---|---|---|---|---|---|---|
| 考核时限 | 60 min | 题型 | 相关操作 | 满分 | 100分 | 得分 |
| 试题名称 | 通信电源系统安装和综合调试 | | | | | |
| 考核要点及其要求 | 考核要点<br>(1)掌握通信电源交流屏、直流屏、充电屏、蓄电池的连接、加电和调试;<br>(2)操作时注意人身与设备安全;<br>(3)正确使用工具,注意安全,防止损坏工器具。<br>操作要求<br>(1)单人独立操作,可请求人员配合完成;<br>(2)注意人身与设备安全 | | | | | |
| 现场设备、工器具、材料 | (1)工器具:剪线钳、压线钳、多种扳手、各种螺丝刀、数字万用表等;<br>(2)材料:电力电缆、膨胀螺栓、铜线鼻子、多色 PVC 胶带、绝缘胶布等;<br>(3)设备:通信电源交流屏、整流屏、蓄电池组 | | | | | |
| 备注 | | | | | | |

| | | | | 评分标准 | | | |
|---|---|---|---|---|---|---|---|
| 序号 | 考核项目名称 | 质量要求 | 分值 | 扣分标准 | 扣分原因 | 得分 | |
| 1 | 材料及工器具选取 | 正确选取材料和工器具 | 10 | 选错1项检查内容扣2分,扣完本项分数为止 | | | |
| 2 | 操作前进行检验工作 | 掌握电源物资开箱检验、检查的工作内容和步骤 | 5 | 少做1项检验内容、错1步扣1分,扣完本项分数为止 | | | |
| 3 | 机柜安装 | 熟练掌握电源机柜安装技能,掌握安装工艺要求 | 20 | (1)未能根据安装图纸确定螺钉位置扣5分;<br>(2)不能正确使用工器具、安装工艺不规范,每错1处扣2分,扣完本项分数为止 | | | |
| 4 | 电缆头制作与安装 | 熟练掌握电力电缆头的制作方法和步骤,掌握电缆头制作工艺要求 | 20 | 电缆头的制作方法和步骤及安装不正确、制作工艺不规范,每错1处扣2分,扣完本项分数为止 | | | |
| 5 | 电源系统调试 | 正确掌握电源系统浮充电压整定值和均充电压、电流整定值及均充时间的调试 | 20 | 整定值设置,每错1处扣5分,扣完本项分数为止 | | | |
| 6 | 操作熟练程度 | 熟练掌握机柜和电缆头的安装制作方法及工艺要求;熟练使用工器具、测量仪表;正确使用电源系统监控模块 | 10 | 不熟练1处扣2分,扣完本项分数为止 | | | |
| 7 | 安全文明生产 | 规范着装,清理现场,整理工器具 | 5 | (1)未规范着装扣2分;<br>(2)未清理工作现场扣1分;<br>(3)未整理设备和工器具扣2分 | | | |
| 8 | 操作时间 | 在规定时间内独立完成 | 10 | 未在规定时间完成,每超时1分钟扣1分,扣完本项分数为止 | | | |